# 精 彩 实 例

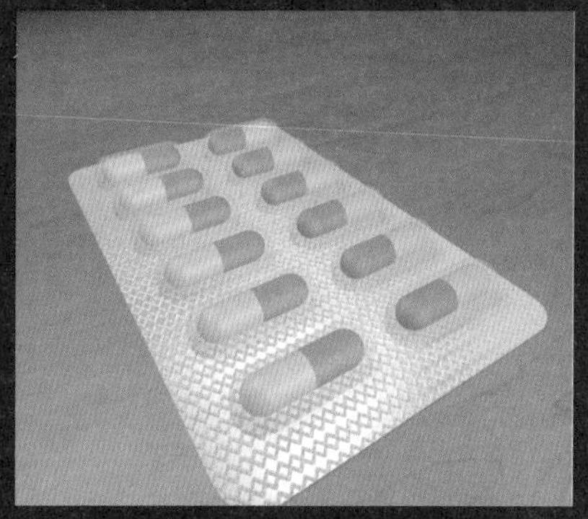

镜像复制胶囊

阵列钟表刻度

制作象棋动画

创建笔记本装订环

制作跳绳

制作办公椅

制作转椅模型

创建凉亭

制作围棋棋子

扭曲花瓶

制作三维文字

台灯

# 精 彩 实 例

五角星

制作隔离墩

制作排球

添加青铜材质

制作易拉罐材质

制作毛巾架材质

制作木质材质

灯光摇曳动画

灯光闪烁动画

制作太阳升起动画

制作室内浴室场景

云雾效果

太阳耀斑

制作闪烁星空动画

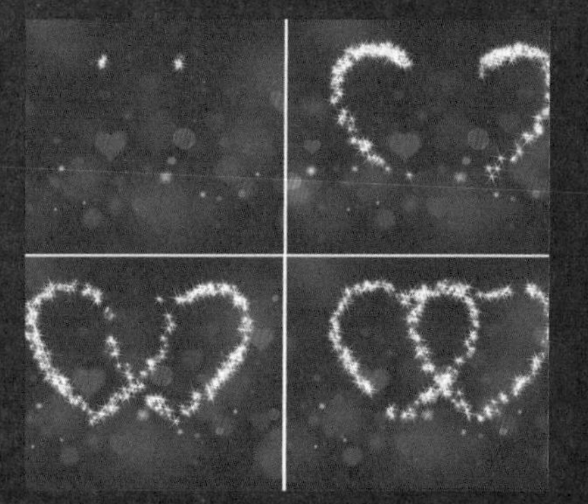
制作心形粒子动画

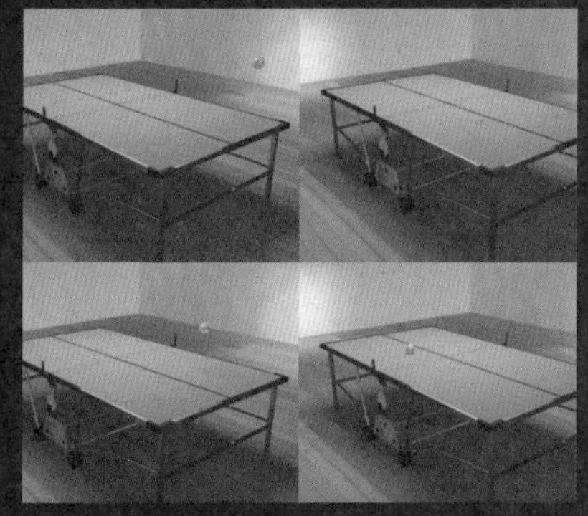
跳动的球

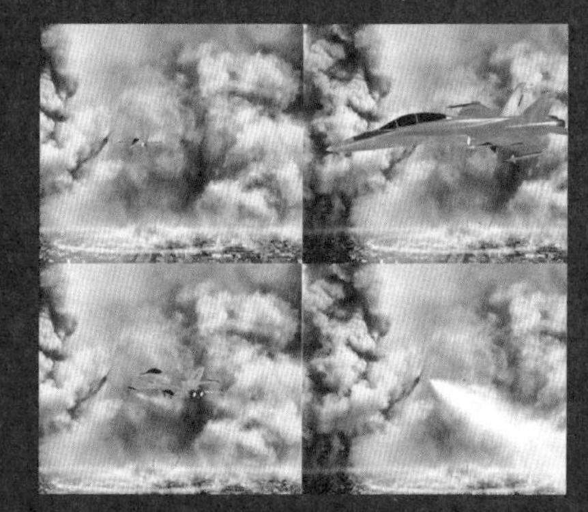
制作飞行动画

行走的指针

制作浮雕文字

展开的画

下雨效果

制作下雪效果

制作喷射动画

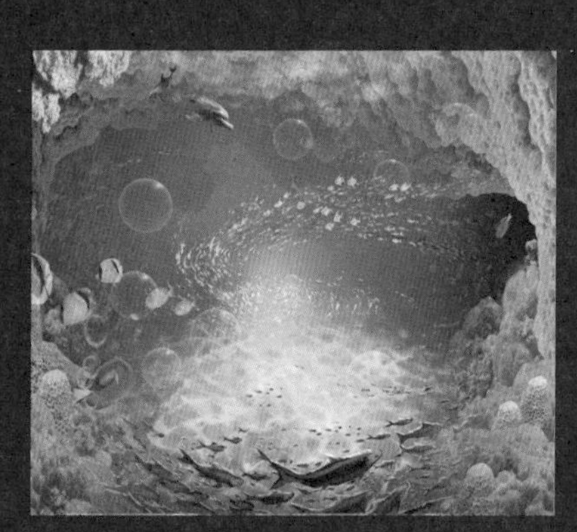
气泡飘动

制作变形文字

制作砂砾金文字

制作卷页字动画

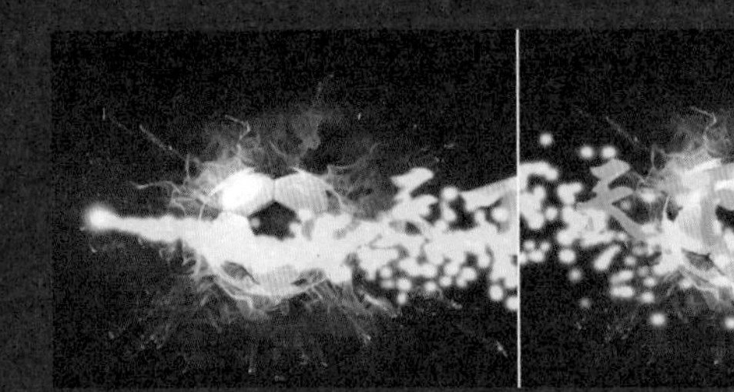

制作火焰拖尾文字

制作光影文字动画

人鱼动画

影视片头动画

高等院校电脑美术教材

# 3ds Max 2018动画制作基础教程（第4版）

董洁　编著

清华大学出版社
北　京

## 内 容 简 介

本书由浅入深、循序渐进地介绍3ds Max 2018的使用方法和操作技巧。全书共分16章，前12章分别介绍3ds Max 2018的工作环境、3ds Max 2018操作基础、二维图形的创建与编辑、三维模型的构建、三维编辑修改器、多边形建模、材质与贴图、摄影机与灯光、渲染与特效、后期合成、动画技术、粒子系统与空间扭曲等基础内容，后4章提供了常用三维文字的制作、动画制作入门练习、人鱼动画、影视片头动画等案例制作，以增强学生的应用能力。

本书内容翔实，结构清晰，语言流畅，实例分析透彻，操作步骤简洁实用，适合广大初学3ds Max 2018的用户使用，也可作为各类高等院校相关专业的教材。



**图书在版编目(CIP)数据**

3ds Max 2018动画制作基础教程 / 董洁编著. —4版. —北京：清华大学出版社，2019.11（2021.8重印）
高等院校电脑美术教材
ISBN 978-7-302-53869-1

Ⅰ. ①3… Ⅱ. ①董… Ⅲ. ①三维动画软件—高等学校—教材 Ⅳ. ①TP391.414

中国版本图书馆CIP数据核字（2019）第212927号

**责任编辑：** 张彦青
**封面设计：** 李 坤
**责任校对：** 王明明
**责任印制：** 丛怀宇

**出版发行：** 清华大学出版社
**网 址：** http://www.tup.com.cn，http://www.wqbook.com
**地 址：** 北京清华大学学研大厦 A 座 **邮 编：** 100084
**社 总 机：** 010-62770175 **邮 购：** 010-62786544
**投稿与读者服务：** 010-62776969，c-service@tup.tsinghua.edu.cn
**质 量 反 馈：** 010-62772015，zhiliang@tup.tsinghua.edu.cn
**印 装 者：** 涿州汇美亿浓印刷有限公司
**经 销：** 全国新华书店
**开 本：** 210mm×260mm **印 张：** 20.75 **字 数：** 498 千字
**版 次：** 2009 年 8 月第 1 版 2019 年 11 月第 4 版 **印 次：** 2021 年 8 月第 3 次印刷
**定 价：** 98.00 元

---

产品编号：084262-01

# 前言

## 3ds Max 2018简介

随着计算机技术的飞速发展，计算机技术的应用领域越来越广，三维动画技术也在各个方面得到广泛应用，伴随而来的是动画制作软件的层出不穷，3ds Max是这些动画制作软件中的佼佼者。使用3ds Max可以完成多种工作，包括影视、广告动画、建筑效果图、室内效果图、产品造型制作和工艺设计等。

最新的3ds Max 2018版本在建模技术、材质编辑、环境控制、动画设计、渲染输出和后期制作等方面日趋完善；内部算法有了很大的改进，提高了制作和渲染输出的速度，渲染效果达到工作站级的水准；功能和界面划分更合理、更人性化，各功能组有序的组合大大提高了三维动画制作的工作效率。

## 本书内容介绍

全书共16章，具体内容如下。

第1章　主要介绍3ds Max的应用范围，以及3ds Max在各行业中的应用。通过本章的学习，读者可以对3ds Max有个初步的了解。

第2章　主要介绍3ds Max的基本操作。3ds Max 2018属于单屏幕操作软件，所有的命令和操作都在一个屏幕上完成，不用进行切换，这样可以节省大量的工作时间，同时创作也更加直观明了。作为3ds Max的初级用户，学习和适应软件的工作环境及基本的文件操作是非常必要的。

第3章　主要介绍二维图形的创建与编辑。二维图形是指由一条或多条样条线构成的平面图形，或由两个及两个以上节点构成的线/段所组成的组合体，它是三维造型的重要基础。

第4章　通过介绍具体操作方法和操作过程，使初学者切实掌握创建模型的基本技能。通过对本章的学习，读者可以对三维模型的构建有初步的了解。

第5章　主要介绍三维编辑修改器，一般通过【创建】命令面板直接创建的标准几何体和扩展几何体，不能满足实际造型的需要，因此可以通过三维编辑修改器，对创建的几何体进行编辑和修改，使其达到要求。

第6章　主要介绍多边形建模和网格建模。网格建模和多边形建模是建模中最常用的方法。网格建模是将几何体对象转换成网格后，通过调整顶点、边、面、多边形和元素，即可随意构造模型。多边形建模和网格建模相似，不同点是其框架的结构，本章节将详细对这两个建模的方法进行讲解。

第7章　主要介绍材质与贴图。材质是三维世界的一个重要概念，是对现实世界中各种材料视觉效果的模拟，但通过材质自身的参数控制可以模拟现实世界中的各种视觉效果。

第8章　主要对摄影机、灯光的类型和参数进行讲解，具体包括摄影机参数的控制、如何放置摄影机、灯光的类型、光度学灯光以及太阳光和日光系统等。

第9章　主要介绍渲染与特效。在渲染特效中，可以使用一些特殊的效果对场景进行加工和添色，来模拟现实中的视觉效果。用户可以快速地以交互形式添加各种特效，在渲染的最后阶段实现这些效果。

第10章　主要介绍视频后期处理的有关内容，具体包括【视频后期处理】窗口、镜头效果光斑、镜头效果光晕、镜头效果高光以及镜头效果焦点等。

第11章　主要介绍基本的动画设计技术，包括如何创建基本动画、常用动画控制器的使用和轨迹视图等内容。

第12章　主要介绍粒子系统与空间扭曲。粒子系统和空间扭曲是附加的建模工具。通过3ds Max 2018中的空间扭曲工具和粒子系统，可以实现影视特技中更为壮观的爆

炸、烟雾以及数以万计的物体运动等，使原本场景逼真、角色动作复杂的三维动画更加精彩。

第13章　主要介绍常用三维文字的制作，通过本章的学习，可以掌握浮雕文字、沙砾金文字以及变形文字的制作、修改、编辑等操作。

第14章　主要介绍动画制作。三维文字动画经常应用在一些影视片头中，通过为三维文字设置绚丽的动画效果，能够将文字很好地突显出来。在3ds Max中制作三维文字动画需要添加【倒角】或【挤出】修改器，使用灯光或粒子系统设置特殊效果，在【视频后期处理】窗口中进行后期渲染处理，并配合关键帧设置文字动画。

第15章　主要介绍人鱼动画的制作。通过为模型添加材质、布景、设置动画等来对前面所学的知识进行巩固。

第16章　主要介绍影视片头动画的制作。本例的制作比较复杂，主要包括为实体文字添加动画，然后创建粒子系统和光斑作为发光物体，并为它们设置特效。

## 本书约定

为便于阅读理解，本书的写作风格遵从如下约定：

- 本书中出现的中文菜单和命令将用【】括起来，以示区分。此外，为了使语句更简洁易懂，本书中所有的菜单和命令之间以竖线（|）分隔，例如，单击【编辑】菜单，再选择【移动】命令，就用【编辑】|【移动】来表示。
- 用加号(+)连接的两个或三个键表示组合键，在操作时表示同时按下这两个或三个键。例如，Ctrl+V是指在按下Ctrl键的同时，按下V字母键；Ctrl+Alt+F10是指在按下Ctrl键和Alt键的同时，按下功能键F10。
- 在没有特殊指定时，单击、双击和拖动是指用鼠标左键单击、双击和拖动，右击是指用鼠标右键单击。

本书内容充实，结构清晰，功能讲解详细，实例分析透彻，适合3ds Max的初级用户用于全面了解与学习，本书也可作为各类高等院校相关专业以及社会培训班的教材。

本书主要由潍坊工商职业学院的董洁老师编写，参加本书编写的有刘蒙蒙、朱晓文、李少勇、刘峥、刘晶，其他参与编写、校对以及排版的还有陈月娟、陈月霞、刘希林、黄健、黄永生、田冰、徐昊老师，谢谢你们在书稿前期对材料的组织、版式设计、校对、编排，以及大量图片的处理所做的工作。

编　者

素 材 文 件

## 总目录



## 第1章 3ds Max 2018的工作环境



## 第2章 3ds Max 2018操作基础

## 第3章 二维图形的创建与编辑



## 第4章 三维模型的构建



## 第5章 三维编辑修改器

## 第6章 多边形建模



## 第7章 材质与贴图



## 第8章 摄影机与灯光

## 第9章 渲染与特效



## 第10章 后期合成



## 第11章 动画技术



## 第12章 粒子系统与空间扭曲

## 第13章 项目指导——常用三维文字的制作



## 第14章 项目指导——动画制作入门练习



## 第15章 项目指导——人鱼动画



## 第16章 项目指导——影视片头动画



## 附录1 参考答案

# 第1章 3ds Max 2018的工作环境

本章主要介绍3ds Max的应用范围，以及3ds Max在各行业中的应用。通过本章的学习，读者可以对3ds Max有初步的了解。

## 1.1 什么是三维动画

三维动画又称3D动画，是近年来随着计算机软硬件技术的发展而产生的一种新兴技术。三维动画软件在计算机中首先建立一个虚拟的世界，设计师在这个虚拟的三维世界中按照要表现的对象的形状尺寸建立模型以及场景，再根据要求设定模型的运动轨迹、虚拟摄影机的运动和其他动画参数，最后按要求为模型赋上特定的材质，并打上灯光。当这一切工作完成后就可以让计算机自动运算，生成最后的画面。

### 1.1.1 3ds Max 2018简介

3D Studio Max，常简称为3d Max或3ds MAX，是Discreet公司开发的（后被Autodesk公司合并）基于PC系统的三维动画渲染和制作软件，其前身是基于DOS操作系统的3D Studio系列软件。如图1-1所示为Autodesk 3ds Max 2018启动界面。在Windows NT出现以前，工业级的CG制作被SGI图形工作站所垄断。3D Studio Max + Windows NT组合的出现降低了CG制作的门槛，开始只用于制作电脑游戏中的动画，后来开始参与影视片的特效制作，例如《X战警II》《最后的武士》等影片中的特效。

图1-1 Autodesk 3ds Max 2018启动界面

3ds Max的前身是运行在DOS系统下的3DS，在1996年正式转型为Windows操作系统下的桌面程序后，被命名为3d Studio Max。1999年，Autodesk公司将收购的Discreet Logic公司和旗下的Kinetix公司合并，收编了3D Studio Max的设计人员，并成立了Discreet多媒体分公司，专业提供视觉效果，如3D动画、特效编辑、广播图形和电影特技的制作软件。2005年3月24日，Autodesk公司宣布将其下属分公司Discreet正式更名为Autodesk媒体与娱乐部，而软件的名称也由原来的Discreet 3ds Max更名为Autodesk 3ds Max。

### 1.1.2 认识三维动画

下面通过一些影片的花絮和文字叙述，学习和掌握三维动画的概念。

从目前的一些电影中，可以看到三维动画早就伴随在人们身边，并早已跻身于影视制作行业。

在1991年拍摄的《魔鬼终结者》第二集，第一次使用三维动画和动态捕捉技术后，电影制作中便开始大量使用数字特技技术。

在1993年《侏罗纪公园》影片中，大量使用了计算机三维图形生成恐龙角色，并且该影片获得奥斯卡最佳视觉效果奖。之后又有很多像《后天》《2012》《变形金刚》等令观众所津津乐道的好作品均使用了三维动画技术，如图1-2、图1-3所示。

图1-2 《后天》剧照

图1-3 《变形金刚》剧照

而1995年制作完成的第一部全电脑制作的三维动画片《玩具总动员》，则开辟了计算机电影制作技术的新篇章，如《怪物史瑞克》《大圣归来》都是全电脑制作的三维动画片，如图1-4、图1-5所示。

图1-4 《怪物史瑞克》剧照

图1-5 《大圣归来》剧照

随着电脑技术以及硬件的发展，三维动画技术在电影中的使用也越来越广泛了，例如《钢铁侠》《阿凡达》等都是电脑三维技术与传统影视结合的产物，同时也使电脑角色动画技术又向前迈进了一大步，如图1-6、图1-7所示。

图1-6 《钢铁侠》剧照

图1-7 《阿凡达》剧照

三维动画是随着时代和科技的发展进步，以及计算机硬件的不断更新、功能的不断完善而新兴的一门可以形象地描绘虚拟及超现实实物或空间的动画制作技术。

三维动画的制作采用了复杂的光照模拟技术，在X、Y和Z三度空间中制作出真假难辨的动画影像，较二维卡通片更加形象生动和吸引人，如图1-8~图1-11所示。

图1-8 使用三维软件制作的老鼠

图1-9 使用三维软件制作的章鱼

图1-10 使用三维软件制作的摩托车

图1-11 使用三维软件制作的坦克

而同样使用三维技术制作的其他领域的模型也足以以假乱真，如图1-12所示的汽车模型效果。

图1-12 汽车模型效果

如果将二维定义为一张纸的话，那么三维就是一个盒子。而三维中所涉及的透视则是一门几何学，它可以将一个空间或物体准确地表现在一个二维平面上。

一个手臂抬起的动作如果使用三维技术进行制作，只需要几个简单的步骤：首先在软件中创建手的模型，然后进行材质调整并赋予当前手模型，再打上灯光和摄像机，最后设置手的运动路径并进行渲染就可以制作完成。

在日常的生活和工作环境空间中，如显示器、键盘、书桌以及喝水的杯子、手中拿着的书等都可以使用三维软件表现出来；同时在电视、电影中都可以发现三维动画已经充斥整个视频影视媒体。我们存在于一个三维的空间里，同样也可以生动形象地用计算机技术将三维空间里一切模拟出来。如图1-13所示，这是三维动画技术中常见的室内外效果图，通过计算机三维技术不但可以逼真地模拟出其外观，同时还可以加上制作者的创意，使其艺术化。

图1-13 使用3ds Max制作完成的室内外效果图

使用三维动画软件所制作的作品立体感强，写实能力和表现力大，使一些结构复杂的形体，如机器产品内部结构、工作原理以及人们平时不能看见的部分也能轻而易举地呈现出来。

另外，三维动画的清晰度高，色彩饱和度好。一个优秀的三维动画作品具有非常强的视觉冲击力；同时三维动画的使用有利于提高画面的视觉效果，而且制作时可利用的素材也非常多。

## 1.2 三维动画的应用范围

随着计算机三维影像技术的不断发展，三维图形技术越来越被人们所看重。三维动画因为比平面图更直观，更能给观赏者身临其境的感觉，尤其适用于那些尚未实现或准备实施的项目，可提前预览实施后的结果。

### 1.2.1 建筑领域

3D技术在我国的建筑领域得到了广泛的应用。早期的建筑动画由于3D技术上的限制和创意制作上的单一，制作出的建筑动画只是简单的摄影及运动动画。

随着现在3D技术的提升与创作手法的多元化，建筑动画从脚本创作到精良的模型制作、后期的电影剪辑手法以及原创音乐音效、情感式的表现方法，使得建筑动画综合制作水准越来越高，而且建筑动画制作费用也比以前低，如图1-14、图1-15所示。

图1-14 三维建筑漫游动画

图1-15 使用三维软件制作的建筑模型

建筑漫游动画包括房地产漫游动画、小区浏览动画、楼盘漫游动画、三维虚拟样板房、楼盘3D动画宣传片、地产工程投标动画、建筑概念动画、房地产电子楼书和房地产虚拟现实等。

### 1.2.2 规划领域

规划领域的规划效果图及动画制作，包括道路、桥梁、隧道、立交桥、街景、夜景、景点、市政规划、城市规划、城市形象展示、数字化城市、虚拟城市、城市数字化工程、园区规划、场馆建设、机场、车站、公园、广场、报亭、邮局、银行、医院、数字校园建设和学校等，如图1-16、图1-17所示。

图1-16 小区规划图

图1-17 厂房规划图

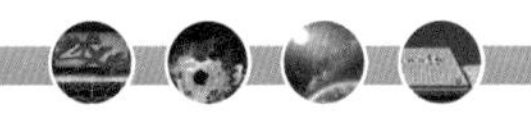

### 1.2.3 影视制作领域

三维动画技术能够模拟真实物体。由于其精确性、真实性和无限的可操作性，目前被广泛应用于医学、教育、军事、娱乐等诸多领域。在影视广告制作方面，三维动画技术能够给人耳目一新的感觉，三维动画技术可用于制作广告和电影电视剧的特效（如爆炸、烟雾、下雨、光效等）、特技（撞车、变形、虚幻场景或角色等）、广告产品展示、片头飞字等。如图1-18所示。

图1-18 使用动画技术制作电视台栏目片头

### 1.2.4 园林景观领域

园林景观动画涉及景区宣传、旅游景点开发、地形地貌表现，国家公园、森林公园、自然文化遗产保护、历史文化遗产记录，园区景观规划、场馆绿化、小区绿化、楼盘景观等动画表现的制作。

园林景观3D动画是将园林规划建设方案，用3D动画表现的一种演示方式。其效果真实、立体、生动，是传统效果图所无法比拟的，如图1-19所示。园林景观动画将传统的规划方案，从纸上或沙盘上演变到了电脑中，真实还原了一个虚拟的园林景观。目前，动画三维技术在制作植物模型上有了一定的技术突破和制作方法，使得用3D软件制作出的植物更加真实，在植物种类上也积累了大量的数据资料，使得园林景观植物动画更生动。

图1-19 园林景观动画

### 1.2.5 产品演示

产品动画涉及工业产品动画，如汽车动画、飞机动画、轮船动画、火车动画、舰艇动画、飞船动画；电子产品动画，如手机动画、医疗器械动画、监测仪器仪表动画、治安防盗设备动画；机械产品动画，如机械零部件动画、油田开采设备动画、钻井设备动画、发动机动画；产品生产过程动画，如产品生产流程、生产工艺等三维动画制作，如图1-20、图1-21所示。

图1-20 使用三维软件制造飞机模型

图1-21 使用三维软件制造汽车模型

### 1.2.6 模拟动画

模拟动画制作，就是通过动画模拟一切过程，如制作生产过程、交通安全演示动画（模拟交通事故过程）、煤矿生产安全演示动画（模拟煤矿事故过程）、能源转换利用过程、水处理过程、水利生产输送过程、电力生产输送过程、矿产金属冶炼过程、化学反应过程、植物生长过程和施工过程等演示动画的制作。

### 1.2.7 片头动画

片头动画创意制作，包括宣传片片头动画、游戏片头动画、电视片头动画、电影片头动画、节目片头动画、产品演示片头动画和广告片头动画等。

## 1.2.8 广告动画

动画是广告普遍采用的一种表现方式，动画广告中有一些画面是纯动画的，还有一些画面是实拍与动画的结合。在表现一些实拍无法实现的画面效果时，就要用动画来完成或将两者结合来完成。如广告用的一些动态特效就是采用3D动画完成的，现在很多广告，从制作的角度看，都或多或少地用到了动画。

## 1.2.9 影视动画

影视三维动画涉及影视特效创意、前期拍摄、影视3D动画、特效后期合成、影视剧特效动画等。随着计算机在影视领域的延伸和制作软件的增加，三维数字影像技术突破了影视拍摄的局限性，在视觉效果上弥补了拍摄的不足，而且一定程度上电脑制作的费用比实拍所产生的费用要低得多。

制作影视特效动画的计算机设备硬件均为3D数字工作站。制作人员的专业有计算机、影视、美术、电影、音乐等。影视三维动画从简单的影视特效到复杂的影视三维场景都能表现得淋漓尽致。

## 1.2.10 角色动画

角色动画制作涉及3D游戏角色动画、电影角色动画、广告角色动画和人物动画等。

电脑角色动画制作一般通过以下步骤完成。

01 在3ds Max中建立故事的场景、角色、道具的简单模型。

02 将3D简单模型根据剧本和分镜故事板简单渲染，制作出3D故事板。

03 在三维软件中进行角色模型、3D场景、3D道具模型的精确制作。

04 根据剧本的设计对3D模型进行色彩、纹理、质感等的设定工作。

05 根据故事情节分析，对3D中需要的动画模型（主要为角色）进行动画前的一些动作设置。

06 根据分镜故事板的镜头和时间，给角色或其他需要活动的对象制作出每个镜头的表演动画。

07 对动画场景进行灯光设定，以渲染气氛。

08 动画特效设定。

09 后期将配音、背景音乐、音效、字幕和动画一一匹配合成，最终完成整部角色动画片的制作。

## 1.2.11 虚拟现实

虚拟现实的英文是Virtual Reality，简写为VR，也称灵境技术或人工环境，应用于旅游、房地产、大厦、别墅公寓、写字楼、景点展示、观光游览、酒店饭店、宾馆餐饮、园林景观、公园、博物馆，地铁、机场、车站、码头等行业项目展示和宣传。虚拟现实的最大特点是用户可以与虚拟环境进行人机交互，将被动式观看变成更逼真的体验互动。

360度实景、虚拟漫游技术已在网上看房、房产建筑动画片、虚拟楼盘电子楼书、虚拟现实演播室、虚拟现实舞台、虚拟场景、虚拟写字楼、虚拟营业厅、虚拟商业空间、虚拟酒店、虚拟现实环境表现等诸多项目中采用。

## 1.2.12 医疗卫生

三维动画可以形象地演示人体内部组织的细微结构和变化，给学术交流和教学演示带来了极大的便利。如图1-22所示，可以将细微的手术放大到屏幕上，进行观察学习，对医疗事业具有重大的现实意义。

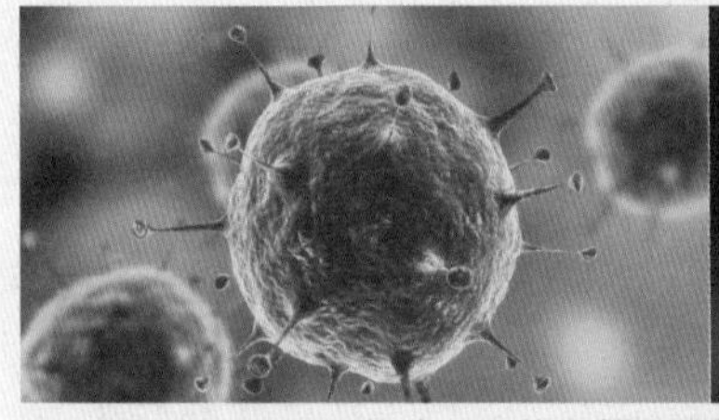
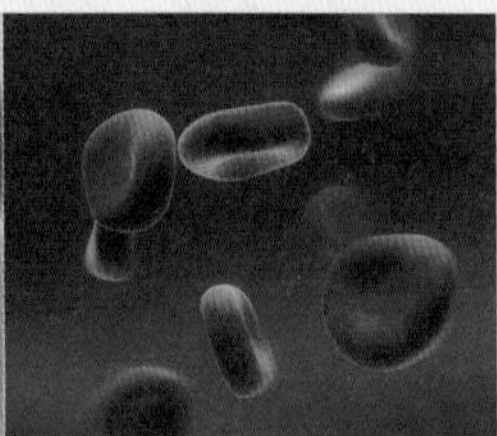

图1-22 三维演示人体内部组织的细微结构和变化

## 1.2.13 军事科技及教育

三维技术最早应用于飞行员的飞行模拟训练，除了可以模拟现实中飞行员可能遇到的恶劣环境外，也可以模拟战斗机飞行员在空战中的格斗以及投弹等训练。

现在三维技术的应用范围更为广泛，不单单可以使飞行学习更加安全，同时在军事上，三维动画还可用于导弹弹道的动态研究，爆炸后的爆炸强度以及碎片轨迹研究等。此外，还可以通过三维动画技术来模拟战场，进行军事部署和演习，除此之外，也可以应用于航空航天以及导弹变轨等技术上，效果如图1-23所示。

图1-23 三维技术在军事科技领域的应用

## 1.2.14 生物化学工程

生物化学领域很早就引入了三维技术，用于研究生物分子之间的结构组成。复杂的分子结构无法靠想象来研究，而三维模型可以给出精确的分子构成，其相互组合方式可以利用计算机进行计算，从而简化了大量的研究工作。遗传工程利用三维技术对DNA分子进行结构重组，产生新的化合物，给研究工作带来了极大的帮助，如图1-24所示。

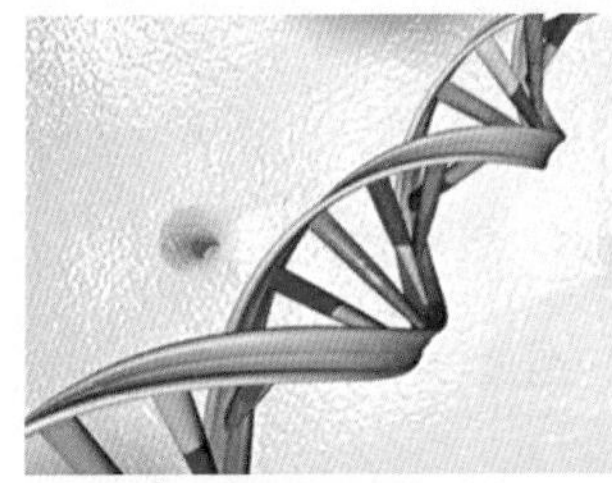

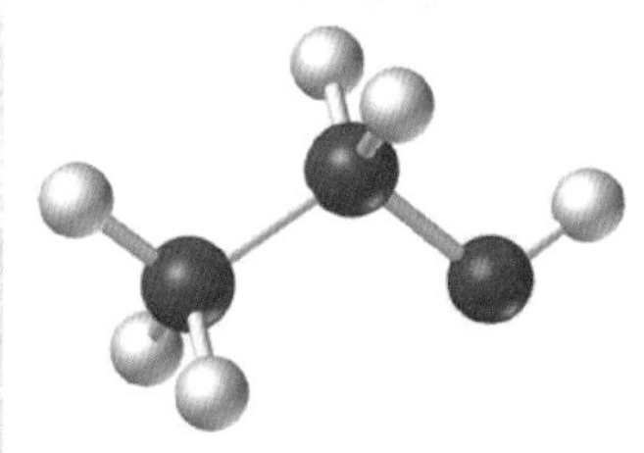

图1-24 三维技术在生物化学工程领域中模拟的DNA分子

### 知识链接 三维动画发展前景

三维动画业是新兴行业，也可称为CG（Computer Graphics）行业，综观三维动画的发展历程，相信不久的将来，三维将进入千家万户，不再被电影厂和专业影视制作公司所垄断，近年来做三维和学三维的人日益增多。三维平台的趋势由高端过渡到低端，不再需要几十万的工作站，一般家庭电脑就可以做出很专业的三维作品。三维动画制作的收费也日趋合理，想当年20000元/秒的天价（广告级标版）到现在500元/秒都有人做，三维建筑、室内效果图的制作收费也下降了很多，想靠做三维发大财已不太可能。面对国内电影业不景气、外国大片冲击的现状，如何有效率地提高国人的创作、制作水平和规范制作准则是摆在我们面前不容轻视的课题。

三维动画作为电脑美术的一个分支，是建立在动画艺术和电脑软硬件技术发展基础上而形成的一种相对独立的新型艺术形式。早期主要应用于军事领域。直到20世纪70年代后期，随着PC机的出现，计算机图形学才逐步拓展到诸如平面设计、服装设计、建筑装潢等领域。80年代，随着电脑软硬件的进一步发展，计算机图形处理技术的应用得到了空前的发展，电脑美术作为一个独立学科开始真正走上了迅猛发展之路。

运用计算机图形技术制作动画的探索始于20世纪80年代初期，当时三维动画的制作主要是在一些大型的工作站上完成的。在DOS操作系统下的PC机上，3D Studio软件处于绝对的垄断地位。1994年，微软推出Windows操作系统，并将工作站上的Softimage移植到PC机上。1995年，Windows95出现，3DS出现了超强升级版本3DS MAX1.0。1998年，Maya的出现可以说是3D发展史上的又一个里程碑。其推动着三维动画应用领域不断拓宽与发展，主要体现在从建筑装潢、影视广告片头、MTV、电视栏目，直到全数字化电影的制作。在各类动画当中，最有魅力并运用最广的当属三维动画。二维动画可以看成三维动画的一个分支，三维动画软件功能愈来愈强大，操作起来也愈来愈容易，这使得三维动画有了更广泛的运用。

今天，电脑的功能愈来愈强大，我们不仅可以看到电视台的栏目包装及广告中充满电脑动画特技，更有不少动画爱好者在自己的个人电脑上玩起了动画制作。

1995年，由迪斯尼发行的《玩具总动员》上映，这部纯三维制作的动画片取得了巨大的成功。由此三维动画迅速取代传统动画成为最卖座的动画片种。迪斯尼公司在其后发行的《玩具总动员2》《恐龙》《怪物公司》《虫虫特工队》都取得了巨大成功。另外，梦工厂发行的《蚁哥雄兵》《怪物史瑞克》等三维动画片，也获得了巨大的商业成功。三维动画在电影中的运用更是神乎其技！《蜘蛛侠》《泰坦尼克号》《终结者》《魔界》等，可以说电影已经离不开三维动画的参与了！现今三维动画的运用可以说无处不在，网页、建筑效果图、建筑浏览、影视片头、MTV、电视栏目、电影、科研、电脑游戏等各行各业都有三维动画技术在起着重要作用。

# 1.3 三维动画的制作原理与流程

随着科技的不断发展，动画艺术已由传统的手工绘制，演变到今天的电脑制作时代，也由于电脑为动画制作者提供了更多的发挥空间，因此，动画制作这个充满着希望的行业已被视为未来社会与经济发展不可缺少的重要角色。

人的眼睛在看过一个图像后，1/16秒内仍能存有这个图像的残留视觉，这种生理现象叫做“视觉暂留”。也就是说，在残留视觉还没有消失前，如果在1/16秒内再呈现

第二个图像，那么这两个图像，给我们的感觉就好像彼此连续一样，也就是因为这个简单的原理，才使得静态图画变成生动活泼的动画影片。如图1-25所示的动画效果就是由数幅不同嬉笑的图像组成，通过快速播放形成的。

图1-25 视觉残留所形成的动画效果

在三维动画中，我们不需要像制作二维动画那样画多幅效果不同的画面，在三维动画软件中我们只需要为特定的动画对象设定关键帧就可以了。

无论从任何角度看，三维动画的每一帧画面都是真实的三维场景。由于三维动画软件引用了运动学理论，不需要将每一帧都画出，从而大大减少了工作量。如果用3ds Max制作动画，用户并不需要做出每一帧的场景，而只需要做出运动的关键点的场景，即关键帧的画面，这样既节省了工作量，也使动画看上去更流畅。

因此，利用3ds Max制作三维动画时，只需要制作出静态的模型或场景，然后再根据运动学原理加入动画效果就可以了。

在了解了三维动画的制作原理后，下面介绍制作三维动画的过程。首先是建立模型，其次是编辑模型，再次是为其指定材质、设置灯光、设置动画，最后是渲染合成。

建模在整体制作过程中是最重要的一步，因为其后的灯光、材质等元素的添加都要以三维模型为基础。如果模型创建得有问题，则以后工作的难度将大大增加。在实践工作中，往往前一道工序遗留的问题在后面的工作流程中是难以修复的，可以说建模是万丈高楼的地基，只有地基坚固，才会为后继工作打下坚实的基础。

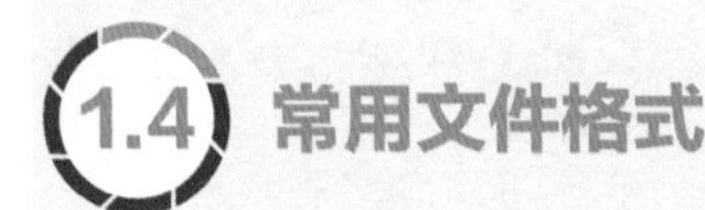

## 1.4 常用文件格式

在没有正式进入主题之前，首先讲一下计算机图形图像格式的相关知识，因为它在某种程度上决定了所设计创作的作品输出质量的优劣。另外在制作影视广告片头时，会用到大量的图像以用于素材、材质贴图或背景。当一个作品完成后，输出的文件格式也将决定所制作作品的播放品质。

在日常的工作和学习中，还需要发现并积累各种文件格式的素材。需要注意的一点是，所收集的图片或图像文件各种格式的都有，这就涉及图像格式转换的问题，而如果我们已经了解了图像格式的转换，则在制作中就不会受到限制。

在作品的输出过程中，同样也可以将它们存储为所需要的文件格式，而不必再因为播放质量或输出品质的问题而受到困扰。

下面简单介绍对日常工作中涉及的图像格式。

### 1. BMP格式

BMP，全称为Windows Bitmap。它是微软公司自身的Paint格式，可以被多种Windows和OS/2应用程序所支持。在Photoshop中，最多可以使用16兆的色彩渲染BMP图像。因此，BMP格式的图像具有极其丰富的色彩。

### 2. GIF格式

GIF，（Graphics Interchange Format）是图形交换格式。此类格式是一种压缩的8位图像文件。正因为它是经过压缩的，而且又是8位的，所以这种格式的文件大多用在网络传输上，速度要比传输其他格式的图像文件快得多。

此格式文件最大的缺点是最多只能处理256种色彩。它不能用于存储真彩的图像文件。也正因为其体积小而曾经一度被应用在计算机教学、娱乐等软件中，也是人们较为喜爱的8位图像格式。

### 3. TGA格式

TGA—Targa，是由True Vision设计的图像格式。此种格式支持32位图像，其中包括8位Alpha通道用于显示实况电视，并且已经被广泛地应用于PC机领域。该种格式使Windows与3ds Max相互交换图像文件成为可能。你可以在3ds Max中生成色彩丰富的TGA文件，然后在Windows系统中，用Photoshop、Freeherd、Painter等软件都可调出这种格式的文件进行修改和渲染。

在3ds Max中可以将当前场景渲染成为含有Alpha通道的16位、24位、32位图像。另外，由于TGA是一种无损压缩格式，所以在对画面质量要求较高时可以采用该格式输出。特别是对于一些要求非常高的视频输出，往往不是渲染生成AVI视频文件，而是将动态的画面逐张渲染生成单独的“TGA序列”。

### 4. JPEG格式

JPEG（Joint Photographic Experts

Group）直译为联合图片专家组。JPEG是Macintosh机上常用的存储类型，但是，无论是在Photoshop、Painter、FreeHand、Illustrator等平面软件还是在3ds或3ds Max中都能够打开此类格式的文件。

JPEG格式是所有压缩格式中最卓越的。在压缩前，可以从对话框中选择所需图像的最终质量，这样，就有效地控制了文件在压缩时的损失数据量。并且可以在保持图像质量不变的前提下，产生惊人的压缩比，在没有明显质量损失的情况下，它的体积能降到原BMP图片的1/10。

另外，使用JPEG格式，可以将当前所渲染的图像输入Macintosh机上做进一步处理。或将Macintosh制作的文件以JPEG格式再现于PC机上。总之JPEG是一种极具价值的文件格式。

#### 5. TIFF格式

TIFF（Tag Image File Format）直译为标签图像文件格式，是由Aldus为Macintosh机开发的文件格式。目前，它是Macintosh机和PC机上使用最广泛的位图格式，也是桌面印刷系统的通用格式。TIFF文件占用空间较大，但图像质量非常好，主要用于分色印刷和打印输出等，属于C、M、Y、K型。

在Photoshop中，TIFF格式已支持24个通道，它是除Photoshop自身格式外唯一能存储多个四个通道的文件格式。

另外，在3ds Max中也可以渲染生成TIFF格式的文件，由于TIFF的诸多特性，尤其是它在压缩时绝不影响图像像素，因此多被用于存储一些色彩绚丽、构思奇妙的贴图文件。而且还能够将图像渲染为单色显示，使其产生一种黑白照片的效果。可以说，它将3ds Max、Macintosh、Photoshop有机地结合到了一起。

#### 6. PNG 文件

像GIF 一样，PNG也使用无损压缩方式来减小文件的尺寸。越来越多的软件开始支持这一格式，也许不久的将来它将会在整个Web上流行。

PNG图像可以是灰阶的（位深可达16bit）或彩色的（位深可达48bit），为缩小文件尺寸，它还可以是8bit的索引色。PNG使用的新的高速的交替显示方案，可以迅速地显示，只要下载1/64的图像信息就可以显示出低分辨率的预览图像。与GIF不同，PNG格式不支持动画。在3ds Max中既可以渲染也可以将此种模式用作效果贴图。

#### 7. PSD文件

PSD文件是Adobe Photoshop的专用格式，可以储存成RGB或CMYK模式，更能自定颜色数目储存，还可以将不同的对象以层级分离存储，以便于修改和制作各种特效。

#### 8. EPS格式

EPS（Encapsulated PostScript）格式是专门为存储矢量图形而设计的，用于PostScript输出设备上的打印。

Adobe公司的Illustrator是绘图领域中一个极为优秀的程序。它既可用来创建流动曲线、简单图形，也可以用来创建专业级的精美图像。它的作品一般存储为EPS格式。通常EPS也是CorelDraw等软件支持的一种格式，在3ds Max中一般很少使用。

#### 9. AVI格式

AVI（Audio Video Interleaved〈Microsoft标准〉）格式是Windows平台内置的支持视频文件的格式，采用Audio Video Interleaved方式（视频音频交织方式AVI）。AVI支持灰度、8bit彩色和插入声音，还支持与JPEG相似的变化压缩方法，是一种通过Internet传送多媒体图像和动画的常用格式。

另外，此种文件格式可以作为下载用的格式（Windows Only）。

#### 10. FLC、FLI格式

FLC是早期标准的8位（256色）PC机动画格式，由3DS、Autodesk Animator、Animator Pro、Animator Studio等制作生成，而现在的3ds Max同样也可以设置渲染此类型文件。目前很少使用此种类型的文件进行动画渲染存储了。

FLI 是Autodesk Animator所生成的文件，它只局限于320×320个像素点，较不同的是，FLC文件可适用于任意的分辨率。

#### 11. CEL格式

CEL是Autodesk Animator系列软件生成的一种胶片格式，它在图像质量上与FLC、FLI格式相同，只是能尽量减少文件的尺寸，使得占用内存小，播放更加容易。贴图时会大量用到这种文件格式。

#### 12. MOV格式

MOV原来是苹果公司开发的专用视频格式，后来被移植到PC机上。它与AVI大体上属于同一级别（画面的品质、压缩比等），同样，它与AVI都属于网络上的视频格式之一，但是在PC机上不如AVI普及，因为播放MOV要用专用的软件QuickTime，另外，IE4.0等网络浏览器也都支持MOV。

#### 13. WAV格式

WAV是Windows记录声音用的文件格式。

### 知识链接 常用术语

下面介绍一些基础的影视术语，进而建立一些基本的概念，以利于以后的学习。

#### 1. NTSC制式

它是1952年由美国国家电视标准委员会制定的彩色电视广播标准，采用正交平衡调幅的技术方式，所以也称为正交平衡调幅制。中国台湾地区、美国、日本、中美洲等国家和地区都使用这种制式。

2. PAL

它是西德在1962年制定的彩色电视广播标准，采用逐行倒相正交平衡调幅的技术方法，克服了NTSC制式相位敏感造成色彩失真的缺点。西德、英国等一些西欧国家以及新加坡、中国、澳大利亚等国家都采用这种制式。

另外，PAL制式中根据不同的参数细节，又可以进一步划分为G、I、D等制式，其中PAL-D制式是我国大陆采用的制式。

3. SECAM制式

SECAM是法文的缩写，它的含义是顺序传送彩色信号与存储恢复彩色信号制，是由法国在1956年提出、1966年制定的一种新的彩色电视格式。它也克服了NTSC制式相位失真的缺点，但采用时间分隔法来传送两个色差信号。使用SECAM制的国家主要集中在法国、东欧和中东一带。

4. SMPTE时间编码

其表示方式为Hours:Minutes:Seconds:Frames（时:分:秒:帧）。在一定的时间基准下，时间编码描述片段的持续时间，并且可以精确地指出片段中画面的时间位置。例如，时间基准为30帧/秒，延时为00:02:31:15的片段，表示其可以播放2分钟31秒又15张画面，即可以播放2分钟又31.5秒。

5. Frame Rate（帧速率）

帖速率决定了片段的播放速度。例如，30帧/秒，即指一个片段每秒钟播放30帧画面。

6. Time Base（时间基准）

时间基准决定了所进行的编辑操作的时间精确度。虽然有时时间基准与帧速率采用相同的数值，但是，时间基准与帧速率是不同的。不同的项目可以有不同的时间基准。一般的，我们在电影院中所观看的电影的时间基准为24帧/秒；对于PAL和SECAM制式的视频，其时间基准为25帧/秒；对于NTSC制式的视频，其时间基准为29.97帧/秒；其他类型的视频大多为30帧/秒。

7. Compression（压缩）

压缩是重组或删除数据以减小文件大小的算法。

8. Video for Windows

Video for Windows是Microsoft公司制定的一种影像格式，即.avi，此种格式的文件可以直接在PC机上播放。

9. Quick Time

Quick Time是Apple公司开发的一种影像格式，即.mov，此种格式的文件可以在Mac OS和Windows平台中播放。

10. Timebace（时基）

时基是指用户建立的项目将以每秒几帧的速度播放。Timebace的使用将随着不同媒体、不同用途以及不同地区有所差异，下表是选择性参考。

| 媒体 | NTSC | PAL | SECAM | Film（电影） | Multimedia（多媒体） |
|---|---|---|---|---|---|
| 帧/秒 | 29.97 | 25 | 25 | 24 | 30 |
| 使用地区 | 中国台湾地区、美国、日本、中美洲等 | 英国、西欧、中东、中国香港、中国内地、非洲等 | 东欧、俄罗斯部分国家 | 全球适用 | 全球适用 |

## 1.5 启动3ds Max 2018

如果要启动软件，需要单击桌面左下角的按钮，在弹出的菜单中选择【所有程序】| Autodesk | Autodesk 3ds Max 2018 | 3ds Max 2018 -Simplified Chinese命令，如图1-26所示。也可以直接双击桌面上的快捷方式图标来启动。3ds Max 2018的启动界面如图1-27所示。

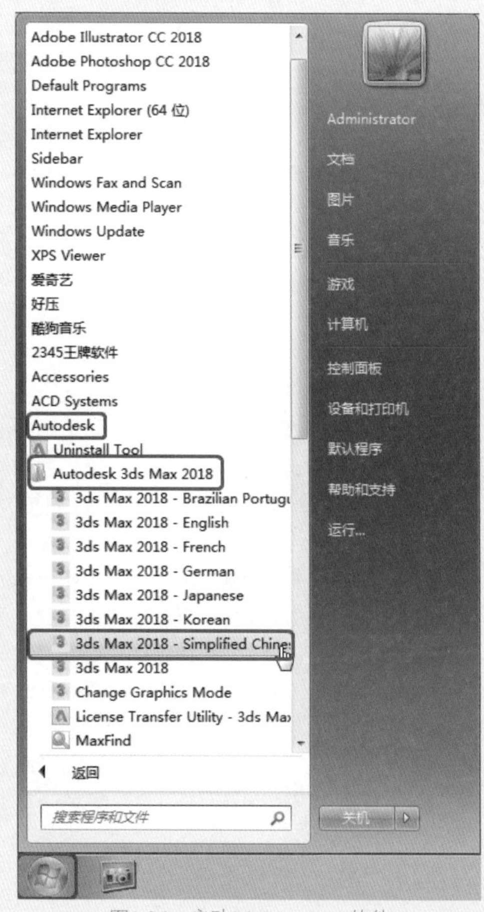


图1-26　启动3ds Max 2018软件

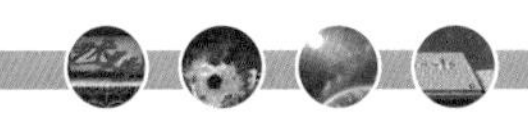

图1-27 启动界面

## 1.6 3ds Max 2018工作界面简介

每个软件的操作界面上都有菜单栏和工具栏，正确地掌握屏幕的布局操作起来才能更加方便快捷。现在我们就从3ds Max的操作界面开始讲述。

启动3ds max 2018应用程序后，可以看到如图1-28所示的窗口界面，按其功能大致可以分为视图区、菜单栏、工具栏、命令面板、视图控制区、动画控制区、状态行与提示行七大板块。

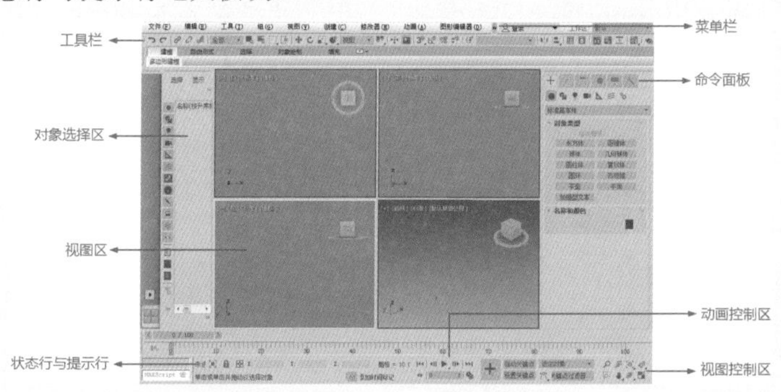

图1-28 3ds Max 2018的操作界面

### 1.6.1 菜单栏

菜单栏位于屏幕的最上端，包括【文件】、【编辑】、【工具】、【组】、【视图】、【创建】、【修改器】、【动画】、【图形编辑器】、【渲染】、Civil View、【自定义】、【脚本】、【内容】、Arnold、【帮助】等菜单。3ds Max 的菜单栏与标准的Windows软件中的菜单栏非常相似，如图1-29所示。

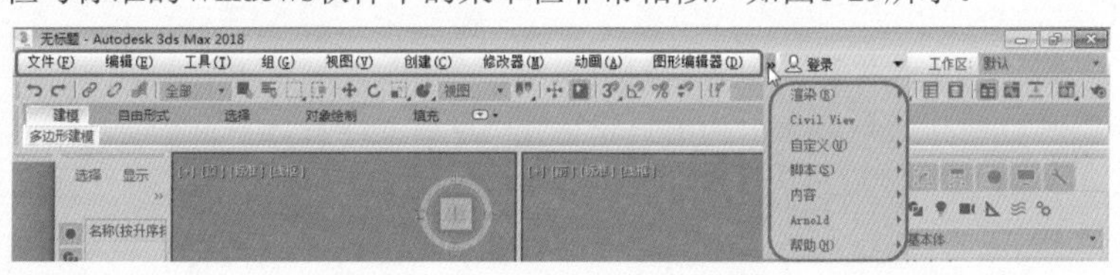

图1-29 3ds Max 2018中的菜单栏

在这里我们将每个菜单的功能总结如下。

- 【文件】菜单：【文件】菜单包含文件管理命令。
- 【编辑】菜单：提供对物体进行编辑的基本工具，如【撤消】、【重做】等。
- 【工具】菜单：提供多种工具，与顶端的工具栏基本相同。
- 【组】菜单：用于控制成组对象。
- 【视图】菜单：用于控制视图以及对象的显示情况。
- 【创建】菜单：提供与【创建】命令面板中相同的创建选项，同时也方便了操作。
- 【修改器】菜单：可以直接通过菜单操作，对场景对象进行编辑修改。与面板右侧的【修改】命令面板相同。
- 【动画】菜单：用于控制场景元素的动画创建。
- 【图形编辑器】菜单：用于动画的调整以及使用图解视图进行场景对象的管理。
- 【渲染】菜单：用于控制渲染着色、视频合成、环境设置等。
- Civil View菜单：在该菜单中提供了【初始化civil view】命令。
- 【自定义】菜单：提供了多个让用户自行定义的设置选项，以使得用户能够依照自己的喜好进行调整设置。
- 【脚本】菜单：提供了用于编制脚本程序的各种选项。
- 【内容】菜单：在该菜单中提供了【启动3ds Max资源库】命令。
- Arnold菜单：支持从界面进行交互式渲染。
- 【帮助】菜单：提供了用户所需要的使用参考以及软件的版本信息等内容。

### 1.6.2 工具栏

工具栏包括两部分：主工具栏和

标签工具栏。主工具栏包括各种选择工具、捕捉工具、渲染工具等，还有一些是菜单中的快捷键按钮，可以直接打开某些控制窗口，如材质编辑器、渲染设置等，如图1-30所示。

图1-30　主工具栏

提示

对于800像素×600像素显示分辨率，只能显示部分命令按钮，在操作中需要使用鼠标进行拖动，对于更高的显示分辨率（1024像素×768像素以上），才会显示出一个完整的快捷工具行。命令按钮的图标被设计得非常形象，用过几次后就会记住它们，并且当用鼠标在按钮上停留几秒钟后，会出现当前按钮的文字提示。

## 1.6.3　动画控制区

动画控制区位于状态行与视图控制区之间，另外包括视图区下的时间滑块，它们用于控制动画的时间。在这里不但可以开启动画制作模式，同时也可以随时对当前动画场景插入关键帧，而且制作完成后的动画也可以在激活的视图中进行实时的播放。在该区域的左侧是一些时间快进、回放等导航按钮，如图1-31所示。

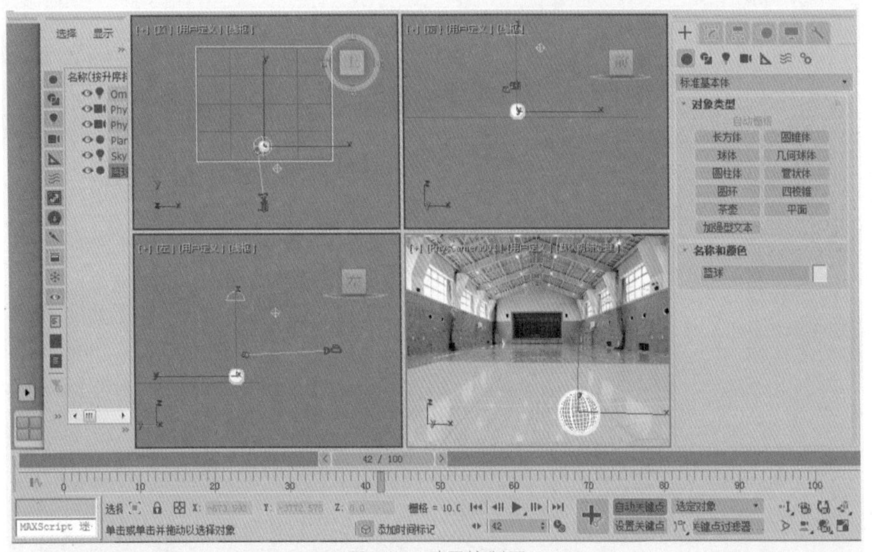

图1-31　动画控制区

## 1.6.4　命令面板

如果把视图区比作人的面孔，那么我们可以把命令面板区看作3ds Max的中枢神经系统，其包括【创建】、【修改】、【层次】、【运动】、【显示】、【实用程序】六个部分。命令面板区包括大多数的造型和动画命令，如图1-32所示。

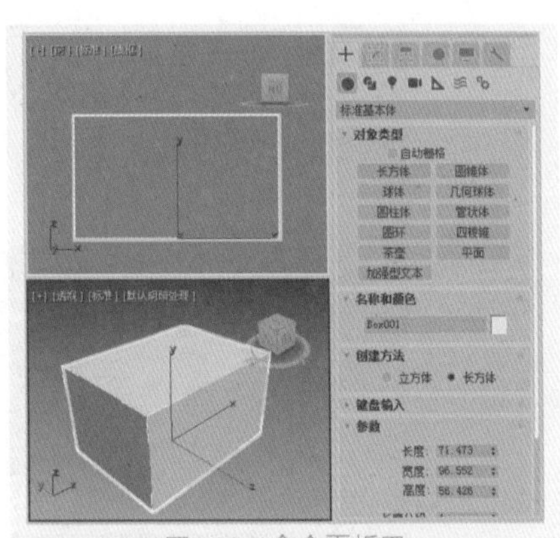

图1-32　命令面板区

## 1.6.5　视图区

视图区在3ds Max操作界面中占主要面积，是进行制作的主要工作区域，又分为【顶】视图、【前】视图、【左】视图、【透视】视图四个工作视窗。通过这四个不同的视窗可以从不同角度观察所创建的各种造型。

提示

对于视图区的控制，主要在【自定义】|【视口配置】菜单中完成，一旦你对3ds Max的默认设置感到厌倦，可以通过此菜单来设置自己喜欢的视图。

## 1.6.6　状态行与提示行

在视图左下方是状态行，主要可分为当前状态行和提示信息行两部分，用于显示当前状态及选择锁定方式，如图1-33所示。

- 【MAXScript脚本袖珍监听器】：分为粉色和白色的上下两个窗格。粉色窗格是宏记录窗格，用于显示最后记录中的信息；白色窗格是脚本编写窗格，用于显示最后编写的脚本命令，Max会自动执行直接输入到白色窗格内的脚本语言。
- 【当前选择状态栏】：显示当前选择对象的数目和类型。如果是同一类型的对象，可以显示出对象的类别。

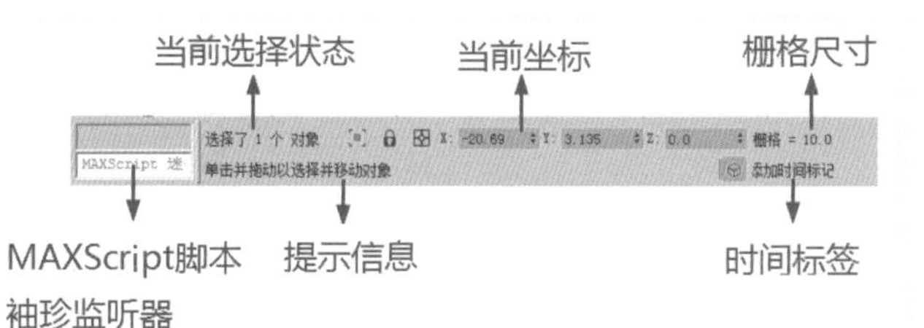


图1-33 状态行

- 【提示信息】：它是针对当前选择的工具和程序，提示下一步的操作指导，如图1-33所示提示信息【渲染时间0:00:00】。
- 【当前坐标】：显示当前鼠标的世界坐标值或变换操作时的数值。当鼠标不操作物体，只在视图上移动时，将显示当前的世界坐标值；如果使用了变换工具，将根据工具、轴向的不同而显示。比如用移动工具时，将依据当前坐标系统显示位置的数值；用旋转工具时，显示当前活动轴上的旋转角度；用放缩工具时，显示当前放缩轴上的放缩比例。
- 【栅格尺寸】：显示当前栅格中一个方格的边长尺寸，它的值会随视图显示的放缩而变化。比如放大显示时，栅格尺寸会缩小，因为总的栅格数是不变的。
- 【时间标签】：时间标签是一个非常快捷的方式，能通过文字符号指定特定的帧标记，从而可以迅速跳到想去的帧。未设定时它是个空白框，用鼠标左键或右键单击此处时，会弹出一个小的菜单，上层是【添加标记】和【编辑标记】两个选项。单击【添加标记】可将当前帧加入到标签中，弹出的对话框如图1-34所示。

【添加时间标记】对话框中各选项的功能说明如下。

- 【时间】：显示标记要指定的当前帧。
- 【名称】：输入一个文字串即标签名称，它将与当前的帧号一起显示。
- 【锁定时间】：选中此选项，可以将标签锁定到一个特殊的帧上。
- 【相对于】：指定其他的标记，当前标记将保持与该标记的相对偏移。例如，在第10帧指定一个时间标记，在第40帧指定第二个标记，将第一个标记指定相对于到第二个标记，这样，如果第一个标记移动到第35帧，则第二个标记自动移动到55帧，以保持两标记相隔30帧。这种相对关系是一种单方面的偏移，系统不允许建立循环的从属关系，如果第二个标记的位置发生变化，则第一个标记不会受到影响。

单击【编辑标记】，将弹出【编辑时间标记】对话框，其中各选项的功能与【添加时间标记】对话框类似，如图1-35所示，不同的选项说明如下。

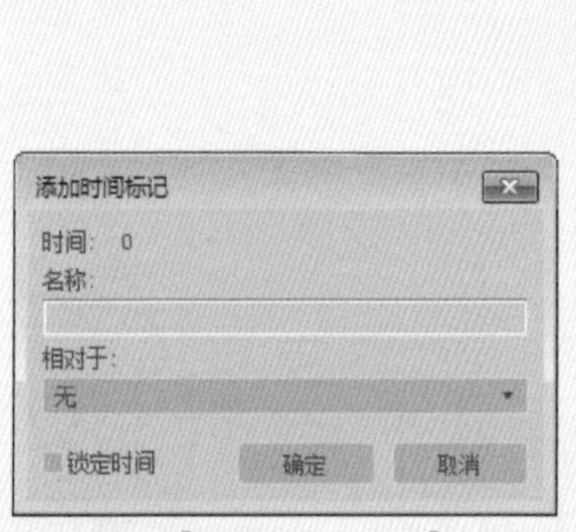


图1-34 【添加时间标记】对话框

图1-35 【编辑时间标记】对话框

- 【删除标记】：将当前标签列表框中选择的标签删除。

### 1.6.7 视图控制区

位于视图右下角的是视图控制区，其中的控制按钮可以控制视窗区各个视图的显示状态，如视图的放缩、旋转、摇移等，如图1-36所示。

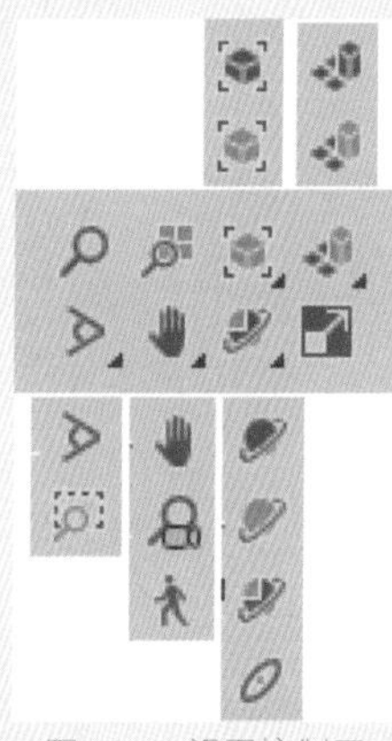

图1-36 视图控制区

## 1.7 思考与练习

1. 如何启动3ds Max 2018？
2. 3ds Max 2018界面分为几个板块？

# 第2章 3ds Max 2018 操作基础

3ds Max 2018属于单屏幕操作软件，它所有的命令和操作都在一个屏幕上完成，不用进行切换，这样可以节省大量的工作时间，同时创作也更加直观明了。作为3ds Max的初级用户，学习和适应软件的工作环境及基本的文件操作是非常有必要的。

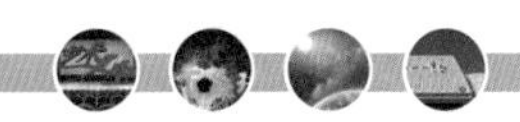

# 2.1 文件的操作

## 2.1.1 实战：文件的打开与保存

文件的打开与保存是操作过程中最重要的环节之一，本小节将重点讲解文件的打开与保存。

### 1. 打开文件

在菜单栏中单击【文件】按钮，在弹出的下拉列表中选择【打开】选项，即可弹出【打开文件】对话框，在该对话框中选择3ds Max 2018支持的场景文件，单击【打开】按钮即可将需要的文件打开。

> 提示　Max文件包含场景的全部信息，如果一个场景使用了当前3ds Max软件不具备的特殊模块，那么打开该文件时，这些信息将会丢失。

具体操作步骤如下：

01 启动3ds Max 2018后，在菜单栏中单击【文件】按钮，在弹出的下拉列表选择【打开最近】选项，即可显示最近使用过的文件，在文件上单击即可将其打开，如图2-1所示。

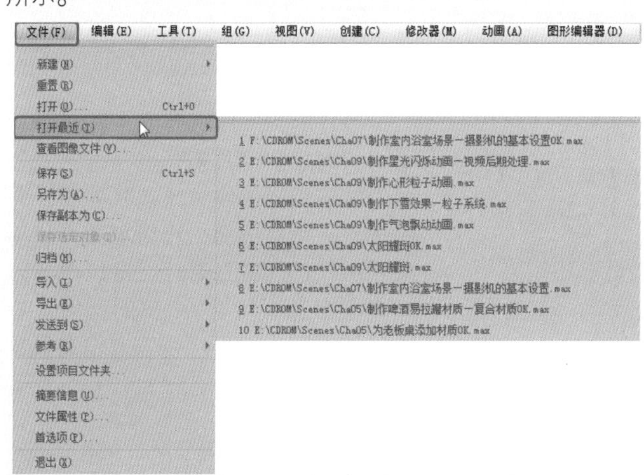

图2-1　最近使用的文件

02 或者在下拉列表中选择【打开】选项，弹出【打开文件】对话框，如图2-2所示。

03 在【打开文件】对话框中选择要打开的文件后，单击【打开】按钮或者双击该文件名即可打开文件。

### 2. 保存文件

【保存】命令和【另存为】命令在3ds Max 2018中都是用于对场景文件的保存。但它们在使用和存储方式上又有不同之处。

图2-2　【打开文件】对话框

选择【保存】命令，可以将当前场景快速保存，覆盖旧的同名文件，这种保存方法没有提示。如果是新建的场景，第一次使用【保存】命令和【另存为】命令效果相同，系统都会弹出【文件另存为】对话框，用于指定文件的存储路径和名称等。

> 提示　当使用【保存】命令进行保存时，所有场景信息也将一并保存，例如视图划分设置、视图放缩比例、捕捉和栅格设置等等。

使用【另存为】命令进行场景文件的存储时，系统将以一个新的文件名称来存储当前场景，以免替换旧的场景文件。

在菜单栏中单击【文件】按钮，在弹出的下拉列表中将会显示各种保存方式，其中包括【另存为】、【保存副本为】、【保存选定对象】和【归档】等，如图2-3所示。

- 选择【另存为】命令，可以弹出【文件另存为】对话框，首先需要设置存储路径并输入文件名称，然后在【保存类型】下拉列表中，可以选择3ds Max 的版本，设置完成后单击【保存】按钮即可，如图2-4所示。

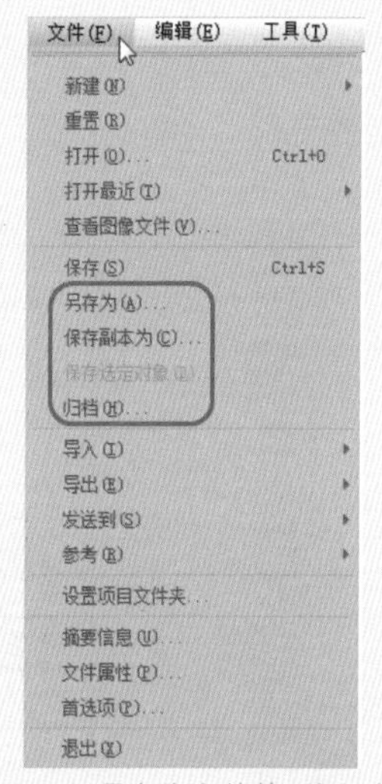

图2-3　另存为文件的4种方式

图2-4 【文件另存为】对话框

- 选择【保存副本为】命令，可以以不同的文件名保存当前场景的副本。该选项不会更改正在使用的文件的名称。
- 使用【保存选定对象】命令可以另存当前场景中选择的对象，而不保存未被选择的对象。
- 使用【存档】命令可以创建列出场景位图及其路径名称的压缩存档文件或文本文件。

### 2.1.2 合并文件

在3ds Max中经常需要把其他场景中的一个对象加入当前场景中，这称为合并文件。

在菜单栏中单击【文件】按钮，在弹出的下拉列表中选择【导入】|【合并】选项，在弹出的【合并文件】对话框中选择要合并的场景文件，单击【打开】按钮，如图2-5所示。然后在弹出的【合并】对话框中选择要合并的对象，单击【确定】按钮完成合并，如图2-6所示。

提示：在列表中可以按住Ctrl键选择多个对象，也可以按住Alt键从选择集中减去对象。

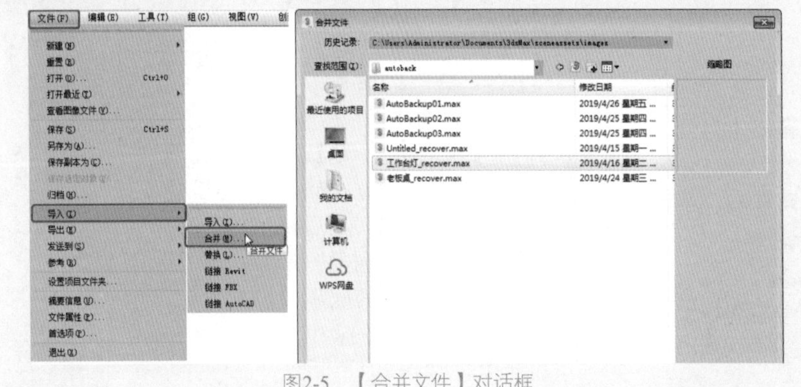

图2-5 【合并文件】对话框

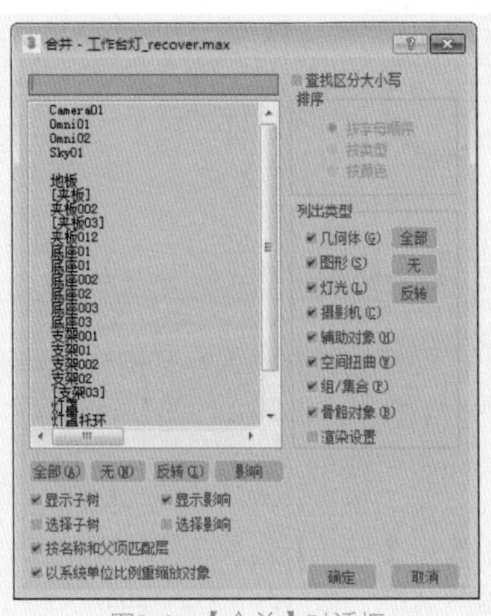

图2-6 【合并】对话框

## 2.2 对象的选择

选择对象可以说是3ds Max最基本的操作。无论对场景中的任何物体做何种操作、编辑，首先要做的就是选择该对象。为了方便用户，3ds Max提供了多种选择对象的方式。

### 2.2.1 单击选择

单击选择对象就是工具栏中的【选择对象】工具，然后通过在视图中单击相应的物体来选择对象。单击一次只可以选择一个对象或一组对象。按住Ctrl键的同时，可以单击选择多个对象；按住Alt键的同时，在选择的对象上单击，可以取消选择该对象。

### 2.2.2 按名称选择

在选择工具中有一个非常好用的工具，它就是【按名称选择】，该工具可以通过对象名称进行选择，所以该工具要求对象的名称具有唯一性，这种选择方式快捷准确，通常用于选择复杂场景中的对象。

在工具栏中单击【按名称选择】按钮，也可以通过按下键盘上的快

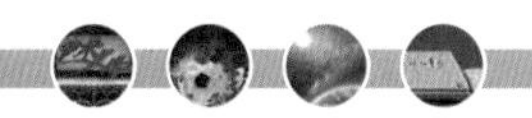

捷键H直接打开【从场景选择】对话框，如图2-7所示，在该对话框中选择对象时，按住Shift键可以选择多个连续的对象，按住Ctrl键可以选择多个非连续对象，选择完成后单击【确定】按钮，即可在场景中选择相应的对象。

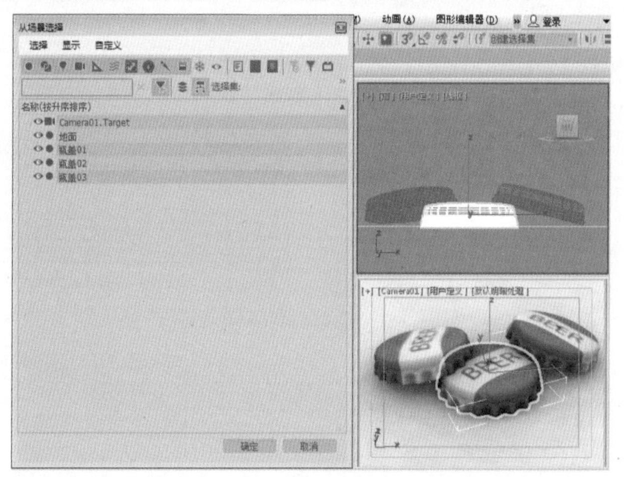

图2-7 使用按名称选择工具选择对象

### 2.2.3 工具选择

3ds Max中的选择工具有单选工具和组合选择工具两种。

单选工具为【选择对象】工具。

组合选择工具包括【选择并移动】工具、【选择并旋转】工具、【选择并均匀缩放】工具、【选择并链接】工具、【断开当前选择链接】工具等。

### 2.2.4 区域选择

在3ds Max 2018中提供了五种区域选择工具：【矩形选择区域】工具、【圆形选择区域】工具、【围栏选择区域】工具、【套索选择区域】工具和【绘制选择区域】工具。其中，【套索选择区域】工具用来创建不规则选区，如图2-8所示。

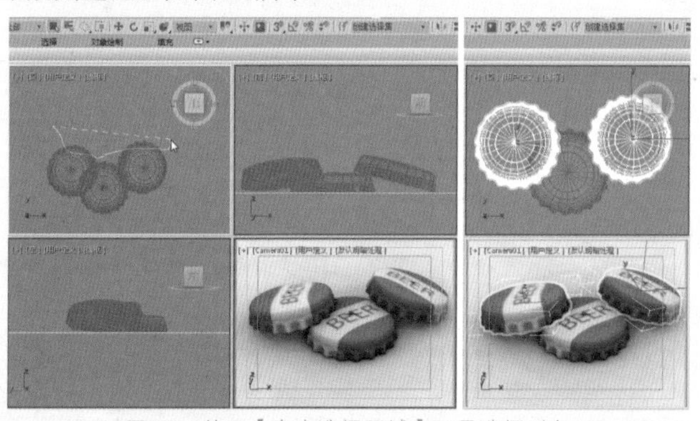

图2-8 使用【套索选择区域】工具选择对象

提示：使用套索工具配合范围选择工具可以非常方便地将要选择的物体从众多交错的物体中选取出来。

### 2.2.5 范围选择

范围选择有两种方式：一种是窗口范围选择方式，一种是交叉范围选择方式，通过3ds Max工具栏中的【交叉】按钮可以进行两种选择方式的切换。若选择【交叉】按钮状态，则选择场景中的对象时，对象只要有部分被框选，则整个物体将被选择，如图2-9所示。切换到【窗口】按钮状态时，只有对象全部被框选，才能选择该对象。

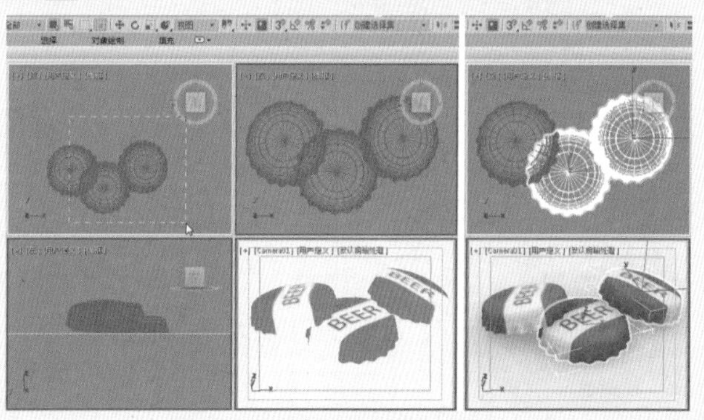

图2-9 使用【交叉】工具选择对象

## 2.3 使用组

组，顾名思义就是由多个对象组成的集合。成组以后不会对原对象做任何修改。但对组的编辑会影响组中的每一个对象。成组以后，只要单击组内的任意一个对象，整个组都会被选择。如果想单独对组内对象进行操作，必须先将组暂时打开。组存在的意义就是使用户同时对多个对象进行同样的操作成为可能，如图2-10所示。

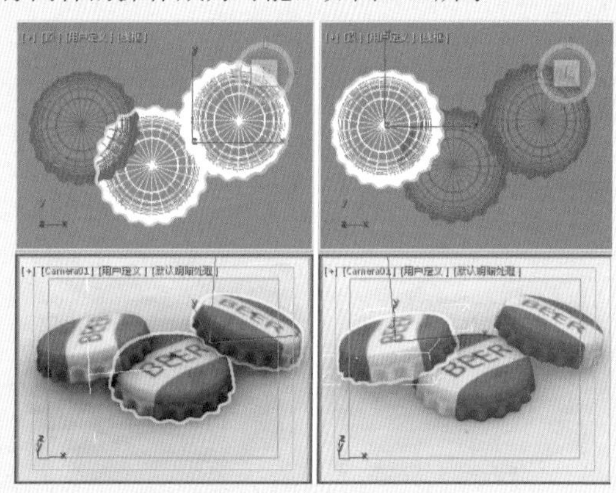

图2-10 成组与单个实体的对比

### 2.3.1 组的建立

在场景中选择两个以上的对象，在菜单栏中选择【组】|【组】命令，在弹出的对话框中输入组的名称（默认组名为【组001】并自动按序递加），单击【确定】按钮即可，如图2-11所示。

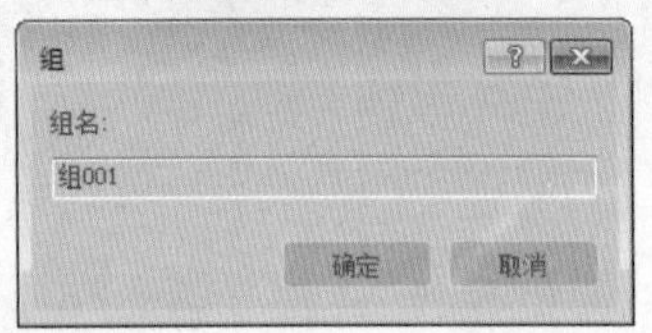

图2-11 【组】对话框

### 2.3.2 打开组

若须对组内对象单独进行编辑则需将组打开。每执行一次【组】|【打开】命令，只能打开一级群组。

在菜单栏中选择【组】|【打开】命令，这时群组的外框会变成粉红色，可以对其中的对象单独进行修改。移动其中的对象，则粉红色边框会随着变动，表示该物体正处在该组的打开状态中。

### 2.3.3 关闭组

在菜单栏中选择【组】|【关闭】命令，可以将暂时打开的组关闭，返回到初始状态。

## 2.4 移动、旋转和缩放物体

在3ds Max中，对物体进行编辑修改最常用到的就是物体的移动、旋转和缩放。移动、旋转和缩放物体有三种方式。

第一种是直接在主工具栏选择相应的工具：【选择并移动】工具、【选择并旋转】工具、【选择并均匀缩放】工具，然后在视图区中用鼠标实施操作。也可在工具按钮上单击右键弹出变换输入浮动框，直接输入数值进行精确操作。

第二种是通过【编辑】|【变换输入】菜单命令打开【移动变换输入】框对对象进行精确的位移、旋转、放缩操作，如图2-12所示。

第三种就是在状态栏的【坐标显示】区域中输入调整坐标值，这也是一种方便快捷的精确调整方法，如图2-13所示。

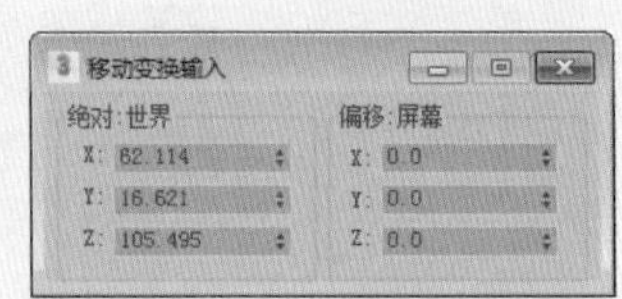

图2-12 【移动变换输入】框

【绝对模式变换输入】按钮用于设置世界空间中对象的确切坐标，单击该按钮，可以切换到【偏移模式变换输入】状态，如图2-14所示，偏移模式相对于其现有坐标来变换对象。

图2-13 【坐标显示】区域　　图2-14 偏移模式

## 2.5 坐标系统

若要灵活地对对象进行移动、旋转、缩放，就要正确地选择坐标系统。

3ds Max 2018提供了10种坐标系统可供选择，如图2-15所示。

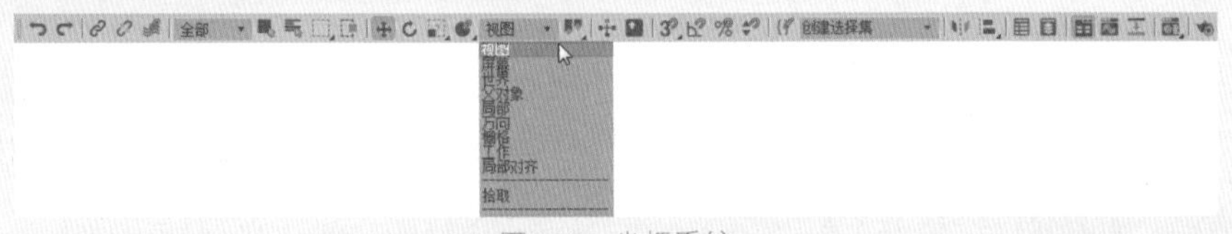

图2-15 坐标系统

各个坐标系统的功能说明如下：

- 【视图】坐标系统：这是默认的坐标系统，也是使用最普遍的坐标系统，实际上它是【世界】坐标系统与【屏幕】坐标系统的结合。在正视图中（如顶，前、左等）使用屏幕坐标系统，在【透】视图中使用世界坐标系统。
- 【屏幕】坐标系统：在所有视图中都使用同样的坐标轴向，即X轴为水平方向，Y轴为垂直方向，Z轴为景深方向，这正是我们所习惯的坐标轴向，它把计算机屏幕作为X、Y轴向，计算机内部延伸为Z轴向。
- 【世界】坐标系统：在3ds Max中从前方看，X轴为水平方向，Z轴为垂直方向，Y轴为景深方向。这个坐标方向轴在任何视图中都固定不变，以它为坐标系统在任何视图中都有相同的操作效果。
- 【父对象】坐标系统：使用选择物体的父物体的自身坐标系统，可以保持子物体与父物体之间的依附关系，在父物体所在的轴向上发生改变。
- 【局部】坐标系统：使用物体自身的坐标轴作为坐标系统。物体自身轴向可以通过【层次】命令面板中的【轴】|【仅影响轴】命令进行调节。
- 【万向】 坐标系统：万向用于在视图中使用欧拉XYZ控制器的物体的交互式旋转。应用它，用户可以使XYZ轨迹与轴的方向形成一一对应关系。其他的坐标系统会保持正交关系，而且每一次旋转都会影响其他坐标轴的旋转，但万向旋转模式则不会产生这种效果。

- 【栅格】坐标系统：以栅格物体的自身坐标轴作为坐标系统，栅格物体主要用来辅助制作。
- 【工作】坐标系统：使用工作轴坐标系。可以随时使用坐标系，无论工作轴处于活动状态与否。
- 【局部对齐】坐标系统：可以进行局部对齐。
- 【拾取】坐标系统：选择屏幕中的任意一个对象，它的自身坐标系统作为当前坐标系统。这是一种非常有用的坐标系统。例如，要想将一个球体沿一块倾斜的木板滑下，就可以拾取木板的坐标系统作为球体移动的坐标依据。

**知识链接　单位的设置**

在Max中，若需要对单位进行设置，可以通过在菜单栏中选择【自定义】|【单位设置】命令，然后在弹出的对话框中设置系统单位，一般默认情况下使用【通用】单位模式。

## 2.6 控制、调整视图

在3ds Max中，为了方便用户操作，提供了多种控制、调整视图的工具。

### 1. 使用视图控制按钮控制、调整视图

在屏幕右下角有八个图形按钮，它们是当前激活视图的控制工具，根据视图种类的不同，相应的控制工具也会有所不同。如图2-16所示为激活【透视】视图时的控制按钮。

- 【缩放】按钮：在任意视图中单击鼠标左键并上下拖动均可拉近或推远视景。
- 【缩放所有视图】按钮：单击按钮后上下拖动，可同时在所有标准视图内进行放缩显示。
- 【最大化显示】按钮：将所有物体以最大化的方式显示在当前激活视图中。
- 【最大化显示选定对象】按钮：将选择的物体以最大化的方式显示在当前激活视图中。
- 【所有视图最大化显示】按钮：将所有物体以最大化的方式显示在全部标准视图中。

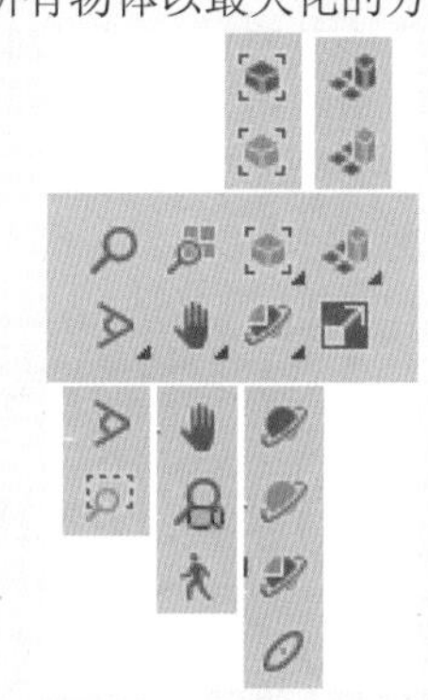

图2-16　激活【透视】视图的控制按钮

- 【所有视图最大化显示选定对象】按钮：将所选择的物体以最大化的方式显示在全部标准视图中。
- 【最大化视口切换】按钮：将当前激活视图切换为全屏显示，快捷键为Alt+W。
- 【环绕子对象】按钮：将当前选定子对象的中心用作旋转的中心。当视图围绕其中心旋转时，选定对象将保持在视口中的同一位置上。
- 【选定的环绕】按钮：将当前选定对象的中心用作旋转的中心。当视图围绕其中心旋转时，选定对象将保持在视口中的同一位置上。
- 【环绕】按钮：将视图中心用作旋转中心。如果对象靠近视口的边缘，它们可能会旋出视图范围。
- 【动态观察关注点】：将光标位置（关注点）作为旋转中心。当视图围绕其中心旋转时，关注点将保持在视口中的同一位置。
- 【平移视图】按钮：单击按钮后四处拖动，可以进行平移观察，配合Ctrl键可以加速平移，键盘快捷键为Ctrl+P。
- 【缩放区域】按钮：在视图中框选局部区域，将它放大显示，键盘快捷键为Ctrl+W。在【透视图】中没有这个命令，如果想使用它，可以先将透视图切换为【用户】视图，进行区域放大后再切换回透视图。

### 2. 视图的布局转换

在默认状态下，3ds Max使用三个正交视图和一个透视图来显示场景中的物体。

其实3ds Max共提供了14种视图配置方案，用户完全可以按照自己的需要来任意配置各个视图。操作步骤如下：在菜单栏中选择【视图】|【视口配置】命令，在弹出的【视口配置】对话框中切换到【布局】选项卡，选择一个布局后单击【确定】按钮即可，如图2-17所示。

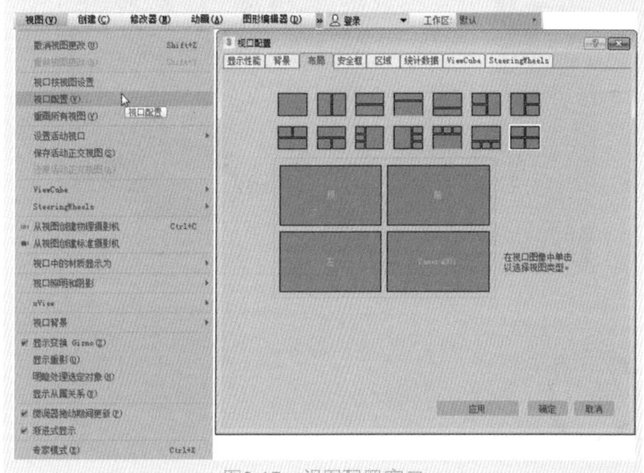

图2-17　视图配置窗口

在3ds Max中视图类型除默认的【顶】视图、【前】视图、【左】视图、【透视】视图外，还有【正交】视图、【摄影机】视图、【后】视图等多种视图类型，如图2-18所示。

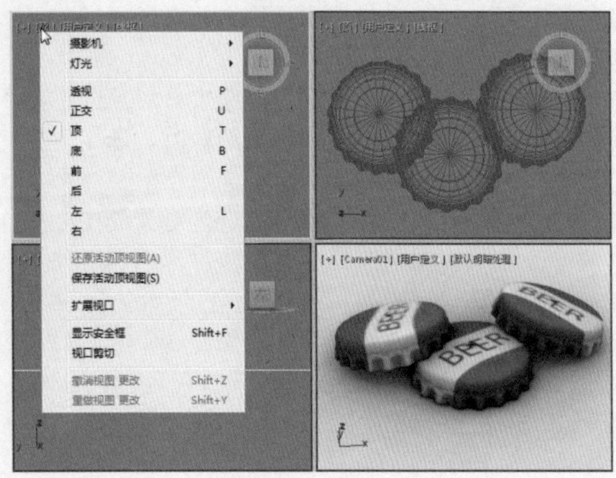


图2-18　视图类型

### 3. 视图显示模式的控制

在系统默认设置下，【顶】、【前】和【左】三个正交视图采用【线框】显示模式，【透视】视图则采用【真实】的显示模式。真实模式显示效果逼真，但刷新速度慢，线框模式只能显示物体的线框轮廓，但刷新速度快，可以加快计算机的处理速度，特别是当处理大型、复杂的效果图时，应尽量使用线框模式，只有当需要观看最终效果时，才将真实模式打开。

此外，3ds Max 2018中还提供了其他几种视图显示模式。单击视图左上端的【线框】文字，在弹出的下拉菜单中提供了多种显示模式，如图2-19所示。

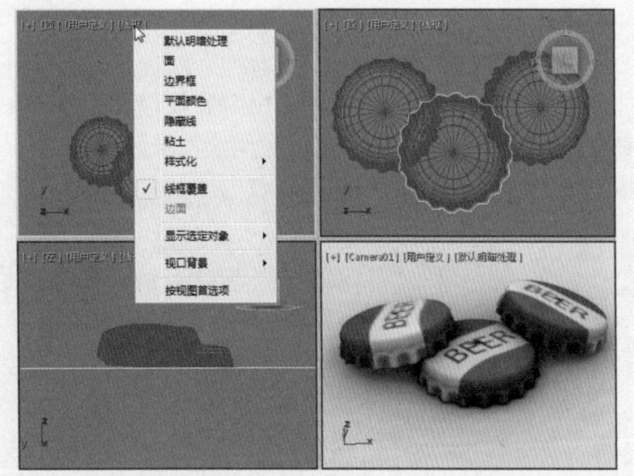


图2-19　视图显示类型

## 2.7 复制物体

我们在制作大型场景的过程中有时候需要复制大量的物体，在3ds Max中提供了多种复制物体的方法。

### 1. 最基本的复制方法

选择所要复制的一个或多个物体，在菜单栏中选择【编辑】|【克隆】命令，在弹出的【克隆选项】对话框中选择复制物体的方式，如图2-20中图所示。还有一个更简便的方法就是按住键盘上的Shift键，再使用移动工具进行复制，但这种方法比【克隆】命令多一项设置【副本数】，如图2-20右图所示。

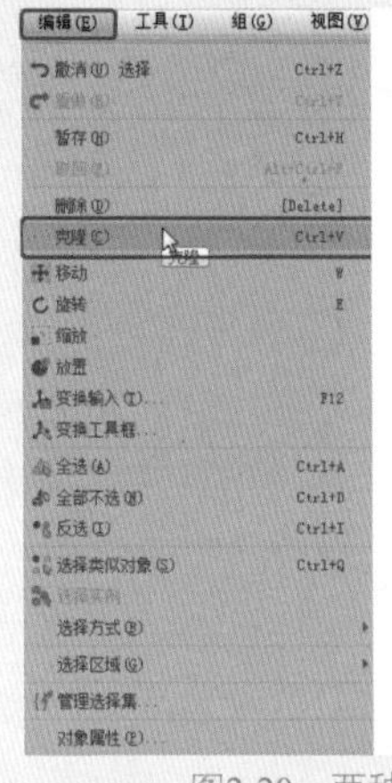


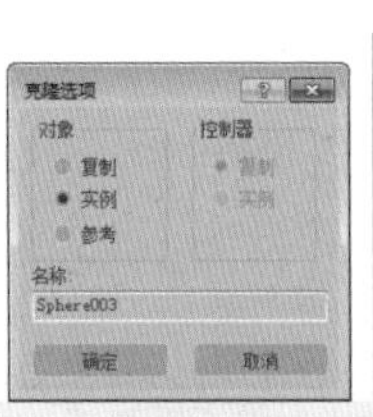

图2-20　两种方法得到的不同复制选项对话框

【克隆选项】对话框中各选项的功能说明如下。

- 【复制】：将当前对象原地拷贝一份。快捷键为Ctrl+V。
- 【实例】复制：复制物体与源物体相互关联，改变一个，另一个也会发生改变。
- 【参考】复制：参考复制与关联复制不同的是，复制物体发生改变时，源物体并不随之发生改变。
- 【副本数】：指定复制的个数并且按照所指定的坐标轴向进行等距离复制。

### 2. 镜像复制

当我们要制作物体的反射效果时就一定会用到镜像复制，如图2-21所示，使用镜像工具可以复制出相同的另外一半角色模型。【镜像】工具可以移动一个或多个选择的对象沿着指定的坐标轴镜像到另一个方向，同时也可以产生具备多种特性的复制对象。选择要进行镜像复制的对象，在菜单栏中选择【工具】|【镜像】命令，或者在工具栏中单击【镜像】按钮，弹出【镜像：屏幕 坐标】对话框，如图2-22所示。

【镜像】对话框中各选项的功能说明如下。

- 【变换】：使用旧的镜像方法，可以镜像任何世界空间修改器效果。
- 【几何体】：应用镜像修改器，其变换矩阵与当前参考坐标系设置相匹配。
- 【镜像轴】：提供了六种对称轴向用于镜像，每当进行选择时，视图中的选择对象就会即时显示出镜像效果。

- 【偏移】：指定镜像对象与原对象之间的距离，距离值是通过两对象的轴心点来计算的。
- 【克隆当前选择】：确定是否复制以及复制的方式。

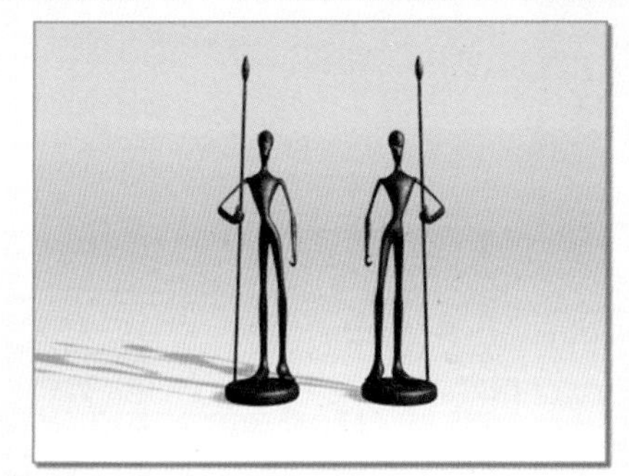
图2-21 使用镜像工具复制对象

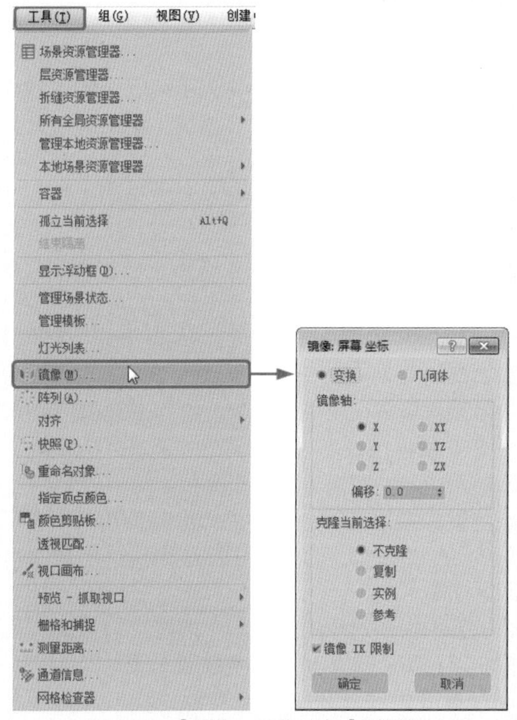

图2-22 【镜像：屏幕 坐标】对话框

- 【不克隆】：只镜像对象，不进行复制。
- 【复制】：复制一个新的镜像对象。
- 【实例】：复制一个新的镜像对象，并指定为关联属性，这样改变复制对象时对原始对象也产生作用。

## 实例操作001——镜像复制胶囊

下面将介绍如何镜像复制胶囊对象，效果如图2-23所示。

01 按Ctrl+O组合键，在弹出的对话框中选择“镜像复制胶囊.max”素材文件，单击【打开】按钮，如图2-24所示。

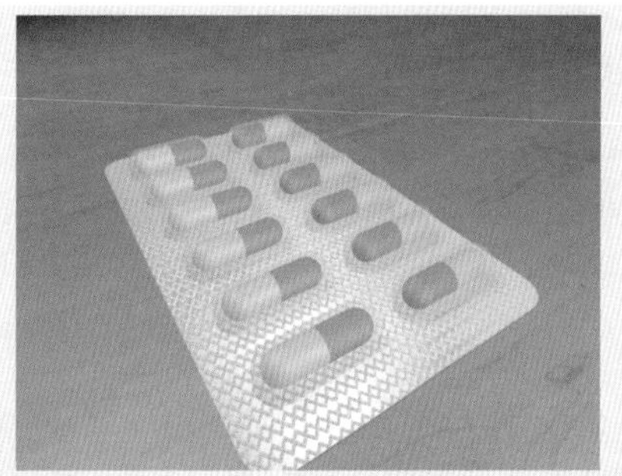
图2-23 镜像复制胶囊

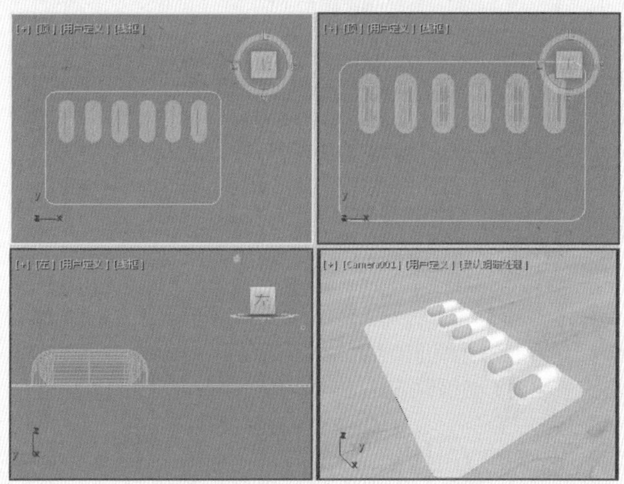
图2-24 打开的素材文件

02 在工具栏中单击【选择并移动】按钮，在【顶】视图中选择如图2-25所示的对象，在工具栏中单击【镜像】按钮，在弹出的对话框中选中Y单选按钮，将【偏移】设置为-94，选中【复制】单选按钮，如图2-25所示。

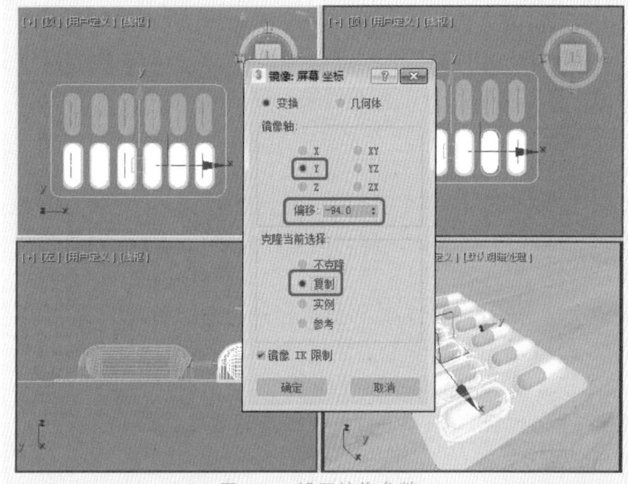

图2-25 设置镜像参数

03 设置完成后，单击【确定】按钮，即可完成镜像，效果如图2-26所示。

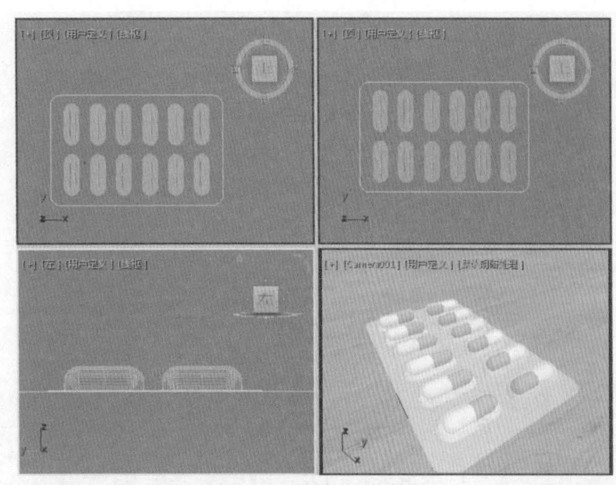

图2-26 镜像后的效果

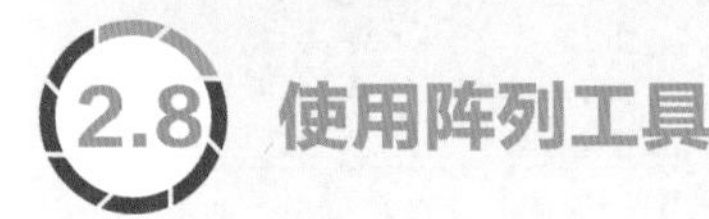

## 2.8 使用阵列工具

【阵列】可以大量有序地复制对象，可以控制产生一维、二维、三维的阵列复制。例如，要想制作像图2-27所示的效果时，使用阵列复制可以方便且快速地实现。

图2-27 使用阵列工具制作的效果

选择要进行阵列复制的对象，在菜单栏中选择【工具】|【阵列】命令，弹出【阵列】对话框，如图2-28所示。【阵列】对话框中各项目的功能说明如下。

### 1.【阵列变换】选项组

用来设置在1D阵列中，三种类型阵列的变量值，包括位置、角度、比例。左侧为增量计算方式，要求设置增加的数量；右侧为总计计算方式，要求设置最后的总数量。如果我们想在X轴方向上创建间隔为10个单位一行的对象，就可以在【增量】下的【移动】前面的X输入框中输入10。如果我们想在X轴方向上创建总长度为10的一串对象，那么就可以在【总计】下的【移动】后面的X输入框中输入10。

- 增量 X/Y/Z 微调器：设置的参数可以应用于阵列中的各个对象。
  - 【移动】：指定沿 X、Y 和 Z 轴方向每个阵列对象之间的距离。使用负值时，可以在该轴的负方向创建阵列。

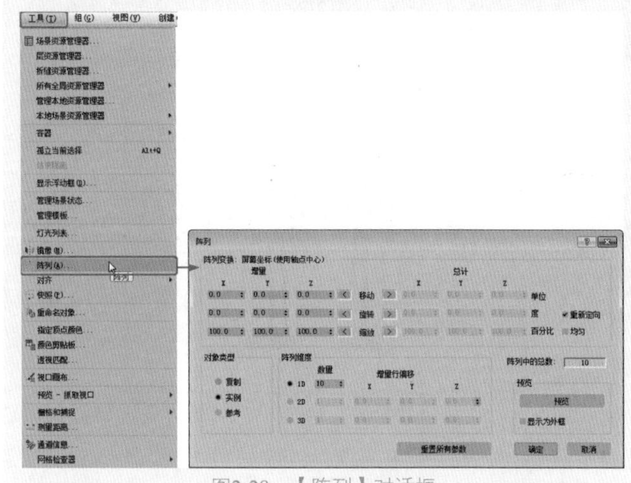

图2-28 【阵列】对话框

  - 【旋转】：指定阵列中每个对象围绕三个轴中的任一轴旋转的度数。使用负值时，可以绕该轴的顺时针方向创建阵列。
  - 【缩放】：指定阵列中每个对象沿三个轴中的任一轴缩放的百分比。
- 总计 X/Y/Z 微调器：设置的参数可以应用于阵列中的总距、度数或百分比缩放。
  - 【移动】：指定沿三个轴中每个轴的方向，所得阵列中两个外部对象轴点之间的总距离。例如，如果您要为 6 个对象编排阵列，并将“移动 X”总计设置为 100，则这 6 个对象将按以下方式排列在一行中：行中两个外部对象轴点之间的距离为 100 个单位。
  - 【旋转】：指定沿三个轴中的每个轴应用于对象的旋转的总度数。例如，可以使用此方法创建旋转总度数为 360 度的阵列。
  - 【缩放】：指定对象沿三个轴中的每个轴缩放的总计。
- 【重新定向】：在以世界坐标轴旋转复制原对象时，同时也对新产生的对象沿其自身的坐标系统进行旋转定向，使其在旋转轨迹上总保持相同的角度，否则所有的复制对象都与原对象保持相同的方向。
- 【均匀】：选择此选项后，【缩放】输入框中会有一个允许输入，这样可以锁定对象的比例，使对象只发生体积的变化，而不产生变形。

### 2.【对象类型】选项组

设置产生的阵列复制对象的属性。

- 【复制】：标准复制属性。
- 【实例】：产生关联复制对象，与原对象息息相关。
- 【参考】：产生参考复制对象。

### 3.【阵列维度】选项组

调整该选项组中的参数可以变换对象的阵列维数。附加维数只是定位用的，未使用旋转和缩放。

- 1D：设置第一次阵列产生的对象总数。
- 2D：设置第二次阵列产生的对象总数，右侧X、Y、Z用来设置新的偏移值。
- 3D：设置第三次阵列产生的对象总数，右侧X、Y、Z用来设置新的偏移值。
- 【阵列中的总数】：设置最后阵列结果产生的对象总数目，即1D、2D、3D三个【数量】值的乘积。
- 【重置所有参数】：将所有参数还原为默认设置。

### 实例操作002——阵列钟表刻度

下面将介绍如何阵列钟表刻度，效果如图2-29所示，操作步骤如下。

图2-29　阵列钟表刻度

01 按Ctrl+O组合键，在弹出的对话框中选择“阵列钟表刻度.max”素材文件，单击【打开】按钮，并在视图中选择“刻度001”对象，如图2-30所示。

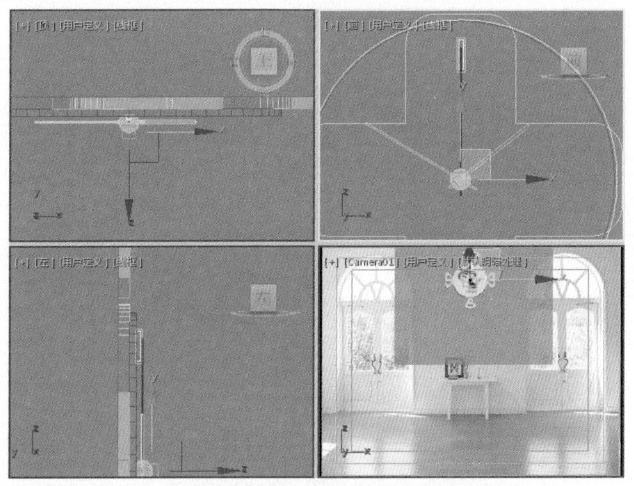
图2-30　选择要阵列的对象

02 在菜单栏中选择【工具】|【阵列】命令，在弹出的对话框中将【旋转】左侧的Z设置为30，选中【复制】单选按钮，将1D右侧的【数量】设置为12，如图2-31所示。

03 设置完成后，单击【确定】按钮，即可完成阵列，效果如图2-32所示。

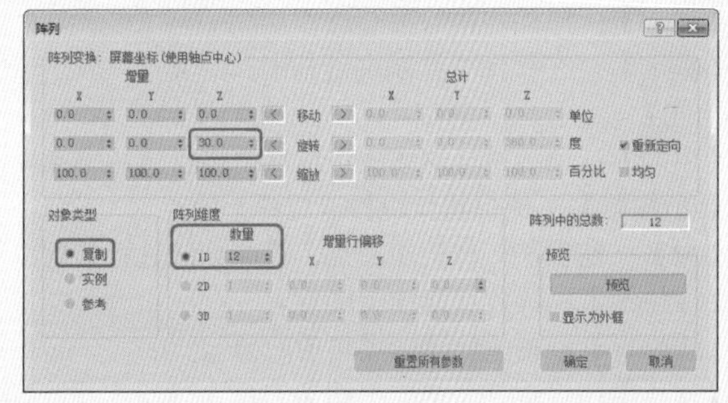

图2-31　设置阵列参数

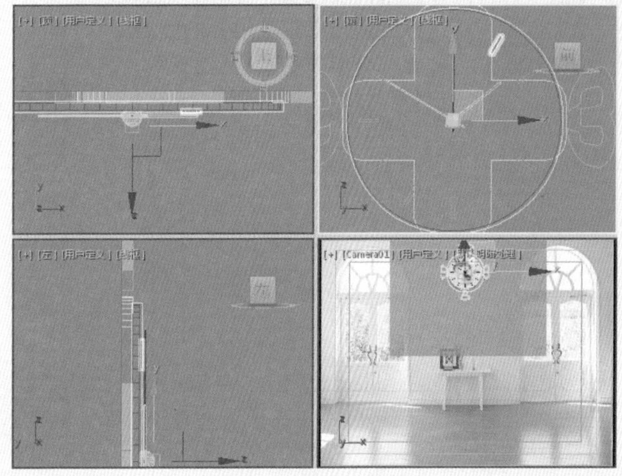
图2-32　阵列后的效果

## 2.9 捕捉工具

3ds Max为我们提供了精确地创建和放置对象的工具——捕捉工具，即根据栅格和物体的特点放置光标的一种工具，使用捕捉可以精确地将光标放置到任意地方。下面就来介绍3ds Max的各种捕捉工具。

### 2.9.1 捕捉与栅格设置

只要在工具栏中右击按钮中的任意一个，就可以打开【栅格和捕捉设置】对话框，如图2-33所示。

对于捕捉与栅格设置，可以从【捕捉】、【选项】、【主栅格】和【用户栅格】4个方面进行设置。

1.【捕捉】选项卡

依据造型方式可将捕捉类型分成Standard标准类型、Body Snaps类型和NURBS捕捉类型，下面将对常用的Standard标准类型和NURBS捕捉类型进行介绍。

- Standard(标准)类型(如图2-33所示)。
- 【栅格点】：捕捉栅格的交点。
- 【轴心】：捕捉物体的轴心点。
- 【垂足】：在视图中绘制曲线的时候，捕捉与上一次垂直的点。
- 【顶点】：捕捉网格物体或可编辑网格物体的顶点。
- 【边/线段】：捕捉物体边界或边界上的点。
- 【面】：捕捉某一面正面的点，背面无法进行捕捉。
- 【栅格线】：捕捉栅格线上的点。
- 【边界框】：捕捉物体边界框的8个角。
- 【切点】：捕捉样条曲线上相切的点。
- 【端点】：捕捉样条曲线或物体边界的端点。
- 【中点】：捕捉样条曲线或物体边界的中点。
- 【中心面】：捕捉三角形面的中心。

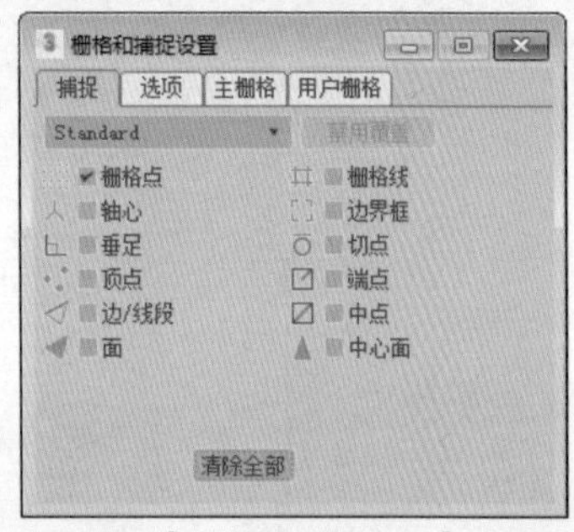


图2-33 【栅格和捕捉设置】对话框

NURBS捕捉类型。

NURBS是一种曲面建模系统，对于它的捕捉类型，主要在这里进行设置，如图2-34所示。

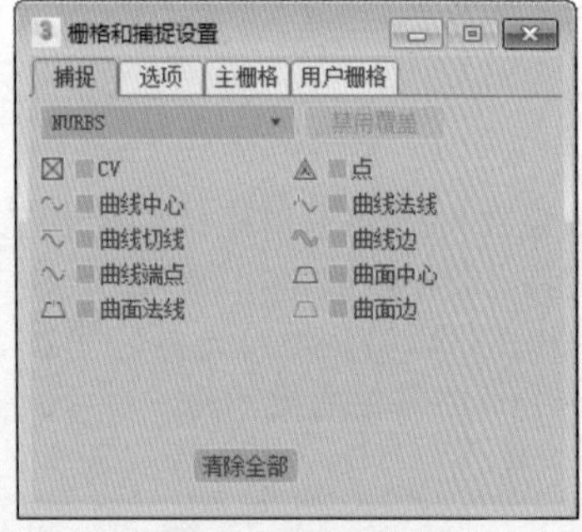


图2-34 NURBS 捕捉类型

- CV：捕捉NURBS曲线或曲面的CV次物体。
- 【曲线中心】：捕捉NURBS曲线的中心点。
- 【曲线切线】：捕捉NURBS曲线相切的切点。
- 【曲线端点】：捕捉NURBS曲线的端点。
- 【曲面法线】：捕捉NURBS曲面法线的点。
- 【点】：捕捉NURBS次物体的点。
- 【曲线法线】：捕捉NURBS曲线法线的点。
- 【曲线边】：捕捉NURBS曲线的边界。
- 【曲面中心】：捕捉NURBS曲面的中心点。
- 【曲面边】：捕捉NURBS曲面的边界。

### 2.【选项】选项卡

【选项】选项卡用来设置捕捉的强度、范围等项目，如图2-35所示。【选项】选项卡中各选项的功能说明如下。

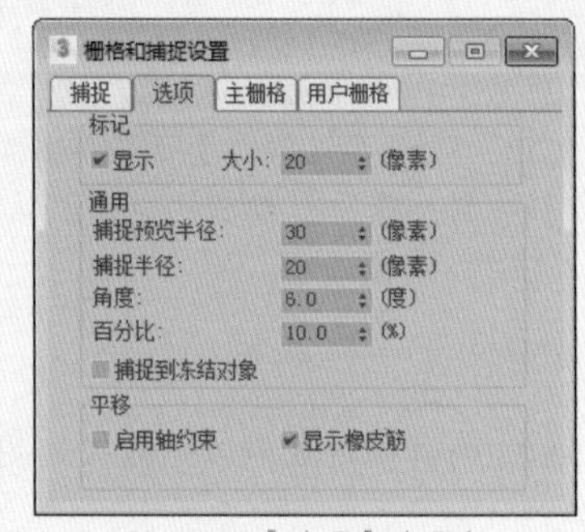


图2-35 【选项】选项卡

- 【显示】：控制在捕捉时是否显示指示光标。
- 【大小】：设置捕捉光标的尺寸大小。
- 【捕捉预览半径】：当光标与潜在捕捉到的点的距离在【捕捉预览半径】值和【捕捉半径】值之间时，捕捉标记跳到最近的潜在捕捉到的点，但不发生捕捉。默认设置是30像素。
- 【捕捉半径】：设置捕捉光标的捕捉范围，值越大越灵敏。
- 【角度】：用来设置旋转时递增的角度。
- 【百分比】：用来设置放缩时递增的百分比。
- 【捕捉到冻结对象】：启用该选项后，将启用捕捉到冻结对象。默认设置为禁用状态。
- 【启用轴约束】：将选择的物体沿着指定的坐标轴向移动。
- 【显示橡皮筋】：当启用此选项并且移动一个对象时，在原始位置和鼠标位置之间显示橡皮筋线。

### 3.【主栅格】选项卡

【主栅格】选项卡用来控制主栅格的特性，如图2-36所示。【主栅格】选项卡中各选项的功能说明如下。

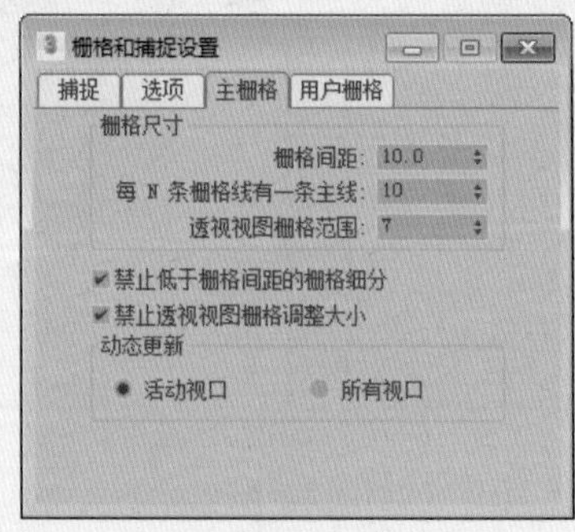


图2-36 【主栅格】选项卡

- 【栅格间距】：设置主栅格两根线之间的距离，以内部单位计算。

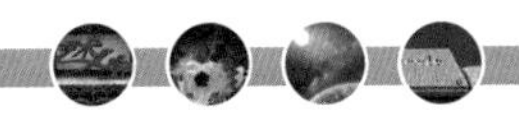



- 【每N条栅格线有一条主线】：栅格线有粗细之分，这里是设置每两根粗线之间有多少个细线。
- 【透视视图栅格范围】：设置透视图中粗线格所包含的细线格数量。
- 【禁止低于栅格间距的栅格细分】：选中时，在对视图放大或缩小时，栅格不会自动细分。取消选中时，在对视图放大或缩小时栅格会自动细分。
- 【禁止透视视图栅格调整大小】：选中时，在对透视图放大或缩小时，栅格数保持不变。取消选中时，栅格会根据透视图的变化而变化。
- 【活动视口】：改变栅格设置时，仅对激活的视图进行更新。
- 【所有视口】：改变栅格设置时，所有视图都会更新栅格显示。

4.【用户栅格】选项卡

【用户栅格】选项卡用于控制用户创建的辅助栅格对象，如图2-37所示，其中各选项的功能说明如下。

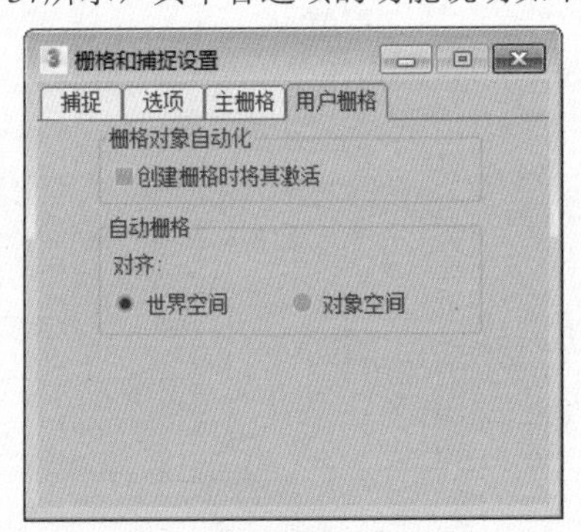


图2-37 【用户栅格】选项卡

- 【创建栅格时将其激活】：选中此复选框，用户栅格在创建时就处于激活状态。
- 【世界空间】：设置物体创建时自动与世界空间坐标系统对齐。
- 【对象空间】：设置物体创建时自动与物体空间坐标系统对齐。

### 2.9.2 空间捕捉

3ds Max为我们提供了三种空间捕捉的类型 (2D、2.5D和3D)。使用空间捕捉可以精确地创建和移动对象。当用空间捕捉移动对象时，被移动的对象是移动到当前栅格上还是相对于初始位置按捕捉增量移动，就由捕捉的方式来决定了。

例如，只选中【栅格点】复选框捕捉移动对象时，对象将相对于初始位置按设置的捕捉增量移动；如果将【栅格点】捕捉和【顶点】捕捉复选框都选中再移动对象，则对象将移动到当前栅格上或者场景中的对象的点上。

### 2.9.3 角度捕捉

【角度捕捉切换】主要用于精确地旋转物体和视图，可以在【栅格和捕捉设置】对话框中进行设置，其中的【选项】选项卡中的【角度】参数用于设置旋转时递增的角度，系统默认值为5度。

在不启用角度捕捉功能的情况下，在视图中旋转物体时，系统会以0.5度作为旋转时递增的角度。大多数情况下，在视图中旋转物体时，系统旋转的度数为30、45、60、90或180度等整数，激活角度捕捉功能可以为精确旋转物体提供方便。

### 2.9.4 百分比捕捉

【百分比捕捉切换】用于设置放缩或挤压操作时的百分比例间隔，在不启用百分比捕捉功能的情况下，进行缩放或挤压物体时系统将按默认的1%的比例作为缩放的比例间隔。如果打开百分比捕捉，将以系统默认的10%的比例进行变化。当然也可以打开【栅格和捕捉设置】对话框，利用【选项】选项卡内的【百分比】参数设置百分比捕捉。

## 2.10 渲染场景

在3ds Max中，可以通过选择菜单栏中的【渲染】|【渲染】命令开始渲染，或者单击与渲染相关的两个按钮之一：【渲染设置】和【渲染产品】。

- 【渲染设置】：单击该按钮可以打开【渲染设置】对话框，设置渲染参数。
- 【渲染产品】：单击该按钮可以按照【渲染设置】对话框中设置的参数对当前激活的视图进行渲染，执行起来比较方便。

当按F9键时，可以按照上一次的渲染设置进行渲染，它不会在意当前激活的是哪一个视图，这对于场景测试非常方便。

## 2.11 上机练习——制作象棋动画

中国传统棋类益智游戏，在中国有着悠久的历史，先秦时期已有记载。属于二人对抗性游戏的一种，由于用具

简单，趣味性强，成为流行极为广泛的棋艺活动。本节将介绍如何制作象棋动画，效果如图2-38所示。

图2-38 象棋动画

01 按Ctrl+O组合键，在弹出的对话框中选择“制作象棋动画.max”素材文件，单击【打开】按钮，在工具栏中单击【选择并移动】按钮，在视图中选择如图2-39所示的两个对象。

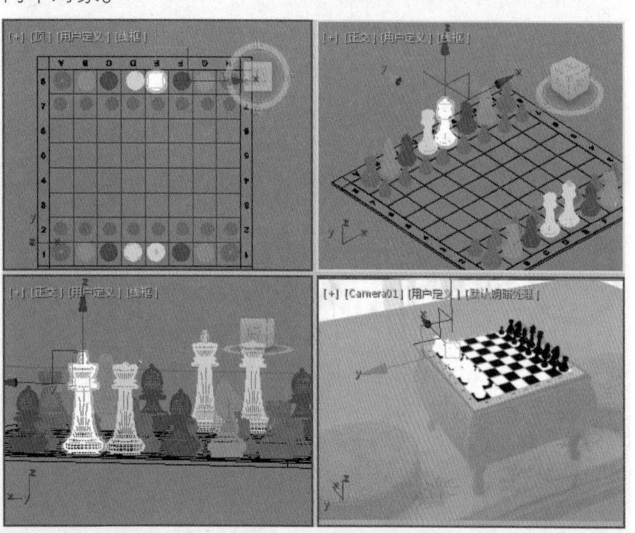

图2-39 选择对象

02 在菜单栏中选择【组】|【组】命令，在弹出的【组】对话框中将【组名】设置为“白王”，如图2-40所示。

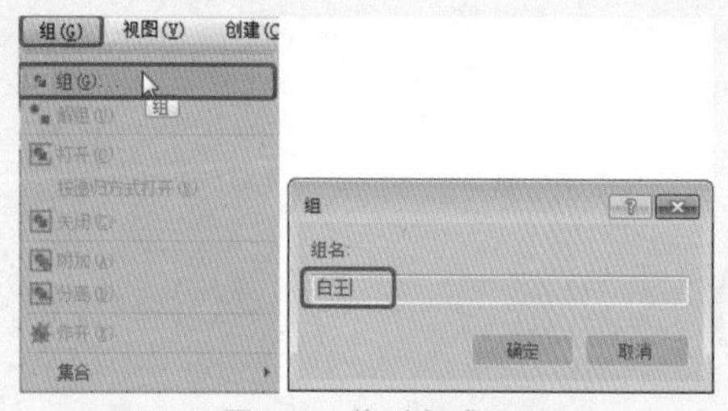

图2-40 将对象成组

03 设置完成后，单击【确定】按钮，使用同样的方法将黑王进行编组，选择一个黑兵，单击【自动关键点】按钮，将时间滑块拖曳至第20帧处，在【顶】视图中调整黑兵的位置，如图2-41所示。

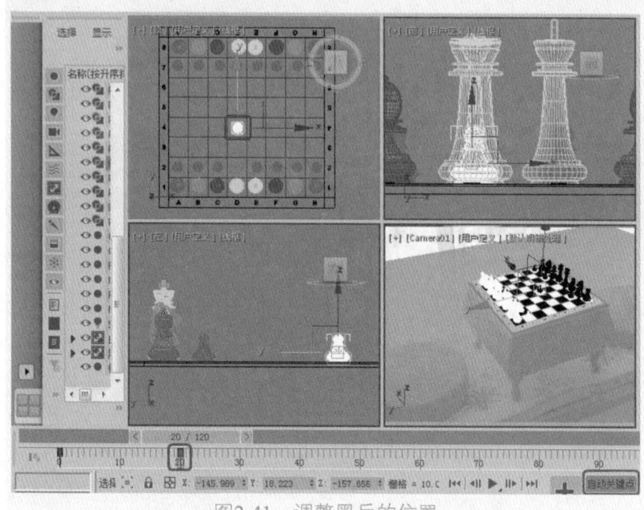

图2-41 调整黑兵的位置

04 选择一个白兵，在第20帧处单击【设置关键点】按钮，将时间滑块拖曳至第40帧处，将白兵向前推动一段距离，如图2-42所示。

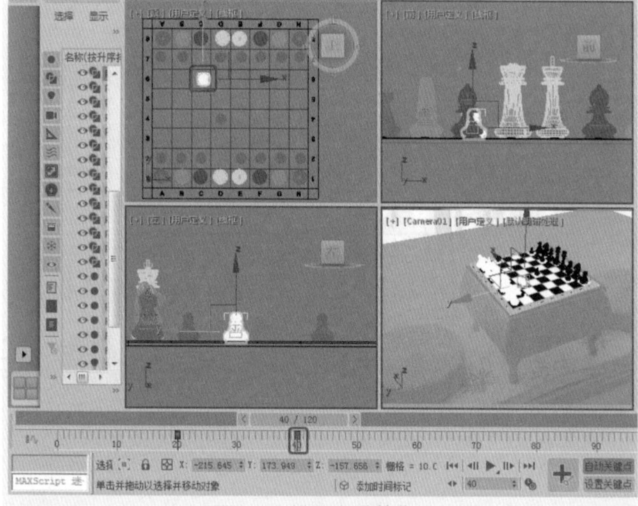

图2-42 设置白兵的位置

05 选择一个黑兵，单击【设置关键帧】按钮，将时间滑块拖曳至第60帧处，将黑兵向前推进一段距离，如图2-43所示。

06 选择一个白兵，单击【设置关键帧】按钮，将时间滑块拖拽至第80帧处，将白兵拖曳至一定距离，如图2-44所示。

07 选择一个黑兵，单击【设置关键帧】按钮，将时间滑块拖曳至第100帧位置处，调整它的位置，如图2-45所示。

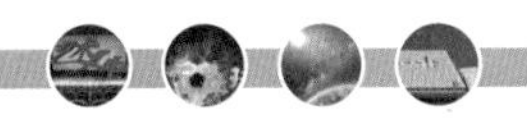

08 选择一个白兵，单击【设置关键帧】按钮，将时间滑块拖曳至第110帧处，如图2-46所示。关闭自动关键点，对摄影机视图进行渲染。

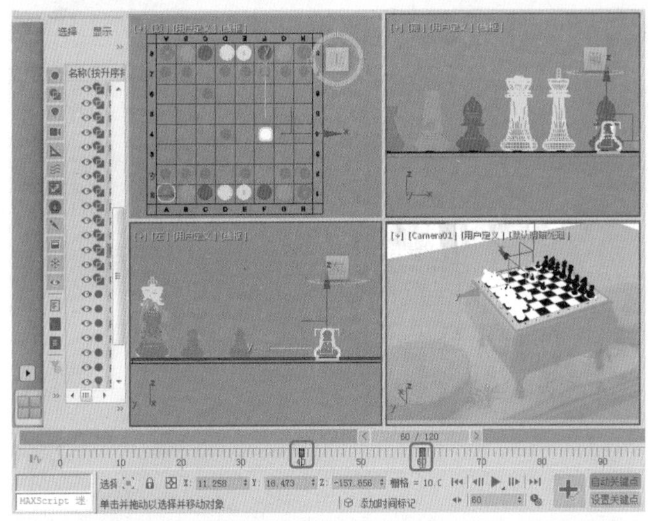

图2-43　调整黑兵的位置

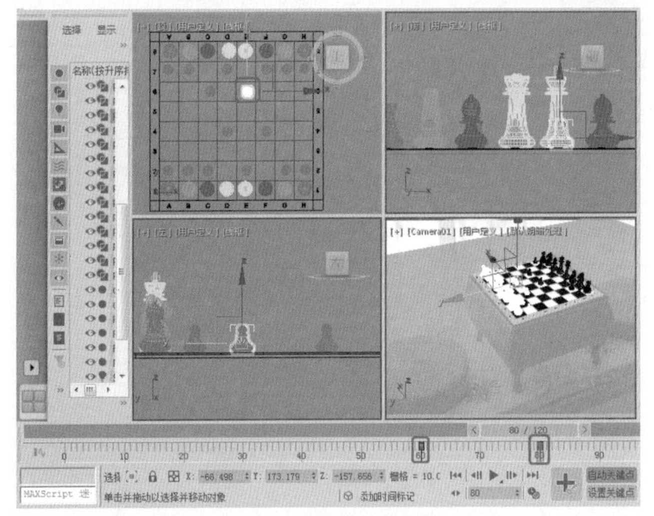

图2-44　调整白兵的位置

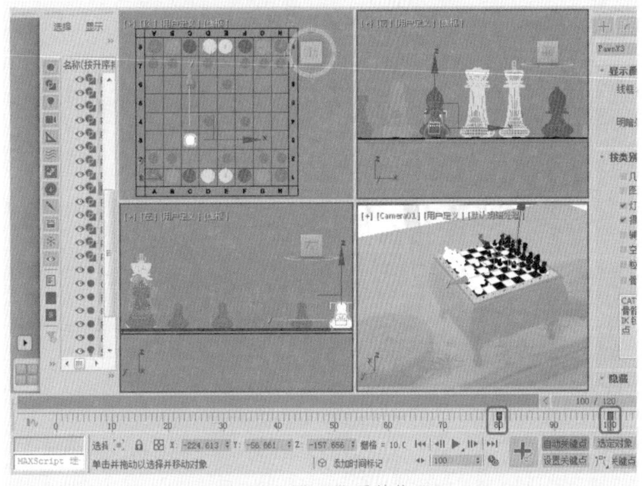

图2-45　设置黑兵的位置

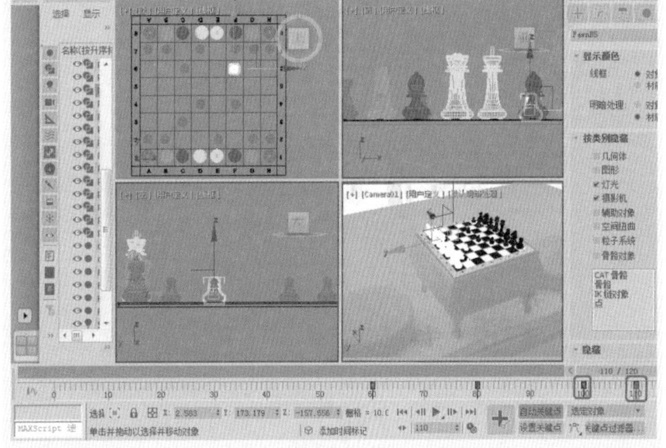

图2-46　调整白兵的位置

## 2.12 思考与练习

1. 组有什么作用？
2. 阵列有什么作用？

# 第3章 二维图形的创建与编辑

二维图形是指由一条或多条样条线构成的平面图形，或由两个及两个以上节点构成的线/段所组成的组合体。二维图形建模是三维造型的一个重要基础，本章将详细介绍二维图形的创建与编辑。

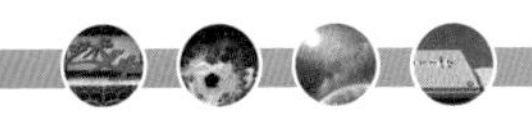

## 3.1 二维建模的意义

二维图形是建立三维模型的一个重要基础，二维图形在制作中有以下用途。

- 作为平面和线条物体：对于封闭的图形，加入网格物体编辑修改器，可以将它变为无厚度的薄片物体，用做地面、文字图案、广告牌等，也可以对它进行点面的加工，产生曲面造型；并且，设置相应的参数后，这些图形也可以渲染。例如，以星形作为截面，可以产生带厚度的实体，并且可以指定贴图坐标，如图3-1所示。

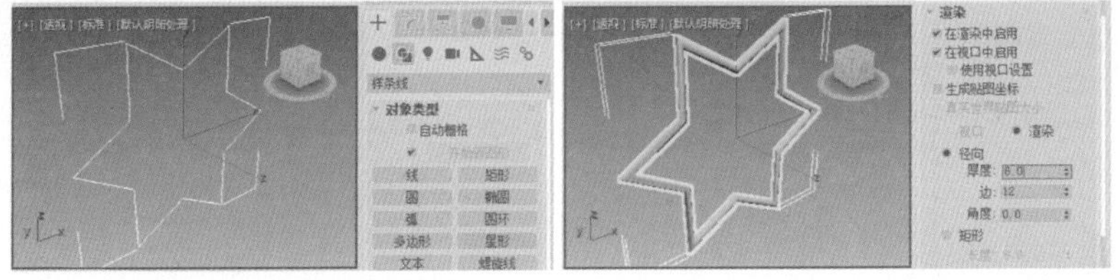

图3-1　线条和平面物体

- 作为【挤出】、【车削】等加工成型的截面图形：图形可以经过【挤出】修改，增加厚度，产生三维框，还可以使用【倒角】加工成带倒角的立体模型；【车削】将曲线图形进行中心旋转放样，产生三维模型，如图3-2所示。

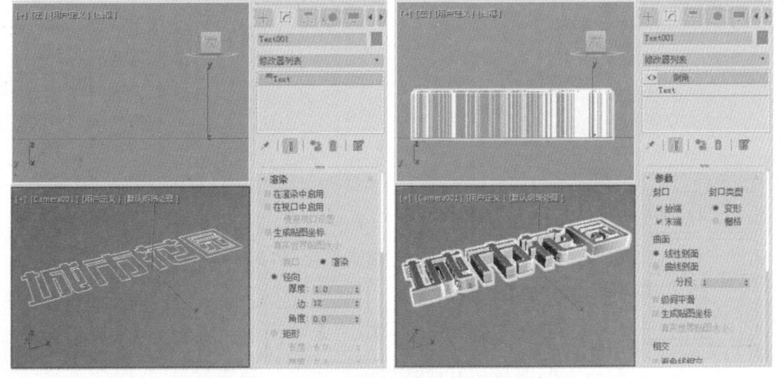

图3-2　对同一样条曲线进行挤出和车削

- 作为放样物体使用的曲线：在放样过程中，使用的曲线都是图形，它们可以作为路径、截面图形，完成的放样造型如图3-3所示。

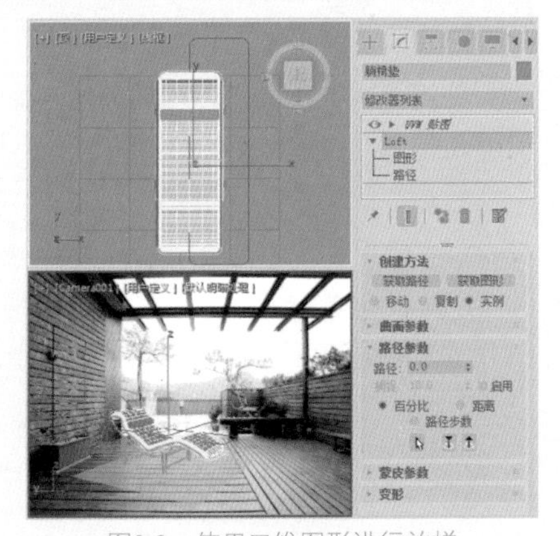

图3-3　使用二维图形进行放样

- 作为运动的路径：图形可以作为物体运动时的运动轨迹，使物体沿着它进行运动，如图3-4所示。

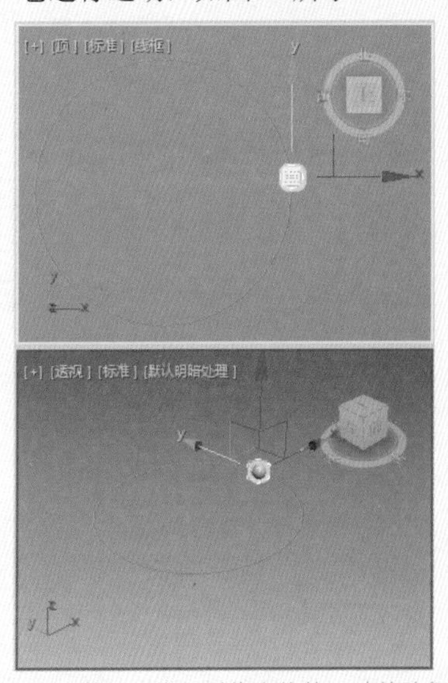

图3-4　使用二维图形作为物体运动的路径

## 3.2 二维对象的创建

二维图形的创建是通过【创建】 +|【图形】面板下的选项实现的，如图3-5所示。大多数的曲线类型都有共同的设置参数，如图3-6所示，下面对这些参数进行介绍。

- 【渲染】卷展栏：用来设置曲线的可渲染属性。
  - 【在渲染中启用】：选中此复选框，可以在视图中显示渲染网格的厚度。
  - 【在视口中启用】：选中该复选框，可以使设置的图形作为3D网格显示在视口中(该选项对渲染不产生影响)。
  - 【使用视口设置】：控制图形按视图设置进行显示。
  - 【生成贴图坐标】：对曲线指定贴图坐标。
  - 【视口】：基于视图中的显示来调节参数(该单选按钮对渲染不产生影响)。当【显示渲染网格】和

【使用视口设置】两个复选框被选中时，该单选按钮可以被选中。

- 【渲染】：基于渲染器来调节参数，当选中【渲染】单选按钮时，图形可以根据【厚度】参数值来渲染图形。

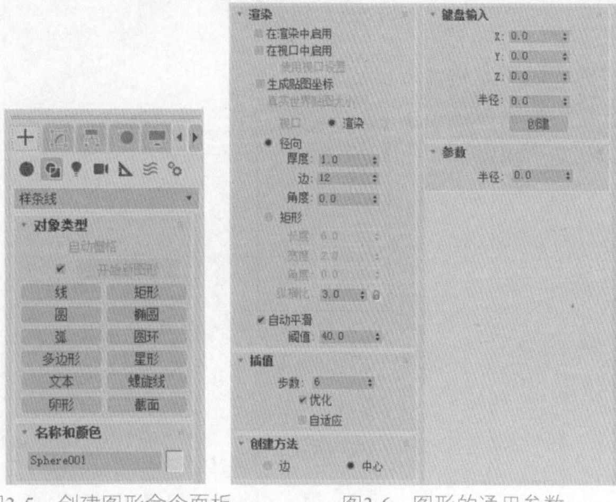

图3-5　创建图形命令面板　　图3-6　图形的通用参数

- 【厚度】：设置曲线渲染时的粗细。
- 【边】：设置可渲染样条曲线的边数。
- 【角度】：调节横截面的旋转角度。
- 【插值】卷展栏：用来设置曲线的光滑程度。
- 【步数】：设置两顶点之间由多少个直线片段构成曲线，值越高，曲线越光滑。
- 【优化】：自动检查曲线上多余的【步数】片段。
- 【自适应】：自动设置【步数】数值，以产生光滑的曲线，直线的【步数】设置为0。
- 【键盘输入】卷展栏：使用键盘方式建立，只要输入所需要的坐标值、角度值以及参数值即可，不同的工具有不同的参数输入方式。

另外，除了【文本】、【截面】和【星形】工具之外，其他的创建工具都有一个【创建方法】卷展栏，该卷展栏中的参数需要在创建对象之前选择，这些参数一般用来确定是以边缘作为起点创建对象，还是以中心作为起点创建对象。只有【弧】工具的两种创建方式与其他对象有所不同。

## 3.2.1　实战：创建线

使用【线】工具可以绘制任意形状的封闭或开放型曲线(包括直线)，如图3-7所示。

01 选择【创建】|【图形】|【样条线】|【线】工具，在视图中单击确定线条的第一个节点。

02 移动鼠标指针到达想要结束线段的位置单击创建一个节点，再右击结束直线段的创建。

> 提示　在绘制线条时，当线条的终点与第一个节点重合时，系统会提示是否封闭图形，单击【是】按钮即可以创建一个封闭的图形；如果单击【否】按钮，则继续创建线条。在创建线条时，通过按住鼠标左键拖动，可以创建曲线。

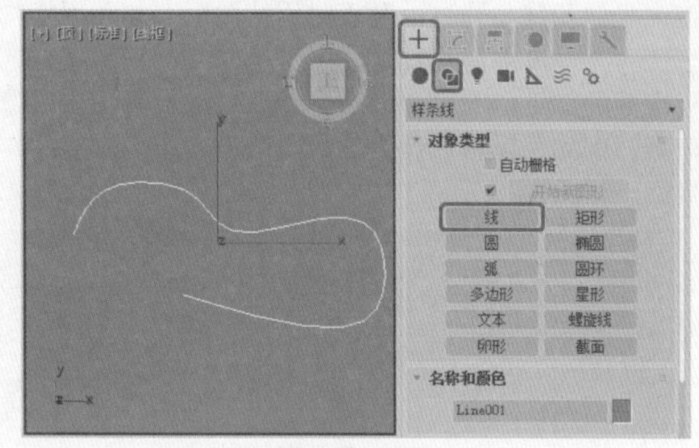

图3-7　【线】工具

在命令面板中，【线】工具有自己的参数设置，如图3-8所示。这些参数需要在创建线条之前设置，【线】工具的【创建方法】卷展栏中的各项参数功能说明如下。

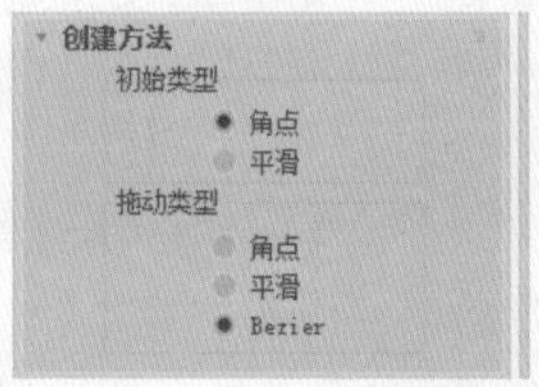

图3-8　【创建方法】卷展栏

- 【初始类型】：单击后拖曳出的曲线类型，包括【角点】和【平滑】两种，可以绘制直线和曲线。
- 【拖动类型】：单击并拖动鼠标指针时引出的曲线类型，包括【角点】、【平滑】和Bezier3种。Bezier曲线是最优秀的曲度调节方式，通过两个手控柄来调节曲线的弯曲。

## 3.2.2　创建圆

使用【圆】工具可以创建圆形，如图3-9所示。

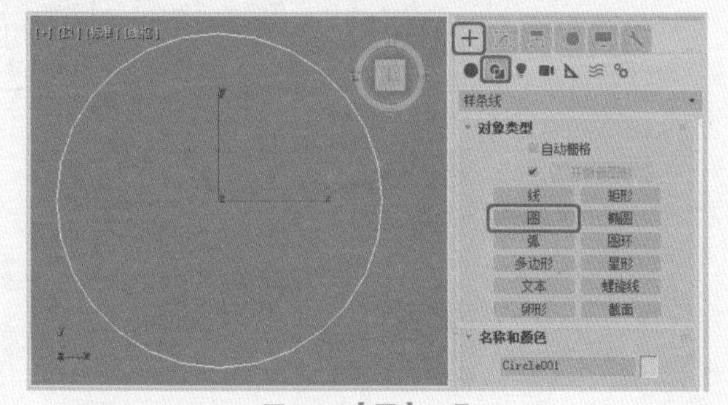

图3-9　【圆】工具

选择【创建】+|【图形】|【样条线】|【圆】工具，然后在场景中按住鼠标左键并拖动来创建圆形。在【参数】卷展栏中只有一个半径参数可以设置，如图3-10所示。

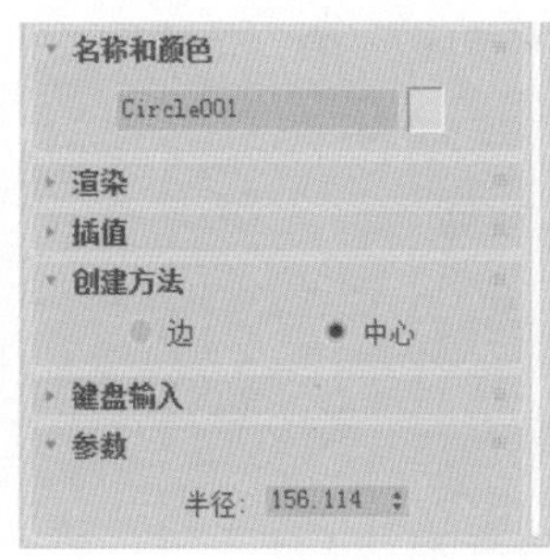


图3-10 设置【半径】参数

## 实例操作001——创建笔记本装订环

下面将介绍如何创建笔记本装订环，效果如图3-11所示，其操作步骤如下。

图3-11 笔记本装订环

01 按Ctrl+O组合键，在弹出的对话框中选择“创建笔记本装订环.max”素材文件，单击【打开】按钮，如图3-12所示。

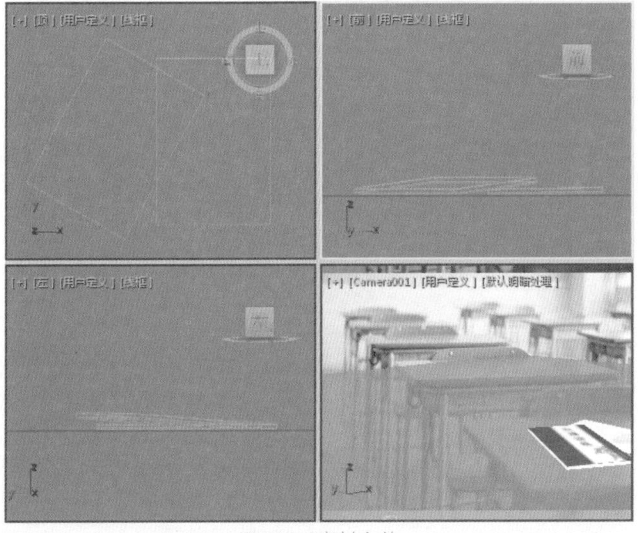

图3-12 素材文件

02 选择【创建】+|【图形】|【样条线】|【圆】工具，在【前】视图中绘制一个半径为5.6的圆，并将其命名为“装订环001”如图3-13所示。

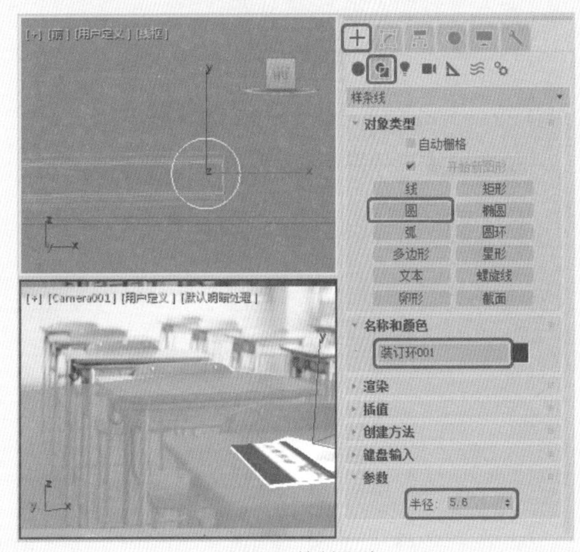


图3-13 绘制圆形

03 切换至【修改】命令面板，在【渲染】卷展栏中勾选【在渲染中启用】和【在视口中启用】复选框，将【厚度】设置为1，如图3-14所示。

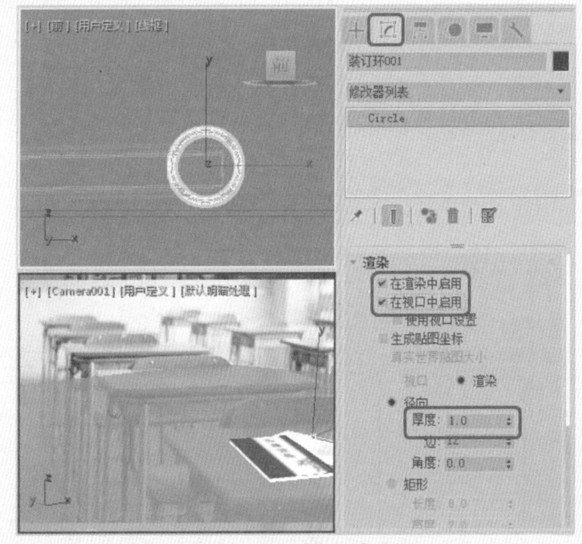


图3-14 设置【厚度】参数

04 在视图中调整圆环的位置，并对圆环进行复制，选中所有的圆环，将其颜色设置为【黑色】，如图3-15所示。

05 选中所有的圆环对象，在菜单栏中选择【组】|【组】命令，在弹出的对话框中将其命名为“笔记本装订环002”，单击【确定】按钮，在工作区中按Ctrl+V组合键，在弹出的【克隆选项】对话框中选中【复制】单选按钮，如图3-16所示。

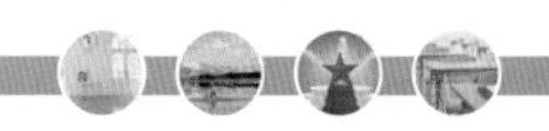

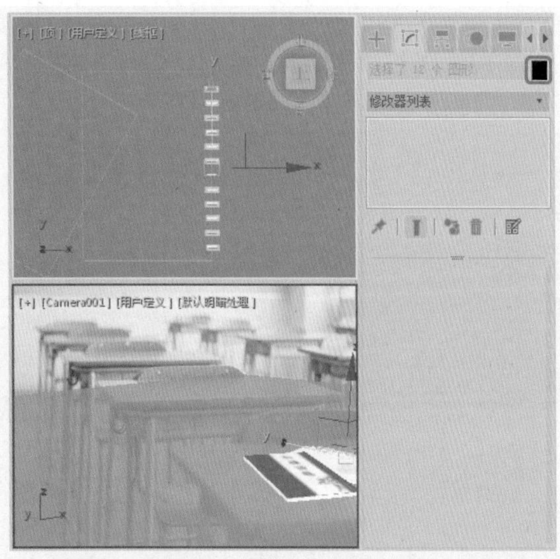

图3-15 复制圆环并设置其颜色

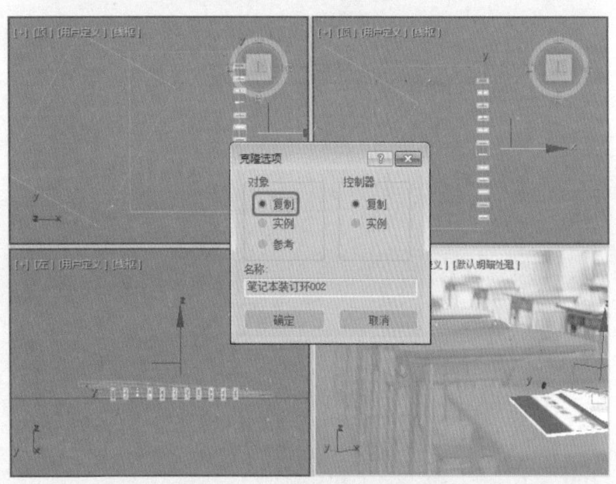

图3-16 选中【复制】单选按钮

06 单击【确定】按钮，在视图中调整复制对象的位置与角度，效果如图3-17所示。

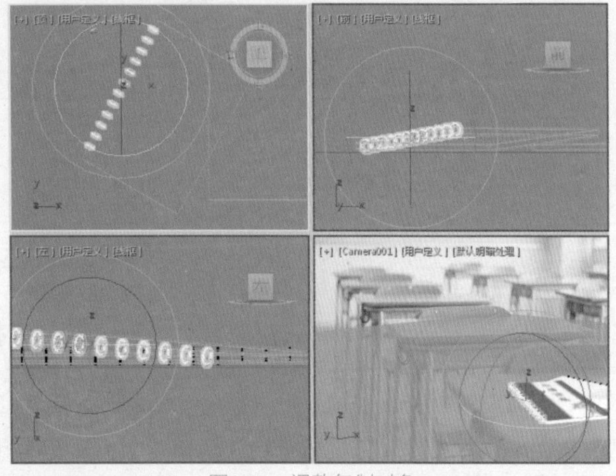

图3-17 调整复制对象

## 3.2.3 实战：创建弧

使用【弧】工具可以制作圆弧曲线或扇形，如图3-18所示。

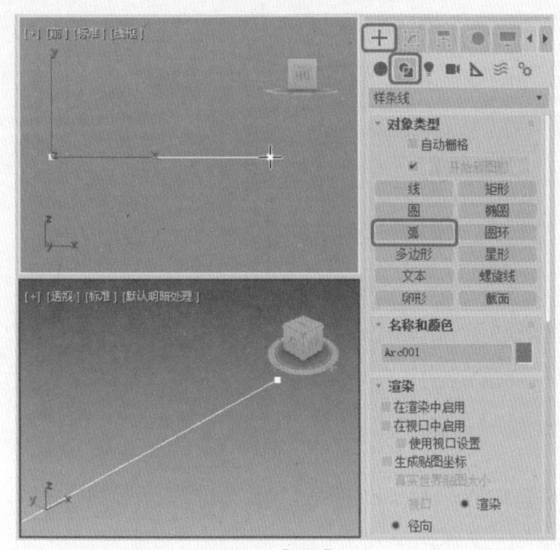

图3-18 【弧】工具

01 选择【创建】 |【图形】 |【样条线】|【弧】工具，在视图中按住鼠标左键并拖动来绘制一条直线。

02 至合适的位置后释放鼠标左键，移动鼠标并在合适位置单击确定圆弧的半径。

完成对象的创建之后，可以在命令面板中对其参数进行修改，如图3-19所示。

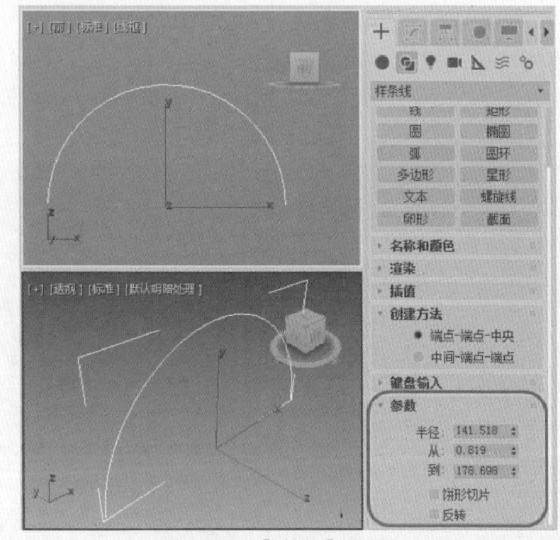

图3-19 【参数】卷展栏

【弧】工具的【创建方法】、【参数】卷展栏中的各项参数功能说明如下。

- 【创建方法】卷展栏
- 【端点-端点-中央】：这种建立方式是先引出一条直线，以直线的两端点作为弧的两端点，然后移动鼠标，确定弧长。

- 【中间-端点-端点】：这种建立方式是先引出一条直线，作为圆弧的半径，然后移动鼠标，确定弧长，这种建立方式用于创建扇形非常方便。

- 【参数】卷展栏
  - 【半径】：设置圆弧的半径大小。
  - 【从】/【到】：设置弧起点和终点的角度。
  - 【饼形切片】：选中该复选框，将建立封闭的扇形。
  - 【反转】：将弧线方向反转。

## 3.2.4　创建多边形

使用【多边形】工具可以创建任意边数的正多边形，可以产生圆角多边形，如图3-20所示。

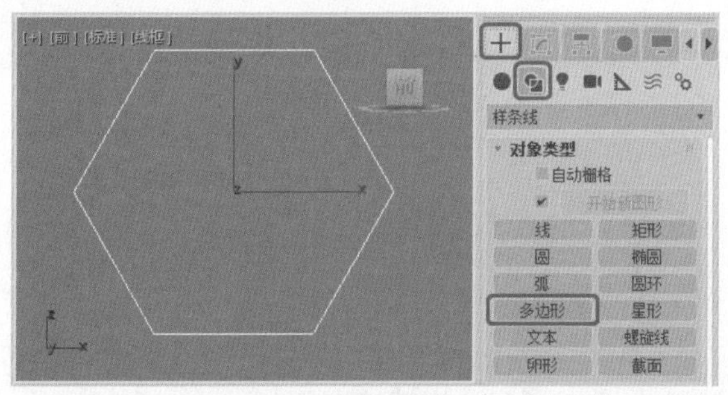


图3-20　【多边形】工具

选择【创建】+|【图形】|【样条线】|【多边形】工具，然后在视图中按住鼠标左键并拖动创建多边形。在【参数】卷展栏中可以对多边形的半径、边数等参数进行设置，其【参数】卷展栏如图3-21所示，该卷展栏中的各项参数功能如下。

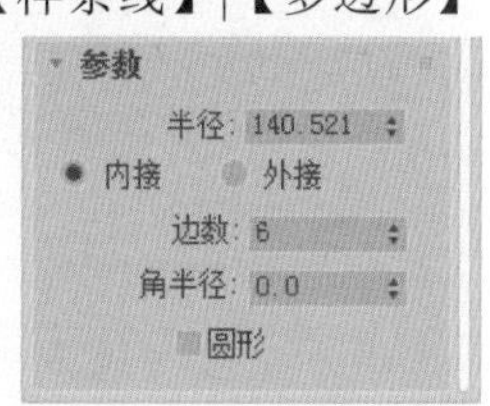


图3-21　【参数】卷展栏

- 【半径】：设置多边形的半径大小。
- 【内接】/【外接】：确定以外切圆半径还是内切圆半径作为多边形的半径。
- 【边数】：设置多边形的边数。
- 【角半径】：设置圆角的半径，可创建带圆角的多边形。
- 【圆形】：设置多边形为圆形。

## 3.2.5　创建文本

使用【文本】工具可以直接产生文字图形，在中文Windows平台下可以直接产生各种字体的中文字形，字形的内容、大小、间距都可以调整，而且用户在完成动画制作后，仍可以修改文字的内容。

选择【创建】+|【图形】|【样条线】|【文本】工具，在【参数】卷展栏中的文本框中输入需要的文本，在视图中单击鼠标左键即可创建文本图形，如图3-22所示。在【参数】卷展栏中可以对文本的字体、字号、间距以及文本的内容进行修改，【文本】工具的【参数】卷展栏如图3-23所示，该卷展栏中各项参数的功能如下。

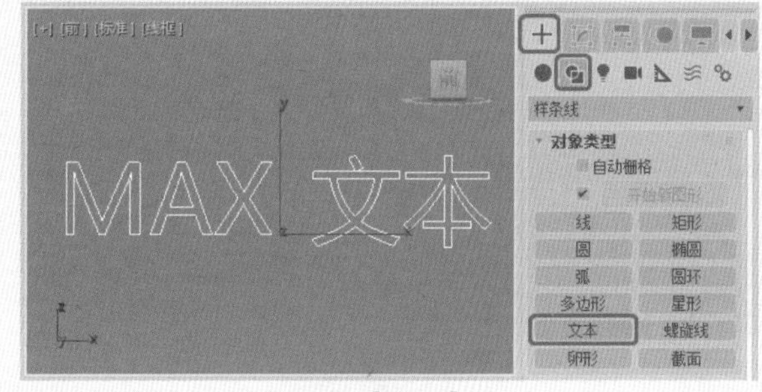


图3-22　【文本】工具

图3-23　【参数】卷展栏

- 【大小】：设置文字的尺寸。
- 【字间距】：设置文字之间的距离。
- 【行间距】：设置文字行与行之间的距离。
- 【文本】：用来输入文本文字。
- 【更新】：设置修改参数后，视图是否立刻进行更新显示。在处理大量文字时，为了加快显示速度，可以选中【手动更新】复选框，自行指示更新视图。

## 3.2.6　实战：创建截面

使用【截面】工具可以通过截取三维造型的截面而获得二维图形，使用此工具建立一个平面，可以对其进行移动、旋转和缩放。当它穿过一个三维造型时，会显示出截获的截面，在命令面板中单击【创建图形】按钮，可以将这个截面制作成一个新的样条曲线。

下面来制作一个截面图形，操作步骤如下。

01 在场景中创建一个茶壶，大小可自行设置，如图3-24所示。

02 选择【创建】+|【图形】|【样条线】|【截面】工具，在【前】视图中拖动鼠标，创建一个平面，如图3-25

所示。

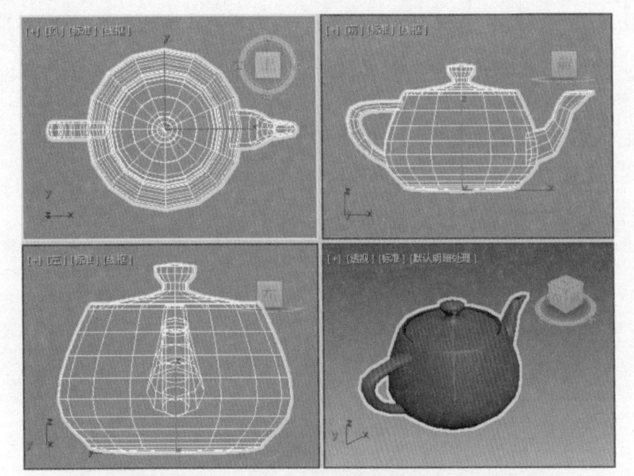

图3-24　创建茶壶

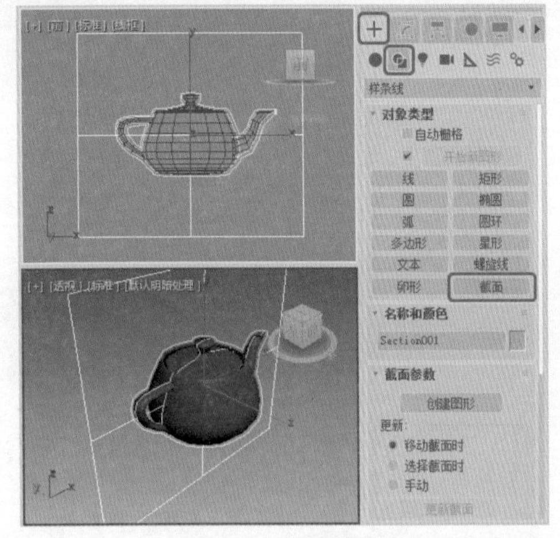

图3-25　创建截面

03 在【截面参数】卷展栏中单击【创建图形】按钮，在打开的【命名截面图形】对话框中将【名称】设置为“截面”，如图3-26所示。

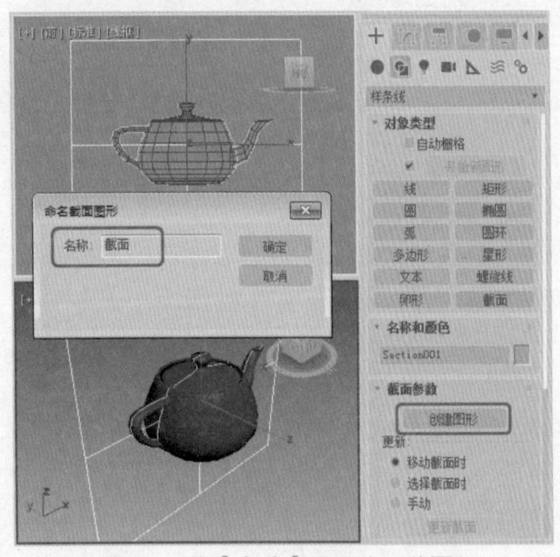

图3-26　将【名称】设置为“截面”

04 单击【确定】按钮即可创建一个模型的截面，使用【选择并移动】工具调整模型的位置，可以看到创建的截面图形，如图3-27所示。

图3-27　创建的截面图形

## 3.2.7　创建矩形

【矩形】工具是经常用到的一个工具，可以用来创建矩形，如图3-28所示。

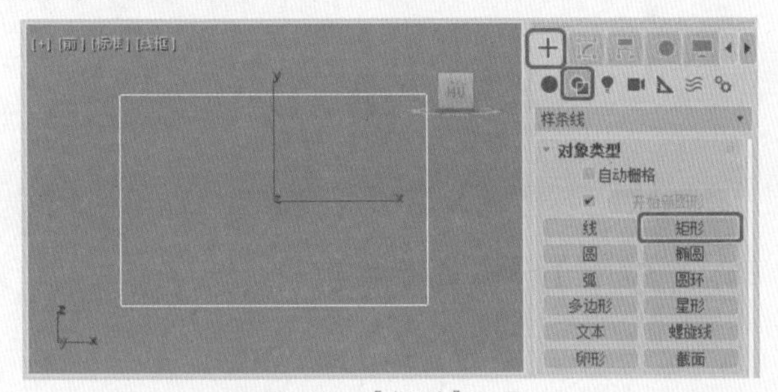

图3-28　【矩形】工具

创建矩形与创建多边形的方法基本一样，都是通过拖动鼠标来创建。在【参数】卷展栏中包含3个常用参数，如图3-29所示。

矩形工具的【参数】卷展栏中各项参数的功能说明如下。

- 【长度】/【宽度】：设置矩形的长、宽值。
- 【角半径】：设置矩形的四个角是直角还是有弧度的圆角。

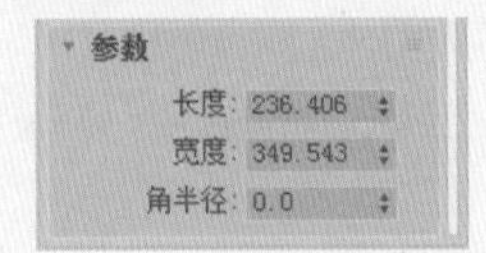


图3-29　【参数】卷展栏

## 3.2.8　创建椭圆

使用【椭圆】工具可以绘制椭圆形，如图3-30所示。

同圆形的创建方法相同，只是椭圆形使用【长度】和【宽度】两个参数来控制椭圆形的大小形态。若将【轮廓】复选框勾选并设置厚度值即可创建圆环，其【参数】

卷展栏如图3-31所示。

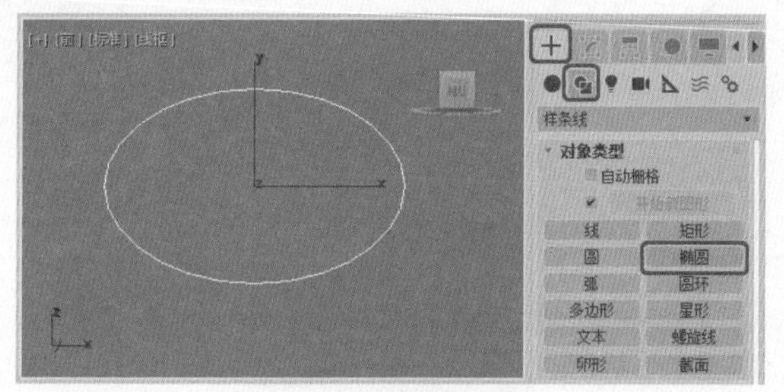

图3-30 【椭圆】工具

图3-31 【参数】卷展栏

## 3.2.9 实战：创建圆环

使用【圆环】工具可以制作同心的圆环，如图3-32所示。

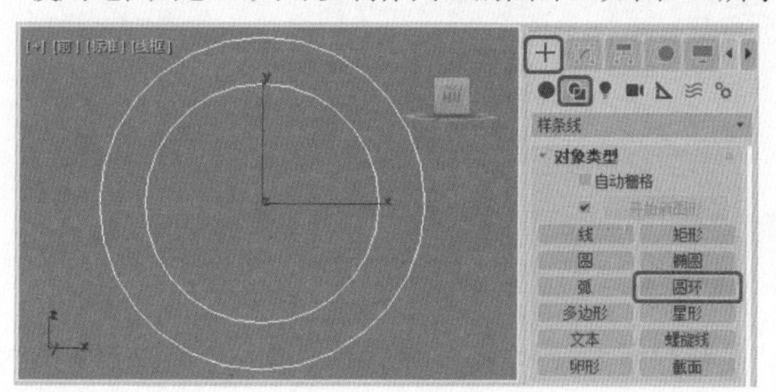

图3-32 【圆环】工具

圆环的创建要比圆形复杂一点，它相当于创建两个圆形，下面来创建一个圆环。

01 选择【创建】|【图形】|【样条线】|【圆环】工具，在视图中单击并拖动鼠标，拖曳出一个圆形后放开鼠标。

02 再次移动鼠标，向内或向外再拖曳出一个圆形，至合适位置处单击鼠标即可完成圆环的创建。

在【参数】卷展栏中，圆环有两个半径参数（半径 1、半径 2），分别用于控制两个圆形的半径，如图3-33所示。

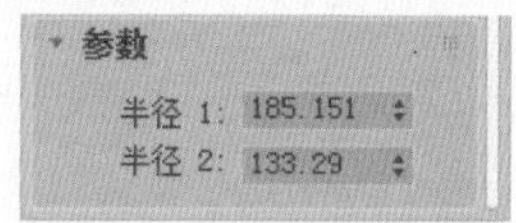

图3-33 【参数】卷展栏

## 3.2.10 实战：创建星形

使用【星形】工具可以建立多角星形，尖角可以钝化为圆角，制作齿轮图案；尖角的方向可以扭曲，产生倒刺状锯齿；参数的变换可以产生许多奇特的图案，因为可以对其进行渲染，所以图形即使交叉，也可以用作一些特殊的图案花纹，如图3-34所示。

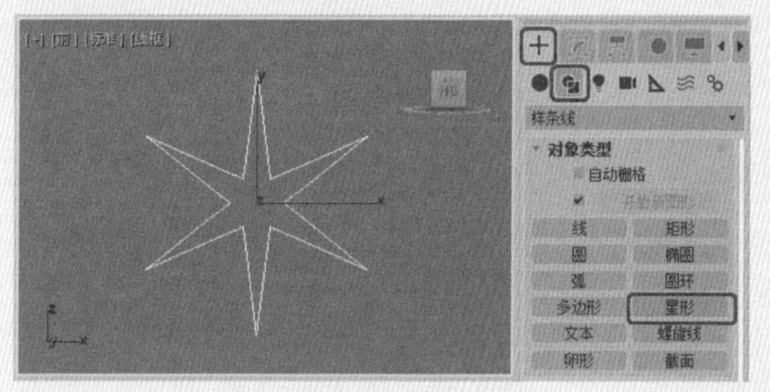

图3-34 【星形】工具

星形的创建方法如下。

01 选择【创建】|【图形】|【样条线】|【星形】工具，在视图中单击并拖动鼠标，拖曳出一级半径。

02 松开鼠标左键后，再次拖到鼠标指针，拖曳出二级半径，单击完成星形的创建。

【参数】卷展栏如图3-35所示，各项参数的功能说明如下。

- 【半径1】/【半径2】：分别设置星形的内径和外径。
- 【点】：设置星形的尖角个数。
- 【扭曲】：设置尖角的扭曲度。
- 【圆角半径1】/【圆角半径2】：分别设置尖角的内外倒角圆半径。

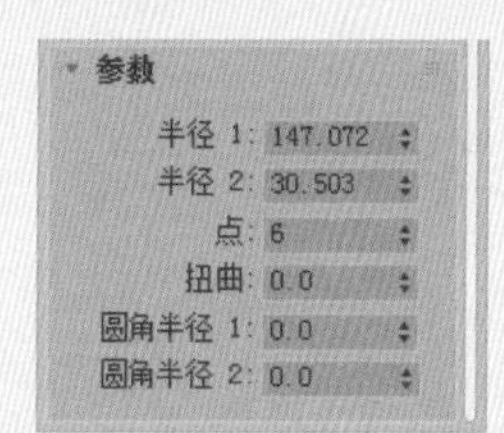

图3-35 【参数】卷展栏

## 3.2.11 实战：创建螺旋线

【螺旋线】工具用来制作平面或空间的螺旋线，常用于完成弹簧、线轴等造型，或用来制作运动路径，如图3-36所示。

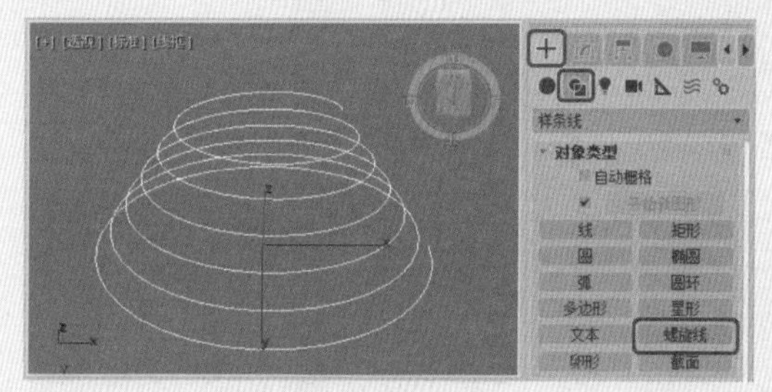

图3-36 【螺旋线】工具

螺旋线的创建方法如下。

01 选择【创建】|【图形】|【样条线】|【螺旋线】工具，在【顶】视图中单击鼠标并拖动，绘制一级半径。

02 松开鼠标左键后再次拖动鼠标指针，绘制螺旋线的高度。

03 单击确定螺旋线的高度，然后再按住鼠标左键拖动鼠标指针，绘制二级半径后单击，完成螺旋线的创建。

在【参数】卷展栏中可以设置螺旋线的两个半径、圈数等参数，如图3-37所示。

- 【半径1】/【半径2】：设置螺旋线的内径和外径。
- 【高度】：设置螺旋线的高度，此值为0时，是一个平面螺旋线。
- 【圈数】：设置螺旋线旋转的圈数。
- 【偏移】：设置在螺旋高度上，表示螺旋圈数的偏向强度。
- 【顺时针】/【逆时针】：分别设置两种不同的旋转方向。

图3-37 【参数】卷展栏

## 3.3 建立二维复合造型

单独使用以上介绍的工具一次只能制作一个特定的图形，如圆形、矩形等，当我们需要创建一个复合图形时，则需要在【创建】|【图形】|命令面板中将【对象类型】卷展栏中的【开始新图形】复选框取消选中。在这种情况下，创建圆形、星形、矩形以及椭圆形等图形时，将不再创建单独的图形，而是创建一个复合图形，它们共用一个轴心点，也就是说，无论创建多少图形，都将作为一个图形对待，如图3-38所示。

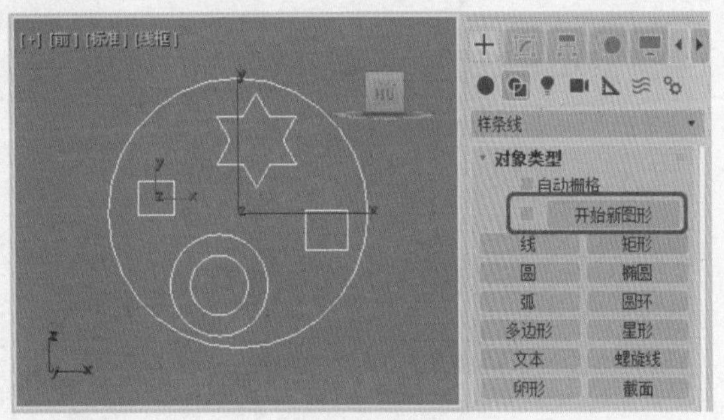


图3-38 制作复合图形

## 3.4 【编辑样条线】修改器与【可编辑样条线】功能

【编辑样条线】：是为图形添加修改器，图形创建时的参数不丢失；

【可编辑样条线】：转化后图形原来的创建参数将失去，应用于创建参数的动画也将同时丢失。

下面通过一个例子来学习为图形添加【编辑样条线】修改器的方法。

01 启动3ds Max 2018，选择【创建】|【图形】|【样条线】|【多边形】工具，在【前】视图中单击并拖动鼠标，创建一个多边形，如图3-39所示。

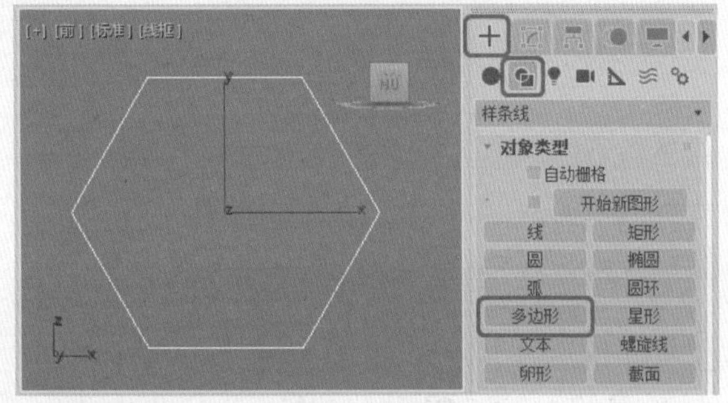


图3-39 创建多边形

02 切换至【修改】命令面板，在【修改器列表】中选择【编辑样条线】修改器，如图3-40所示，为创建的星形添加【编辑样条线】修改器，如图3-41所示。

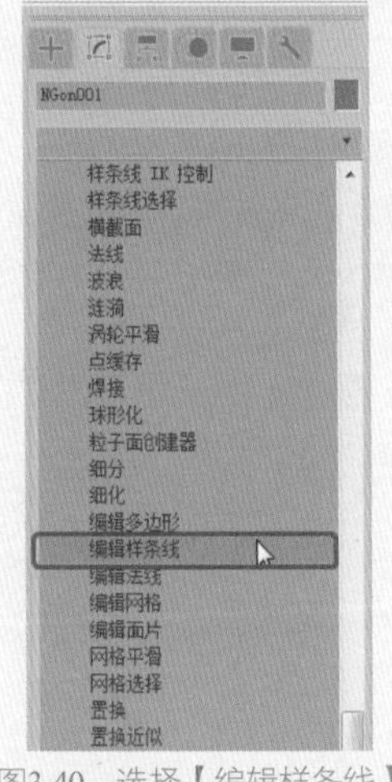


图3-40 选择【编辑样条线】修改器

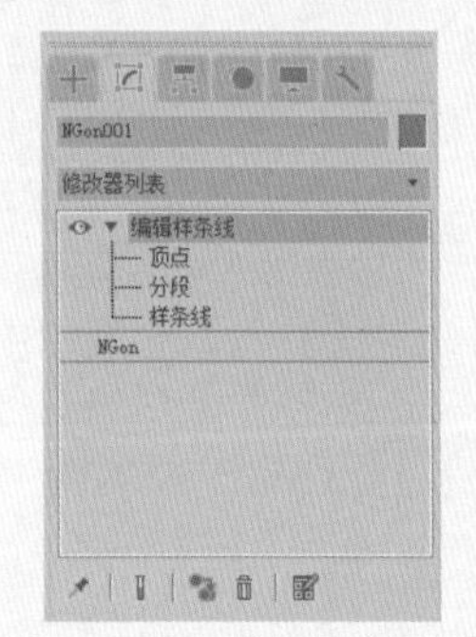


图3-41 添加【编辑样条线】修改器

将图形转换为可编辑样条线的方法很简单，例如：选择要转换编辑样条线的图形，右击鼠标，在弹出的快捷菜单中选择【转换为】|【转换为可编辑样条线】命令，如

图3-42所示。创建的星形即可被转换为可编辑样条线，如图3-43所示。

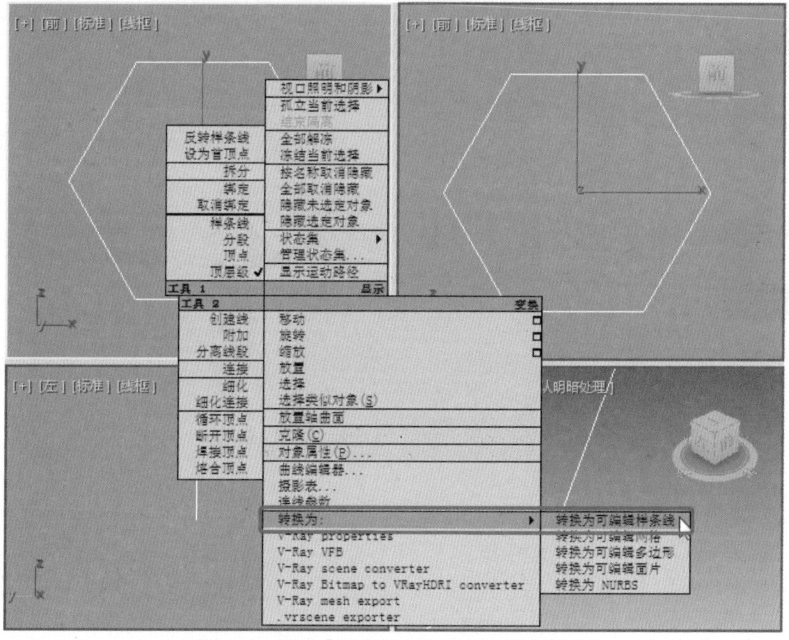

图3-42　选择【转换为可编辑样条线】命令

在将图形转换为可编辑样条线后，在【修改】命令面板的下方会出现5个卷展栏，其中【渲染】和【插值】卷展栏与创建图形时的卷展栏相同，如图3-44所示。

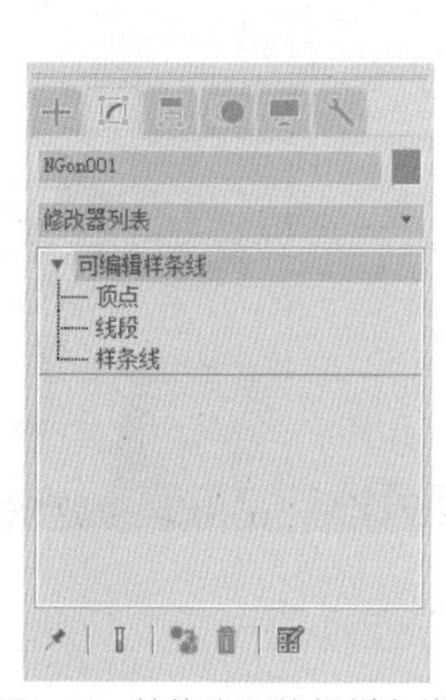

图3-43　转换为可编辑样条线

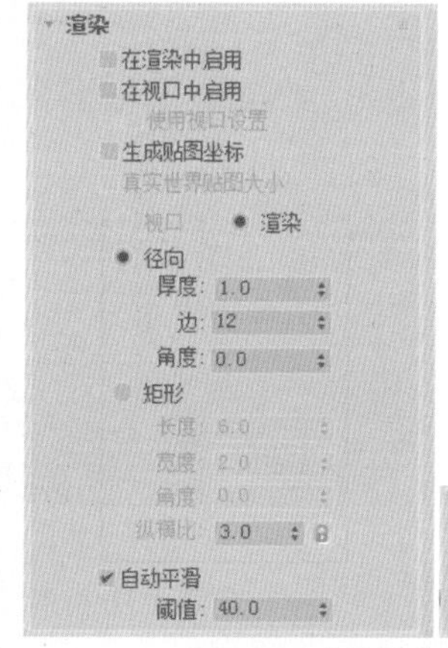

图3-44　【渲染】与【插值】卷展栏

【选择】卷展栏如图3-45所示，在该卷展栏的上方有3个子物体层级按钮、、，分别对应物体层级中的【顶点】、【线段】和【样条线】。单击3个子物体层级按钮中的一个就可进入相应的子物体层级。

【软选择】卷展栏如图3-46所示，该卷展栏允许部分地选择相邻的子对象，在对选择的子对象进行变换时，场景中被部分选定的子对象就会平滑地进行绘制，这种效果会因距离或部分选择的强度而产生衰减。

【几何体】卷展栏包含较多的参数，在父物体层级或不同的子物体层级下，该卷展栏中可用的选项不同，如图3-47所示为在父物体层级下的【几何体】卷展栏。

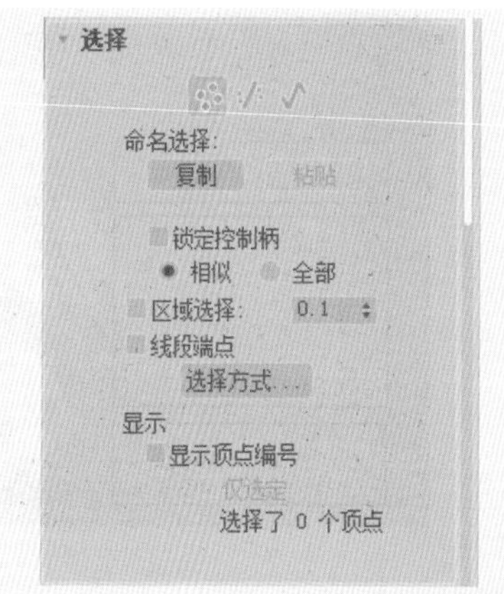

图3-45　【选择】卷展栏

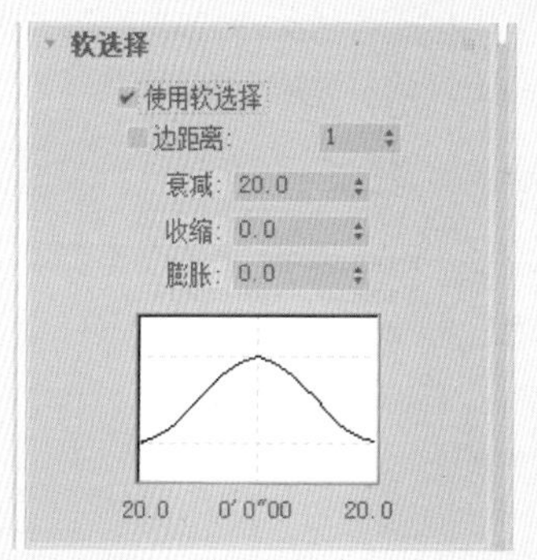

图3-46　【软选择】卷展栏

图3-47　【几何体】卷展栏

## 实例操作002——制作跳绳

下面将讲解如何制作跳绳，效果如图3-48所示。

图3-48　跳绳

01 启动软件，按Ctrl+O组合键，在弹出的对话框中选择“制作跳绳.max”素材文件，如图3-49所示。

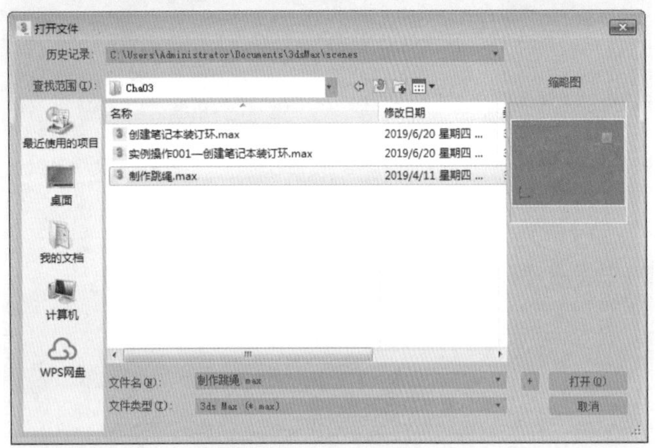

图3-49　选择素材文件

02 单击【打开】按钮，将选中的素材文件打开，效果如图3-50所示。

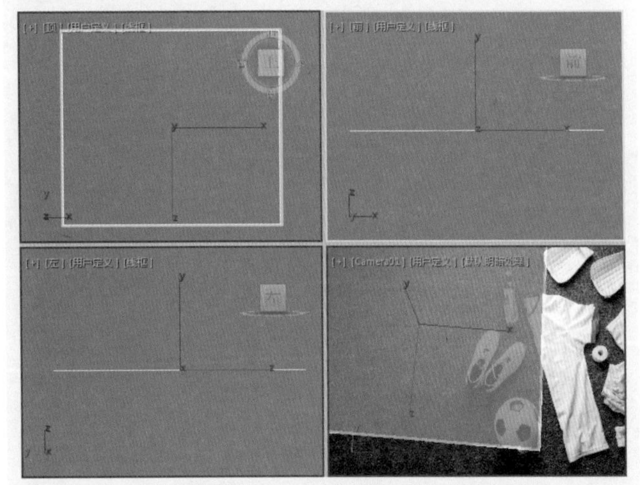

图3-50　打开的素材文件

03 选择【创建】|【图形】|【线】工具，在【顶】视图中绘制一条如图3-51所示的线段。

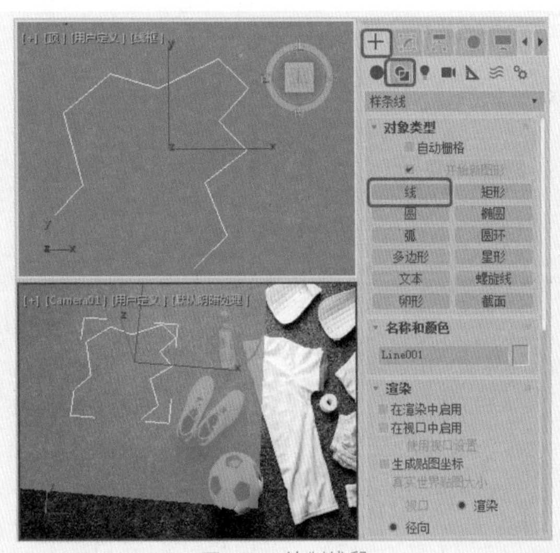

图3-51　绘制线段

04 选中绘制的线段，切换至【修改】命令面板，将当前选择集定义为【顶点】，在视图中选择所有顶点对象，右击鼠标，在弹出的快捷菜单中选择【Bezier角点】命令，如图3-52所示。

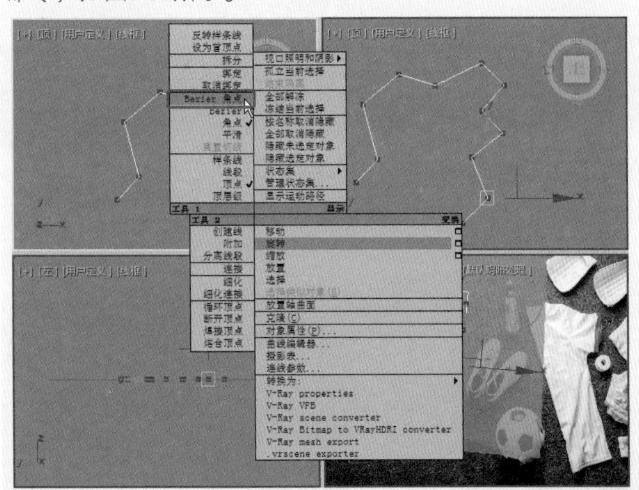

图3-52　选择【Bezier角点】命令

05 将选中的顶点转换为Bezier角点后，使用【选择并移动】工具对转换的顶点进行调整，调整后的效果如图3-53所示。

06 调整完成后，关闭当前选择集，继续选中该线段，在【渲染】卷展栏中勾选【在渲染中启用】、【在视口中启用】复选框，将【厚度】设置为10，并将其命名为“跳绳”，如图3-54所示。

07 继续选中该线段，按M键打开【材质编辑器】对话框，选择一个新的材质样本球，将其命名为“跳绳”，在【Blinn基本参数】卷展栏中将【环境光】、【漫反射】的RGB值都设置为218、255、0，将【自发光】设

置为15，将【高光级别】、【光泽度】分别设置为75、21，如图3-55所示。

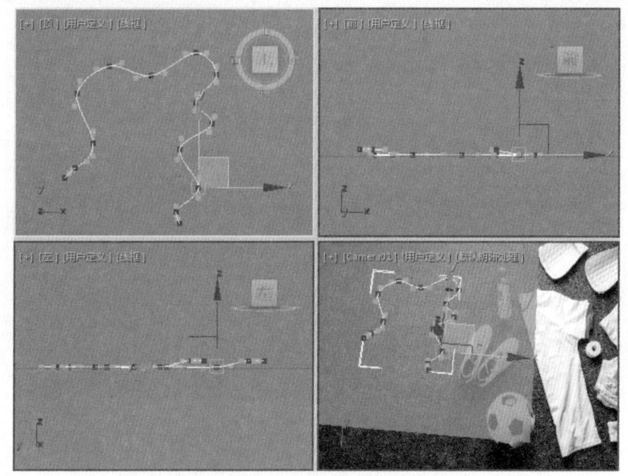

图3-53　调整线段后的效果

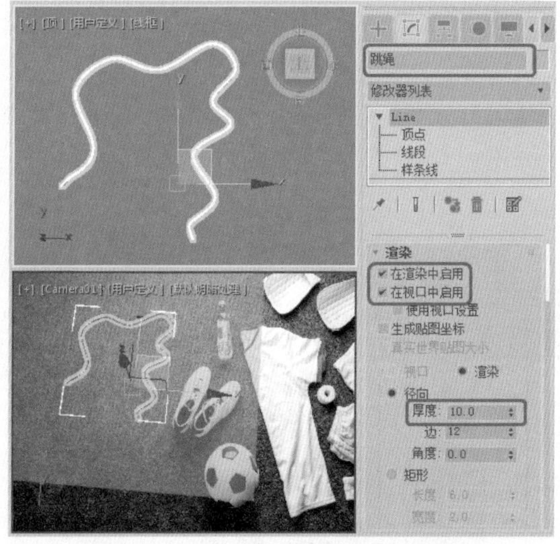

图3-54　设置线段

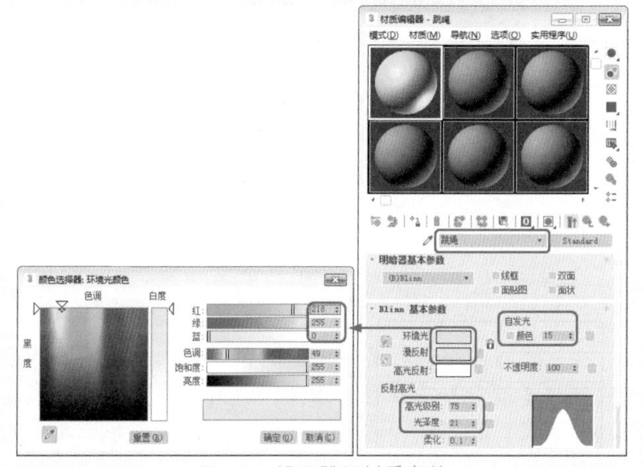

图3-55　设置跳绳材质参数

08 将设置完成后的材质指定给选定对象。选择【创建】|【图形】|【矩形】工具，在【顶】视图中绘制一个矩形，选中绘制的矩形，切换至【修改】命令面板将其命名为“把手01”，将【参数】卷展栏中的【长度】、【宽度】、【角半径】分别设置为272、31.5、0，如图3-56所示。

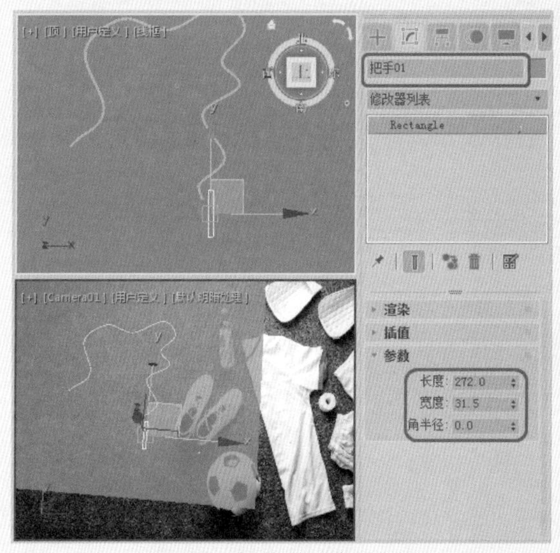

图3-56　绘制矩形并进行调整

09 继续选中该矩形，在工具栏中右击【选择并旋转】按钮，在弹出的【旋转变换输入】对话框中将【绝对：世界】下的Z设置为20.91，如图3-57所示。

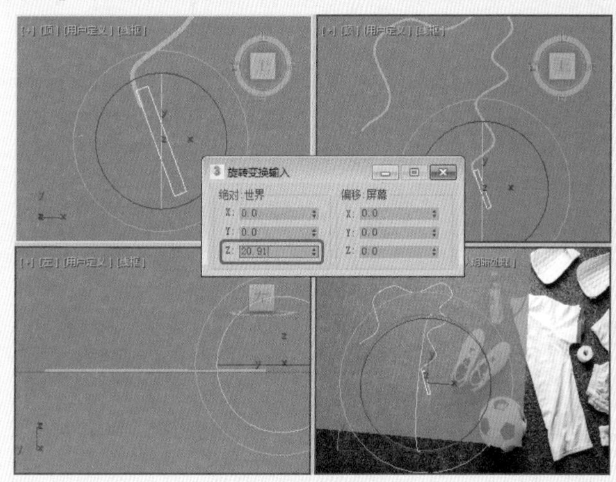

图3-57　旋转矩形

10 设置完成后，将【旋转变换输入】对话框关闭，在【修改】命令面板中的修改器下拉列表中选择【编辑样条线】修改器，将当前选择集定义为【顶点】，在视图中对矩形进行调整，效果如图3-58所示。

11 关闭当前选择集，在修改器下拉列表中选择【车削】修改器，在【参数】卷展栏中将【度数】设置为360，

取消勾选【翻转法线】复选框，将【分段】设置为50，单击Y按钮，然后再单击【最小】按钮，并在视图中调整车削对象的位置，效果如图3-59所示。

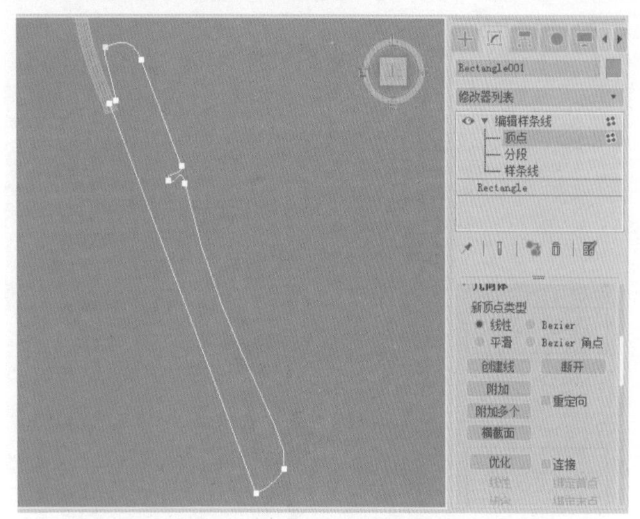

图3-58 调整样条线后的效果

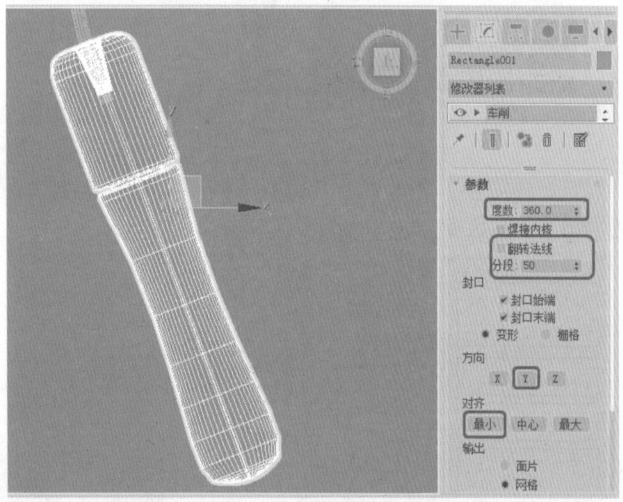

图3-59 添加【车削】修改器

12 在工具栏中单击【选择并移动】工具，在工作区中对车削后的【把手01】进行复制，并调整其角度与位置，效果如图3-60所示。

13 在视图中选择两个把手，按M键打开【材质编辑器】对话框，选择一个新的材质样本球，将其命名为“把手”，在【Blinn基本参数】卷展栏中将【环境光】、【漫反射】的RGB值都设置为209、0、0，将【自发光】设置为24，将【高光级别】、【光泽度】、【柔化】分别设置为96、62、0.1，如图3-61所示。

14 设置完成后，单击【将材质指定给选定对象】按钮，预览渲染效果如图3-62所示。

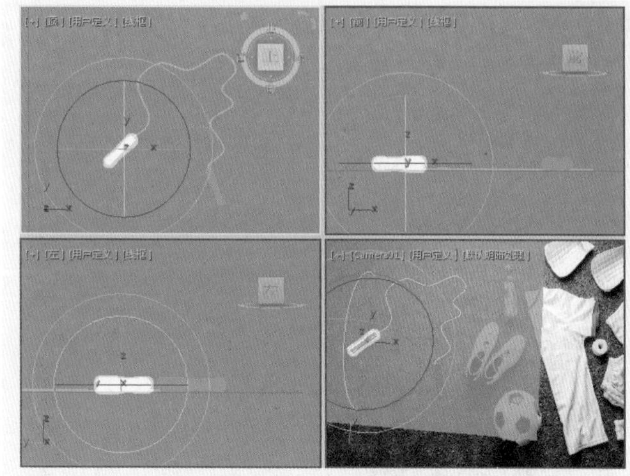

图3-60 复制对象并调整后的效果

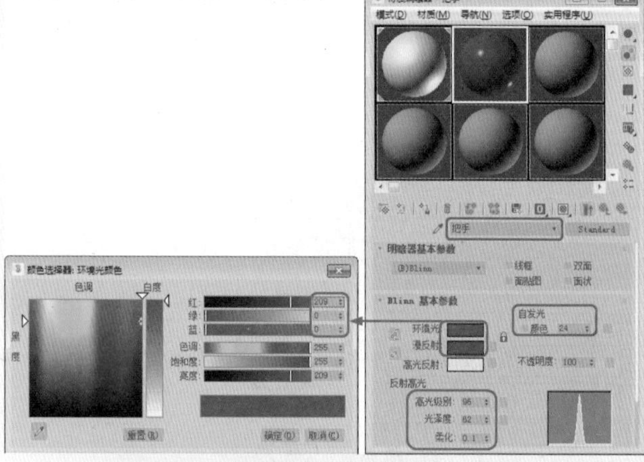

图3-61 设置材质参数

图3-62 指定材质后的效果

## 3.4.1 实战：【顶点】选择集

在对二维图形进行编辑修改时，最基本、最常用的操作就是对【顶点】选择集的修改。通常会对图形进行添加点、移动点、断开点、连接点等操作，以至调整到我们所需要的形状。

下面我们通过对矩形指定【编辑样条线】修改器来学习【顶点】选择集的修改方法以及常用修改命令。

01 选择【创建】|【图形】|【样条线】|【矩形】工具，在【前】视图中创建一个矩形。

02 切换到【修改】命令面板，在【修改器列表】中选择【编辑样条线】修改器，在修改器堆栈中定义当前选择集为【顶点】。

03 在【几何体】卷展栏中单击【优化】按钮，然后在矩形线段的适当位置单击鼠标左键，为矩形添加顶点，如图3-63所示。

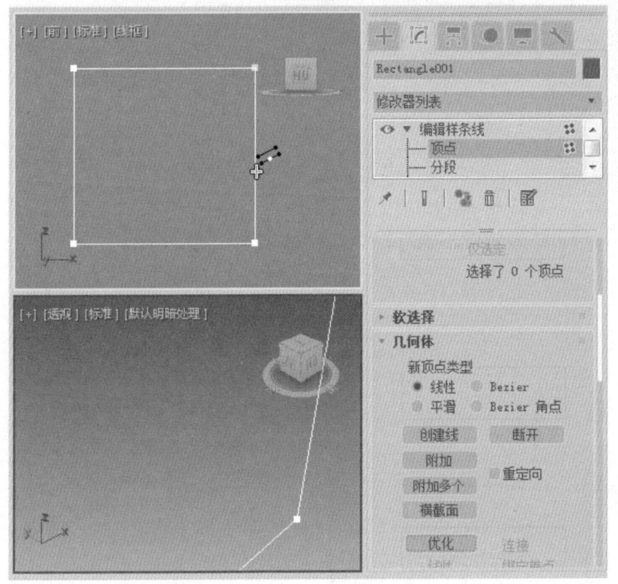

图3-63　添加顶点

04 添加完顶点后单击【优化】按钮，或者在视图中单击鼠标右键关闭【优化】按钮，在工具栏中选择【选择并移动】工具，在视图中调整顶点，如图3-64所示。

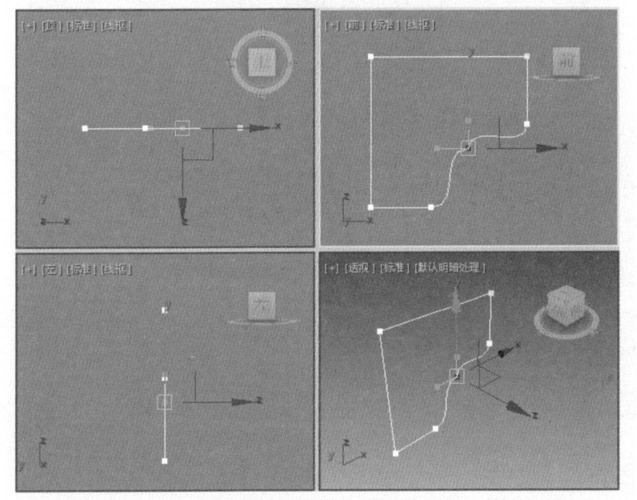

图3-64　调整后的形状

在选择的顶点上单击鼠标右键时，在弹出的快捷菜单中的【工具1】区内可以看到点的5种类型：【Bezier角点】、Bezier、【角点】、【平滑】以及【重置切线】，如图3-65所示。其中被勾选的类型是当前选择点的类型。

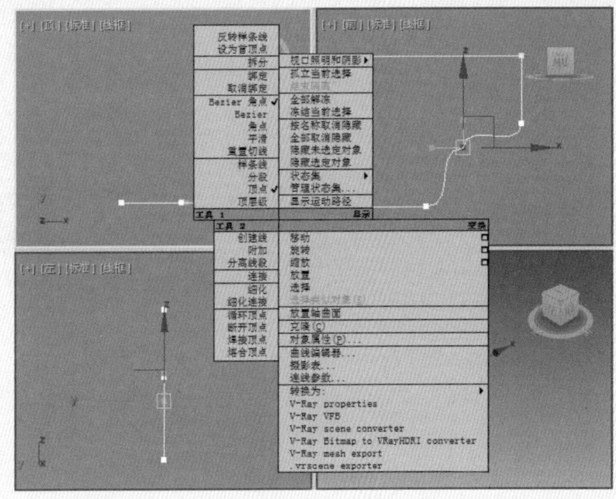

图3-65　顶点包含的类型

每种类型的功能说明如下。

- 【Bezier角点】：这是一种比较常用的节点类型，调节它的两个控制手柄，可以灵活地控制曲线的曲率。
- Bezier：通过调整节点的控制手柄来改变曲线的曲率，以达到修改样条曲线的目的，它没有【Bezier角点】调节起来灵活。
- 【角点】：使各点之间的【步数】按线性、均匀方式分布，也就是直线连接。
- 【平滑】：该属性决定了经过该节点的曲线为平滑曲线。
- 【重置切线】：在可编辑样条线【顶点】层级时，可以使用标准方法选择一个和多个顶点并移动它们。如果顶点属于Bezier或【Bezier 角点】类型，还可以移动和旋转控制手柄，进而影响与顶点连接的任何线段的形状。还可以使用切线复制/粘贴操作在顶点之间复制和粘贴控制手柄，同样也可以使用【重置切线】重置控制手柄或在不同类型之间切换。

> 提示　在一些二维图形中，最好将一些直角处的点类型改为【角点】类型，这样有助于提高模型的稳定性。

在对二维图形进行编辑修改时，除了会经常用到【优化】按钮外，还有一些比较常用的命令，如下所述。

- 【连接】：连接两个断开的点。
- 【断开】：使闭合图形变为开放图形。选中一个节点后单击【断开】按钮，然后单击并移动该点，会看到线条被断开。
- 【插入】：该功能与【优化】按钮相似，都是加点命

令，只是【优化】是在保持原图形不变的基础上增加节点，而【插入】是一边加点一边改变原图形的形状。

- 【设为首顶点】：第一个节点是用来标明一个二维图形的起点，在放样设置中各个截面图形的第一个节点决定【表皮】的形成方式，此功能就是使选中的点成为第一个节点。

提示 在开放图形中只有两个端点中的一个才能被改为第一个节点。

- 【焊接】：此功能可以将两个断点合并为一个节点。
- 【删除】：删除节点。

提示 在删除节点时，用Delete键更方便一些。

### 3.4.2 【分段】选择集

【分段】是连接两个节点之间的边线，当对线段进行变换操作时也相当于在对两端的点进行变换操作。下面对【分段】常用的命令按钮进行介绍：

- 【断开】：将选择的线段打断，类似点的打断。
- 【优化】：与【顶点】选择集中的【优化】功能相同。
- 【拆分】：通过在选择的线段上加点，将选择的线段分成若干条线段。通过在其后面的文本框中输入数值，然后单击该按钮，即可将选择的线段细分为若干条线段。
- 【分离】：将当前选择的段分离。

### 3.4.3 【样条线】选择集

【样条线】级别是二维图形中另一个功能强大的次物体修改级别，相连接的线段即为一条样条曲线。在样条曲线级别中，【轮廓】运算的设置最为常用，尤其是在建筑效果图的制作当中，如图3-66所示。

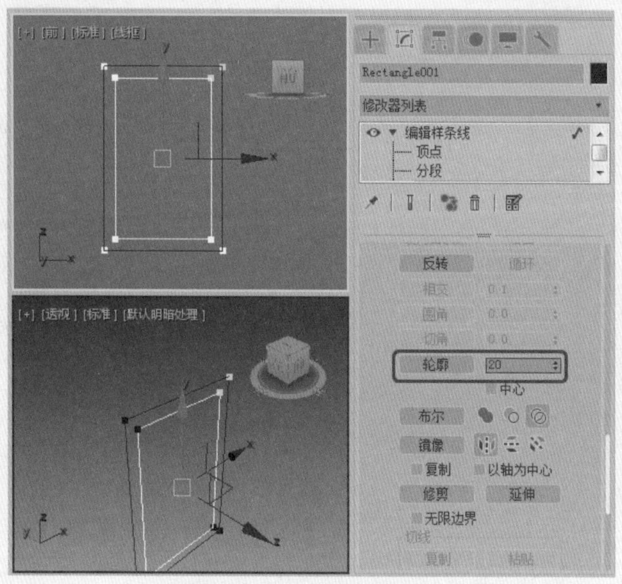


图3-66 添加轮廓后的效果

提示 创建轮廓有三种方法：第一种方法是先选择样条曲线，然后在【轮廓】输入框中输入数值并单击【轮廓】按钮；第二种方法是先选择样条曲线，然后调节【轮廓】输入框后的微调按钮；第三种方法是先按下【轮廓】按钮，然后在视图中的样条曲线上单击并拖动鼠标。

## 3.5 上机练习——制作办公椅

下面将介绍办公椅的制作，效果如图3-67所示。

图3-67 办公椅

01 打开“制作办公椅.max”素材文件，选择【创建】|【图形】|【线】工具，在【前】视图中绘制一条线段，将其命名为“支架001”，如图3-68所示。

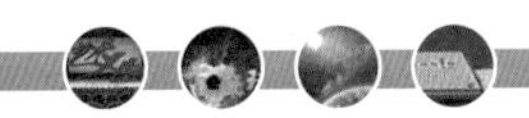

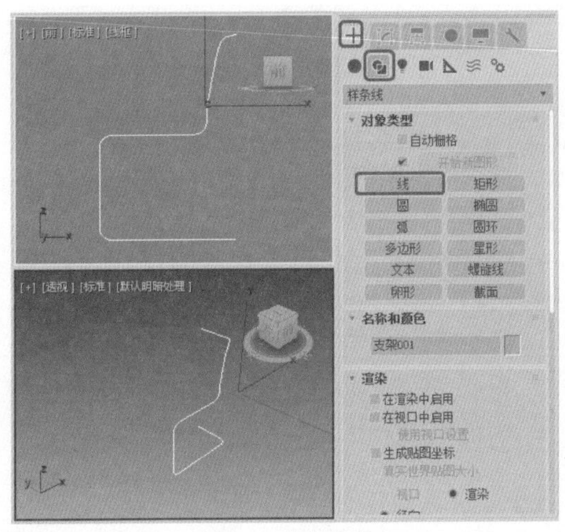

图3-68　绘制线段

02 切换至【修改】命令面板，将当前选择集定义为顶点，在视图中对顶点进行优化，并调整顶点的位置，效果如图3-69所示。

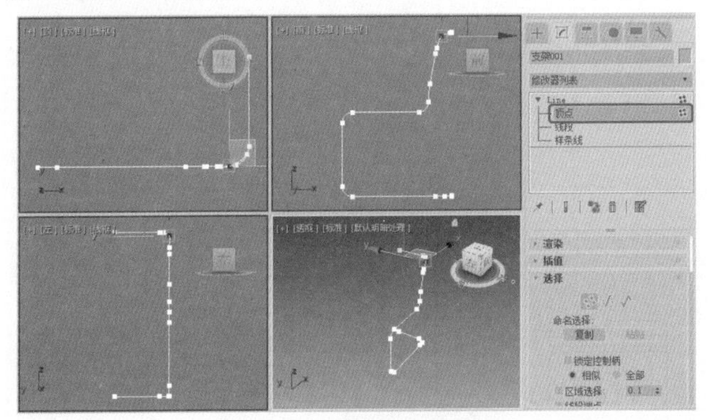

图3-69　调整顶点的位置

03 关闭当前选择集，在【渲染】卷展栏中勾选【在渲染中启用】、【在视口中启用】复选框，并勾选【径向】单选按钮，将【厚度】设置为85，如图3-70所示。

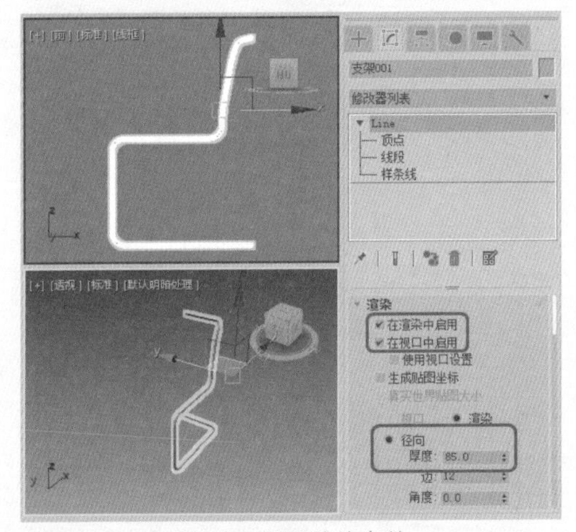

图3-70　设置渲染参数

04 继续选中该对象，激活【左】视图，在工具栏中单击【镜像】按钮，在弹出的【镜像：屏幕 坐标】对话框中选中X单选按钮，将【偏移】设置为-3760，选中【复制】单选按钮，如图3-71所示。

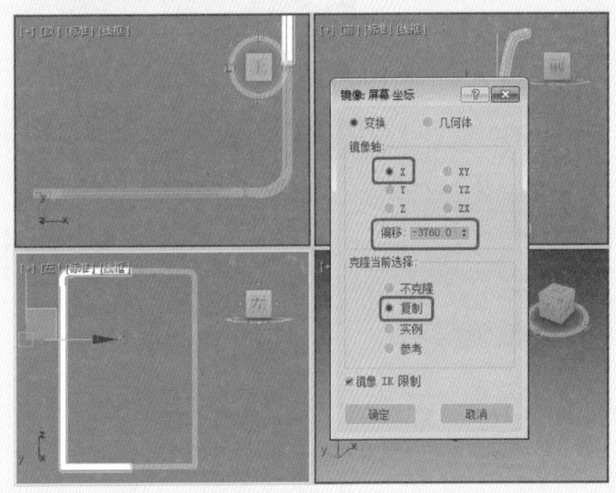

图3-71　镜像对象

05 单击【确定】按钮，完成镜像，在视图中选择两个支架对象，在菜单栏中选择【组】|【组】命令，在弹出的【组】对话框中将【组名】设置为“椅子架”，如图3-72所示。

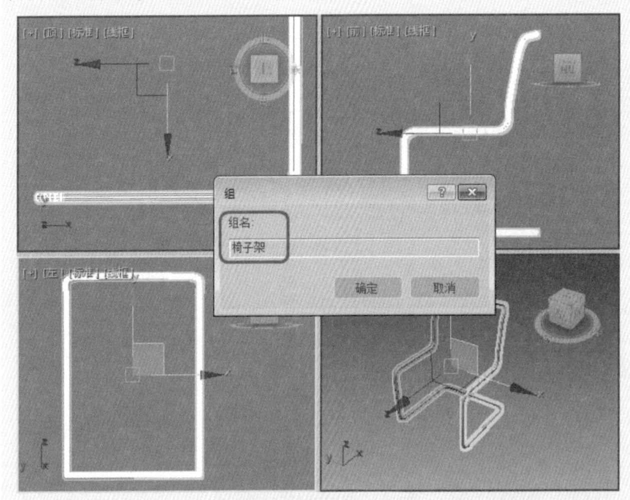

图3-72　设置组名称

06 设置完成后，单击【确定】按钮。继续选中该对象，按M键打开【材质编辑器】对话框，选择一个新的材质样本球，将其命名为“不锈钢”。在【明暗器基本参数】卷展栏中将明暗器类型设置为【（M）金属】，在【金属基本参数】卷展栏中单击按钮，取消【环境光】与【漫反射】的锁定，将【环境光】的RGB值设置为0、0、0，将【漫反射】的RGB值设置为255、255、255，将【自发光】设置为5，在【反射高光】选项组中将【高光级

别】、【光泽度】分别设置为100、80，如图3-73所示。

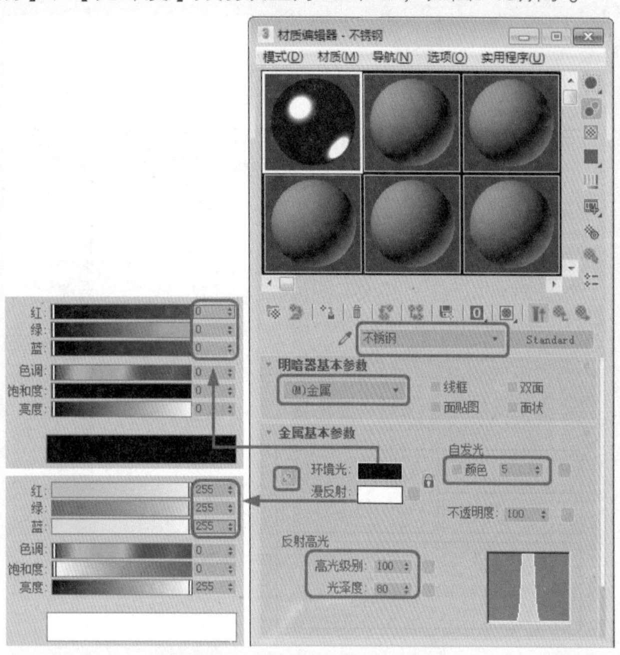

图3-73　设置明暗器基本参数

07 在【贴图】卷展栏中单击【反射】右侧的【无贴图】按钮，在弹出的对话框中选择【位图】选项，如图3-74所示。

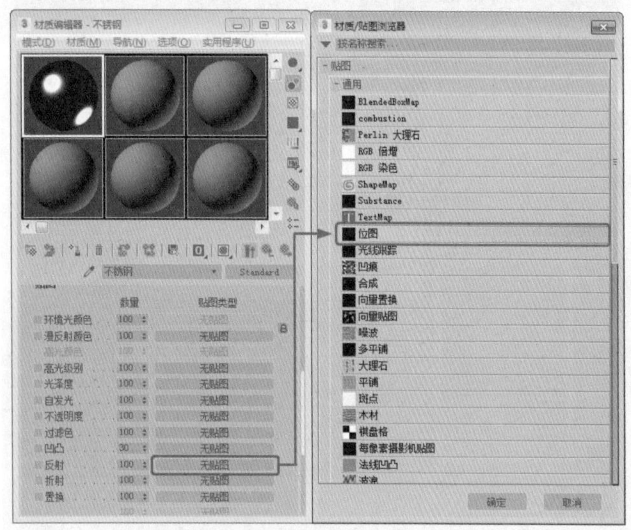

图3-74　选择【位图】选项

08 单击【确定】按钮，在弹出的对话框中选择Map\Chromic.JPG文件，如图3-75所示。

09 在【坐标】卷展栏中将【模糊偏移】设置为0.096，如图3-76所示。

10 设置完成后，单击【将材质指定给选定对象】按钮，即可为选中的对象指定材质，效果如图3-77所示。

图3-75　选择贴图文件

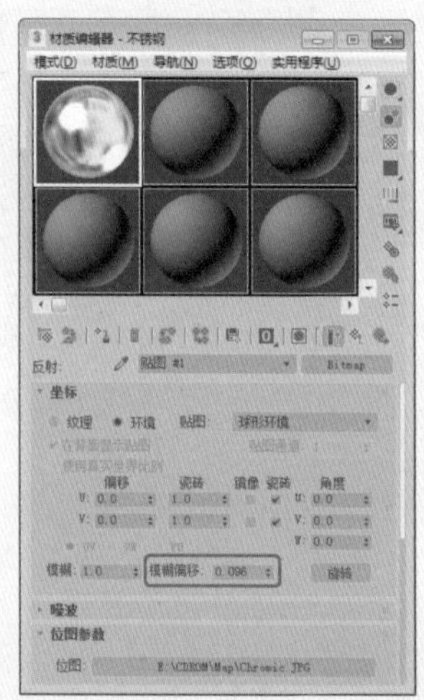

图3-76　设置【模糊偏移】参数

11 将该对话框关闭，选择【创建】|【图形】|【螺旋线】工具，在【顶】视图中创建一条螺旋线，确认该对象处于选中状态，在【参数】卷展栏中将【半径1】、【半径2】、【高度】、【圈数】、【偏移】分别设置53.34、53.34、889、22、0，如图3-78所示。

12 确认该对象处于选中状态，切换至【修改】命令面板，在【渲染】卷展栏中将【厚度】设置为25.4，如图3-79所示。

13 在修改器下拉列表中选择FFD 4×4×4修改器，将当前选择集定义为【控制点】，在【前】视图中调整控制点的位置，如图3-80所示。

14 关闭当前选择集，继续选中该对象，激活【左】视图，在工具栏中单击【镜像】按钮，在弹出的【镜

像：屏幕 坐标】对话框中选中X单选按钮，将【偏移】设置为-2400，选中【复制】单选按钮，如图3-81所示。

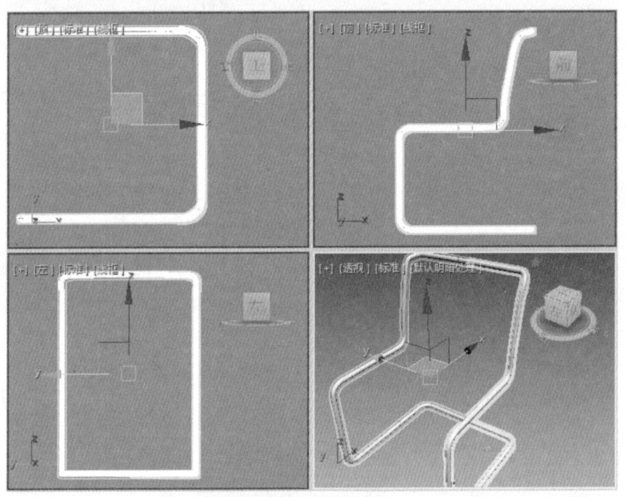

图3-77　指定材质

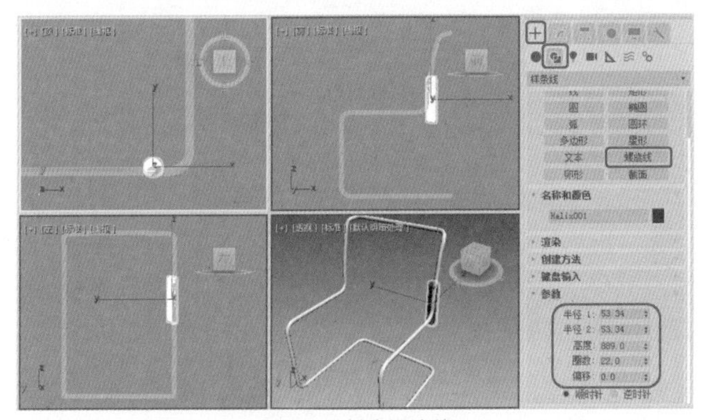

图3-78　创建螺旋线

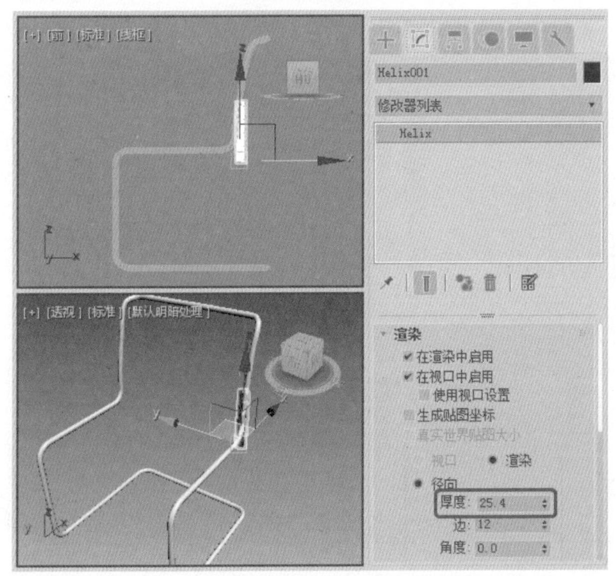

图3-79　设置【厚度】参数

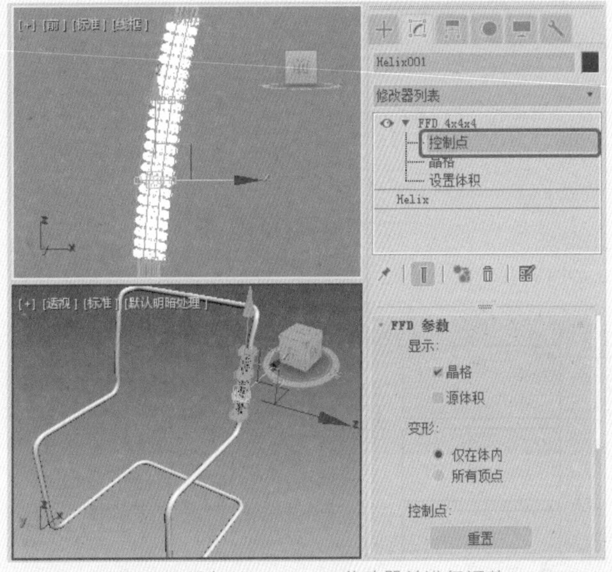

图3-80　添加FFD 4×4×4修改器并进行调整

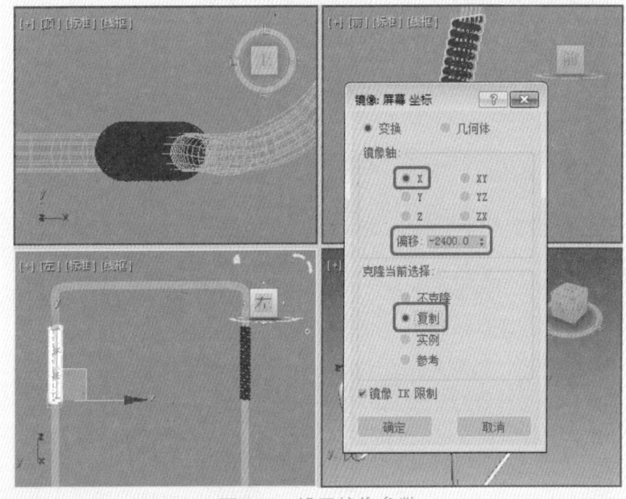

图3-81　设置镜像参数

15 设置完成后，单击【确定】按钮，选择【创建】|【图形】|【线】工具，在【左】视图中绘制一条直线，如图3-82所示。

> 提示
> 在绘制的直线中共有三个顶点，这样是为了方便后面对线段进行调整。

16 选择【创建】|【图形】|【线】工具，取消勾选【开始新图形】复选框，在【左】视图中绘制多条直线，如图3-83所示。

> 提示
> 当需要重新创建一个独立的图形时，不要忘记勾选【开始新图形】按钮前的复选框。

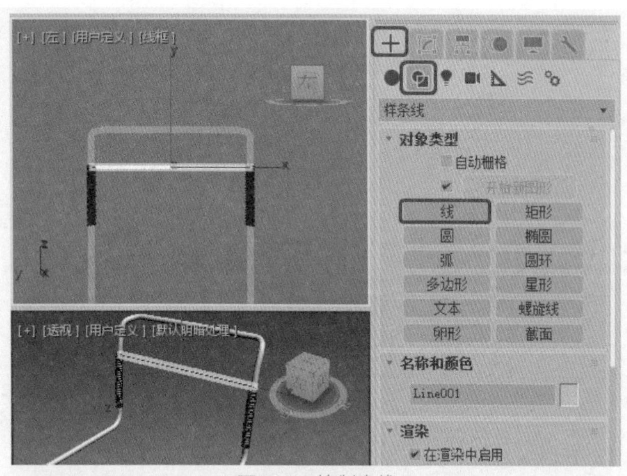

图3-82 绘制直线

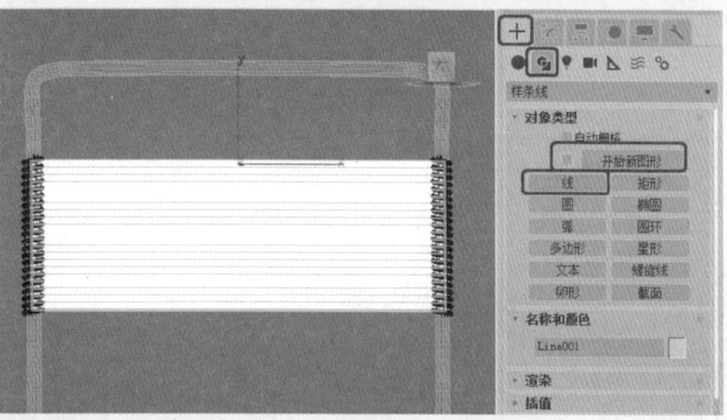

图3-83 绘制其他直线后的效果

17 继续选中绘制的直线，切换至【修改】命令面板，在【渲染】卷展栏中将【厚度】设置为30.4，如图3-84所示。

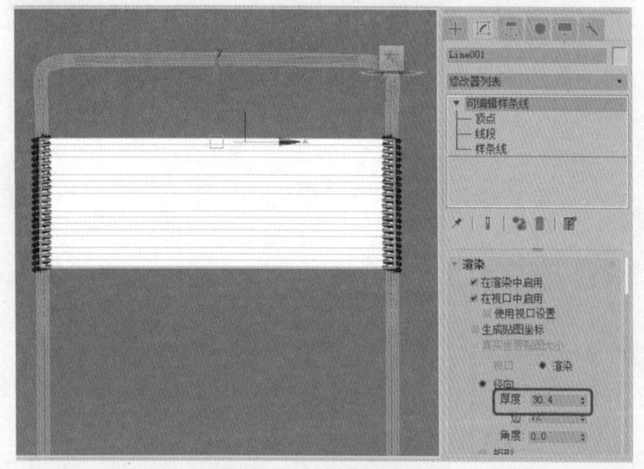

图3-84 设置【厚度】参数

18 使用【选择并旋转】及【选择并移动】工具在视图中对选中的直线进行旋转、移动，调整后的效果如图3-85所示。

19 确认该直线处于选中状态，将当前选择集定义为【顶点】，在视图中对顶点进行调整，效果如图3-86所示。

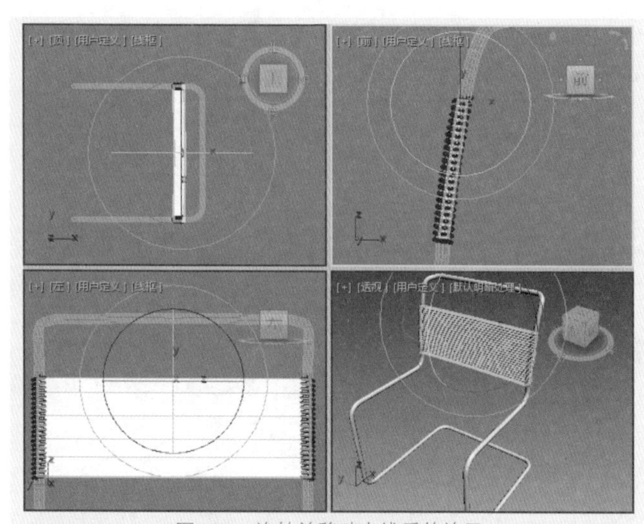

图3-85 旋转并移动直线后的效果

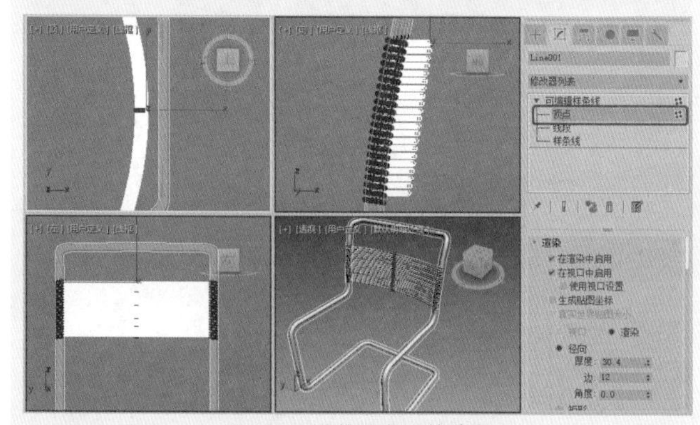

图3-86 调整顶点后的效果

20 调整完成后，对绘制的线及螺旋线进行复制，并调整其位置与角度，将复制的【螺旋线】的FFD 4×4×4修改器删除，并进行相应的调整，效果如图3-87所示。

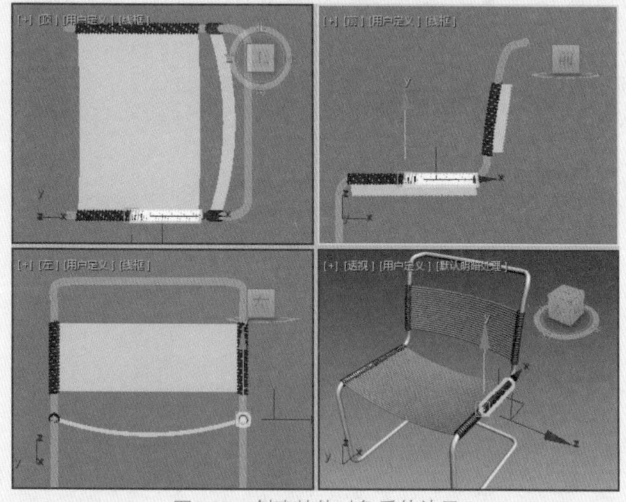

图3-87 创建其他对象后的效果

21 在视图中选择除【椅子架】外的其他对象，在菜单栏中单击【组】按钮，在弹出的下拉列表中选择【组】命令，在弹出的【组】对话框中将【组名】设置为“椅子面”，如图3-88所示。

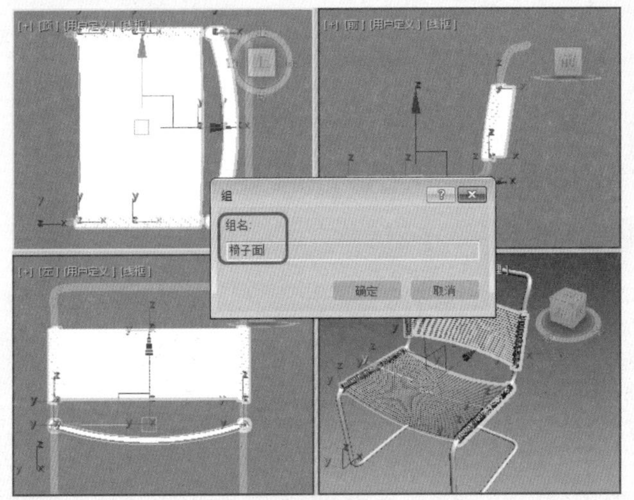

图3-88　设置组名

22 单击【确定】按钮，按M键打开【材质编辑器】对话框，选择一个新的材质样本球，将其命名为“红色材质”，在【Blinn基本参数】卷展栏中将【环境光】和【漫反射】的RGB值都设置为213、0、0，如图3-89所示。

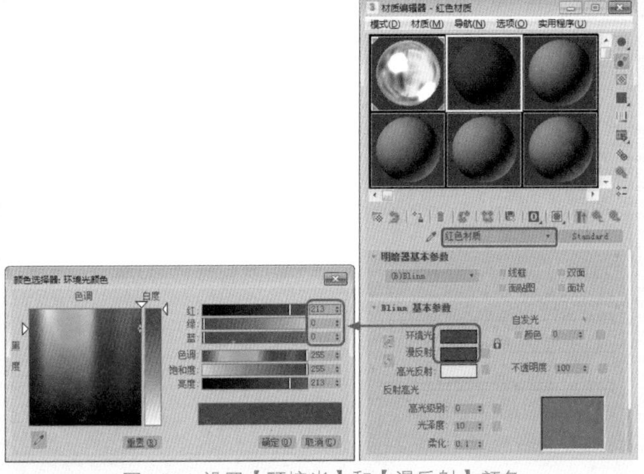
图3-89　设置【环境光】和【漫反射】颜色

## 知识链接　Blinn明暗器

选择Blinn明暗器选项后，可以使材质高光点周围的光晕旋转混合，背光处的反光点形状为圆形，清晰可见，如增大柔化参数值，Blinn的反光点将保持尖锐的形态，从色调上来看，Blinn趋于冷色。

【环境光】：控制对象表面阴影区的颜色。

【环境光】和【漫反射】的左侧有一个【锁定】按钮，用于锁定【环境光】、【漫反射】两种材质，锁定的目的是使被锁定的两个区域颜色保持一致，调节一个时另一个也会随之变化。

23 设置完成后，单击【将材质指定给选定对象】按钮，右击鼠标，在弹出的快捷菜单中选择【全部取消隐藏】命令，并将【透视】视图转换为摄影机视图，对完成后的场景进行另存即可。

## 3.6 思考与练习

1. 什么是二维图形？
2. 如何建立二维复合造型？有什么意义？

# 第4章 三维模型的构建

本章通过介绍具体操作方法和操作过程，使初学者切实掌握创建三维模型的基本技能。通过本章的学习，读者可以对三维模型的构建有初步的了解。

## 4.1 认识三维模型

点、线、面构成几何图形，由众多几何图形相互连接构成了三维模型。在3ds Max 2018里提供了建立三维模型更简单快捷的方法，那就是通过命令面板下的创建工具在视图中拖动就可以制作出漂亮的基本三维模型。

三维模型是三维动画制作中的主要模型，三维模型的种类也是多种多样的，制作三维模型的过程即是建模的过程。在基本三维模型的基础上通过多边形建模、面片建模及NURBS建模等方法可以组合成复杂的三维模型。如图4-1所示，这幅室内效果图便是用多边形建模的方法完成的。

图4-1 使用三维建模技术制作的三维室内效果图

## 4.2 几何体的调整

几何体的创建非常简单，只要选中创建工具然后在视窗中单击并拖动，重复几次即可完成。

在创建简单模型之前，我们先来认识一下创建命令面板。【创建】+命令面板是最复杂的一个命令面板，其内容浩大，分支众多，仅在【几何体】●的次级分类项目里就有标准基本体、扩展基本体、复合对象、粒子系统、面片栅格、NURBS曲面、门、窗、Mental ray、AEC扩展、动力学对象、楼梯等十余种基本类型。同时又有【创建方法】、【对象类型】、【名称和颜色】、【键盘输入】、【参数】等参数控制卷展栏，如图4-2所示。

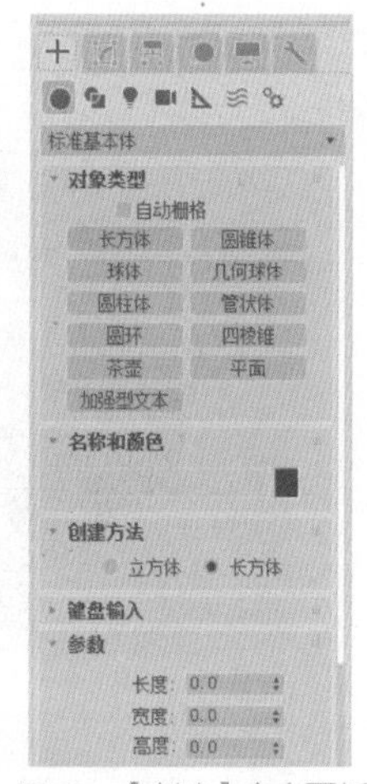


图4-2 【创建】命令面板

### 1. 创建几何体的工具

在【对象类型】卷展栏下以按钮方式列出了所有可用的工具，单击某个工具按钮就可以建立相应的对象，如图4-3所示。

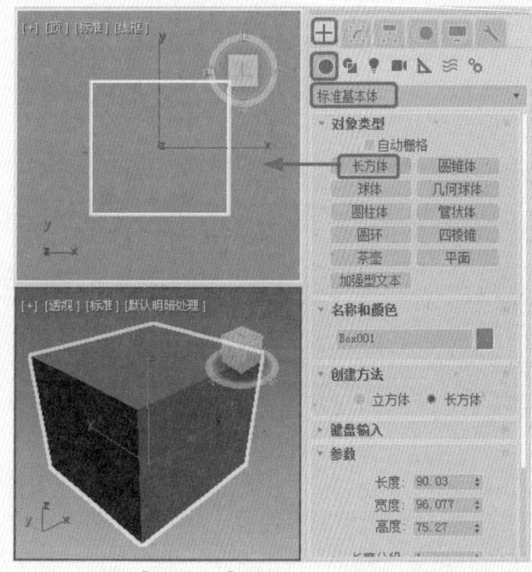


图4-3 单击【长方体】按钮可以在场景中创建长方体

### 2. 对象的名称和颜色

在【名称和颜色】卷展栏下，左框显示对象名称，一般在视图中创建一个物体，系统会自动赋予一个表示自身类型的名称，如Box01、Sphere03等，同时允许自定义对象名称。名称右侧的颜色块显示对象颜色，单击它可以调出【对象颜色】对话框，如图4-4所示，在此可以为对象定义颜色。

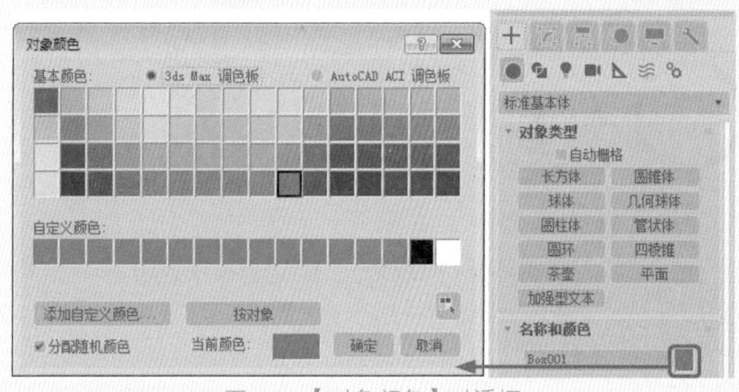


图4-4 【对象颜色】对话框

### 3. 精确创建

一般都是使用拖动的方式创建物体，这样创建的物体的参数以及位置等往往不会一次性达到要求，还需要对它的参数和位置进行修改。除此之外，还可以通过直接在【键盘输入】卷展栏中输入对象的坐标值以及参数来创建对象，输入完成后单击【创建】按钮，具有精确尺寸的造型即可呈现在所安排的视图坐标点上。其中【球体】的【键盘输入】卷展栏如图4-5所示。

### 4. 参数的修改

在命令面板中，每一个创建工具都有自己的可调节参

数，这些参数可以在第1次创建对象时在【创建】命令面板中直接进行修改，也可以在【修改】命令面板中修改。通过修改这些参数可以产生不同形态的几何体，如锥体工具就可以产生圆锥、棱锥、圆台、棱台等。大多数工具都有切片参数控制，就像切蛋糕一样切割物体，从而产生不完整的几何体。

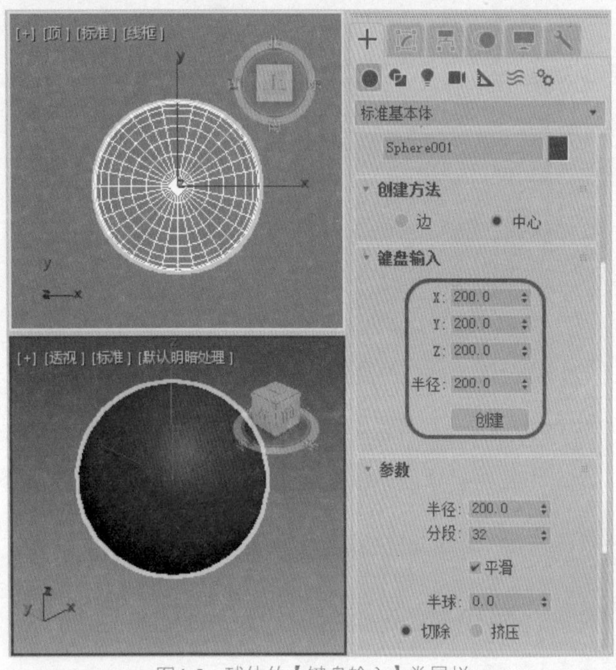


图4-5 球体的【键盘输入】卷展栏

## 4.3 标准基本体的创建

标准基本体非常容易建立，只要单击并拖动鼠标指针，交替几次就可完成；或通过键盘输入来建立。建立标准的几何体是3ds Max的基础，一定要把它学扎实。

建立【标准基本体】的工具（如图4-6所示）介绍如下。

- 【长方体】：用于建立长方体的造型。
- 【球体】：用于建立球体的造型。
- 【圆柱体】：用于建立圆柱体的造型。
- 【圆环】：用于建立圆环的造型。
- 【茶壶】：用于建立茶壶的造型。
- 【圆锥体】：用于建立圆锥体的造型。
- 【几何球体】：用于建立简单的几何形的球面。
- 【管状体】：用于建立管状的对象造型。
- 【四棱锥】：用于建立金字塔形的造型。
- 【平面】：用于建立无厚度的平面形状。

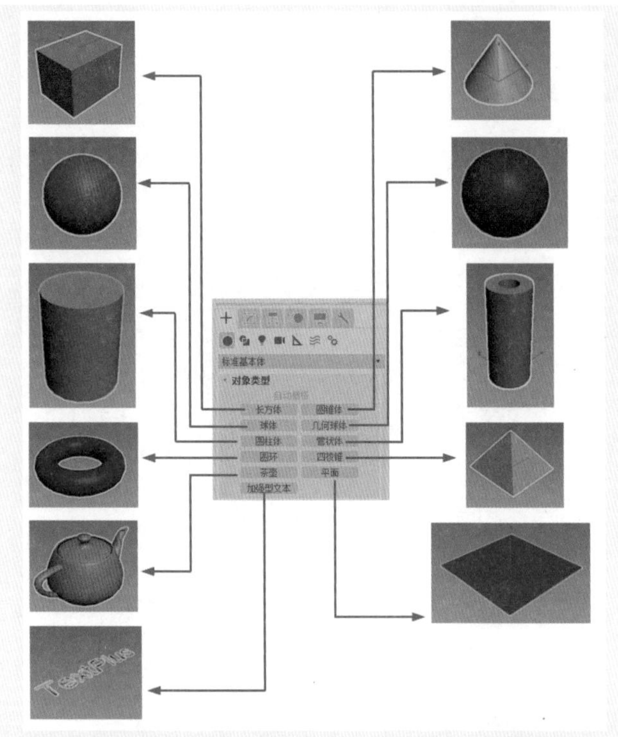

图4-6 标准基本体面板

### 4.3.1 实战：建立长方体造型

【长方体】工具可以用来制作正六面体或矩形，如图4-7所示。其中，长、宽、高数值控制立方体的形状，如果只输入其中的两个数值，则产生矩形平面。片段划分可以产生栅格立方体，多用于修改加工原型物体，如波浪平面、山脉地形等。

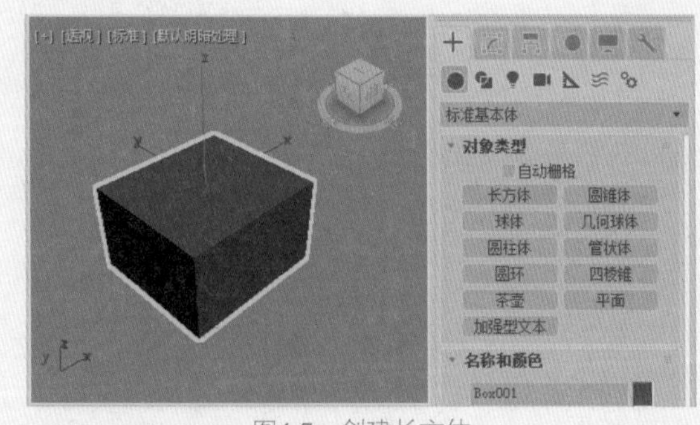


图4-7 创建长方体

建立长方体造型的操作步骤如下。

01 选择【创建】|【几何体】|【长方体】工具，在【顶】视图中拖出方体对象的长宽，然后单击【确定】按钮。

02 移动鼠标指针，拖曳出立方体的高度。

03 在空白处单击鼠标，完成长方体造型的制作。

> 提示
> 配合Ctrl键可以建立正方形底面的立方体。在【创建方法】卷展栏中选中【立方体】单选按钮，在视图中拖动鼠标就可以直接创建正方体模型。

完成对象的创建之后，可以在命令面板中对其参数进行修改，如图4-8所示。

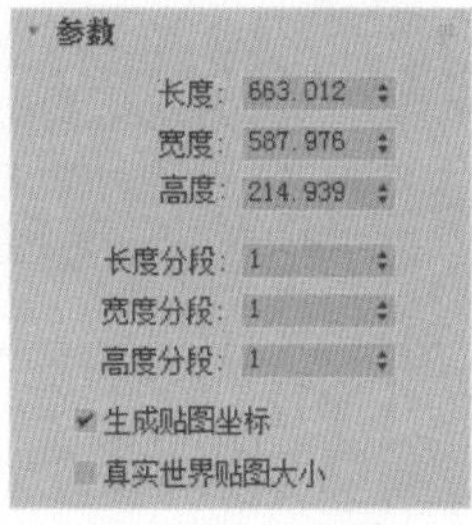

图4-8　长方体参数

【长方体】工具各项参数的功能说明如下。

- 长/宽/高：确定三边的长度。
- 【长度分段】|【宽度分段】|【高度分段】：控制长、宽、高三边的片段划分数。
- 【生成贴图坐标】：自动指定贴图坐标。
- 【真实世界贴图大小】：勾选该复选框，贴图大小将由绝对尺寸决定，与对象的相对尺寸无关；若不勾选，则贴图大小符合创建对象的尺寸。

## 4.3.2　实战：建立球体造型

【球体】工具可用来制作球体，通过修改参数可以制作局部球体(包括半球体)，如图4-9所示。

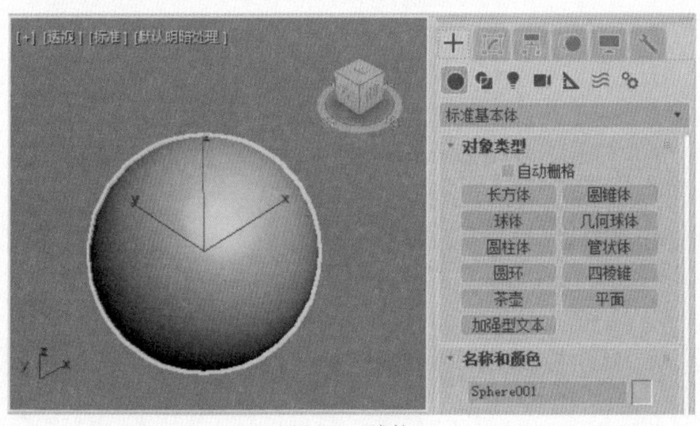

图4-9　球体

选择【创建】+|【几何体】●|【球体】工具即可在视图中创建球体，具体操作步骤如下。

01 在视图中拖动，拉出球体。

02 释放鼠标，完成球体的制作。

03 修改参数，制作不同形状的球体。

球体的参数卷展栏如图4-10所示，各项参数的功能说明如下。

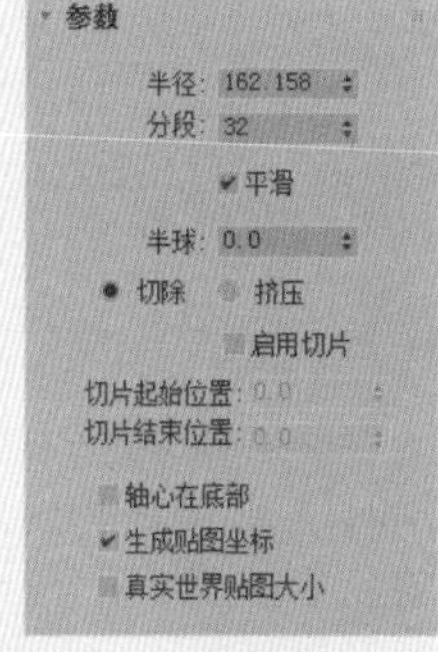

图4-10　球体参数设置

- 【半径】：设置半径大小。
- 【分段】：设置表面划分的段数，值越高，表面越光滑，造型也越复杂。
- 【光滑】：是否对球体表面进行自动光滑处理(默认为开启)。
- 【半球】：值的范围由0到1，默认为0，表示建立完整的球体；增加数值，球体被逐渐减去；值为0.5时，制作出半球体；值为1时，球体将消失。
- 【切除】：当设置【半球】参数时，选择【切除】可减少顶点和面的数量。默认设置为启用。
- 【挤压】：保持原始球体中的顶点数和面数，将几何体向着球体的顶部挤压，直到体积越来越小。
- 【轴心在底部】：在建立球体时，默认方式球体重心设置在球体的正中央，选中此复选框会将重心设置在球体的底部。
- 【生成贴图坐标】：生成贴图材质应用于球体的坐标。默认设置为启用。
- 【真实世界贴图大小】：控制应用于该对象的纹理贴图材质所使用的缩放方法。默认设置为禁用状态。
- 【创建方法】卷展栏
- 【边】：选中该单选按钮后在视图中拖动创建球体时，鼠标指针移动的距离是球的直径。
- 【中心】：以中心放射方式拉出球体模型(默认)，鼠标指针移动的距离是球体的半径。

## 4.3.3　实战：建立圆柱体造型

使用【创建】+|【几何体】●|【圆柱体】工具可以创建圆柱体。通过修改参数可以制作出棱柱体、局部圆柱或棱柱体，如图4-11所示。

图4-11　圆柱体

建立圆柱体造型的具体操作步骤如下。

01 在视图中单击并拖动鼠标，拉出底面圆形，释放鼠标后移动鼠标指针确定柱体的高度。

02 单击完成柱体的制作。

03 调节参数改变柱体类型。

圆柱体的【参数】卷展栏如图4-12所示，各项参数的功能说明如下。

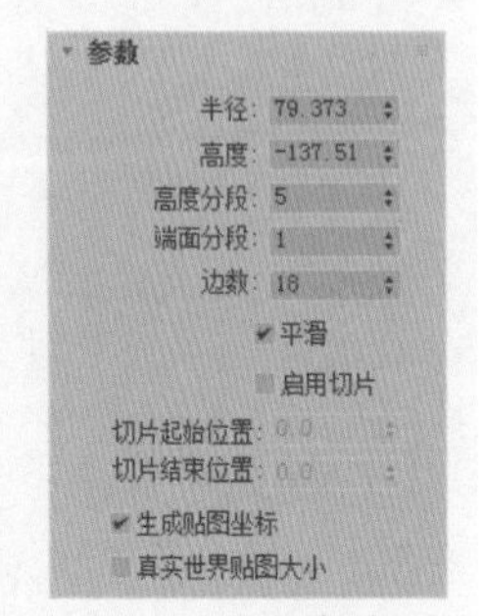


图4-12 圆柱体参数设置

- 【半径】：底面和顶面的半径。
- 【高度】：确定柱体的高度。
- 【高度分段】：确定柱体在高度上的分段数。如果要弯曲柱体，高的分段数可以产生光滑的弯曲效果。
- 【端面分段】：设置围绕圆柱体顶部和底部中心的同心分段数量。
- 【边数】：确定圆周上的片段划分数(即棱柱的边数)，对于圆柱体，边数越多越光滑。
- 【平滑】：是否在建立柱体的同时让表面自动光滑，对于圆柱体，应将它选中，而对于棱柱体则要将它取消选中。
- 【启用切片】：设置是否开启切片设置，选中它，可以在下面的微调框中调节柱体局部切片的大小。
- 【切片起始位置】/【切片结束位置】：控制沿中心轴切片的度数。

## 4.3.4 实战：建立圆环造型

【圆环】工具可用来制作立体的圆环，截面为正多边形。通过对正多边形边数、光滑度以及旋转等参数的控制来产生不同的圆环效果，调整切片参数可以制作局部的一段圆环，如图4-13所示。

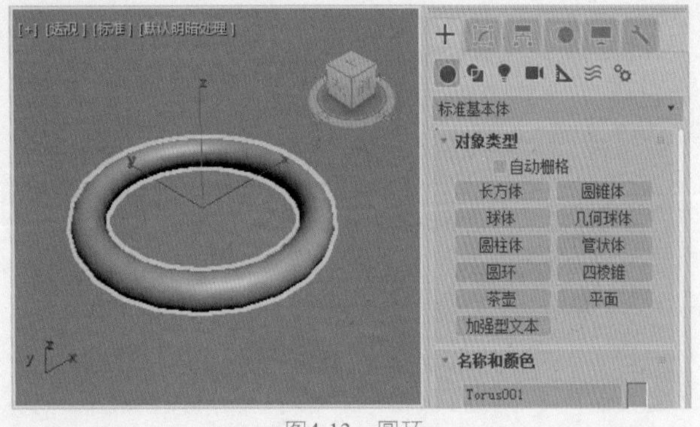


图4-13 圆环

选择【创建】+|【几何体】●|【圆环】工具即可在视图中创建圆环模型，具体操作步骤如下。

01 在视图中拖动鼠标指针，拉出一级圆环。

02 释放鼠标按键后移动鼠标指针，确定二级圆环，单击完成圆环的制作。

03 设置参数控制调整圆环效果。

圆环的【参数】卷展栏如图4-14所示，各项参数的功能说明如下。

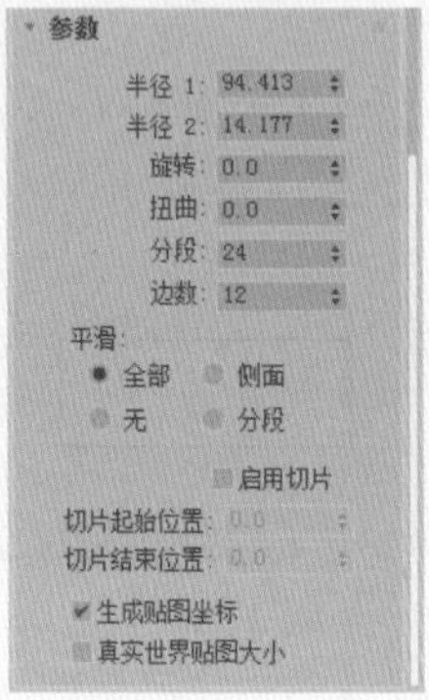

图4-14 圆环参数设置

- 【半径1】：设置圆环中心与截面正多边形的中心距离。
- 【半径2】：设置截面正多边形的内径。
- 【旋转】：设置每一片段截面沿圆环轴旋转的角度，如果进行扭曲设置或以不光滑表面着色，可以看到它的效果。
- 【扭曲】：设置每个截面扭曲的度数，产生扭曲的表面。
- 【分段】：确定圆周上片段划分的数目，值越大，得到的圆形越光滑，较小的值可以制作几何棱环，例如台球桌上的三角框。
- 【边数】：设置圆环截面的平滑度，变数越大越光滑。
- 【平滑】：设置光滑属性。
- 【全部】：对整个表面进行光滑处理。
- 【侧面】：光滑相邻面的边界。
- 【无】：不进行光滑处理。
- 【分段】：光滑每个独立的片段。
- 【启用切片】：是否进行切片设置。选中此复选框可激活下面的选项，制作局部的圆环。
- 【切片起始位置】/【切片结束位置】：分别设置切片两端切除的幅度。

## 4.3.5 建立茶壶造型

茶壶因为它复杂弯曲的表面特别适合材质的测试以及渲染效果的评比，可以说是计算机图形学中的经典模型。用【茶壶】工具可以建立一只标准的茶壶造型，或者建立茶壶造型的一部分(如壶盖、壶嘴等)，如图4-15所示。

茶壶的【参数】卷展栏如图4-16所示，各项参数的功能说明如下。

- 【半径】：确定茶壶的大小。
- 【分段】：确定茶壶表面的划分精度，值越高，表面越细腻。
- 【平滑】：确定是否自动进行表面光滑。

- 【茶壶部件】：设置茶壶各部分的取舍，分为【壶体】、【壶把】、【壶嘴】、【壶盖】4部分，默认情况下，将启用所有部件，从而生成完整茶壶。

图4-15　茶壶

图4-16　茶壶参数设置

## 4.3.6　实战：建立圆锥造型

【圆锥体】工具可以用来制作圆锥、圆台、棱锥、棱台，或者它们的局部(其中包括圆柱、棱柱体)，但用【圆柱体】工具更方便，也包括【四棱锥体】和【三棱柱体】工具，如图4-17所示。这是一个制作能力比较强大的建模工具。

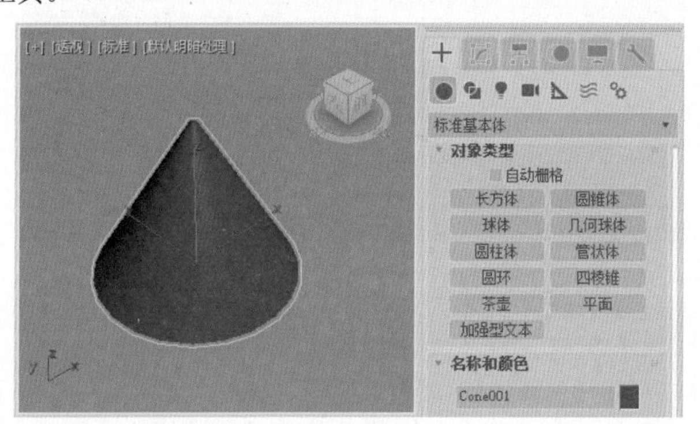

图4-17　圆锥

选择【创建】+|【几何体】●|【圆锥体】工具即可在视图中创建圆锥体，操作如下：

01 在【顶】视图中拖动鼠标指针，拉出圆锥体的一级半径。

02 松开鼠标按键并向上移动，生成圆锥的高。

03 向圆锥的内侧或外侧拖动鼠标指针，拉出圆锥的二级半径。

04 单击完成圆锥体的创建。

【圆锥体】工具的【参数】卷展栏如图4-18所示，各项参数的功能说明如下。

图4-18　圆锥参数设置

- 【半径1】/【半径2】：分别设置锥体两个端面(顶面和底面)的半径。如果两个值都不为0，则产生圆台或棱台体；如果有一个值为0，则产生锥体；如果两值相等，则产生柱体。
- 【高度】：确定锥体的高度。
- 【高度分段】：设置锥体高度上的划分段数。
- 【端面分段】：设置两端平面沿半径辐射的片段划分数。
- 【边数】：设置端面圆周上的片段划分数。值越高，锥体越光滑，对棱锥来说，边数决定它属于几棱锥。
- 【平滑】：确定是否进行表面光滑处理。选中它，产生圆锥、圆台；取消选中，则产生棱锥、棱台。
- 【启用切片】：确定是否进行局部切片处理，制作不完整的锥体。
- 【切片起始位置】/【切片结束位置】：分别设定切片局部的起始和终止幅度。

## 4.3.7　建立几何球体造型

使用【几何球体】工具可以建立由三角面拼接而成的球体或半球体，如图4-19所示，它不像球体那样可以控制切片局部的大小。几何球体的长处在于：在点面数一致的情况下，几何球体比球体更光滑；它是由三角面拼接组成的，在设置面的分离特技时(如爆炸)，可以分解成三角面或标准四面体、八面体等。

几何球体的【参数】卷展栏如图4-20所示，各项参数的功能说明如下。

- 【创建方法】卷展栏
  - 【直径】：选中该单选按钮后，在视图中拖动创建几何球体时，鼠标指针移动的距离是球的直径。
  - 【中心】：选中该单选按钮后，以中心放射方式拉出几何球体模型(默认)，鼠标指针移动的距离是球体的半径。

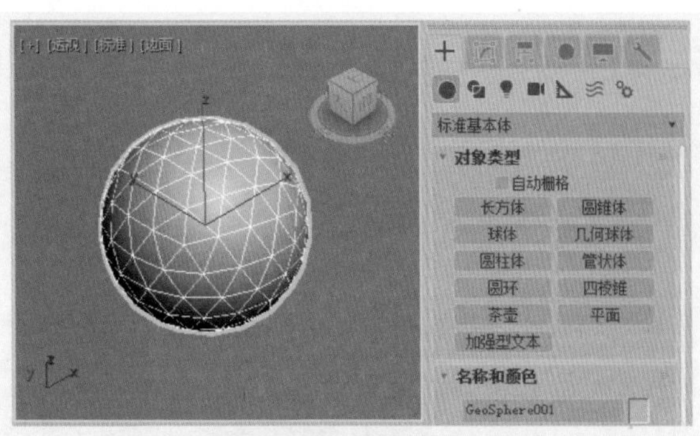

图4-19 几何球体

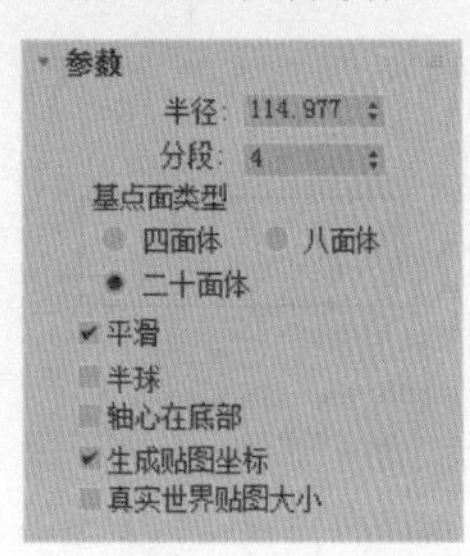

图4-20 几何球体参数

- 【半径】：确定几何球体的半径大小。
- 【分段】：设置球体表面的划分复杂度，值越大，三角面越多，球体也越光滑。
- 【基点面类型】：确定由哪种类型的多面体组合成球体，包括【四面体】、【八面体】和【二十面体】，如图4-21所示。

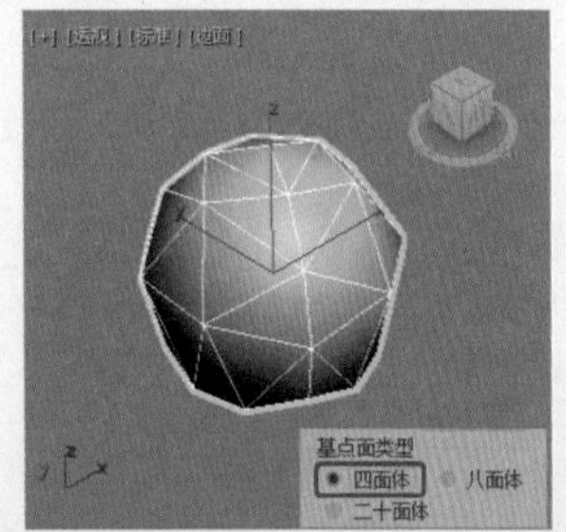

图4-21 三种不同类型的几何球体

- 【平滑】：确定是否进行表面光滑处理。
- 【半球】：确定是否制作半球体。
- 【轴心在底部】：设置球体的中心点位置在球体底部，这个复选框对半球体不产生作用。
- 【生成贴图坐标】：自动指定贴图坐标。
- 【真实世界贴图大小】：勾选该复选框，贴图大小将由绝对尺寸决定，与对象的相对尺寸无关；若不勾选，则贴图大小符合创建对象的尺寸。

## 实例操作001——制作转椅模型

使用【几何球体】工具可以创建以三角面拼成的球体或半球体。创建的几何球体效果如图4-22所示。

图4-22 几何球体效果图

01 在菜单栏中选择【文件】|【打开】命令，弹出【打开文件】对话框，在该对话框中打开“转椅素材.max”素材文件，如图4-23所示。

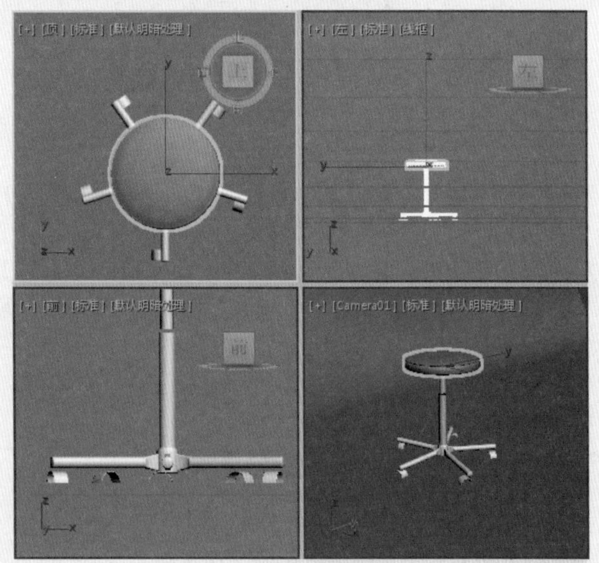

图4-23 打开素材文件

02 选择【创建】|【几何体】|【标准基本体】|【几何球体】工具，在【左】视图中单击鼠标左键并拖动鼠标，创建几何球体，如图4-24所示。

03 切换到【修改】命令面板，在【参数】卷展栏中将【半径】参数设置为18，并在视图中调整几何球体的位置，如图4-25所示。

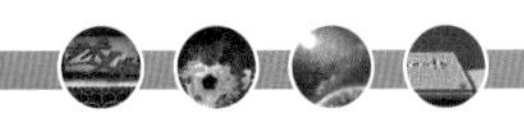

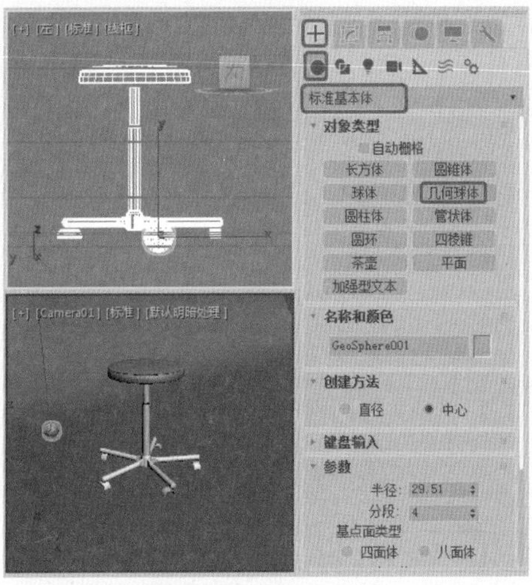

图4-24　创建几何球体

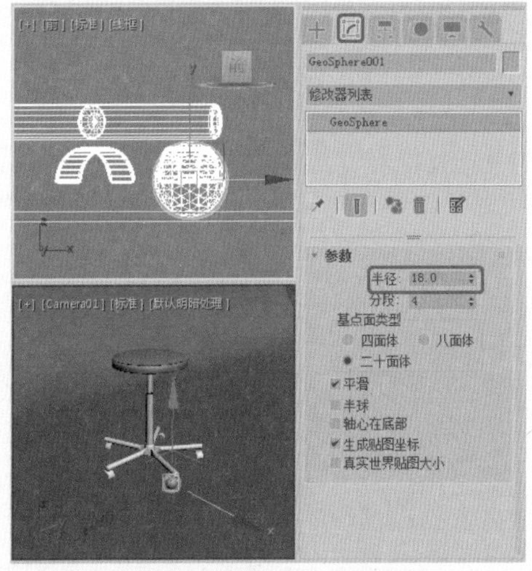

图4-25　设置参数并调整位置

04 按M键打开【材质编辑器】对话框，在该对话框中选择【金属】材质，并单击【将材质指定给选定对象】按钮，将材质指定给新创建的几何球体，如图4-26所示。

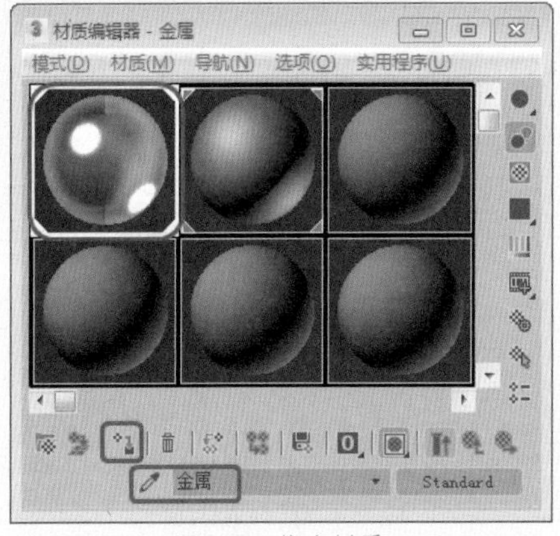

图4-26　指定材质

05 复制多个创建的几何球体，并调整几何球体的位置，效果如图4-27所示。

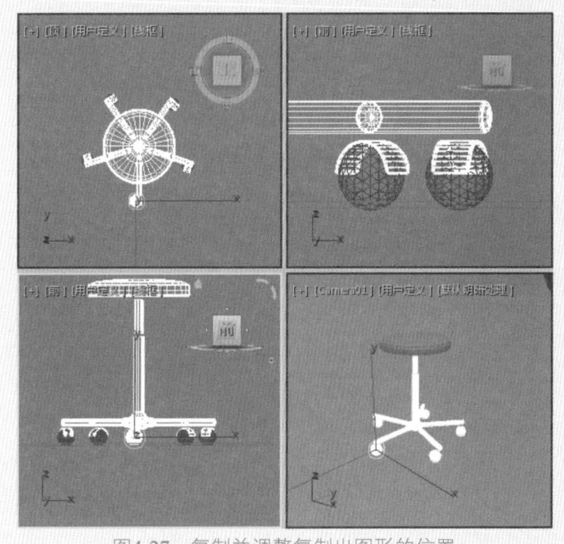

图4-27　复制并调整复制出图形的位置

06 激活【摄影机】视图，按F9键进行渲染，渲染完成后的效果如图4-28所示。

图4-28　渲染后的效果

## 4.3.8　实战：建立管状体造型

【管状体】工具用来建立各种空心管状物体，包括圆管、棱管以及局部圆管，如图4-29所示。具体操作方法如下。

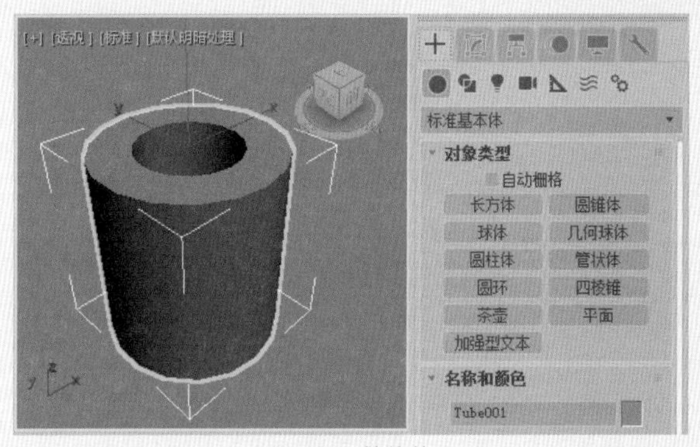

图4-29　管状体

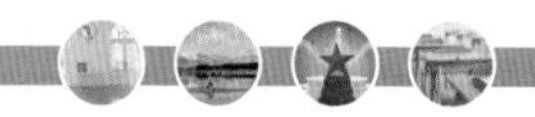

01 选择【创建】+|【几何体】●|【管状体】工具，在视图中拖动鼠标拉出一个圆形线圈。

02 释放鼠标按键后移动鼠标指针，确定圆环的大小。单击并移动鼠标指针，确定圆管的高度。

03 单击按键后完成圆管的制作。

管状体的【参数】卷展栏如图4-30所示，各项参数的功能说明如下。

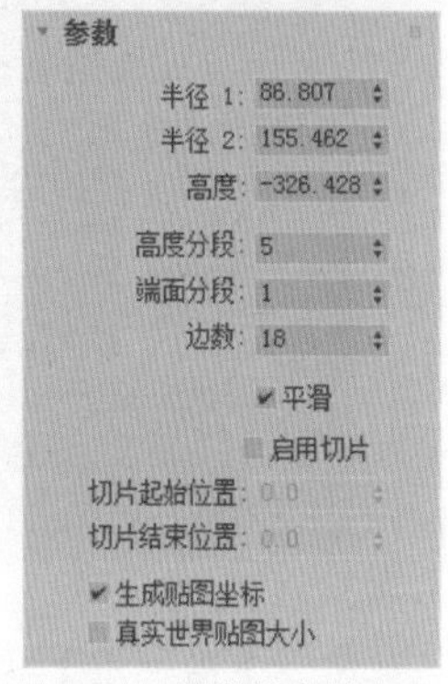


图4-30 管状体参数设置

- 【半径1】/【半径2】：分别确定圆管的内径和外径大小。
- 【高度】：确定圆管的高度。
- 【高度分段】：确定圆管高度上的片段划分数。
- 【端面分段】：确定上下底面沿半径轴的分段数目。
- 【边数】：设置圆周上边数的多少。值越大，圆管越光滑。对圆管来说，边数值决定它属于几棱管。
- 【平滑】：对圆管的表面进行光滑处理。
- 【启用切片】：确定是否进行局部圆管切片。
- 【切片起始位置】/【切片结束位置】：分别限制切片局部的幅度。
- 【生成贴图坐标】：自动指定贴图坐标。
- 【真实世界贴图大小】：勾选该复选框，贴图大小将由绝对尺寸决定，与对象的相对尺寸无关；若不勾选，则贴图大小符合创建对象的尺寸。

## 4.3.9 建立四棱锥造型

【四棱锥】工具用于建立类似于金字塔形状的四棱锥模型，如图4-31所示。四棱锥的【参数】卷展栏如图4-32所示。

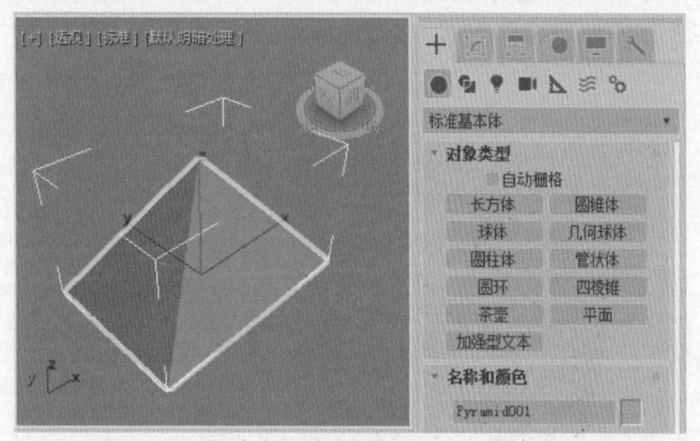


图4-31 四棱锥

四棱锥各项参数的功能说明如下。

- 【宽度】/【深度】/【高度】：分别确定底面矩形的长、宽以及锥体的高。
- 【宽度分段】/【深度分段】/【高度分段】：确定3个轴向片段的划分数。

> 提示
> 在制作底面矩形时，配合Ctrl键可以建立底面为正方体的四棱锥。

图4-32 四棱锥参数

### 实例操作002——创建凉亭

使用【四棱锥】工具可以创建拥有方形或矩形底部和三角形侧面的四棱锥基本体。创建的凉亭效果如图4-33所示。

图4-33 创建凉亭效果图

01 在菜单栏中选择【文件】|【打开】命令，弹出【打开文件】对话框，在该对话框中打开“凉亭素材.max”素材文件，如图4-34所示。

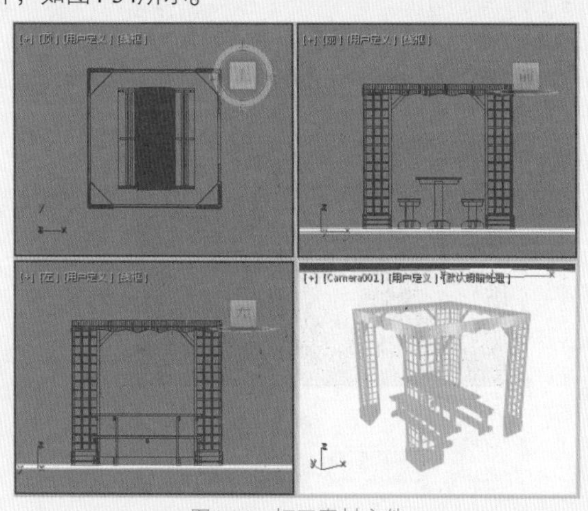

图4-34 打开素材文件

02 选择【创建】|【几何体】|【标准基本体】|【四棱锥】工具，在【顶】视图中按住鼠标左键并拖动，创建出四棱锥的底部，如图4-35所示。

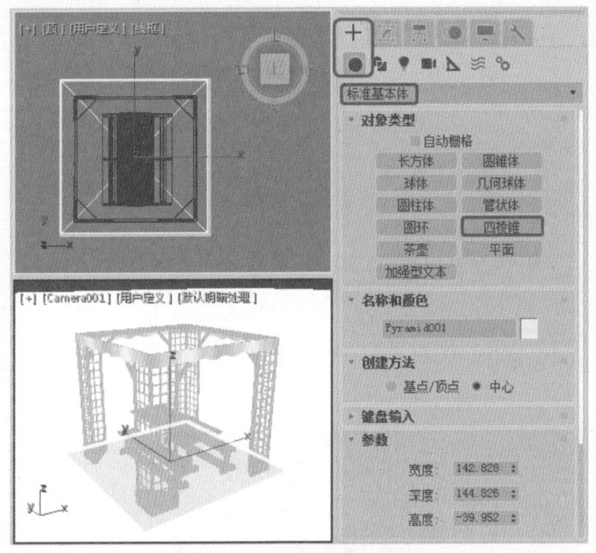


图4-35　创建四棱锥的底部

03 释放鼠标并向上移动，确定四棱锥的高度，单击鼠标左键，完成四棱锥的创建，如图4-36所示。

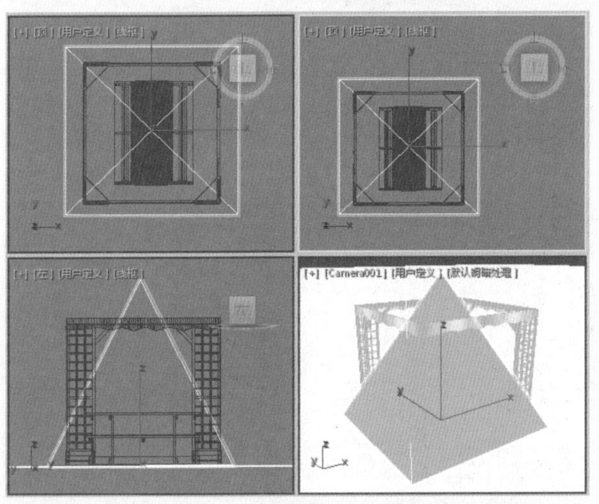

图4-36　创建四棱锥的高度

04 切换到【修改】命令面板，在【参数】卷展栏中将【宽度】设置为119，将【深度】设置为116，将【高度】设置为29，并在视图中调整四棱锥的位置，如图4-37所示。

05 按M键打开【材质编辑器】对话框，在该对话框中选择02 – Default材质，并单击【将材质指定给选定对象】按钮，将材质指定给新创建的四棱锥，如图4-38所示。

06 关闭对话框，激活【摄影机】视图，按F9键进行渲染，渲染完成后的效果如图4-39所示。

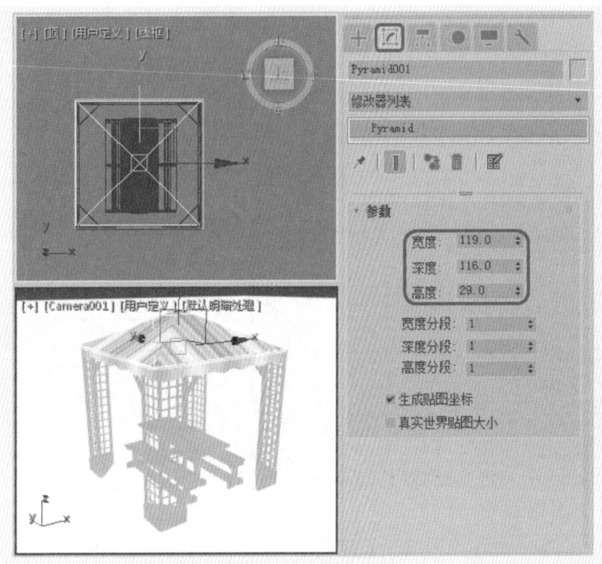


图4-37　设置参数

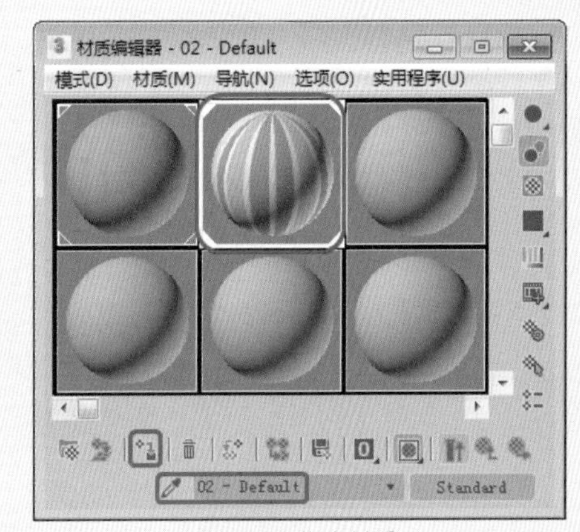


图4-38　指定材质

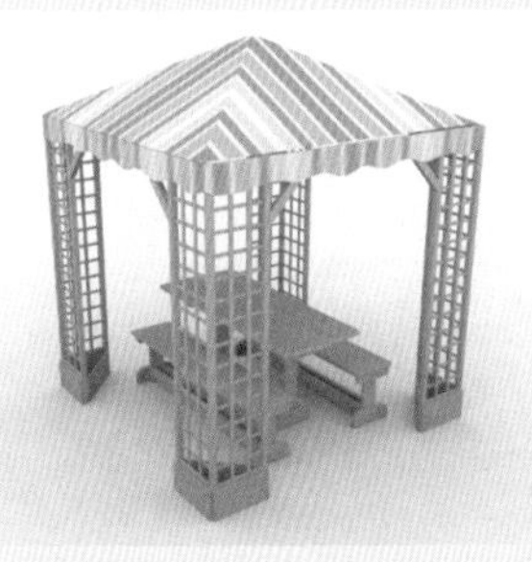

图4-39　渲染后的效果

## 4.3.10　建立平面造型

【平面】工具用于创建平面，如图4-40所示，它是制造崎岖山脉最好的工具。与使用【长方体】命令创建平面物体相比较，【平面】命令显得非常特殊与实用。首先是使用【平面】工具制作的对象没有厚度，其次也允许使用

参数来控制平面在渲染时的大小。如果将【参数】卷展栏中【渲染倍增】选项组中的【缩放】参数设置为2，则在渲染时输出平面的长宽分别被放大了2倍。

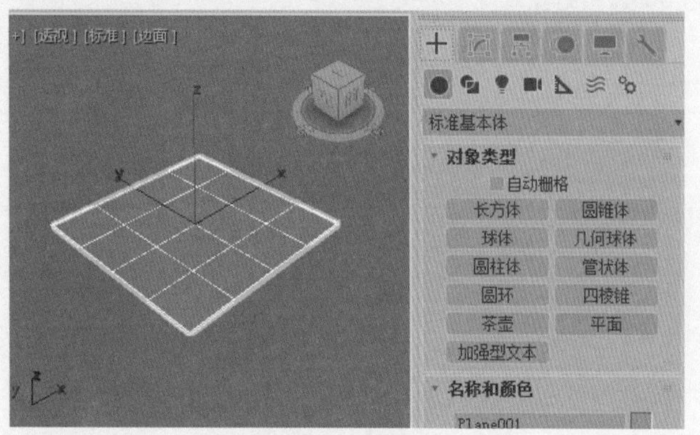


图4-40　平面

【平面】工具的【参数】卷展栏如图4-41所示，各参数的功能说明如下。

● 【创建方法】卷展栏

◆ 【矩形】：以边界方式创建长方形平面对象。

◆ 【正方形】：以中心放射方式拉出正方形的平面对象。

● 【参数】卷展栏

◆ 【长度】/【宽度】：确定长和宽两个边缘的长度。

◆ 【长度分段】/【宽度分段】：控制长和宽两个边上的片段划分数。

◆ 【渲染倍增】：设置渲染效果缩放值。

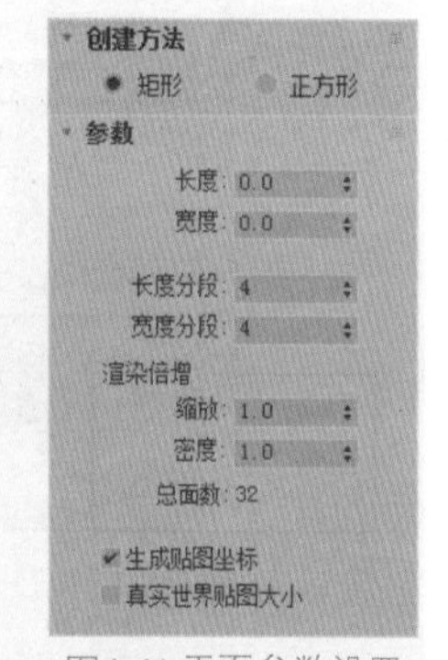


图4-41 平面参数设置

◆ 【缩放】：设置当前平面在渲染过程中缩放的倍数。

◆ 【密度】：设置平面对象在渲染过程中的精细程度的倍数，值越大，平面将越精细。

## 4.3.11　实战：加强型文本

3ds Max 2018中的加强型文本提供了内置文本对象，可以创建样条线轮廓或实心、挤出、倒角几何体。可以根据每个角色应用不同的字体和样式并添加动画和特殊效果。创建文本的方法如下：

01 选择【创建】|【几何体】|【标准基本体】|【加强型文本】工具，在视图中单击鼠标，创建的文本对象效果如图4-42所示。

02 切换至【修改】命令面板，勾选【生成几何体】复选框，将【挤出】设置为5，如图4-43所示。

03 勾选【应用倒角】复选框，将【类型】设置为【凹面】，【倒角深度】、【倒角推】、【轮廓偏移】、【步数】分别设置为1、1、0.1、5，如图4-44所示。

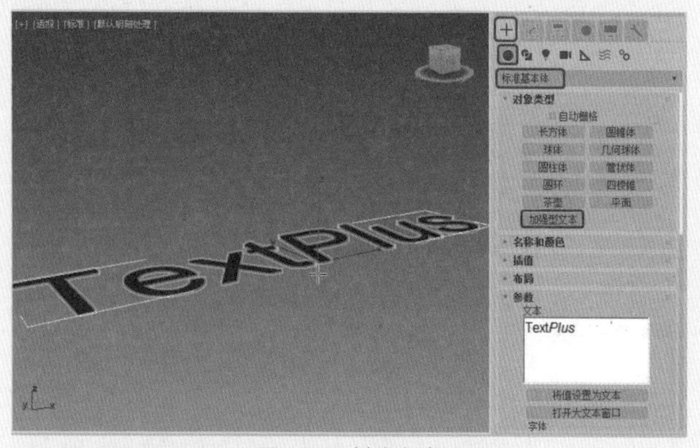


图4-42　创建文本

图4-43　设置【挤出】参数

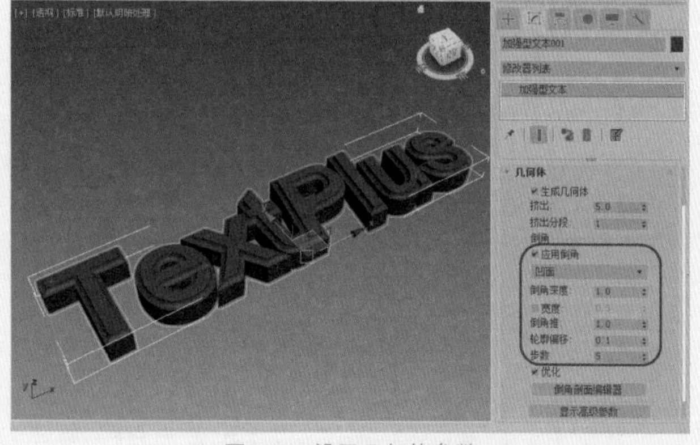


图4-44　设置几何体参数

# 4.4 建筑模型的创建

下面介绍建筑模型的创建，其中包括建立门造型和建立窗造型。

## 4.4.1　实战：建立门造型

使用提供的门模型可以控制门外观的细节，还可以将门设置为打开、部分打开或关闭，以及设置打开的动画。

1. 枢轴门

枢轴门只在一侧用铰链接合。还可以将门制作成为双门，该门具有两个门元素，每个元素在其外边缘处用铰链接合，如图4-45所示。

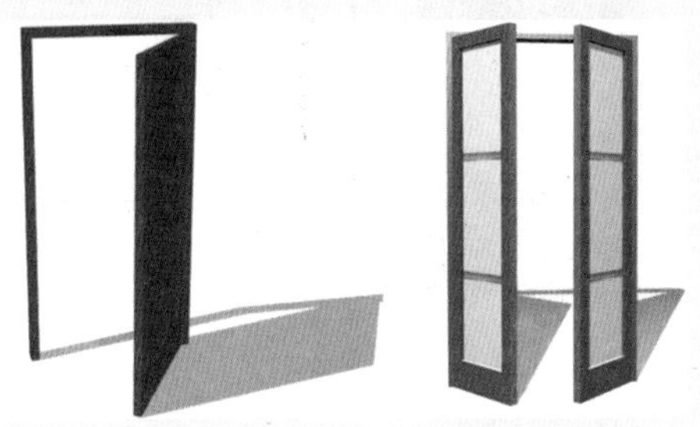

图4-45　枢轴门的效果

创建枢轴门的操作如下。

01 选择【创建】+|【几何体】●|【门】|【枢轴门】工具。

02 在【顶】视图中拖曳出门的宽度，松开鼠标按键后移动鼠标指针调整门的高度，再次单击，创建枢轴门模型。

03 在卷展栏中设置门的参数，如图4-46所示。

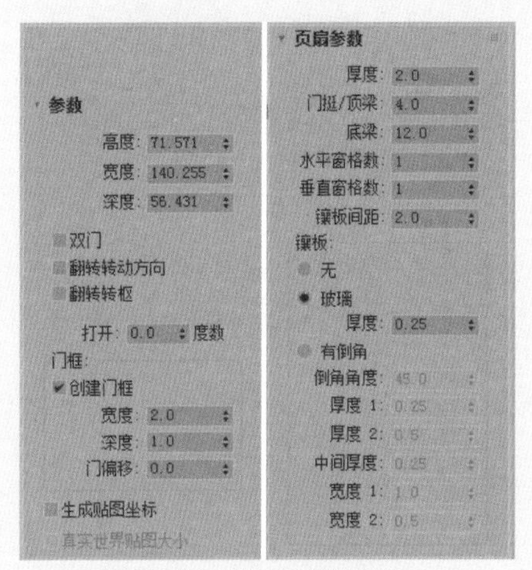


图4-46　枢轴门参数设置

各项参数的具体功能介绍如下。

- 【创建方法】卷展栏
- 【宽度/深度/高度】：前两个点定义门的宽度和门脚的角度。通过在视图中拖动来设置这些点。第一个点(在拖动之前单击并按住的点)定义单枢轴门和折叠门(两个侧柱在双门上都有铰链，而推拉门没有铰链)的铰链上的点。第二个点(拖动后在其上释放鼠标按键的点)定义门的宽度以及从一个侧柱到另一个侧柱的方向。这样，就可以在放置门时使其与墙或开口对齐。第三个点(移动鼠标指针后单击的点)指定门的深度，第四个点(再次移动鼠标指针后单击的点)指定高度。
- 【宽度/高度/深度】：与【宽度】【深度】【高度】单选按钮的作用方式相似，只是最后两个点首先创建高度，然后创建深度。
- 【允许侧柱倾斜】：打开此选项，可以创建倾斜的门。默认为禁用状态。

> 提示　该选项只有在启用3D捕捉功能后才生效，通过捕捉构造平面之外的点，创建倾斜的门。

- 【参数】卷展栏
- 【高度】：设置门装置的总体高度。
- 【宽度】：设置门装置的总体宽度。
- 【深度】：设置门装置的总体深度。
- 【双门】：选中该选项，所创建的门为对开双门。
- 【翻转转动方向】：选中该选项，将更改门转动的方向。
- 【翻转转枢】：在与门相对的位置放置门转枢，此选项不能用于双门。
- 【打开】：使用枢轴门时，指定以角度为单位的门打开的程度。使用推拉门和折叠门时，指定门打开的百分比。
- 【门框】选项区包含设置门框的【宽度】、【深度】、【门偏移】等参数。
- 【创建门框】：默认为启用，以显示门框。禁用此选项可以在视图中不显示门框。
- 【宽度】：设置门框与墙平行的宽度，只有启用了【创建门框】时可用。
- 【深度】：设置顶部和两侧的面板框的深度。只有启用了【创建门框】时可用。
- 【门偏移】：设置门相对于门框的位置，只有启用了【创建门框】时可用。
- 【页扇参数】卷展栏
- 【厚度】：设置门的厚度。
- 【门挺/顶梁】：设置顶部和两侧的面板框的宽度，仅当门是面板类型时，才会显示此设置。
- 【底梁】：设置门脚处的面板框的宽度，仅当门是面板类型时，才会显示此设置。
- 【水平窗格数】：设置面板沿水平轴划分的数量。
- 【垂直窗格数】：设置面板沿垂直轴划分的数量。
- 【镶板间距】：设置面板之间的宽度。
- 【无】：门没有面板。
- 【玻璃】：创建不带倒角的玻璃面板。
- 【厚度】：设置玻璃面板的厚度。

- 【有倒角】：选中此单选按钮可以使创建的门面板具有倒角效果。
- 【倒角角度】：指定门的外部平面和面板平面之间的倒角角度。
- 【厚度 1】：设置面板的外部厚度。
- 【厚度 2】：设置倒角从基于【厚度1】处开始的厚度。
- 【中间厚度】：设置倒角中间的厚度。
- 【宽度 1】：设置倒角外框的宽度。
- 【宽度 2】：设置倒角内框的宽度。

2. 推拉门

推拉门可以进行滑动，如图4-47所示，就像在轨道上一样。该门有两个门元素：一个保持固定，而另一个可以移动。

图4-47　推拉门的效果

创建推拉门的操作如下。

01 选择【创建】+|【几何体】●|【门】|【推拉门】工具。

02 在【顶】视图中拖曳出门的宽度，松开鼠标按键后移动鼠标指针调整门的高度，再次单击，创建模型。

03 在卷展栏中设置门的参数，如图4-48所示。

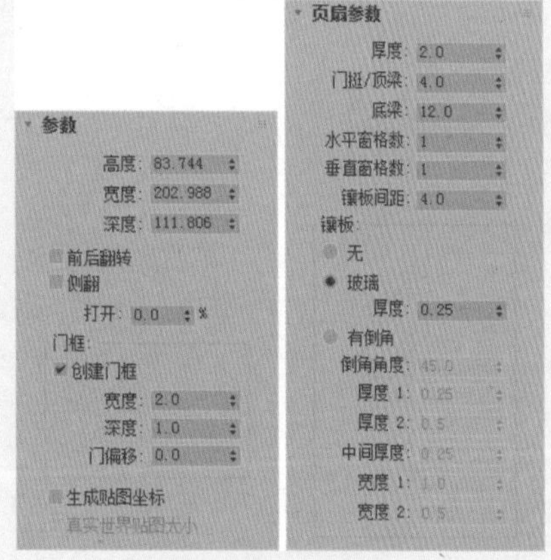


图4-48　推拉门参数

推拉门的一些参数与枢轴门一样，这里就不再介绍了。只介绍【参数】卷展栏中的两个选项。

- 【前后翻转】：设置哪个元素位于前面，与默认设置相比较而言。
- 【侧翻】：将当前滑动元素更改为固定元素，反之亦然。

3. 折叠门

折叠门在中间转枢也在侧面转枢，该门有2个门元素。也可以将该门制作成有4个门元素的双门，如图4-49所示，其参数如图4-50所示。

图4-49　折叠门的效果

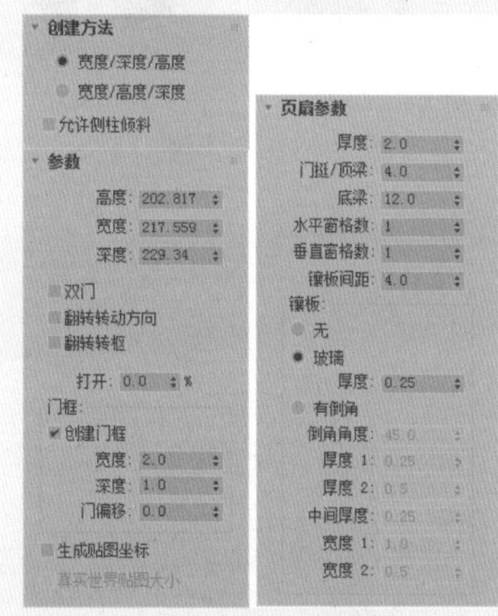


图4-50　折叠门设置参数

【参数】卷展栏中的部分选项介绍如下。

- 【双门】：将该门制作成有4个门元素的双门，从而在中心处汇合。
- 【翻转转动方向】：默认情况下，以相反的方向转动门。
- 【翻转转枢】：默认情况下，在相反的侧面转枢门。选中【双门】复选框的状态下，【翻转转枢】复选框不可用。

## 4.4.2 实战：建立窗造型

使用窗对象，可以控制窗外观的细节。此外，还可以将窗设置为打开、部分打开或关闭，以及设置随时打开的动画，3ds Max 2018提供了6种类型的窗户，它们拥有一些相同的参数，如图4-51所示。

图4-51　设置窗户的公用参数

各种类型窗的共有参数介绍如下。

- 【名称和颜色】卷展栏：设置对象的名称和颜色。
- 【创建方法】卷展栏：可以使用4个点来定义每种类型的窗。拖动前两个，后面两个跟随移动，然后单击，即可创建出窗户模型。设置【创建方法】卷展栏：可以使用4个点来定义每种类型的窗。拖动前两个，后面两个跟随移动，然后单击，即可创建出窗户模型。
- 【宽度/深度/高度】：前两个点用于定义窗底座的宽度和角度。通过在视图中拖动鼠标来设置宽度、深度、高度，这样，便可在放置窗时，使其与墙或开口对齐。第三个点(移动鼠标指针后单击的点)用于指定窗的深度，而第四个点(再次移动鼠标指针后单击的点)用于指定高度。
- 【宽度/高度/深度】：与【宽度/深度/高度】选项的作用方式相似，只是最后两个点首先创建高度，最后创建深度。
- 【允许非垂直侧柱】：选中该复选框后可以创建倾斜窗。设置捕捉以定义构造平面之外的点。默认设置为禁用状态。
- 【参数】卷展栏
- 【高度】/【宽度】/【深度】：指定窗的大小。

【窗框】选项组中包括3个选项，用于设置窗口框架。

- 【水平宽度】：设置窗口框架水平部分的宽度(顶部和底部)。该设置也会影响窗宽度的玻璃部分。
- 【垂直宽度】：设置窗口框架垂直部分的宽度(两侧)。该设置也会影响窗高度的玻璃部分。
- 【厚度】：设置框架的厚度。该设置还可以控制窗框中遮篷或栏杆的厚度。
- 【玻璃】选项组：用于设置窗玻璃。
- 【厚度】：指定玻璃的厚度。

### 1. 遮篷式窗

遮篷式窗具有一个或多个可在顶部转枢的窗框，如图4-52所示。

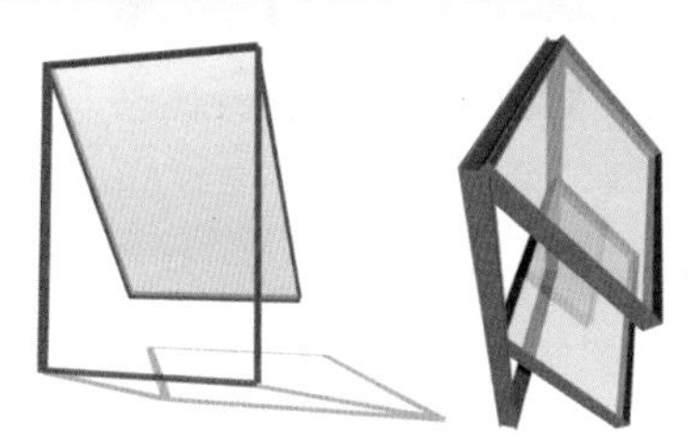

图4-52　遮篷式窗

遮篷式窗的参数如图4-53所示。

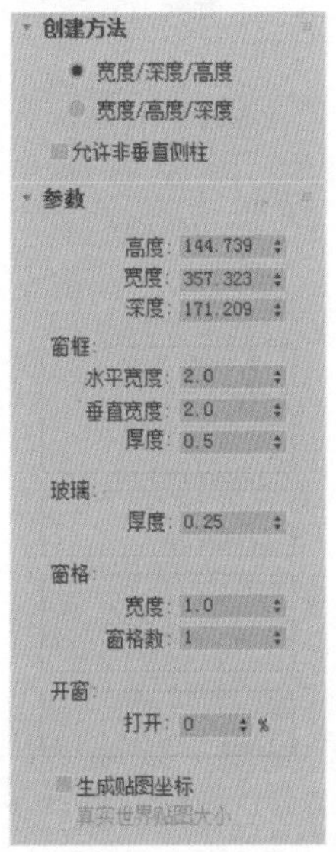


图4-53　遮篷式窗参数

- 【窗格】选项组
- 【宽度】：设置窗框中的窗格的宽度(深度)。
- 【窗格数】：设置窗中的窗框数，范围从1到10。
- 【开窗】选项组

【打开】：指定窗打开的百分比。此参数可设置动画。

### 2. 固定窗

固定窗不能打开，如图4-54所示，因此没有【开窗】控件。除了标准窗对象参数之外，固定窗还提供了【窗格】选项组，如图4-55所示。

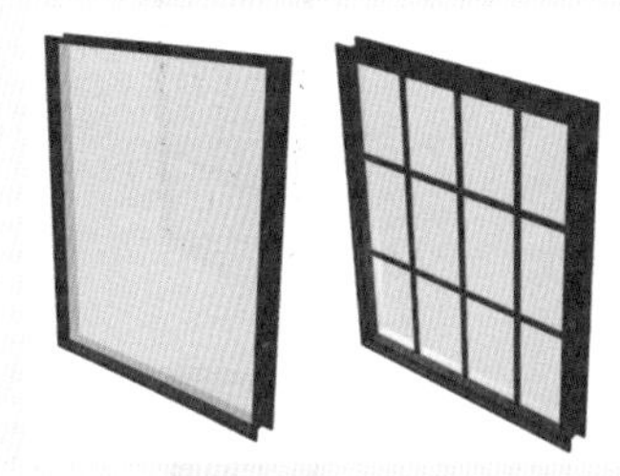

图4-54　固定窗效果

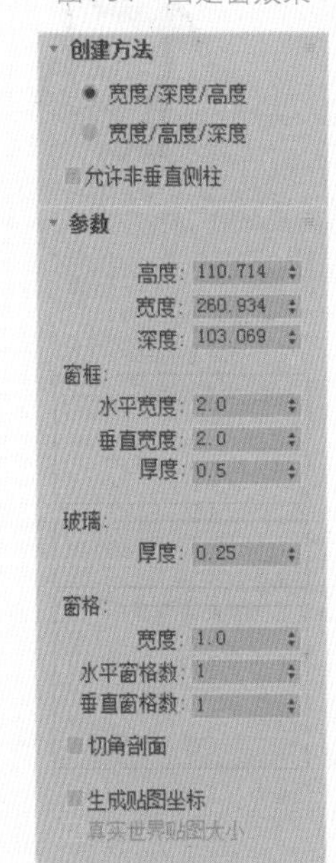


图4-55　【参数】卷展栏

【窗格】选项组中各选项说明如下。

- 【宽度】：设置窗框中窗格的宽度(深度)。
- 【水平窗格数】：设置窗框中水平划分的数量。

- 【垂直窗格数】：设置窗框中垂直划分的数量。
- 【切角剖面】：设置玻璃面板之间窗格的切角，就像常见的木质窗户一样。如果禁用【切角剖面】复选框，窗格将拥有一个矩形轮廓。

3. 伸出式窗

伸出式窗具有3个窗框：顶部窗框不能移动，底部的两个窗框像遮篷式窗那样旋转打开，但是打开方向相反，如图4-56所示。

伸出式窗的参数如图4-57所示。

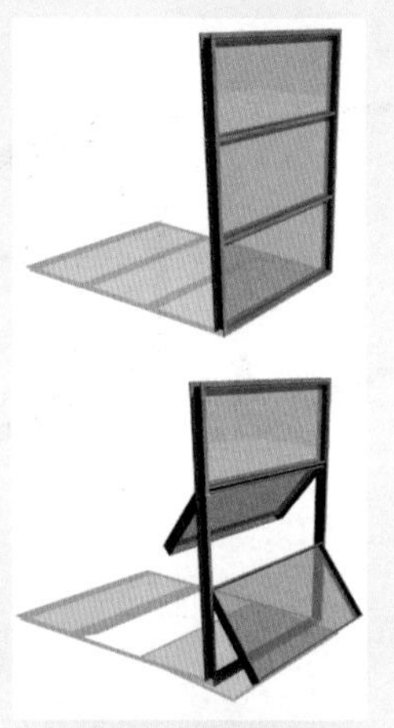

图4-56 伸出式窗

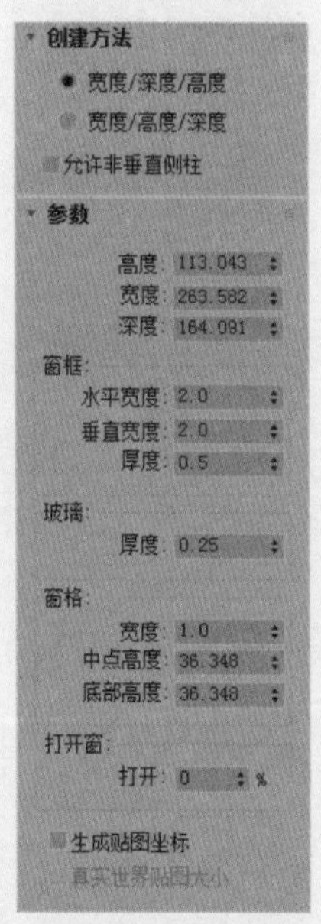


图4-57 伸出式窗参数

- 【窗格】选项组
- ◆ 【宽度】：设置窗框中窗格的宽度（深度）。
- ◆ 【中点高度】：设置中间窗框相对于窗架的高度。
- ◆ 【底部高度】：设置底部窗框相对于窗架的高度。
- 【打开窗】选项组

【打开】：指定两个可移动窗框打开的百分比。此参数可设置动画。

4. 平开窗

平开窗具有一个或两个可在侧面转枢的窗框(像门一样)，如图4-58所示。

平开窗的参数如图4-59所示。

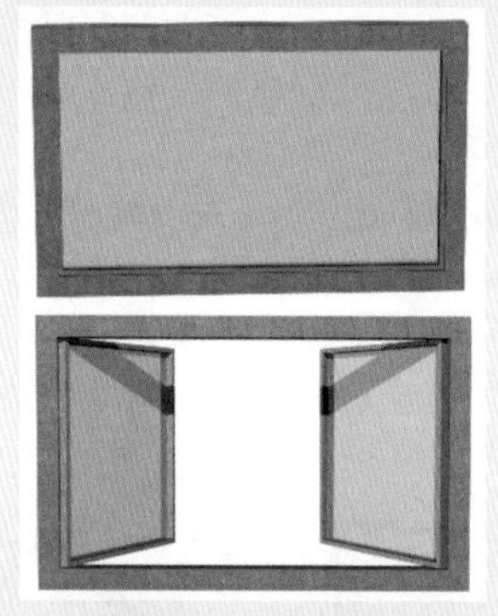

图4-58 平开窗效果

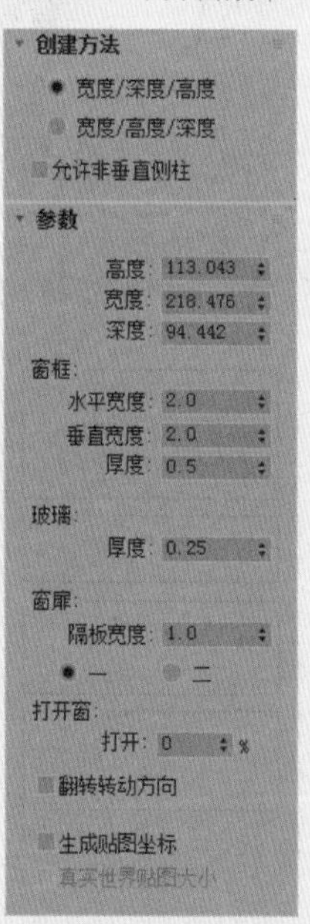


图4-59 平开窗参数

- 【窗扉】选项组
- ◆ 【隔板宽度】：在每个窗框内更改玻璃面板之间的距离。
- ◆ 【一】/【二】：设置单扇或双扇窗户。
- 【打开窗】选项组
- ◆ 【打开】：指定窗打开的百分比。此参数可设置动画。
- ◆ 【翻转转动方向】：选中此复选框，可以使窗框以相反的方向打开。

5. 旋开窗

旋开窗只具有一个窗框，中间通过轴销接合，可以垂直或水平旋转打开，如图4-60所示。

旋开窗的参数如图4-61所示。

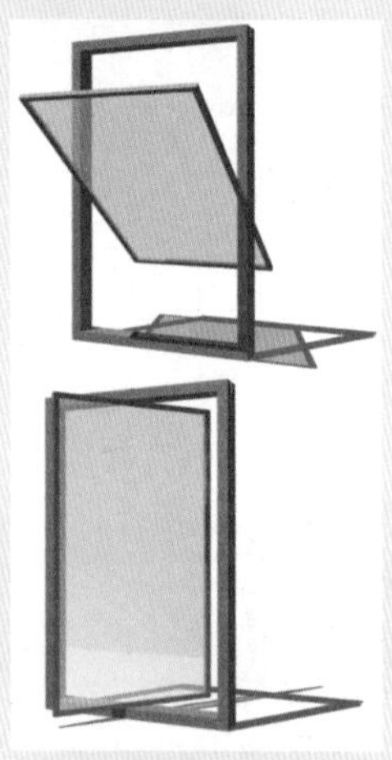

图4-60 旋开窗效果

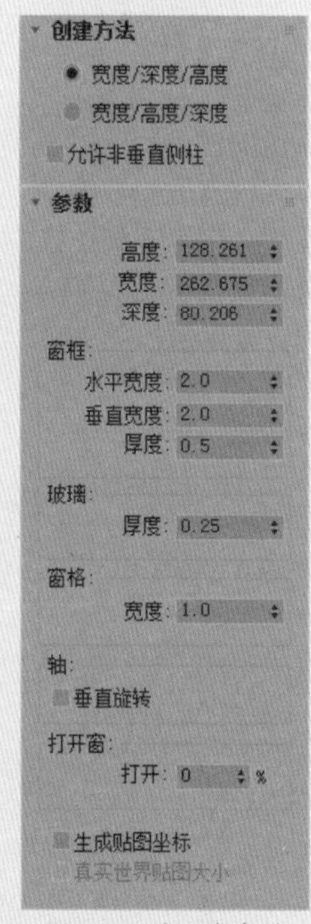


图4-61 旋开窗参数

- 【窗格】选项组

  【宽度】：设置窗框中窗格的宽度。

- 【轴】选项组

  【垂直旋转】：将轴坐标从水平切换为垂直。

- 【打开窗】选项组

  【打开】：指定窗打开的百分比，此控件可设置动画。

6. 推拉窗

推拉窗有两个窗框：一个固定的窗框，一个可移动的窗框，可以垂直移动或水平移动滑动部分，如图4-62所示。

推拉窗的参数如图4-63所示。

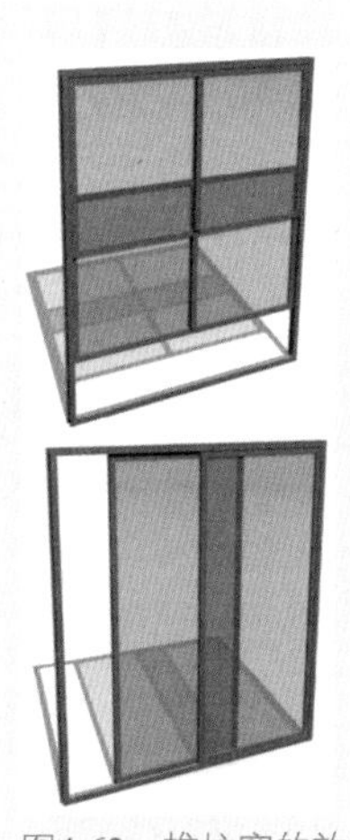

图4-62 推拉窗的效果

创建方法
宽度/深度/高度
宽度/高度/深度
允许非垂直侧柱
参数
高度：113.043
宽度：202.361
深度：159.39
窗框：
水平宽度：2.0
垂直宽度：2.0
厚度：0.5
玻璃：
厚度：0.25
窗格：
窗格宽度：1.0
水平窗格数：1
垂直窗格数：1
切角剖面
打开窗：
悬挂
打开：0 %
生成贴图坐标
真实世界贴图大小

图4-63 推拉窗参数

- 【窗格】选项组
- 【窗格宽度】：设置窗框中窗格的宽度。
- 【水平窗格数】：设置每个窗框中水平划分的数量。
- 【垂直窗格数】：设置每个窗框中垂直划分的数量。
- 【切角剖面】：设置玻璃面板之间窗格的切角，就像常见的木质窗户一样。如果取消选中【切角剖面】复选框，窗格将拥有一个矩形轮廓。
- 【打开窗】选项组
- 【悬挂】：选中该复选框，窗将垂直滑动；取消选中该复选框，窗将水平滑动。
- 【打开】：指定窗打开的百分比，此控件可设置动画。

## 4.5 AEC扩展

【AEC扩展】对象是专为建筑、工程和构造领域设计的。【AEC扩展】对象分为：【植物】、【栏杆】和【墙】，使用【植物】工具来创建平面，使用【栏杆】工具来创建栏杆和栅栏，使用【墙】工具来创建墙。

### 4.5.1 实战：建立植物造型

使用【植物】工具可产生各种植物对象，并能以网格快速、有效地创建植物对象。可通过参数的调整，改变植物的高度、密度、修剪等。

要将植物添加到场景中，可执行以下操作。

01 选择【创建】+|【几何体】●|【AEC扩展】|【植物】命令。

02 单击【收藏的植物】卷展栏中的【植物库】按钮，打开【配置调色板】对话框。

03 双击要添加至调色板或从调色板中删除的每行植物，然后单击【确定】按钮。

04 在【收藏的植物】卷展栏中，选择植物并将该植物拖动到视图中的某个位置。或者在卷展栏中选择植物，然后在视图中单击以放置植物。

05 在【参数】卷展栏中，单击【新建】按钮以改变植物的不同种子变体。

06 在【参数】卷展栏中可以调整其他的参数以改变植物的元素，如叶子、果实、树枝等。

下面将对植物工具中的各项参数进行讲解。

【名称和颜色】卷展栏：通过该卷展栏，可以设置植物对象的名称、颜色和默认材质，如图4-64所示。

名称和颜色
SlidingWindow001

图4-64 【名称和颜色】卷展栏

【收藏的植物】卷展栏：该卷展栏中有3ds Max 2018自带的13种植物造型，如图4-65所示。在【收藏的植物】卷展栏中单击【植物库…】按钮，打开【配置调边板】对话框，里面有植物对象的详细信息。

图4-65 【收藏的植物】卷展栏

- 【自动材质】：启用该复选框，可以为植物指定默认材质。
- 【植物库…】：单击此按钮可弹出【配置调色板】对话框。无论植物是否处于调色板中，在此都可以查看可用植物的信息，包括其名称、学名、类型、描述和每个对象近似的面数量。还可以向调色板中添加植物以及从调色板中删除植物、清

空调色板(即从调色板中删除所有植物)，如图4-66所示。

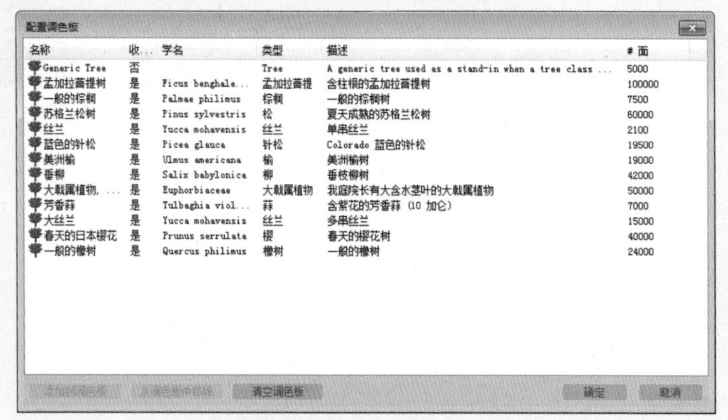


| 名称 | 收... | 学名 | 类型 | 描述 | # 面 |
|---|---|---|---|---|---|
| Generic Tree | 否 |  | Tree | A generic tree used as a stand-in when a tree class ... | 5000 |
| 孟加拉菩提树 | 是 | Ficus benghale... | 孟加拉菩提 | 含柱根的孟加拉菩提树 | 100000 |
| 一般的棕榈 | 是 | Palmae philimus | 棕榈 | 一般的棕榈树 | 7500 |
| 苏格兰松树 | 是 | Pinus sylvestris | 松 | 夏天成熟的苏格兰松树 | 60000 |
| 丝兰 | 是 | Yucca mohavensis | 丝兰 | 单串丝兰 | 2100 |
| 蓝色的针松 | 是 | Picea glauca | 针松 | Colorado 蓝色的针松 | 19500 |
| 美洲榆 | 是 | Ulmus americana | 榆 | 美洲榆树 | 19000 |
| 垂柳 | 是 | Salix babylonica | 柳 | 垂枝柳树 | 42000 |
| 大戟属植物, ... | 是 | Euphorbiaceae | 大戟属植物 | 我庭院长有大含水茎叶的大戟属植物 | 50000 |
| 芳香蒜 | 是 | Tulbaghia viol... | 蒜 | 含紫花的芳香蒜 (10 加仑) | 7000 |
| 大丝兰 | 是 | Yucca mohavensis | 丝兰 | 多串丝兰 | 15000 |
| 春天的日本樱花 | 是 | Prunus serrulata | 樱 | 春天的樱花树 | 40000 |
| 一般的橡树 | 是 | Quercus philimus | 橡树 | 一般的橡树 | 24000 |

图4-66 【配置调色板】对话框

【参数】卷展栏：用于设置植物的外貌，如图4-67所示。

- 【高度】：控制植物的近似高度。
- 【密度】：控制植物上叶子和花朵的数量。值为1表示植物具有全部的叶子和花；0.5表示植物具有一半的叶子和花；0表示植物没有叶子和花，如图4-68所示。
- 【修剪】：只适用于具有树枝的植物。修剪参数将控制植物的修剪程度。值为0表示不进行修剪；值为 1 表示尽可能修剪植物上的所有树枝。3ds Max 从植物上修剪何物取决于植物的种类。如果是树干，则永远不会进行修剪，如图4-69所示。

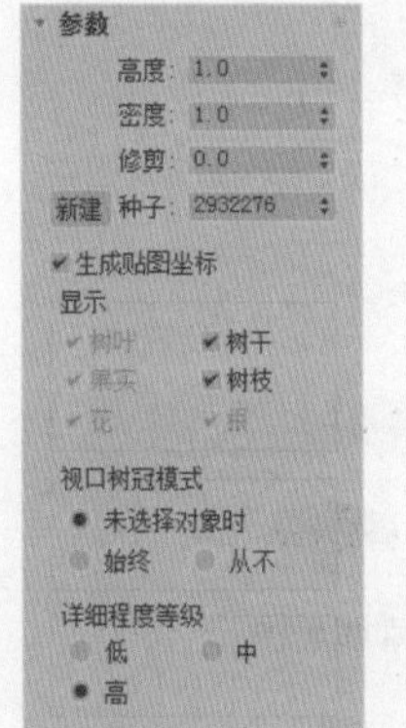


图4-67 【参数】卷展栏

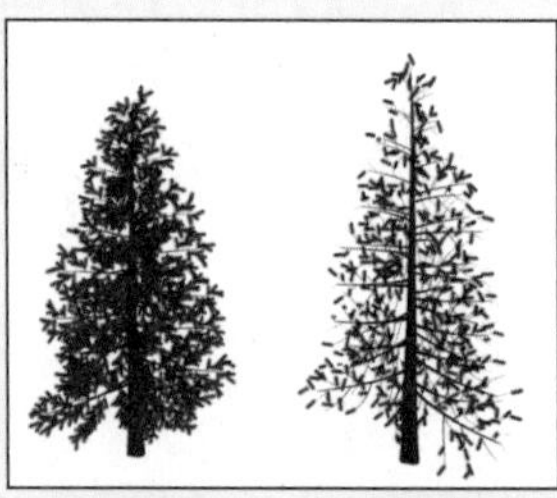

图4-68 不同密度的树

图4-69 不同修剪参数的树

- 【新建】：单击该按钮可显示当前植物的随机变体。
- 【种子】：介于0与16 777 215之间的值，表示当前植物可能的树枝变体、叶子位置以及树干的形状与角度。
- 【显示】选项组：控制植物的叶子、果实、花、树干、树枝和根的显示。选项是否可以使用取决于所选的植物种类。
- 【视口树冠模式】选项组：用于设置显示植物的方式。
  - 【未选择对象时】：未选择植物时以树冠模式显示植物。
  - 【始终】：始终以树冠模式显示植物。
  - 【从不】：从不以树冠模式显示植物。3ds Max将显示植物的所有特性。
- 【详细程度等级】选项组：控制植物的渲染级别。
  - 【低】：以最低的细节级别渲染植物树冠。
  - 【中】：对减少了面数的植物进行渲染。3ds Max 减少面数的方式因植物而异，但通常的做法是删除植物中较小的元素，或减少树枝和树干中的面数。
  - 【高】：以最高的细节级别渲染植物的所有面。

## 4.5.2 实战：建立栏杆造型

栏杆对象的组件包括栏杆、立柱和栅栏。

要创建栏杆，请执行下列操作。

01 选择【创建】|【几何体】|【AEC扩展】|【栏杆】工具，在视图中单击并将栏杆拖至所需的长度。

02 释放鼠标按键，然后垂直移动鼠标指针，以便设置所需的高度，单击以完成。

03 如果需要的话，可以更改任何参数，以便对栏杆的分段、长度、剖面、深度、宽度和高度进行调整。

栏杆对象中各组件的参数介绍如下。

【栏杆】卷展栏如图4-70所示。

图4-70 【栏杆】卷展栏

- 【拾取栏杆路径】：单击该按钮，然后单击视图中的样条线，可以将其用作栏杆路径。
- 【分段】：设置栏杆对象的分段数。只有使用栏杆路径时，才能使用该微调框。
- 【匹配拐角】：在栏杆中放置拐

角，以便与栏杆路径的拐角相符。

- 【长度】：设置栏杆对象的长度。拖动鼠标指针时，长度会显示在微调框中。
- 【上围栏】选项组：可以生成上栏杆组件。
- 【剖面】：设置上栏杆的横截面形状。
- 【深度】：设置上栏杆的深度。
- 【宽度】：设置上栏杆的宽度。
- 【高度】：设置上栏杆的高度。创建时，可以使用视图中的鼠标指针将上栏杆拖动至所需的高度。或者，可以通过键盘或使用微调框输入所需的高度。
- 【下围栏】选项组：控制下栏杆的剖面、深度和宽度以及其间的间隔。使用【下围栏间距】按钮，可以指定所需的下栏杆数。
- 【下围栏间距】：设置下围栏的间距。单击该按钮时，将会显示【下围栏间距】对话框。在【下围栏间距】对话框中使用【计数】选项可以指定所需的下栏杆数。

【立柱】卷展栏：控制立柱的剖面、深度、宽度和延长以及其间的间隔。使用【立柱间距】按钮，可以指定所需的立柱数，如图4-71所示。

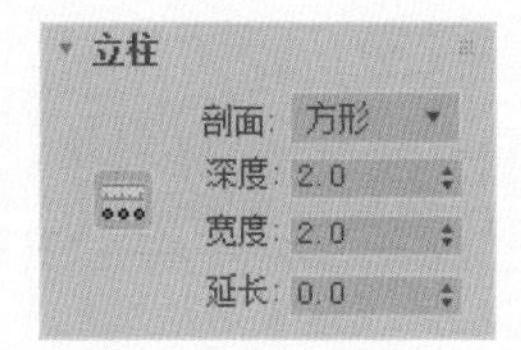


图4-71 【立柱】卷展栏

- 【延长】：设置立柱在上栏杆底部的延长量。
- 【立柱间距】：设置立柱的间距。单击该按钮时，将会显示【立柱间距】对话框。使用【计数】选项指定所需的立柱数。

【栅栏】卷展栏，如图4-72所示。

- 【类型】：设置立柱之间的栅栏类型：【无】、【支柱】或【实体填充】。
- 【支柱】选项组：控制支柱的剖面、深度和宽度及其间隔。
- 【底部偏移】：设置支柱与栏杆对象底部的偏移量。
- 【支柱间距】：设置支柱的间距。单击该按钮时，将会显示【支柱间距】对话框。在【支柱间距】对话框中使用【计数】选项可以指定所需的支柱数。
- 【实体填充】选项组：控制立柱之间实体填充的厚度和偏移量。只有将【类型】设置为【实体】时，才能使用该选项组。
- 【厚度】：设置实体填充的厚度。
- 【顶部偏移】：设置实体填充与上栏杆底部的偏移量。
- 【底部偏移】：设置实体填充与栏杆对象底部的偏移量。
- 【左偏移】：设置实体填充与相邻左侧立柱之间的偏移量。
- 【右偏移】：设置实体填充与相邻右侧立柱之间的偏移量。

图4-72 【栅栏】卷展栏

## 4.5.3 建立墙造型

墙对象由3个子对象类型构成，这些对象类型可以在修改面板中进行修改。与编辑样条线的方式类似，同样也可以编辑墙的【顶点】、【分段】以及【剖面】。可以在任何视图中创建墙，但顶点墙只能使用【透视】、Camera或【顶】视图创建。

要创建墙，可执行下列操作。

01 设置墙的【宽度】、【高度】和【对齐】参数。

02 在视图中单击后移动鼠标指针，以设置所需的墙分段长度，然后再次单击。

此时，将会创建墙分段。可以右击结束墙的创建，或者继续创建另一个墙分段。

03 要添加另一个墙分段，可移动鼠标指针，设置下一个墙分段的长度，然后再次单击。

3ds Max 2018 中将会弹出【是否要焊接点】对话框，如图4-73所示。通过该对话框，可将两个末端顶点转化为一个顶点，或者将两个末端顶点分开。

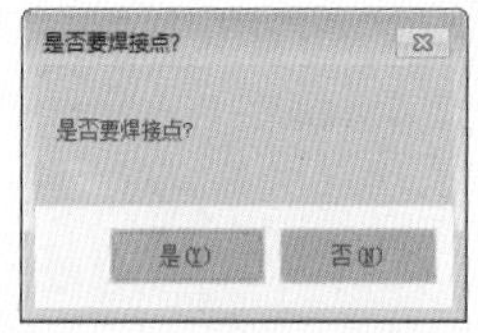


图4-73 【是否要焊接点】对话框

04 如果希望将墙分段焊接在一起，以便在移动其中一堵墙时另一堵墙也能保持与角的正确相接，则单击【是】按钮。否则，单击【否】按钮。

05 右击以结束墙的创建，或继续添加更多的墙分段。

【墙】对象中各组件的参数介绍如下。

【键盘输入】卷展栏如图4-74所示。

- X：设置墙分段在活动构造平面中的起点的X轴坐标位置。
- Y：设置墙分段在活动构造平面中的起点的Y轴坐标位置。
- Z：设置墙分段在活动构造平面中的起点的Z轴坐标位置。
- 【添加点】：根据输入的X轴、Y轴和Z轴坐标值添加点。
- 【关闭】：结束墙对象的创建，并在最后一个分段的端点与第一个分段的起点之间创建分段，以形成闭合的墙。
- 【完成】：结束墙对象的创建，使之呈端点开放状态。

- 【拾取样条线】：将样条线用作墙路径。

【参数】卷展栏如图4-75所示。

- 【宽度】：设置墙的厚度，范围从0.01个单位至100 000个单位，默认设置为5。
- 【高度】：设置墙的高度，范围从0.01个单位至100 000个单位，默认设置为96。
- 【对齐】选项组：设置墙的对齐方式。
- ◆【左】：根据墙基线(墙的前边与后边之间的线，即墙的厚度)的左侧边对齐墙。如果启用【栅格捕捉】复选框，则墙基线的左侧边将捕捉到栅格线。
- ◆【居中】：根据墙基线的中心对齐。如果启用【栅格捕捉】复选框，则墙基线的中心将捕捉到栅格线。这是默认设置。
- ◆【右】：根据墙基线的右侧边对齐。如果启用【栅格捕捉】复选框，则墙基线的右侧边将捕捉到栅格线。

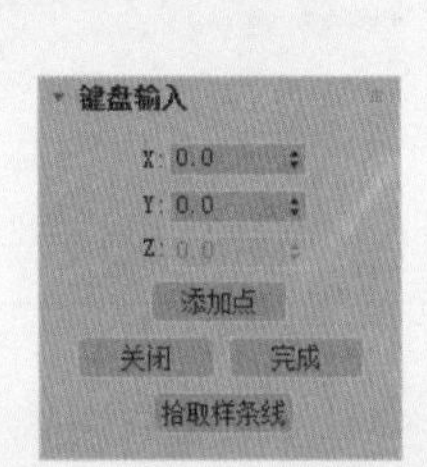


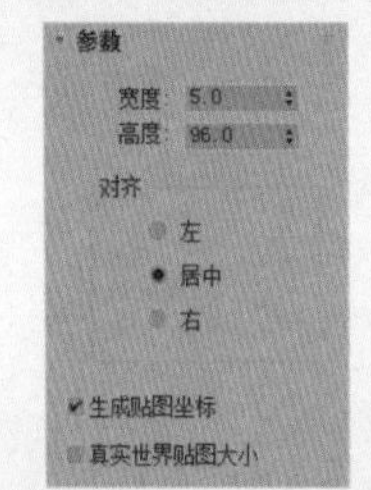


图4-74【键盘输入】卷展栏　图4-75　【参数】卷展栏

## 4.5.4　实战：建立楼梯造型

在3ds Max 中可以创建4种不同类型的楼梯，如L形楼梯、直线楼梯、U 形楼梯和螺旋楼梯。

1. L形楼梯

要创建L形楼梯，可执行以下操作。

01 在任意视图中拖动鼠标以设置第一段的长度。释放鼠标按钮，然后移动光标并单击以设置第二段的长度、宽度和方向。

02 将鼠标指针向上或向下移动以定义楼梯的升量，然后单击结束，如图4-76所示。

图4-76　楼梯的效果

03 使用【参数】卷展栏中的选项调整楼梯。

【L形楼梯】对象中各组件的参数介绍如下。

【参数】卷展栏如图4-77所示。

- 【类型】选项组
- ◆【开放式】：创建一个开放式的梯级竖板楼梯，如图4-76左图所示。

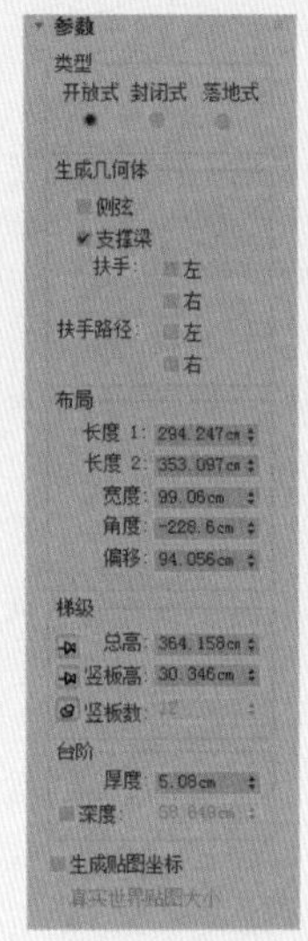


图4-77　【参数】卷展栏

- ◆【封闭式】：创建一个封闭式的梯级竖板楼梯，如图4-76中图所示。
- ◆【落地式】：创建一个带有封闭式梯级竖板和两侧有封闭式侧弦的楼梯，如图4-76右图所示。
- 【生成几何体】选项组
- ◆【侧弦】：沿着楼梯梯级端点创建侧弦。
- ◆【支撑梁】：在梯级下创建一个倾斜的切口梁，支撑台阶或添加楼梯侧弦之间的支撑。
- ◆【扶手】：创建左扶手和右扶手。
- ◆【扶手路径】：创建楼梯上用于安装栏杆的左路径和右路径。
- 【布局】选项组
- ◆【长度1】：控制第一段楼梯的长度。
- ◆【长度2】：控制第二段楼梯的长度。
- ◆【宽度】：控制楼梯的宽度，包括台阶和平台。
- ◆【角度】：控制平台与第二段楼梯的角度，范围为-90度至90度。
- ◆【偏移】：控制平台与第二段楼梯的距离，相应调整平台的长度。
- 【梯级】选项组
- ◆【总高】：控制楼梯段的高度。
- ◆【竖板高】：控制梯级竖板的高度。
- ◆【竖板数】：控制梯级竖板数。梯级竖板总是比台阶多一个。隐式梯级竖板位于上板和楼梯顶部台阶之间。
- 【台阶】选项组

◆ 【厚度】：控制台阶的厚度。
◆ 【深度】：控制台阶的深度。

【侧弦】卷展栏：只有在【参数】卷展栏的【生成几何体】选项组中启用【侧弦】复选框时，这些控件才可用，如图4-78所示。

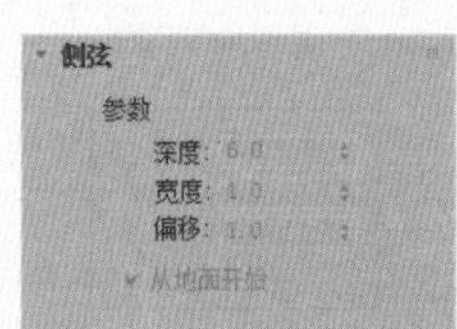

图4-78　【侧弦】卷展栏

● 【深度】：控制侧弦离地板的深度。
● 【宽度】：控制侧弦的宽度。
● 【偏移】：控制地板与侧弦的垂直距离。
● 【从地面开始】：控制侧弦是从地面开始，还是与第一个梯级竖板的开始平齐，或是否延伸到地面以下。使用【偏移】选项可以控制侧弦延伸到地面以下的量。

【支撑梁】卷展栏：只有在【参数】卷展栏的【生成几何体】选项组中启用【支撑梁】复选框时，这些控件才可用，如图4-79所示。

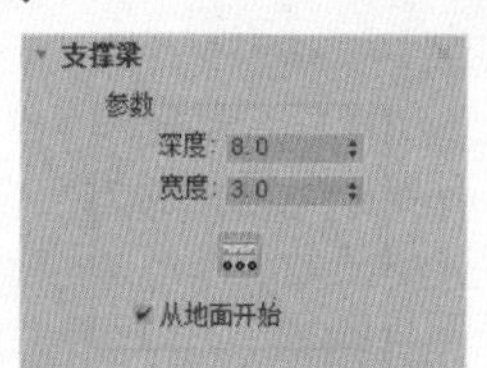

图4-79　【支撑梁】卷展栏

● 【深度】：控制支撑梁离地面的高度。
● 【宽度】：控制支撑梁的宽度。
● 支撑梁间距：设置支撑梁的间距。单击该按钮时，将显示【支撑梁间距】对话框。使用【计数】选项指定所需的支撑梁数。
● 【从地面开始】：控制支撑梁是从地面开始，还是与第一个梯级竖板的开始平齐，或是否延伸到地面以下。使用【偏移】微调框可以控制支撑梁延伸到地面以下的量。

【栏杆】卷展栏：仅当在【参数】卷展栏的【生成几何体】选项组中启用一个或多个【扶手】或【栏杆路径】复选框时，这些选项才可用。另外，如果启用任何一个【扶手】复选框，则【分段】和【半径】不可用，如图4-80所示。

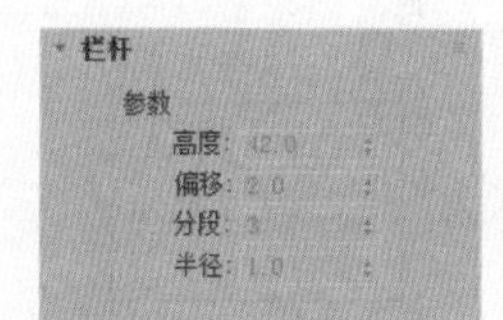

图4-80　【栏杆】卷展栏

● 【高度】：控制栏杆离台阶的高度。
● 【偏移】：控制栏杆与台阶端点的偏移。
● 【分段】：指定栏杆中的分段数目。值越高，栏杆显得越平滑。
● 【半径】：控制栏杆的厚度。

### 2. 直线楼梯

使用直线楼梯对象可以创建一个简单的楼梯，侧弦、支撑梁和扶手可选。

要创建直线楼梯，可执行以下操作。

01 在任一视图中，拖动鼠标设置长度。释放鼠标按键，然后移动指针并单击即可设置想要的宽度。

02 将鼠标指针向上或向下移动可定义楼梯的升量，然后单击可结束。

03 使用【参数】卷展栏中的选项调整楼梯。

其参数设置可参考L形楼梯的参数设置，这里不再介绍。如图4-81所示为直线楼梯效果。

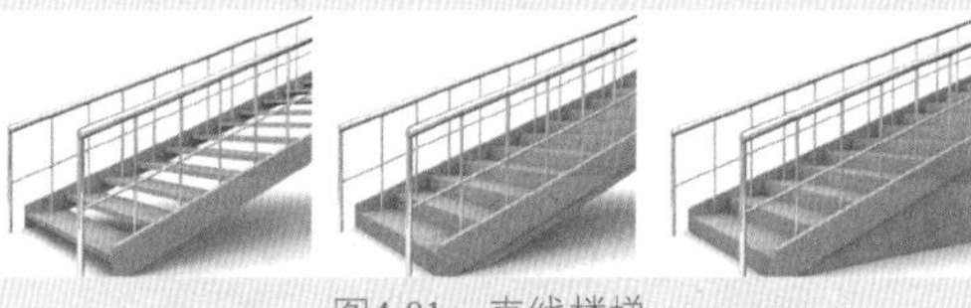
图4-81　直线楼梯

### 3. U形楼梯

要创建U形楼梯，可执行以下操作。

01 在任一视图中单击并拖动以设置第一段的长度。释放鼠标按键，然后移动指针并单击可设置平台的宽度或分隔两段的距离。

02 向上或向下拖动鼠标以定义楼梯的升量，然后单击可结束，如图4-82所示。

03 使用【参数】卷展栏中的选项调整楼梯。

图4-82　U形楼梯

其参数可参考L形楼梯的参数设置。

### 4. 螺旋楼梯

使用螺旋楼梯对象可以指定旋转的半径和数量，添加侧弦和中柱。如图4-83所示为螺旋楼梯。

图4-83　螺旋楼梯的效果

【参数】卷展栏中的【布局】选项组如图4-84所示。

- 【逆时针】：使螺旋楼梯面向楼梯的右手端。
- 【顺时针】：使螺旋楼梯面向楼梯的左手端。
- 【半径】：控制螺旋的半径大小。
- 【旋转】：指定螺旋中的转数。
- 【宽度】：控制螺旋楼梯的宽度。

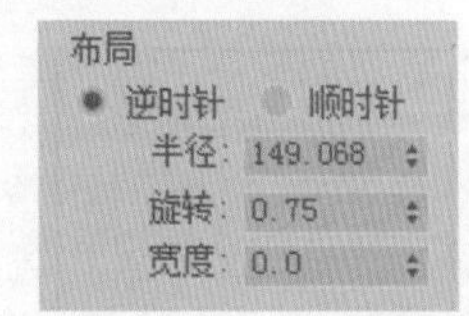


图4-84 【布局】选项组

## 4.6 上机练习——制作围棋棋子

本例将讲解如何制作围棋棋子，首先绘制球体，然后通过对其参数进行设置及缩放，制作出棋子形状，并为其添加材质，具体操作方法如下，完成后的效果如图4-85所示。

图4-85 制作围棋棋子

01 启动软件后，打开“围棋素材.max”素材文件，如图4-86所示。

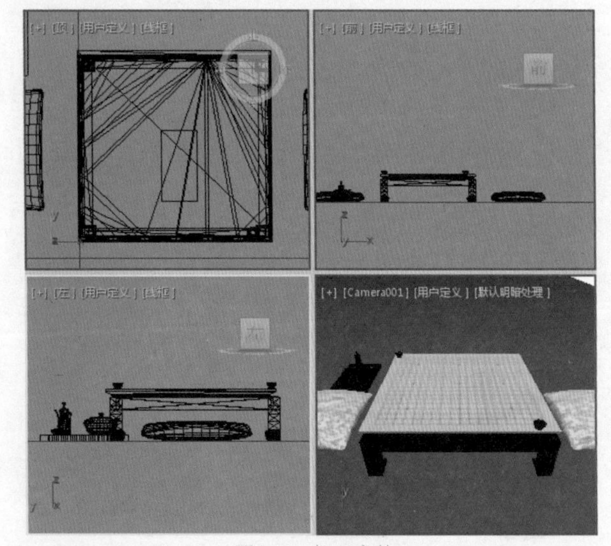

图4-86 打开文件

02 选择【创建】|【几何体】|【标准基本体】|【球体】工具，在【顶】视图中创建一个【半径】为13，【半球】为0.345的半球，并将其重新命名为“围棋白”，如图4-87所示。

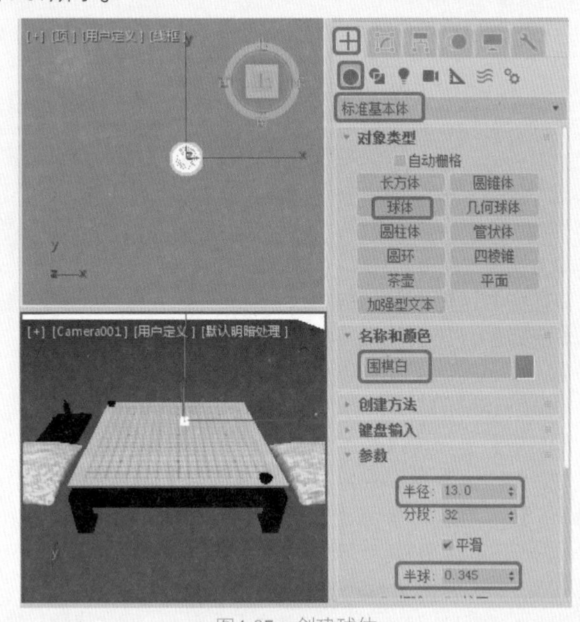


图4-87 创建球体

03 在左视图中选中创建的“围棋白”对象，在工具栏中右击【选择并非均匀缩放】工具，在弹出的【缩放变换输入】对话框中的【偏移：屏幕】区域下将Y轴参数设置为30，如图4-88所示。

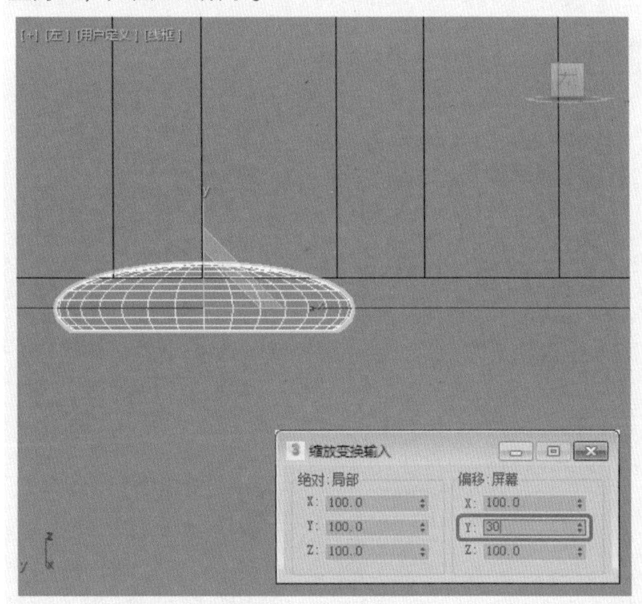


图4-88 设置其缩放

04 使用【选择并移动】工具，选择创建好的棋子，按住Shift键进行移动，在弹出的对话框中选中【复制】单选按钮，将【副本数】设置为1，并将其【名称】设置为“围棋黑”，单击【确定】按钮，如图4-89所示。

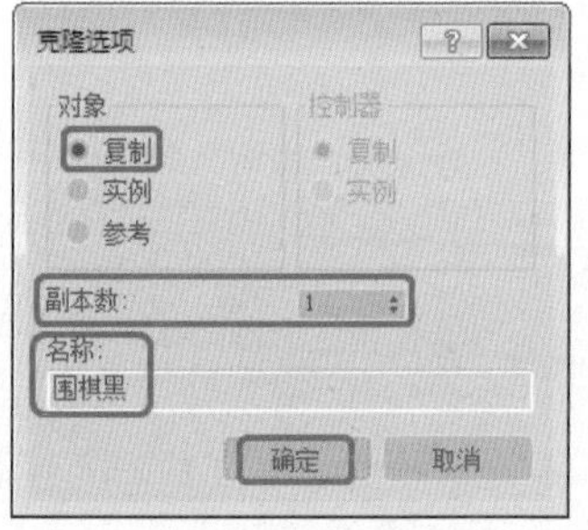


图4-89　进行复制

05 按M键弹出【材质编辑器】对话框，在该对话框中选择一个新的样本球，并将其命名为“白棋”，将明暗器的类型设置为（B）Blinn，在【Blinn基本参数】卷展栏中，将【环境光】和【漫反射】的RGB值都设置为255、255、255，在【反射高光】组中，将【高光级别】和【光泽度】分别设置为88、26，并将创建好的材质指定给【围棋白】对象，如图4-90所示。

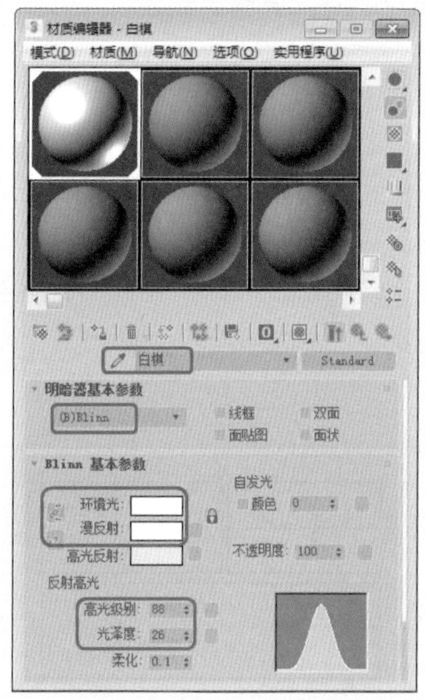

图4-90　设置白棋材质

06 选择一个新的样本球，并将其命名为“黑棋”，将明暗器的类型设置为（B）Blinn，在【Blinn基本参数】卷展栏中，将【环境光】和【漫反射】的RGB值都设置为0、0、0，在【反射高光】组中，将【高光级别】和【光泽度】分别设置为88、26，并将创建好的材质指定给“围棋黑”对象，如图4-91所示。

07 分别选择“围棋黑”和“围棋白”对象，进行多次复制，并在【顶】视图中调整位置，如图4-92所示。

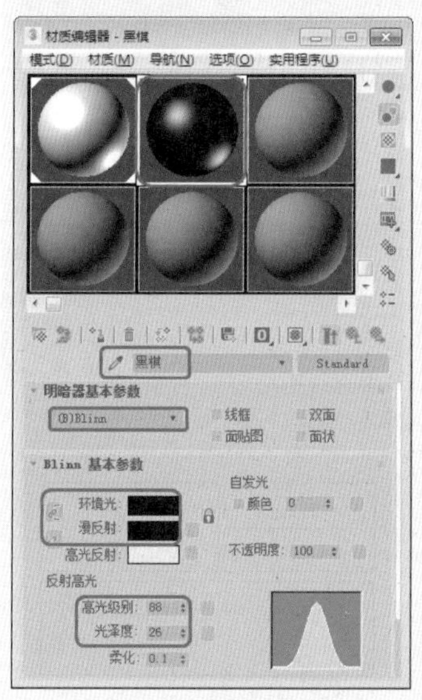

图4-91　设置黑棋材质

图4-92　进行多次复制

08 激活【摄影机】视图，按F9键打开【渲染帧窗口】对其进行渲染，然后查看效果，如图4-93所示。

图4-93　查看渲染后的效果

##  4.7 思考与练习

1. 标准基本体包括几种对象？分别是哪几种？
2. 在Max中共提供了几种楼梯对象？分别是哪几种？

# 第5章 三维编辑修改器

通过【创建】命令面板直接创建的标准几何体和扩展几何体，若不能满足实际造型的需要，可以通过三维编辑修改器，对创建的几何体进行编辑和修改，使其达到要求。

在【修改】命令面板中，我们可以找到所要应用的修改器。本章重点介绍【修改】命令面板及常用修改器的使用方法。

## 5.1 【修改】命令面板

单击命令面板上的【修改】按钮，即可打开【修改】命令面板。整个【修改】命令面板包括4个部分，分别为【名称和颜色区】、【修改器列表】、【修改器堆栈】和【参数】卷展栏，如图5-1所示。

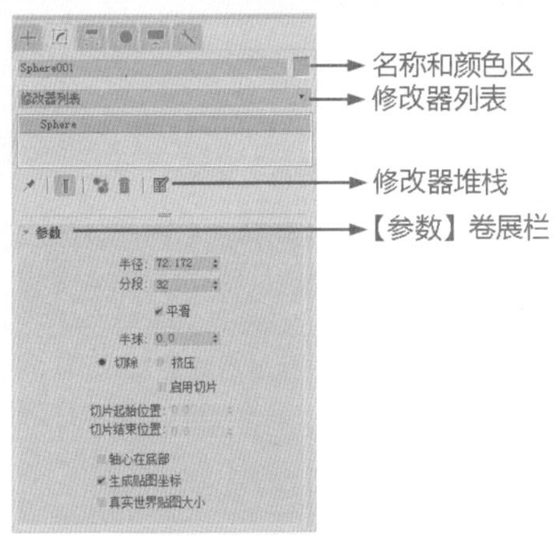

图5-1 【修改】命令面板

- 【名称和颜色区】：在3ds Max 2018中，每个物体在创建时，都会被系统赋予一个名称和颜色。系统为物体赋予名称依据“名称+编号”的原则，而物体的颜色是系统随机产生的。如果物体最终没有被赋予材质或进行表面贴图，渲染后，图片中物体的颜色即是物体在视图中的表面色。可以依据创建物体在场景中的作用，在名称区为物体重新命名。单击颜色块可以更改物体的颜色。
- 【修改器列表】：选中视图中的对象，单击修改器右边的下三角按钮，即可看到与被选中物体有关的所有修改器。这些修改器命令也可以在修改器菜单中找到。
- 【修改器堆栈】：在3ds Max 2018中，创建的每一个物体的参数，及被修改的过程都会被记录下来，并显示在修改器堆栈里。在修改器堆栈里，可以改变被选中物体的所有修改器的顺序，增加新的修改器，或是删除已有的修改器。
- 【参数】卷展栏：既可以显示物体的参数，也可以显示修改器的参数。在修改器堆栈中被选中的如果是对象，【参数】卷展栏显示的即是物体的参数；若被选中的是修改器，【参数】卷展栏显示的即是修改器的参数。

## 5.2 堆栈列表

在视图中创建一个物体时，在修改器列表中会出现该对象的名称。然后考虑要通过哪些修改器来修改这个对象，使它达到理想的造型，依次在修改器列表框中选择修改器命令。最先选择的修改器，在修改器堆栈中排列在创建对象的上方，如图5-2所示。

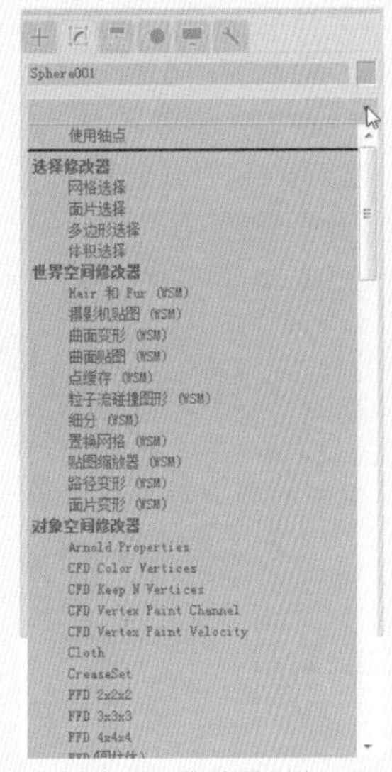
图5-2 修改器列表

在修改器堆栈的底部为工具栏，其中各按钮的功能介绍如下。

- 【修改器开关】：此状态表示此修改器的修改效果可以在视图中显示。当为状态时，此修改器的修改效果不会在视图中显示。单击可以切换按钮的状态。
- 【子对象开关】：此状态表示该修改器有子物体层级修改项目。当为状态时，子物体会出现在下方。单击可以切换按钮的状态。
- 【锁定堆栈】：当此按钮被选中时，就可以锁定当前对象的修改器，即使再选择视图中的其他对象，修改器堆栈也不会改变，仍然显示被锁定的修改器。
- 【显示最终结果开/关切换】：单击此按钮，当变成状态时，只显示当前修改器及在它之前为对象增加的修改器的修改效果。
- 【使唯一】：当对一组选择物体加入修改命令时，该修改命令同时影响所有物体，以后在调节这个修改命令的参数时，会对所有的物体同时产生影响，因为它们已经属于【实例】关联属性的修改命令了。按下此按钮，可以将这种关联的修改各自独立，将共同的修改命令独立分配给每个物体，使它们之间失去关联关系。
- 【从堆栈中移除修改器】：选中任意一个修改器，单击该按钮，可将选中的修改器删除，即取消这一修改效果。
- 【配置修改器集】：可以改变修改器的布局。单击该按钮，在弹出的菜单中选择【配置修改器集】命令，可

打开【配置修改器集】对话框，如图5-3所示。在该对话框中可以设置编辑修改器列表中编辑修改器的个数以及将编辑修改器加入或者移出编辑修改器列表。用户可以按照使用习惯以及兴趣任意组合按钮类型。在对话框中，【按钮总数】微调框用来设置列表中所能容纳的编辑修改器的个数，在左侧的编辑修改器的名称上双击，即可将该编辑修改器加入到列表中。或者直接拖曳，也可以将编辑修改器加入列表或删除。

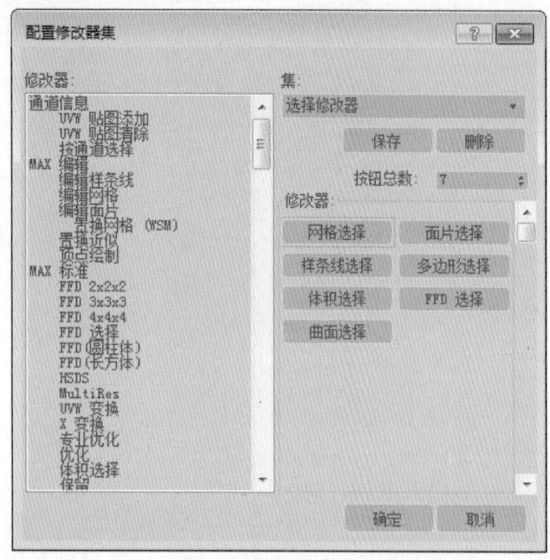


图5-3【配置修改器集】对话框

◆【显示按钮】：选择此命令可以在【修改器列表】下方显示所有的编辑修改器，如图5-4所示。

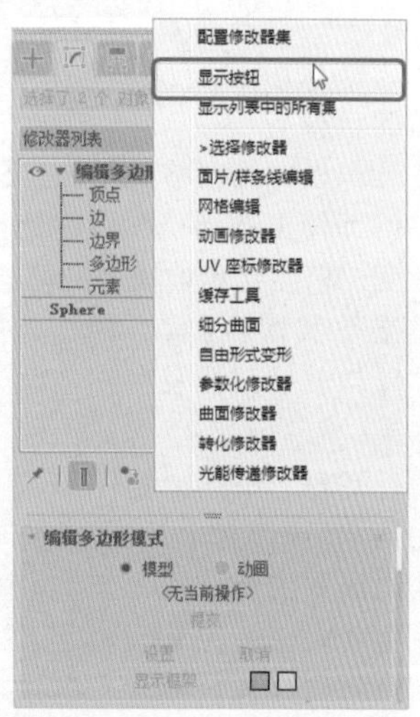


图5-4 选择【显示按钮】命令

◆【显示列表中的所有集】：通常在3ds Max中，编辑修改器序列默认的设置为3种类型：【选择修改器】、【世界空间修改器】和【对象空间修改器】。选择【显示列表中的所有集】命令可以将默认的编辑修改器按照功能的不同进行有效的划分，使用户在设置操作中便于查找和选择。

## 5.3 参数变形修改器

使用基本对象创建工具只能创建一些简单的模型，如果想修改模型，使其有更多的细节和增加逼真程度，就要用到编辑修改器。下面来介绍3ds Max 2018中的常用编辑修改器。

### 5.3.1 【弯曲】修改器

【弯曲】修改器可以对物体进行弯曲处理，添加【弯曲】修改器如图5-5所示，可以调节弯曲的角度和方向，以及弯曲依据的坐标轴向，还可以限制弯曲在一定区域内。【弯曲】修改器的【参数】卷展栏如图5-6所示。

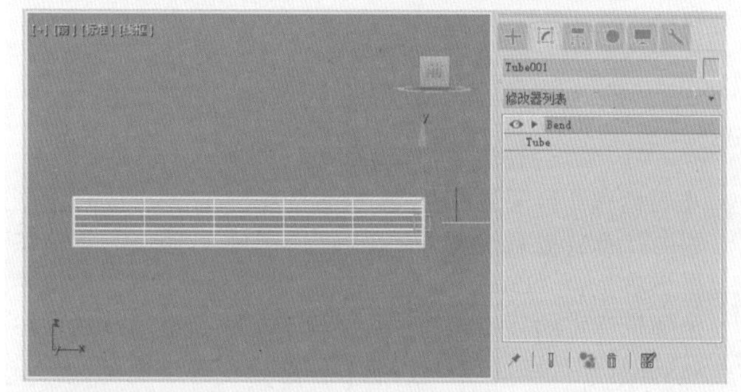


图5-5 为管状体添加【弯曲】修改器

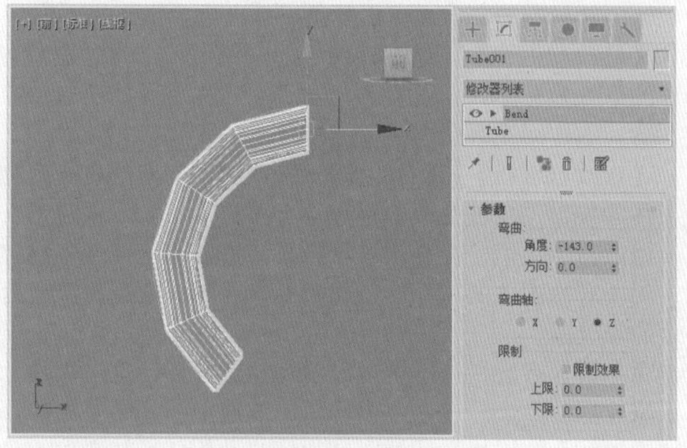


图5-6【参数】卷展栏

【弯曲】修改器的【参数】卷展栏中的各项参数功能说明如下。

- 【角度】：设置弯曲的角度大小。
- 【方向】：调整弯曲的方向。
- 【弯曲轴】：设置弯曲的坐标轴向。
- 【限制效果】：对物体指定限制效果，影响区域将由下

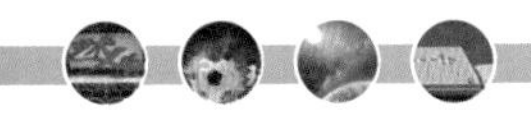

面的上、下限值来确定。

- 【上限】：设置弯曲的上限，在此限度以上的区域不会受到弯曲影响。
- 【下限】：设置弯曲的下限，在此限度与上限之间的区域都会受到弯曲影响。

除了这些基本的参数之外，【弯曲】修改器还包括两个次物体选择集：Gizmo(线框)和【中心】。对于Gizmo，可以对其进行移动、旋转、缩放等变换操作，在进行这些操作时将影响弯曲的效果。【中心】也可以被移动，从而改变弯曲所依据的中心点。

## 5.3.2 【扭曲】修改器

【扭曲】修改器可以在对象几何体中产生旋转效果，如图5-7所示。它可以控制任意3个轴上扭曲的角度，并通过偏移来调整轴点，产生扭曲效果。也可以对物体的其中一个区域进行偏移扭曲。【扭曲】修改器的【参数】卷展栏如图5-8所示，其各项参数的功能说明如下。

图5-7 添加【扭曲】修改器后的效果

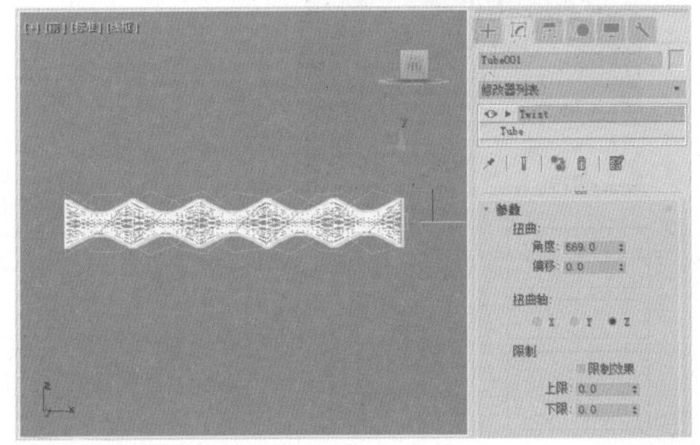

图5-8 【参数】卷展栏

- 【角度】：设置扭曲的角度。
- 【偏移】：设置扭曲向上或向下的偏向度。
- 【扭曲轴】：设置扭曲依据的坐标轴向。
- 【限制效果】：选中该复选框，可以限制扭曲在Gizmo物体上的影响范围。
- 【上限/下限】：分别设置扭曲限制的区域。

### 实例操作001——扭曲花瓶

下面将介绍如何扭曲花瓶，效果如图5-9所示，操作步骤如下。

图5-9 扭曲花瓶

01 按Ctrl+O组合键，在弹出的对话框中选择“花瓶.max”文件，单击【打开】按钮，如图5-10所示。

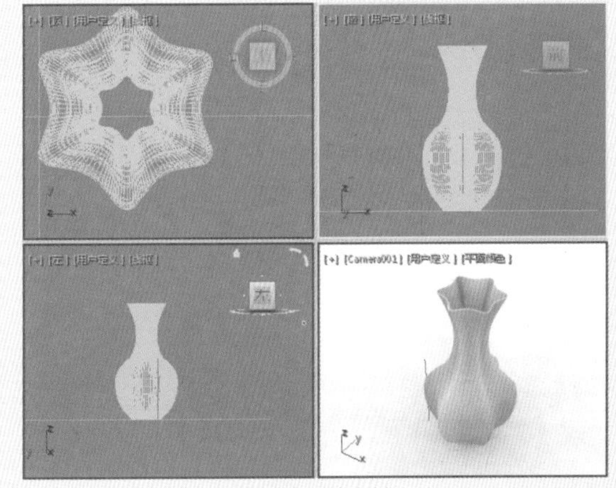

图5-10 打开的素材文件

02 在视图中选择花瓶对象，在【修改】命令面板中选择【壳】修改器，在修改器下拉列表中选择【扭曲】修改器，如图5-11所示。

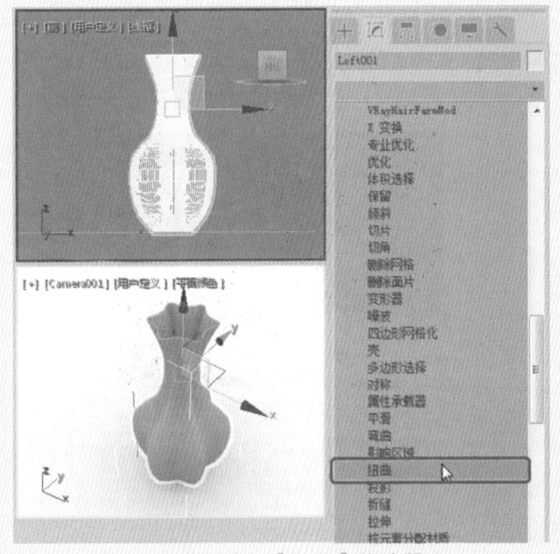

图5-11 选择【扭曲】修改器

03 在【参数】卷展栏中将【角度】设置为-60，选中Y单选按钮，如图5-12所示。

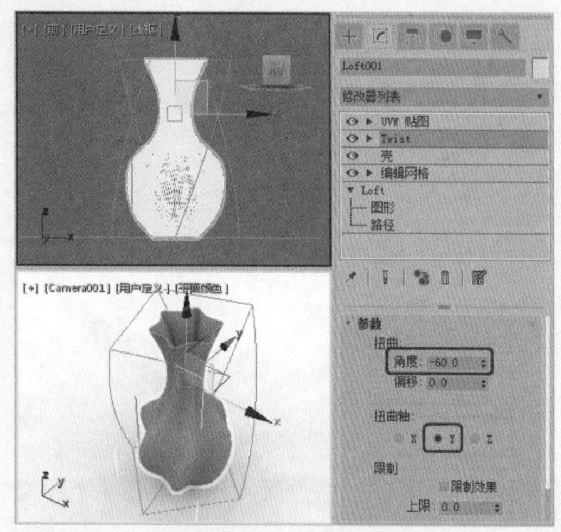


图5-12　设置扭曲参数

04 设置完成后，在视图中的空白位置单击鼠标，按F9键对摄影机视图进行渲染，效果如图5-13所示。

图5-13　设置后的效果

## 5.3.3　【噪波】修改器

【噪波】修改器可以使对象表面产生凹凸不平的效果，多用来制作群山或表面不光滑的物体，如图5-14所示。【噪波】修改器沿着3个轴的任意组合调整对象顶点的位置，它是模拟对象形状随机变化的重要动画工具。

图5-14　噪波效果

【噪波】修改器的【参数】卷展栏如图5-15所示，其各项参数功能说明如下。

- 【噪波】：控制噪波的出现，及由此引起的在对象的物理变形上的影响。默认情况下，控制处于非活动状态。
- 【种子】：从设置的【种子】参数中生成一个随机起始点。在创建地形时尤其有用，因为每种设置都可以生成不同的配置。
- 【比例】：设置噪波影响(不是强度)的大小。较大的值产生更为平滑的噪波，较小的值产生锯齿现象更严重的噪波，默认值为100。
- 【分形】：根据当前设置产生分形效果。默认设置为禁用状态。如果启用【分形】复选框，则激活【粗糙度】和【迭代次数】两个参数项。
- 【粗糙度】：决定分形变化的程度。较低的值比较高的值更精细，范围为0 至1.0，默认设置为0。
- 【迭代次数】：控制分形功能所使用的迭代(或是八度音阶)的数目。较小的迭代次数使用较少的分形能量并生成更平滑的效果。【迭代次数】设置为 1.0时的效果与禁用【分形】复选框的效果一致。

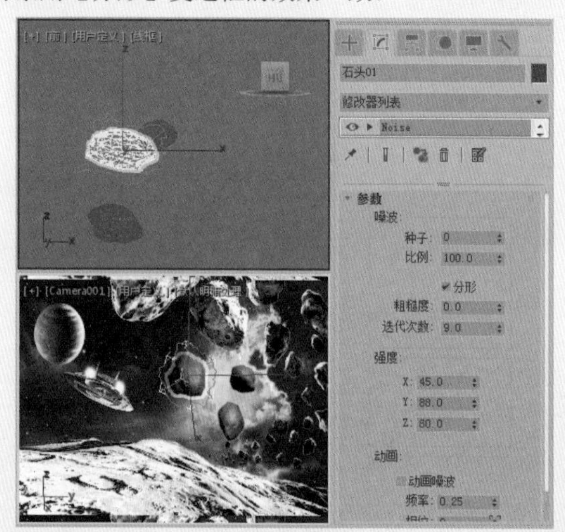


图5-15　【参数】卷展栏

- 【强度】：控制噪波效果的大小。只有设置强度后噪波效果才会起作用。

X、Y、Z：可沿着3个不同的轴向设置噪波效果的强度，要产生噪波效果，至少要设置其中一个轴的参数。默认值为 0.0、0.0、0.0。

- 【动画】：通过为噪波图案叠加一个要遵循的正弦波形，控制噪波效果的形状。
- 【动画噪波】：调节【噪波】和【强度】参数的组合效果。
- 【频率】：设置正弦波的周期。调节噪波效果的速度。较高的频率使噪波振动得更快；较低的频率产生较为平滑和更温和的噪波。
- 【相位】：移动基本波形的开始和结束点。默认情况下，动画关键点设置在活动帧范围的任意一端。

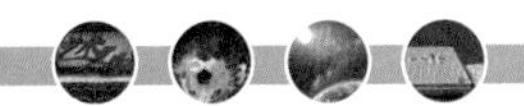

## 5.3.4 【拉伸】修改器

【拉伸】修改器可以模拟“挤压和拉伸”的传统动画效果。通过对【拉伸】修改器参数的设置，可以得到各种不同的伸展效果，如图5-16所示。

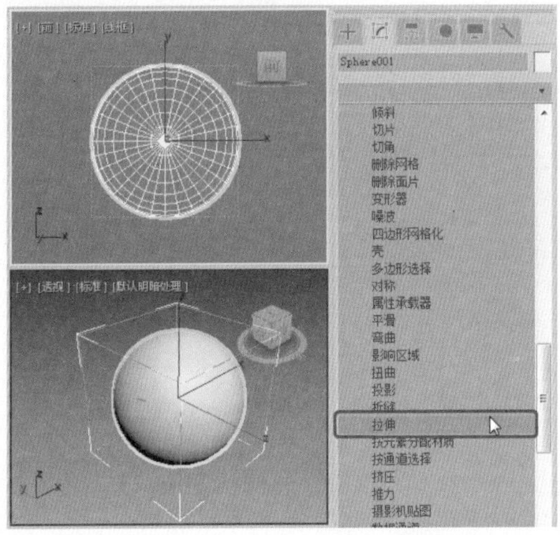

图5-16 为球体添加【拉伸】修改器

【拉伸】修改器的【参数】卷展栏如图5-17所示，其各项参数功能说明如下。

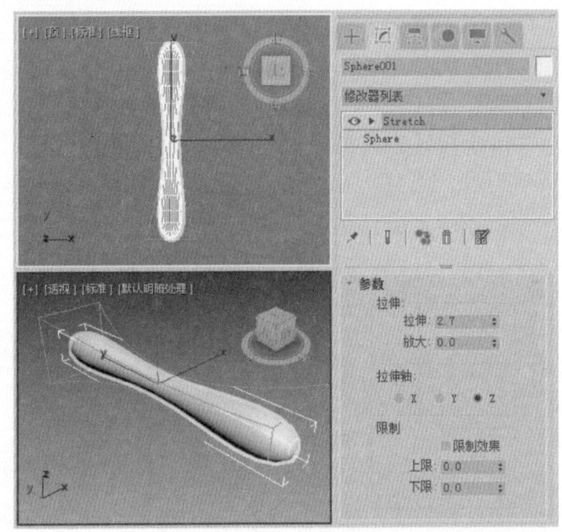

图5-17 【参数】卷展栏

- 【拉伸】：包括【拉伸】和【放大】两个参数。
  - 【拉伸】：用于设置对象伸展的强度，数值越大，伸展效果越明显。
  - 【放大】：用于设置对象拉伸扩大变形的程度。
- 【拉伸轴】：用于选择X、Y、Z 3个不同的轴向。
- 【限制】：通过设置【限制】参数，可以将拉伸效果应用到整个对象上，或限制到对象的一部分。
  - 【限制效果】：选中【限制效果】复选框，可以应用【上限】、【下限】参数。
  - 【上限】：设置数值后，将沿着拉伸轴的正向限制效果。
  - 【下限】：设置数值后，将沿着拉伸轴的负向限制效果。

## 5.3.5 【挤压】修改器

使用【挤压】修改器可以为对象应用挤压效果，在此效果中，与轴点最接近的顶点会向内移动。如图5-18所示的是对球体的挤压效果。

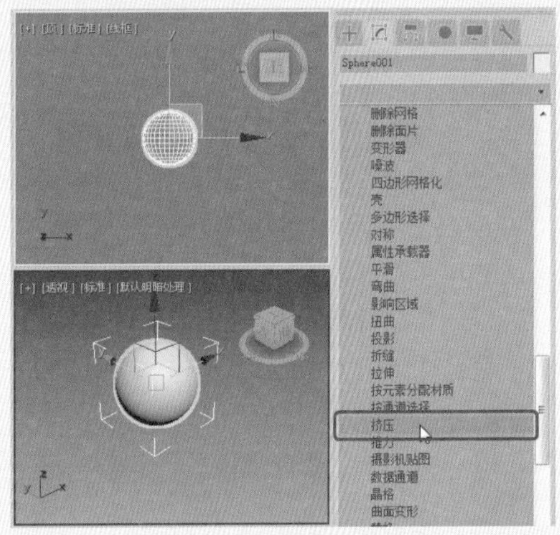

图5-18 添加【挤压】修改器

【挤压】修改器的【参数】卷展栏如图5-19所示，其各项参数功能说明如下。

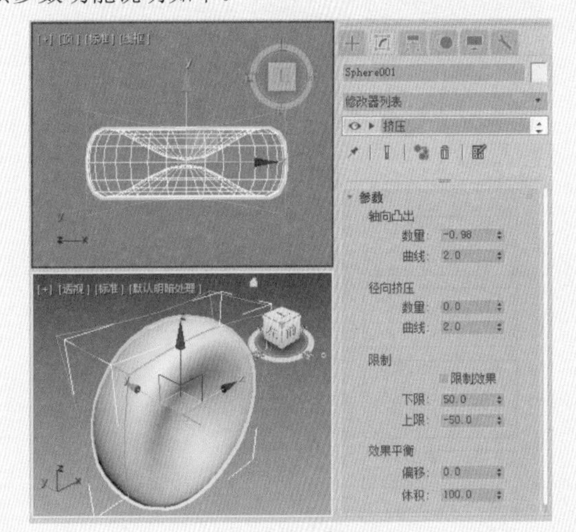

图5-19 【参数】卷展栏

- 【轴向凸出】：默认情况下，沿着对象的Z轴应用凸起效果。
  - 【数量】：控制挤压对象的数量。较高的值可以有效地拉伸对象，并使末端向外弯曲。
  - 【曲线】：设置凸起末端曲率的度数，可以控制凸起的形状。

- 【径向挤压】：默认情况下，沿着对象的Z轴应用挤压效果。
- 【数量】：控制挤压操作的数量。大于0的值将会压缩对象的中部，而小于0的值将会使对象中部向外凸起。
- 【曲线】：设置挤压曲率的度数。较低的值会产生尖锐的挤压效果，而较高的值则会生成平缓的、不太明显的挤压效果。
- 【限制】：用于限制沿着Z 轴的挤压效果。
- 【限制效果】：选中【限制效果】复选框，可以应用【下限】、【上限】参数设置。
- 【下限】：设置沿Z轴的正向限制。
- 【上限】：设置沿Z轴的负向限制。
- 【效果平衡】：包含【偏移】和【体积】两个参数。
- 【偏移】：在保留恒定对象体积的同时，更改凸起与挤压的相对数量。
- 【体积】：增加或减少【挤压】或【凸起】的效果。

### 5.3.6 【波浪】修改器

【波浪】修改器用于在几何体上产生波浪的效果，如图5-20所示。

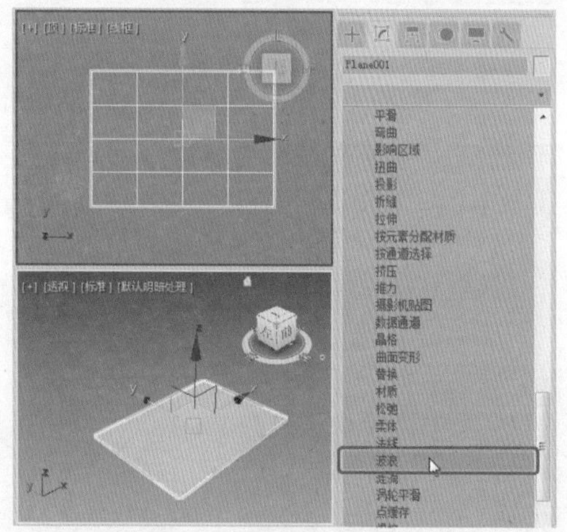

图5-20 为平面添加【波浪】修改器

【波浪】修改器的【参数】卷展栏如图5-21所示，其各项参数功能说明如下。

- 【振幅1】：设置数值后，沿Y轴产生波浪。
- 【振幅2】：设置数值后，沿X轴产生波浪。与【振幅1】产生的波浪的波峰和波谷的方向都一致。在正负之间切换值将反转波峰和波谷的位置。
- 【波长】：指定以当前单位表示的波峰之间的距离。
- 【相位】：在对象上变换波浪图案。正数在一个方向移动图案，负数在另一个方向移动图案。这种效果在制作动画时尤其明显。
- 【衰退】：控制波浪的衰减程度。

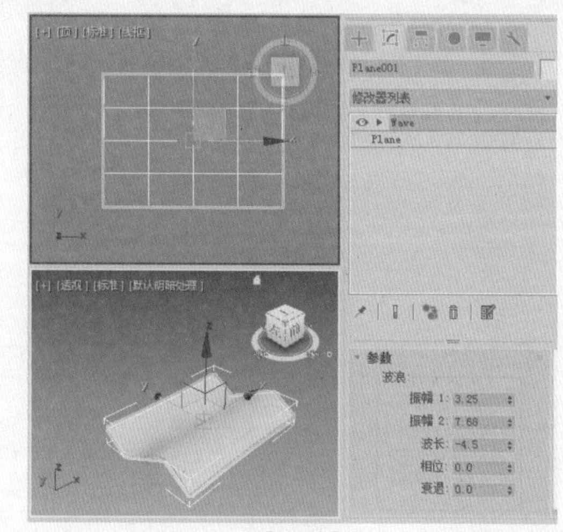


图5-21 【参数】卷展栏

**知识链接 塌陷修改器堆栈**

编辑修改器堆栈中的每一步都将占据内存。为了使被编辑修改的对象占用尽可能少的内存，我们可以在修改器堆栈中选择要塌陷的修改器，右击该修改器，在弹出的快捷菜单中选择【塌陷到】命令，可以将当前选择的修改器和它下面的修改器塌陷。如果选择【塌陷全部】命令，则可以将所有堆栈列表中的编辑修改器对象塌陷。

通常在建模已经完成，并且不再需要进行调整时执行塌陷堆栈操作，塌陷后的堆栈不能进行恢复，因此执行此操作时一定要慎重。

## 5.4 实战：车削编辑修改器

【车削】修改器是通过旋转一个二维图形来产生三维造型，效果如图5-22所示。这是非常实用的造型工具，大多数中心放射物体都可以用这种方法完成，它还可以将完成后的造型输出成【面片】造型或NURBS造型。

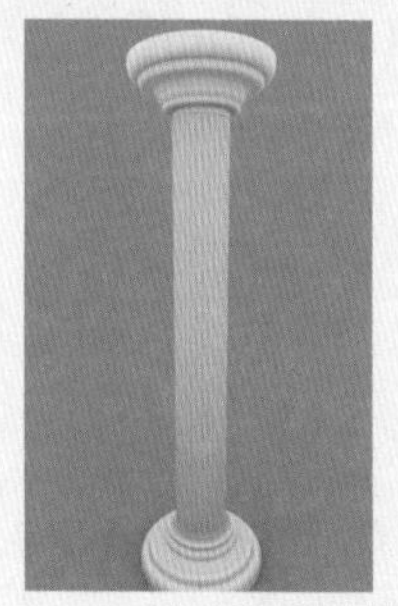

图5-22 【车削】建模

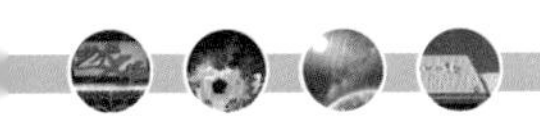

【车削】修改器的【参数】卷展栏中各项功能说明如下：

- 【度数】：设置旋转成型的角度，360度为一个完整环形，小于360度为扇形。
- 【焊接内核】：将中心轴向上重合的点进行焊接精减，以得到结构相对简单的造型，如果要作为变形物体，不能将此项打开。
- 【翻转法线】：将造型表面的法线方向反转。
- 【分段】：设置旋转圆周上的片段划分数，值越高，造型越光滑。
- 【封口】选项组：
  - 【封口始端】：将顶端加面覆盖。
  - 【封口末端】：将底端加面覆盖。
  - 【变形】：不进行面的精简计算，以便用于变形动画的制作。
  - 【栅格】：进行面的精简计算，不能用于变形动画的制作。
- 【方向】选项组：设置旋转中心轴的方向。
  - X/Y/Z：分别设置不同的轴向。
- 【对齐】选项组：设置图形与中心轴的对齐方式。
  - 【最小】：将曲线内边界与中心轴对齐。
  - 【中心】：将曲线中心与中心轴对齐。
  - 【最大】：将曲线外边界与中心轴对齐。

下面将介绍如何制作罗马柱，完成后的效果如图5-23所示，操作步骤如下。

图5-23　罗马柱

01 按Ctrl+O组合键，在弹出的对话框中选择“罗马柱.max”文件，单击【打开】按钮，如图5-24所示。

02 选择【创建】|【图形】|【矩形】工具，在【前】视图中柱子的顶端创建矩形，在【参数】卷展栏中将【长度】、【宽度】分别设置为175、250，并将其命名为“柱顶”，如图5-25所示。

03 在【修改】命令面板中的修改器下拉列表中选择【编辑样条线】修改器，将当前选择集定义为【顶点】，在【集合体】卷展栏中单击【优化】按钮，在【图形】上添加节点，并调整其位置，完成后的效果如图5-26所示。

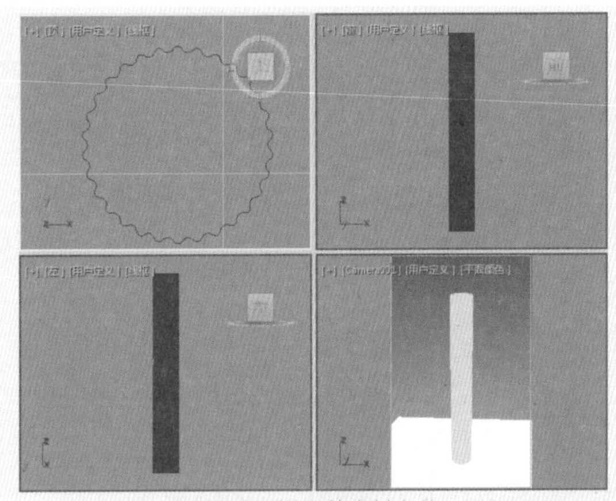

图5-24　打开的素材文件

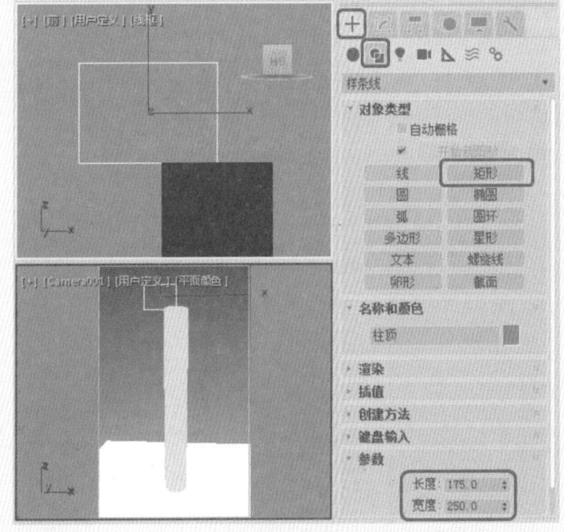


图5-25　创建矩形

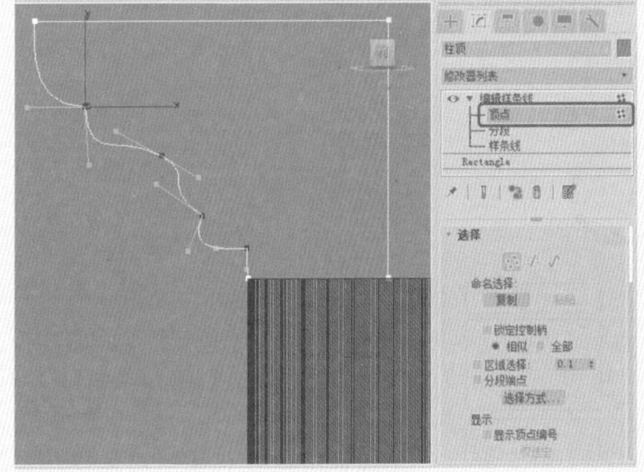


图5-26　调整顶点

04 关闭当前选择集，在【修改器列表】中选择【车削】修改器，在【参数】卷展栏中将【分段】设置为35，选中【方向】选项组中的Y单选按钮，然后单击【对齐】选项组中的【最大】按钮，如图5-27所示。

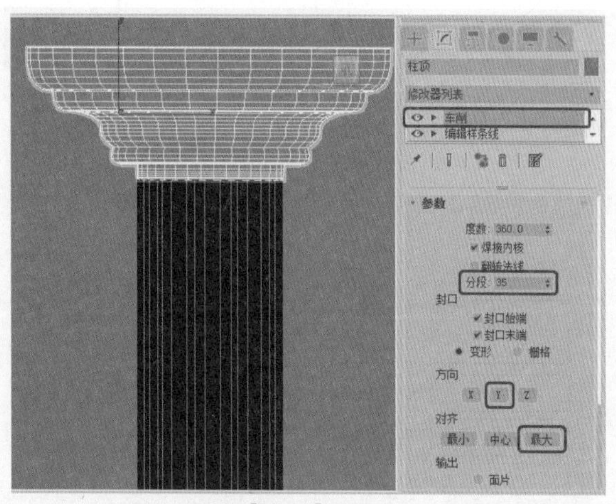
图5-27　添加【车削】修改器并对其设置

05 单击工具栏中的【镜像】按钮，弹出【镜像：屏幕 坐标】对话框，将【镜像轴】设置为Y，将【偏移】设置为-1675，选中【实例】单选按钮，如图5-28所示。

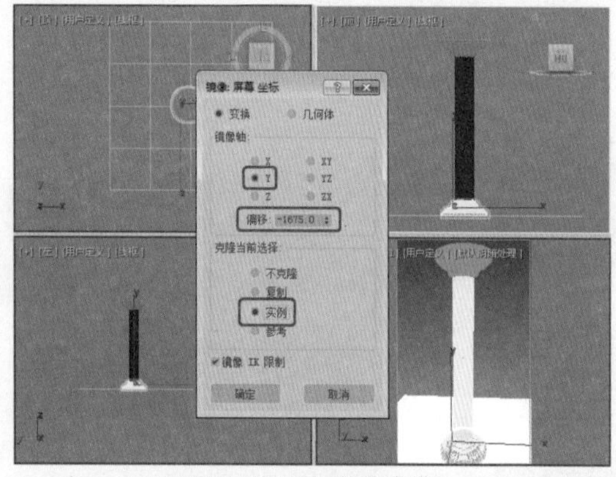
图5-28　设置镜像参数

06 设置完成后，单击【确定】按钮，为对象指定相应的材质即可。

## 5.5 实战：挤出编辑修改器

【挤出】修改器是为二维的样条线图形增加厚度，挤出成为三维实体，如图5-29所示。这是一个常用的建模方法，可以进行面片、网格对象和NURBS对象3类模型的输出。

在【修改】命令面板中，设置【挤出】修改器的【参数】卷展栏，如图5-30所示。

- 【数量】：设置挤出的深度。
- 【分段】：设置挤出厚度上的片段划分数。

【封口】选项组、【输出】选项组等的设置与【车削】修改器的参数设置相同，这里不再介绍。

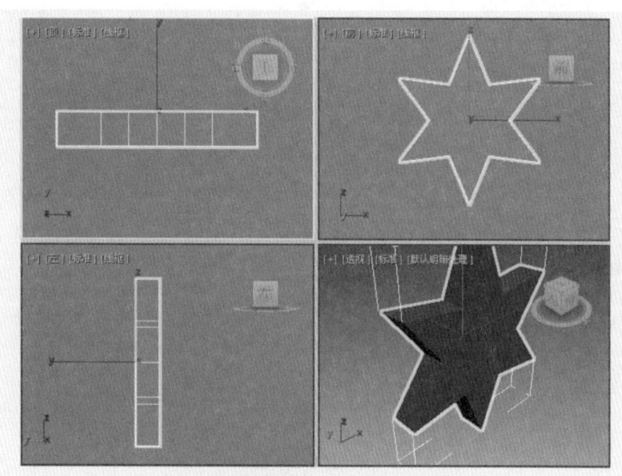
图5-29　将二维图形转换为三维图形

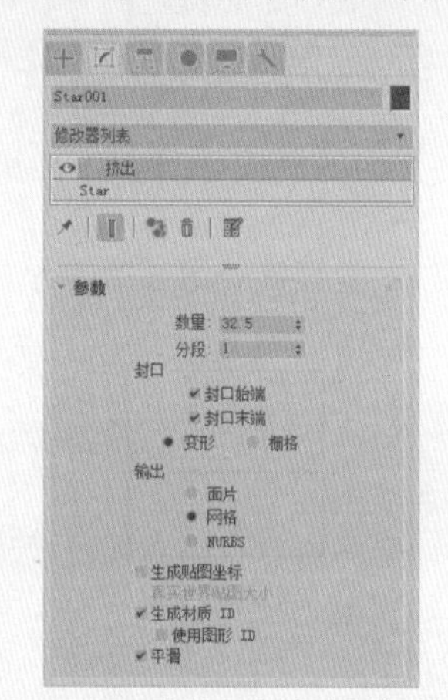
图5-30　【挤出】修改器参数

下面我们以齿轮为例来讲解【挤出】修改器的应用，效果如图5-31所示，操作步骤如下：

图5-31　挤出建模

01 运行3ds Max 2018软件。选择【创建】|【图形】|【样条线】|【星形】工具，在【顶】视图中创建一个星形，将其命名为“齿轮”，在【参数】卷展栏中设置【半径1】为90、【半径2】为58、【点】为14、【扭曲】为10、【圆角半径1】为8、【圆角半径2】为2，如图5-32所示。

02 选择【创建】|【图形】|【样条线】|【圆】工具，取消勾选【开始新图形】复选框，在【顶】视图中的星形中心创建一个圆形，在【参数】卷展栏中设置【半径】为20，如图5-33所示。

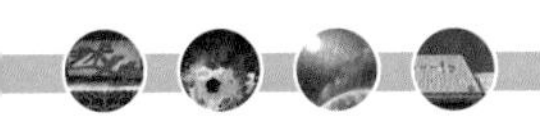

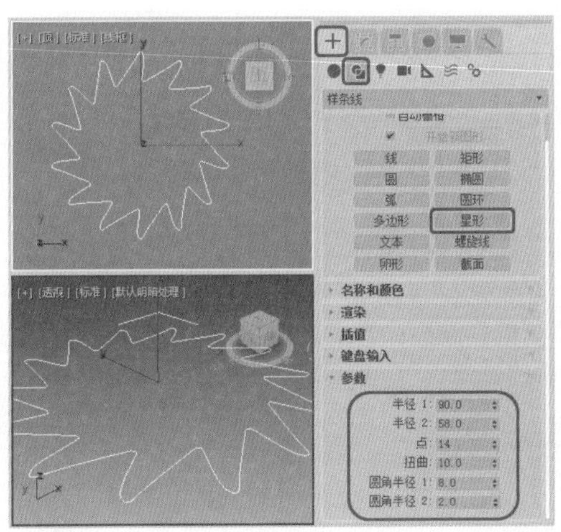

图5-32 创建【星形】图形

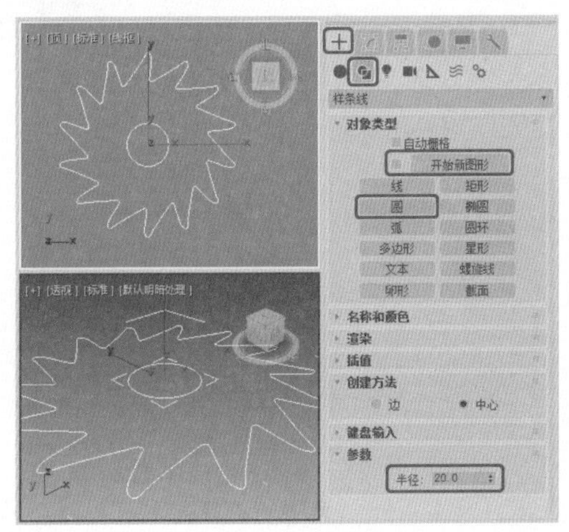

图5-33 创建【圆】

03 在【修改器列表】中选择【挤出】修改器，然后在【参数】卷展栏中将【数量】设置为15，完成的效果如图5-34所示。

图5-34 添加【挤出】修改器

## 5.6 倒角编辑修改器

【倒角】修改器是通过对二维图形进行挤出成形的同时，在边界上加入直形或圆形的倒角，如图5-35所示，一般用来制作立体文字和标志。

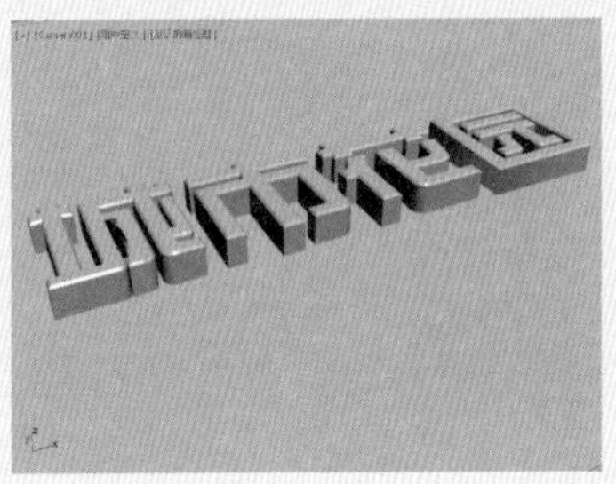

图5-35 倒角效果

在【倒角】修改器面板中包括【参数】和【倒角值】两个卷展栏，首先介绍【参数】卷展栏，如图5-36所示。

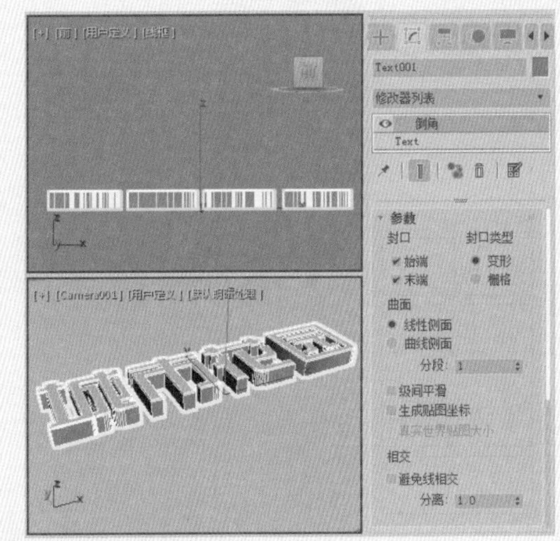

图5-36 【参数】卷展栏

### 1.【参数】卷展栏

【封口】与【封口类型】选项组中的选项与前面介绍的【车削】修改器的选项含义相同，这里就不详细介绍了。

- 【曲面】选项组用于控制侧面的曲率、平滑度以及贴图坐标。
  - 【线性侧面】：选中此单选按钮后，级别之间会沿着一条直线进行分段插值。
  - 【曲线侧面】：选中此单选按钮后，级别之间会沿着一条 Bezier 曲线进行分段插值。
  - 【分段】：设置倒角内部的片段划分数。
  - 【级间平滑】：控制是否将平滑组应用于倒角对象侧面。顶面会使用与侧面不同的平滑组。选中此复选框后，对侧面应用平滑组，侧面显示为弧状；取消选中此

复选框后不应用平滑组，侧面显示为平面倒角。

- 【生成贴图坐标】：选中该复选框，将贴图坐标应用于倒角对象。
- 【真实世界贴图大小】：控制应用于该对象的纹理贴图材质所使用的缩放方法。
- 【相交】选项组。在制作倒角时，有时尖锐的折角会产生突出变形，这里提供处理这种问题的方法。
- 【避免线相交】：选中该复选框，可以防止尖锐折角产生的突出变形
- 【分离】：设置两个边界线之间保持的距离间隔，以防止越界交叉。

2.【倒角值】卷展栏

在【起始轮廓】选项组中有级别1、级别2和级别3，它们分别设置3个级别的【高度】和【轮廓】，如图5-37所示。

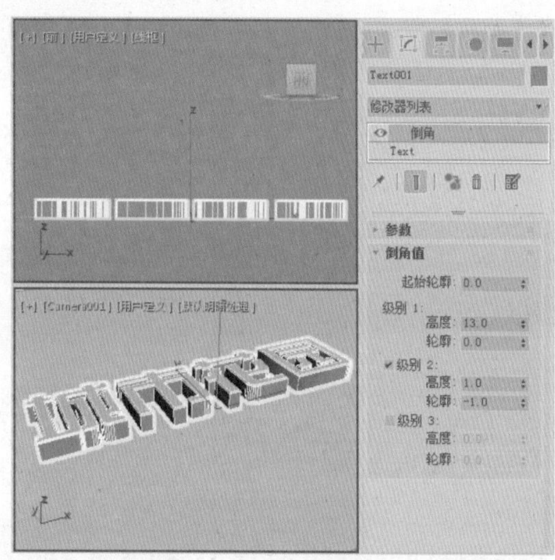

图5-37 【倒角值】卷展栏

> 提示
>
> 选中【避免线相交】复选框会增加系统的运算时间，可能会等待很久，而且将来在改动其他倒角参数时也会变得迟钝，所以尽量避免使用这个功能。如果遇到线相交的情况，最好返回到曲线图形中手动进行修改，将转折过于尖锐的地方调节圆滑。

## 实例操作002——制作三维文字

通常我们说的三维是指在平面二维系中又加入了一个方向向量构成的空间系。三维是指坐标轴的三个轴，即x轴、y轴、z轴，其中x表示左右空间，y表示上下空间，z表示前后空间，这样就形成了人的视觉立体感。本节将介绍如何制作三维文字，效果如图5-38所示。

图5-38 三维文字

01 启动软件，按Ctrl+O组合键，在弹出的对话框中选择“制作三维文字.max”文件，如图5-39所示。

图5-39 选择素材文件

02 单击【打开】按钮，将选中的素材文件打开，效果如图5-40所示。

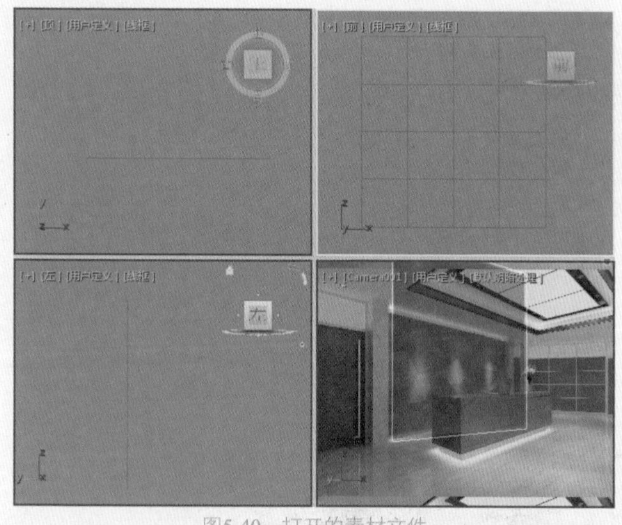

图5-40 打开的素材文件

03 选择【创建】|【图形】|【文本】工具，将【字体】设置为【方正综艺体简】，将【大小】设置为90，将

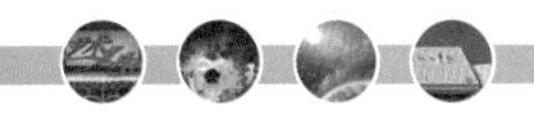

【字间距】设置为5，在【文本】下的文本框中输入文字“宏峰装饰”，然后在【前】视图中单击鼠标创建文字，如图5-41所示。

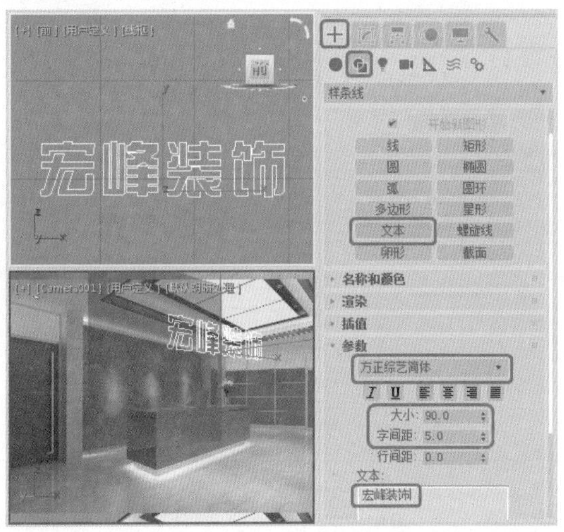

图5-41 输入文字

04 确定文字处于选择状态，切换至【修改】命令面板，在修改器列表中选择【倒角】修改器，在【倒角】卷展栏中将【级别1】下的【高度】设置为13，勾选【级别2】复选框，将【高度】设置为1、【轮廓】设置为-1，如图5-42所示。

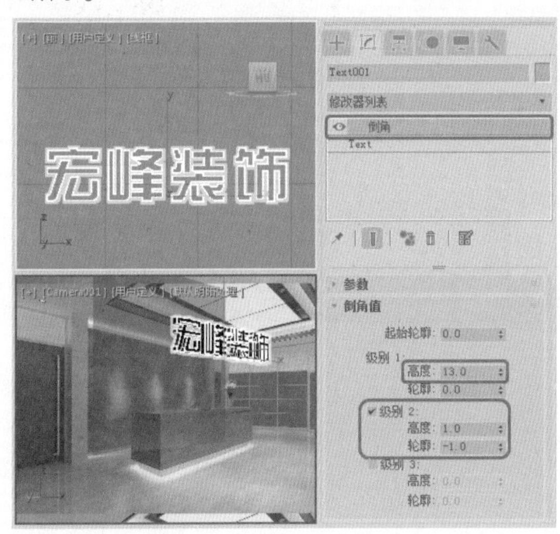

图5-42 添加【倒角】修改器

05 在工具栏中单击【选择并移动】按钮，在视图中调整文字的位置，效果如图5-43所示。

06 按M键打开【材质编辑器】对话框，选择一个空白的材质球，将其命名为“金属”，然后将明暗器类型设置为【（M）金属】，将【环境光】的RGB值设置为209、205、187，在【反射高光】选项组中将【高光级别】、【光泽度】分别设置为102、74，如图5-44所示。

图5-43 调整文字的位置

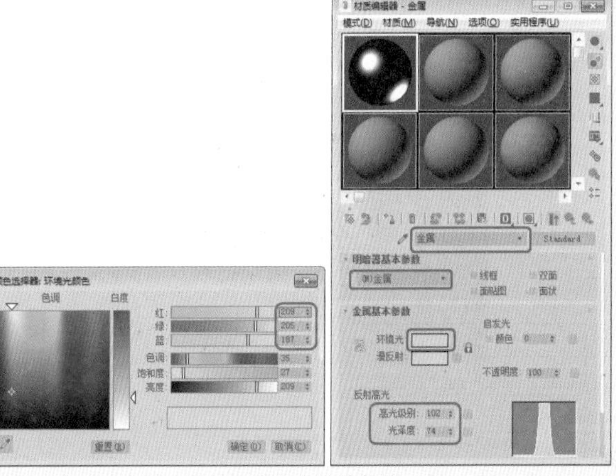

图5-44 设置材质参数

提示

材质主要用于描述对象如何反射和传播光线，材质中的贴图主要用于模拟对象质地、纹理图案、反射、折射等其他效果（贴图还可以用于环境和灯光投影）。依靠各种类型的贴图，可以创作出千变万化的材质，例如，在瓷瓶上贴上花纹就成了名贵的瓷器。高超的贴图技术是制作仿真材质的关键，也是决定最后渲染效果的关键。关于材质的调节和指定，系统提供了【材质编辑器】和【材质/贴图浏览器】。【材质编辑器】用于创建、调节材质，并最终将其指定到场景中；【材质/贴图浏览器】用于检查材质和贴图。

07 展开【贴图】卷展栏，单击【反射】通道后的无贴图按钮，在弹出的【材质/贴图浏览器】对话框中选择【光线跟踪】，效果如图5-45所示。

08 选项保持默认设置，单击【转到父对象】按钮，确定文字处于选择状态，单击【将材质指定给选定对象】按钮和【在视口中显示标准贴图】按钮，将对话框关闭，在摄影机视图中按F9键预览效果，效果如图5-46所示。

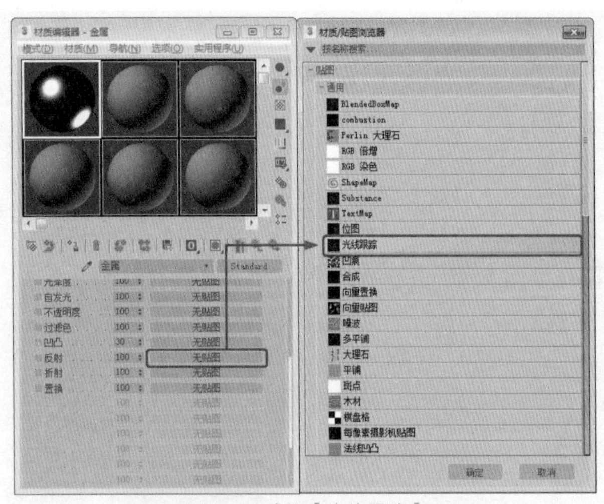

图5-45 选择【光线跟踪】

图5-46 赋予材质后的效果

## 5.7 上机练习——台灯

本节将介绍如何制作工作台灯，效果如图5-47所示。

图5-47 工作台灯

01 启动软件，按Ctrl+O快捷组合键，在弹出的对话框中选择“工作台灯.max”素材文件，如图5-48所示。

02 单击【打开】按钮，选择【创建】|【几何体】|【圆柱体】工具，在【顶】视图中创建一个【半径】为8、【高度】为4、【边数】为24的圆柱体，并将其重命名为“底座01”，如图5-49所示。

图5-48 选择素材文件

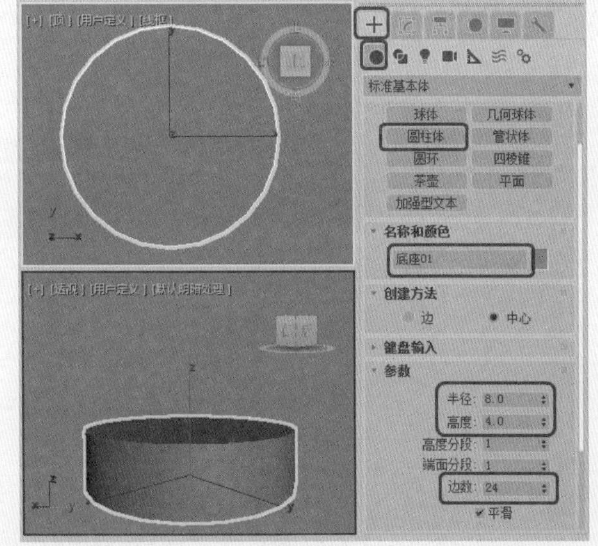

图5-49 绘制圆柱体

03 切换至【修改】命令面板，添加一个FFD2×2×2修改器，将当前选择集定义为【控制点】，在【前】视图中选择右上角的控制点，使用【选择并移动】工具沿Y轴向下调整选择的控制点，如图5-50所示。

04 关闭当前选择集，为底座01添加【平滑】修改器，在【参数】卷展栏中单击【平滑组】区域下的1按钮，对底座进行光滑修改，如图5-51所示。

05 使用【选择并移动】工具，按住Shift键，在【前】视图中沿Y轴向上移动底座，对其进行复制，在打开的对话框中选中【复制】单选按钮，并单击【确定】按钮，在修改器堆栈中选择FFD2×2×2修改器，右击鼠标，在弹出的快捷菜单中选择【删除】命令，如图5-52所示。

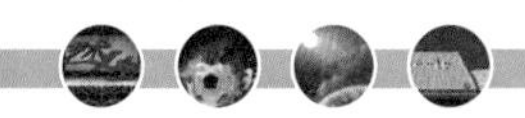

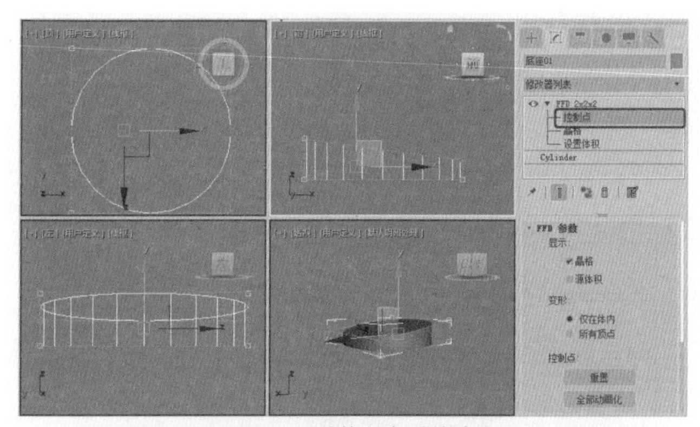

图5-50 调整控制点后的效果

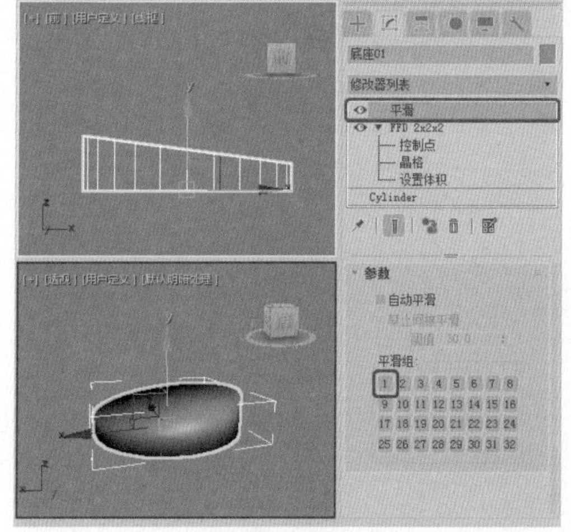

图5-51 添加【平滑】修改器

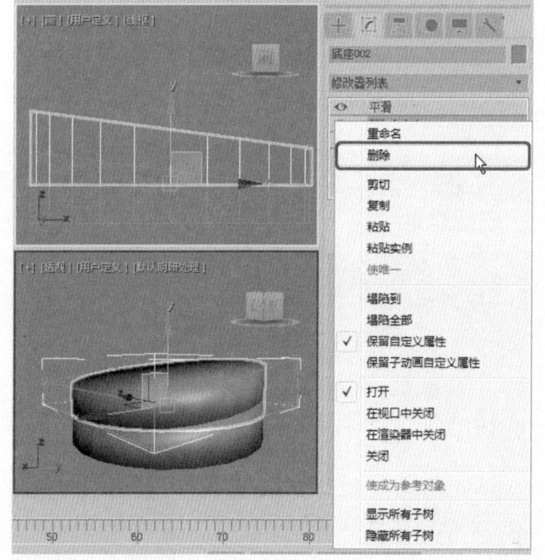

图5-52 选择【删除】命令

06 返回到Cylinder堆栈层中，在【参数】卷展栏中将【半径】设置为2.8，将【高度】设置为2.6，设置完成后的效果如图5-53所示。

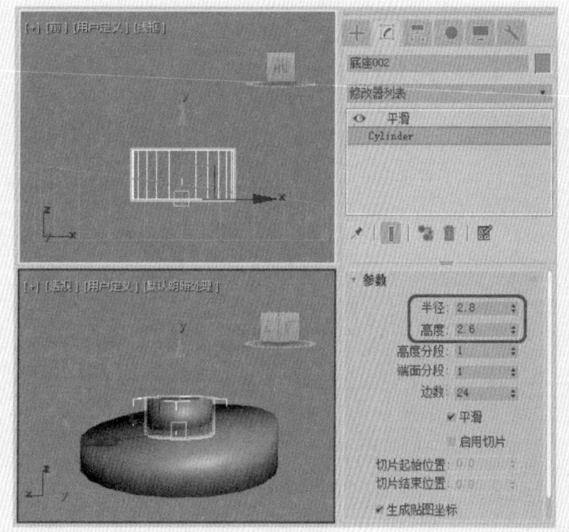

图5-53 修改圆柱体参数

07 再次选择底座01对象，使用【选择并移动】工具，按住Shift键，在前视图中沿Y轴向上移动底座01，再次复制一个底座003，在【圆柱体】堆栈层中将【半径】设置为2，将【高度】设置为2.8，再在FFD2×2×2堆栈层中选择【控制点】作为当前选择集改变圆柱体的形状，如图5-54所示。

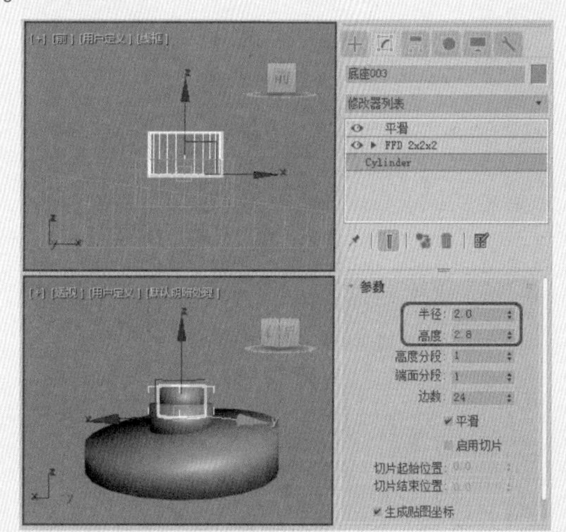

图5-54 修改圆柱体后的效果

08 选择【创建】|【图形】|【线】工具，在【前】视图中创建一条如图5-55所示的可渲染的线条，在【渲染】卷展栏中勾选【在渲染中启用】和【在视口中启用】复选框，将【厚度】设置为0.5，并将其重命名为“支架001”。

09 使用【选择并移动】工具，在左视图中沿X轴调整支架001的位置，按住Shift键沿X轴移动其位置，在弹出的对话框中选中【复制】单选按钮，如图5-56所示。

10 单击【确定】按钮，调整支架到合适的位置，复制支架效果5-57所示。

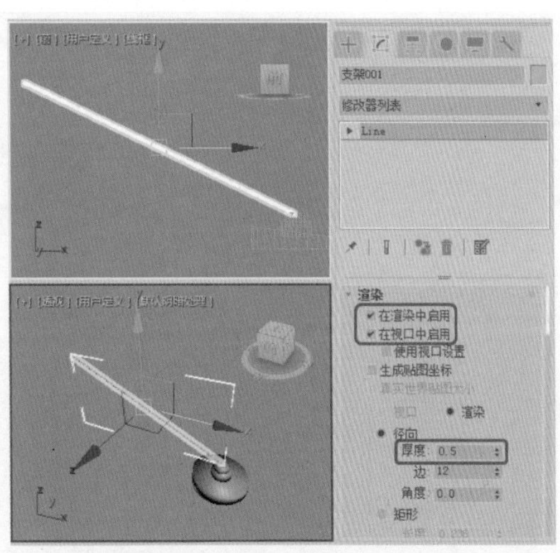

图5-55 绘制线条

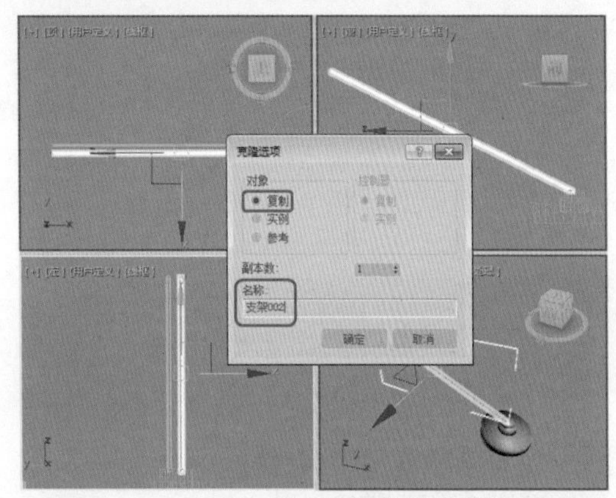

图5-56 复制支架对象

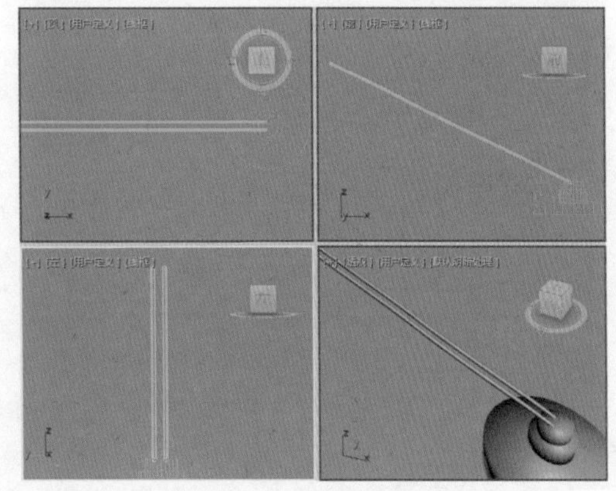

图5-57 复制支架后的效果

11 选择【创建】|【图形】|【线】工具，在【前】视图中绘制一个倾斜的矩形，在【渲染】卷展栏中取消选中【在渲染中启用】和【在视口中启用】复选框，将绘制的矩形重命名为“夹板001”，如图5-58所示。

12 切换至【修改】命令面板，为夹板001对象添加【挤出】修改器，在【参数】卷展栏中将【数量】设置为2.6，然后在视图中调整其位置，如图5-59所示。

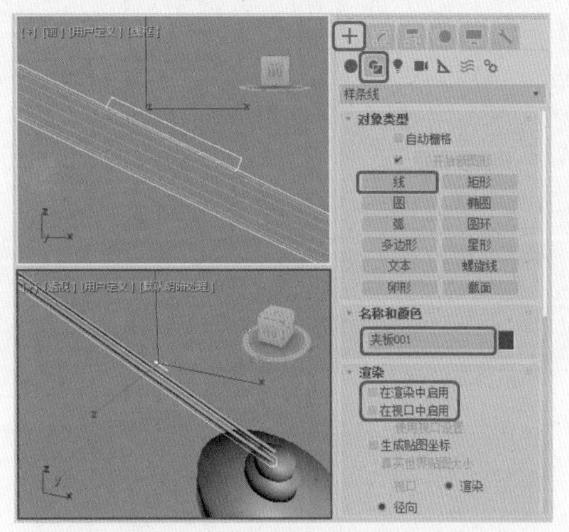

图5-58 绘制线条

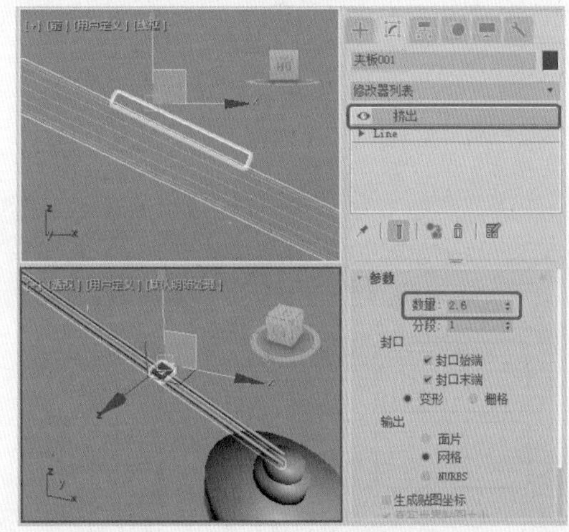

图5-59 添加【挤出】修改器

13 使用【选择并移动】工具在【前】视图中按住Shift键拖动挤出的对象，在弹出的对话框中选中【复制】单选按钮，如图5-60所示。

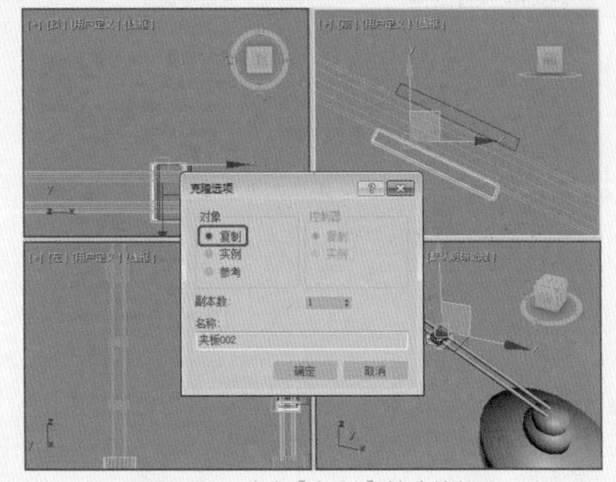

图5-60 选中【复制】单选按钮

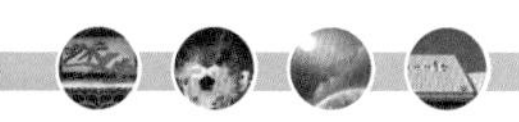



14 单击【确定】按钮，选择【创建】|【图形】|【线】工具，在两个夹板处绘制一条线段，并将其重命名为“夹板钉001”，在【渲染】卷展栏中勾选【在渲染中启用】和【在视口中启用】复选框，将【厚度】设置为0.47，如图5-61所示。

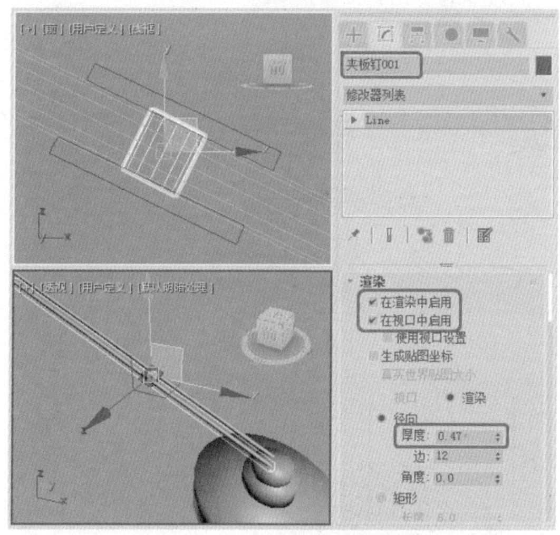


图5-61　绘制线段并进行设置

15 同时选择两个夹板和夹板钉，在菜单栏中选择【组】|【组】命令，在弹出的【组】对话框中将【组名】设置为“夹板”，如图5-62所示。

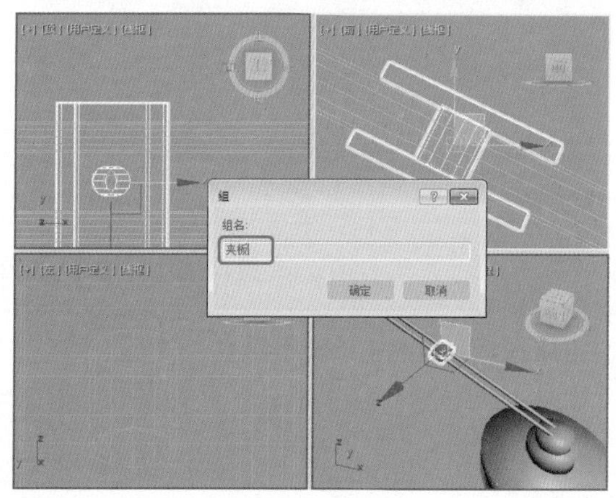


图5-62　设置组名称

16 单击【确定】按钮，选择编组后的对象，按住Shift键使用【选择并移动】工具将其进行复制，在弹出的对话框中选中【复制】单选按钮，并将其重命名为“夹板002”，单击【确定】按钮，在视图中调整对象的位置，如图5-63所示。

17 选择【创建】|【几何体】|【扩展基本体】|【切角圆柱体】工具，在【前】视图中创建一个切角圆柱体对象，并将其重命名为“轴”，在【参数】卷展栏中将【半径】设置为1.4，将【高度】设置为2.8，将【圆角】设置为0.1，将【边数】设置为24，然后在视图中调整其位置，如图5-64所示。

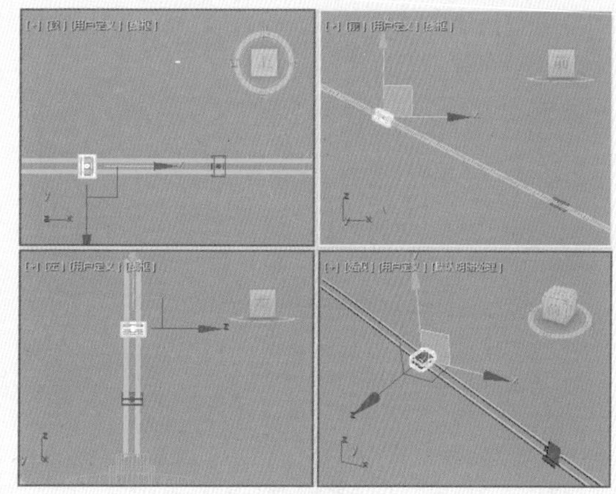

图5-63　复制夹板后的效果

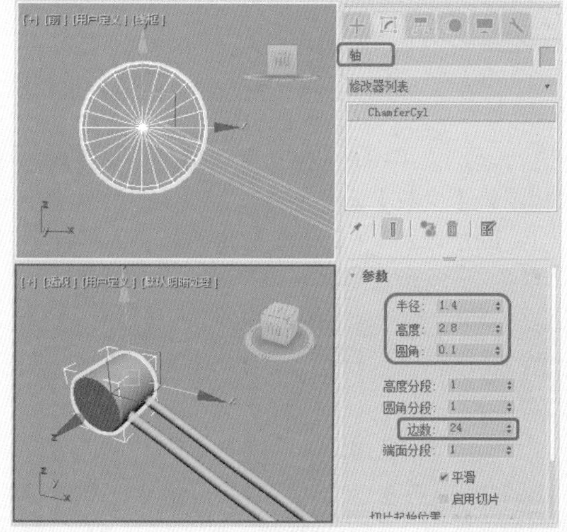


图5-64　绘制切角圆柱体

18 使用前面介绍的方法再绘制其他线条，并对相应的对象进行复制，效果如图5-65所示。

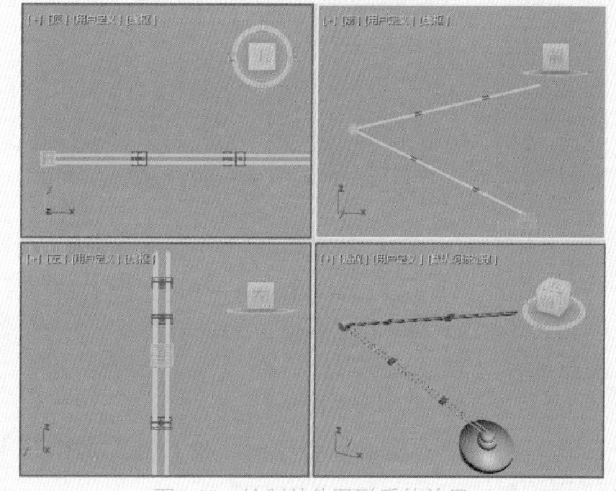

图5-65　绘制其他图形后的效果

19 选择【创建】|【图形】|【线】工具，在【前】视图中绘制灯罩图形，将其重命名为“灯罩001”，取消勾选【在渲染中启用】和【在视口中启用】复选框，如图5-66所示。

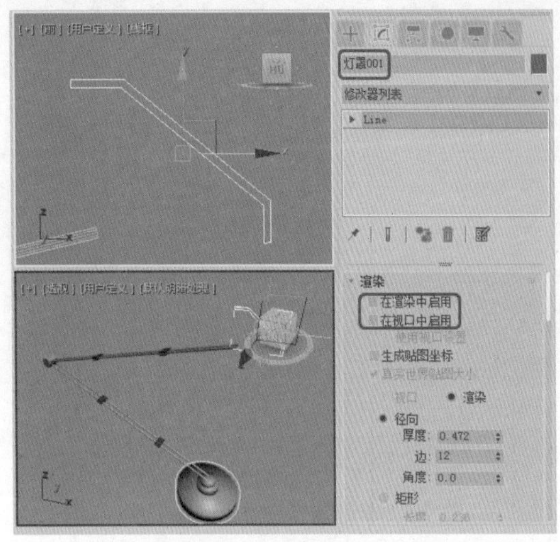

图5-66 绘制图形

20 在修改器列表中选择【车削】修改器，在【参数】卷展栏中将【度数】设置为360，将【分段】设置为32，在【方向】组中选择Y选项，在【对齐】组中选择【最小】选项，如图5-67所示。

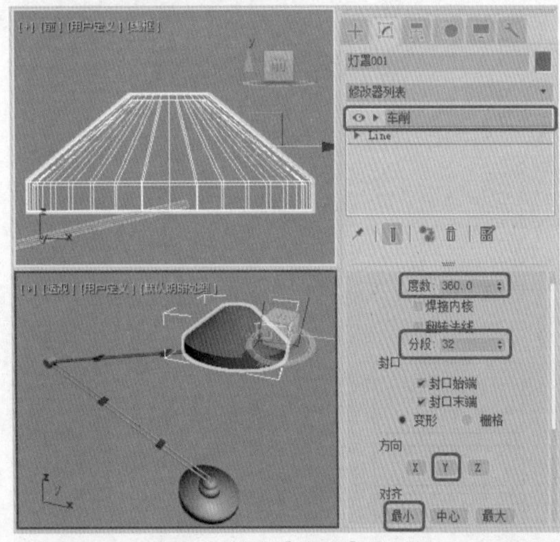

图5-67 添加【车削】修改器

21 继续选择灯罩对象，为其添加一个【编辑网格】修改器，将当前选择集定义为【多边形】，在【选择】卷展栏中勾选【忽略背面】复选框，然后在顶视图中选择灯罩外表面的多边形面，再在【曲面属性】卷展栏中将材质ID设置为1，设置参数如图5-68所示。

22 按Ctrl+I快捷组合键，反选对象，在【曲面属性】卷展栏中将ID设置为2，如图5-69所示。

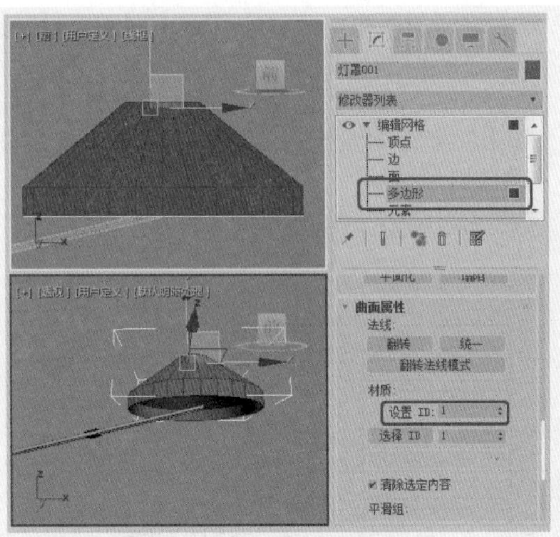

图5-68 添加【编辑网格】修改器

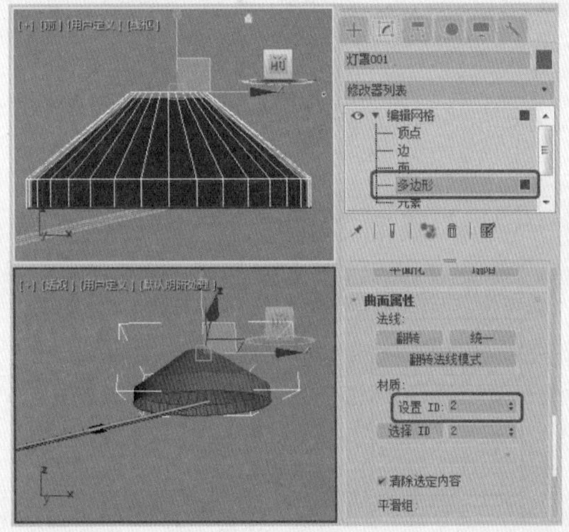

图5-69 设置ID2

23 设置完成后，关闭当前选择集，选择【创建】|【图形】|【圆】工具，在顶视图中绘制圆对象，将其重命名为“灯罩托杯”，在【渲染】卷展栏中勾选【在渲染中启用】和【在视口中启用】复选框，将【厚度】设置为0.5，绘制效果如图5-70所示。

24 在视图中选择除【灯罩001】外的其他对象，按M键打开【材质编辑器】对话框，在该对话框中选择一个新的材质样本球，将其命名为“灯架”，在【明暗器基本参数】卷展栏中将明暗器类型设置为【（A）各向异性】，在【各向异性基本参数】卷展栏中将【环境光】设置为30、30、30，将【高光反射】设置为255、255、255，将【自发光】设置为20，将【漫反射级别】、【高光级别】、【光泽度】、【各向异性】分别设置为189、96、58、86，如图5-71所示。

25 设置完成后，单击【将材质指定给选定对象】按钮。再在视图中选择“灯罩001”对象，在【材质编辑器】对话框中选择一个新的材质样本球，将其命名为“灯罩”，单击Standard按钮，在弹出的对话框中选择【多维/子对象】选项，如图5-72所示。

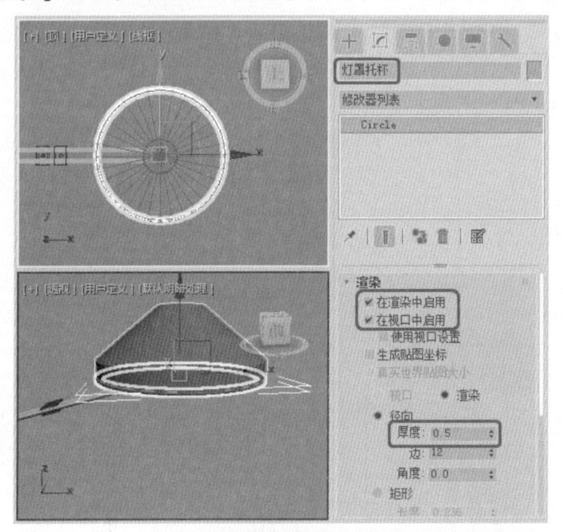

图5-70　绘制圆形并进行设置

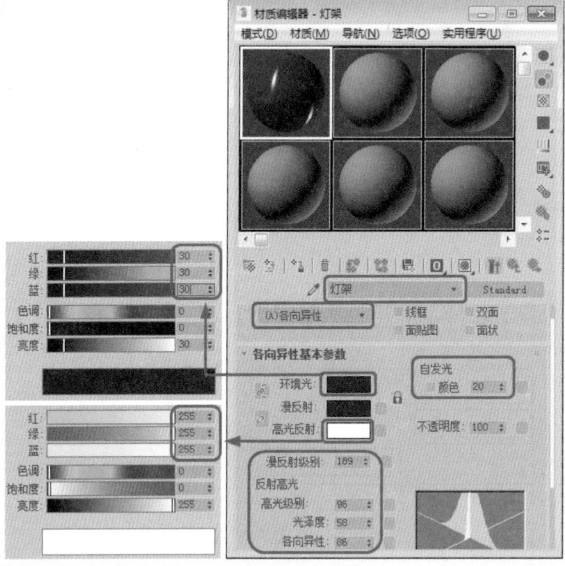

图5-71　设置材质参数

26 单击【确定】按钮，在弹出的对话框中选中【将旧材质保存为子材质】单选按钮，单击【确定】按钮，再单击【设置数量】按钮，在弹出的【设置材质数量】对话框中将【材质数量】设置为2，如图5-73所示。

27 设置完成后，单击【确定】按钮，选择【灯架】材质球，按住鼠标将其拖曳至ID1右侧的材质按钮上，在弹出的【实例（副本）材质】对话框中选中【复制】单选按钮，如图5-74所示。

28 单击【确定】按钮，单击ID2右侧的材质按钮，在弹出的对话框中选择【标准】选项，如图5-75所示。

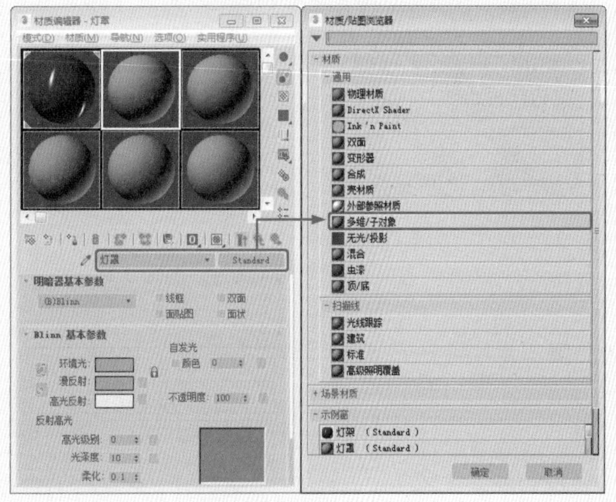

图5-72　选择【多维/子对象】选项

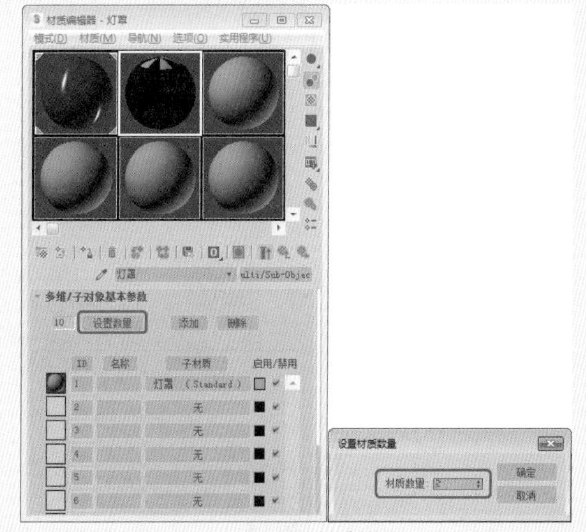

图5-73　设置材质数量

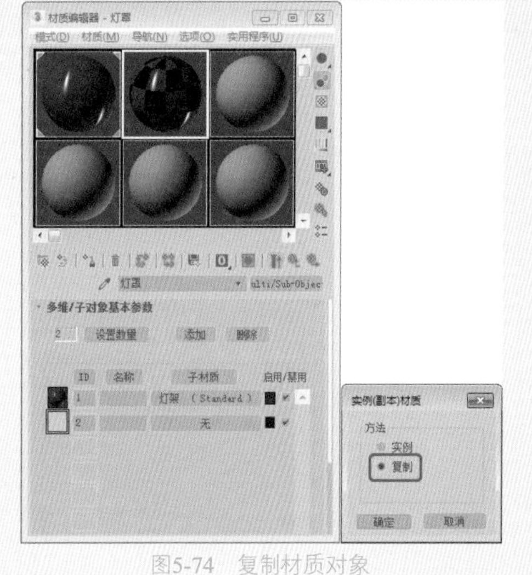

图5-74　复制材质对象

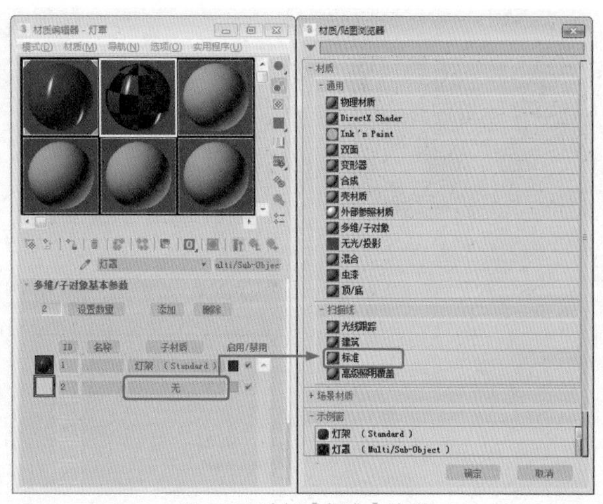

图5-75 选择【标准】选项

29 单击【确定】按钮，在【明暗器基本参数】卷展栏中将明暗器类型设置为（P）Phong，单击【漫反射】与【高光反射】左侧的按钮，将其锁定，将【环境光】设置为255、255、255，将【自发光】设置为75，将【不透明度】设置为90，将【高光级别】和【光泽度】分别设置为47、28，如图5-76所示。

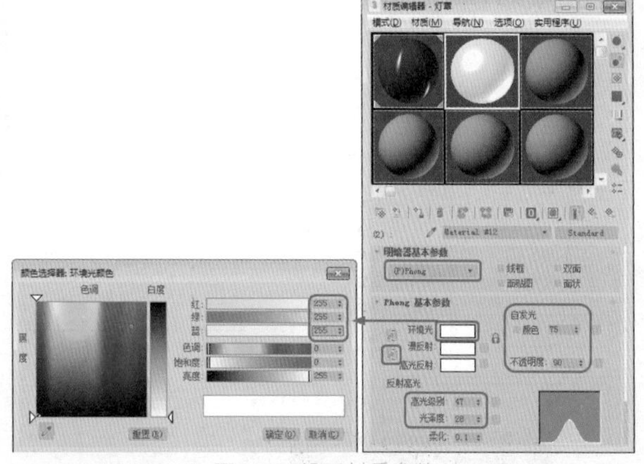

图5-76 设置材质参数

30 设置完成后，单击【将材质指定给选定对象】按钮。关闭该对话框，在视图中右击鼠标，在弹出的快捷菜单中选择【全部取消隐藏】命令，并在视图中调整台灯的位置。选择【透视】视图，按C键将其转换为摄影机视图，在视图中调整台灯的位置，按F9键渲染预览效果，效果如图5-77所示。

图5-77 渲染后的效果

## 5.8 思考与练习

1. 整个【修改】命令面板包括几部分？分别是什么？
2. 【锥化】修改器有什么作用？
3. 【车削】修改器有哪些用途？

# 第6章 多边形建模

视频讲解：3个

示例：2个

网格建模和多边形建模，是建模中最为常用的方法。网格建模是将几何体对象转换成网格后，通过调整【顶点】、【边】、【面】、【多边形】和【元素】，即可随意构造模型。多边形建模和网格建模相似，不同点是其框架的结构。本章节将详细讲解这两个建模的方法。

# 6.1 【编辑网格】修改器

建造一个形体的方法有很多种，其中最基本也是最常用的方法就是使用【编辑网格】修改器对构成物体的网格进行编辑创建。通过编辑一个基本网格物体的子物体生成一个形态复杂的物体。

## 6.1.1 【顶点】层级

在选定的对象上单击鼠标右键，在弹出的快捷菜单中选择【转换为】|【转换为可编辑网格】命令，这样对象就被转换为可编辑网格物体，如图6-1所示。可以看到，在堆栈中对象的名称已经变为了可编辑网格，单击左边的加号展开【可编辑网格】，可以看到各层级菜单，包括【顶点】、【边】、【面】、【多边形】、【元素】，如图6-2所示。

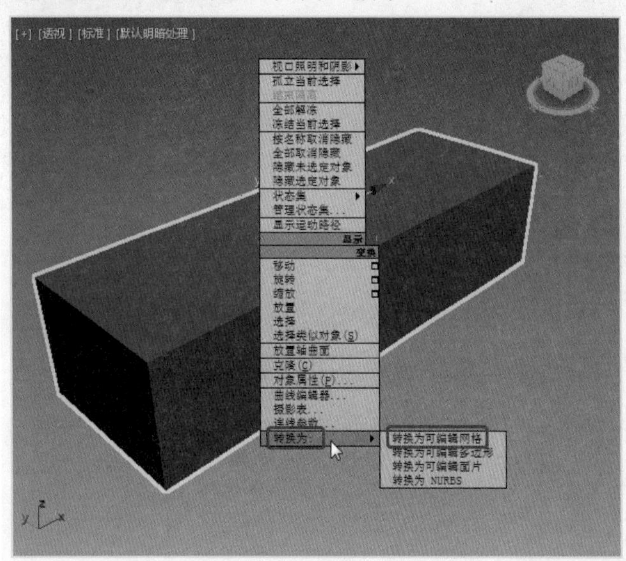


图6-1　将物体转换为可编辑网格

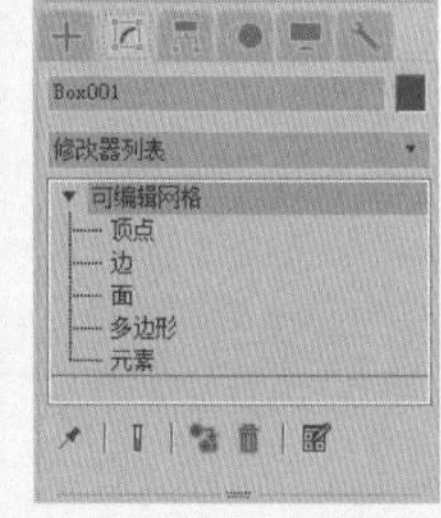


图6-2　可编辑网格物体的子层级菜单

在修改器堆栈中选择【顶点】，进入【顶点】层级，如图6-3所示。在【选择】卷展栏上方，横向排列着各个次物体的图标，通过单击这些图标，也可以进入对应的层级。由于此时在【顶点】层级，【顶点】图标呈黄色高亮显示，如图6-4所示。选中下方的【忽略背面】复选框，可以避免在选择顶点时选到后排的点。

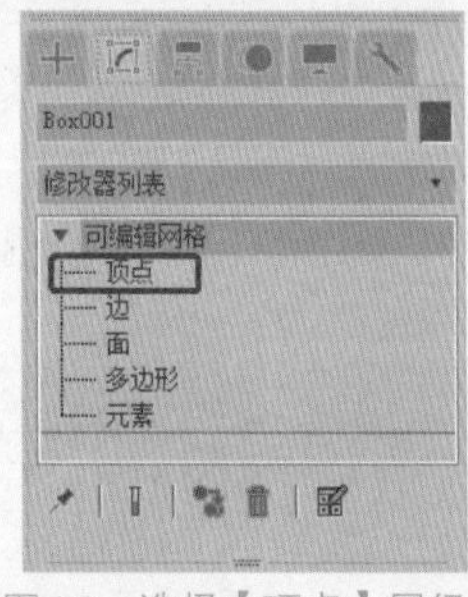


图6-3　选择【顶点】层级

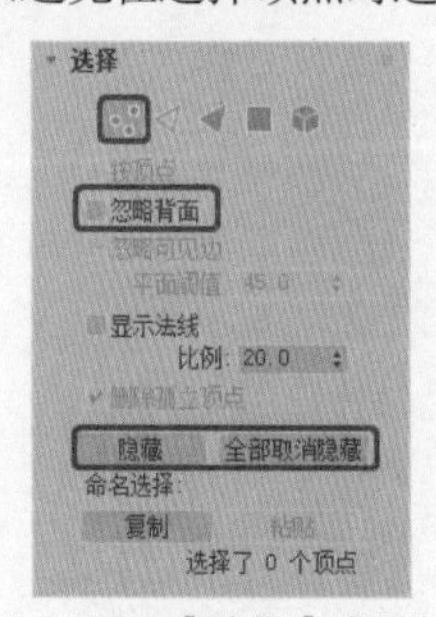


图6-4　【选择】卷展栏

### 1.【软选择】卷展栏

【软选择】决定了对当前所选顶点进行变换操作时，是否影响其周围的顶点，【软选择】卷展栏如图6-5所示。

- 【使用软选择】：选择此选项，才可以使用并设计软选择下方的各个设置。
- 【边距离】：选择该选项后，将软选择限制到指定的面数，该选项的数值变化，将控制在进行选择的区域和软选择的最大范围。
- 【衰减】：定义影响区域的距离。
- 【收缩】：沿着垂直轴提高或降低曲线的定点，使其达到收缩效果。
- 【膨胀】：沿着垂直轴展开或收缩曲线。

启用该复选框后，软件将样条线曲线变形应用到进行变化的选择周围的未选定子对象上。要产生效果，必须在变换或修改选择之前启用该复选框。

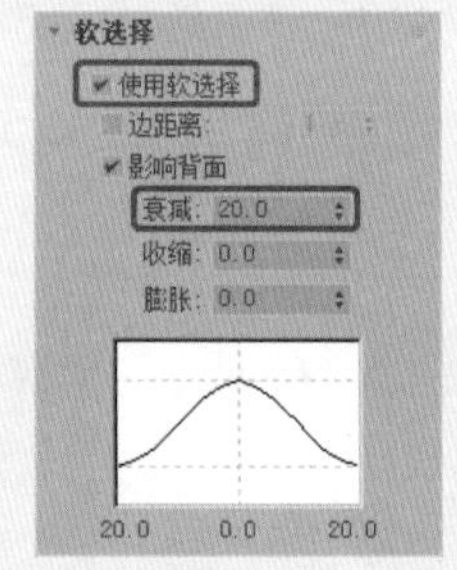


图6-5　【软选择】卷展栏

### 2.【编辑几何体】卷展栏

下面将介绍【编辑几何体】卷展栏，如图6-6所示。

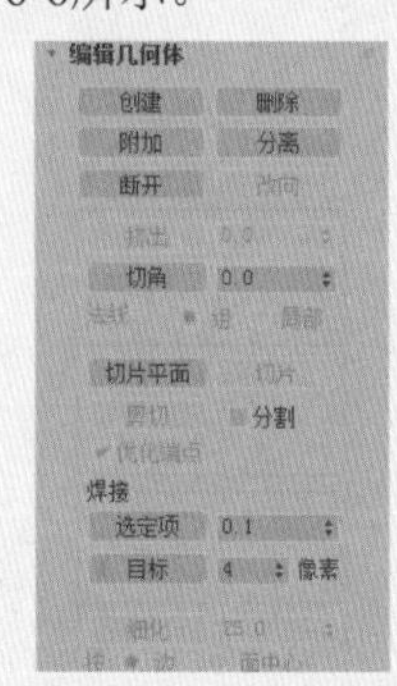


图6-6　【编辑几何体】卷展栏

- 【创建】：可将子对象添加到单个

选定的网格对象中。选择对象并单击【创建】按钮后，单击空间中的任意位置可以添加子对象。

- 【附加】：将场景中的另一个对象附加到选定的网格。可以附加任何类型的对象，包括样条线、面片对象和NURBS曲面。附加非网格对象时，该对象会转化成网格。
- 【断开】：为每一个附加到选定顶点的面创建新的顶点，可以移动面使之互相远离它们曾经在原始顶点连接起来的地方。如果顶点是孤立的或者只有一个面使用，则顶点将不受影响。
- 【删除】：删除选定的子对象以及附加在上面的任何面。
- 【分离】：将选定子对象作为单独的对象或元素进行分离。同时也会分离所有附加到子对象的面。
- 【改向】：在边的范围内旋转边。3ds Max中的所有网格对象都由三角形面组成，但在默认情况下，大多数多边形被描述为四边形，其中有一条隐藏的边将每个四边形分割为两个三角形。【改向】可以更改隐藏边（或其他边）的方向，因此当直接或间接地使用修改器变换子对象时，能够影响图形的变化方式。
- 【挤出】：控件可以挤出边或面。边挤出与面挤出的工作方式相似。可以交互（在子对象上拖动）或数值方式（使用微调器）应用挤出，如图6-7所示。

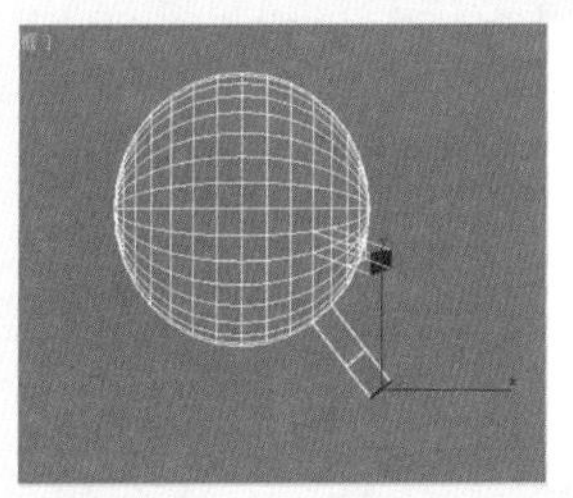

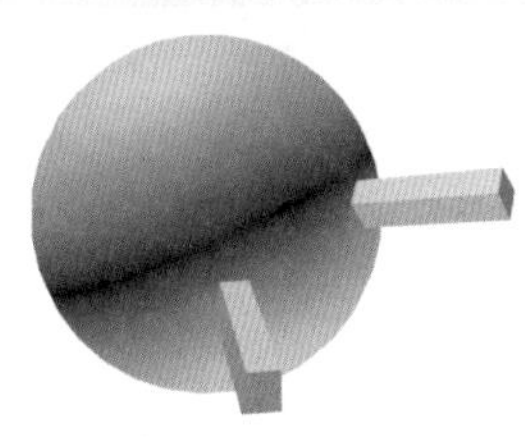

图6-7 多边形挤出

- 【倒角】：单击此按钮，然后垂直拖动任何面，以便将其挤出。释放鼠标按钮，然后垂直移动鼠标光标，以便对挤出对象执行倒角处理。图6-8所示为不同的倒角方向。
- 【组】：沿着每个边的连续组（线）的平均法线执行挤出操作。
- 【局部】：沿着每个选定面的法线方向进行挤出处理。
- 【切片平面】：要选择可编辑多边形次物体，有一个预览线，可以通过移动、旋转来变换， 作用是确定分段的位置， 确定好位置后点击切片就确定了切片位置。
- 【切片】：在切片平面位置处执行切片操作。仅当【切片平面】按钮高亮显示时，【切片】按钮可用。

> 提示
> 【切片】仅用于选中的子对象。在激活【切片平面】之前应确保选中子对象。

- 【剪切】：在任一点切分边，然后在另一点切分第二条边，在这两点之间创建一条新边或多条新边。单击第一条边设置第一个顶点。一条虚线跟随光标移动，直到单击第二条边。在切分每一边时，都会创建一个新顶点。
- 【分割】：启用时，通过【切片】和【切割】操作，可以在划分边的位置处创建两个顶点集。这使删除新面创建孔洞变得很简单，或将新面作为独立元素设置动画。
- 【优化端点】：启用此选项后，在附加顶点处来分剪末端的相邻面，以便曲面保持连续性。
- 【选定项】：在该按钮的右侧文本框中指定的公差范围，如图6-9所示，然后单击该按钮，则在这个范围内的所有点都将焊接在一起，如图6-10所示。

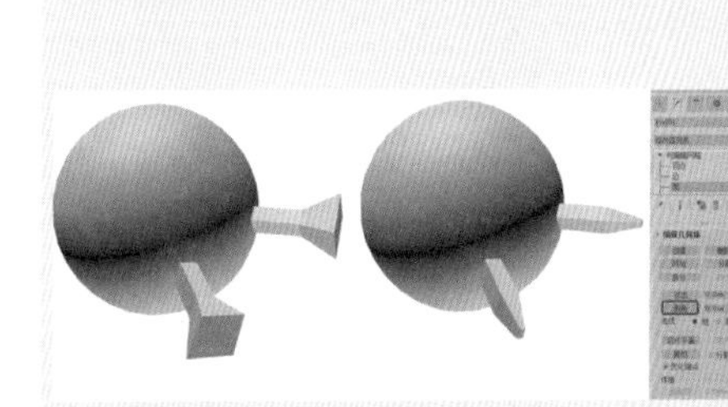

图6-8 不同的倒角方向

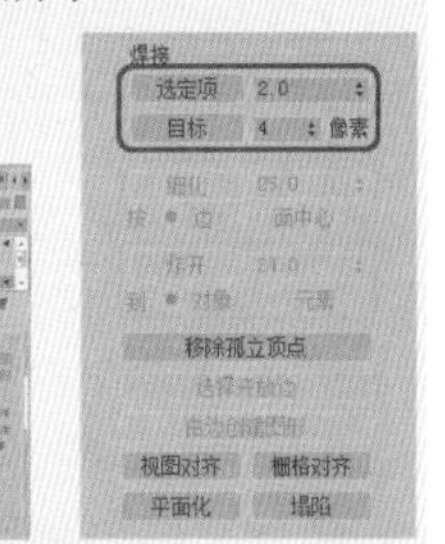


图6-9 设置焊接参数

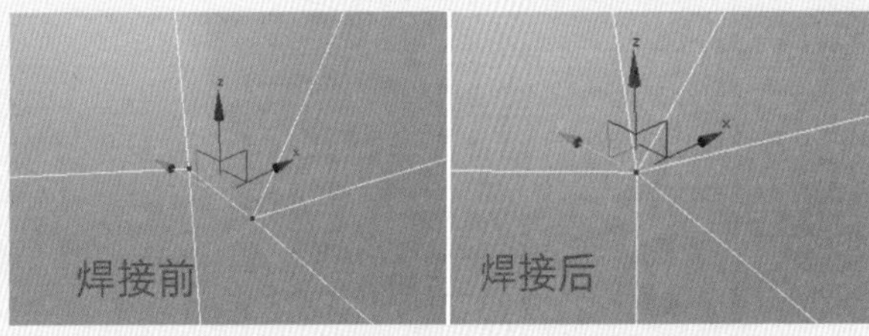


图6-10 焊接前后对比

- 【目标】：进入焊接模式，可以选择顶点并进行移动。移动时光标照常变为【移动】光标，但是将光标定位在未选择顶点上时，它就变为+状态。释放鼠标以便将所有选定顶点焊接到目标顶点，选定顶点下落到该目标顶点上。【目标】按钮右侧的文本框设置鼠标光标与目标顶点之间的最大距离（以屏幕像素为单位）。
- 【细化】：按下该按钮，会根据细分方式对选择的表面进行分裂复制，如图6-11所示。

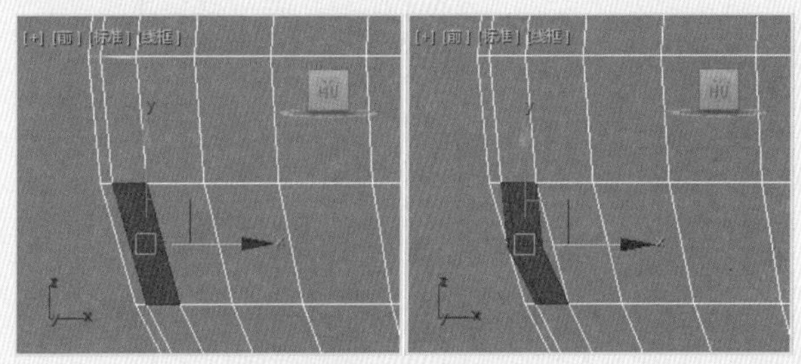

图6-11 细化前后对比

- 【边】：根据选择面的边进行分裂复制，通过【细化】

按钮右侧的文本框进行调节。

- 【面中心】：以选择面的中心为依据进行分裂复制。
- 【炸开】：按下该按钮，可以将当前选择面爆炸分离，使它们成为新的独立个体。
- 【对象】：将所有面爆炸为各自独立的新对象。
- 【元素】：将所有面爆炸为各自独立的新元素，但仍属于对象本身，这是进行元素拆分的一个路径。

提示 炸开后只有移动对象才能看到分离的效果。

- 【移除孤立顶点】：单击该按钮后，将删除所有孤立的点，不管是否是选中的点。
- 【选择开放边】：仅选择物体的边缘线。
- 【视图对齐】：使对象中的所有顶点与活动视图所在的平面对齐。
- 【平面化】：将所有的选择面强制压成一个平面，
- 【栅格对齐】：单击该按钮后，选择点或次物体被放置在同一平面，且这一平面平行于选择视图。
- 【塌陷】：将选择的点、线、面、多边形或元素删除，留下一个顶点与四周的面连接，产生新的表面，这种方法不同于删除面，它是将多余的表面吸收掉。

3.【曲面属性】卷展栏

下面将对顶点模式的【曲面属性】卷展栏进行介绍。

- 【权重】：显示并可以更改 NURMS 操作的顶点权重。
- 【编辑顶点颜色】选项组：用于分配颜色、照明颜色（着色）和选定顶点的Alpha（透明）值。
  - 【颜色】：设置顶点的颜色。
  - 【照明】：用于明暗度的调节。
  - Alpha：指定顶点透明度，当本文框中的值为0 时完全透明，如果为100 时完全不透明。
- 【顶点选择方式】组
  - 【颜色】/【照明】：用于指定选择顶点的方式，以颜色或发光度为准进行选择。
  - 【范围】：设置颜色近似的范围。
  - 【选择】：选择该按钮后，将选择符合这些范围的点。

## 6.1.2 【边】层级

【边】指的是面片对象上两个相邻顶点之间的部分。

在【修改】命令面板中，将当前选择级定义为【顶点】层级或者【边】层级，【编辑几何体】卷展栏的参数功能相同。

【曲面属性】卷展栏如图6-12所示，下面介绍该卷展栏。

- 【可见】：使选中的边显示出来。
- 【不可见】：使选中的边不以实体显示，但却用虚线来表现，便于选择操作，如图6-13所示。

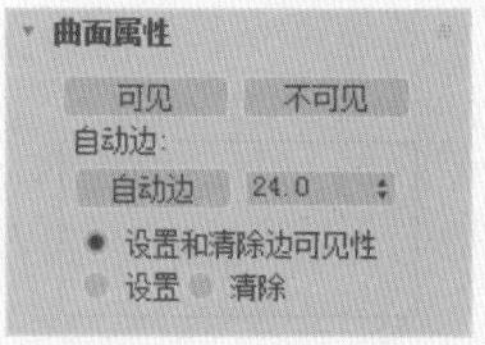

图6-12【曲面属性】卷展栏

- 【自动边】组
  - 【自动边】：根据共享边的面之间的夹角可在确定边的可见性，面之间的角度可在该选项右边的微调框中设置。
  - 【设置和清除边可见性】：根据【阈值】设定更改所有选定边的可见性。
  - 【设置】：当边超过【阈值】设定时，原先可见的边变为不可见；但不清除任何边。
  - 【清除】：当边小于【阈值】设定时，原先不可见的边可见；不让其他任何边可见。

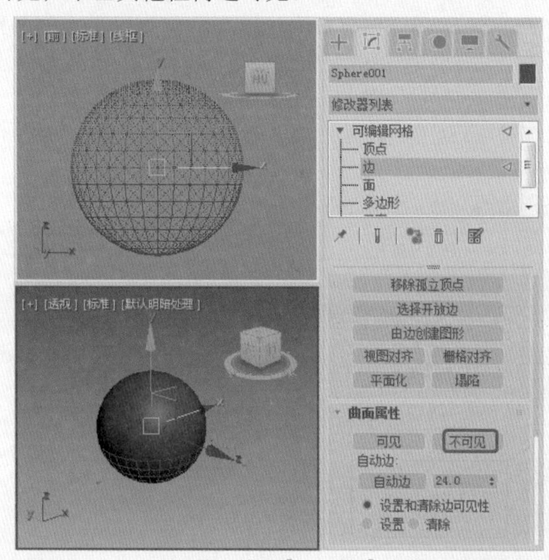


图6-13 使用【不可见】边

## 6.1.3 【面】层级

在【面】层级可以选择一个和多个面，然后使用标准方法对其进行变换。这一点对于【多边形】和【元素】子对象层级同样适用。

下面主要介绍它的【曲面属性】卷展栏，如图6-14所示。

- 【法线】组
  - 【翻转】：将选择面的法线方向进行反向。
  - 【统一】：将选择面的法线方向统一为一个方向，通常是向外。
- 【材质】组
  - 【设置ID】：如果为物体设置多维材质时，在这里为选择的面指定ID号。

- 【选择ID】：按当前ID号，选择所有与此ID号相同的表面。
- 【清除选定内容】：启用此项时，如果选择新的 ID 或材质名称，将会取消选择以前选定的所有子对象。
- 【平滑组】：使用这些控件，可以向不同的平滑组分配选定的面，还可以按照平滑组选择面。
- 【按平滑组选择】：对当前平滑组范围内的表面进行选择。

图6-14　【曲面属性】卷展栏

- 【清除全部】：删除对面物体指定的光滑组。
- 【自动平滑】：根据其阈值进行表面自动光滑处理。
- 【编辑顶点颜色】组：使用这些控件，可以分配颜色、照明颜色（着色）和选定多边形或元素中各顶点的Alpha（透明）值。
- 【颜色】：单击色块可更改选定多边形或元素中各顶点的颜色。
- 【照明】：单击色块可更改选定多边形或元素中各顶点的照明颜色。使用该选项，可以更改照明颜色，而不会更改顶点颜色。
- Alpha：用于向选定多边形或元素中的顶点分配Alpha（透明）值。

## 6.1.4　【元素】层级

选中对象，在【修改】面板中将当前选择集定义为【元素】层级，在此层级中主要是针对整个网格物体进行编辑。

### 1.【附加】

使用附加功能可以将其他对象包含到当前正在编辑的可编辑网格物体中，使其成为可编辑网格的一部分，如图6-15所示。

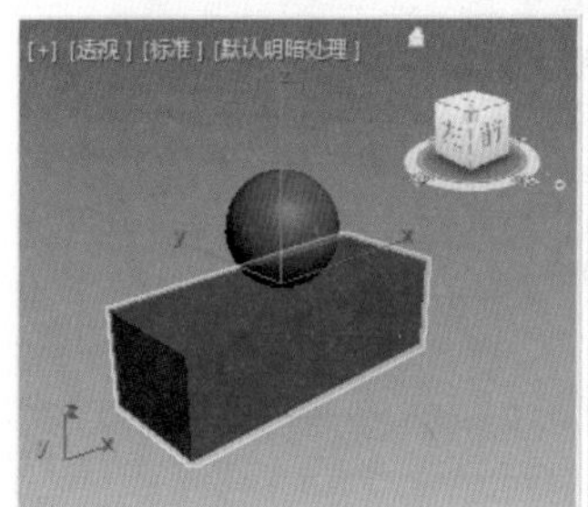

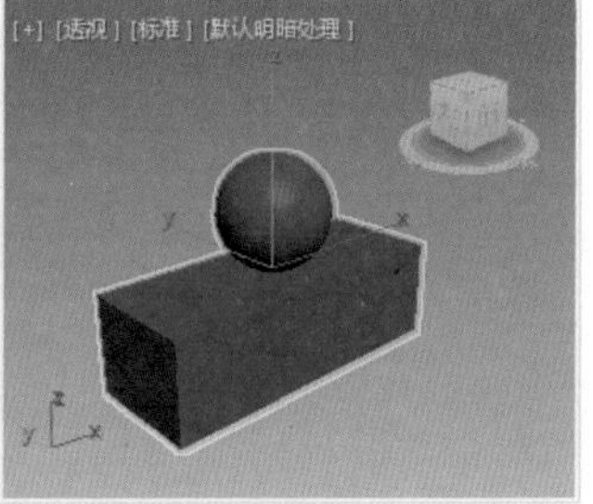

图6-15　【附加】对象前后对比效果

### 2.【拆分】

拆分的作用和附加的作用相反，它是将可编辑网格物体中的一部分从中分离出去，成为一个独立的对象，但是此时被拆分出来的并不是原物体了，而是另一个可编辑网格物体。

### 3.【炸开】

【炸开】能够将可编辑网格物体分解成若干碎片。在单击【炸开】按钮前，如果选中【对象】单选按钮，则分解的碎片将成为独立的对象，即由1个可编辑网格物体变为4个可编辑网格物体；如果选中【元素】单选按钮，则分解的碎片将作为层级物体中的一个子层级物体，并不单独存在，即仍然只有一个可编辑网格物体。

## 实例操作001——制作五角星

本节将介绍如何利用3ds Max 2018制作五角星，效果如图6-16所示。

图6-16　五角星

01 打开“五角星素材.max”素材文件，选择【创建】|【图形】|【星形】工具，在前视图绘制形状，如图6-17所示。

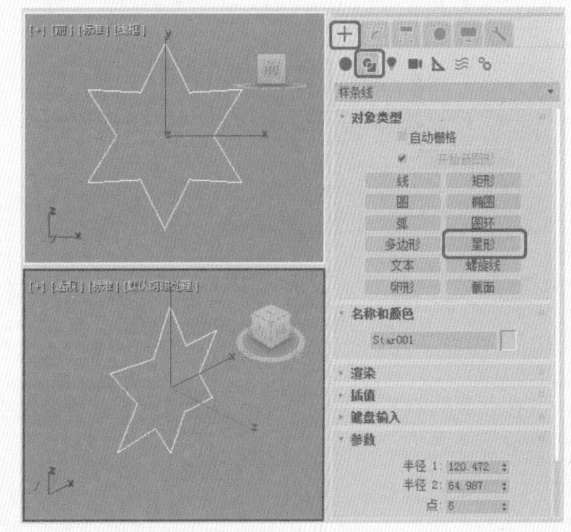

图6-17　绘制星形

02 选择上一步绘制的星形，打开【修改】命令面板，将【名称】设置为“五角星”，将【颜色】设置为红色，在【参数】卷展栏中将【半径1】设置为90，将【半径2】设置为34，将【点】设置为5，如图6-18所示。

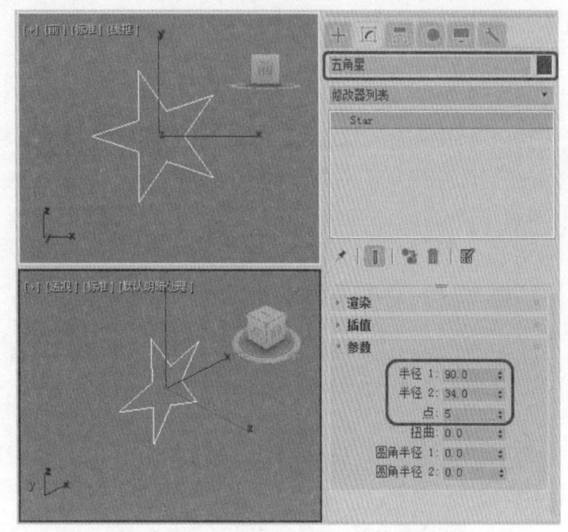

图6-18 设置参数

03 进入【修改】命令面板，在修改器下拉列表中选择【挤出】修改器，将【参数】卷展栏中的【数量】设置为20，如图6-19所示。

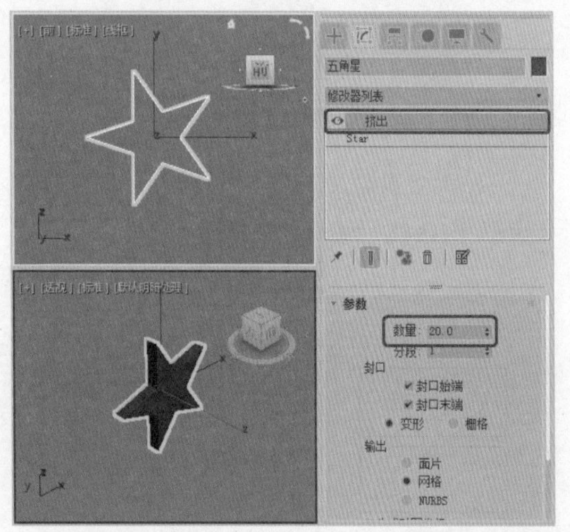

图6-19 添加【挤出】修改器

04 选择“五角星”，在工具栏中单击【选择并旋转】按钮，对“五角星”进行旋转，如图6-20所示。

提示 【挤出】修改器可以使二维线在垂直方向产生厚度，从而生成三维实体。

05 在工具栏中单击【选择并移动】按钮，切换到【修改】命令面板，选择【编辑网格】修改器，并定义当前选择集为【顶点】，在【左】视图中框选如图6-21所示的顶点。

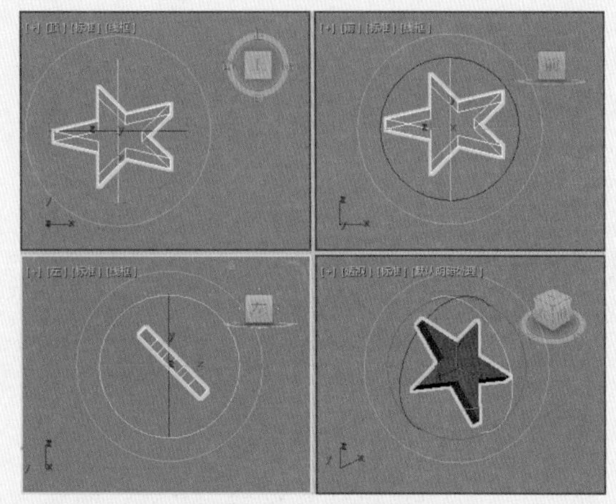

图6-20 旋转图形

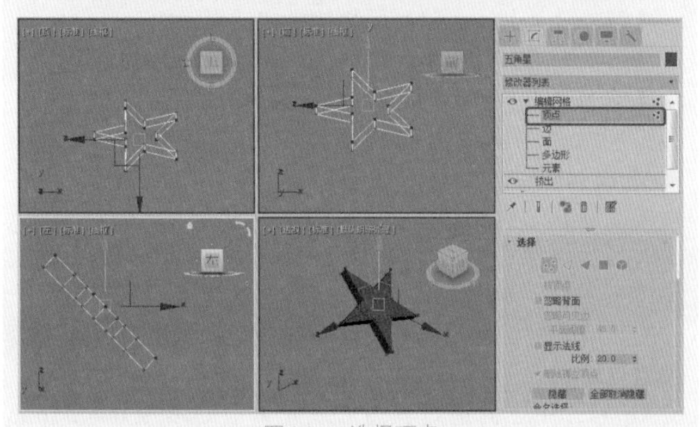

图6-21 选择顶点

06 在工具栏中单击【选择并均匀缩放】按钮，在【前】视图中对选择的顶点进行缩放，使其缩到最小，直到不可以再缩小为止，如图6-22所示。

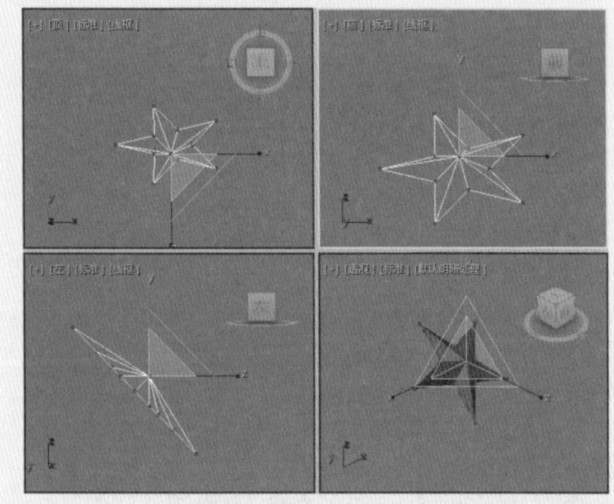

图6-22 缩放顶点后的效果

07 选择【透视】视图，按C键将其转换为摄影机视图，取消隐藏所有对象，调整星形的位置，按F10键，在弹出的对话框中切换到【高级照明】选项卡，将照明类型设置为【光跟踪器】，关闭该对话框，选择摄影机视图，按F9键进行渲染，预览效果如图6-23所示。

图6-23　预览效果

##  6.2 【可编辑多边形】修改器

【可编辑多边形】修改器是后来发展起来的一种多边形建模技术，其参数和【编辑网格】修改器的参数接近，但很多方面超过了【编辑网格】，使用可编辑多边形建模更加方便、效率更高。

这种建模技术没有对应的编辑修改器，只要将物体塌陷成可编辑多边形即可进行编辑。在可编辑多边形中，多边形物体可以是三角、四边网格，也可是更多边的网格，这一点与可编辑网格不同。

### 6.2.1　公用属性卷展栏

多边形物体也是一种网格物体，它在功能及使用上几乎与【可编辑网格】相同，不同的是【可编辑网格】是由三角面构成的框架结构。在Max中将对象转换为多边形对象的方法有以下几种：

- 选择对象，单击鼠标右键，在弹出的快捷菜单中选择【转换为】|【转换为可编辑多边形】命令，如图6-24所示。
- 选择需要转换的对象，切换到【修改】命令面板，选择修改器列表中的【编辑多边形】修改器。

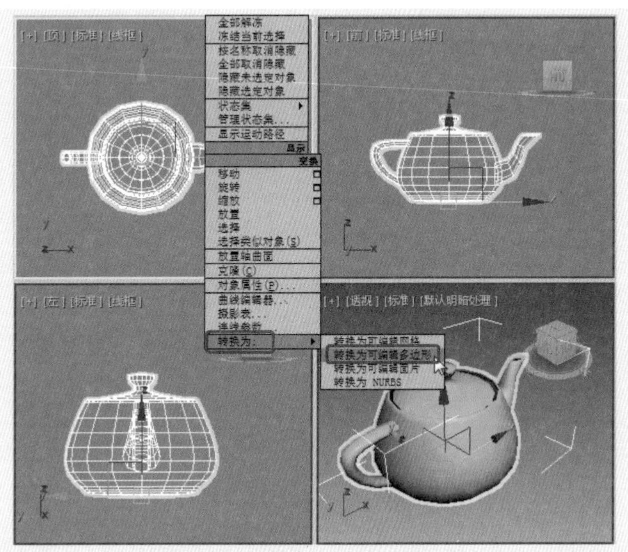


图6-24　选择【转换为可编辑多边形】命令

进入可编辑多边形后，可以看到公用的卷展栏，如图6-25所示。在【选择】卷展栏中提供了各种选择集的按钮，同时也提供了便于选择集选择的各个选项。

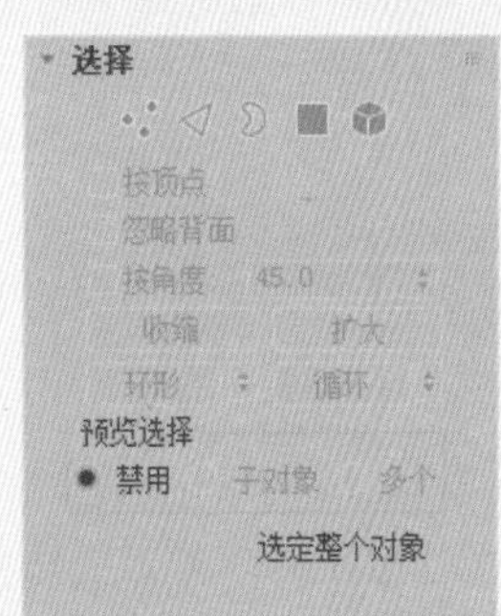


图6-25【选择】卷展栏

与【编辑网格】相比较，【可编辑多边形】添加了一些属于自己的选项。下面将单独对这些选项进行介绍。

- 【顶点】：以顶点为最小单位进行选择。
- 【边】：以边为最小单位进行选择。
- 【边界】：用于选择开放的边。在该选择集下，非边界的边不能被选择；单击边界上的任意边时，整个边界线都会被选择。
- 【多边形】：以四边形为最小单位进行选择。
- 【元素】：以元素为最小单位进行选择。
- 【按顶点】：启用时，只有通过选择所用的顶点，才能选择子对象。单击顶点时，将选择使用该顶点的所有子对象。该功能在【顶点】子对象层级上不可用。
- 【忽略背面】：启用后，选择子对象将只影响朝向你的那些对象。禁用（默认值）时，无论可见性或面向方向如何，都可以选择鼠标光标下的任何子对象。如果光标下的子对象不止一个，可反复单击在其中循环切换。同样，禁用【忽略背面】后，无论面对的方向如何，区域选择都包括所有的子对象。
- 【按角度】：只有在将当前选择集定义为【多边形】时，该复选框才可用。勾选该复选框并选择某个多边形时，可以根据复选框右侧的角度设置来选择邻近的多边形。
- 【收缩】：单击该按钮可以对当前选择集进行外围方向的收缩选择。
- 【扩大】：单击该按钮可以对当前选择集进行外围方向的扩展选择。如图6-26所示，上图为选择的多边形；中

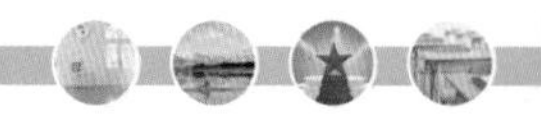

图为单击【收缩】按钮后的效果；下图为单击【扩大】按钮后的效果。

选择多边形

缩小选择

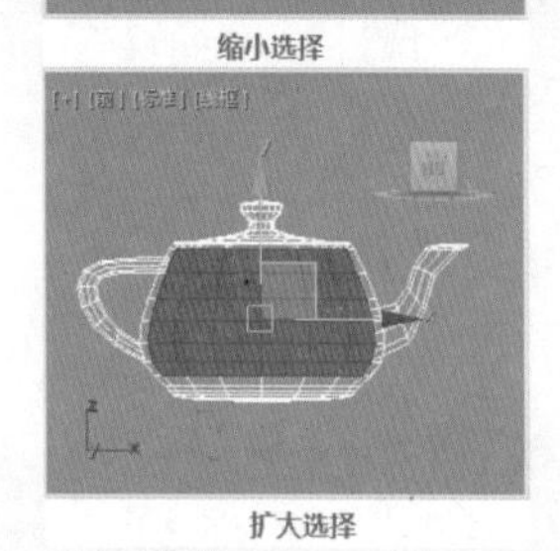

扩大选择

图6-26　单击【收缩】和【扩大】按钮后产生的效果

- 【环形】：单击该按钮后，与当前选择边平行的边会被选择，如图6-27所示，该命令只能用于边或边界选择集。【环形】按钮右侧的▲和▼按钮可以在任意方向将边移动到相同环上的其他边的位置，如图6-28所示。

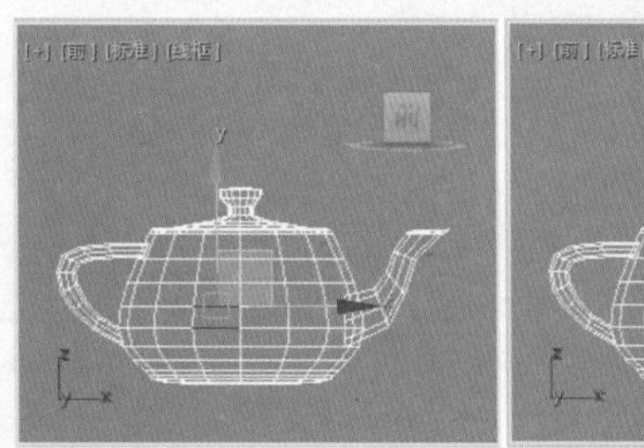

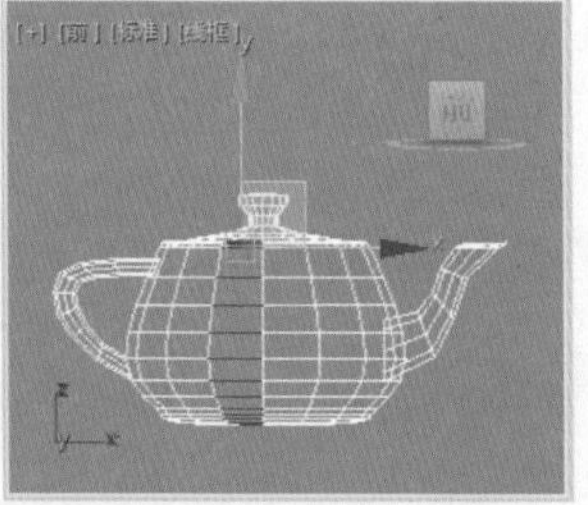

图6-27　使用【环形】按钮的效果

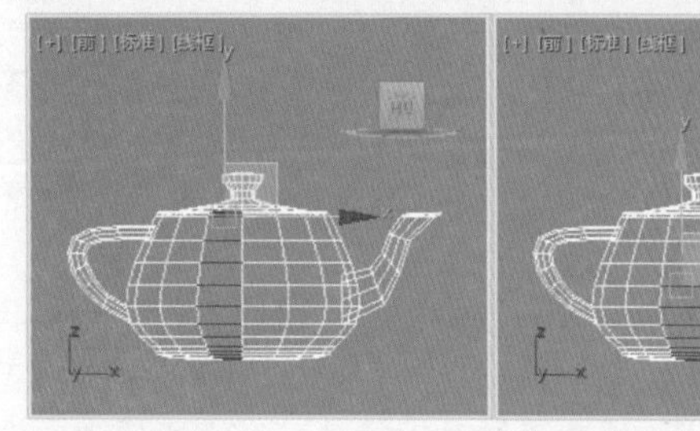

图6-28　调整环形移动

- 【循环】：设置对象边缘对齐的方向，如图6-29所示，改名用只用于边或边界选择集。
- 【循环】按钮右侧的▲和▼按钮会调整并移动所选择的对象，使其位置调整至与它平行边的位置。

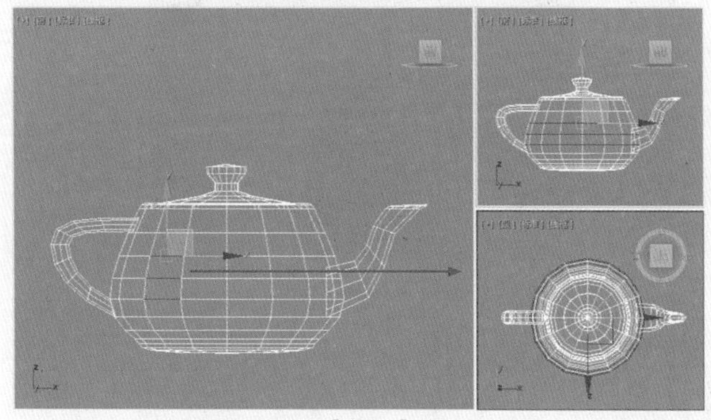

图6-29　使用【循环】按钮的效果

只有将当前选择集定义为一种模式后，【软选择】卷展栏才可用，如图6-30所示。【软选择】卷展栏按照一定的衰减值将应用到选择集的移动、旋转、缩放等变换操作传递给周围的次对象。

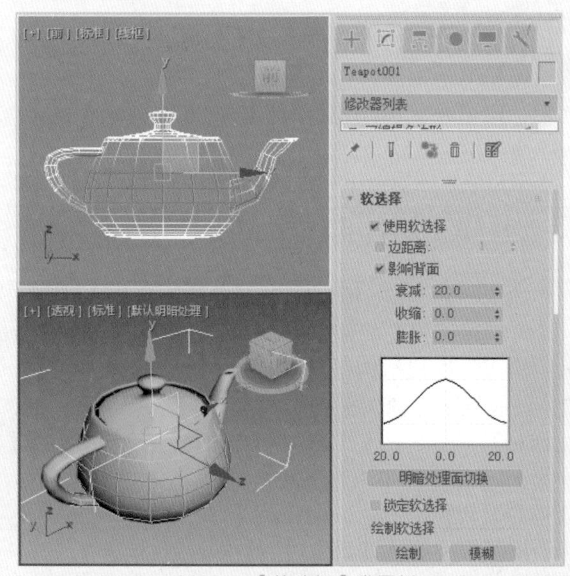


图6-30　【软选择】卷展栏

## 6.2.2　顶点编辑

多边形对象各种选择集的卷展栏主要包括【编辑顶点】和【编辑几何体】卷展栏。【编辑顶点】主要提供了编辑顶点的命令。在不同的选择集下，它表现为不同的卷展栏。将当前选择集定义为【顶点】，下面将对【编辑顶点】卷展栏进行介绍，如图6-31所示。

- 【移除】：移除当前选择的顶点，与删除顶点不同，移

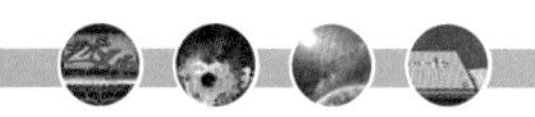

除顶点不会破坏表面的完整性，移除的顶点周围的点会重新结合，面不会破，如图6-32所示。

> 提示 使用Delete键也可以删除选择的点，不同的是，用Delete键删除选择点的同时会将点所在的面一同删除，模型的表面会产生破洞；使用【移除】按钮不会删除点所在的表面，但会导致模型的外形发生改变。

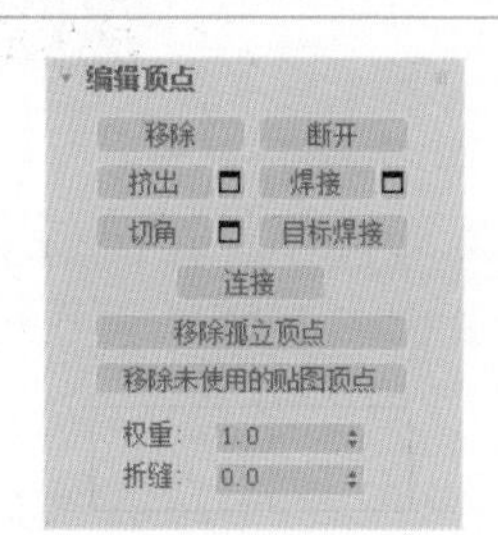


图6-31【编辑顶点】卷展栏

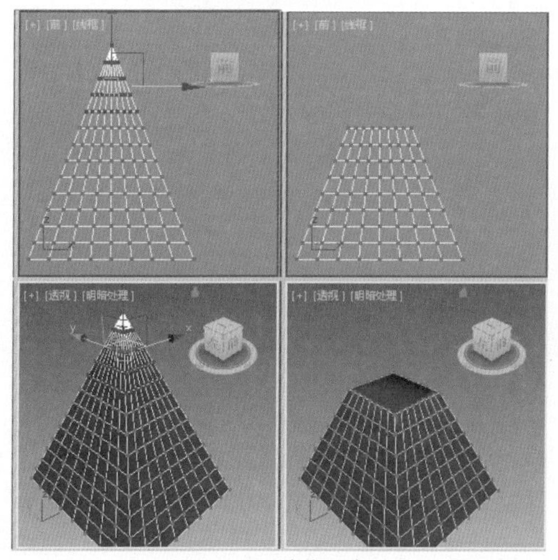

图6-32 移除顶点

- 【断开】：单击此按钮后，会在选择点的位置创建更多的顶点，选择点周围的表面不再共享同一个顶点，每个多边形表面在此位置会拥有独立的顶点。
- 【挤出】：单击该按钮，可以在视图中通过手动方式对选择点进行挤出操作。拖动鼠标时，选择点会沿着法线方向在挤出的同时创建新的多边形面。单击该按钮右侧的■按钮，会弹出【挤出顶点】对话框，设置参数后可以得到如图6-33所示的图。

> 提示 默认情况下，单击■按钮后，将会打开小盒控件，如果需要打开对话框，可以在【首选项设置】对话框中的【常规】选项卡中取消勾选【启用小盒控件】复选框，然后单击【确定】按钮。

- 【挤出高度】：设置挤出的高度。
- 【挤出基面宽度】：设置挤出的基面宽度。
- 【焊接】：用于顶点之间的焊接操作，在视图中选择需要焊接的顶点后，单击该按钮，在阈值范围内的顶点会焊接到一起。如果选择点没有被焊接到一起，可以单击■按钮，会弹出【焊接顶点】小盒控件，如图6-34所示。
- 【焊接阈值】：指定焊接顶点之间的最大距离，在此距离范围内的顶点将被焊接到一起。
- 【之前】：显示执行焊接操作前模型的顶点数。
- 【之后】：显示执行焊接操作后模型的顶点数。

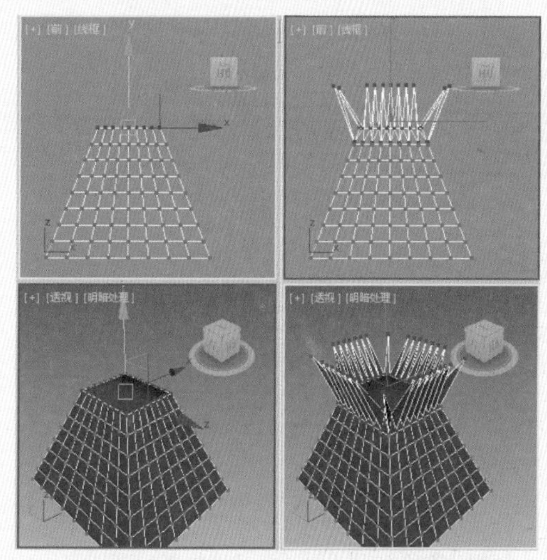

图6-33 挤出顶点

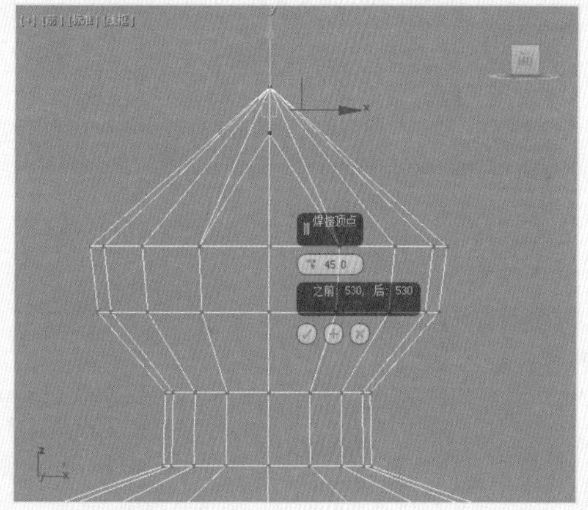


图6-34 焊接顶点

- 【切角】：单击该按钮，拖动选择点会进行切角处理，单击其右侧的■按钮后，会弹出【切角顶点】小盒控件，如图6-35所示。
- 【切角量】：用于设置切角的大小。
- 【打开】：勾选该复选框时，删除切角的区域，保留开放的空间，默认设置为禁用状态。
- 【目标焊接】：单击该按钮，在视图中将选择的点拖动到要焊接的顶点上，这样会自动进行焊接。

- 【连接】：用于创建新的边。
- 【移除孤立顶点】：单击该按钮后，将删除所有孤立的点，不管是否选择该点。
- 【移除未使用的贴图顶点】：没用的贴图顶点可以显示在【UVW贴图】修改器中，但不能用于贴图，所以单击此按钮可以将这些贴图点自动删除。
- 【权重】：设置选定顶点的权重。供 NURBS 细分选项和【网格平滑】修改器使用。增加顶点权重，可以调整顶点的平滑度。

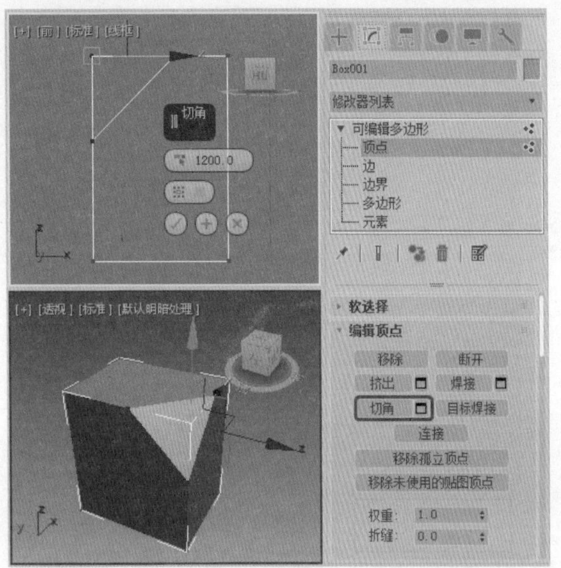

图6-35 切角后的效果

## 6.2.3 边编辑

多边形对象的边与网格对象的边含义完全相同，都是在两个点之间起连接作用。将当前选择集定义为【边】，接下来介绍【编辑边】卷展栏，如图6-36所示。与【编辑顶点】卷展栏相比较，改变了一些选项。

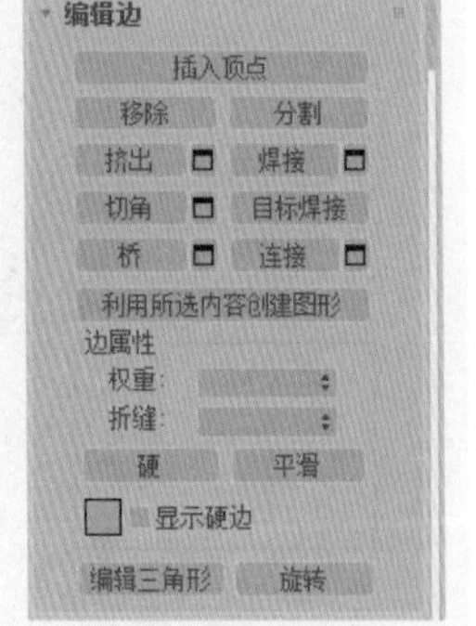

图6-36 【编辑边】卷展栏

- 【插入顶点】：用于手动细分可视的边。
- 【移除】：删除选定边并组合使用这些边的多边形。
- 【分割】：沿选择边分离网格。该按钮的效果不能直接显示出来，只有在移动分割对象后才能看到效果。
- 【挤出】：在视图中操作时，可以手动挤出。在视图中选择一条边，单击该按钮，然后在视图中进行拖动可以挤出边，如图6-37所示。单击该按钮右侧的■按钮，会弹出【挤出边】对话框，如图6-38所示。

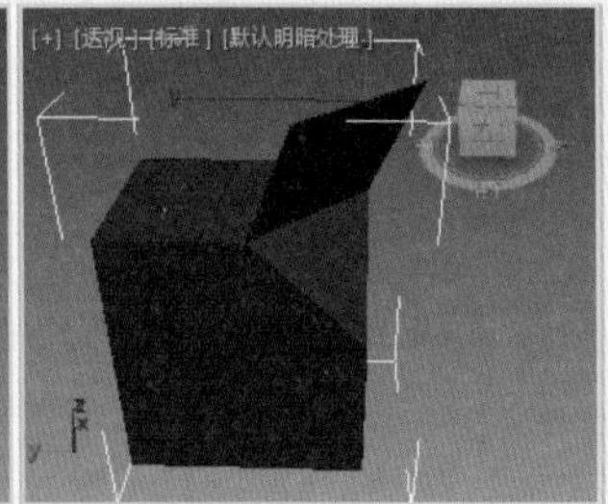

图6-37 挤出边

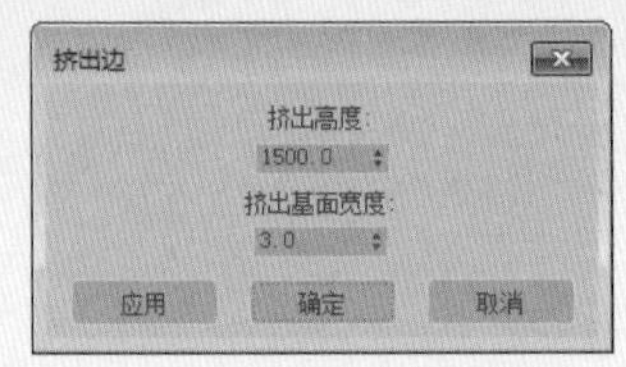

图6-38 【挤出边】对话框

> 提示
>
> 选择需要删除的顶点或边，单击【移除】按钮或BackSpace键，临近的顶点和边会重新进行组合形成完整的整体。假如按Delete键，则会清除选择的顶点或边，这样会使多边形无法重新组合形成完整的整体，且会出现镂空现象。

### 知识链接 小盒控件与对话框

在菜单栏中选择Max 2018界面|【自定义】|【首选项】命令，弹出【首选项设置】对话框，取消勾选【启用小盒控件】复选框，此时单击【挤出】右侧的■按钮，即可弹出【挤出顶点】对话框，如图6-39所示。

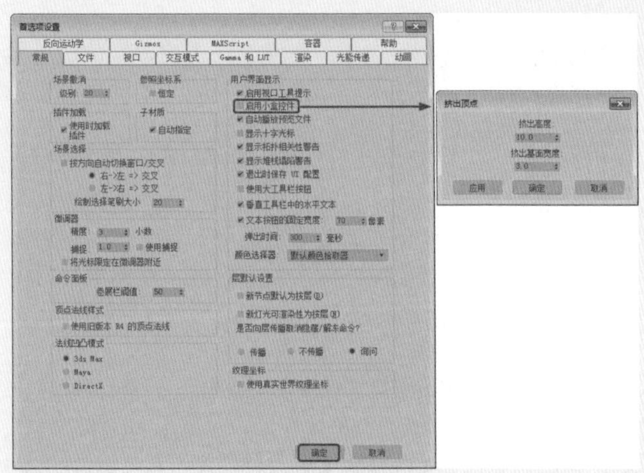

图6-39 弹出【挤出顶点】对话框

【挤出顶点】对话框中各选项说明如下。

- 【挤出高度】：以场景为单位指定挤出的高度。

- 【挤出基面宽度】：以场景为单位指定挤出基面的大小。
- 【焊接】：对边进行焊接。在视图中选择需要焊接的边后，单击该按钮，在阈值范围内的边会焊接到一起。如果选择边没有焊接到一起，可以单击该按钮右侧的■按钮，打开【焊接边】对话框，如图6-40所示。它与【焊接点】对话框的设置相同。
- 【切角】：单击该按钮，然后拖动活动对象中的边。如果要采用数字方式对顶点进行切角处理，单击■按钮，在打开的【切角边】对话框中更改切角量值，如图6-41所示。

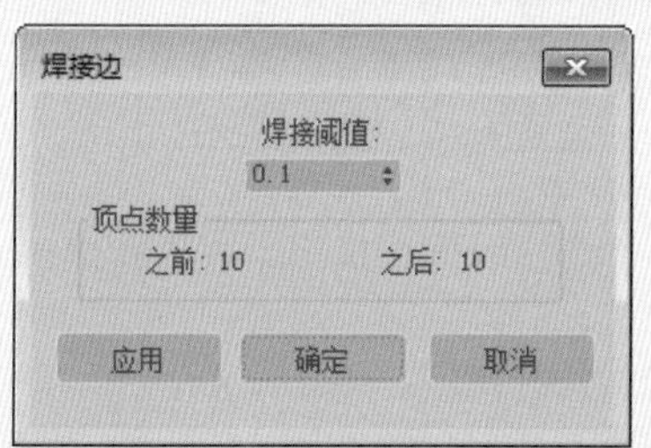


图6-40 【焊接边】对话框

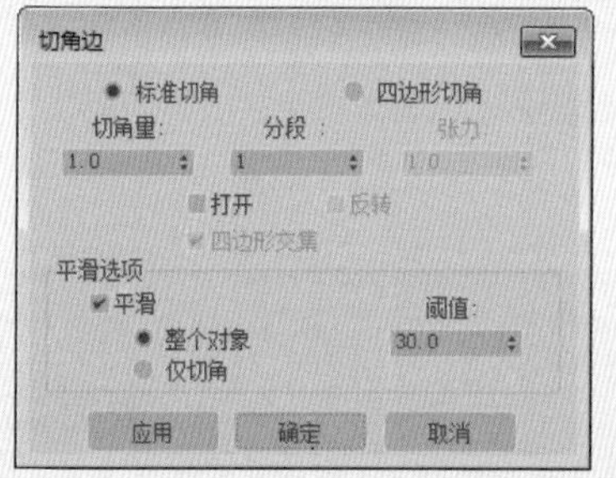


图6-41 【切角边】对话框

- 【目标焊接】：用于选择边并将其焊接到目标边。将光标放在边上时，光标会变为+形状。按住并移动鼠标会出现一条虚线，虚线的一端是顶点，另一端是箭头光标。
- 【桥】：使用多边形的【桥】连接对象的边。桥只连接边界边，也就是只在一侧有多边形的边。单击其右侧的■按钮，打开【跨越边】对话框，如图6-42所示。
  - 【使用特定的边】：在该模式下，可以设置【边1】、【边2】的参数。

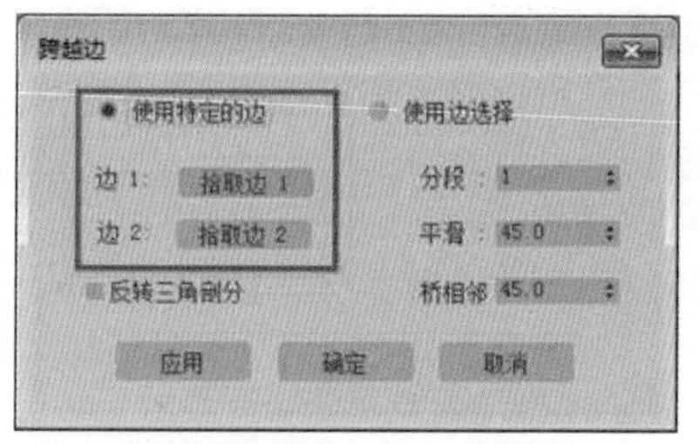


图6-42 【跨越边】对话框

  - 【使用边选择】：如果存在一个或多个合适的选择，那么选择该选项会立刻将它们连接。
  - 【边1】和【边2】：当勾选【使用特定的边】单选按钮时，【边1】、【边2】右侧会出现相应的【拾取边1】、【拾取边2】按钮。
  - 【分段】：沿着桥边连接的长度指定多边形的数目。
  - 【平滑】：指定列间的最大角度，在这些列间会产生平滑。
  - 【桥相邻】：指定可以桥连接的相邻边之间的最小角度。
  - 【反转三角剖分】：勾选该复选框后，可以反转三角剖分。
- 【连接】：单击其右侧的【设置】按钮■，在弹出的【连接边】对话框中设置参数。如图6-43所示，在每对选定边之间创建新边。连接对于创建或细化边循环特别有用。

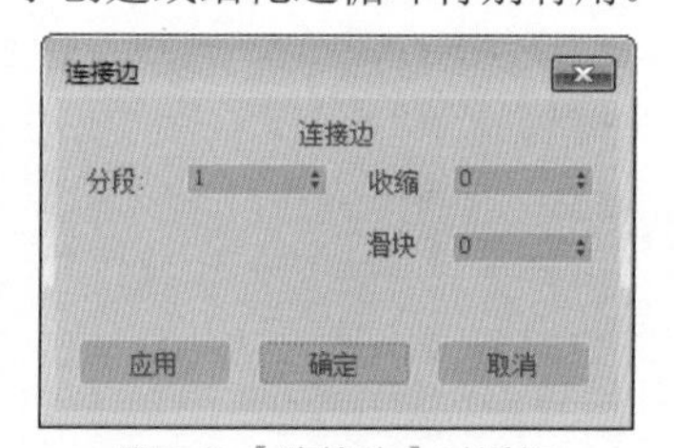


图6-43 【连接边】对话框

  - 【分段】：每个相邻选择边之间的新边数。
  - 【收缩】：新的连接边之间的相对空间。负值使边靠得更近；正值使边离得更远，默认值为0。
  - 【滑块】：新边的相对位置，默认值为 0。
- 【利用所选内容创建图形】：在选择一个或更多的边后，单击该按钮，将以选择的曲线为模板创建新的曲线，单击其右侧的■按钮，会弹出【创建图形】对话框，如图6-44所示。

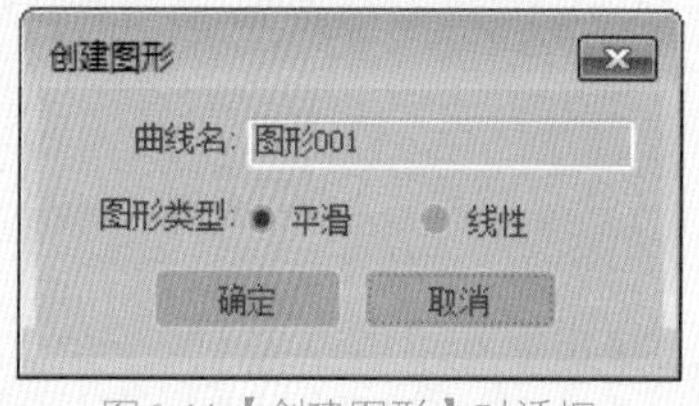


图6-44 【创建图形】对话框

  - 【曲线名】：为新的曲线命名。
  - 【平滑】：强制线段变成圆滑的曲线，但仍和顶点呈相切状态，无须调节手柄。
  - 【线性】：顶点之间以直线连接，拐角处无平滑过渡。
- 【权重】：设置选定边的权重。供NURBS 细分选项和【网格平滑】修改器使用。增加边的权重时，可能会远离平滑结果。
- 【折缝】：指定选定的一条边或多条边的折缝范围。由 OpenSubdiv 和 CreaseSet 修改器、NURBS 细分选项与网格平滑修改器使用。在最低设置，边相对平滑；在更高设置，折缝显著可见。如果设置为最高值1.0，则很难对边执行折缝操作。
- 【编辑三角形】：单击该按钮可以查看多边形的内部剖分，可以手动建立内部边来修改多边形内部细分为三角形的方式。
- 【旋转】：单击【旋转】按钮时，对角线可以在线框和边面视图中显示为虚线。在【旋转】模式下，单击对角线可以更改它的位置。

### 6.2.4 边界编辑

【边界】选择集是指多边形对象上网格的线性部分，通常由多边形表面上的一系列边依次连接而成。边界是多边形对象特有的次对象属性，通过编辑边界可以大大提高建模的效率。在【编辑边界】卷展栏中提供了针对边界编辑的各种选项，如图6-45所示。

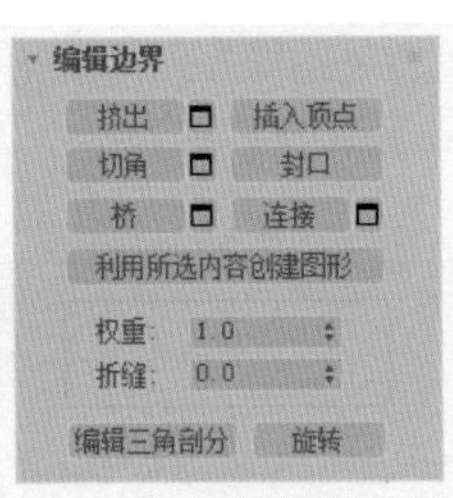


图6-45 【编辑边界】卷展栏

- 【挤出】：可以直接在视口中对边界进行手动挤出处理。单击此按钮，然后垂直拖动任何边界，可以将其挤出。单击【挤出】右侧的■按钮，可以在打开的对话框中进行设置。
- 【插入顶点】：通过顶点来分割边的一种方式。该选项只对所选择的边界中的边有影响，对未选择的边界中的边没有影响。
- 【切角】：单击该按钮，然后拖动对象中的边界，再单击该按钮右侧的■按钮，可以在打开的【切角边】对话框中进行设置。
- 【封口】：使用单个多边形封住整个边界环。
- 【桥】：使用该按钮可以创建新的多边形来连接对象中的两个多边形或选定的多边形。

> 提示
> 使用【桥】时，始终可以在边界之间建立直线连接。要沿着某种轮廓建立桥连接，可在创建桥后，根据需要应用建模工具。例如，桥连接两个边界，然后将其焊接。

- 【连接】：在选定边界边之间创建新边，这些边可以通过点相连。

【利用所选内容创建图形】、【编辑三角剖分】、【旋转】与【编辑边】卷展栏中的含义相同，这里不再介绍。

## 6.2.5 多边形和元素编辑

【多边形】选择集是通过曲面连接的3条或多条边的封闭序列。多边形提供了可渲染的可编辑多边形对象曲面。元素与多边形的区别在于元素是多边形对象上所有的连续多边形面的集合，它可以对多边形面进行拉伸和倒角等编辑操作，是多边形建模中最重要也是功能最强大的部分。

【多边形】选择集与【顶点】、【边】和【边界】选择集一样都有自己的卷展栏。【编辑多边形】卷展栏如图6-46所示。

- 【插入顶点】：用于手动细分多边形，即使处于【元素】选择集下，同样也适用于多边形。
- 【挤出】：直接在视图中操作时，可以执行手动挤出操作。单击该按钮，然后垂直拖动任何多边形，以便将其挤出。单击其右侧的■按钮，可以打开【挤出多边形】对话框，如图6-47所示。

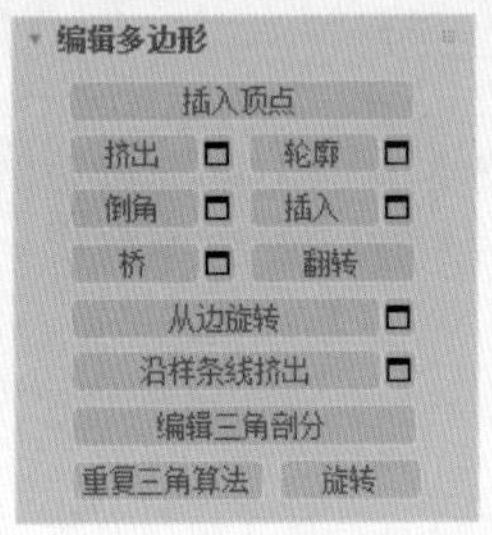


图6-46 【编辑多边形】卷展栏

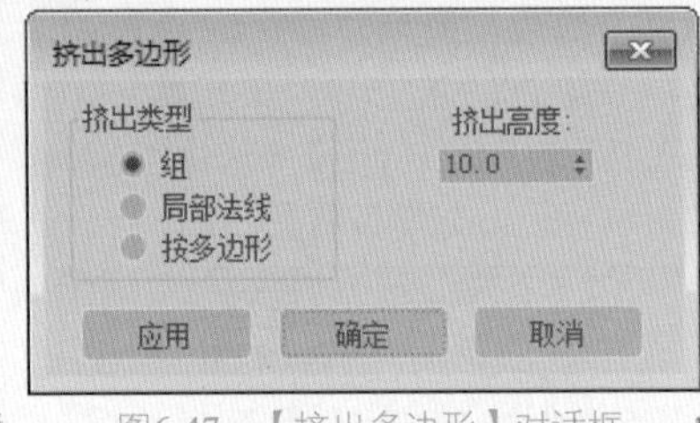


图6-47 【挤出多边形】对话框

- 【组】：沿着每一个连续的多边形组的平均法线执行挤出。如果挤出多个组，每个组将会沿着自身的平均法线方向移动。
- 【局部法线】：沿着每个选择的多边形法线执行挤出。
- 【按多边形】：独立挤出或倒角每个多边形。
- 【挤出高度】：以场景为单位指定挤出的数，可以向外或向内挤出选定的多边形。
- 【轮廓】：用于增加或减小每组连续的选定多边形的外边。单击该按钮右侧的■按钮，打开【多边形加轮廓】对话框，如图6-48所示。然后可以进行参数设置，得到如图6-49所示的效果。

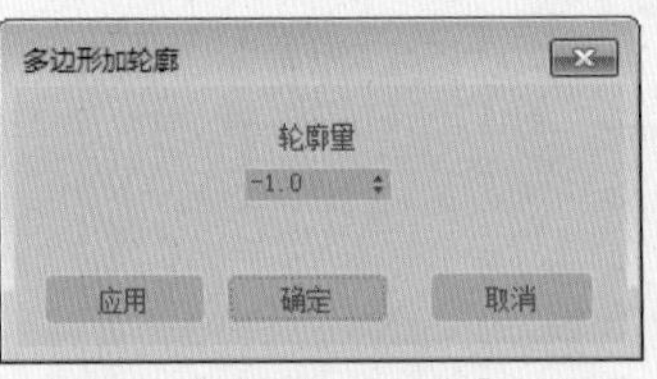
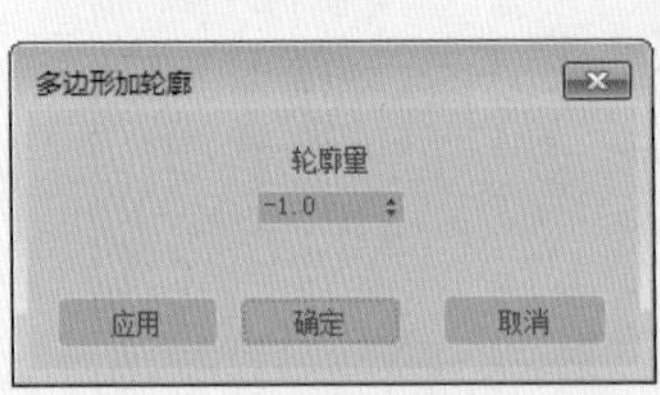


图6-48 【多边形加轮廓】对话框

图6-49 添加轮廓后的效果

- 【倒角】：单击该按钮，然后垂直拖出任何多边形，可以将其挤出，释放鼠标，再垂直移动鼠标可以设置挤出轮廓。单击该按钮右侧的■按钮，打开【倒角多边形】对话框，并对其进行设置，如图6-50所示。
  - 【组】：沿着每一个连续的多边形组的平均法线执行倒角。
  - 【局部法线】：沿着每个选定的多边形法线执行倒角。
  - 【按多边形】：独立倒角每个多边形。
  - 【高度】：以场景为单位指定挤出的范围。可以向外或向内挤出选定的多边形，具体情况取决于该值是正值还是负值。
  - 【轮廓量】：使选定多边形的外边界变大或缩小，具体情况取决于该值是正值还是负值。

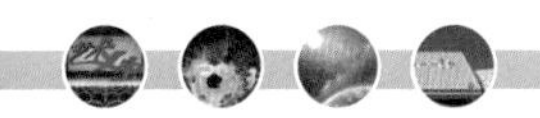


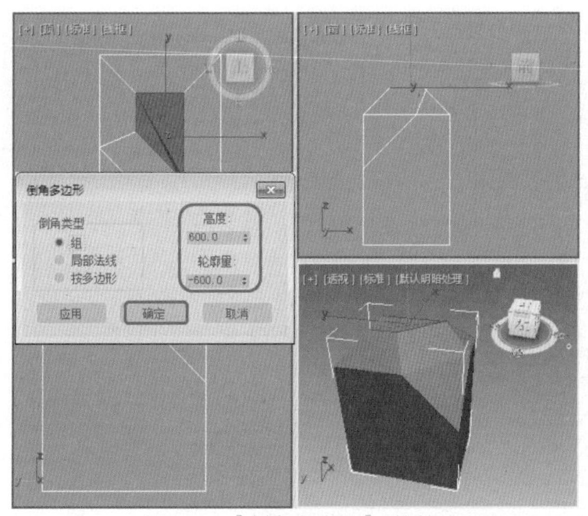


图6-50 【倒角多边形】对话框

- 【插入】：执行没有高度的倒角操作。可以单击该按钮后手动拖动，也可以单击该按钮右侧的□按钮，打开【插入多边形】对话框，设置后的效果如图6-51所示。
  - 【组】：沿着多个连续的多边形进行插入。
  - 【按多边形】：独立插入每个多边形。
  - 【插入量】：以场景为单位指定插入的数。

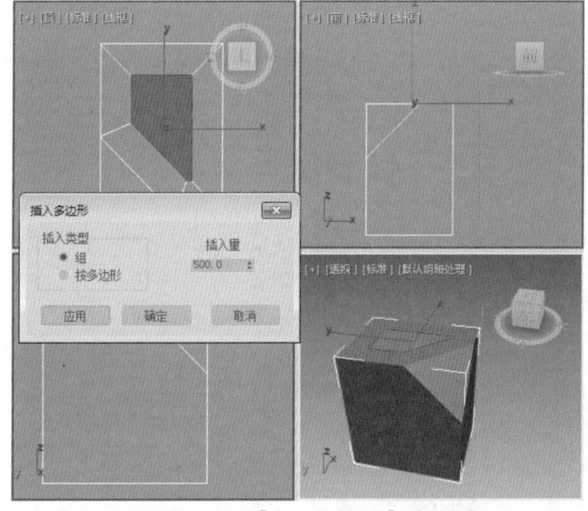


图6-51 设置【插入多边形】对话框

- 【桥】：使用多边形的【桥】连接对象上的两个多边形。单击该按钮右侧的□按钮，会弹出【跨越多边形】对话框，如图6-52所示。

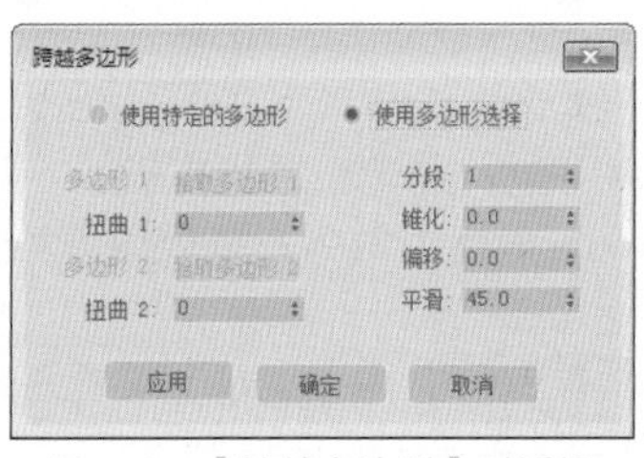


图6-52 【跨越多边形】对话框

  - 【使用特定的多边形】：在该模式下，使用【拾取】按钮为桥连接指定多边形或边界。
  - 【使用多边形选择】：如果存在一个或多个合适的选择对，那么选择该选项会立刻将它们连接。如果不存在这样的选择对，那么在视口中选择一对子对象将它们连接。
  - 【多边形1】和【多边形2】：依次单击【拾取】按钮，然后在视口中单击多边形或边界边。
  - 【扭曲1】和【扭曲2】：旋转两个选择的边之间的连接顺序。通过这两个控件可以为桥的每个末端设置不同的扭曲量。
  - 【分段】：沿着桥连接的长度指定多边形的数目。该设置也应用于手动桥连接多边形。
  - 【锥化】：设置桥宽度距离其中心变大或变小的程度。负值设定将桥中心锥化得更小；正值设定将桥中心锥化得更大。

> 提示　要更改最大锥化的位置，请使用【偏移】来设置。

  - 【偏移】：决定最大锥化量的位置。
  - 【平滑】：决定列间的最大角度，在这些列间会产生平滑。列是沿着桥的长度扩展的一串多边形。
- 【翻转】：反转选定多边形的法线方向，从而使其面向自己。
- 【从边旋转】：通过在视口中直接操纵来执行手动旋转操作。选择多边形，并单击该按钮，然后沿着垂直方向拖动任意边，以便旋转选定的多边形。如果鼠标光标在某条边上，将会变为十字形状。单击该按钮右侧的□按钮，打开【从边旋转多边形】对话框，如图6-53所示。

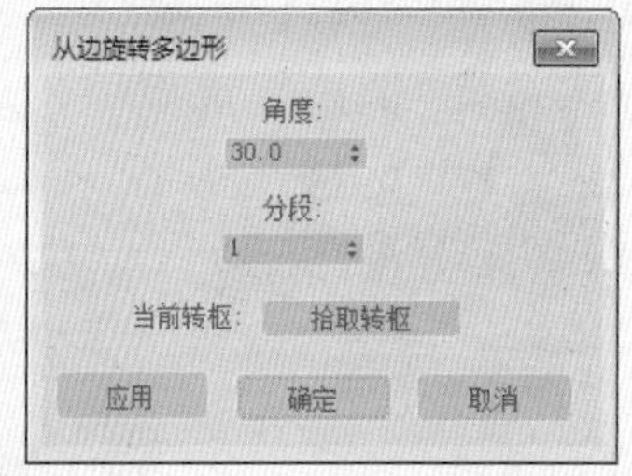


图6-53 【从边旋转多边形】对话框

  - 【角度】：沿着转枢旋转的数量值。可以向外或向内旋转选定的多边形，具体情况取决于该值是正值还是负值。
  - 【分段】：将多边形数指定到每个细分的挤出中。此设置也可以手动旋转多边形。
  - 【当前转枢】：单击【拾取转枢】按钮，然后单击转枢的边即可。
- 【沿样条线挤出】：沿样条线挤出当前选定的内容。单击其右侧的□（设置）按钮，打开【沿样条线挤出多边形】对话框，如图6-54所示。
  - 【拾取样条线】：单击此按钮，然后选择样条线，在视口中沿该样条线挤出，样条线对象名称将出现在按钮上。
  - 【对齐到面法线】：将挤出与面法线对齐。多数情况

下，面法线与挤出多边形垂直。

- 【旋转】：设置挤出的旋转。仅当【对齐到面法线】处于勾选状态时才可用。默认设置为0，范围为–360~360。
- 【分段】：用于挤出多边形的细分设置。
- 【锥化量】：设置挤出沿着其长度变小或变大。锥化挤出的负值设置越小，锥化挤出的正值设置就越大。
- 【锥化曲线】：设置继续进行的锥化率。
- 【扭曲】：沿着挤出的长度应用扭曲。
- 【编辑三角剖分】：通过编辑内边来修改多边形，将其细分为三角形的方式。
- 【重复三角算法】：允许软件对当前选定的多边形执行最佳的三角剖分操作。
- 【旋转】：在【旋转】模式下，单击对角线可更改对角线位置。

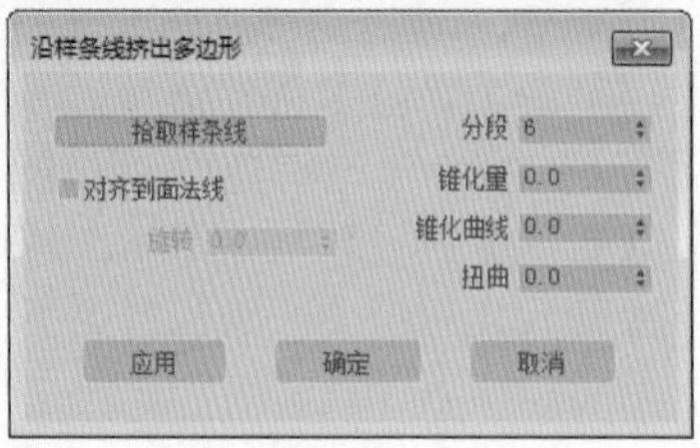

图6-54 【沿样条线挤出多边形】对话框

## 实例操作002——制作隔离墩

本节将介绍如何利用3ds Max 2018 制作隔离墩，效果如图6-55所示。

图6-55 隔离墩效果

01 选择【创建】 +|【图形】 |【线】工具，在【前】视图中绘制样条线，如图6-56所示。

> 提示
> 在绘制线条时，当线条的终点与第一个节点重合时，系统会提示是否关闭图形，单击【是】按钮即可创建一个封闭的图形；如果单击【否】按钮，则继续创建线条。在创建线条时，按住鼠标拖动，可以创建曲线。

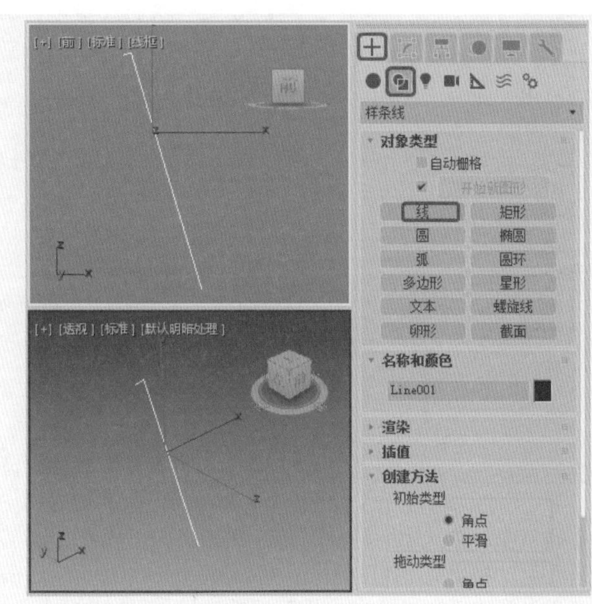


图6-56 绘制样条线

02 切换至【修改】命令面板，将当前选择集定义为【样条线】，选择场景中的样条线，在【几何体】卷展栏中将【轮廓】设置为8，按Enter键确定设置轮廓，如图6-57所示。

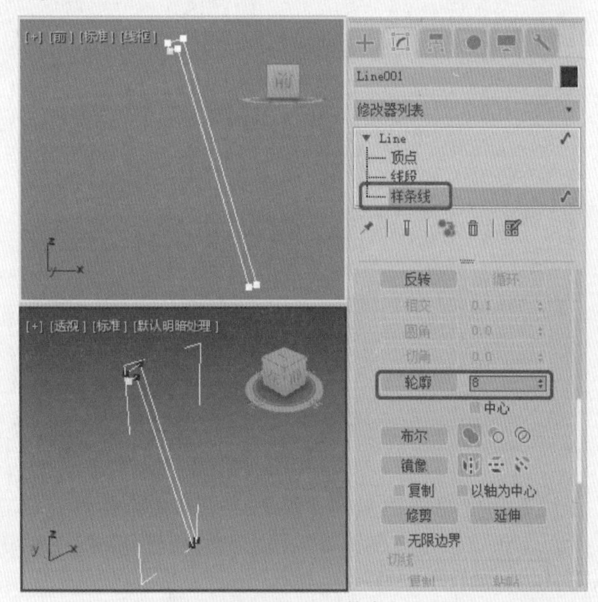


图6-57 设置轮廓

03 将当前选择集定义为【顶点】，按Ctrl+A组合键选择所有的顶点对象，并单击鼠标右键，在弹出的快捷菜单中选择【Bezier角点】命令，更换顶点类型，如图6-58所示。

04 在【插值】卷展栏中将【步数】设置为20，然后在视图中调整顶点，效果如图6-59所示。

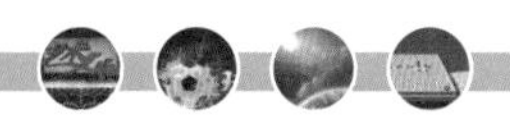

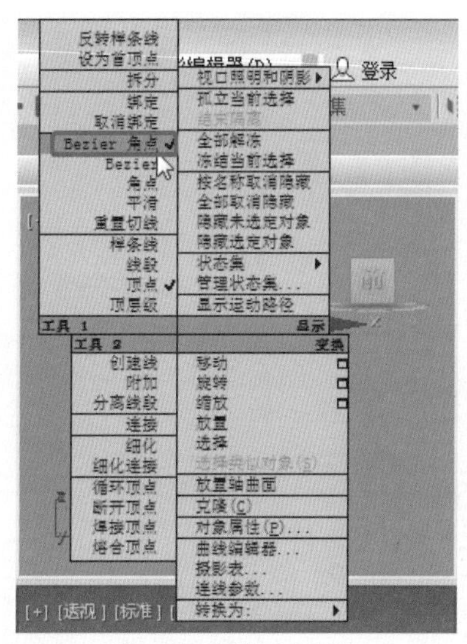

图6-58 更换顶点类型

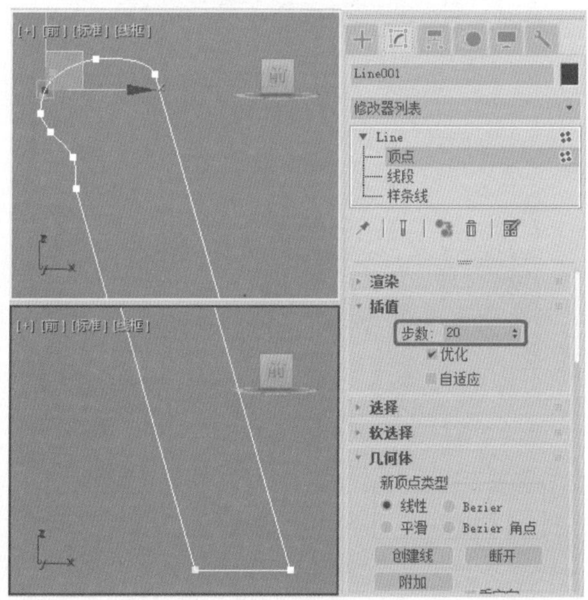

图6-59 调整顶点

> 提示 当【自适应】选项处于禁用状态时，使用【步数】设置可以指定每个顶点之间划分的数目。带有曲线的样条线需要许多步数才能显得平滑，而平缓曲线则需要较少的步数，范围为 0 至 100。

05 关闭当前选择集，在修改器列表中选择【车削】修改器，在【参数】卷展栏中设置【分段】参数为55，单击【方向】选项组中的Y按钮，在【对齐】选项组中单击【最小】按钮，如图6-60所示。

06 在修改器列表中选择【UVW 贴图】修改器，在【参数】卷展栏中勾选【柱形】单选按钮，在【对齐】选项组中勾选X单选按钮，并单击【适配】按钮，如图6-61所示。

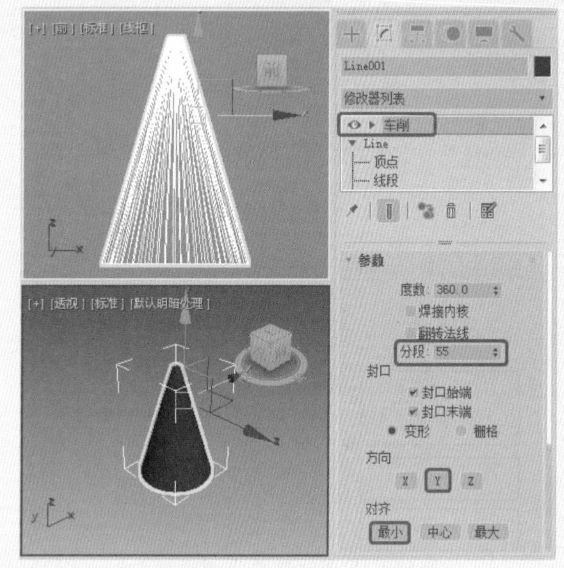

图6-60 添加【车削】修改器

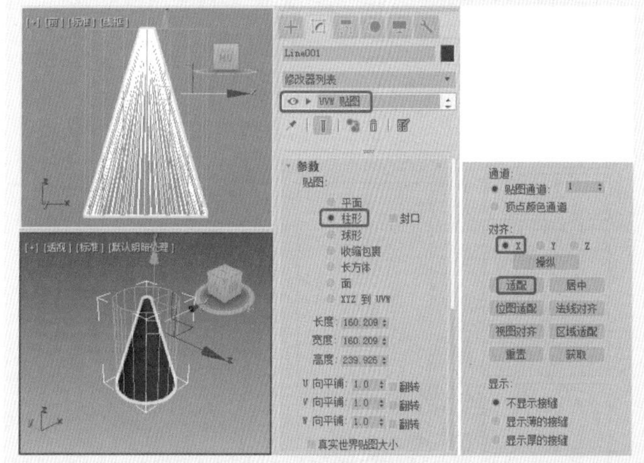

图6-61 添加【UVW 贴图】修改器

> 提示 当【真实世界贴图大小】处于勾选状态时，仅可以使用【平面】、【柱形】、【球形】和【长方体】贴图类型。同样，如果其他选项（【收缩包裹】、【面】或【XYZ 到 UVW】）之一处于活动状态，则【真实世界贴图大小】复选框不可用。

07 选择【创建】 |【图形】 |【圆】工具，在【顶】视图中创建圆，切换到【修改】命令面板，在【插值】卷展栏中，将【步数】设置为20，在【参数】卷展栏中，将【半径】设置为100，如图6-62所示。

08 在修改器列表中选择【挤出】修改器，在【参数】卷展栏中，将【数量】设置为5，将【分段】设置为20，如图6-63所示。

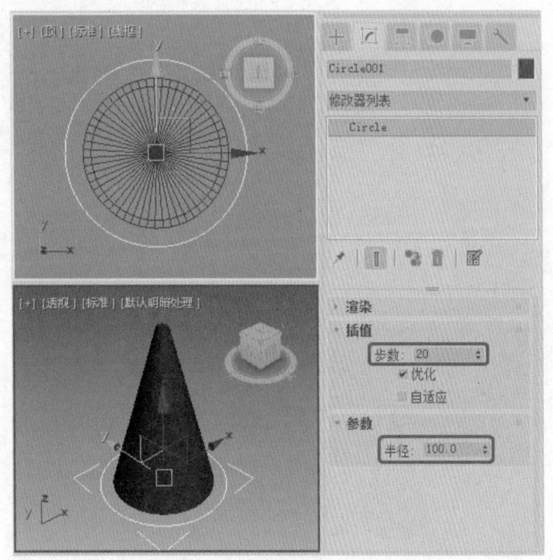

图6-62 创建圆

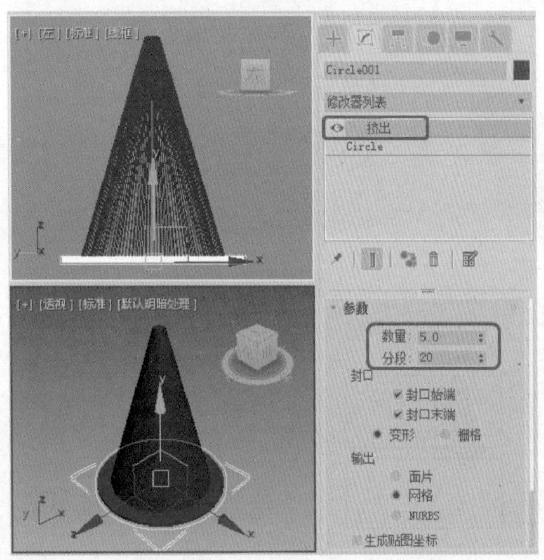

图6-63 施加【挤出】修改器

09 选择【创建】+|【图形】|【矩形】工具，在【顶】视图中创建矩形，切换到【修改】命令面板，在【参数】卷展栏中将【长度】和【宽度】均设置为230，将【角半径】设置为60，如图6-64所示。

10 在修改器列表中选择【编辑样条线】修改器，将当前选择集定义为【顶点】，在【几何体】卷展栏中单击【优化】按钮，然后在【顶】视图中添加顶点，如图6-65所示。

11 添加完成后，再次单击【优化】按钮，然后在视图中调整添加的顶点，效果如图6-66所示。

12 关闭当前选择集，在修改器列表中选择【挤出】修改器，在【参数】卷展栏中，将【数量】设置为10，将【分段】设置为20，如图6-67所示。

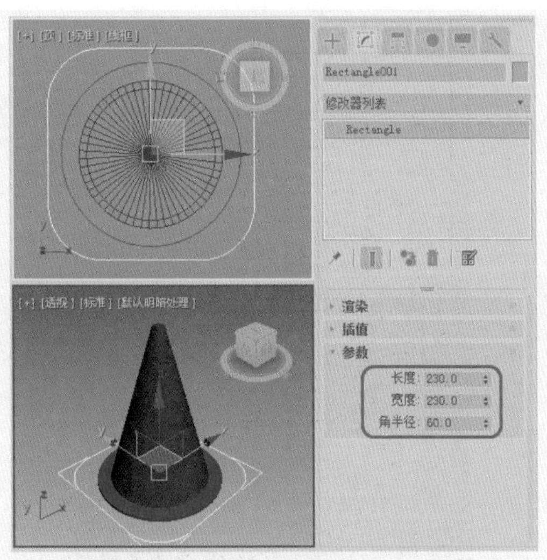

图6-64 创建矩形

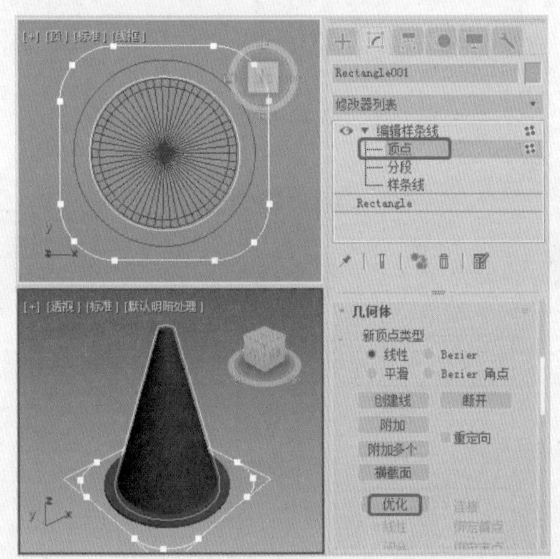

图6-65 添加顶点

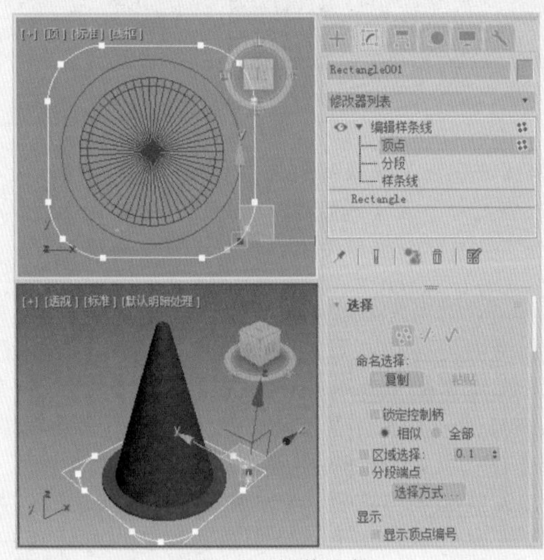

图6-66 调整顶点

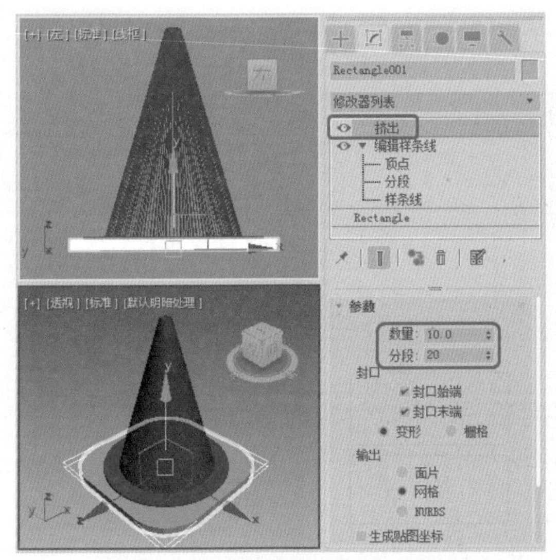

图6-67 施加【挤出】修改器

13 选择Rectangle001对象并单击鼠标右键，在弹出的快捷菜单中选择【转换为】|【转换为可编辑多边形】命令，如图6-68所示。

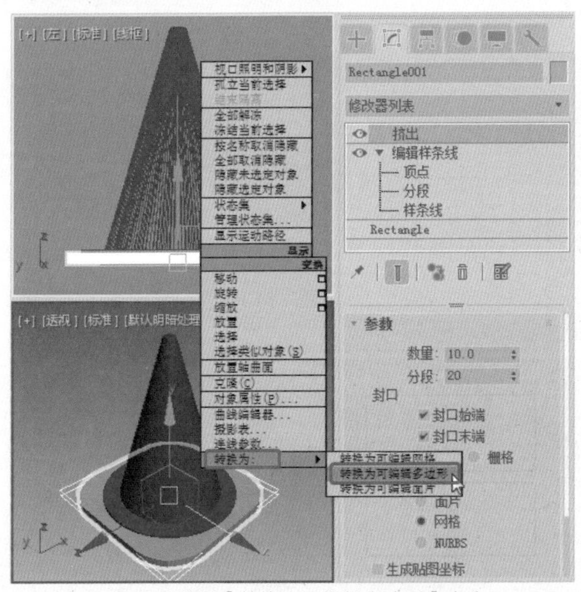

图6-68 选择【转换为可编辑多边形】命令

14 即可将选择的对象转换为可编辑多边形，在【编辑几何体】卷展栏中单击【附加】按钮，然后在视图中单击选择圆形对象，将其附加在一起，如图6-69所示。

15 附加完成后，再次单击【附加】按钮，将其关闭。在场景中选择Line001对象，按Ctrl+V组合键，在弹出的对话框中勾选【复制】单选按钮，单击【确定】按钮，如图6-70所示。

16 隐藏Line001对象，在场景中选择Rectangle001对象，然后选择【创建】 |【几何体】 |【复合对象】|ProBoolean工具，在【拾取布尔对象】卷展栏中单击【开始拾取】按钮，在场景中拾取Line002对象，如图6-71所示。

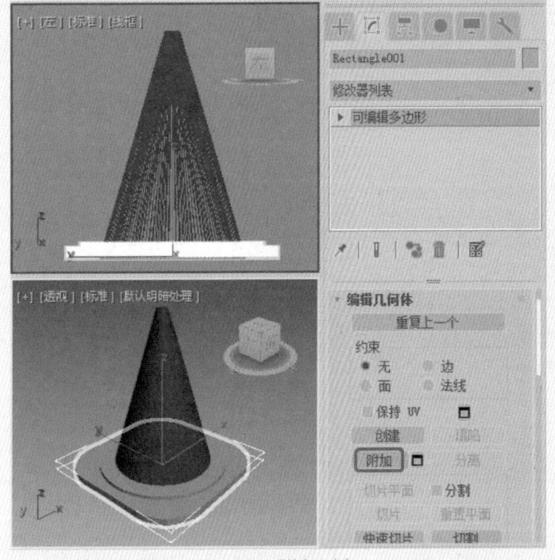

图6-69 附加对象

图6-70 复制对象

17 切换到【修改】命令面板，在修改器列表中选择【编辑网格】修改器，将当前选择集定义为【元素】，在【顶】视图中选择如图6-72所示的元素，并按Delete键将其删除。

18 关闭当前选择集，取消隐藏Line001对象，在【编辑几何体】卷展栏中单击【附加】按钮，在场景中拾取Line001对象，如图6-73所示。

19 附加完成后，再次单击【附加】按钮，将其关闭。然后将Rectangle001对象重命名为“隔离墩”，即可完成隔离墩的制作，如图6-74所示。

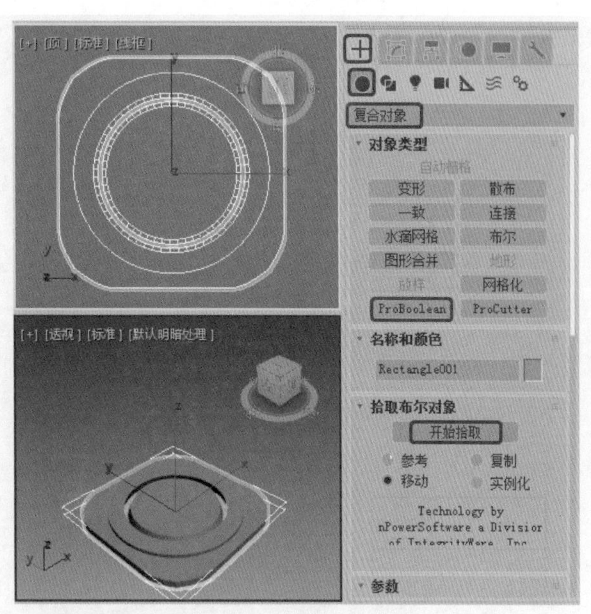

图6-71 ProBoolean对象

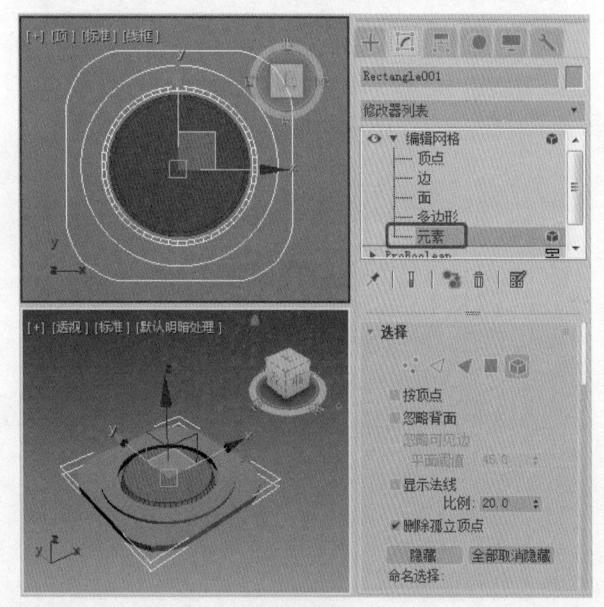

图6-72 选择元素

20 按M键打开【材质编辑器】对话框，激活一个新的材质样本球，将其命名为“隔离墩”，然后在【Blinn基本参数】卷展栏中，将【自发光】设置为30，在【反射高光】选项组中，将【高光级别】和【光泽度】分别设置为51、52，如图6-75所示。

21 打开【贴图】卷展栏，单击【漫反射颜色】右侧的【无贴图】按钮，在弹出的【材质/贴图浏览器】对话框中选择【位图】贴图，单击【确定】按钮，如图6-76所示。

22 在弹出的对话框中打开“隔离墩.jpg”文件，然后单击【转到父对象】按钮和【将材质指定给选定对象】按钮，将材质指定给隔离墩对象，指定材质后的效果如图6-77所示。

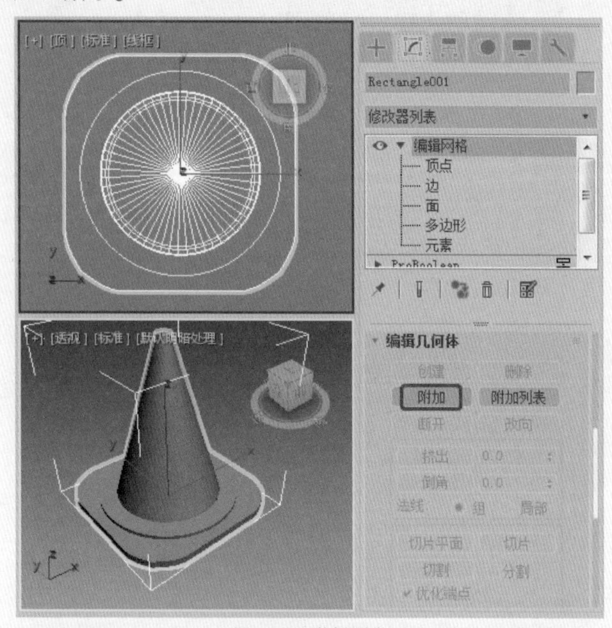

图6-73 附加对象

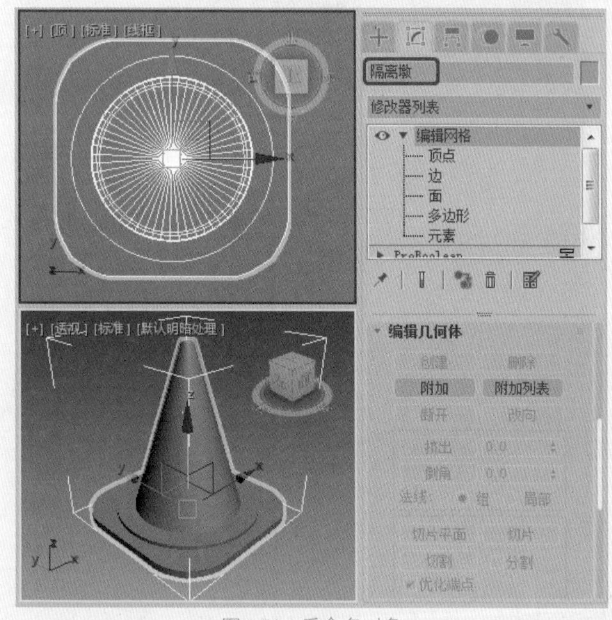

图6-74 重命名对象

23 保存场景文件。选择“隔离墩素材.max”素材文件，选择【文件】|【导入】|【合并】命令，选择保存的场景文件，在弹出的对话框中，单击【打开】按钮。在弹出的【合并】对话框中，选择所有对象，然后单击【确定】按钮，将场景文件合并，调整模型的位置，如图6-78所示。最后将场景进行渲染，并将渲染满意的效果和场景保存。

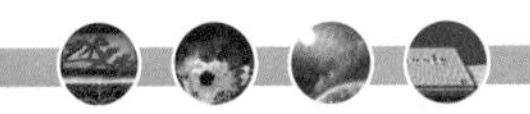

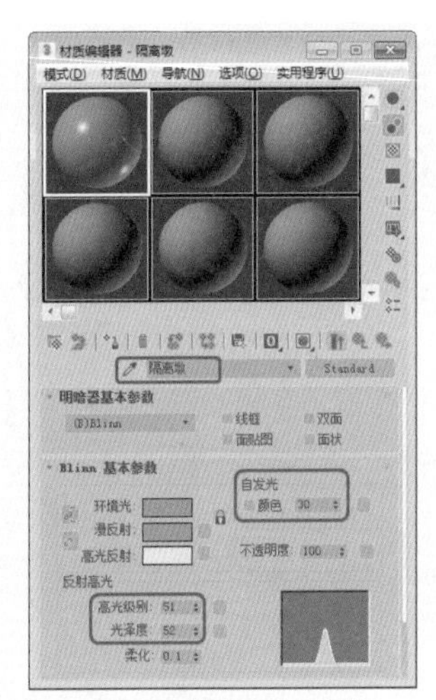

图6-75 设置Blinn参数

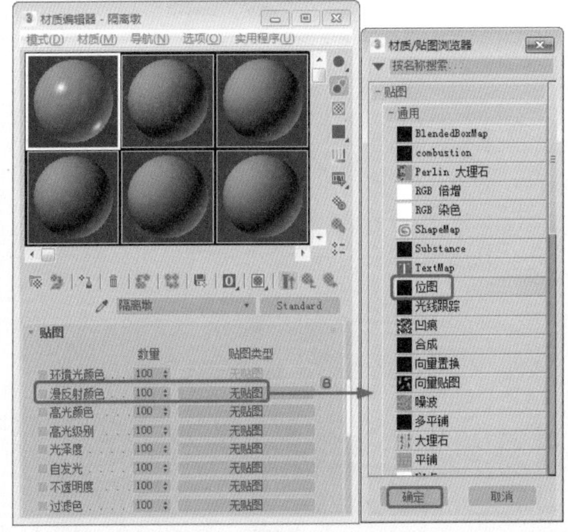

图6-76 选择【位图】贴图

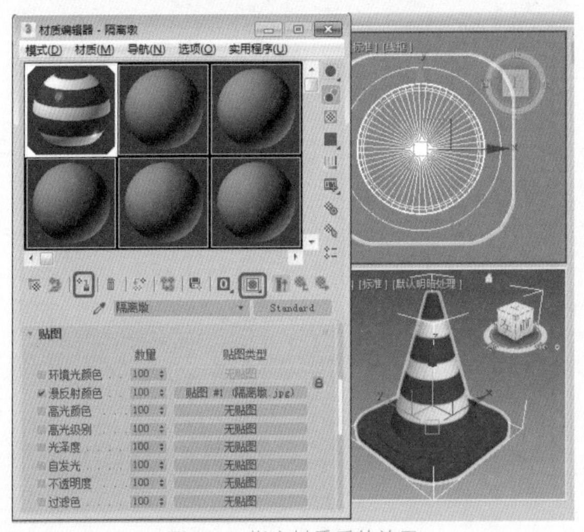

图6-77 指定材质后的效果

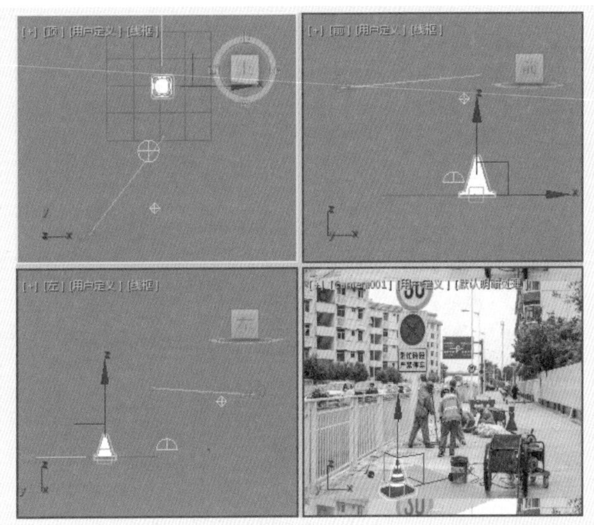

图6-78 合并场景

## 6.3 上机练习——制作排球

本例将介绍如何制作排球。首先使用【长方体】工具绘制长方体，为其添加【编辑网格】修改器，设置ID，将长方体炸开，然后再通过【网格平滑】、【球形化】修改器对长方体进行平滑及球形化处理，通过【面挤出】和【网格平滑】修改器对长方体进行挤压、平滑处理等制作出排球的模型，最后为排球添加【多维/子材质】即可，如图6-79所示的效果。

图6-79 排球效果

01 打开“制作排球.max”素材，选择【创建】|【几何体】|【长方体】工具，在【前】视图中创建一个【长度】、【宽度】、【高度】、【长度分段】、【宽度分段】、【高度分段】分别为150、150、150、3、3、3的长方体，并将它命名为“排球”，如图6-80所示。

02 进入【修改】命令面板，在【修改器列表】中选择【编辑网格】修改器，将当前选择集定义为【多边形】，然后选择多边形，在【曲面属性】卷展栏中将【材质】下的【设置ID】设置为1，如图6-81所示。

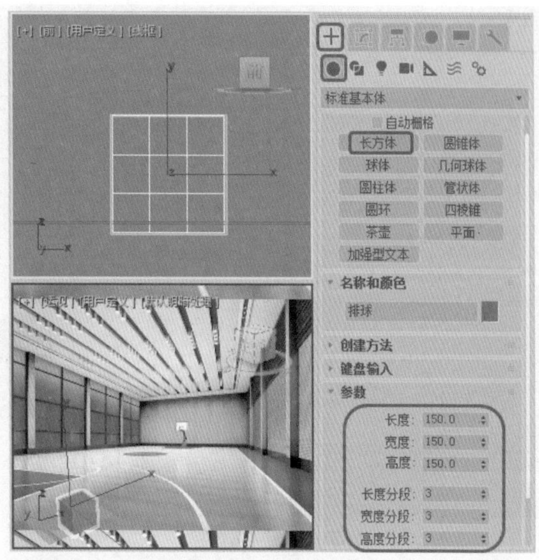

图6-80　绘制长方体

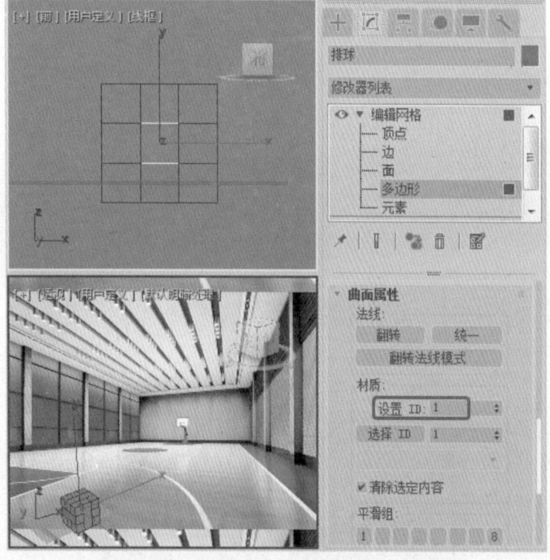

图6-81　设置ID

提示　为对象设置ID可以将一个整体对象分开进行编辑，方便以后对其设置材质，一般设置【多维/子对象】材质首先要给对象设置相应的ID。

03 在菜单栏中选择【编辑】|【反选】命令，在【曲面属性】卷展栏中将【材质】下的【设置ID】设置为2，然后再选择【反选】命令，在【编辑几何体】卷展栏中单击【炸开】按钮，在弹出的【炸开】对话框中将【对象名】设置为“排球”，单击【确定】按钮，如图6-82所示。

04 退出当前选择集，然后选择所有的【排球】对象，在【修改器】下拉列表中选择【网格平滑】修改器，然后再选择【球形化】修改器，效果如图6-83所示。

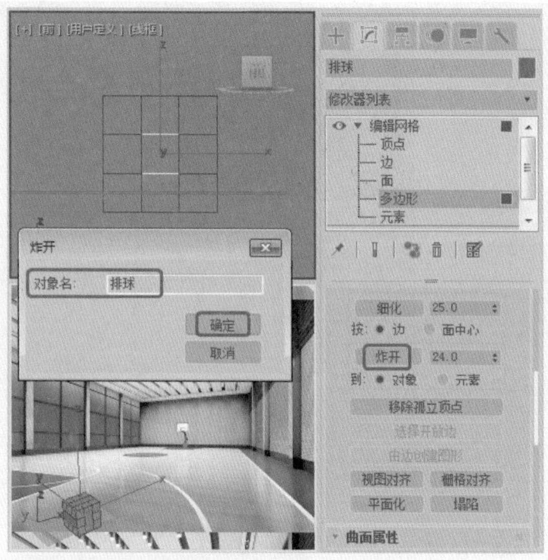

图6-82　【炸开】对话框

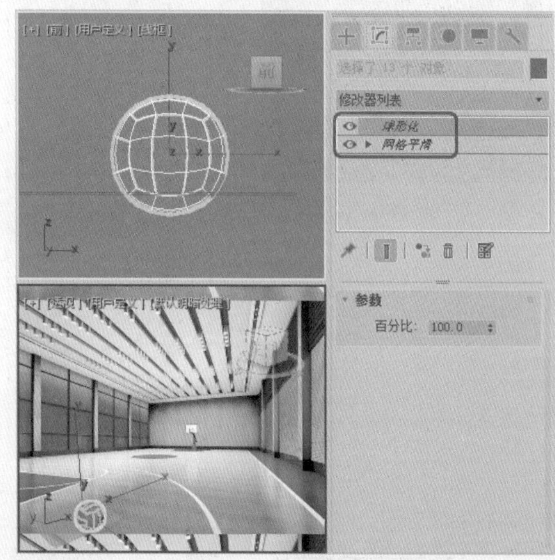

图6-83　为对象添加【网格平滑】和【球形化】修改器

05 为其添加【编辑网格】修改器，将当前选择集定义为【多边形】，按Ctrl+A组合键选择所有的多边形，效果如图6-84所示。

06 选择多边形后，在【修改器列表】中选择【面挤出】修改器，在【参数】卷展栏中将【数量】和【比例】分别设置为1、99，如图6-85所示。

提示　【面挤出】：对选择面进行挤压成型，从原物体表面挤出或陷入。

【数量】：设置挤出的数量，当它为负值时，表现为凹陷效果。

【比例】：对挤出的选择面进行尺寸缩放。

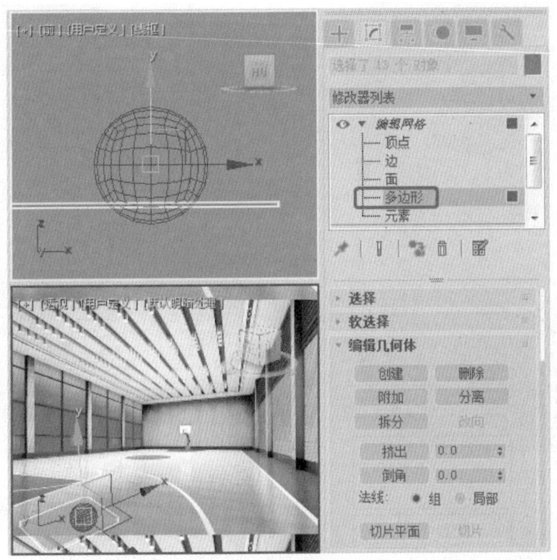

图6-84　选择所有多边形

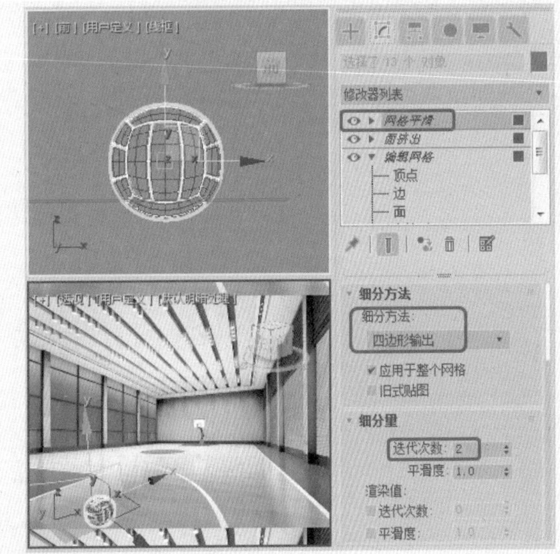

图6-86　设置【细分方法】

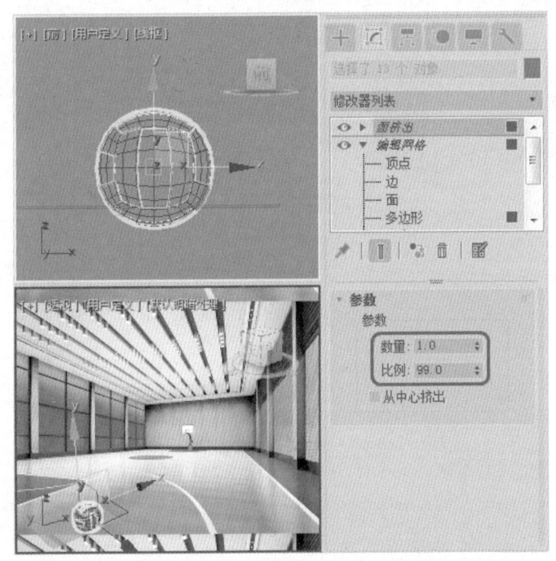

图6-85　设置【面挤出】参数

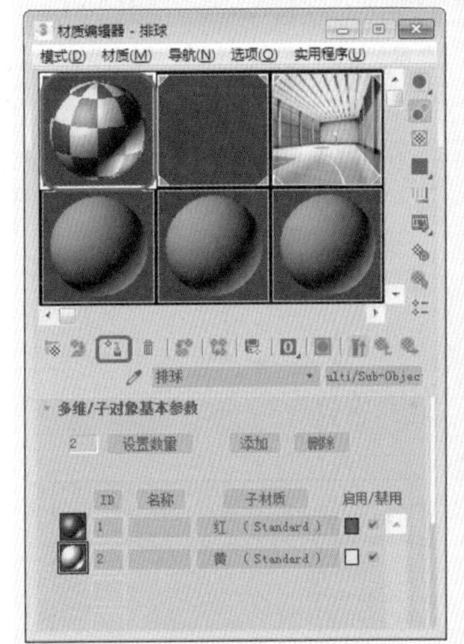

图6-87　指定材质

图6-88　渲染完成后的效果

07 在【修改器列表】中选择【网格平滑】修改器，在【细分方法】卷展栏中将【细分方法】设置为【四边形输出】，在【细分量】卷展栏中将【迭代次数】设置为2，如图6-86所示。

08 按M键打开【材质编辑器】对话框，选择【排球】材质球，将【排球】材质指定给选定对象，如图6-87所示。

09 将对话框关闭，调整排球位置，对其进行渲染，效果如图6-88所示。

## 6.4 思考与练习

1. 简述多边形建模的一般过程。
2. 可编辑网格物体的子层级菜单有哪些？

# 第7章 材质与贴图

材质是三维世界的一个重要概念，是对现实世界中各种材料视觉效果的模拟，这些视觉效果包括颜色、反射、折射、透明度、表面粗糙程度以及纹理等。在3ds Max中创建一个模型，其本身不具备任何表面特征，但通过材质自身的参数控制可以模拟现实世界中的种种视觉效果。本章将详细介绍材质编辑器、基本材质贴图的设置，希望通过本章的学习使读者了解材质编辑器并掌握材质的制作。

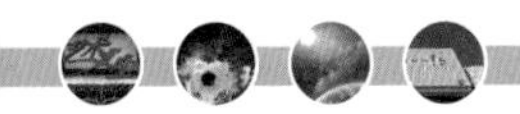

## 7.1 材质概述

材质的制作是一个相对复杂的过程，3ds Max为材质制作提供了大量的参数与选项，在具体介绍这些参数之前，我们首先需要对材质的制作有一个全面的认识。材质主要用于描述对象如何反射和传播光线，材质中的贴图主要用于模拟对象质地、提供纹理图案、反射、折射等其他效果(贴图还可用于环境和灯光投影)。依靠各种类型的贴图，可以制作出千变万化的材质。对于材质的调节和指定，系统提供了材质编辑器和材质/贴图浏览器。材质编辑器用于创建、调节材质，并最终将其指定到场景中；材质/贴图浏览器用于检查材质和贴图。

## 7.2 材质编辑器与材质/贴图浏览器

材质编辑器与材质/贴图浏览器是材质设置中两个主要部分，材质编辑器提供创建和编辑材质及贴图的功能，而材质/贴图浏览器则用于选择材质、贴图。

### 7.2.1 材质编辑器

【材质编辑器】是3ds Max重要的组成部分之一，使用它可以定义、创建和使用材质。【材质编辑器】随着3ds Max的不断更新，功能也变得越来越强大。材质编辑器按照不同的材质特征，可以分为【标准】、【顶/底】、【多维/子对象】、【合成】、【混合】等17种材质类型。

从整体上看，材质编辑器可以分为【菜单栏】、【材质示例窗】、【工具栏】和【参数控制区】4大部分，如图7-1所示。

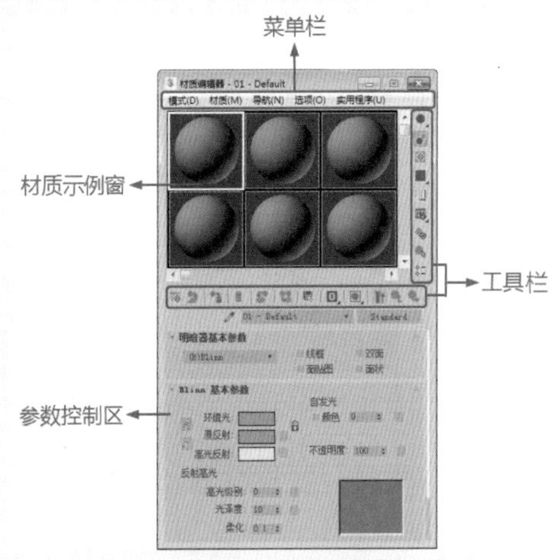


图7-1 材质编辑器

下面将分别对这4大部分进行介绍：

1. 菜单栏

位于材质编辑器的顶端，这些菜单命令与材质编辑器中的图标按钮作用相同。

- 【材质】菜单如图7-2所示。

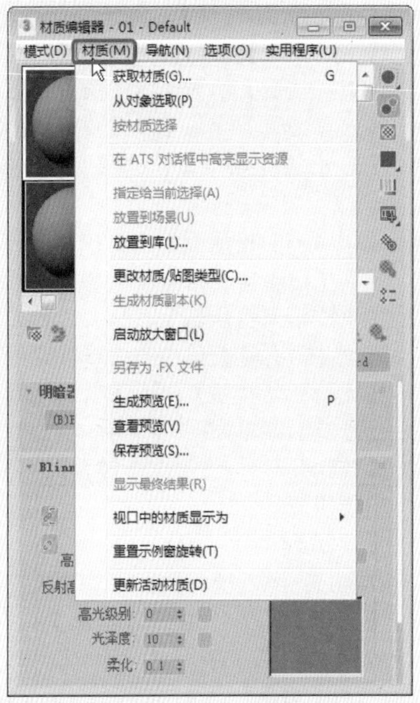


图7-2 【材质】菜单

- 【获取材质】：与【获取材质】按钮功能相同。
- 【从对象选取】：与【从对象拾取材质】按钮功能相同。
- 【按材质选择】：与【按材质选择】按钮功能相同。
- 【在ATS对话框中高亮显示资源】：如果活动材质使用的是已跟踪的资源（通常为位图纹理）的贴图，则打开【资源跟踪】对话框，同时资源高亮显示。
- 【指定给当前选择】：与【将材质指定给选定对象】按钮功能相同，将活动示例窗中的材质应用于场景中当前选定的对象。
- 【放置到场景】：与【将材质放入场景】按钮功能相同。
- 【放置到库】：与【放入库】按钮功能相同。
- 【更改材质/贴图类型】：用于改变当前材质/贴图的类型。
- 【生成材质副本】：与【生成材质副本】按钮功能相同。
- 【启动放大窗口】：与右键菜单中的【放大】命令功能相同。

- 【另存为.FX文件】：用于将活动材质另存为.FX文件。
- 【生成预览】：与（生成预览）按钮功能相同。
- 【查看预览】：与【播放预览】按钮功能相同。
- 【保存预览】：与【保存预览】按钮功能相同。
- 【显示最终结果】：与【显示最终结果】按钮功能相同。
- 【视口中的材质显示为】：与【视口中显示明暗处理材质】按钮功能相同。
- 【重置示例窗旋转】：恢复示例窗中示例球默认的角度方位，与右键菜单中的【重置旋转】命令功能相同。
- 【更新活动材质】：更新当前材质。

● 【导航】菜单如图7-3所示。

- 【转到父对象（P）向上键】：与【转到父对象】按钮功能相同。
- 【前进到同级（F）向右键】：与【转到下一个同级项】按钮功能相同。
- 【后退到同级（B）向左键】：与【转到下一个同级项】按钮功能相反，返回前一个同级材质。

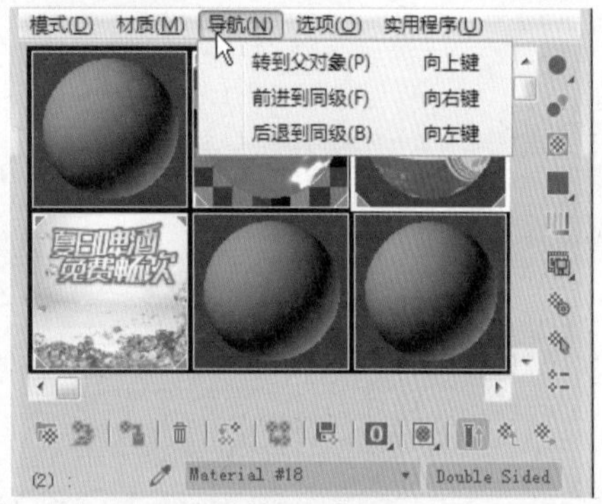


图7-3 【导航】菜单

● 【选项】菜单如图7-4所示。

- 【将材质传播到实例】：选中该选项时，当前的材质球中的材质将指定给场景中所有互相具有属性的对象，取消选中该选项时，当前材质球中的材质将只指定给选择的对象。
- 【手动更新切换】：与【材质编辑器选项】中的手动更新选项功能相同。
- 【复制/旋转阻力模式切换】：相当于右键菜单中的【拖动/复制】命令或【拖动/旋转】命令。
- 【背景】：与【背景】按钮功能相同。
- 【自定义背景切换】：设置是否显示自定义背景。
- 【背光】：与【背光】按钮功能相同。
- 【循环 3×2、5×3、6×4 示例窗】：功能与右键菜单中的【3×2示例窗】、【5×3示例窗】、【6×4示例窗】选项相似，可以在3种材质球示例窗模式间循环切换。
- 【选项】：与【选项】按钮功能相同。

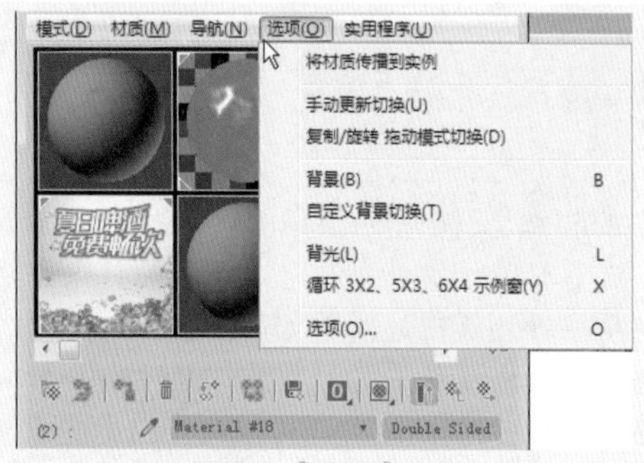


图7-4 【选项】菜单

● 【应用程序】菜单如图7-5所示。

- 【渲染贴图】：与右键菜单中的【渲染贴图】命令功能相同。
- 【按材质选择对象】：与【按材质选择】按钮功能相同。
- 【清理多维材质】：对【多维/子对象】材质进行分析，显示场景中所有包含未分配任何材质ID的子材质，可以让用户选择删除任何未使用的子材质，然后合并多维子对象材质。
- 【实例化重复的贴图】：在整个场景中查找具有重复【位图】贴图的材质。如果场景中有不同的材质使用了相同的纹理贴图，那么创建实例将会减少在显卡上重复加载，从而提高显示的性能。
- 【重置材质编辑器窗口】：用默认的材质类型替换材质编辑器中的所有材质。
- 【精简材质编辑器窗口】：将【材质编辑器】中所有未使用的材质设置为默认类型，只保留场景中的材质，并将这些材质移动到材质编辑器的第一个示例窗中。
- 【还原材质编辑器窗口】：使用前两个命令时，3ds Max将【材质编辑器】的当前状态保存在缓冲区中，使用此命令可以利用缓冲区的内容还原编辑器的状态。

图7-5 【实用程序】菜单

### 2. 材质示例窗

材质示例窗用来显示材质的调节效果，默认为24个示例球，当调节参数时，其效果会立刻反映到示例球上，用户可以根据示例球来判断材质的效果。示例窗可以变小或

变大。示例窗的内容不仅可以是球体，还可以是其他几何体，包括自定义的模型；示例窗的材质可以直接拖动到对象上进行指定。

在示例窗中，窗口都以黑色边框显示，如图7-6右图所示。当前正在编辑的材质称为激活材质，它具有白色边框，如图7-6左图所示。如果要对材质进行编辑，首先要在材质上单击左键，将其激活。

对于示例窗中的材质，有一种同步材质的概念，当一个材质指定给场景中的对象，它便成为了同步材质。特征是四角有三角形标记，如图7-7所示。如果对同步材质进行编辑操作，场景中的对象也会随之发生变化，不需要再进行重新指定。图7-7左图所示表示使用该材质的对象在场景中被选择。

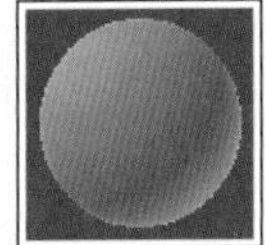

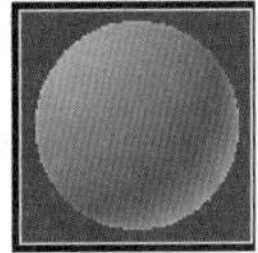

被激活的材质　未激活的材质

图7-6　激活与未激活示例窗

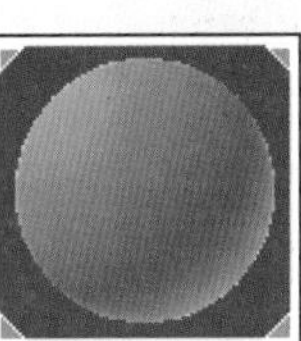

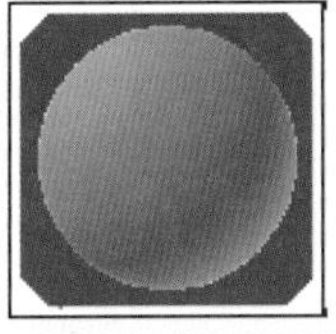

图7-7　将材质指定给对象后的效果

示例窗中的材质可以方便地执行拖动操作，从而进行各种复制和指定活动。将一个材质窗口拖动到另一个材质窗口之上，释放鼠标，即可将它复制到新的示例窗中。对于同步材质，复制后会产生一个新的材质，它已不属于同步材质，因为同一种材质只允许有一个同步材质出现在示例窗中。

材质和贴图的拖动是针对软件内部的全部操作而言的，拖动的对象可以是示例窗、贴图按钮或材质按钮等，它们分布在材质编辑器、灯光设置、环境编辑器、贴图置换命令面板以及资源管理器中，相互之间都可以进行拖动操作。作为材质，还可以直接拖动到场景中的对象上，进行快速指定。

在激活的示例窗中单击鼠标右键，可以弹出一个快捷菜单，如图7-8所示。样本球快捷菜单各项说明如下所示：

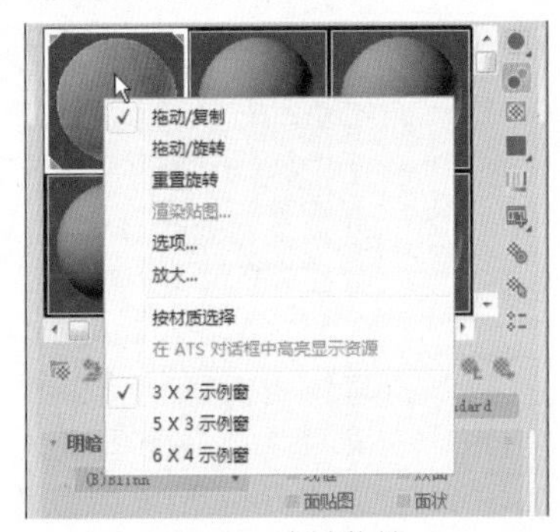


图7-8　右键菜单

- 【拖动/复制】：这是默认的设置模式，支持示例窗中的拖动复制操作。
- 【拖动/旋转】：这是一个非常有用的工具，选择该选项后，在示例窗中拖动鼠标，可以转动示例球，便于观察其他角度的材质效果。在示例球内旋转是在三维空间中进行的，而在示例球外旋转则是垂直于视平面方向进行的，配合Shift键可以在水平或垂直方向上锁定旋转。在具备三键鼠标和NT以上级别操作系统的平台上，可以在【拖动/复制】模式下单击中键来执行旋转操作，不必进入菜单中选择。
- 【重置旋转】：恢复示例窗中默认的角度方位。
- 【渲染贴图】：只对当前贴图层级的贴图进行渲染。如果是材质层级，那么该项不被启用。当贴图渲染为静态或动态图像时，会弹出【渲染贴图】对话框，如图7-9所示。

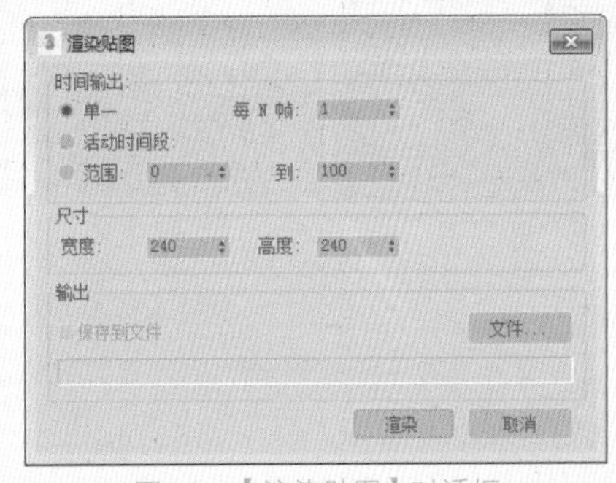


图7-9　【渲染贴图】对话框

> 提示　当材质球处于选中状态，贴图通道处于编辑状态时【渲染贴图】命令是可用的。

- 【选项】：选择该选项将弹出如图7-10所示的【材质编辑器选项】对话框，主要是控制有关编辑器自身的属性。

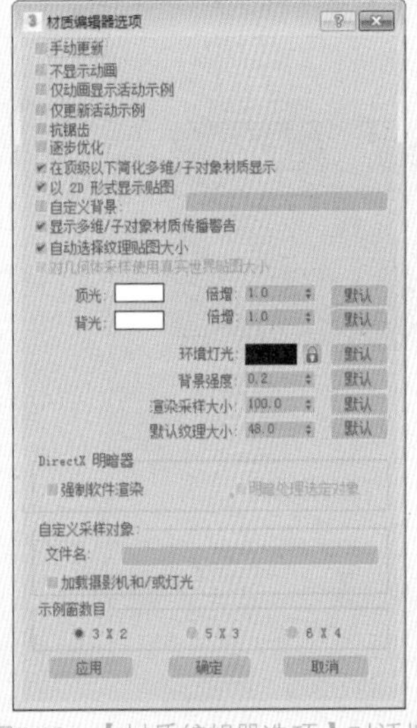


图7-10　【材质编辑器选项】对话框

- 【放大】：可以将当前材质以一个放大的示例窗显示，

它独立于材质编辑器，以浮动框的形式存在，这有助于更清楚地观察材质效果，如图7-11所示。每一个材质只允许有一个放大窗口，最多可以同时打开24个放大窗口。通过拖动它的四角可以任意放大尺寸。这个命令同样可以通过在示例窗上双击鼠标左键来执行。

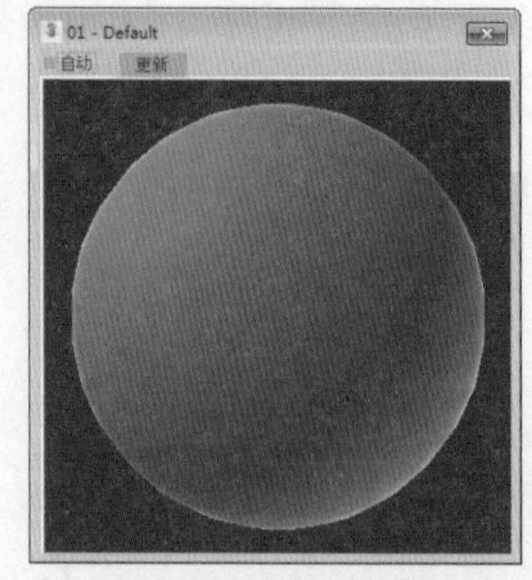


图7-11 放大材质

- 【3×2示例窗、5×3示例窗、6×4 示例窗】：用来设计示例窗中各示例小窗显示布局，材质示例窗中一共有24的小窗，当以6×4方式显示时，它们可以完全显示出来，只是比较小；如果以5×3或3×2方式显示，可以手动拖动窗口，显示出隐藏在内部的其他示例窗。示例窗不同的显示方式如图7-12所示。

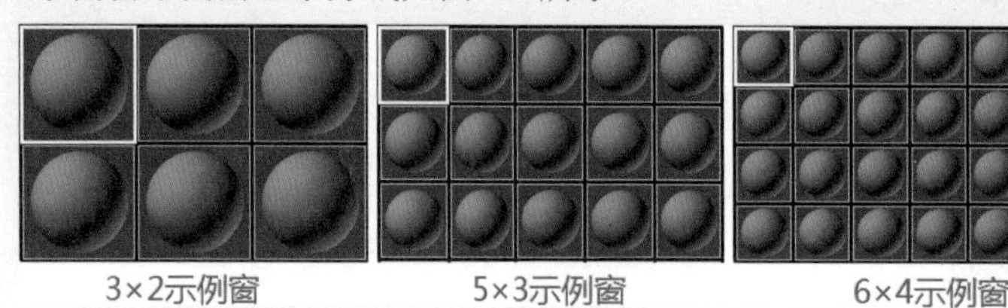


图7-12 示例窗不同的显示方式

### 3. 工具栏

示例窗的下方是工具栏，它们用来控制各种材质，工具栏上的按钮大多用于材质的指定、保存和层级跳跃。工具栏下面是材质的名称，材质的起名很重要，对于多层级的材质，此处可以快速地进入其他层级的材质。工具栏如图7-13所示。

- 【获取材质】按钮：单击【获取材质】按钮，打开【材质/贴图浏览器】对话框，如图7-14所示。可以进行材质和贴图的选择，也可以调出材质和贴图，从而进行编辑修改。对于【材质/贴图浏览器】对话框，可以在不同地方将它打开，不过它们在使用上还有区别，单击【获取材质】按钮，打开的【材质/贴图浏览器】对话框是一个浮动性质的对话框，不影响场景的其他操作。

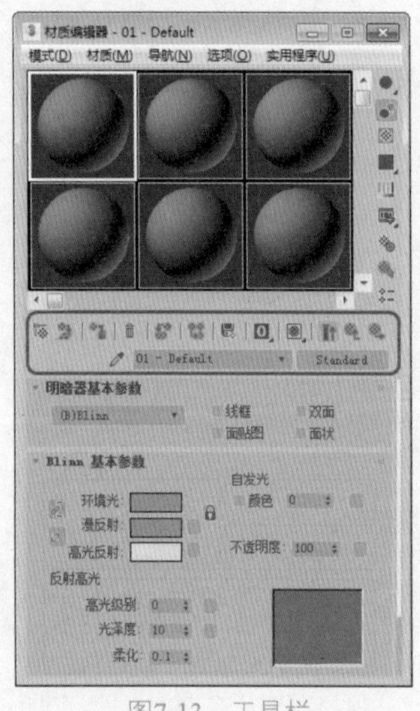


图7-13 工具栏

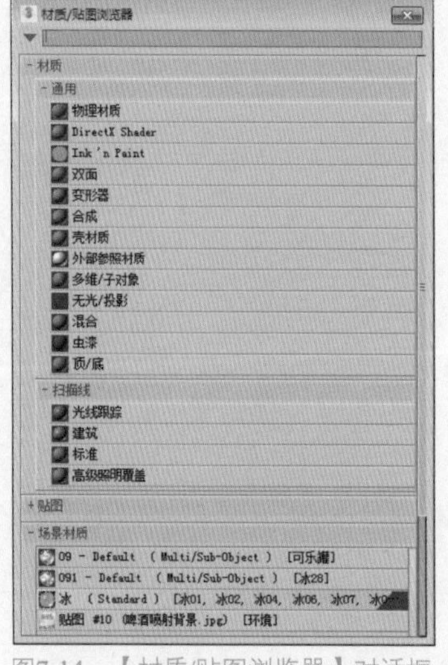


图7-14 【材质/贴图浏览器】对话框

- 【将材质放入场景】按钮：在编辑完材质之后将它重新应用到场景中的对象上，允许使用这个按钮是有条件的：（1）在场景中有对象的材质与当前编辑的材质同名。（2）当前材质不属于同步材质。
- 【将材质指定给选定对象】按钮：将当前激活示例窗中的材质指定给当前选择的对象，同时此材质会变为一个同步材质。贴图材质被指定后，如果对象还未进行贴图坐标的指定，在最后渲染时也会自动进行坐标指定，如果单击【视口中显示明暗处理材质】按钮，在视图中可以观看贴图效果，同时也会自动进行坐标指定。
- 如果在场景中已有一个同名的材质存在，这时会弹出一个对话框，如图7-15所示。

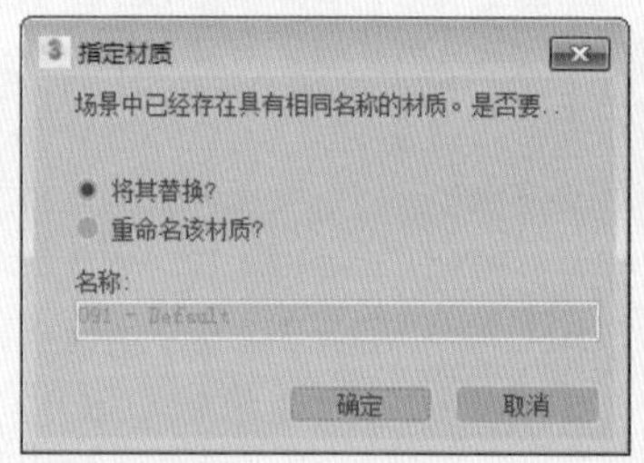


图7-15 【指定材质】对话框

  - 【将其替换】：这样会以新的材质代替旧有的同名材质。
  - 【重命名该材质】：将当前材质改为另一个名称。如果要重新进行指定名称，可以在【名称】文本框中输入。
- 【重置贴图/材质为默认设置】按钮：对当前示例窗的编辑项目进行重新设置，如果处在材质层级，将恢复为一种标准材质，即灰色轻微反光的不透明材质，全部贴图设置都将丢失；如果处在贴图层级，将恢复为最初始的贴图设置；如果当前材质为同步材质，将弹出【重置材质/贴图参数】对话框，如图7-16所示。
  - 在该对话框中选中前一个单选按钮会影响场景中的所有对象，但仍保

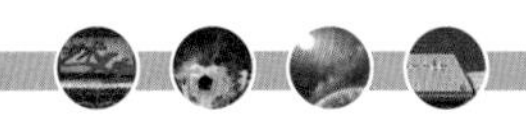

持为同步材质。选中后一个单选按钮只影响当前示例窗中的材质，变为非同步材质。

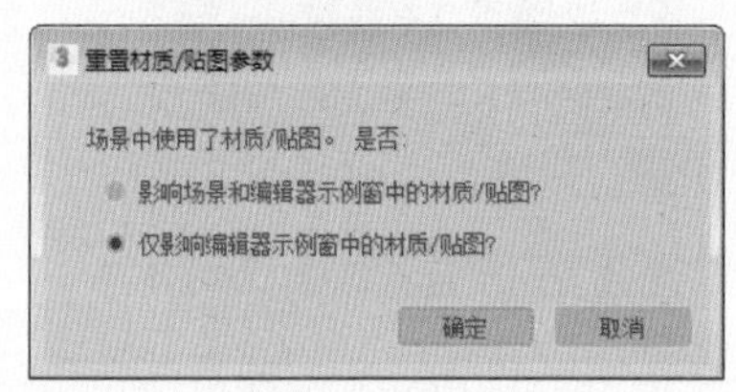


图7-16 【重置材质/贴图参数】对话框

- 【生成材质副本】按钮：这个按钮只针对同步材质起作用。单击该按钮，会将当前同步材质复制成一个相同参数的非同步材质，并且名称相同，以便在编辑时不影响场景中的对象。
- 【使唯一】按钮：这个按钮可以将贴图关联复制为一个独立的贴图，也可以将一个关联子材质转换为独立的子材质，并对子材质重新命名。通过单击【使唯一】按钮，可以避免在对【多维子对象材质】中的顶级材质进行修改时，影响到与其相关联的子材质，起到保护子材质的作用。

> 提示：如果将实例化的贴图拖动到材质编辑器示例窗中，则【使唯一】按钮将不可用，因为它没有从唯一与之相关的上下文中清除。而是需要将父级贴图或父级材质之一导入到材质编辑器中，向下浏览到该贴图，然后使该贴图与此父级贴图唯一相关。

- 【放入库】按钮：单击该按钮，会将当前材质保存到当前的材质库中，这个操作直接影响到磁盘，该材质会永久保留在材质库中，关机后也不会丢失。单击该按钮后会弹出【放置到库】对话框，在此可以确认材质的名称，如图7-17所示。如果名称与当前材质库中的某个材质重名，会弹出【材质编辑器】提示框，如图7-18所示。单击【是】按钮或按Y键，系统会以新的材质覆盖原有材质，否则不进行保存操作。

图7-17 【放置到库】对话框

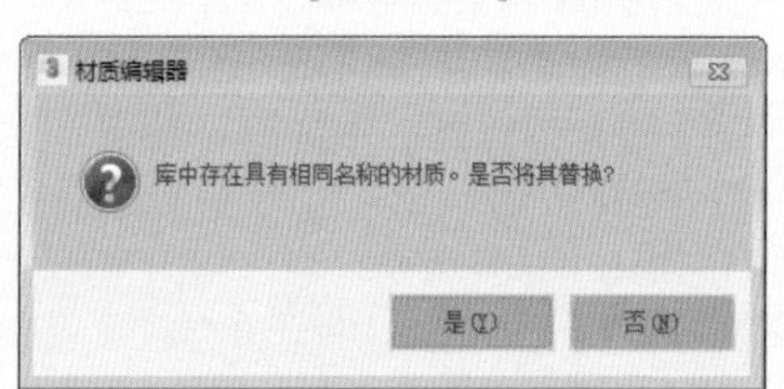


图7-18 提示对话框

- 【材质ID通道】按钮：通过材质的特效通道可以在后期视频处理器和Effects特效编辑器中为材质指定特殊效果。
  - 例如要制作一个发光效果，可以让指定的对象发光，也可以让指定的材质发光。如果要让对象发光，则需要在对象的属性设置框中设置对象通道；如果要让材质发光，则需要通过此按钮指定材质特效通道。
  - 单击此按钮会展开一个通道选项，这里有15个通道可供选择，选择好通道后，在视频后期处理器中加入发光过滤器，在发光过滤器的设置中通过设置【材质ID】与材质编辑器中相同的通道号码，即可对此材质进行发光处理。

> 提示：在视频后期处理器中只认材质ID号，所以如果两个不同材质指定了相同的材质特效通道，都会一同进行特技处理，由于这里有15个通道，表示一个场景中只允许有15个不同材质的不同发光效果，如果发光效果相同，不同的材质也可以设置为同一材质特效通道，以便视频后期处理器中的制作更为简单。0通道表示不使用特效通道。

- 【视口中显示明暗处理材质】按钮：在贴图材质的贴图层级中此按钮可用，单击该按钮，可以在场景中显示出材质的贴图效果，如果是同步材质，对贴图的各种设置调节也会同步影响场景中的对象，这样就可以很轻松地进行贴图材质的编辑工作。
  - 视图中能够显示3D类程序式贴图和二维贴图，可以通过【材质编辑器】选项中的【3D贴图采样比例】对显示结果进行改善。【粒子年龄】和【粒子运动模糊】贴图不能在视图中显示。

> 提示：虽然即时贴图显示对制作带来了便利，但也为系统增添了负担。如果场景中有很多对象存在，最好不要将太多的即时贴图显示，不然会降低显示速度。通过【视图】菜单中的【取消激活所有贴图】命令可以将场景中全部即时显示的贴图关闭。

  - 如果用户的电脑中安装的显卡支持OpenGL或Direct3D显示驱动，便可以在视图中显示多维复合贴图材质，包括【合成】和【混合】贴图。HEIDI driver （Software Z Buffer）驱动不支持多维复合贴图材质的即时贴图显示。
- 【显示最终结果】按钮：此按钮是针对多维材质或贴图材质等具有多个层级嵌套的材质作用的，在子级层级中单击该按钮，将会显示出最终材质的效果（也就是顶级材质的效果），松开该按钮会显示当前层级的效果。对于贴图材质，系统默认为按下状态，进入贴图层级后仍可看到最终的材质效果。对于多维材质，系统默认为

松开状态，以便进入子级材质后，可以看到当前层级的材质效果，这有利于对每一个级别材质的调节。

- 【转到父对象】按钮：向上移动一个材质层级，只在复合材质的子级层级有效。
- 【转到下一个同级项】按钮：如果处在一个材质的子级材质中，并且还有其他子级材质，此按钮有效，可以快速移动到另一个同级材质中。例如，在一个多维子对象材质中，有两个子级对象材质层级，进入一个子级对象材质层级后，单击此按钮，即可跳入另一个子级对象材质层级中，对于多维贴图材质也适用。例如，同时有【漫反射】贴图和【凹凸】贴图的材质，在【漫反射】贴图层级中单击此按钮，可以直接进入【凹凸】贴图层级。
- 【从对象拾取材质】按钮：单击此按钮后，可以从场景中某一对象上获取其所附的材质，这时鼠标箭头会变为一个吸管，在有材质的对象上单击左键，即可将材质选择到当前示例窗中，并且变为同步材质，这是一种从场景中选择材质的好方法。
- 【材质名称列表】Map #0：在编辑器工具行下方正中央，是当前材质的名称输入框，作用是显示并修改当前材质或贴图的名称，在同一个场景中，不允许有同名材质存在。

> 提示　对于多层级的材质，点击 Map #0 此框右侧的箭头按钮，可以展开全部层级的名称列表，它们按照由高到低的层级顺序排列，通过选择可以很方便地进入任一层级。

- 【类型】Standard：这是一个非常重要的按钮，默认情况下显示Standard，表示当前的材质类型是标准类型。通过它可以打开【材质/贴图浏览器】对话框，从中可以选择各种材质或贴图类型。如果当前处于材质层级，则只允许选择材质类型；如果处于贴图层级，则只允许选择贴图类型。选择后按钮会显示当前的材质或者贴图类型名称。
  - 在此处如果选择了一个新的混合材质或贴图，会弹出一个对话框，如图7-19所示。
  - 如果选中【丢弃旧材质】单选按钮，将会丢失当前材质的设置，产生一个全新的混合材质；如果选中【将旧材质保存为子材质】单选按钮，则会将当前材质保留，作为混合材质中的一个子级材质。

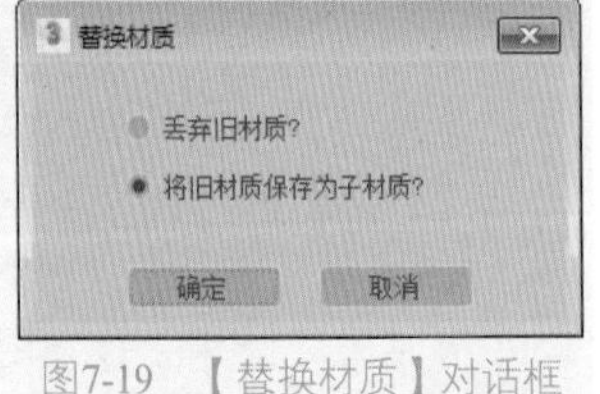


图7-19　【替换材质】对话框

### 4. 工具列

示例窗的右侧是工具列，工具列如图7-20所示。

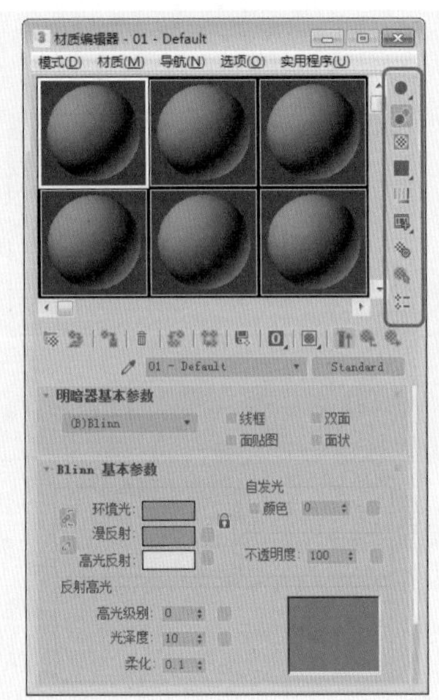


图7-20　工具列

- 【采样类型】按钮：用于控制示例窗中样本的形态，包括球体、柱体、立方体。
- 【背光】按钮：为示例窗中的样本增加一个背光效果，有助于金属材质的调节，如图7-21所示。

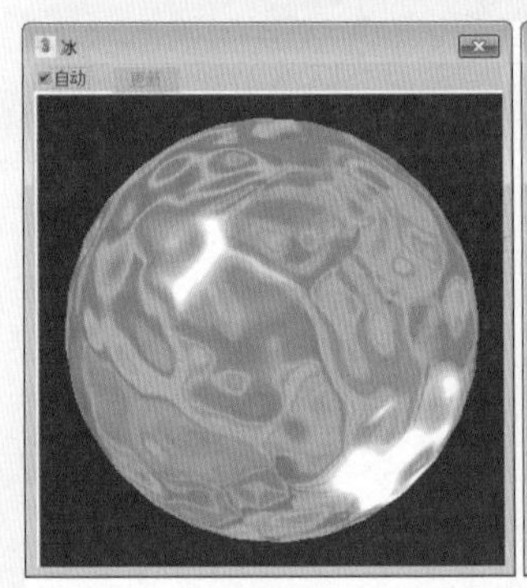


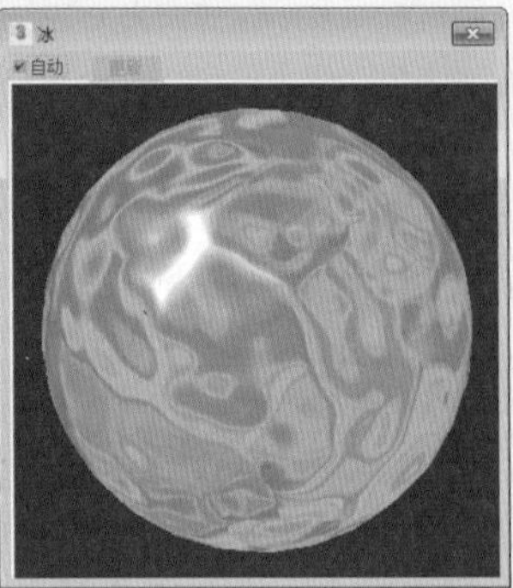


图7-21　【背光】效果

- 【背景】按钮：为示例窗增加一个彩色方格背景，主要用于透明材质和不透明贴图效果的调节，选择菜单栏中的【选项】|【选项】命令，在弹出的【材质编辑器选项】对话框中点击【自定义背景】右侧的空白框，选择一个图像即可，如果没有正常显示背景，可以选择菜单栏中的【选项】|【背景】命令，如图7-22所示为不同背景的效果。
- 【采样UV平铺】按钮：用来测试贴图重复的效果，这只改变示例窗中的显示，并不对实际的贴图产生影响，其中包括几个重复级别，效果如图7-23所示。
- 【视频颜色检查】按钮：用于检查材质表面色彩是否超过视频限制，对于NTSC和PAL制视频色彩饱和度有一定限制，如果超过这个限制，颜色转化后会变模糊，所以要尽量避免发生。不过单纯从材质避免还是不够的，最后渲染的效果还决定于场景中的灯光，通过渲染控制器中的视频颜色检查可以控制最后渲染图像是否超过限制。比较安全的做法是将材质色彩的饱和度降低在85%以下。

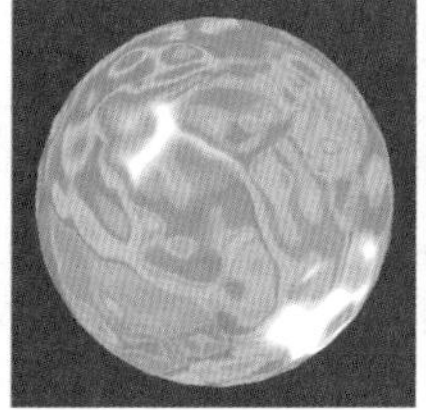
无背景

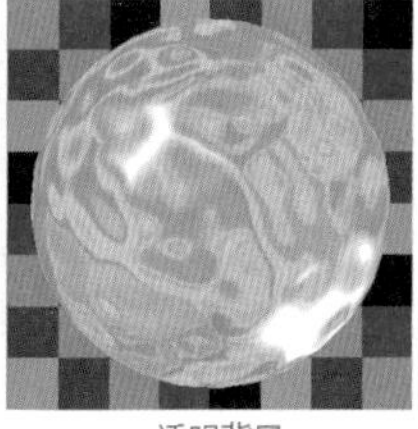
透明背景

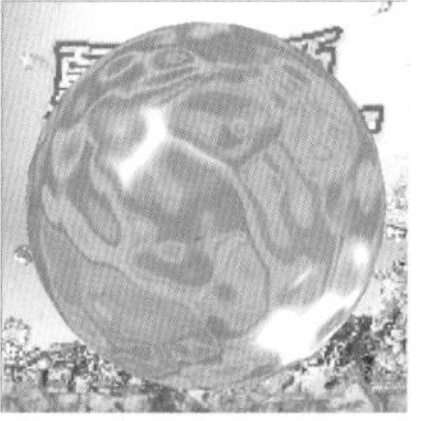
自定义背景

图7-22　不同背景效果

图7-23　采样UV平铺后的材质球

- 【生成预览】按钮：用于制作材质动画的预视效果，对于进行了动画设置的材质，可以使用它来实时观看动态效果，单击它会弹出【创建材质预览】对话框，如图7-24所示。

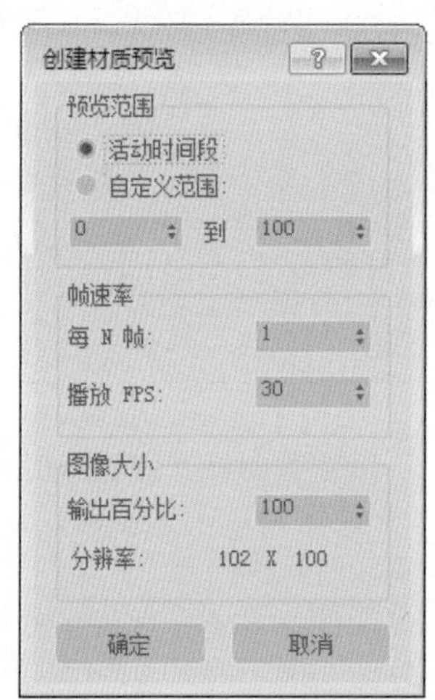


图7-24　【创建材质预览】对话框

- 【预览范围】：设置动画的渲染区段。预览范围又分为【活动时间段】和【自定义范围】两部分，选中【活动时间段】单选按钮可以将当前场景的活动时间段作为动画渲染的区段；选中【自定义范围】单选按钮，可以通过下面的文本框指定动画的区域，确定从第几帧到第几帧。
- 【帧速率】：设置渲染和播放的速度，在【帧速率】选项组中包含【每N帧】和【播放FPS】。【每N帧】用于设置预视动画间隔几帧进行渲染；【播放FPS】用于设置预视动画播放时的速率，N制为30帧/秒，PAL制为25帧/秒。
- 【图像大小】：设置预视动画的渲染尺寸。在【输出百分比】文本框中可以通过输出百分比来调节动画的尺寸。

- 【选项】按钮：单击该按钮即可打开【材质编辑器选项】对话框，与选择【选项】菜单栏中的【选项】命令弹出的对话框一样，如图7-25所示。

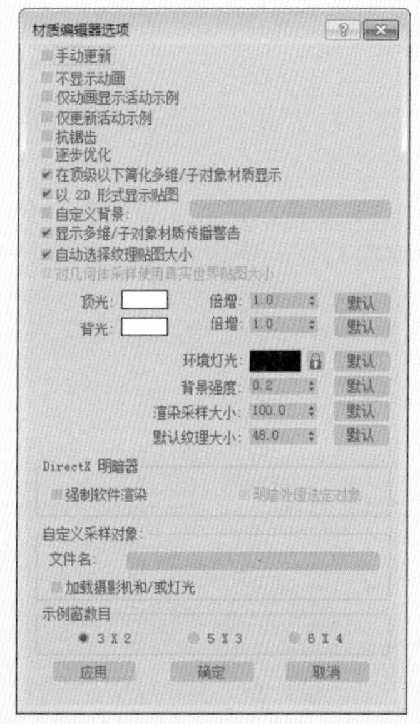


图7-25　【材质编辑器选项】对话框

- 【按材质选择】按钮：这是一种通过当前材质选择对象的方法，可以将场景中全部附有该材质的对象一同选择（不包括隐藏和冻结的对象）。单击此按钮，激活对象选择对话框，全部附有该材质的对象名称都会高亮显示在这里，单击【选择】按钮即可将它们一同选择。
- 【材质/贴图导航器】按钮：是一个可以提供材质、贴图层级或复合材质子材质关系快速导航的浮动对话框。用户可以通过在导航器中点击材质或贴图的名称快速实现材质层级操作，反过来，用户在材质编辑器中的当前操作层级，也会反映在导航器中。在导航器中，当前所在的材质层级会以高亮度来显示。如果在导航器中单击

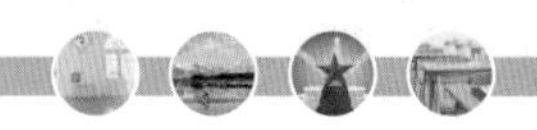

一个层级，材质编辑器中也会直接跳到该层级，这样就可以快速地进入每一层级中进行编辑操作了。用户可以直接从导航器中将材质或贴图拖曳到材质球或界面的按钮上。

5. 参数控制区

在材质编辑器下部是它的参数控制区，根据材质类型的不同以及贴图类型的不同，其内容也不同。一般的参数控制包括多个项目，它们分别放置在各自的控制面板上，通过伸缩条展开或收起，如果超出了材质编辑器的长度可以通过手动进行上下滑动，与命令面板中的用法相同。

## 7.2.2 材质/贴图浏览器

3ds Max中的30多种贴图按照用法、效果等可以划分为2D贴图、3D贴图、合成器、颜色修改器、其他等5大类。不同的贴图类型作用于不同的贴图通道，其效果也大不相同，这里着重讲解一些最常用的贴图类型。在材质编辑器的【贴图】卷展栏中单击任意一个贴图通道按钮，都会弹出贴图对话框。

下面将对【材质/贴图浏览器】进行介绍。

1. 材质/贴图浏览器

【材质/贴图浏览器】提供全方位的材质和贴图浏览选择功能，它会根据当前的情况而变化，如果允许选择材质和贴图，会将两者都显示在列表窗中，否则将仅显示材质或贴图，如图7-26所示。

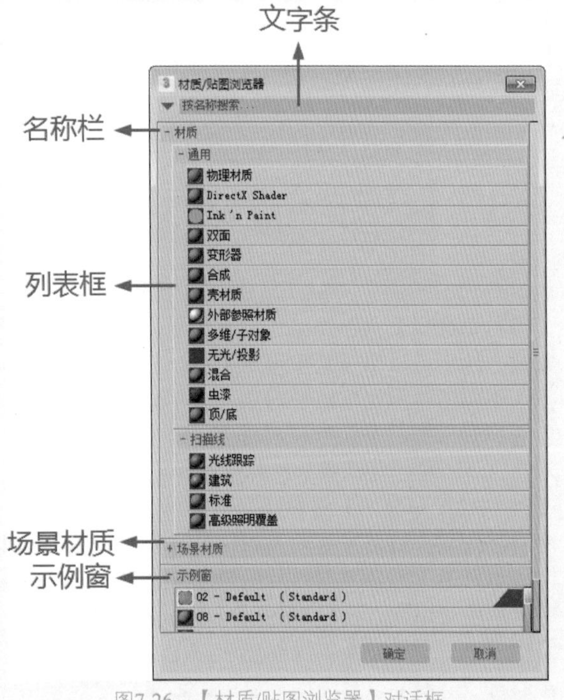


图7-26 【材质/贴图浏览器】对话框

【材质/贴图浏览器】有以下功能区域：

- 【文字条】：在左上角有一个文本框，用于快速检索材质和贴图，例如在其中输入“合”文字，按下Enter键，将会显示以“合”文字开头的材质。
- 【名称栏】：文字条右侧显示当前选择的材质或贴图的名称，方括号内是其对应的类型。
- 【列表框】：右侧最大的空白区域就是列表框，用于显示材质和贴图。材质以圆形球体标志显示；贴图则以方形标志显示。
- 【场景材质】：在该列表中将会显示场景中所应用的材质。
- 【示例窗】：左上角有一个示例窗，与材质编辑器中的示例窗相同。每当选择一个材质或贴图后，它都会显示出效果，不过仅能以球体样本显示，它也支持拖动复制操作。

2. 列表显示方式

在名称栏上右击鼠标，在弹出的快捷菜单中选择【将组和子组显示为】，这里提供了5种列表显示类型。

- 【小图标】：以小图标方式显示，并在小图标下显示其名称，当鼠标停留于其上时，也会显示它的名称，其显示效果如图7-27所示。

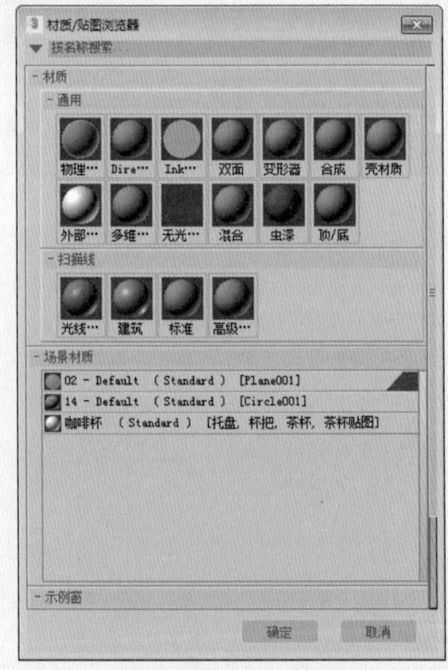


图7-27 【小图标】显示

- 【中等图标】：以中等图标方式显示，并在中等图标下显示其名称，当鼠标停留于其上时，也会显示它的名称，其显示效果如图7-28所示。
- 【大图标】：以大图标方式显示，并在大图标下显示其名称，当鼠标停留于其上时，也会显示它的名称，其显示效果如图7-29所示。

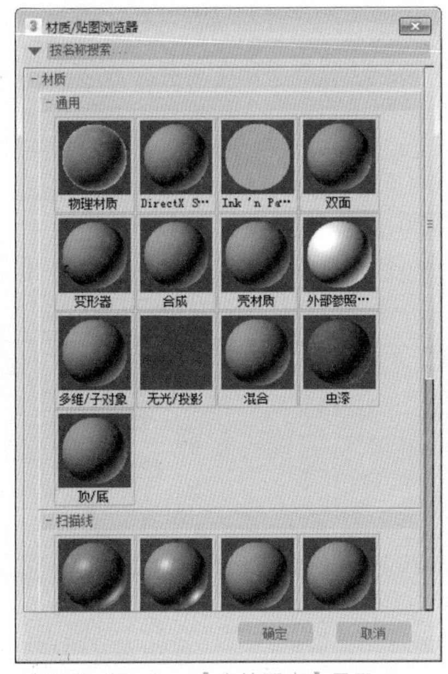

图7-28 【中等图表】显示

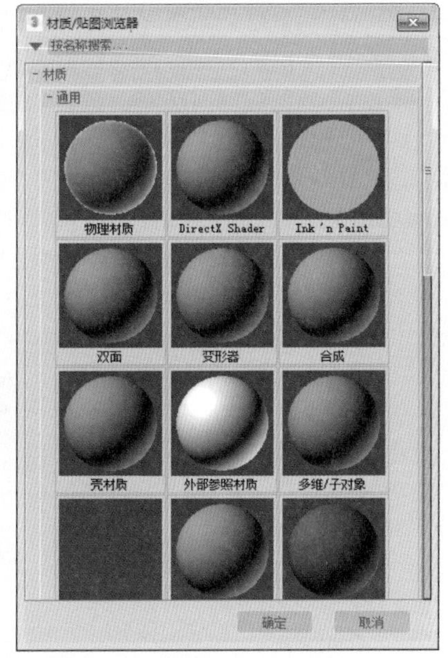

图7-29 【大图标】显示

- 【图标和文本】：在文字方式显示的基础上，增加了小的彩色图标，可以模糊地观察材质或贴图的效果，其显示效果如图7-30所示。
- 【文本】：以文字方式显示，按首字母的顺序排列，其显示效果如图7-31所示。

图7-30 【图表和文本】显示

图7-31 【文本】显示

### 3.【材质/贴图浏览器选项】按钮的应用

在【材质/贴图浏览器】对话框中的左上角有一个【材质/贴图浏览器选项】按钮▼，单击该按钮会弹出一个下拉菜单，如图7-32所示，下面对该菜单进行详细介绍。

- 【打开材质库】：从材质库中获取材质和贴图，允许调入.mat或.max格式的文件。.mat是专用材质库文件，.max是一个场景文件，它会将该场景中的全部材质调入。
- 【材质】：勾选该选项后，可在列表框中显示出材质组。
- 【贴图】：勾选该选项后，可在列表框中显示出贴图组。
- 【示例窗】：勾选该选项后，可在列表框中显示出示例窗口。
- Autodesk Material Library：勾选该选项后，可在列表框中显示Autodesk Material Library材质库。
- 【场景材质】：勾选该选项后，可在列表框中显示出场景材质组。
- 【显示不兼容】：勾选该选项后，可在列表框中显示出与当前活动渲染器不兼容的条目。
- 【显示空组】：勾选该选项后，即使是空组也显示出来。

图7-32 【材质/贴图浏览器选项】下拉菜单

##  7.3 标准材质

标准材质是默认的通用材质，在现实生活中，对象的外观取决于它的反射光线，在3ds Max中，标准材质用来模拟对象表面的反射属性，在不使用贴图的情况下，标准材质为对象提供了单一均匀的表面颜色效果。

即使是【单一】颜色的表面，在光影、环境等影响下也会呈现出多种不同的反射结果。标准材质通过3种不同的颜色类型来模拟这种现象，它们是【环境光】、【漫反射】、【高光反射】，不同的明暗器类型中颜色类型会有所变化。【漫反射】是对象表面在最佳照明条件下表现出的颜色，即通常所描述的对象本色；在适度的室内照明情况下，【环境光】的颜色可以选用深一些的漫反射颜色，但对于室外或者强烈照明情况下的室内场景，【环境光】的颜色应当指定为主光源颜色的补色；【高光反射】的颜色不外乎与主光源一致或是高纯度、低饱和度的漫反射颜色。

标准材质的界面分为【明暗器基本参数】、【基本参数】、【扩展参数】、【超级采样】、【贴图】和【mental ray连接】卷展栏，通过单击顶部的项目条可以收起或展开对应的参数面板，鼠标指针呈手形时可以进行上下滑动，右侧还有一个细的滑块可以进行面板的上下滑动，具体用法和修改命令面板相同。

【明暗器基本参数】卷展栏如图7-33所示。【明暗器基本参数】卷展栏中的8种类型：（A）各向异性、（B）Blinn、（M）金属、（ML）多层、（O）Oren-Nayar-Blinn、（P）Phong、（S）Strauss、（T）半透明明暗器等。

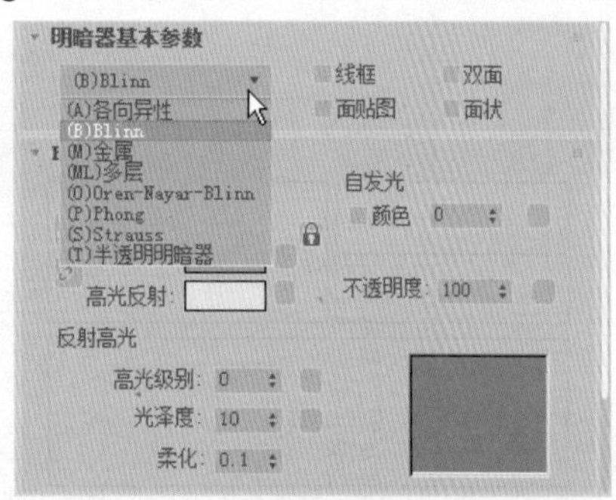


图7-33 【明暗器基本参数】卷展栏

下面主要介绍【明暗器基本参数】卷展栏中的其他4项内容：

- 【线框】：以网格线框的方式来渲染对象，它只能表现出对象的线架结构，对于线框的粗细，可以通过【扩展参数】中的【线框】项目来调节，【尺寸】值确定它的粗细，可以选择【像素】和【单位】两种单位，如果选择【像素】为单位，对象无论远近，线框的粗细都将保持一致；如果选择【单位】为单位，将以3ds Max内部的基本单元作为单位，会根据对象离镜头的远近而发生粗细变化。图7-34所示为线框渲染效果与未勾选线框渲染效果，如果需要更优质的线框，可以对对象使用结构线框修改器。
- 【双面】：将对象法线相反的一面也进行渲染，通常计算机为了简化计算，只渲染对象法线为正方向的表面（即可视的外表面），这对大多数对象都适用，但有些敞开面的对象，其内壁看不到任何材质效果，这时就必须打开双面设置。图7-35所示为两个茶杯，左侧为未勾选双面材质的渲染效果；右侧为勾选双面材质的渲染效果。使用双面材质会使渲染变慢。最好的方法是对必须使用双面材质的对象使用双面材质，而不要在最后渲染时再打开渲染设置框中的【强制双面】渲染属性（它会强行对场景中的全部物体都进行双面渲染，一般发生在出现漏面但又很难查出是哪些模型出问题的情况下使用）。

图7-34 线框渲染效果

图7-35 双面渲染效果

- 【面贴图】：将材质指定给造型的全部面，如果含有贴图的材质，在没有指定贴图坐标的情况下，贴图会均匀分布在对象的每一个表面上。
- 【面状】：将对象的每个表面以平面化进行渲染，不进行相邻面的组群平滑处理。

## 7.3.1 明暗器类型

### 1. 各向异性

【各向异性】通过调节两个垂直正交方向上可见高光级别之间的差额，从而实现一种【重折光】的高光效果。这种渲染属性可以很好地表现毛发、玻璃和被擦拭过的金属等模型效果。它的基本参数大体上与Blinn相同，只在高光和漫反射部分有所不同，【各向异性基本参数】卷展栏如图7-36所示，其材质球表现如图7-37所示。

颜色控制用来设置材质表面不同区域的颜色，包括【环境光】、【漫反射】和【高光反射】，调节方法为在区域右侧色块上单击鼠标，打开颜色选择器，从中进行颜色的选择，如图7-38所示。

这个颜色选择器属于浮动框性质，只要打开一次即可，如果选择另一个材质区域，它也会自动去影响新的区

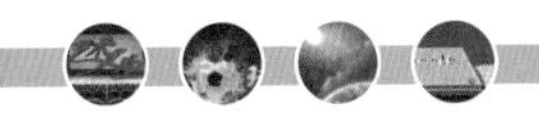

域色彩，在色彩调节的同时，示例窗中和场景中都会进行效果的即时更新显示。

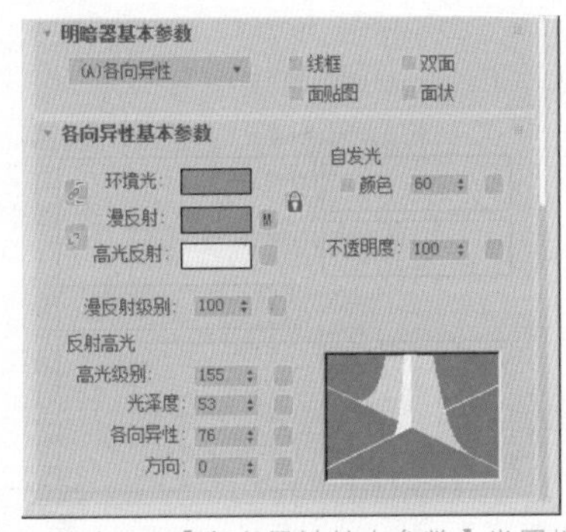

图7-36 【各向异性基本参数】卷展栏

图7-37 【各向异性】材质球

在色块的右侧有个小的空白按钮，单击可以直接进入该项目的贴图层级，为其指定相应的贴图，属于贴图设置的快捷操作，另外的4个与此相同。如果指定了贴图，小方块上会显示M字样，以后单击它可以快速进入该贴图层级。如果该项目贴图目前是关闭状态，则显示小写m。

左侧有两个锁定按钮，用于锁定【环境光】、【漫反射】和【高光反射】3种材质中的两种(或3种全部锁定)，单击该按钮后，将会弹出提示对话框，如图7-39所示，锁定的目的是使被锁定的两个区域颜色保持一致，调节一个时另一个也会随之变化。

- 【环境光】：控制对象表面阴影区的颜色。
- 【漫反射】：控制对象表面过渡区的颜色。
- 【高光反射】：控制对象表面高光区的颜色。

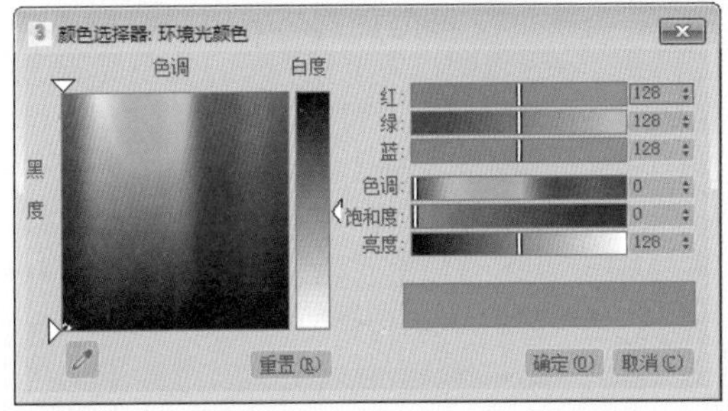

图7-38 【颜色选择器：环境光颜色】对话框

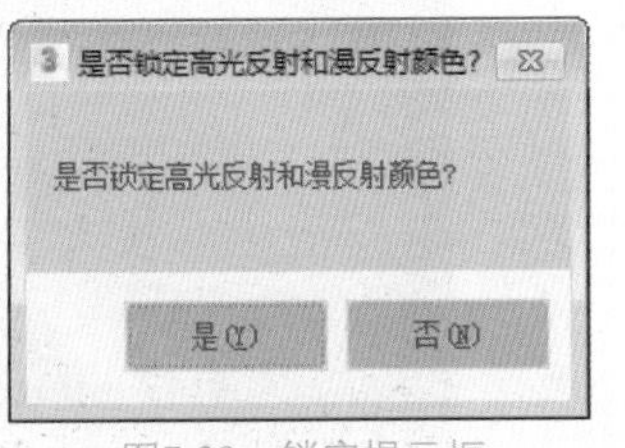


图7-39 锁定提示框

通常我们所说的对象的颜色是指漫反射，它提供对象最主要的色彩，使对象在日光或人工光的照明下可视，环境色一般由灯光的光色决定。否则会依赖于漫反射、高光反射与漫反射相同，只是饱和度更强一些。

- 【自发光】：使材质具备自身发光效果，常用于制作灯泡、太阳等光源对象。100%的发光度使阴影色失效，对象在场景中不受来自其他对象的投影影响，自身也不受灯光的影响，只表现出漫反射的纯色和一些反光，亮度值(HSV颜色值)保持与场景灯光一致。在3ds Max中，自发光颜色可以直接显示在视图中。

> 提示
>
> 指定自发光有两种方式。一种是选中前面的复选框，使用带有颜色的自发光；另一种是取消选中复选框，使用可以调节数值的单一颜色的自发光，对数值的调节可以看作是对自发光颜色的灰度比例进行调节。
>
> 要在场景中表现可见的光源，通常是创建好一个几何对象，将它和光源放在一起，然后给这个对象指定自发光属性。

- 【不透明度】：设置材质的不透明度百分比值，默认值为100，即不透明材质。降低值使透明度增加，值为0时变为完全透明材质。对于透明材质，还可以调节它的透明衰减，这需要在扩展参数中进行调节。
- 【漫反射级别】：控制漫反射部分的亮度。增减该值可以在不影响高光部分的情况下增减漫反射部分的亮度，调节范围为0～400，默认值为100。
- 【高光级别】：设置高光强度，默认值为5。
- 【光泽度】：设置高光的范围。值越高，高光范围越小。
- 【各向异性】：控制高光部分的各向异性和形状。值为0时，高光形状呈椭圆形；值为100时，高光变形为极窄条状。反光曲线示意图中的一条曲线用来表示【各向异性】的变化。
- 【方向】：用来改变高光部分的方向，范围是0～9999。

### 2. Blinn

Blinn高光点周围的光晕是旋转混合的，背光处的反光点形状为圆形，清晰可见，如增大柔化参数值，Blinn的反光点将保持尖锐的形态，从色调上来看，Blinn趋于冷色，【Blinn基本参数】卷展栏如图7-40所示，其材质球表现为如图7-41所示。

使用【柔化】微调框可以对高光区的反光作柔化处理，使它变得模糊、柔和。如果材质反光度值很低，反光强度值很高，这种尖锐的反光往往在背光处产生锐利的界线，增加【柔化】值可以很好地进行修饰。

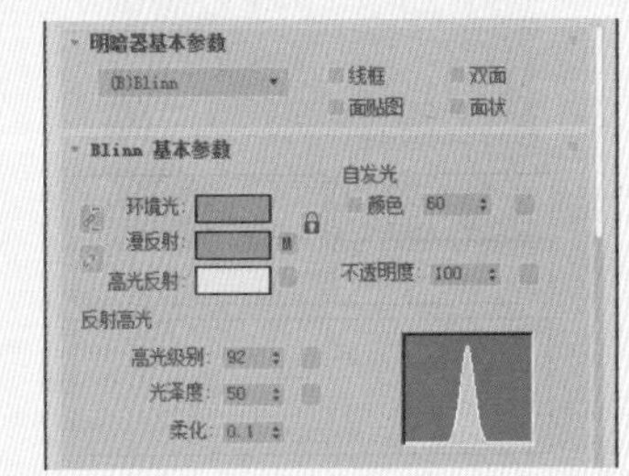

图7-40 【Blinn基本参数】卷展栏

图7-41 Blinn材质球

其余参数可参照【各向异性基本参数】卷展栏中的介绍。

### 3. 金属

这是一种比较特殊的明暗器类型，专用于金属材质的制作，可以提供金属所需的强烈反光。它取消了高光反射色彩的调节，反光点的色彩仅依据于漫反射色彩和灯光的色彩。

由于取消了高光反射色彩的调节，所以在高光部分的高光度和光泽度设置也与Blinn有所不同。【高光级别】文本框仍控制高光区域的亮度，而【光泽度】文本框变化的同时将影响高光区域的亮度和大小，【金属基本参数】卷展栏如图7-42所示，其材质球表现如图7-43所示。

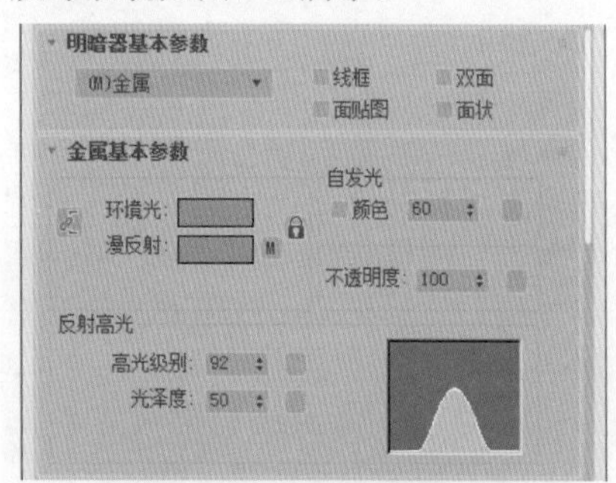


图7-42 【金属基本参数】卷展栏

图7-43 【金属基本参数】卷展栏

### 4. 多层

【多层】明暗器与【各向异性】明暗器有相似之处，它的高光区域也属于【各向异性】类型，意味着从不同的角度产生不同的高光尺寸，当【各向异性】值为0时，它们根是相同的，高光是圆形的，和Blinn、Phong相同；当【各向异性】值为100时，这种高光的各向异性达到最大程度的不同，在一个方向上高光非常尖锐，而另一个方向上光泽度可以单独控制。【多层基本参数】卷展栏如图7-44所示，其材质球表现如图7-45所示。

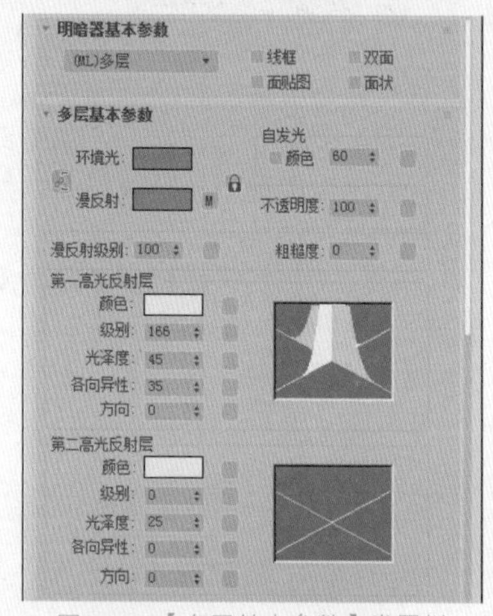


图7-44 【多层基本参数】卷展栏

图7-45 【多层】材质球

【粗糙度】：设置由漫反射部分向阴影色部分进行调和的快慢。提升该值时，表面的不光滑部分随之增加，材质也显得更暗更平。值为0时，则与Blinn渲染属性没有什么差别，默认值为0。

其余参数请参照前面的介绍。

### 5. Oren-Nayar-Blinn

Oren-Nayar-Blinn明暗器是Blinn的一个特殊变量形式。通过它附加的【漫反射级别】和【粗糙度】设置，可以实现物质材质的效果。这种明暗器类型常用来表现织物、陶制品等不光滑粗糙对象的表面，【Oren-Nayar-Blinn基本参数】卷展栏如图7-46所示，其材质球表现如图7-47所示。

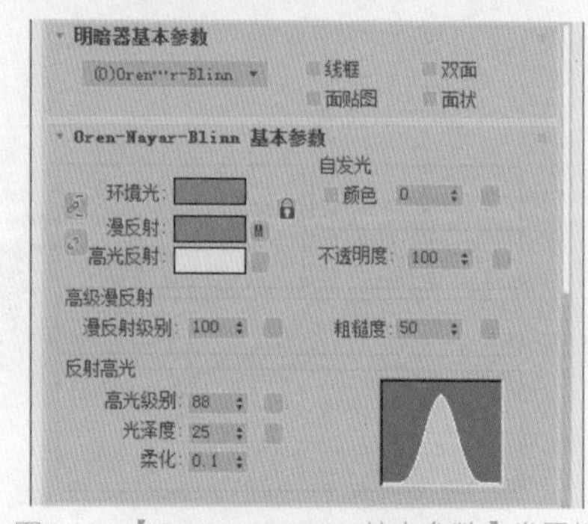


图7-46 【Oren-Nayar-Blinn基本参数】卷展栏

图7-47 Oren-Nayar-Blinn材质球

### 6. Phong

Phong高光点周围的光晕是发散混合的，背光处Phong的反光点为梭形，影响周围的区域较大。如果增大【柔化】参数值，Phong的反光点趋向于均匀柔和的反光，从色调上看，Phong趋于暖色，将表现暖色柔和的材质，常用于塑性材质，可以精确地反映出凹凸、不透明、反光、高光和反射贴图效果。【Phong基本参数】卷展栏如图7-48所示，其材质球表现为图7-49所示。

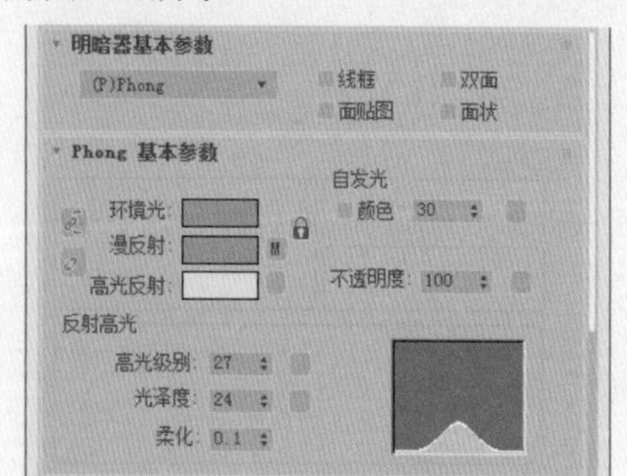


图7-48 【Phong基本参数】卷展栏

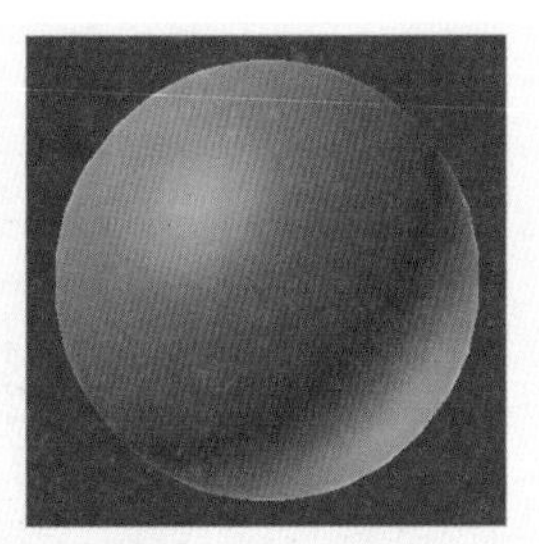

图7-49 Phong材质球

### 7. Strauss

Strauss提供了一种金属感的表面效果，比【金属】明暗器更简洁，参数更简单。【Strauss基本参数】卷展栏如图7-50所示，其材质球表现为图7-51所示。

相同的基本参数请参照前面的介绍。

- 【颜色】：设置材质的颜色。相当于其他明暗器中的漫反射颜色选项，而高光和阴影部分的颜色则由系统自动计算。
- 【金属度】：设置材质的金属表现程度。由于主要依靠高光表现金属程度，所以【金属度】需要配合【光泽度】才能更好地发挥效果。

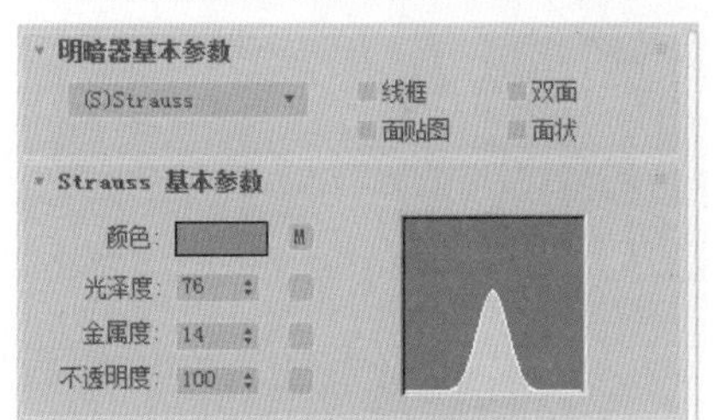


图7-50 【Strauss基本参数】卷展栏

图7-51 Strauss材质球

### 8. 半透明明暗器

【半透明明暗器】与Blinn类似，最大的区别在于能够设置半透明的效果。光线可以穿透这些半透明效果的对象，并且在穿过对象内部时离散。通常【半透明明暗器】用来模拟很薄的对象，例如窗帘、电影银幕、霜或者毛玻璃等效果。如图7-52所示为半透明效果。【半透明基本参数】卷展栏如图7-53所示。

图7-52 半透明效果

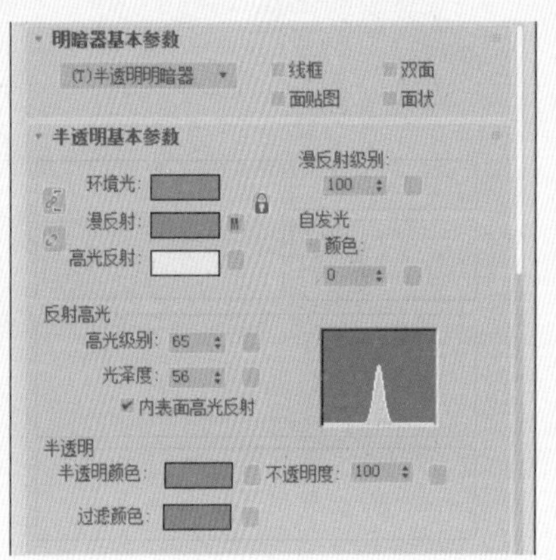


图7-53 【半透明基本参数】卷展栏

相同的基本参数请参照前面的介绍。

- 【半透明颜色】：半透明颜色是离散光线穿过对象时所呈现的颜色。设置的颜色可以不同于过滤颜色，两者互为倍增关系。单击色块选择颜色，右侧的灰色方块用于指定贴图。
- 【过滤颜色】：设置穿透材质的光线的颜色。与半透明颜色互为倍增关系。单击色块选择颜色，右侧的灰色方块用于指定贴图。过滤颜色(或穿透色)是指透过透明或半透明对象(如玻璃)后的颜色。过滤颜色配合体积光可以模拟例如彩光穿过毛玻璃后的效果，也可以根据过滤颜色为半透明对象产生的光线跟踪阴影配色。
- 【不透明度】：用百分率表示材质的透明/不透明程度。当对象有一定厚度时，能够产生一些有趣的效果。

除了模拟很薄的对象之外，半透明明暗器还可以模拟实体对象次表面的离散，用于制作玉石、肥皂、蜡烛等半透明对象的材质效果。

## 实例操作001——添加青铜材质

本例将介绍如何制作青铜材质，首先利用设置好【环境光】、【漫反射】和【高光反射】，然后进行贴图设置，效果如图7-54所示，具体操作步骤如下。

图7-54 青铜材质

01 按Ctrl+O快捷组合键，在弹出的对话框中选择“青铜材质.max”文件，单击【打开】按钮，如图7-55所示。

图7-55 打开素材文件

02 在视图中选中【狮子】对象，按M键打开【材质编辑器】，选择一个新的材质样本球，并将其命名为“青铜”，在【Blinn基本参数】卷展栏中取消【环境光】和【漫反射】的锁定，将【环境光】的RGB值设置为166、47、15，将【漫反射】的RGB值设置为51、141、45，将【高光反射】的RGB值设置为255、242、188，将【自发光】设置为14，在【反射高光】组中将【高光级别】设置为65，将【光泽度】设置为25，如图7-56所示。

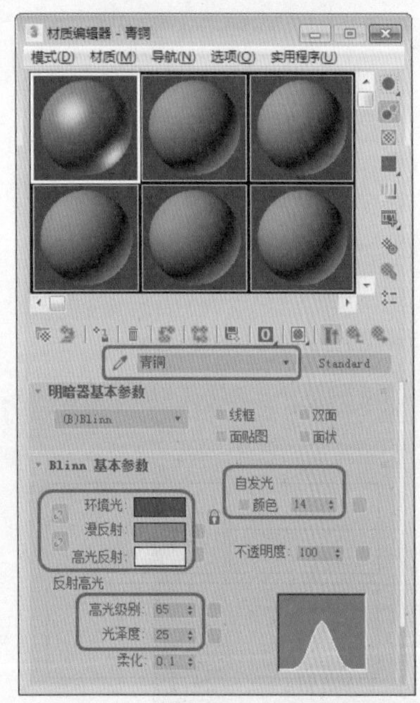

图7-56 设置Blinn基本参数

03 切换到【贴图】卷展栏中将【漫反射颜色】的值设置为75，单击其右侧的【无贴图】按钮，弹出【材质/贴图浏览器】对话框，双击【位图】选项，弹出【选择位图图像文件】对话框，选择“MAP03.JPG”文件，单击【打开】按钮，进入【位图】材质编辑器中，保持默认值，单击【转到父对象】按钮，如图7-57所示。

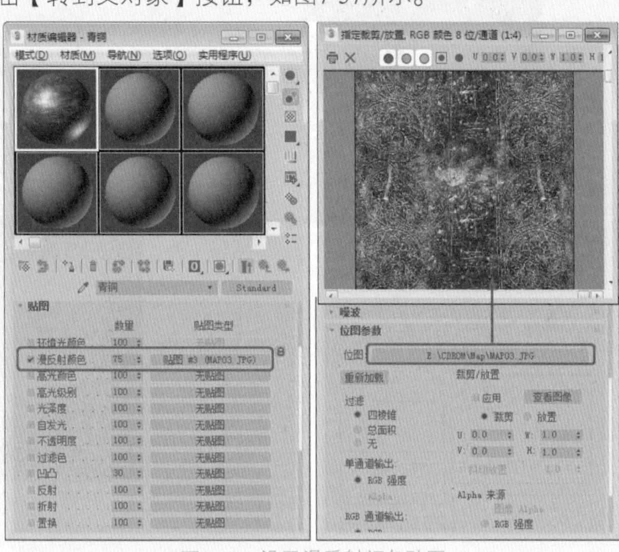

图7-57 设置漫反射颜色贴图

04 在【贴图】卷展栏中选择【漫反射颜色】右侧的材质按钮，按住鼠标将其拖曳至【凹凸】右侧的材质按钮上，在弹出的对话框中选中【复制】单选按钮，单击【确定】按钮，如图7-58所示。设置完成后，单击【将选定材质指定给选定对象】按钮，对完成后的场景进行渲染和保存即可。

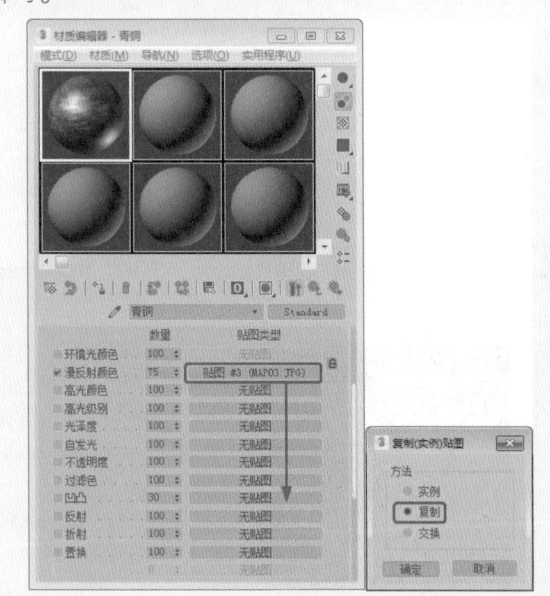

图7-58 复制贴图

## 7.3.2 【基本参数】卷展栏

基本参数主要用于指定对象贴图，设置材质的颜色、反光度、透明度等基本属性。选择不同的明暗器类型，【基

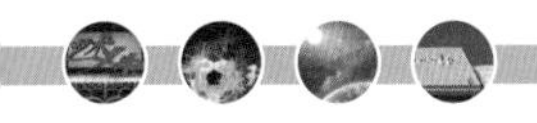

本参数】卷展栏中就会显示出相应的控制参数，关于【基本参数】卷展栏的具体参数设置可参见上一节所学知识。

## 7.3.3 【扩展参数】卷展栏

【扩展参数】卷展栏对于【标准】材质的所有明暗处理类型都是相同的，但 Strauss 和【半透明】明暗器则例外，【扩展参数】卷展栏如图7-59所示。

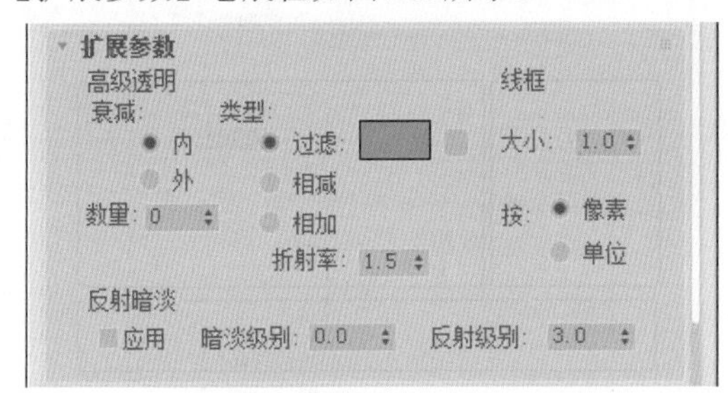


图7-59 【扩展参数】卷展栏

### 1.【高级透明】选项组

控制透明材质的透明衰减设置。

- 【内】：由边缘向中心增加透明的程度，就像在玻璃瓶中一样。
- 【外】：由中心向边缘增加透明的程度，就像在烟雾云中。
- 【数量】：最外或最内的不透明度数量。
- 【过滤】：计算与透明曲面后面的颜色相乘的过滤色。过滤或透射颜色是通过透明或半透明材质（如玻璃）透射的颜色。单击色样可更改过滤颜色。
- 【相减】：从透明曲面后面的颜色中减除。
- 【相加】：增加到透明曲面后面的颜色。
- 【折射率】：设置带有折射贴图的透明材质的折射率，用来控制材质折射被传播光线的程度。当设置为1（空气的折射率）时，看到的对象像在空气中（空气有时也有折射率，例如热空气对景象产生的气浪变形）一样不发生变形；当设置为1.5（玻璃折射率）时，看到的对象会产生很大的变形；当折射率小于1时，对象会沿着它的边界反射。在真实的物理世界中，折射率是因光线穿过透明材质和眼睛（或者摄影机）时速度不同而产生的，与对象的密度相关。折射率越高，对象的密度也就越大。

如表7-1所示是最常用的几种物质折射率。只需记住这几种常用的折射率即可，其实在三维动画软件中，不必严格地使用物理原则，只要能体现出正常的视觉效果即可。

表 7-1 常见物质折射率

| 材质 | 折射率 | 材质 | 折射率 |
| --- | --- | --- | --- |
| 真空 | 1 | 玻璃 | 1.5 ~ 1.7 |
| 空气 | 1.0003 | 钻石 | 2.419 |
| 水 | 1.333 | | |

### 2.【线框】选项组

在该选项组中可以设置线框的特性。

- 【大小】：设置线框的粗细，有【像素】和【单位】两种单位可供选择，
  - 【像素】：像素（默认设置。）用像素度量线框。对于像素选项来说，不管线框的几何尺寸多大，以及对象的位置近还是远，线框都总是有相同的外观厚度。
  - 【单位】：单位用 3ds Max 单位测量连线。根据单位，线框在远处变得较细，在近距离范围内较粗，如同在几何体中经过建模一样。

### 3.【反射暗淡】选项组

用于设置对象阴影区中反射贴图的暗淡效果。当一个对象表面有其他对象的投影时，这个区域将会变得暗淡，但是一个标准的反射材质却不会考虑到这一点，它会在对象表面进行全方位反射计算，失去了投影的影响，对象变得通体光亮，场景也变得不真实。这时可以打开【反射暗淡】设置，它的两个参数分别控制对象被投影区和未被投影区域的反射强度，这样我们可以将被投影区的反射强度值降低，使投影效果表现出来，同时增加未被投影区域的反射强度，以补偿损失的反射效果。启用和未启用【反射暗淡】复选框的效果如图7-60示。

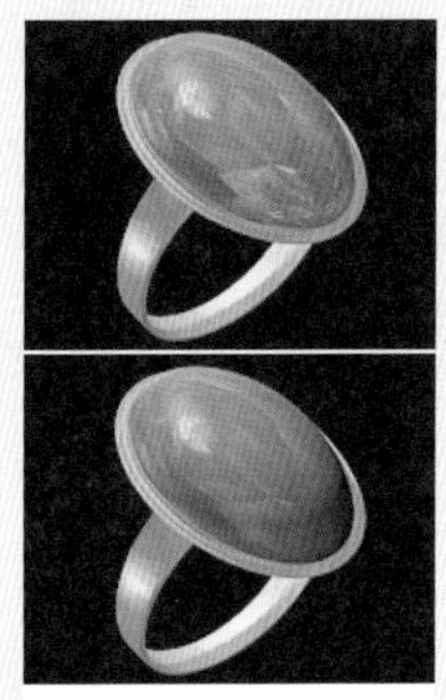

反射暗淡
上：无
下：0.0（100% 暗淡）

图7-60 反射暗淡效果对比

- 【应用】：打开此选项，反射暗淡将发生作用，通过右侧的两个值对反射效果产生影响。禁用该选项后，反射贴图材质就不会因为直接灯光的存在或不存在而受到影响。默认设置为禁用。
- 【暗淡级别】：设置对象被投影区域的反射强度，值为1时，不发生暗淡影响，与不打开此项设置相同；值为0时，被投影区域仍表现为原来的投影效果，不产生反射效果；随着值的降低，被投影区域的反射趋于暗淡，而阴影效果趋于强烈。
- 【反射级别】：设置对象未被投影区域的反射强度，它

可以使反射强度倍增，远远超过反射贴图强度为100时的效果，一般用它来补偿反射暗淡对对象表面带来的影响，当值为3时（默认），可以近似达到不打开反射暗淡时不被投影区的反射效果。

## 7.3.4 【贴图】卷展栏

【贴图】卷展栏包含每个贴图类型的按钮。单击该按钮可以打开【材质/贴图浏览器】对话框，但现在只能选择贴图，这里提供了30多种贴图类型，都可以用在不同的贴图方式上，如图7-61所示。【贴图】卷展栏能够将贴图或明暗器指定给许多标准材质。还可以在首次显示参数的卷展栏上指定贴图和明暗器：该卷展栏的主要值还可以方便使用复选框切换参数的明暗器，而无需移除贴图。

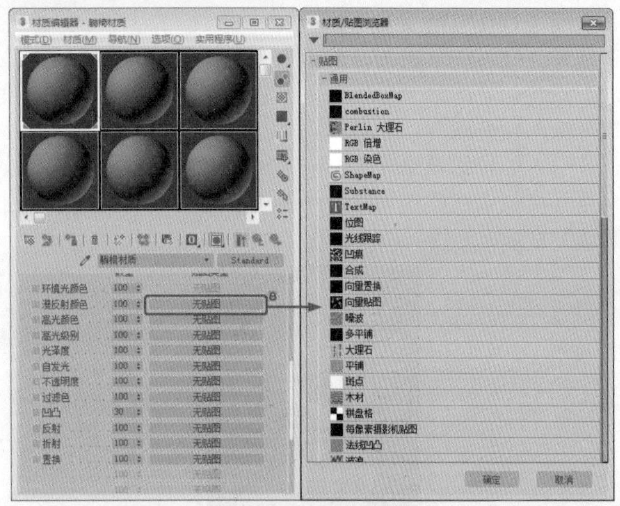


图7-61 展开【材质/贴图浏览器】对话框

当选择一个贴图类型后，会自动进入其贴图设置层级中，以便进行相应的参数设置，单击【转到父对象】按钮可以返回到贴图方式设置层级，这时该按钮上会出现贴图类型的名称，左侧复选框被选中，表示当前该贴图方式处于活动状态；如果左侧复选框未被选中，会关闭该贴图方式的影响。

【数量】用于确定该贴图影响材质的数量，用完全强度的百分比表示。例如，处在 100% 的漫反射贴图是完全不透光的，会遮住基础材质。为 50% 时，它为半透明，将显示基础材质

下面将对常用的【贴图】卷展栏中的选项进行介绍。

### 1. 环境光颜色

为对象的阴影区指定位图或程序贴图，默认是它与【漫反射】贴图锁定，如果想对它进行单独贴图，应先在基本参数区中打开【漫反射】右侧的锁定按钮，解除它们之间的锁定。这种阴影色贴图一般不单独使用，默认是它与【漫反射】贴图联合使用，以表现最佳的贴图纹理。需要注意的是，只有在环境光值设置高于默认的黑色时，阴影色贴图才可见。可以通过选择【渲染】|【环境】命令打开【环境和效果】对话框调节环境光的级别，如图7-62所示，如图7-63所示对环境光颜色使用贴图。

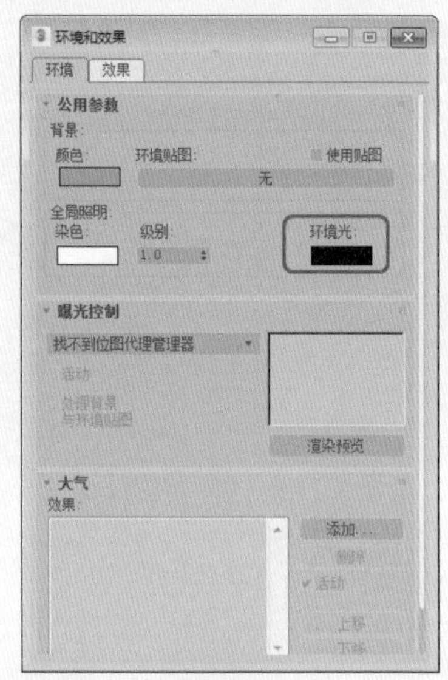


图7-62 【环境和效果】对话框

图7-63 对环境光颜色使用贴图

### 2. 漫反射颜色

漫反射颜色主要用于表现材质的纹理效果，当值为100%时，会完全覆盖漫反射的颜色，这就好像在对象表面油漆绘画一样，例如为墙壁指定砖墙的纹理图案，就可以产生砖墙的效果。制作中没有严格的要求非要将漫反射贴图与环境光贴图锁定在一起，通过对漫反射贴图和环境光贴图分别指定不同的贴图，可以制作出很多有趣的融合效果。但如果漫反射贴图用于模拟单一的表面，就需要将漫反射贴图和环境光贴图锁定在一起，如图7-64所示为应用【漫反射颜色】贴图后的效果。

- 【漫反射级别】：该贴图参数只存在于【各向异性】、【多层】、Oren-Nayar- Blinn和【半透明明暗器】 4种明暗器类型下。主要通过位图或程序贴图来控制漫反射的

亮度。贴图中白色像素对漫反射没有影响，黑色像素则将漫反射亮度降为0，处于两者之间的颜色依次对漫反射亮度产生不同的影响，如图7-65所示为应用【漫反射级别】贴图后的对比效果。

图7-64　【漫反射颜色】贴图

- 【漫反射粗糙度】：该贴图参数只存在于【多层】和Oren-Nayar-Blinn两种明暗器类型下。主要通过位图或程序贴图来控制漫反射的粗糙程度。贴图中白色像素增加粗糙程度，黑色像素则将粗糙程度降为0，处于两者之间的颜色依次对漫反射粗糙程度产生不同的影响，如图7-66所示为花瓶添加【漫反射粗糙度】贴图后的效果。

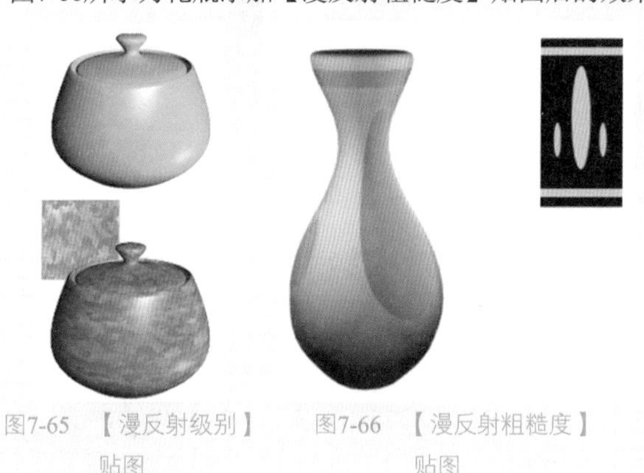

图7-65　【漫反射级别】贴图　　图7-66　【漫反射粗糙度】贴图

### 3. 不透明度

可以通过在【不透明度】材质组件中使用位图文件或程序贴图来生成部分透明的对象。贴图的浅色（较高的值）区域渲染为不透明；深色区域渲染为透明；之间的值渲染为半透明，如图7-67所示。

将不透明度贴图的【数量】设置为100，应用于所有贴图，透明区域将完全透明。将【数量】设置为0，等于禁用贴图。中间的【数量】值与【基本参数】卷展栏上的【不透明度】值混合，图的透明区域将变得更加不透明。

> 提示　反射高光应用于不透明度贴图的透明区域和不透明区域，用于创建玻璃效果。如果使透明区域看起来像孔洞，也可以设置高光度的贴图。

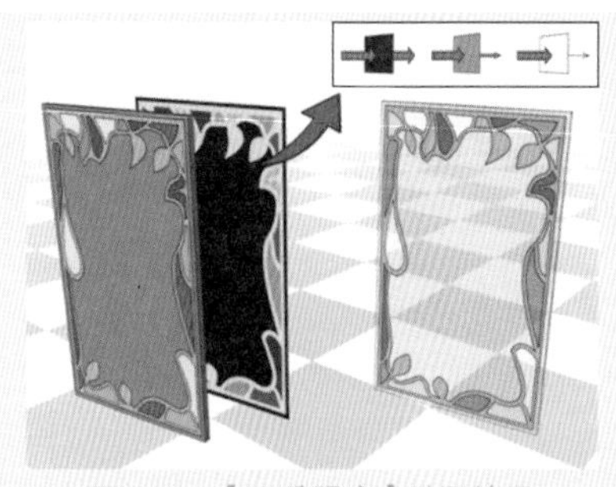

图7-67　【不透明度】贴图效果

### 4. 凹凸

通过图像的明暗强度来影响材质表面的光滑程度，从而产生凹凸的表面效果，白色图像产生凸起，黑色图像产生凹陷，中间色产生过渡。这种模拟凹凸质感的优点使渲染速度很快，但这种凹凸材质的凹凸部分不会产生阴影投影，在对象边界上也看不到真正的凹凸，对于一般的砖墙、石板路面，它可以产生真实的效果。但是如果凹凸对象很清晰地靠近镜头，并且要表现出明显的投影效果，应该使用置换，利用图像的明暗度可以真实地改变对象造型，但需要花费大量的渲染时间，如图7-68所示为两种不同凹凸对象后的效果。

图7-68　【凹凸】贴图效果

> 提示　在视图中不能预览【凹凸】贴图的效果，必须渲染场景才能看到凹凸效果。

【凹凸】贴图的强度值可以调节到999，但是过高的强度会带来不正确的渲染效果，如果发现渲染后高光处有锯齿或者闪烁，应使用【超级采样】进行渲染。

### 5. 反射

【反射】贴图是很重要的一种贴图方式，要想制作出光洁亮丽的质感，必须要熟练掌握【反射】贴图的使用，如图7-69所示。在3ds Max中有3种不同的方式制作反射效果。

- 基础贴图反射：指定一张位图或程序贴图作为反射贴图，这种方式是最快的一种运算方式，但也是最不真实的一种方式。对于模拟金属材质来说，尤其是片头中闪亮的金属字，虽然看不清反射的内容，但只要亮度够高

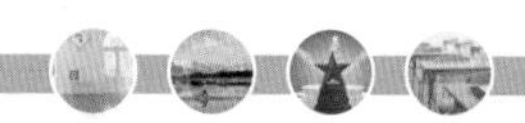

即可，它最大的优点是渲染速度快。

- 自动反射：自动反射方式根本不使用贴图，它的工作原理是由对象的中央向周围观察，并将看到的部分贴到表面上。
- 平面镜像反射：使用【平面镜】贴图类型作为反射贴图。这是一种专门模拟镜面反射效果的贴图类型，就像现实中的镜子一样，反射所面对的对象，属于早期版本提供的功能，因为在没有光线跟踪贴图和材质之前，【反射/折射】这种贴图方式无法对纯平面的模型进行反射计算，因此追加了【平面镜】贴图类型来弥补这个缺陷。

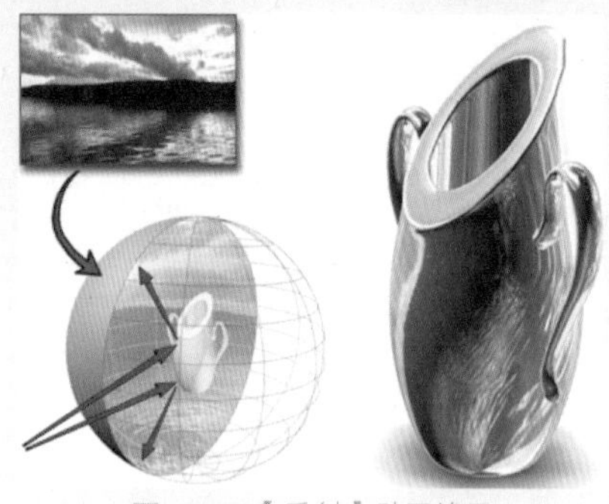

图7-69 【反射】贴图效果

设置反射贴图时不用指定贴图坐标，因为它们锁定的是整个场景，而不是某个几何体。反射贴图不会随着对象的移动而变化，但如果视角发生了变化，贴图会像真实的反射情况那样发生变化。反射贴图在模拟真实环境的场景中的主要作用是为毫无反射的表面添加一点反射效果。贴图的强度值控制反射图像的清晰程度，值越高，反射也越强烈。默认的强度值与其他贴图设置一样为100%。不过对于大多数材质表面，降低强度值通常能获得更为真实的效果。例如一张光滑的桌子表面，首先要体现出的是它的木质纹理，其次才是反射效果。一般反射贴图都伴随着【漫反射】等纹理贴图使用，在【漫反射】贴图为100%的同时轻微加一些反射效果，可以制作出非常真实的场景。

在【基本参数】中增加光泽度和高光强度可以使反射效果更真实。此外，反射贴图还受【漫反射】、【环境光】颜色值的影响，颜色越深，镜面效果越明显，即便是贴图强度为100时。反射贴图仍然受到漫反射、阴影色和高光色的影响。

对于Phong和Blinn渲染方式的材质，【高光反射】的颜色强度直接影响反射的强度，值越高，反射也越强，值为0时反射会消失。对于【金属】渲染方式的材质，则是【漫反射】影响反射的颜色和强度，【漫反射】的颜色(包括漫反射贴图)能够倍增来自反射贴图的颜色，漫反射的颜色值(HSV模式)控制着反射贴图的强度，颜色值为255，反射贴图强度最大，颜色值为0，反射贴图不可见。

### 6. 折射

折射贴图用于模拟空气和水等介质的折射效果，使对象表面产生对周围景物的映像。但与反射贴图所不同的是，它所表现的是透过对象所看到的效果。折射贴图与反射贴图一样，锁定视角而不是对象，不需要指定贴图坐标，当对象移动或旋转时，折射贴图效果不会受到影响。具体的折射效果还受折射率的控制，在【扩展参数】面板中【折射率】控制材质折射透射光线的严重程度，值为1时代表真空(空气)的折射率，不产生折射效果；大于1时为凸起的折射效果，多用于表现玻璃；小于1时为凹陷的折射效果，对象沿其边界进行反射(如水底的气泡效果)。默认设置为1.5(标准的玻璃折射率)。不同参数的折射率效果如图7-70所示。

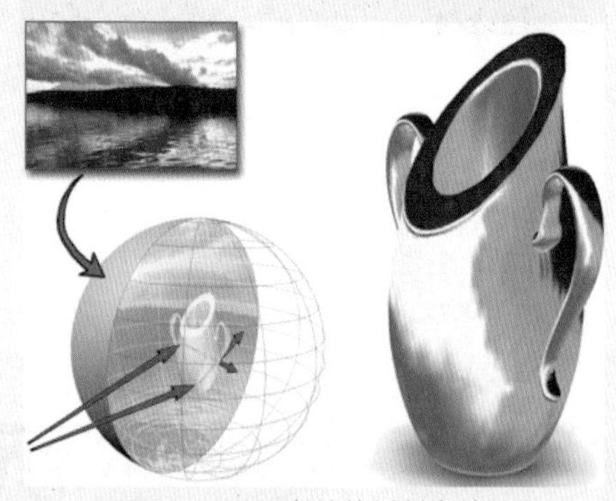

图7-70 不同参数的折射率效果

常见的折射率如表7-2所示（假设摄影机在空气或真空中）。

**表 7-2 常见折射率**

| 材 质 | IOR 值 |
|---|---|
| 真空 | 1(精确) |
| 空气 | 1.0003 |
| 水 | 1.333 |
| 玻璃 | 1.5 ~ 1.7 |
| 钻石 | 2.419 |

在现实世界中，折射率的结果取决于光线穿过透明对象时的速度，以及眼睛或摄影机所处的媒介，影响关系最密切的是对象的密度，对象密度越大，折射率越高。在3ds Max中，可以通过贴图对对象的折射率进行控制，而受贴图控制的折射率值总是在1(空气中的折射率)和设置的折射率值之间变化。例如，设置折射率的值为3，并且使用黑白噪波贴图控制折射率，则对象渲染时的折射率会在1～3之间进行设置，高于空气的密度；而相同条件下，设置折射率的值为0.5时，对象渲染时的折射率会在0.5～1之间进行设置，类似于水下拍摄密度低于水的对象效果。

通常使用【反射/折射】贴图作为折射贴图，只能产生对场景或背景图像的折射表现，如果想反映对象之间的折射表现(如插在水杯中的吸管会发生弯折现象)，应使用【光线跟踪】贴图方式或【薄壁折射】贴图方式。

【薄壁折射】贴图方式可以产生类似放大镜的折射效果。

## 7.4 复合材质

复合材质是指将两个或多个子材质组合在一起。复合材质类似于合成器贴图，但后者位于材质级别。将复合材质应用于对象可以生成复合效果。用户可以使用【材质/贴图浏览器】对话框来加载或创建复合材质。

使用过滤器控件，可以选择是否让浏览器列出贴图或材质，或两者都列出。

不同类型的材质生成不同的效果，具有不同的行为方式，或者具有组合了多种材质的方式。不同类型的复合材质介绍如下。

- 【混合材质】：可以在曲面的单个面上将两种材质进行混合。混合具有可设置动画的【混合量】参数，该参数可以用来绘制材质变形功能曲线，以控制随时间混合两个材质的方式。
- 【合成材质】：最多可以合成 10 种材质。按照在卷展栏中列出的顺序，从上到下叠加材质。使用相加不透明度、相减不透明度来组合材质，或使用数量值来混合材质。
- 【双面材质】：为对象内外表面分别指定两种不同的材质，一种为法线向外；另一种为法线向内。
- 【变形器材质】：与【变形】修改器相辅相成。它可以用来创建人物脸颊变红的效果，或者使人物在抬起眼眉时前额出现褶皱。借助【变形器】修改器的通道微调器，可以以变形几何体相同的方式来混合材质。
- 【多维/子对象材质】：可用于将多个材质指定给同一对象。存储两个或多个子材质时，这些子材质可以通过使用【网格选择】修改器在子对象级别进行分配。还可以通过使用【材质】修改器将子材质指定给整个对象。
- 【虫漆材质】：通过叠加将两种材质混合。叠加材质中的颜色称为【虫漆】材质，被添加到基础材质的颜色中。【虫漆颜色混合】参数控制颜色混合的量。
- 【顶/底材质】：使用顶/底材质可以向对象的顶部和底部指定两个不同的材质。可以将两种材质混合在一起。

### 7.4.1 混合材质

混合材质是指在曲面的单个面上将两种材质进行混合。可通过设置【混合量】参数来控制材质的混合程度，该参数可以用来绘制材质变形功能曲线，以控制随时间混合两个材质的方式。

混合材质的创建方法如下。

- 激活材质编辑器中的某个示例窗。
- 单击Standard按钮，在弹出的【材质/贴图浏览器】对话框中选择【混合】选项，然后单击【确定】按钮，如图7-71所示。

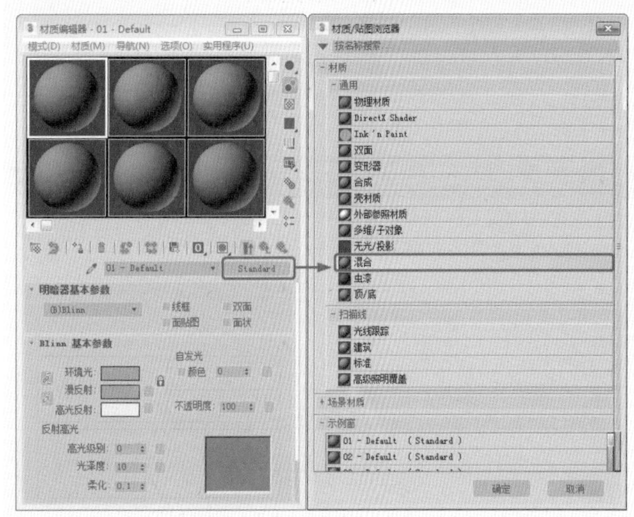

图7-71　选择【混合】选项

- 弹出【替换材质】对话框，在该对话框中选择一种类型，然后单击【确定】按钮，如图7-72所示。进入【混合基本参数】卷展栏中，如图7-73所示。可以在该卷展栏中设置参数。

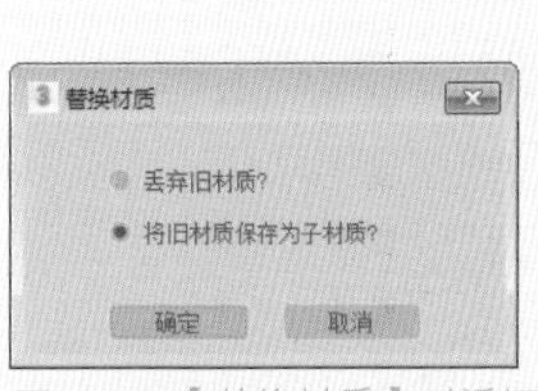

图7-72　【替换材质】对话框

图7-73　【混合基本参数】卷展栏

- 【材质1】/【材质2】：设置两个用来混合的材质。使用复选框来启用和禁用材质。
- 【交互式】：在视图中以【真实】方式交互渲染时，用于选择哪一个材质显示在对象表面。
- 【遮罩】：设置用做遮罩的贴图。两个材质之间的混合度取决于遮罩贴图的强度。遮罩较明亮（较白）区域显示更多的【材质1】。而遮罩较暗（较黑）区域则显示更多的【材质2】。使用复选框来启用或禁用遮罩贴图。
- 【混合量】：确定混合的比例（百分比）。0 表示只有【材质1】在曲面上可见；100表示只有【材质2】可

见。如果已指定【遮罩】贴图，并且选中了【遮罩】的复选框，则不可用。

- 【混合曲线】选项组：混合曲线影响进行混合的两种颜色之间变换的渐变或尖锐程度。只有指定遮罩贴图后，才会影响混合。
- 【使用曲线】：确定【混合曲线】是否影响混合。只有指定并激活遮罩时，该复选框才可用。
- 【转换区域】：用来调整【上部】和【下部】的级别。如果这两个值相同，那么两个材质会在一个确定的边上接合。

## 7.4.2 多维/子对象材质

使用【多维/子对象】材质可以采用几何体的子对象级别分配不同的材质。创建多维材质，将其指定给对象并使用【网格选择】修改器选中面，然后选择多维材质中的子材质指定给选中的面。

如果该对象是可编辑网格，可以拖放材质到面的不同的选中部分，并随时构建一个【多维/子对象】材质。

子材质ID不取决于列表的顺序，所以可以输入新的ID值。

单击【材质编辑器】中的【使唯一】按钮，允许将一个实例子材质构建为一个唯一的副本。

【多维/子对象基本参数】卷展栏如图7-74所示。

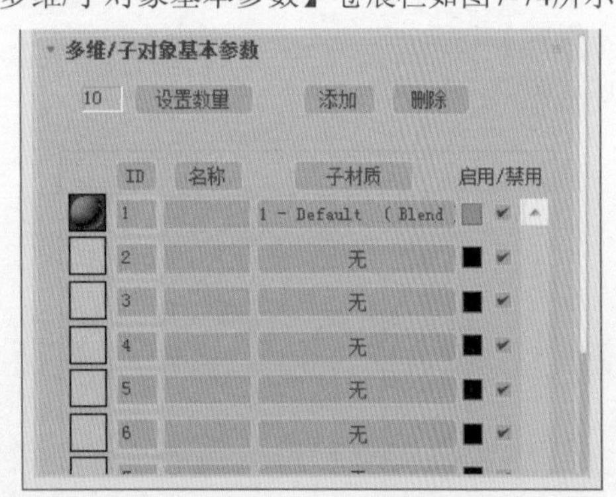


图7-74 【多维/子对象基本参数】卷展栏

- 【设置数量】：设置拥有子级材质的数目，注意如果减少数目，会将已经设置的材质丢失。
- 【添加】：添加一个新的子材质。新材质默认的ID号在当前ID号的基础上递增。
- 【删除】：删除当前选择的子材质。可以通过撤销命令取消删除。
- ID：单击该按钮将列表排序，其顺序开始于最低材质ID的子材质，结束于最高材质ID。
- 【名称】：单击该按钮后按名称栏中指定的名称进行排序。
- 【子材质】：按子材质的名称进行排序。子材质列表中每个子材质有一个单独的材质项。该卷展栏一次最多显示10个子材质；如果材质数超过10个，则可以通过右边的滚动栏滚动列表。列表中的每个子材质包含以下控件。
- 材质球：提供子材质的预览，单击材质球图标可以对子材质进行选择。
- 【ID号】：显示指定给子材质的ID号，同时还可以在这里重新指定ID号。如果输入的ID号有重复，系统会提出警告，如图7-75所示。

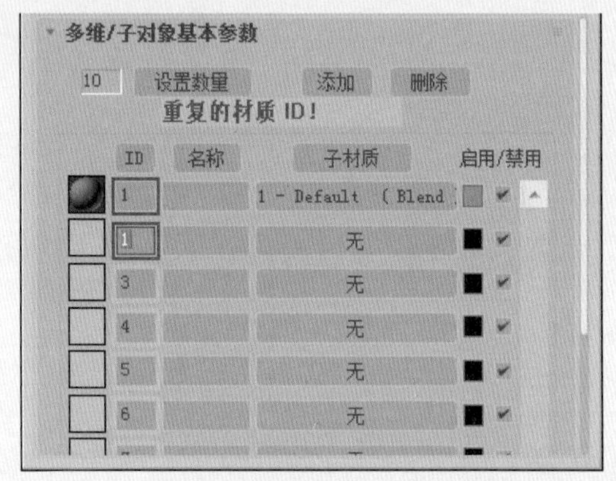


图7-75 弹出提示文字

- 【名称】：可以在这里输入自定义的材质名称。
- 【子材质】按钮：该按钮用来选择不同的材质作为子级材质。右侧颜色按钮用来确定材质的颜色，它实际上是该子级材质的【漫反射】值。最右侧的复选框可以对单个子级材质进行启用和禁用的开关控制。

### 实例操作002——制作易拉罐材质

本节将介绍如何制作啤酒易拉罐材质，效果如图7-76所示。

图7-76 易拉罐材质

01 启动软件后，按Ctrl+O快捷组合键，在弹出的对话框中选择“易拉罐材质.max”文件，如图7-77所示。

图7-77　打开的素材文件

02 在视图中选择【易拉罐】对象，切换至【修改】命令面板中，将当前选择集定义为【多边形】，在视图中选择如图7-78所示的多边形。

图7-78　选择多边形

03 在【曲面属性】卷展栏中将【设置ID】设置为2，如图7-79所示。

图7-79　设置ID为2

04 按Ctrl+I快捷组合键对选中的多边形进行反选，在【曲面属性】卷展栏中将【设置ID】设置为1，如图7-80所示。

图7-80　设置ID为1

05 设置完成后，关闭当前选择集，在修改器列表中选择【UVW贴图】修改器，在【参数】卷展栏中选中【柱形】单选按钮，选中【对齐】选项组中的X单选按钮，单击【配适】按钮，如图7-81所示。

图7-81　添加【UVW贴图】修改器

06 按M键打开【材质编辑器】对话框，在该对话框中选择一个新的材质样本球，将其命名为“易拉罐”，单击Standard按钮，在弹出的对话框中选择【多维/子对象】选项，如图7-82所示。

07 单击【确定】按钮，在弹出的对话框中选中【将旧材质保存为子材质】单选按钮，单击【确定】按钮，在【多维/子对象基本参数】卷展栏中单击【设置数量】按钮，在弹出的【设置材质数量】对话框中将【材质数量】设置为2，如图7-83所示。

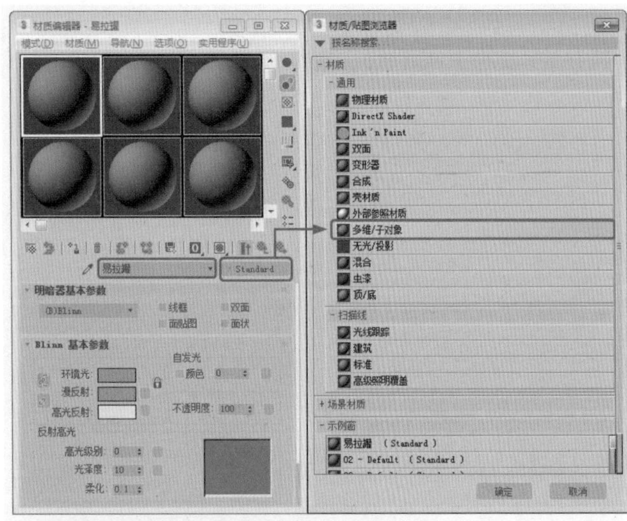


图7-82 选择【多维/子对象】选项

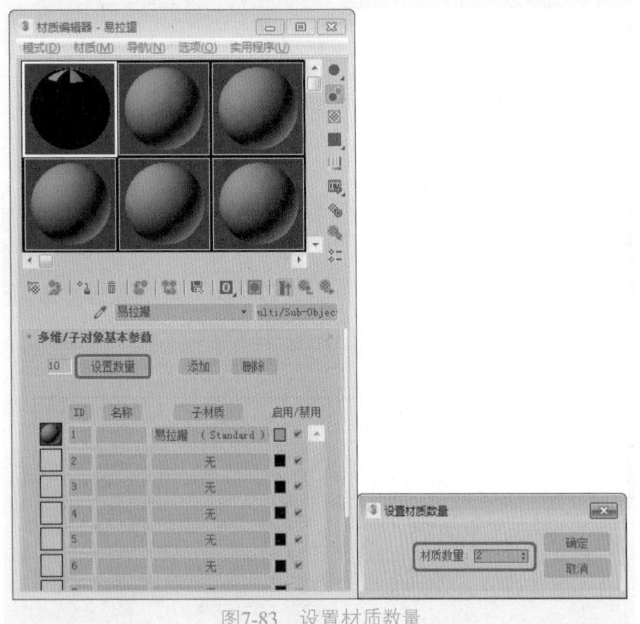


图7-83 设置材质数量

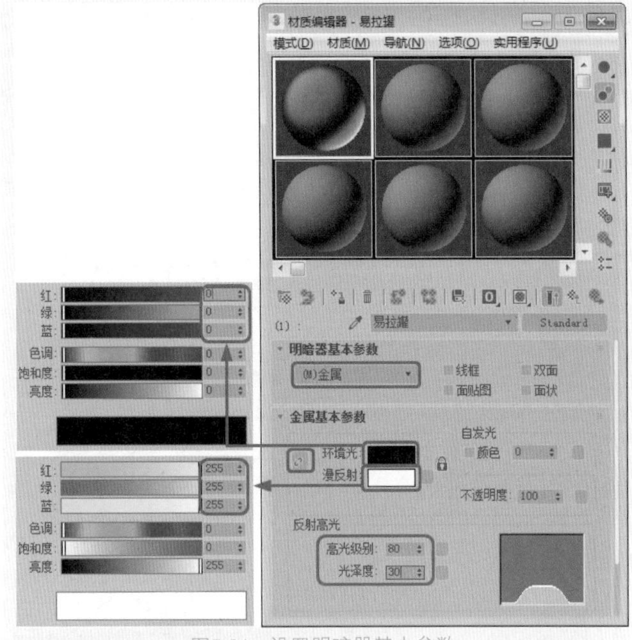


图7-84 设置明暗器基本参数

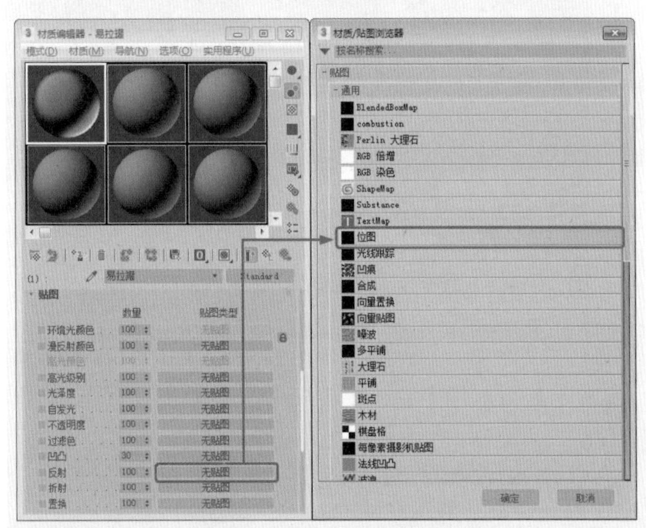


图7-85 选择【位图】选项

08 设置完成后，单击【确定】按钮，单击ID1右侧的材质按钮，在【明暗器基本参数】卷展栏中将明暗器类型设置为【（M）金属】，单击【环境光】与【漫反射】左侧的按钮，取消锁定，将【环境光】的RGB值设置为0、0、0，将【漫反射】的RGB值设置为255、255、255，将【高光级别】、【光泽度】分别设置为80、30，如图7-84所示。

09 在【贴图】卷展栏中单击【反射】右侧的【无】按钮，在弹出的对话框中选择【位图】选项，如图7-85所示。

10 单击【确定】按钮，在弹出的对话框中选择“HOUSE.JPG”贴图文件，如图7-86所示。

11 单击【打开】按钮，在【坐标】卷展栏中将【模糊偏移】设置为0.096，在【位图参数】卷展栏中勾选【应用】复选框，将U、V、W、H分别设置为0.354、0.418、0.252、0.399，如图7-87所示。

12 设置完成后，单击两次【转到父对象】按钮，右键单击ID1右侧的材质按钮，在弹出的快捷菜单中选择【复制】命令，如图7-88所示。

13 单击ID2右侧的【无】按钮，在弹出的对话框中选择【双面】选项，如图7-89所示。

14 单击【确定】按钮，在【背面材质】右侧的材质按钮上右击鼠标，在弹出的快捷菜单中选择【粘贴（复制）】命令，如图7-90所示。

15 粘贴完成后，单击【正面材质】右侧的材质按钮，在弹出的对话框中将明暗器类型设置为（P）Phong，勾选【双面】复选框，将【自发光】设置为80，将【高光级别】、【光泽度】分别设置为25、10，如图7-91所示。

图7-86　选择贴图文件

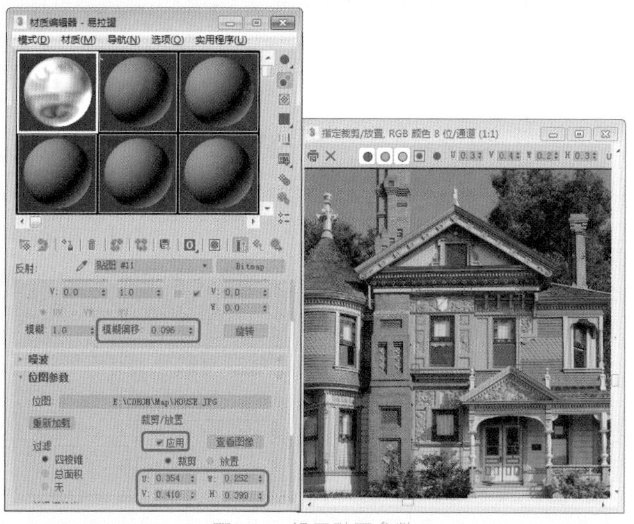

图7-87　设置贴图参数

16 在【贴图】卷展栏中单击【漫反射颜色】右侧的【无贴图】按钮，在弹出的对话框中双击【位图】，在弹出的对话框中选择“544.jpg”贴图文件，如图7-92所示。

17 单击【打开】按钮，在【坐标】卷展栏中将【角度】下的V设置为20，如图7-93所示。

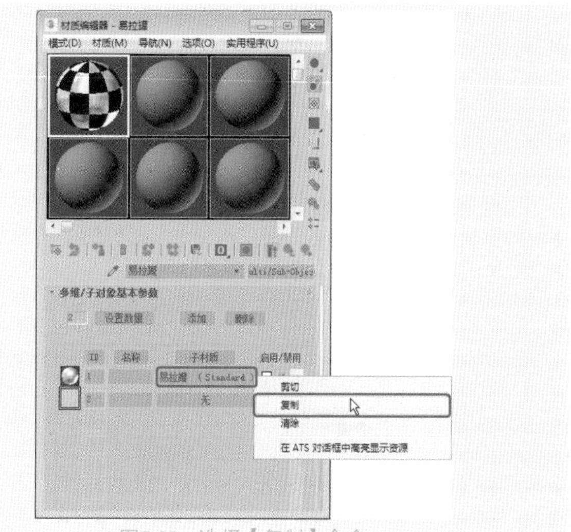

图7-88　选择【复制】命令

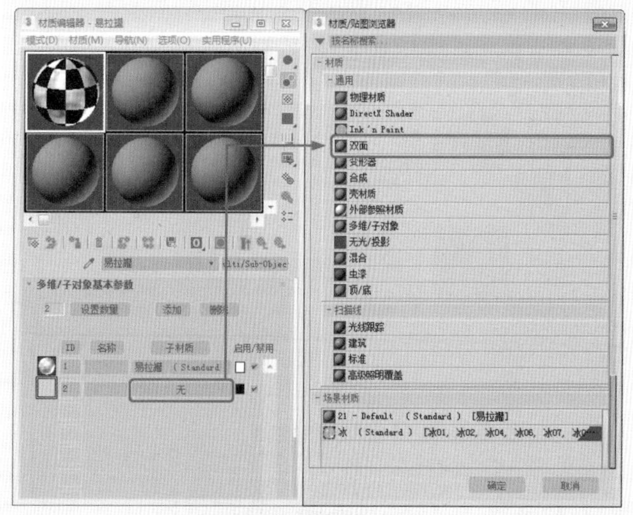

图7-89　选择【双面】材质

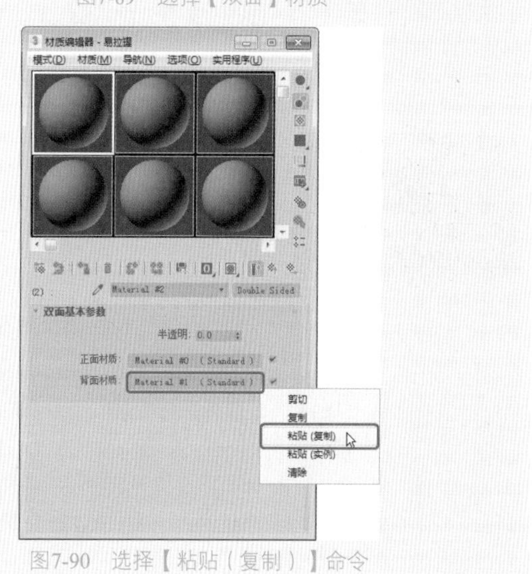

图7-90　选择【粘贴（复制）】命令

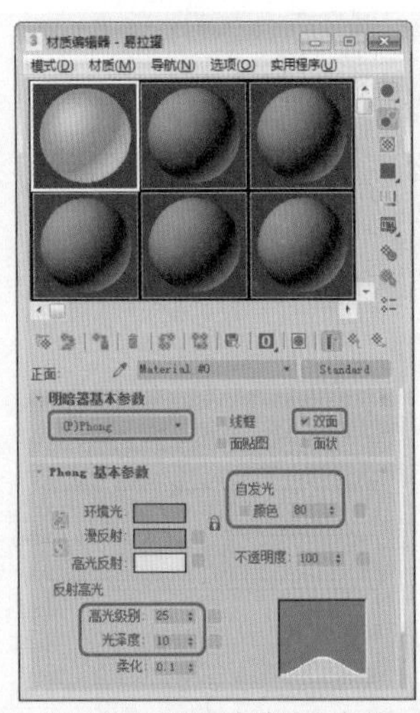

图7-91 设置材质基本参数

图7-92 选择贴图文件

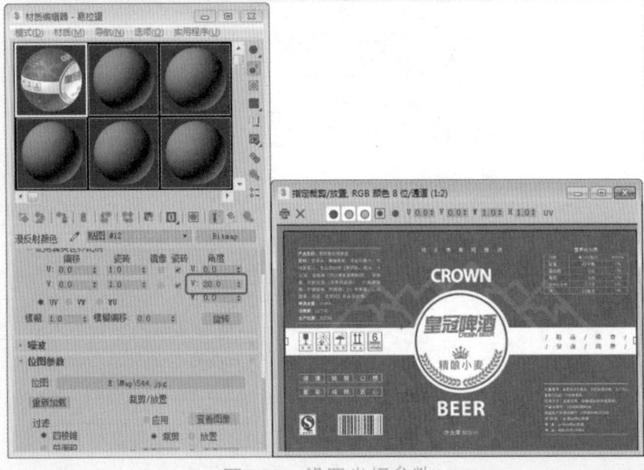

图7-93 设置坐标参数

⑱ 设置完成后，单击【将材质指定给选定对象】按钮，关闭【材质编辑器】对话框，激活摄影机视图，按F9键渲染效果，如图7-94所示。

图7-94 渲染后的效果

## 7.4.3 光线跟踪材质

光线跟踪基本参数与标准材质基本参数内容相似，但实际上光线跟踪材质的颜色构成与标准材质大相径庭。

与标准材质一样，可以为光线跟踪颜色分量和各种其他参数使用贴图。色样和参数右侧的小按钮用于打开【材质/贴图浏览器】对话框，从中可以选择对应类型的贴图。这些快捷方式在【贴图】卷展栏中也有对应的按钮。如果已经将一个贴图指定给这些颜色之一，则■按钮显示字母M，大写的M表示已指定和启用对应贴图。小写的m表示已指定该贴图，但它处于非活动状态。【光线跟踪基本参数】卷展栏如图7-95所示。

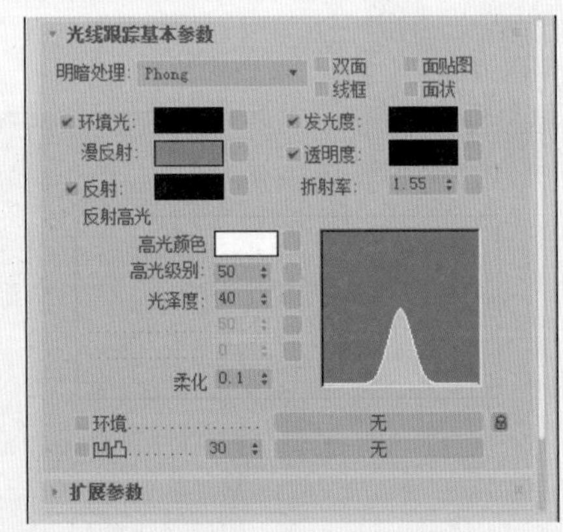

图7-95 【光线跟踪基本参数】卷展栏

- 【明暗处理】：在下拉列表框中可以选择一个明暗器。选择的明暗器不同，则【反射高光】选项组中显示的明暗器的控件也会不同，包括Phong、Blinn、【金属】、Oren-Nayar-Blinn和【各向异性】5种方式。
- 【双面】：与标准材质相同。选中该复选框时，在面的两侧着色和进行光线跟踪。在默认情况下，对象只有一面，以便提高渲染速度。
- 【面贴图】：将材质指定给模型的全部面。如果是一个贴图材质，则无须贴图坐标，贴图会自动指定给对象的每个表面。

- 【线框】：与标准材质中的线框属性相同，选中该复选框时，在线框模式下渲染材质。可以在【扩展参数】卷展栏中指定线框大小。
- 【面状】：将对象的每个表面作为平面进行渲染。
- 【环境光】：与标准材质的环境光含义完全不同，对于光线跟踪材质，它控制材质吸收环境光的多少，如果将它设为纯白色，即为在标准材质中将环境光与漫反射锁定。默认为黑色。启用名称左侧的复选框时，显示环境光的颜色，通过右侧的色块可以进行调整；禁用复选框时，环境光为灰度模式，可以直接输入或者通过调节按钮设置环境光的灰度值。
- 【漫反射】：代表对象反射的颜色，不包括高光反射。反射与透明效果位于过渡区的最上层，当反射为100%（纯白色）时，漫反射色不可见，默认为50%的灰度。
- 【反射】：设置对象高光反射的颜色，即经过反射过滤的环境颜色，颜色值控制反射的量。与环境光一样，通过启用或禁用复选框，可以设置反射的颜色或灰度值。此外，第二次启用复选框，可以为反射指定【菲涅尔】镜像效果，它可以根据对象的视角为反射对象增加一些折射效果。
- 【发光度】：与标准材质的自发光设置近似（禁用则变为自发光设置），只是不依赖于【漫反射】进行发光处理，而是根据自身颜色来决定所发光的颜色，用户可以为一个【漫反射】为蓝色的对象指定一个红色的发光色。默认为黑色。右侧的灰色按钮用于指定贴图。禁用左侧的复选框，【发光度】选项变为【自发光】选项，通过微调按钮可以调节发光色的灰度值。
- 【透明度】：与标准材质中的Filter过滤色相似，它控制在光线跟踪材质背后经过颜色过滤所表现的色彩，黑色为完全不透明，白色为完全透明。将【漫反射】与【透明度】都设置为完全饱和的色彩，可以得到彩色玻璃的材质。禁用后，对象仍折射环境光，不受场景中其他对象的影响。右侧的灰块按钮用于指定贴图。禁用左侧的复选框后，可以通过微调按钮调整透明色的灰度值。
- 【折射率】：设置材质折射光线的强度，默认值为1.55。

【反射高光】选项组：控制对象表面反射区反射的颜色，根据场景中灯光颜色的不同，对象反射的颜色也会发生变化。

- 【高光颜色】：设置高光反射灯光的颜色，将它与【反射】颜色都设置为饱和色可以制作出彩色铬钢效果。
- 【高光级别】：设置高光区域的强度，值越高，高光越明亮，默认值为5。
- 【光泽度】：影响高光区域的大小。光泽度越高，高光区域越小，高光越锐利，默认值为25。
- 【柔化】：柔化高光效果。
- 【环境】：允许指定一张环境贴图，用于覆盖全局环境贴图。默认的反射和透明度使用场景的环境贴图，一旦在这里进行环境贴图的设置，将会取代原来的设置。利用这个特性，可以单独为场景中的对象指定不同的环境贴图，或者在一个没有环境的场景中为对象指定虚拟的环境贴图。
- 【凹凸】：这与标准材质的凹凸贴图相同。单击该按钮可以指定贴图。使用微调器可更改凹凸量。

## 7.5 贴图的类型

在3ds Max中包括30多种贴图，它们可以根据使用方法、效果等分为2D贴图、3D贴图、合成器、颜色修改器、其他等6大类。在不同的贴图通道中使用不同的贴图类型，产生的效果也大不相同，下面介绍一下常用的贴图类型。在【贴图】卷展栏中，单击任何通道右侧的【无贴图】按钮，都可以打开【材质/贴图浏览器】对话框，如图7-96所示。

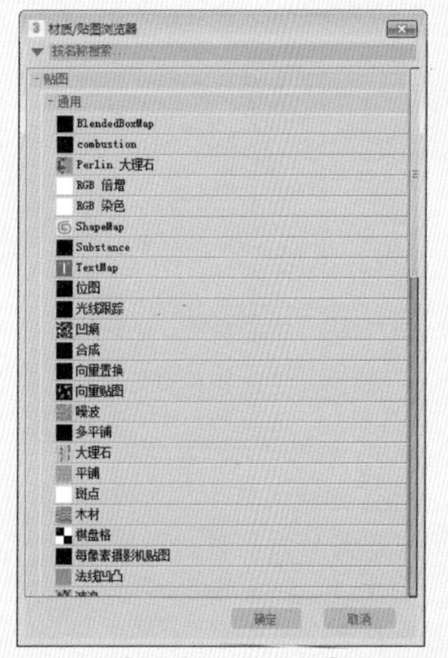


图7-96　【材质/贴图浏览器】对话框

### 7.5.1 位图贴图

位图贴图就是将位图图像文件作为贴图使用，它可以支持各种类型的图像和动画格式，包括AVI、BMP、CIN、JPG、TIF、TGA等。位图贴图的使用范围广泛，通常用在漫反射颜色贴图通道、凹凸贴图通道、反射贴图通道、折

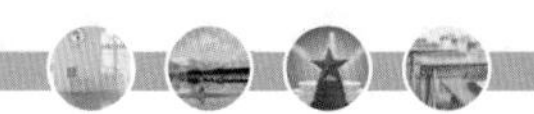

射贴图通道中。

选择位图后，进入相应的贴图通道面板中，在【位图参数】卷展栏中包含3个不同的过滤方式：【四棱锥】、【总面积】、【无】，它们实行像素平均值来对图像进行抗锯齿操作，【位图参数】卷展栏如图7-97所示，渲染后的效果如图7-98所示。

位图参数
位图：
F:\CDROM\Map\杯子.JPG
重新加载
裁剪/放置
应用
查看图像
过滤
四棱锥
总面积
无
裁剪
放置
U: 0.0
W: 1.0
V: 0.0
H: 1.0
单通道输出：
RGB 强度
Alpha
Alpha 来源
RGB 通道输出：
RGB 强度
RGB
无(不透明)
预乘 Alpha

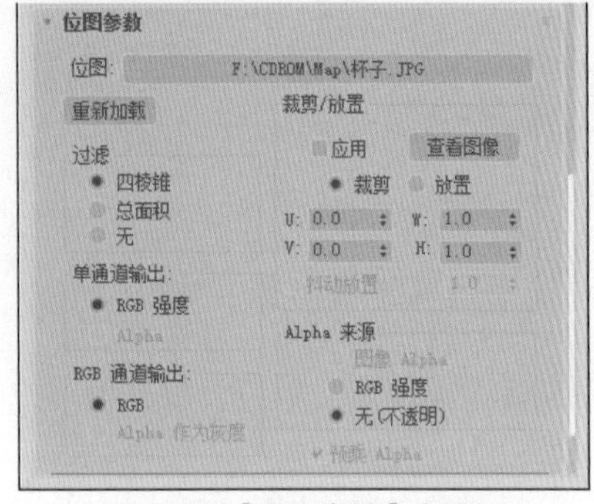

图7-97 【位图参数】卷展栏

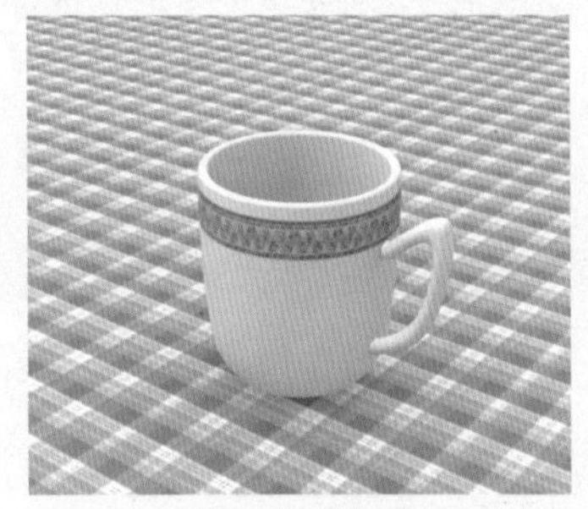

图7-98 渲染后的效果

## 知识链接 常用位图的色彩模式

### 1. RGB颜色

RGB是色光的彩色模式，R代表红色，G代表绿色，B代表蓝色。三种色彩相叠加形成了其他的色彩。因为三种颜色每一种都有256个亮度水平级，所以三种色彩叠加就能形成1670万种颜色了（通常称为“真彩”）。

RGB模式因为是由红、绿、蓝相叠加形成其他颜色，因此该模式也叫加色模式。在该色彩模式下，每一种原色将单独形成一个色彩通道（Channel），在各通道上颜色的亮度分为256阶，由0~255。再由三个单色通道组合成一个复合通道——RGB通道。图像各部位的色彩均由RGB三个色彩通道上的数值决定。当RGB色彩数值均为0时，该部位为黑色；当RGB色彩数值均为255时，该部位为白色。

在我们日常的应用中，显示器、投影设备，以及扫描仪等许多电器设备都是依赖于这种加色模式来显示颜色的。就编辑图像而言，RGB色彩模式是首选的色彩模式。

虽然编辑图像RGB色彩模式是首选的色彩模式，但是在印刷中RGB色彩模式就不是最佳的了。因为RGB模式所提供的有些色彩已经超出了打印色彩范围之外，因此在打印一幅真彩的图像时，就必然会损失一部分亮度，并且比较鲜明的色彩肯定会失真的。这主要是因为打印所用的是CMYK模式，而CMYK模式所定义的色彩要比RGB模式定义的色彩要少得多。在打印时系统会自动将RGB模式转换成CMYK模式，这样就不可避免地损失一部分颜色和减低一定的亮度了，因此打印后的失真现象将非常地严重，如图7-99所示。

### 2. CMYK色彩模式

当阳光照射到一个物体上时，这个物体将吸收一部分光线，并将剩下的光线进行反射。反射的光就是你所看见的物体颜色。这是一种减色色彩模式，是与RGB色彩模式的根本不同之处。不但我们看物体的颜色时用到了这种减色模式，而且在纸上印刷时应用的也是这种减色模式。按照这种减色模式，演变出了适合于印刷的CMYK模式。CMYK即代表印刷上用的四种油墨色，C代表青色，M代表洋红色，Y代表黄色。因为在实际应用中，以上三色很难形成真正的黑色，最多不过是褐色，因此又引入了K——黑色。黑色用于强化暗部的色彩。在Photoshop 中这种色彩模式就形成了四个色彩通道，最后又由这四个通道组合形成了一个综合通道，如图7-100所示。

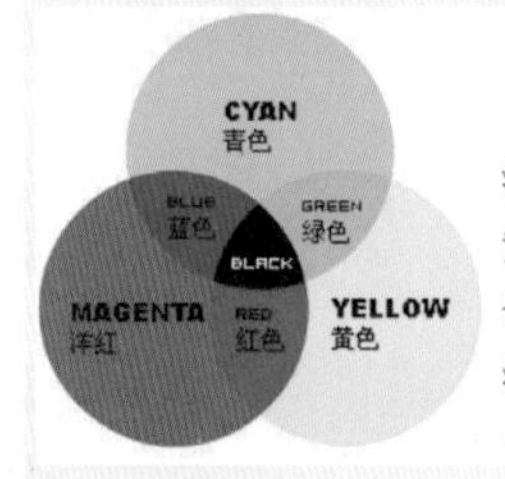

CYAN
青色
BLUE
蓝色
GREEN
绿色
BLACK
MAGENTA
洋红
RED
红色
YELLOW
黄色
洋红（Magenta）+黄色（Yello）=红色（Red）
黄色（Yellow）+青色（Cyan）=绿色（Green）
青色（Cyan）+洋红（Magenta）=蓝色（Blue）
洋红（Magenta）+黄色（Yellow）+青色（Cyan）
=黑色（Black）

图7-99 RGB颜色

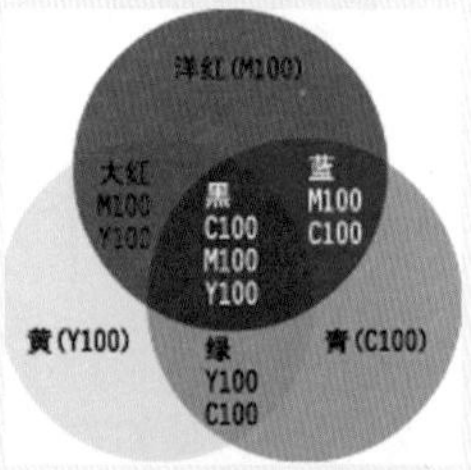

洋红(M100)
大红
M100
Y100
蓝
M100
C100
黑
C100
M100
Y100
黄(Y100)
绿
Y100
C100
青(C100)

图7-100 CMYK色彩模式

### 3. Lab 色彩模式

Lab是Photoshop中内建的一种标准色彩模式，Lab模式由三个通道组成，但不是R、G、B通道。它的一个通道是照度，即L，另外两个是色彩通道，用a和b来表示。a通道包括的颜色是从深绿（低亮度值）到灰（中亮度值），再到亮粉红色（高亮度值）；b通道则是从亮蓝色（低亮度值）到灰（中亮度值），再到焦黄色（高亮度值）。因此这种彩色模式再混合后将产生明亮的色彩。

### 4. HSB色彩模式

这是根据人体视觉而开发的一套色彩模式，算是最接近人类大脑对色彩辨认思考的模式。许多用传统技术工作的画家或设计者习惯使用此种模式。

在HSB色彩模式中，H代表色相，S代表饱和度，B代表亮度。色相就是纯色，即组成可见光谱的单色，红色在0度，绿色在120度，蓝色在240度。它基本上是RGB模式全色度的饼状图。饱和度代表色彩的纯度，为零时即为灰色。白、黑和其他灰度色彩都没有饱和度。最大饱和度时是每一色相最纯的色光。亮度是指色彩的明亮度。为零时即为黑色。最大亮度是色彩最鲜明的状态。

在HSB模式中，S和B的取值都是百分比，唯有H的取值单位是度，这个度是什么意思？是角度，表示色相位于色相环上的位置，将我们前面学过的色相环加上角度标志就明白了。

如图7-101所示。从0度的红色开始，逆时针方向增加角度，60度是黄色，180度是青色，等等，360度又回到红色。可以调节H滑块对照一下。

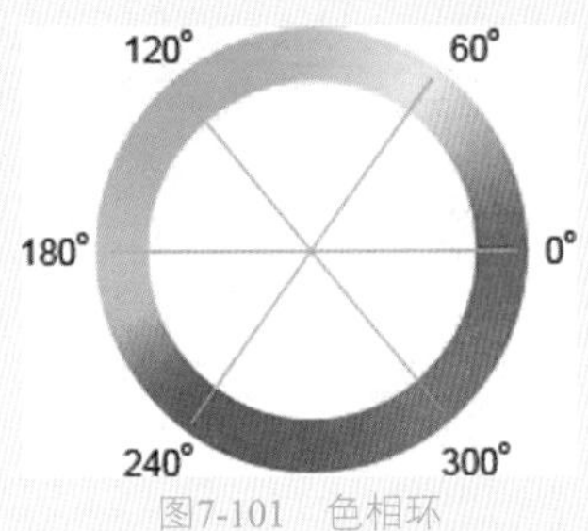

图7-101　色相环

### 5. 色彩深度 Color Depth

图像中每个像素点(pixel)中能够包含多少种颜色称为彩色深度，以Bit为单位。

a 黑白Bitmap图像中每一个像素点中只可能是下面两种色彩之一，即黑或白（2=21），是1个Bit的色彩深度。b 灰阶图像中每一个像素点中可能有256度灰阶（28=256），是8个Bit的色彩深度。c Indexed color图像中每一个像素点中可能有256种色彩（28=256），是8个Bit的色彩深度。d RGB彩色图像中每一个像素点在三个色彩通道（RGB）中都可能有256种色彩中的一种颜色，总共可以组成1670万种色彩（256×256×256=28×28×28=224=16.7million），俗称“真彩”，具有24个Bit的色彩深度。

### 6. 真彩色

真彩色是指在组成一幅彩色图像的每个像素值中，有RGB 3个基色分量，每个基色分量直接决定其基色的强度。这样，合成产生的彩色就是真实的原始图像的彩色。用24位来表示一种颜色，即三种信号均用8位来表示，共能表示大约16.8兆种颜色。而平时所说的32位真彩色，就是在24位之外，还有一个8位的Alpha通道，表示每个像素的256种透明度等级。

## 7.5.2 平铺贴图

平铺贴图是专门用来制作砖块效果的，常用在漫反射贴图通道中，有时也可在凹凸贴图通道中使用。在它的参数面板里的【标准控制】卷展栏中有个【预设类型】下拉列表框，里面列出了一些常见的砖块模式，如图7-102所示。在其下方的【高级控制】卷展栏中，可以在选择的模板的基础上，设置砖块的颜色、尺寸，以及砖缝的颜色、尺寸等参数，制作出个性的砖块，【高级控制】卷展栏如图7-103所示。

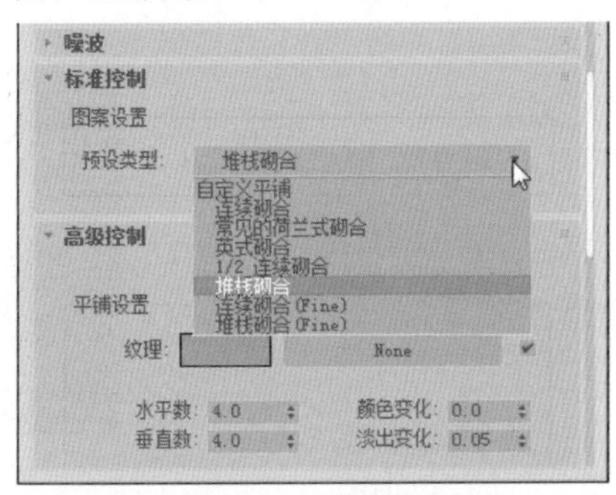

图7-102　砖块模式

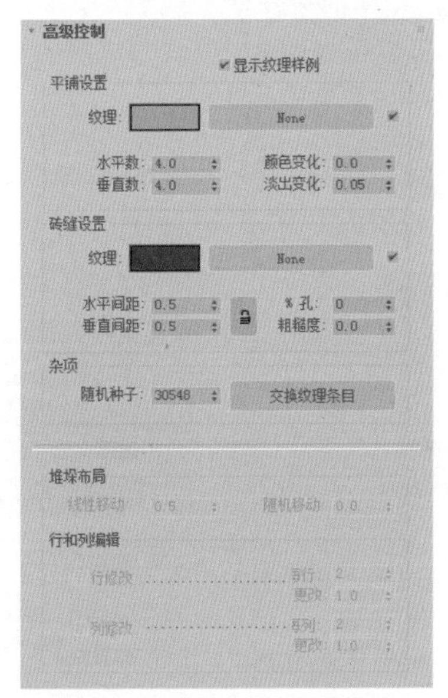

图7-103　【高级控制】卷展栏

## 7.5.3 噪波贴图

噪波一般在凹凸贴图通道中使用，可以通过设置【噪波参数】卷展栏制作出紊乱不平的表面，该参数卷展栏如图7-104所示。其中通过【噪波类型】可以定义噪波的类型，通过【噪波阈值】下的参数可以设置【大小】、【相位】等，下面的两个色块用来指定颜色，系统按照指定颜色的灰度值来决定凹凸起伏的程度，效果如图7-105所示。

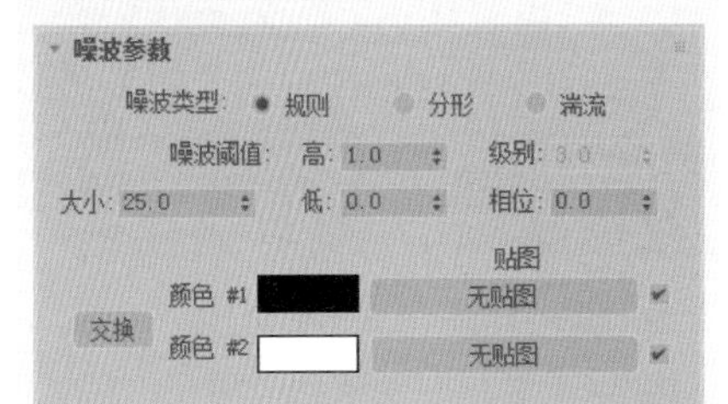

图7-104　【噪波参数】卷展栏

图7-105　噪波制作的水面效果

## 7.5.4 混合贴图

混合贴图和混合材质相似，是指将两个不同的贴图按照不同的比例混合在一起形成新的贴图，它常用在漫反射贴图通道中。【混合参数】卷展栏如图7-106所示，在该卷展栏中有个专门设置混合比例的参数【混合量】，它用于设置每种贴图在该混合贴图中所占的比重。

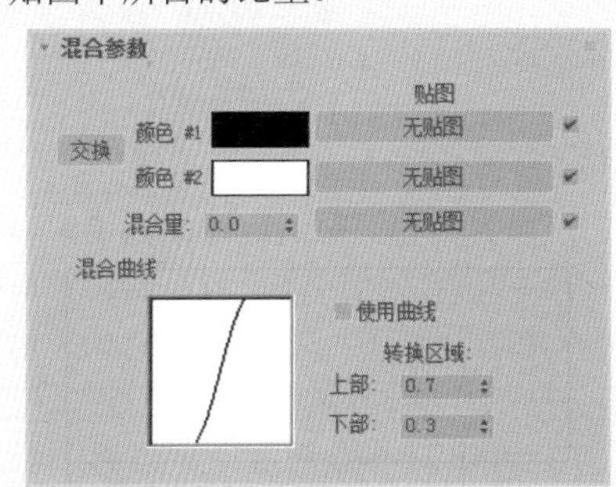

图7-106　【混合参数】卷展栏

## 7.5.5 合成贴图

合成贴图类型由其他贴图组成，并且可以使用Alpha通道和其他方法将某层置于其他层之上。对于此类贴图，可使用已含 Alpha 通道的叠加图像，或使用内置遮罩工具仅叠加贴图中的某些部分。【合成层】卷展栏如图7-107所示。

图7-107 【合成层】卷展栏

合成贴图的控件包括用混合模式、不透明设置以及各自的遮罩结合的贴图的列表。

视图可以在合成贴图中显示多个贴图。如果想以多个贴图显示，显示驱动程序必须是OpenGL或者Direct3D。软件显示驱动程序不支持多个贴图显示。

## 7.5.6 实战：光线跟踪贴图

光线跟踪贴图主要被放置在反射或者折射贴图通道中，用于模拟物体对于周围环境的反射或折射，如图7-108所示。它的原理是：通过计算光线从光源处发射出来，经过反射，穿过玻璃，发生折射后再传播到摄影机处的途径，然后反推回去计算所得的反射或者折射结果。所以，它要比其他一些反射或者折射贴图来得更真实一些。

图7-108 光线跟踪效果

光线跟踪的参数如图7-109所示，一般情况下，可以不修改参数，采用默认参数即可。

本例将介绍如何制作镜面反射，首选为对象添加环境光与漫反射，然后将反射材质设置为【光线跟踪】，最后为对象添加材质，效果如图7-110所示。

01 打开“镜面反射.max”素材文件，按H键打开【从场景选择】对话框，选择【镜面】，单击【确定】按钮，按M键打开【材质编辑器】对话框，选择一个空白材质球，将其命名为“镜面”，取消【环境光】和【漫反射】颜色之间的锁定，将【环境光】的RGB值设置为77、150、150，将【漫反射】的RGB值设置为255、255、255，将【高光级别】、【光泽度】均设置为0，如图7-111所示。

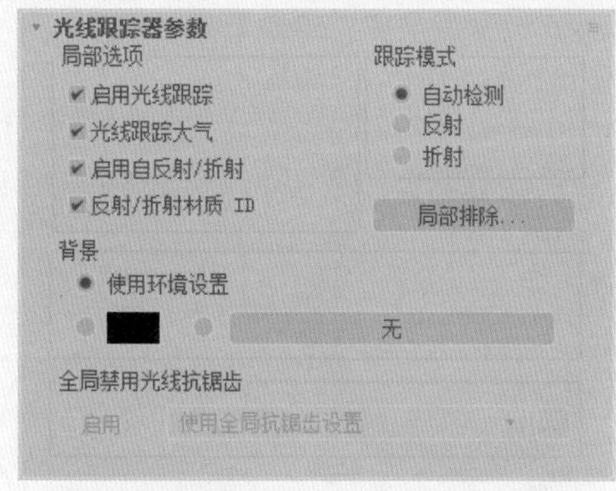

图7-109 【光线跟踪器参数】卷展栏

图7-110 镜面反射

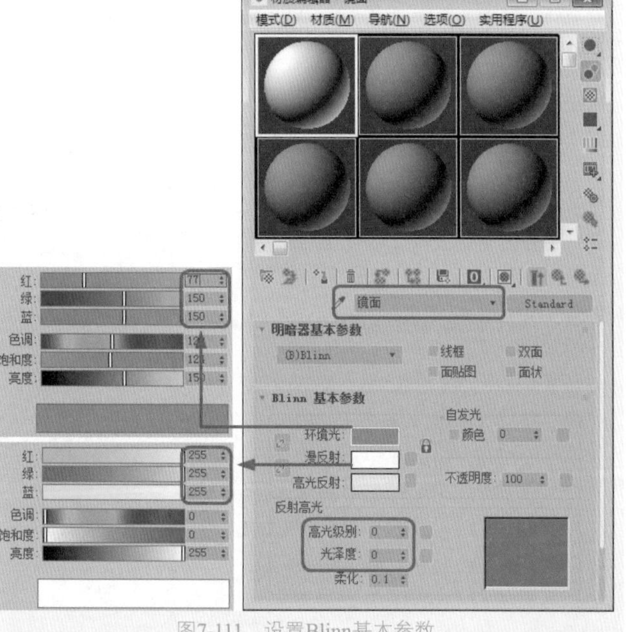

图7-111 设置Blinn基本参数

02 展开【贴图】卷展栏，单击【反射】右侧的【无贴图】按钮，在弹出的对话框中选择【光线跟踪】选项，如图7-112所示。

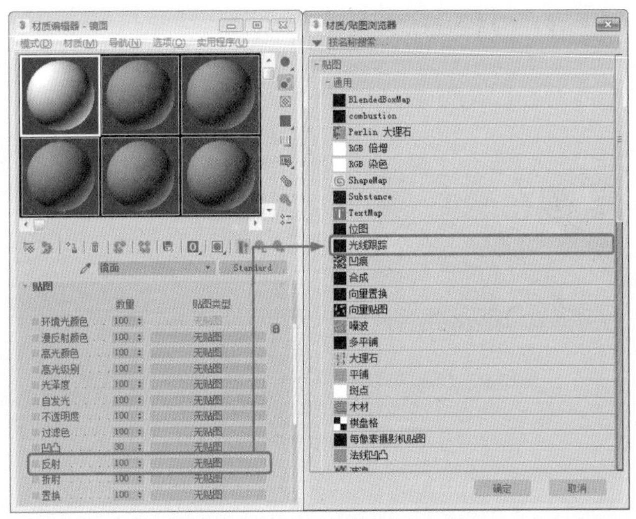


图7-112　选择【光线跟踪】选项

03 单击【确定】按钮，进入下一层级，保持默认设置，单击【转到父对象】按钮，单击【将材质指定给选定对象】按钮，将材质指定给镜面，最后将场景渲染输出即可。

提示　设置反射贴图时不用指定贴图坐标，因为它们锁定的是整个场景，而不是某个几何体。反射贴图不会随着对象的移动而变化，但如果视角发生了变化，贴图也会像真实的反射情况那样发生变化。

## 7.6 上机练习

### 7.6.1 实战：制作毛巾架材质

下面将介绍如何制作毛巾架材质，效果如图7-113所示。

图7-113　毛巾架材质

01 启动软件后，按Ctrl+O快捷组合键，在弹出的对话框中选择“毛巾架材质.max”素材文件，如图7-114所示。

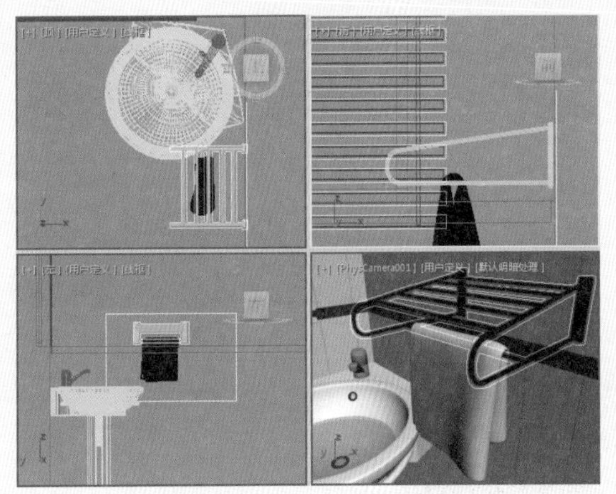

图7-114　打开的素材文件

02 按H键，在弹出的对话框中选择【毛巾架】对象，如图7-115所示。

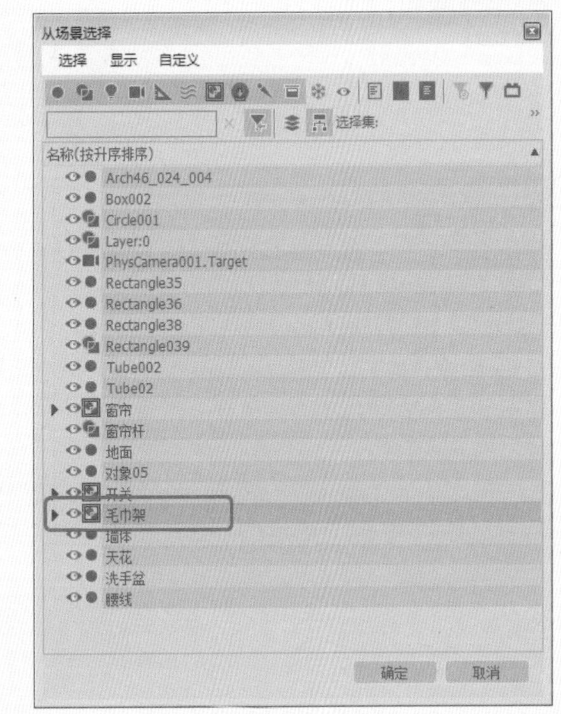


图7-115　选择对象

03 选择完成后，单击【确定】按钮，按M键，打开【材质编辑器】对话框，在该对话框中选择一个新的材质样本球，将其命名为“不锈钢”，在【明暗器基本参数】卷展栏中将明暗器类型设置为【（M）金属】，在【金属基本参数】卷展栏中单击按钮，取消【环境光】与【漫反射】的锁定，将【环境光】的RGB值设置为0、0、0，将【漫反射】的RGB值设置为255、255、255，将【高光

级别】、【光泽度】分别设置为100、80，如图7-116所示。

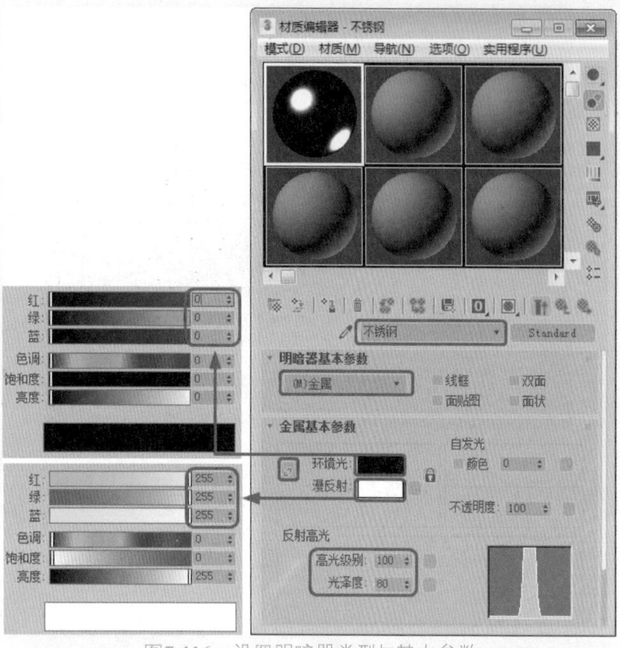

图7-116 设置明暗器类型与基本参数

## 知识链接 材质的基本意义

材质像颜料一样，利用材质，可以使苹果显示为红色而橘子显示为橙色。通过应用贴图，可以将图像、图案，甚至表面纹理添加至对象，可使场景看起来更加真实。

在3ds Max中通过设置材质的颜色、光泽度和自发光度等基本参数，能够简单地模拟出物体的表面特征。但是模型除了颜色和光泽外，往往还会有一定的纹理或特征，所以材质还包含有多种贴图通道，在稍微复杂的场合中，就需要在贴图通道中设置不同的贴图，用来更加真实地模拟反射、反射、折射、凹凸、不透明度等属性。

3ds Max提供了一个创造材质的无限空间——【材质编辑器】，使用【材质编辑器】可以将制作的几何体模型转换成现实生活中逼真的对象。现实中所想象以及不能表现的物体都能够在3ds Max中活灵活现地再现出来。

在3ds Max中包括30多种贴图，它们可以根据使用方法、效果等分为2D贴图、3D贴图、合成器、颜色修改器、其他等6大类。在不同的贴图通道中使用不同的贴图类型，产生的效果也会不同。关于材质的调节和指定，系统提供了【材质编辑器】和【材质/贴图浏览器】。【材质编辑器】用于创建、调节材质，并最终将其指定到场景中；【材质/贴图浏览器】用于检查材质和贴图。

04 在【贴图】卷展栏中单击【反射】右侧的【无贴图】按钮，在弹出的对话框中选择【位图】选项，如图7-117所示。

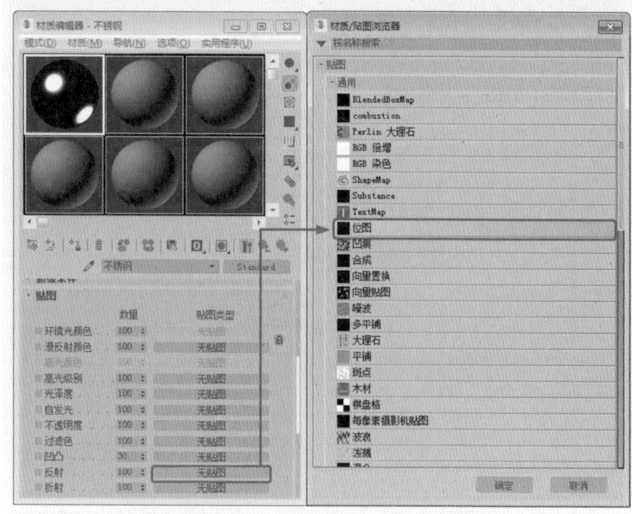

图7-117 选择【位图】选项

05 单击【确定】按钮，在弹出的对话框中选择“金属条纹.jpg”贴图文件，如图7-118所示。

图7-118 选择贴图文件

06 单击【打开】按钮，在【坐标】卷展栏中将【模糊偏移】设置为0.03，如图7-119所示。

07 设置完成后，单击【将材质指定给选定对象】按钮，将设置完成后的材质指定给选定对象，如图7-120所示。

08 将【材质编辑器】对话框关闭，激活摄影机视图，按F9键对该视图进行渲染，渲染后的效果如图7-121所示。

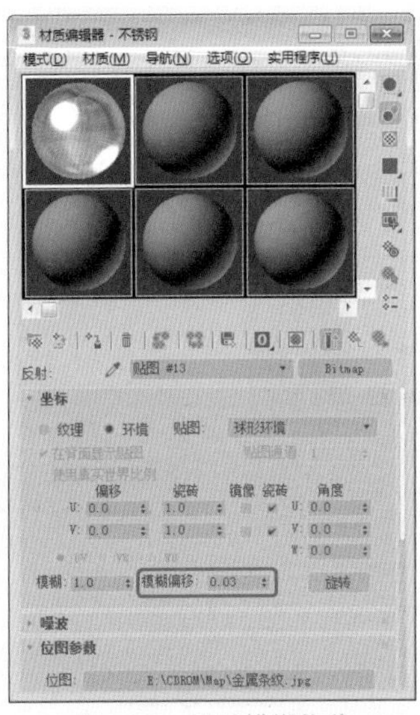


图7-119 设置模糊偏移

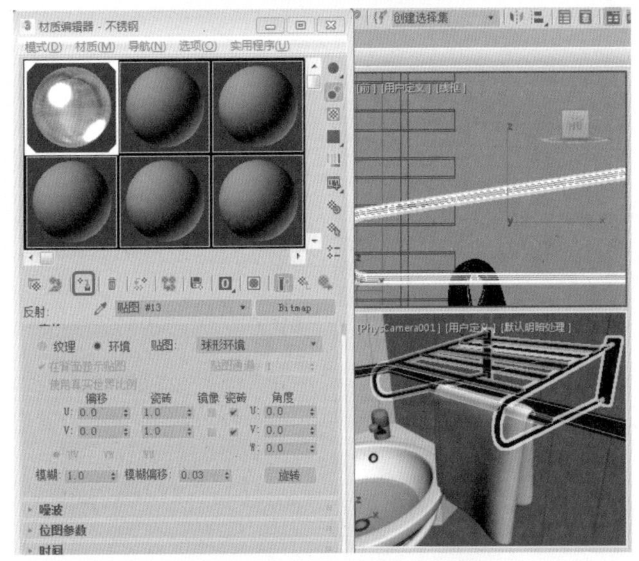


图7-120 将材质指定给选定对象

图7-121 渲染后的效果

## 7.6.2 实战：制作木质材质

本例将介绍如何为老板桌添加材质，主要是利用【材质编辑器】对话框中的【贴图】卷展栏中的【漫反射颜色】通道，通过为该通道添加【位图】贴图来表现木纹质感，效果如图7-122所示。

图7-122 木质材质

01 启动软件后，按Ctrl+O组合键，在弹出的对话框中选择“木质材质.max”文本，如图7-123所示。

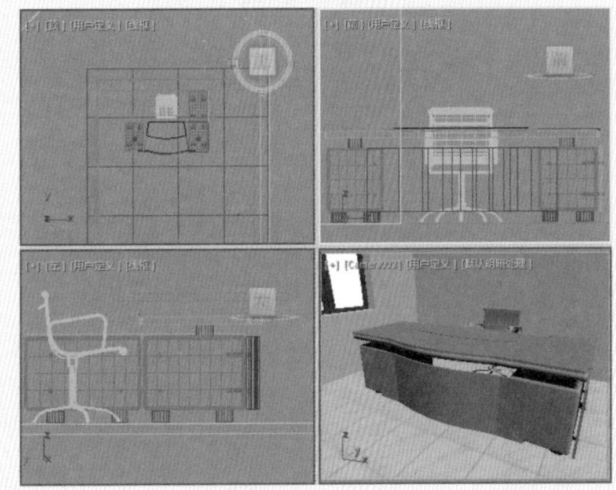

图7-123 打开的素材文件

02 按H键，在弹出的对话框中选择【木板】对象，如图7-124所示。

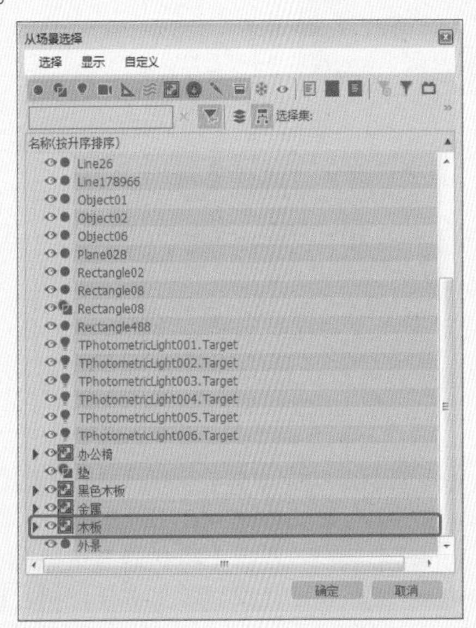


图7-124 选择【木板】对象

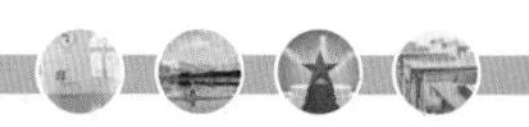

03 单击【确定】按钮，按M键打开【材质编辑器】对话框，将其命名为“木板”，在【明暗器基本参数】卷展栏中将明暗器类型设置为【（A）各向异性】，在【各向异性基本参数】卷展栏中将【高光级别】、【光泽度】、【各向异性】分别设置为50、25、30，如图7-125所示。

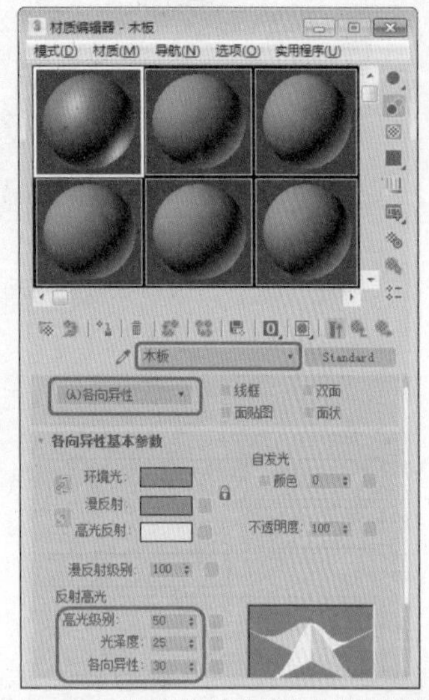

图7-125 设置明暗器类型与基本参数

04 在【贴图】卷展栏中单击【漫反射颜色】右侧的【无贴图】按钮，在弹出的对话框中选择【位图】选项，如图7-126所示。

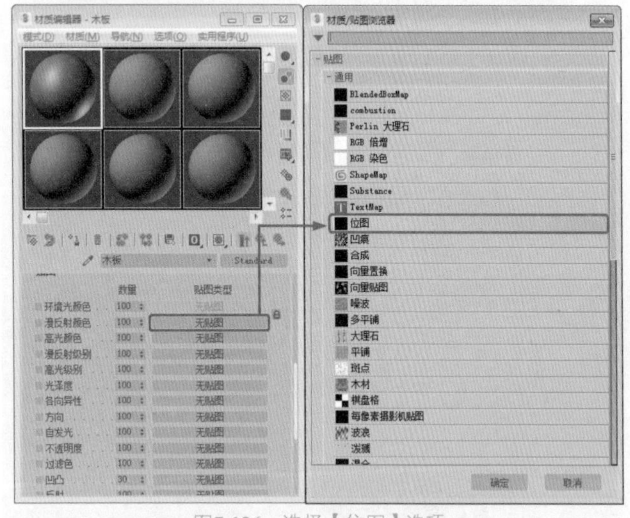

图7-126 选择【位图】选项

05 单击【确定】按钮，在弹出的对话框中选择“WW-006.jpg”贴图文件，如图7-127所示。

06 单击【打开】按钮，单击【将材质指定给选定对象】与【视口中显示明暗处理材质】按钮，指定材质后的效果如图7-128所示。

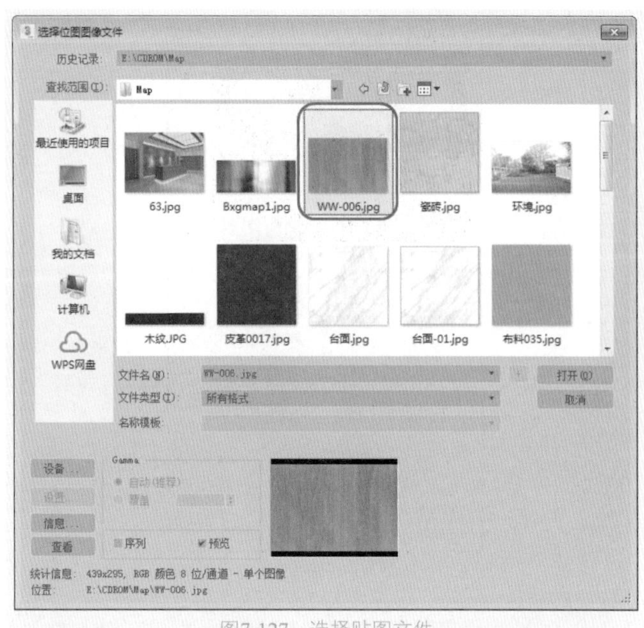

图7-127 选择贴图文件

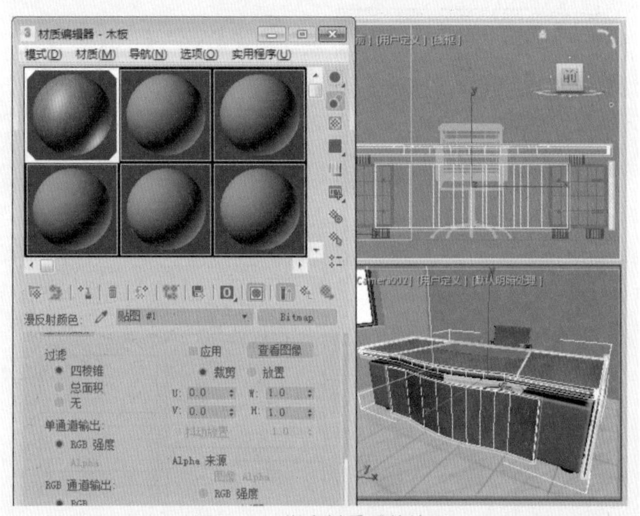

图7-128 指定材质后的效果

07 按H键，在弹出的对话框中选择【黑色木板】，单击【确定】按钮，在【材质编辑器】对话框中选择一个新的材质样本球，将其命名为“黑色”，在【明暗器基本参数】卷展栏中将明暗器类型设置为【（A）各向异性】，在【各向异性基本参数】卷展栏中将【环境光】的RGB值设置为20、0、0，将【高光反射】的RGB值设置为178、172、172，将【高光级别】、【光泽度】、【各向异性】、【方向】分别设置为63、34、63、992，如图7-129所示。

08 设置完成后，单击【将材质指定给选定对象】按钮，按H键，在弹出的对话框中选择【金属】对象，单击【确定】按钮，在【材质编辑器】对话框中选择一个新

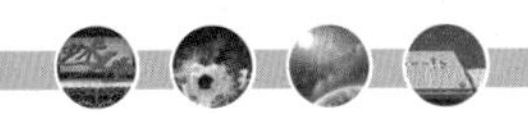

的材质样本球，将其命名为“金属”，在【明暗器基本参数】卷展栏中将明暗器类型设置为【（M）金属】，单击【环境光】与【漫反射】左侧的按钮，将【环境光】的RGB值设置为0、0、0，将【漫反射】的RGB值设置为255、255、255，将【高光级别】、【光泽度】分别设置为91、62，如图7-130所示。

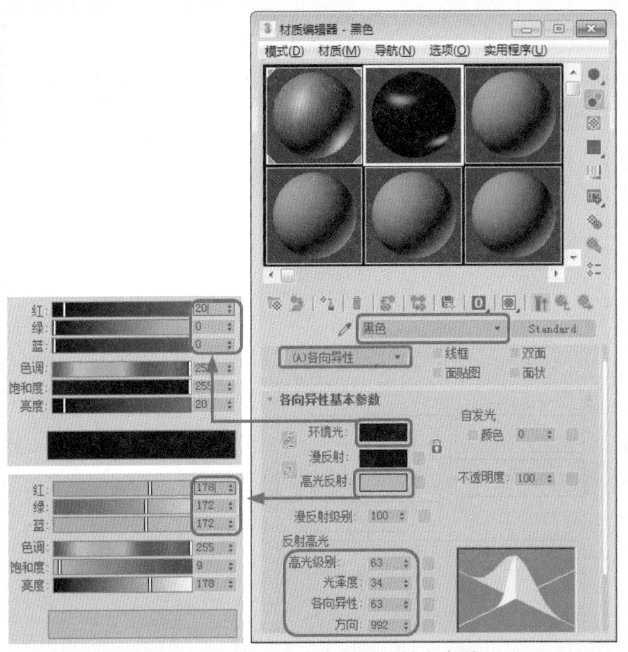

图7-129　设置明暗器类型与基本参数

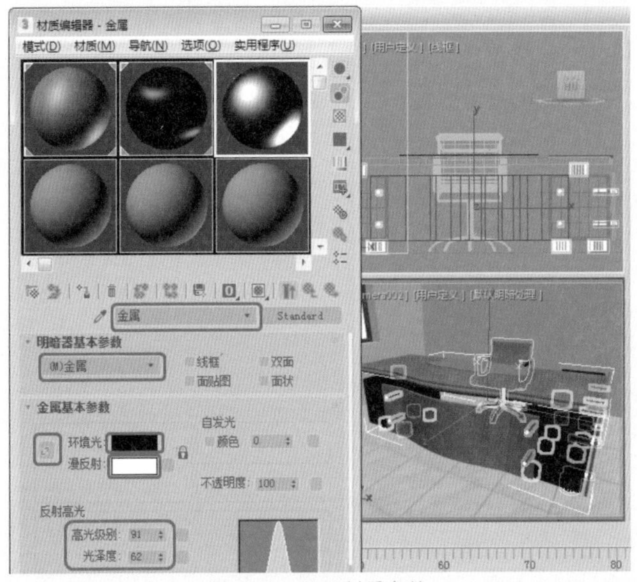

图7-130　设置材质参数

09 设置完成后，单击【将材质指定给选定对象】按钮，按H键，在弹出的对话框中选择【垫】对象，单击【确定】按钮，在【材质编辑器】对话框中选择一个新的材质样本球，将其命名为“垫”，在【Blinn基本参数】卷展栏中将【环境光】的RGB值设置为0、0、0，将【高光级别】、【光泽度】分别设置为40、25，如图7-131所示。

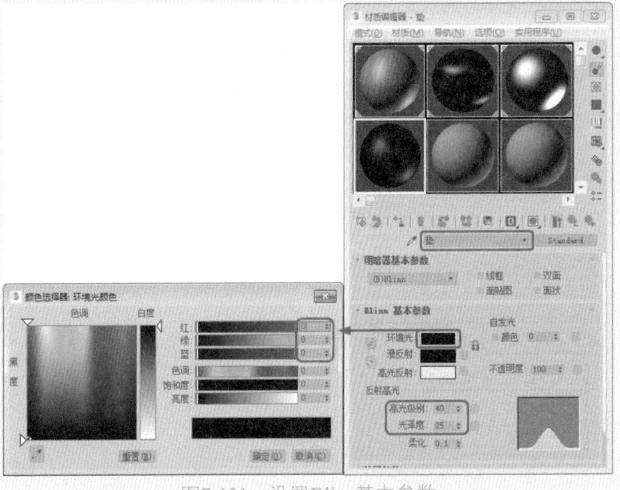

图7-131　设置Blinn基本参数

10 设置完成后，单击【将材质指定给选定对象】按钮，关闭【材质编辑器】对话框，激活摄影机视图，按F9键渲染效果，如图7-132所示。

图7-132　渲染后的效果

## 7.7 思考与练习

1. 材质编辑器分为几部分？
2. 什么是标准材质？
3. 什么是复合材质？

# 第8章 摄影机与灯光

利用3ds Max将模型创建完成后，可以利用灯光和摄影机对其进行表现，本章重点讲解了聚光灯、泛光灯、平行光、天光及摄影机的设置，通过本章的学习可以对灯光和摄影机有一定的认识，方便以后效果图的制作。

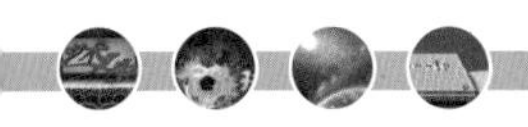

## 8.1 摄影机的参数控制

在【创建】命令面板中单击【摄影机】按钮，可以看到【目标】摄影机和【自由】摄影机两种类型。在使用过程中，它们各自都存在优缺点。

创建目标摄影机如同创建几何体一样，当我们进入摄影机命令面板选择了【目标】摄影机后，在【顶】视图中要放置摄影机的位置上拖动至目标所在的位置，释放鼠标左键即可。

自由摄影机的创建更简单，只要在摄影机命令面板中选择【自由】工具，然后在任意视图中单击就可以完成了。

目标摄影机包含两个对象：摄影机和摄影机目标。摄影机表示观察点，目标指的是你的视点。你可以独立地变换摄影机和它的目标，但摄影机被限制为一直对着目标。对于一般的摄像工作，目标摄影机是理想的选择。摄影机和摄影机目标的可变换功能对设置和移动摄影机视野具有最大的灵活性。

自由摄影机只包括摄影机这个对象。由于自由摄影机没有目标，它将沿自己的局部坐标系Z轴负方向的任意一段距离定义为自己的视点。因为自由摄影机没有对准的目标，所以比目标摄影机更难以设置和瞄准；自由摄影机在方向上不分上下，这正是自由摄影机的优点所在。自由摄影机不像目标摄影机那样因为要维持向上矢量，而受旋转约束因素的限制。自由摄影机最适于复杂的动画，在这些动画中自由摄影机被用来飞越有许多侧向摆动和垂直定向的场景。因为自由摄影机没有目标，它更容易沿着一条路径设置动画。

3ds Max 2018中的摄影机与现实中的相机没有什么两样，其调节参数就是通过模仿真实的相机来设定的，如图8-1所示。

- 【镜头】：设置摄影机的焦距长度，以mm(毫米)为单位，镜头焦距的长短决定镜头视角、视野、景深范围的大小，是摄影机调整的重要参数。3ds Max 2012默认设置为43.456mm，即人眼睛的焦距，其观察效果接近于人眼的正常感觉。
- 【视野】：它是指通过某个镜头所能够看到的一部分场景或远景。【视野】值定义摄影机在场景中所看到的区域。【视野】参数的值是摄影机视锥的水平角，以【度】为单位。

> 提示
> 【镜头】和【视野】是两个相互储存的参数，摄影机的拍摄范围通过这两个值来确定，这两个参数描述同一个摄影机属性，所以改变了其中的一个值也就改变了另一个参数值。

- ↔ ↕ ⤢：这3个按钮分别代表水平、垂直、对角3种调节【视野】的方式，这3种方式不会影响摄影机的效果，一般使用水平方式。
- 【备用镜头】：可直接选择镜头参数，如图8-2所示。【备用镜头】与在【镜头】微调框中输入数值设置镜头参数起到的作用相同。在视图中场景相同，摄影机也不移动，只改变摄影机的镜头值就会展示出不同的场景。
- 【类型】：用于选择摄影机的类型，包括【目标摄影机】和【自由摄影机】，在修改命令面板中，随时可以对当前选择的摄影机类型进行选择，而不必再重新创建摄影机。
- 【显示圆锥体】：显示一个角锥。摄影机视野的范围由角锥的范围决定，这个角锥只能显示在其他的视图中，但是不能在摄影机视图中显示。

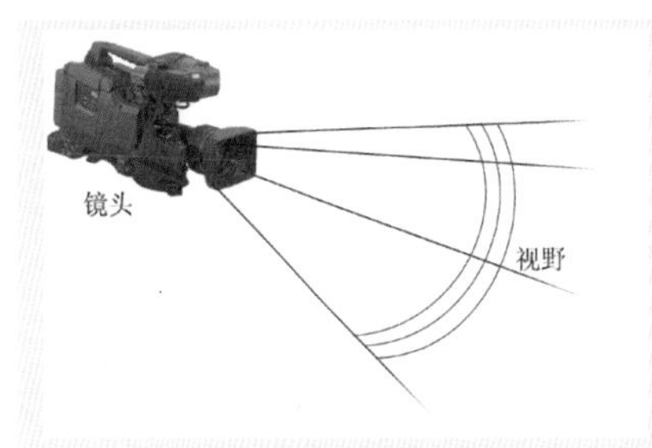


图8-1 摄影机镜头与视野

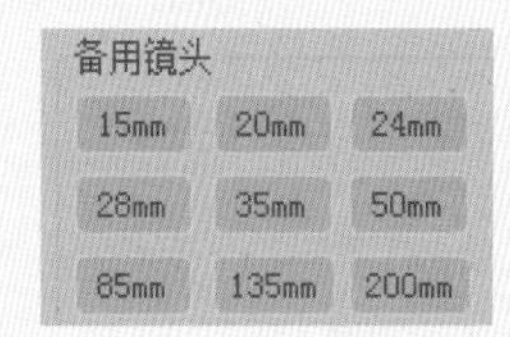


图8-2 备用镜头

- 【显示地平线】：显示水平线。在摄影机视图中显示出一条黑灰色的水平线。
- 【环境范围】：设置环境大气的影响范围，通过下面的近距范围和远距范围确定。
- 【显示】：以线框的形式显示环境存在的范围。
- 【近距范围/远距范围】：设置环境影响的近距距离和远距距离。
- 【剪切平面】：水平面是平行于摄影机镜头的平面，以红色交叉的矩形表示。
- 【手动剪切】：选中该复选框将使用下面的数值控制水平面的剪切。
- 【近距剪切/远距剪切】：分别用来设置近距剪切平面与远距剪切平面的距离。
- 【剪切平面】：能去除场景几何体的某个断面使你能看到几何体的内部。如果想产生楼房、车辆、人等的剖面图或带切口的视图，可以使用该选项组。

### 知识链接 摄影机对象的命名

当我们在视图中创建多个摄影机时，系统会以Camera001、Camera002等名称自动为摄影机命名。在制作一个大型场景时，如一个大型建筑效

果图或复杂动画的表现时，随着场景变得越来越复杂，要记住哪一个摄影机聚焦于哪一个镜头也变得越来越困难，这时如果按照其表现的角度或方位进行命名，如Camera正视、Camera左视、Camera鸟瞰等，在进行视图切换的过程中会减少失误，从而提高工作效率。

## 8.2 摄影机视图的切换

摄影机视图就是被选中的摄影机的视图。在一个场景中创造若干个摄影机，激活任意一个视图，按下键盘上的C键，从弹出的【选择摄影机】对话框中选择摄影机，如图8-3所示，这样该视图就变成当前摄影机视图。

> 提示 如果场景中只有一个摄影机，那么这个摄影机将自动被选中，不会出现【选择摄影机】对话框。

在一个多摄影机场景中，如果其中的一个摄影机被选中，那么按下C键，该摄影机会自动被选中，不会出现【选择摄影机】对话框；如果没有选择的摄影机，【选择摄影机】对话框将会出现。

切换摄影机视图也可以在某个视图标签上单击鼠标右键，在弹出的快捷菜单中选择【摄影机】选项，在其子菜单中选择摄影机，如图8-4所示。

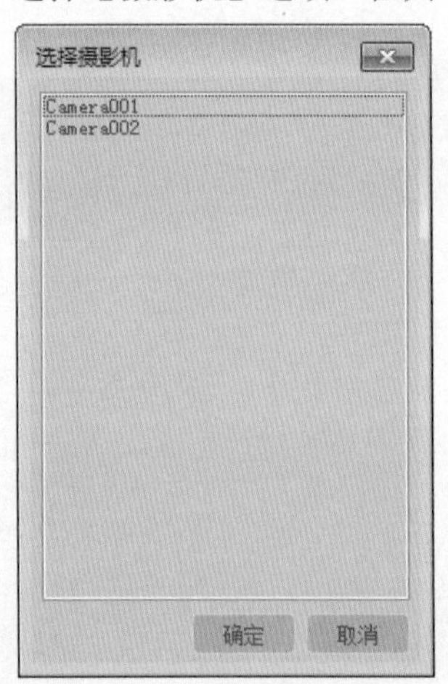


图8-3 【选择摄影机】对话框

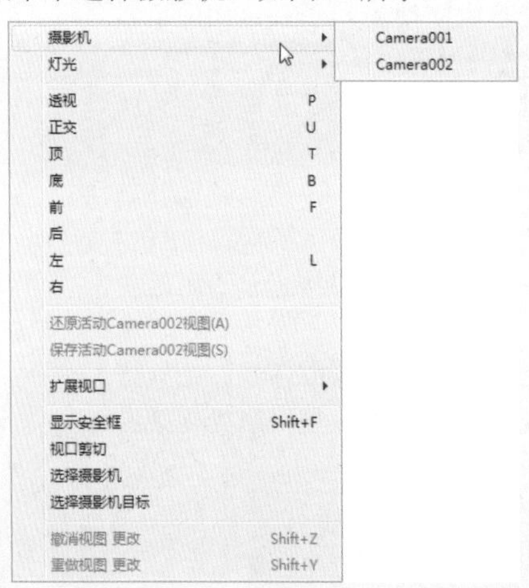


图8-4 在【摄影机】菜单中选择摄影机

## 8.3 放置摄影机

创建摄影机后，通常需要将摄影机或其目标移到固定的位置。可以用各种变换给摄影机定位，但在很多情况下，在摄影机视图中调节会简单一些。下面将分别讲述使用摄影机视图进行导航控制和变换摄影机操作。

### 8.3.1 摄影机视图导航控制

对于【摄影机】视图，系统在视图控制区提供了专门的导航工具，用来控制摄影机视图的各种属性。如图8-5所示。使用摄影机导航控制可以为你提供许多控制功能和灵活性。

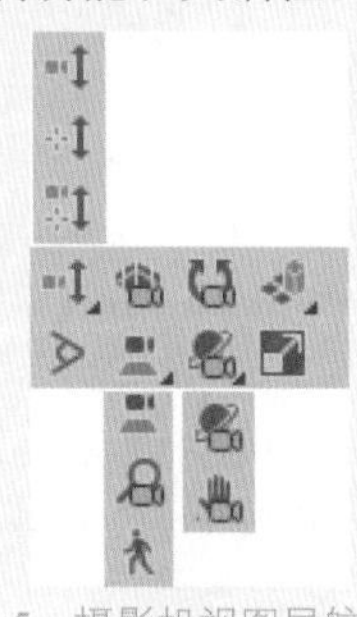

图8-5 摄影机视图导航工具

摄影机导航工具的功能说明如下所述：

- 【推拉摄影机】按钮：沿视线移动摄影机的出发点，保持出发点与目标点之间连线的方向不变，使出发点在此线上滑动，这种方式不改变目标点的位置，只改变出发点的位置。
- 【推拉目标】按钮：沿视线移动摄影机的目标点，保持出发点与目标点之间连线的方向不变，使目标点在此线上滑动，这种方式不会改变摄影机视图中的影像效果，但有可能使摄影机反向。
- 【推拉摄影机+目标】按钮：沿视线同时移动摄影机的目标点与出发点，这种方式产生的效果与【推拉摄影机】相同，只是保证了摄影机本身形态不发生改变。
- 【透视】按钮：以推拉出发点的方式来改变摄影机的【视野】镜头值，配合Ctrl键可以增加变化的幅度。
- 【侧滚摄影机】按钮：沿着垂直与视平面的方向旋转摄影机的角度。
- 【视野】按钮：固定摄影机的目标点与出发点，通过改变视野取景的大小来改变FOV镜头值，这是一种调节镜头效果的好方法，起到的效果其实与Perspective（透视）+Dolly Camera（推拉摄影机）相同。

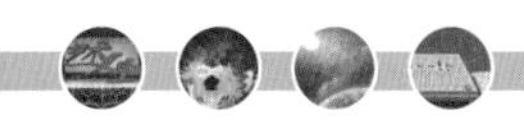

- 【平移摄影机】按钮：在平行与视平面的方向上同时平移摄影机的目标点与出发点，配合Ctrl键可以加速平移变化，配合Shift键可以锁定在垂直或水平方向上平移。
- 【2D 平移缩放模式】：在 2D 平移缩放模式下，可以平移或缩放视口，而无需更改渲染帧。
- 【穿行】：使用穿行导航，可通过按下包括箭头方向键在内的一组快捷键，在视口中移动，正如在众多视频游戏中的 3D 世界中导航一样。
- 【环游摄影机】按钮：固定摄影机的目标点，使出发点转着它进行旋转观测，配合Shift键可以锁定在单方向上的旋转。
- 【摇移摄影机】按钮：固定摄影机的出发点，使目标点进行旋转观测，配合Shift键可以锁定在单方向上的旋转。

## 8.3.2 变换摄影机

在3ds Max 2018中所有作用于对象（包括几何体、灯光、摄影机等）的位置、角度、比例的改变都被称为变换。摄影机及其目标的变换与场景中其他对象的变换非常相像。正如前面所提到的，许多摄影机视图导航命令能用在其局部坐标中变换摄影机来代替。

虽然摄影机导航工具能很好地变换摄影机参数，但对于摄影机的全局定位来说，一般使用标准的变换工具更合适。锁定轴向后，也可以像摄影机导航工具那样使用标准变换工具。摄影机导航工具与标准摄影机变换工具最主要的区别是，标准变换工具可以同时在两个轴上变换摄影机，而摄影机导航工具只允许沿一个轴进行变换。

> 提示
> ① 在变换摄影机时不要缩放摄影机，缩放摄影机会使摄影机基本参数显示错误值。
> ② 目标摄影机只能绕其局部Z轴旋转。绕其局部坐标X或Y轴旋转没有效果。
> ③ 自由摄影机不像目标摄影机那样受旋转限制。

## 8.3.3 实战：平移动画

本案例将介绍使用摄影机制作平移动画，该动画效果的制作主要是通过使用【推拉摄影机】工具来完成的，完成后的效果如图8-6所示。

01 启动软件后，按Ctrl+O快捷组合键，打开“平移动画.max”文件，如图8-7所示。

图8-6 摄影机平移动画

02 选择【创建】|【摄影机】|【目标】，在【左】视图中按住鼠标进行拖动，创建一个摄影机，如图8-8所示。

图8-7 打开的素材文件

图8-8 创建摄影机

03 激活【透视】视图，按C键将其转换为摄影机视图，在视图中调整摄影机的位置，切换至【修改】命令面板，在

【参数】卷展栏中将【镜头】设置为43.456，如图8-9所示。

04 将时间滑块拖曳至第100帧位置处，单击【自动关键点】按钮，激活摄影机视图，并在摄影机视口控制区域单击【推拉摄影机】按钮，然后在摄影机视图中向前推进摄影机，如图8-10所示。

> 提示
> 【推拉摄影机】：沿视线移动摄影机的出发点，保持出发点与目标点之间连线的方向不变，使出发点在此线上滑动，这种方式不改变目标点的位置，只改变出发点的位置。

05 调整完成后，单击【自动关键点】按钮，对完成后的场景进行渲染即可。

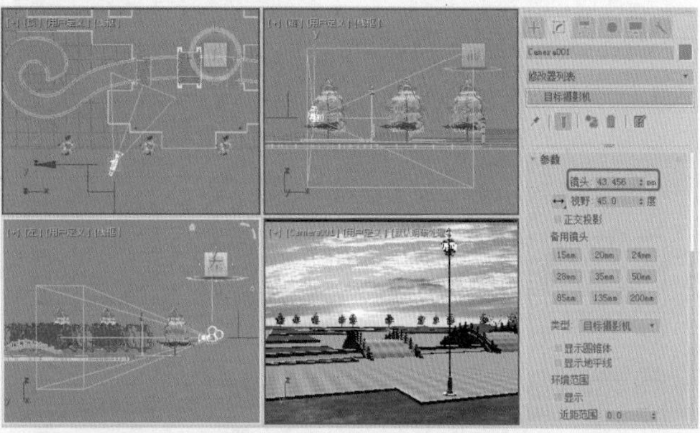

图8-9 调整摄影机的位置

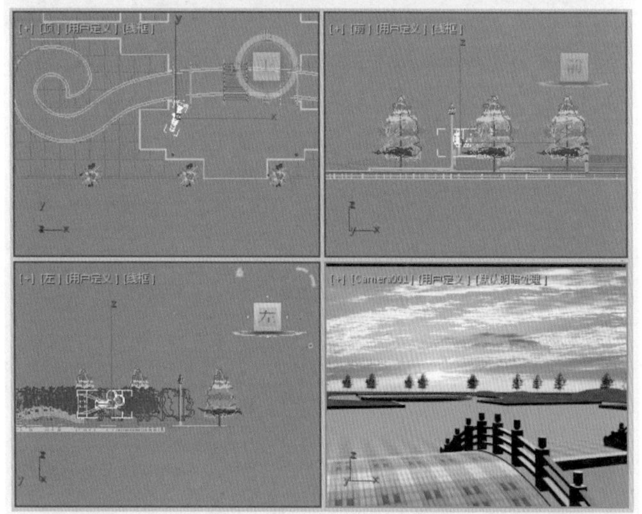

图8-10 向前推进摄影机

## 8.3.4 实战：穿梭动画

本案例将介绍使用摄影机制作穿梭动画，该动画通过设置多个关键点，调整摄影机和目标点来完成，完成后的效果如图8-11所示。

图8-11 摄影机穿梭动画

01 启动软件后，按Ctrl+O组合键，打开“穿梭动画.max”文件，如图8-12所示。

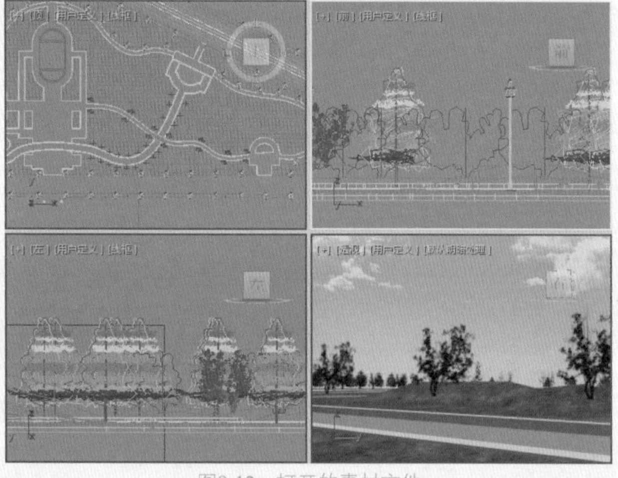

图8-12 打开的素材文件

02 选择【创建】|【摄影机】|【目标】命令，然后在视图中创建目标摄影机，激活透视视图，按C键将其转换为摄影机视图，并在其他视图中调整其位置，如图8-13所示。

图8-13 创建摄影机并进行调整

03 将时间滑块拖曳至第30帧位置处，单击【自动关键点】按钮，然后在视图中调整摄影机位置，如图8-14所示。

图8-14 在第30帧处调整摄影机

04 将时间滑块拖曳至第40帧位置处，在视图中调整摄影机位置，如图8-15所示。

图8-15 在第40帧处调整摄影机位置

05 将时间滑块拖曳至第50帧位置处，在视图中调整摄影机位置，如图8-16所示。

06 将时间滑块拖曳至第60帧位置处，在视图中调整摄影机位置，如图8-17所示。

07 将时间滑块拖曳至第70帧位置处，在视图中调整摄影机位置，如图8-18所示。

08 将时间滑块拖曳至第100帧位置处，在视图中调整摄影机位置，如图8-19所示。

09 再次单击【自动关键点】按钮，将其关闭，然后设置动画的渲染参数，渲染动画即可。

图8-16 在第50帧处调整摄影机

图8-17 在第60帧处调整摄影机

图8-18 在第70帧处调整摄影机

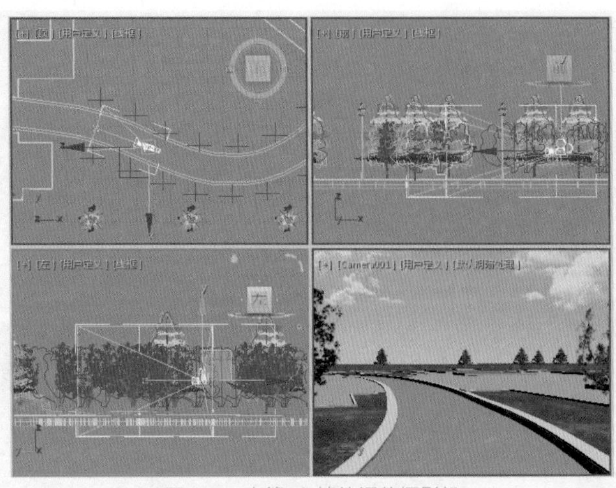

图8-19 在第100帧处调整摄影机

## 8.4 泛光灯

泛光灯向四周发散光线，标准的泛光灯用来照亮场景，它的优点是易于建立和调节，不用考虑是否有对象在范围外而不被照射；缺点就是不能创建太多，否则显得无层次感。泛光灯用于将“辅助照明”添加到场景中，或模拟点光源。

泛光灯可以投射阴影和投影，单个投射阴影的泛光灯等同于6盏聚光灯的效果，从中心指向外侧。另外泛光灯常用来模拟灯泡、台灯等光源对象。如图8-20所示，在场景中创建了一盏泛光灯，它可以产生明暗关系的对比。

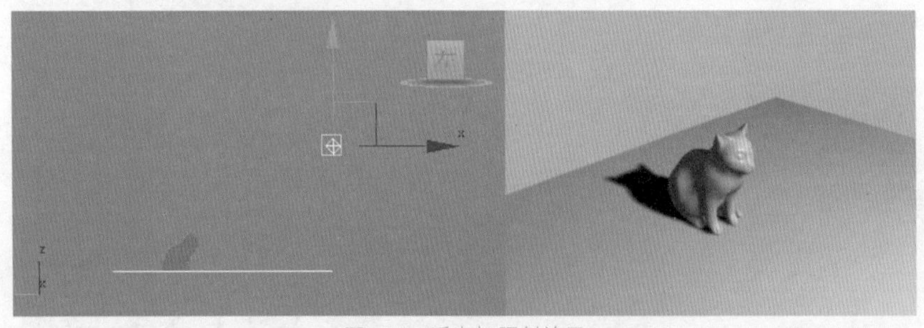

图8-20 泛光灯照射效果

## 8.5 天光

【天光】能够模拟日光照射效果。在max中有好几种模拟日光照射效果的方法，但如果配合【照明追踪】渲染方式的话，【天光】往往能产生最生动的效果，如图8-21所示。【天光参数】卷展栏如图8-22所示。

提示：使用mental ray渲染器渲染时，天光照明的对象显示为黑色，除非启用最终聚集。

图8-21 天光与光跟踪渲染的模型

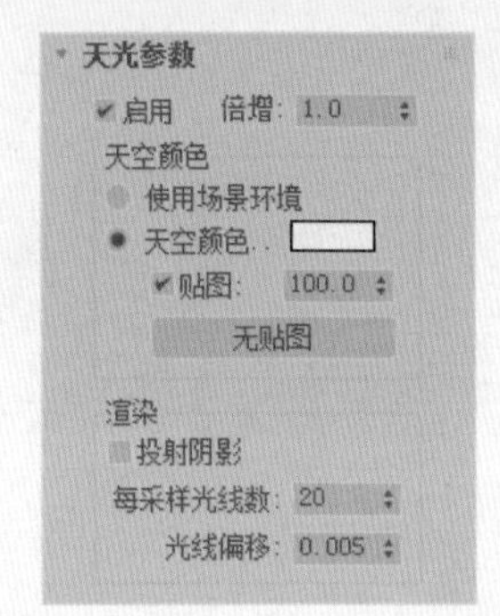


图8-22 【天光参数】卷展栏

- 【启用】：用于开关天光对象。
- 【倍增】：指定正数或负数量来增减灯光的能量，例如输入2，表示灯光亮度增强2倍。使用这个参数提高场景亮度时，有可能会引起颜色过亮，还可能产生视频输出中不可用的颜色，所以除非是制作特定案例或特殊效果，否则选择1。

【天空颜色】选项组：天空被模拟成一个圆屋顶的样子覆盖在场景上，如图8-23所示。用户可以在这里指定天空的颜色或贴图。

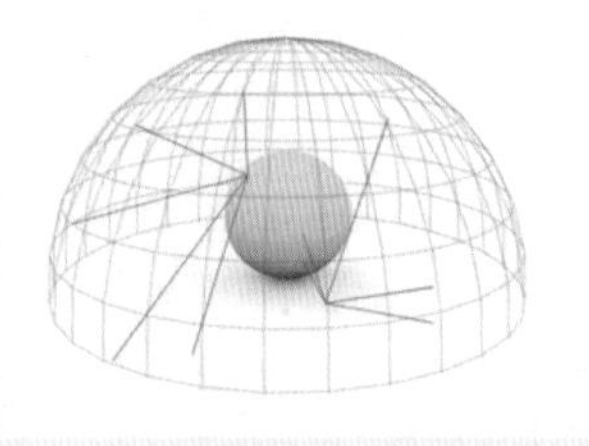

图8-23 建立天光模型作为场景上方的圆屋顶

- 【使用场景环境】：使用【环境和效果】对话框设置颜色为灯光颜色，只在【照明追踪】方式下才有效。
- 【天空颜色】：点击右侧的色块显

示颜色选择器，从中调节天空的色彩。

- 【贴图】：通过指定贴图影响天空颜色。左侧的复选框用于设置是否使用贴图，下方的空白按钮用于指定贴图，右侧的文本框用于控制贴图的使用程度（低于100%时，贴图会与天空颜色进行混合）。

【渲染】选项组用来定义天光的渲染属性，只有在使用默认扫描线渲染器，并且不使用高级照明渲染引擎时，该组参数才有效。

- 【投射阴影】：勾选该复选框使用天光可以投射阴影。
- 【每采样光线数】：设置在场景中每个采样点上天光的光线数。较高的值使天光效果比较细腻，并有利于减少动画画面的闪烁，但较高的值会增加渲染时间。
- 【光线偏移】：定义对象上某一点的投影与该点的最短距离。

## 8.6 灯光的共同参数卷展栏

在3ds Max中，除了【天光】之外，所有不同的灯光对象都共享一套控制参数，它们控制着灯光的最基本特征，包括【常规参数】、【强度/颜色/衰减】、【高级效果】、【阴影参数】、【阴影贴图参数】和【大气和效果】等卷展栏。

### 1.【常规参数】卷展栏

【常规参数】卷展栏主要控制对灯光的开启与关闭、排除或包含以及阴影方式。在【修改】命令面板中，【常规参数】还可以用于控制灯光目标物体，改变灯光类型，【常规参数】卷展栏如图8-24所示。

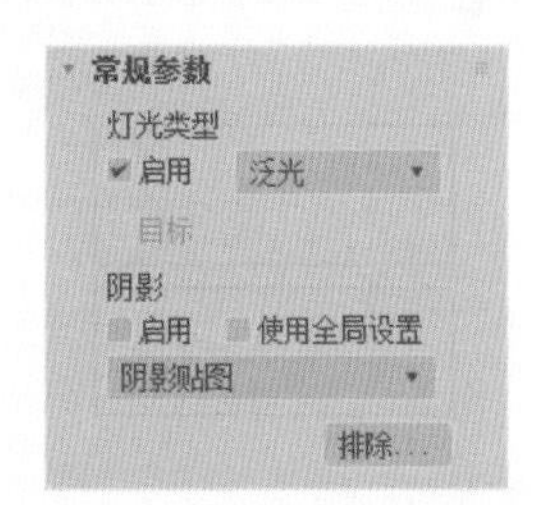

图8-24 【常规参数】卷展栏

【灯光类型】选项组

- 【启用】：用来启用和禁用灯光。当【启用】选项处于启用状态时，使用灯光着色和渲染以照亮场景。当【启用】选项处于禁用状态时，进行着色或渲染时不使用该灯光。默认设置为启用。
- 泛光：可以对当前灯光的类型进行改变，如果当前选择的是【泛光灯】，可以在【聚光灯】、【平行灯】和【泛光灯】之间进行转换。
- 【目标】：勾选该复选框，灯光将成为目标。灯光与其目标之间的距离显示在复选框的右侧。对于自由灯光，可以设置该值；对于目标灯光，可以通过禁用该复选框或移动灯光以及灯光的目标对象对其进行更改。

【阴影】选项组

- 【启用】：开启或关闭场景中的阴影使用。
- 【使用全局设置】：勾选该复选框，将会把下面的阴影参数应用到场景中的投影灯上。
- 阴影贴图：决定当前灯光使用哪种阴影方式进行渲染，其中包括【高级光线跟踪】、【mental ray阴影贴图】、【区域阴影】、【阴影贴图】和【光线跟踪阴影】5种。
- 【排除】：单击该按钮，在打开的【排除/包含】对话框中，设置场景中的对象不受当前灯光的影响，如图8-25所示。

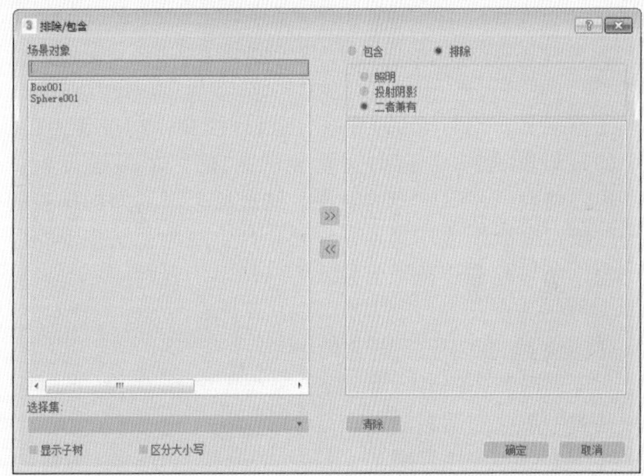

图8-25 【排除/包含】对话框

如果要设置个别物体不产生或不接受阴影，可以选择物体，单击鼠标右键，在弹出的快捷菜单中选择【对象属性】命令，在弹出的【对象属性】对话框中取消【接收阴影】和【投影阴影】复选框的勾选，如图8-26所示。

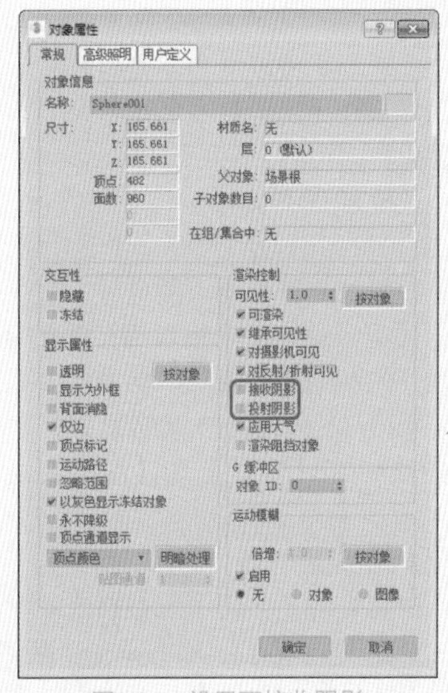

图8-26 设置不接收阴影

2.【强度/颜色/衰减】卷展栏

【强度/颜色/衰减】卷展栏是标准的附加参数卷展栏，如图8-27所示。它主要对灯光的颜色、强度以及灯光的衰减进行设置。

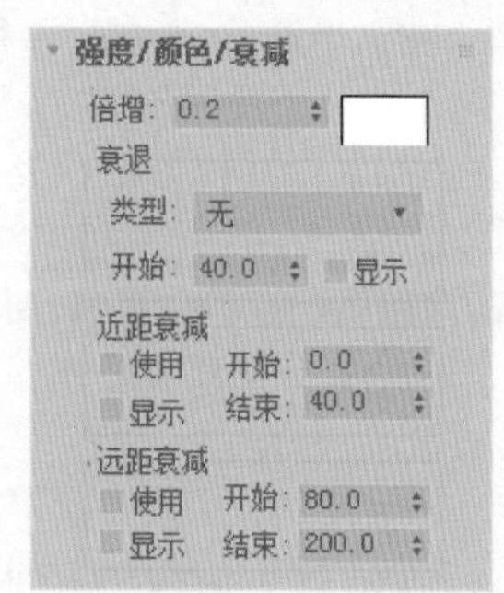


图8-27 【强度/颜色/衰减】卷展栏

- 【倍增】：对灯光的照射强度进行控制，标准值为1，如果设置为2，则照射强度会增加1倍。如果设置为负值，将会产生吸收光的效果。通过这个选项增加场景的亮度可能会造成场景曝光，还会产生视频无法接受的颜色，所以除非是特殊效果或特殊情况，否则应尽量设置为1。
- 【色块】：用于设置灯光的颜色。

【衰退】选项组：用来降低远处灯光的照射强度。

- 【类型】：在其右侧有3个衰减选项。
  - 【无】：不产生衰减。
  - 【倒数】：以倒数方式计算衰减，计算公式为L【亮度】=RO/R，RO为使用灯光衰减的光源半径或使用了衰减时的近距结束值，R为照射距离。
  - 【平方反比】：计算公式为L【亮度】=（RO/R）2，这是真实世界中的灯光衰减，也是光度学灯光的衰减公式。
- 【开始】：该选项定义了灯光不发生衰减的范围。
- 【显示】：显示灯光进行衰减的范围。

【近距衰减】选项组

- 【使用】：决定被选择的灯光是否使用它被指定的衰减范围。
- 【开始】：设置灯光开始淡入的位置。
- 【显示】：如果勾选该复选框，在灯光的周围会出现表示灯光衰减开始和结束的圆圈，如图8-28所示。
- 【结束】：设置灯光衰减结束的地方，也就是灯光停止照明的距离。在【开始】和【结束】之间灯光按线性衰减。

【远距衰减】选项组

- 【使用】：决定灯光是否使用它被指定的衰减范围。
- 【开始】：该选项定义了灯光不发生衰减的范围，只有在比【开始】更远的照射范围灯光才开始发生衰减。
- 【显示】：勾选该复选框会出现表示灯光衰减开始和结束的圆圈。
- 【结束】：设置灯光衰减结束的地方，也就是灯光停止照明的距离。

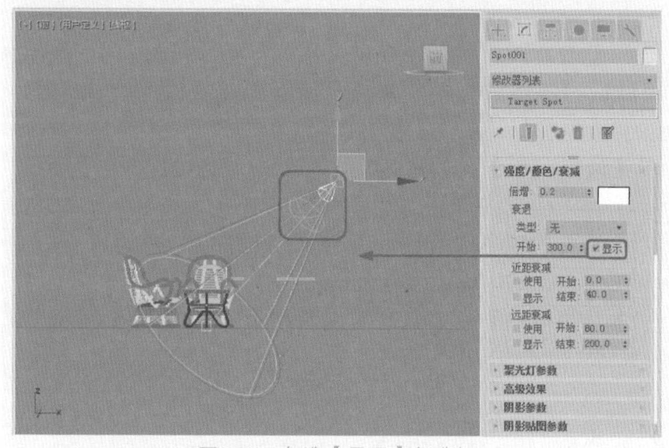

图8-28 勾选【显示】复选框

3.【高级效果】卷展栏

【高级效果】卷展栏提供了灯光影响曲面方式的控件，也包括很多微调和投影灯的设置，卷展栏如图8-29所示，各项参数功能如下。

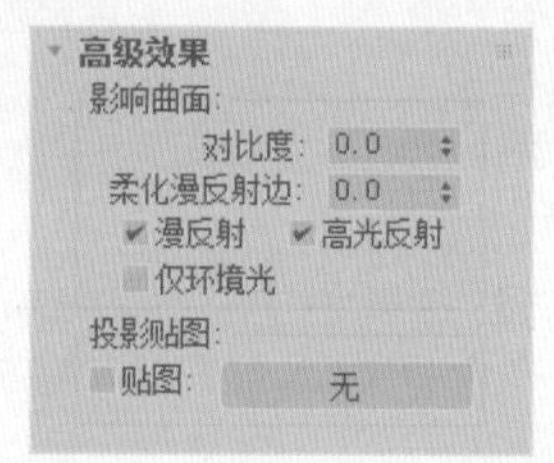


图8-29 【高级效果】卷展栏

可以通过选择要投射灯光的贴图，使灯光对象成为一个投影。投射的贴图可以是静止的图像或动画，如图8-30所示。

图8-30 使用灯光投影

【影响曲面】选项组

- 【对比度】：光源照射在物体上，会在物体的表面形成高光区、过渡区、阴影区和反光区。
- 【柔化漫反射边】：柔化过渡区与阴影表面之间的边缘，避免产生清晰的明暗分界。

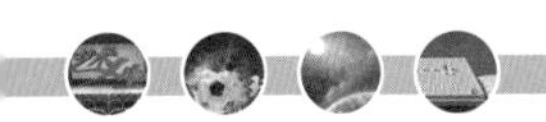

- 【漫反射】：漫反射区就是从对象表面的亮部到暗部的过渡区域。默认状态下，此选项处于选取状态，这样光线才会对物体表面的漫反射产生影响。如果此项没有被选取，则灯光不会影响漫反射区域。
- 【高光反射】：也就是高光区，是光源在对象表面上产生的光点。此选项用来控制灯光是否影响对象的高光区域。默认状态下，此选项为选取状态。如果取消对该选项的选择，灯光将不影响对象的高光区域。
- 【仅环境光】：勾选该复选框，照射对象将反射环境光的颜色。默认状态下，该选项为非选取状态。

图8-31所示是【漫反射】、【高光反射】和【仅环境光】3种渲染效果。

图8-31 3种表现方式的渲染效果

【投影贴图】选项组

- 【贴图】：勾选该复选框，可以通过右侧的【无】按钮为灯光指定一个投影图形，它可以像投影机一样将图形投影到照射的对象表面。当使用一个黑白位图进行投影时，黑色将光线完全挡住，白色对光线没有影响。

### 4.【阴影参数】卷展栏

【阴影参数】卷展栏中的参数用于控制阴影的颜色、浓度以及是否使用贴图来代替颜色作为阴影，如图8-32所示。

阴影参数
对象阴影:
颜色: 密度: 1.0
贴图: 无
灯光影响阴影颜色
大气阴影:
启用 不透明度: 100.0
颜色量: 100.0

图8-32 【阴影参数】卷展栏

其各项目的功能说明如下：

【对象阴影】选项组

- 【颜色】：用于设置阴影的颜色。
- 【密度】：设置较大的数值产生一个粗糙、有明显的锯齿状边缘的阴影；相反阴影的边缘会变得比较平滑。如图8-33所示为不同的数值所产生的阴影效果。
- 【贴图】：勾选该复选框可以对对象的阴影投射图像，但不影响阴影以外的区域。在处理透明对象的阴影时，可以将透明对象的贴图作为投射图像投射到阴影中，以创建更多的细节，使阴影更真实。

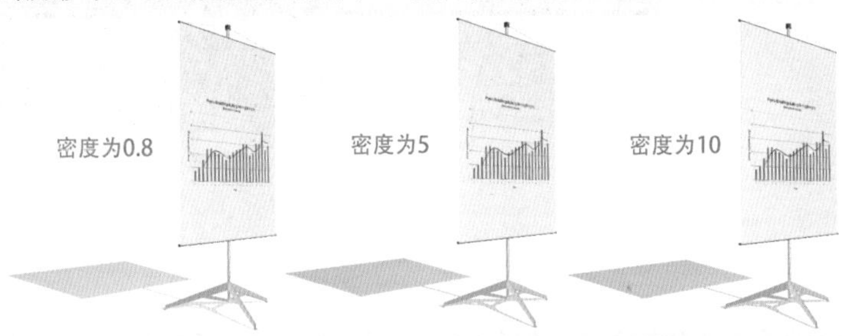


图8-33 设置不同的【密度】值效果

- 【灯光影响阴影颜色】：启用此选项后，将灯光颜色与阴影颜色（如果阴影已设置贴图）混合起来，默认设置为禁用状态。如图8-34所示设置阴影颜色。

【大气阴影】选项组：用于控制允许大气效果投射阴影，如图8-35所示。

- 【启用】：如果勾选该复选框，当灯光穿过大气时，大气投射阴影。
- 【不透明度】：调节大气阴影的不透明度的百分比数值。
- 【颜色量】：调整大气的颜色和阴影混合的百分比数值。

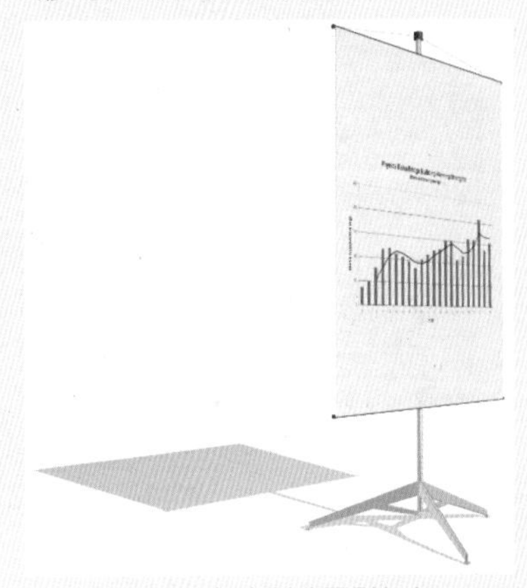

图8-34 灯光影响阴影颜色

图8-35 大气阴影

## 实例操作001——灯光摇曳动画

本例将制作灯光摇曳动画，其中制作重点是将自由聚光灯和吊灯绑定在一起，通过设置吊顶的角度使灯光产生摆动的效果，完成后的效果如图8-36所示。

图8-36 灯光摇曳动画

01 启动软件后，打开CDROM\Scenes\Cha08\灯光摇曳动画.max文件，如图8-37所示。

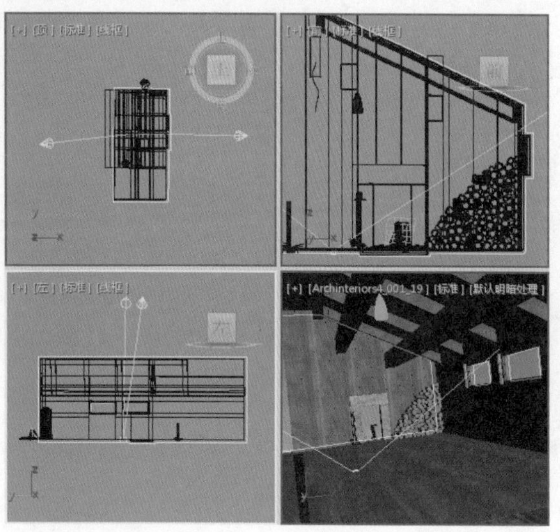


图8-37 打开素材文件

02 选择【创建】|【灯光】|【标准】|【自由聚光灯】命令，在【顶】视图中创建一盏【自由聚光灯】，如图8-38所示。

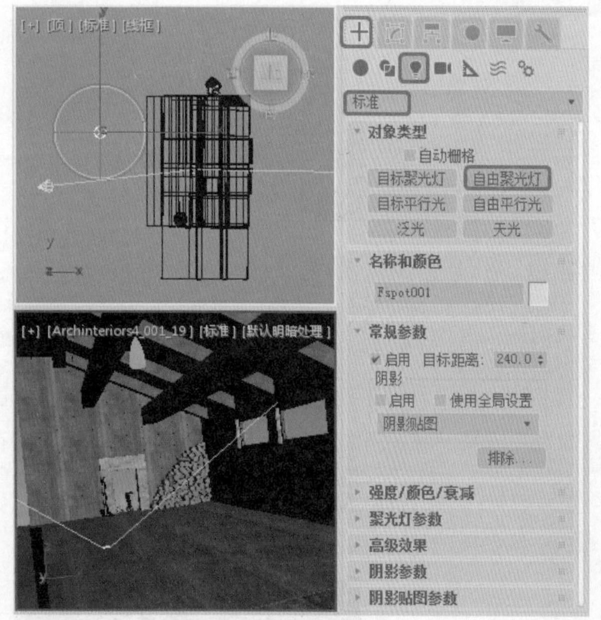


图8-38 创建【自由聚光灯】

03 切换到【修改】命令面板中，在【强度/颜色/衰减】卷展栏中将【倍增】设置为0.5，将灯光颜色设为白色，如图8-39所示。

> 提示
> 【强度/颜色/衰减】卷展栏是标准的附加参数卷展栏，它主要对灯光的颜色、强度以及灯光的衰减进行设置。

04 调整自由聚光灯的位置，在工具选项栏中选择【选择并链接】工具，将上一步创建的自由聚光灯绑定到【吊灯】对象上，如图8-40所示。

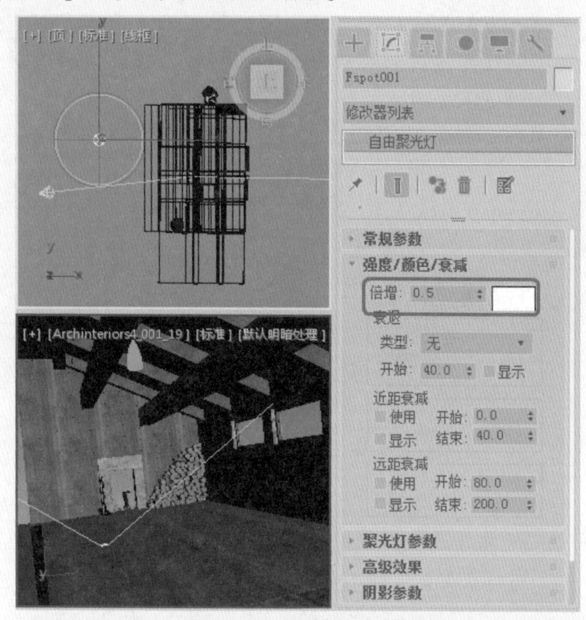


图8-39 设置灯光参数

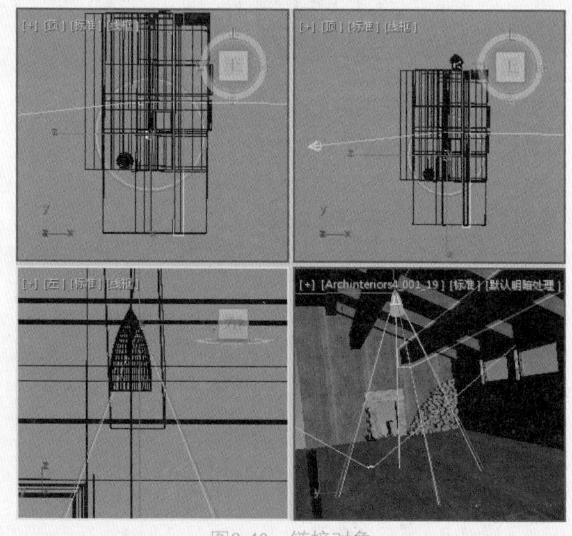


图8-40 链接对象

> 提示
> 【选择并链接】：使用【选择并链接】工具可以通过将两个对象链接作为子和父，子级将继承应用于父的变换（移动、旋转、缩放），但是子级的变换对父级没有影响。

05 选择【吊灯】对象，单击【设置关键点】按钮，打开手动关键帧模式，将时间滑块移动到0帧位置，单击【设置关键点】按钮，添加关键帧，然后将时间滑块移动到30帧位置，在【摄影机】视图中，使用【选择并旋转】

工具对【吊灯】对象进行旋转，并添加关键帧，如图8-41所示。

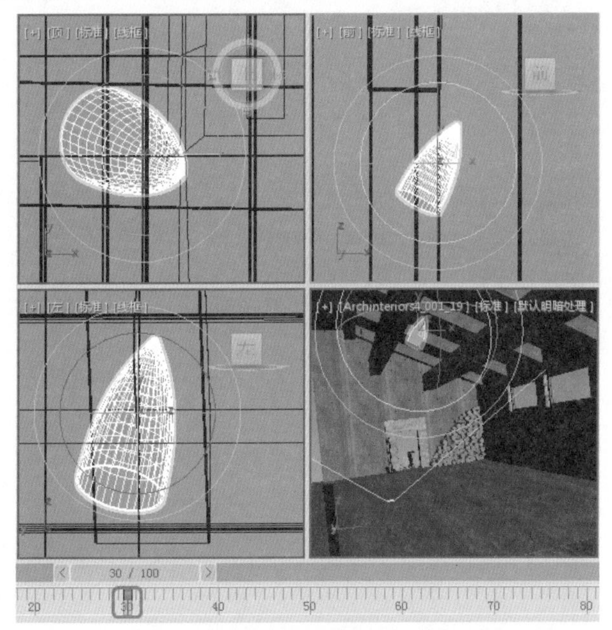

图8-41 添加关键帧

06 将时间滑块移动到第60帧位置，继续对【吊灯】对象进行旋转，添加关键帧，如图8-42所示。

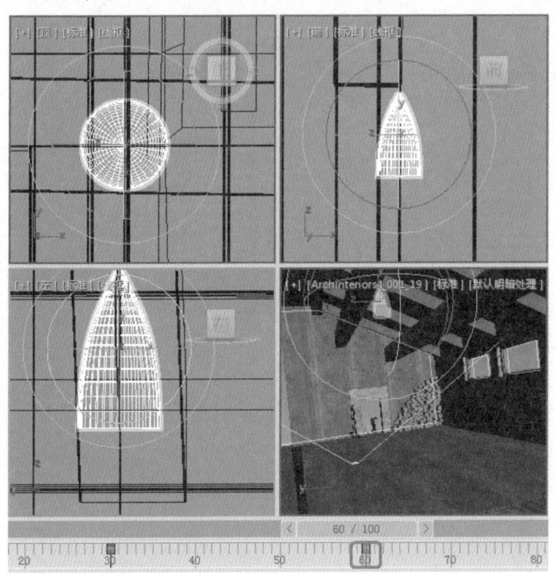

图8-42 添加关键帧

07 将时间滑块移动到第85帧位置，继续对【吊灯】对象进行旋转，添加关键帧，如图8-43所示。

08 将时间滑块移动到第100帧位置，继续对【吊灯】对象进行旋转，添加关键帧，如图8-44所示。

09 关闭动画记录模式，激活【摄影机】视图，对动画进行输出。

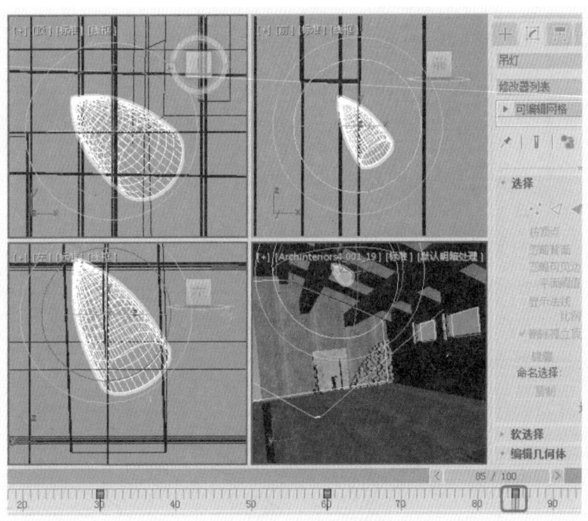

图8-43 添加关键帧

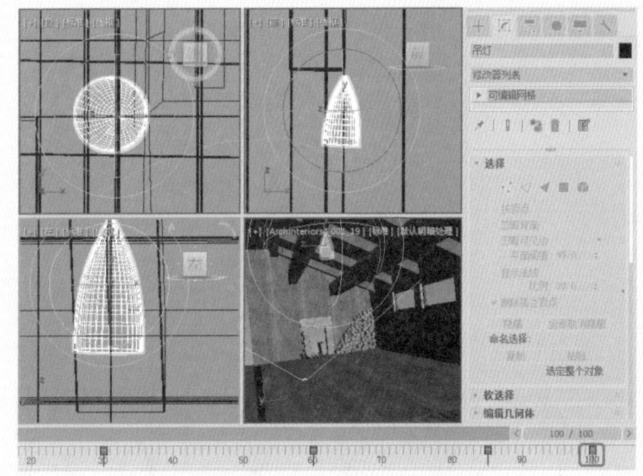

图8-44 添加关键帧

## 实例操作002——灯光闪烁动画

本例将制作灯光闪烁动画，灯光闪烁动画的制作关键在于灯光【倍增】和光晕【倍增】的设置，通过调整其曲线，使其循环，完成后的效果如图8-45所示。

图8-45 灯光闪烁动画

01 启动软件后打开“灯光闪烁动画.max”文件，如图8-46所示。

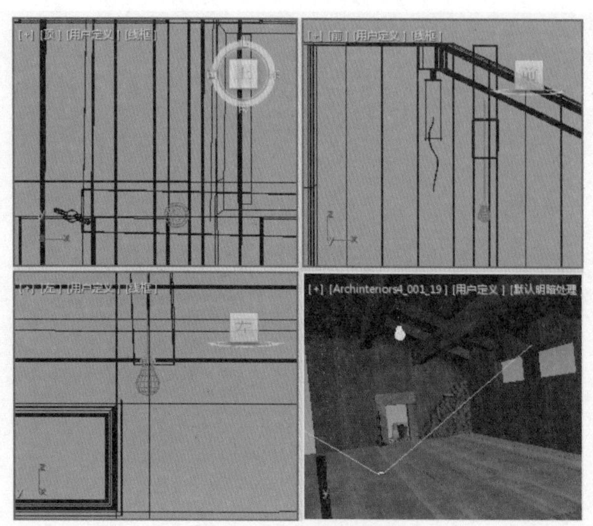

图8-46 打开素材文件

02 选择【创建】|【灯光】|【标准】|【泛光】命令，在【前】视图中创建一盏泛光灯，并将泛光灯的位置调整到灯泡对象内部，如图8-47所示。

提示

【泛光灯】：向四周发散光线，标准的泛光灯用来照亮场景，它的优点是易于建立和调节，不用考虑是否有对象在范围外而不被照射；缺点就是不能创建太多，否则显得无层次感。泛光灯可以投射阴影和投影，单个投射阴影的泛光灯等同于6盏聚光灯的效果，从中心指向外侧。

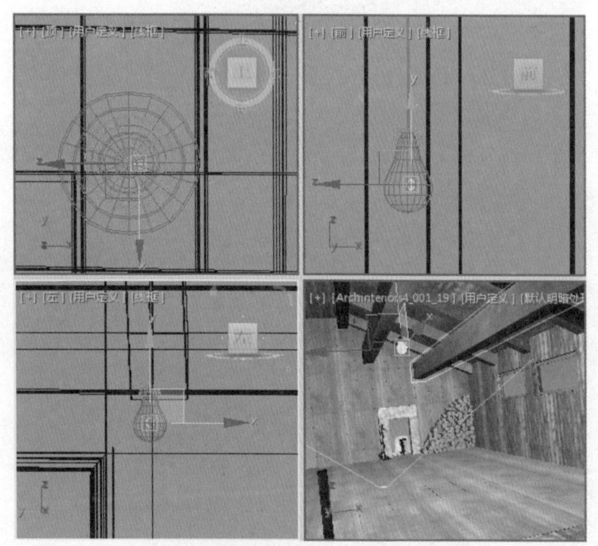

图8-47 创建【泛光灯】

03 将时间滑块移动到0帧位置，按N键开启动画记录模式，切换到【修改】命令面板中在【强度/颜色/衰减】卷展栏中设置【倍增】为0，【颜色】设置为255、242、195，如图8-48所示。

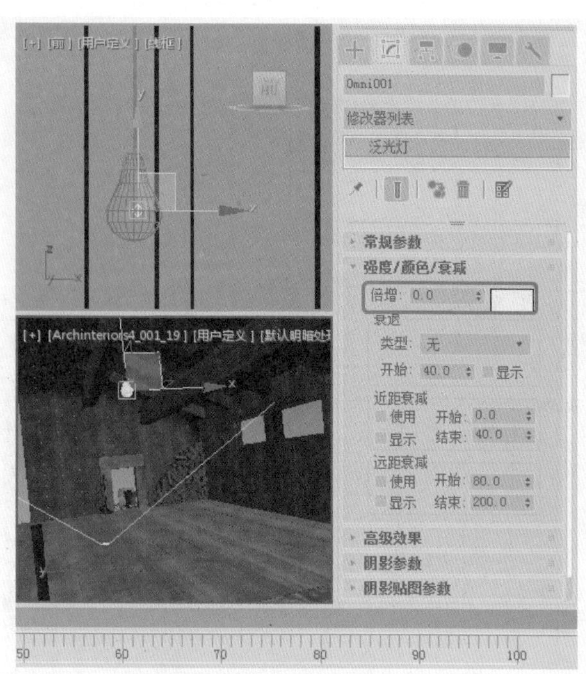

图8-48 添加【倍增】关键帧

04 将时间滑块移动到15帧位置，【强度/颜色/衰减】卷展栏中设置【倍增】为1.5，如图8-49所示。

图8-49 添加关键帧

05 激活【摄影机】视图，进行渲染查看效果，如图8-50所示。

06 将时间滑块移动到第30帧位置，将【倍增】设置为0，继续添加关键帧，按N键退出动画记录模式，如图8-51所示。

07 切换到【大气和效果】卷展栏中单击【添加】按钮，在弹出的对话框中选择【镜头效果】选项，单击【确

定】按钮，添加【镜头效果】，如图8-52所示。

图8-50　渲染查看效果

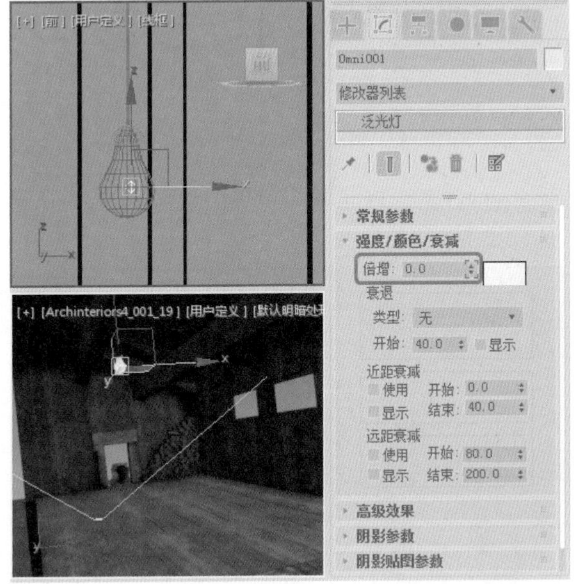

图8-51　继续添加关键帧

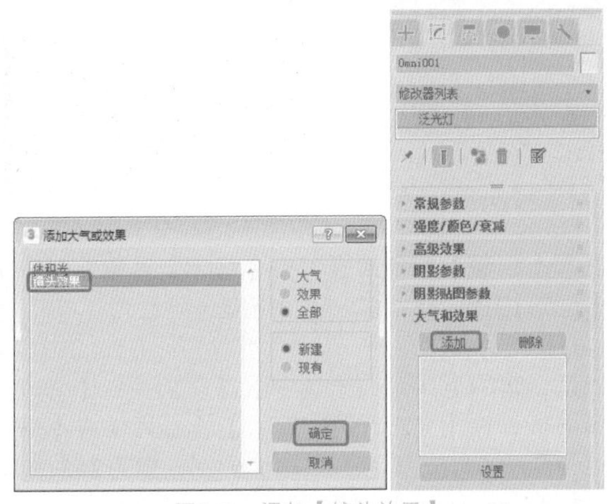

图8-52　添加【镜头效果】

08 在【大气和效果】卷展栏中选择添加【镜头效果】，单击【设置】按钮，在弹出的【环境和效果】对话框中展开【镜头效果参数】卷展栏，并添加【光晕】效果，如图8-53所示。

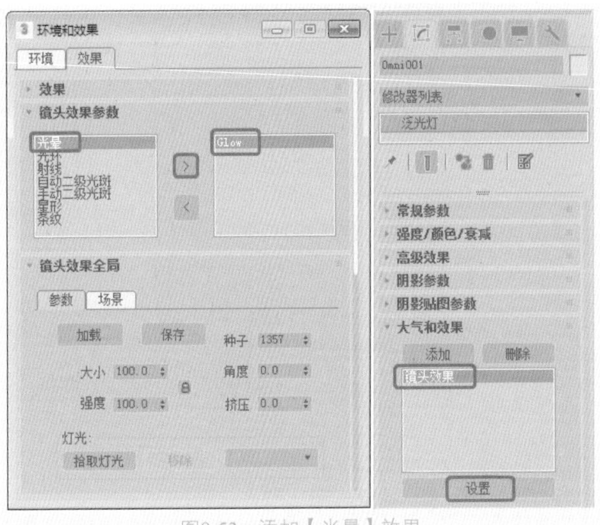

图8-53　添加【光晕】效果

09 将时间滑块移动到15帧位置，按N键开启动画记录模式，在【光晕元素】卷展栏中将【强度】设置为170，并单击【径向颜色】选项组中的第二个色块，将其RGB值设置为255、246、0，如图8-54所示。

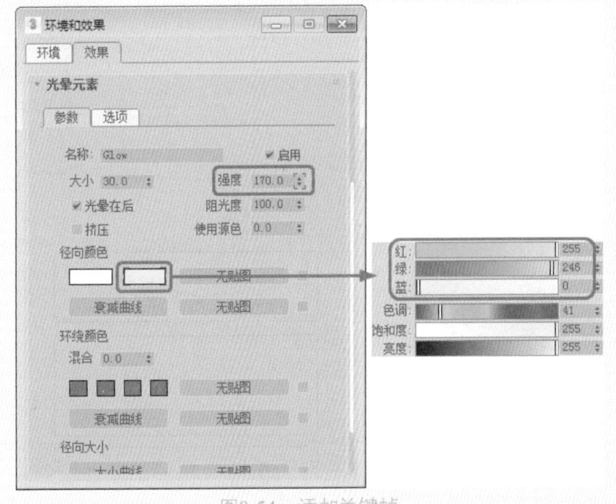

图8-54　添加关键帧

10 将时间滑块移动到0帧位置，将【光晕元素】卷展栏中的【强度】设置为100，添加关键帧，如图8-55所示。

11 退出动画记录模式，在工具栏中单击【曲线编辑器】按钮，弹出【轨迹视图-曲线编辑器】对话框，在左侧窗口中选择【倍增】选项，并选择其所有的关键帧，如图8-56所示。

12 在菜单栏中选择【编辑】|【控制器】|【超出范围类型】命令，在弹出的【参数曲线超出范围类型】对话框中选择【循环】类型，如图8-57所示。

13 动画设置完成后，激活【摄影机】视图，对动画进行渲染输出。

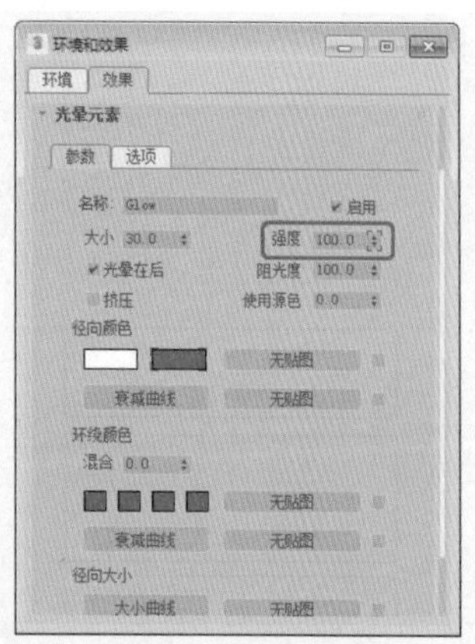

图8-55 添加关键帧

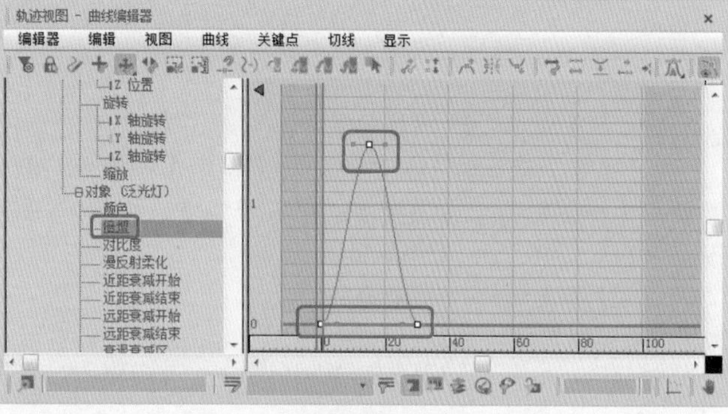

图8-56 选择【倍增】的关键帧

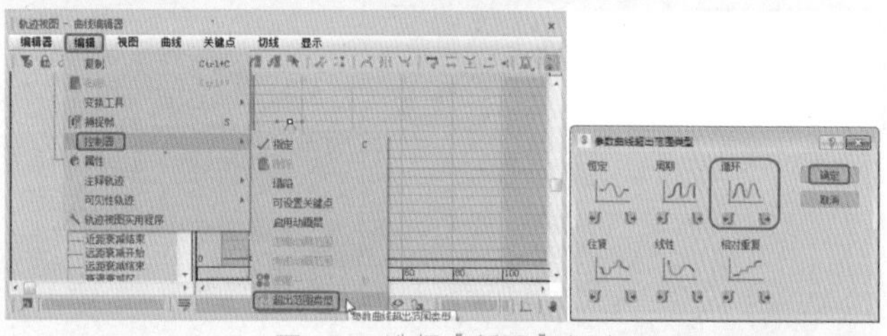

图8-57 选择【循环】类型

提示 在【参数曲线超出范围类型】对话框中，可以设置动画在超出用户所定义关键帧范围以外的物体的运动情况，合理地选择参数曲线越界类型可以缩短制作周期。例如，制作物体周期循环运动的动画时，可以只创建若干帧的动画，而其他帧的动画可以根据参数曲线越界类型的设置选择如何继续运动下去。

## 8.7 上机练习

下面通过制作太阳光升起动画和制作室内浴室场景来巩固本章学习到的知识点。

### 8.7.1 实战：制作太阳升起动画

本案例将介绍使用泛光灯制作太阳升起动画，该案例首先通过为泛光灯添加镜头效果来模拟太阳，然后通过设置关键帧制作太阳升起动画，完成后的效果如图8-58所示。

图8-58 太阳升起动画

01 按Ctrl+O键，打开“太阳升起动画.max”素材文件，如图8-59所示。

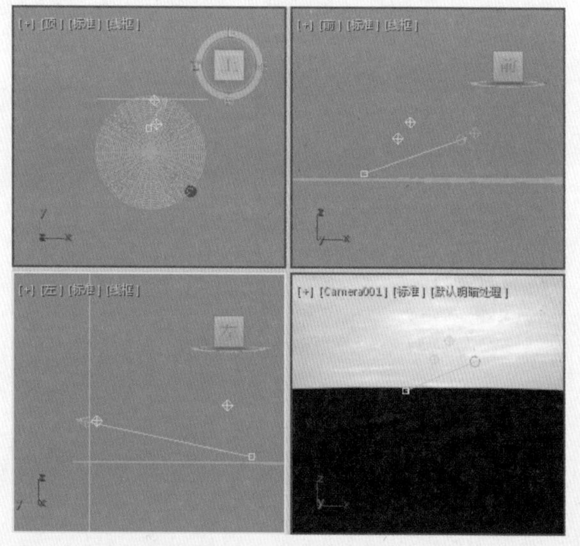

图8-59 打开的素材文件

02 进入【创建】命令面板，在【灯光】对象面板中单击【泛光】按钮，然后在视图中创建一盏泛光灯，如图8-60所示。

03 确认创建的泛光灯处于选中状态，切换到【修改】命令面板，在【强度/颜色/衰减】卷展栏中将【倍增】设置为0.7，将灯光颜色的RGB值分别设置为255、255、228，如图8-61所示。

04 在【大气和效果】卷展栏中，单击【添加】按钮，在弹出的【添加大气或效果】对话框中选择【镜头效果】选项，单击【确定】按钮，即可添加【镜头效果】，如图8-62所示。

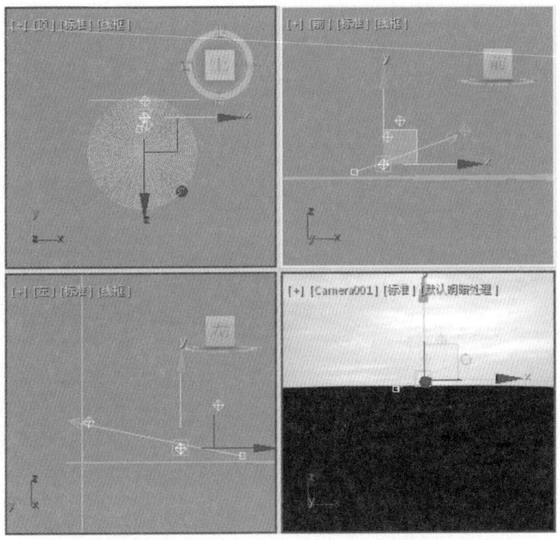

图8-60 创建泛光灯

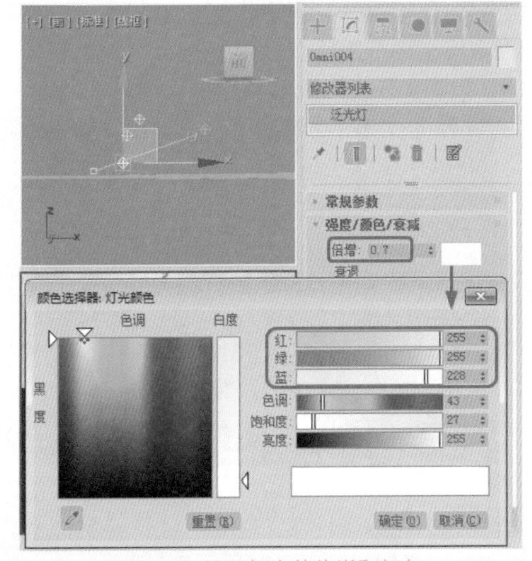

图8-61 设置灯光的倍增和颜色

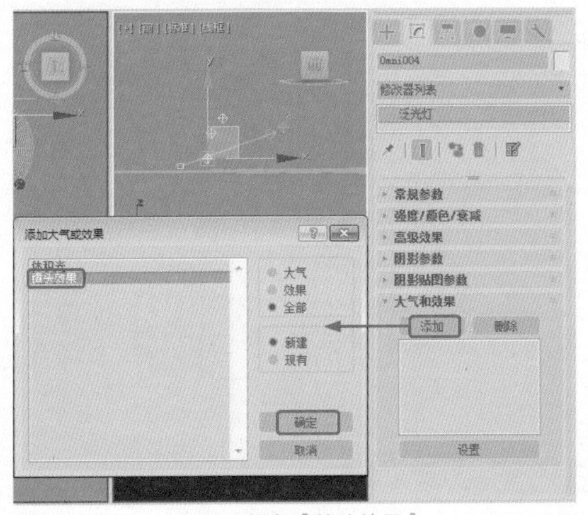

图8-62 添加【镜头效果】

05 选择添加的【镜头效果】，单击【设置】按钮，弹出【环境和效果】对话框，在【镜头效果参数】卷展栏中为灯光添加【光晕】效果，如图8-63所示。

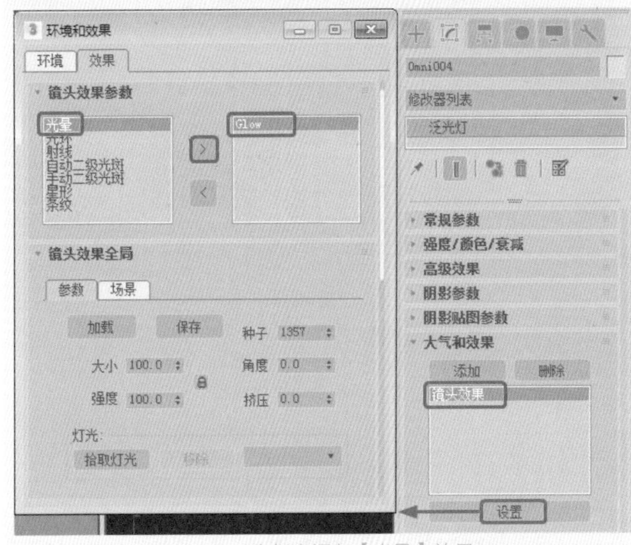

图8-63 为灯光添加【光晕】效果

06 然后在【光晕元素】卷展栏中，将【大小】设置为45，将【强度】设置为160，并取消勾选【光晕在后】复选框，如图8-64所示。

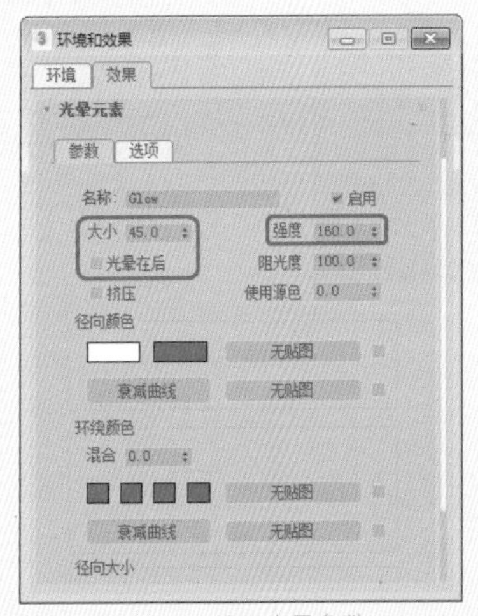

图8-64 设置光晕参数

07 将时间滑块拖曳至第300帧位置处，单击【自动关键点】按钮，然后使用【选择并移动】工具在【前】视图中调整泛光灯的位置，如图8-65所示。

08 然后在【强度/颜色/衰减】卷展栏中将【倍增】设置为1，将灯光颜色的RGB值设置为255、255、166，如图8-66所示。

09 再次单击【自动关键点】按钮，将其关闭。然后设置动画的渲染参数，渲染动画，当渲染到第10帧处时，动画效果如图8-67所示。

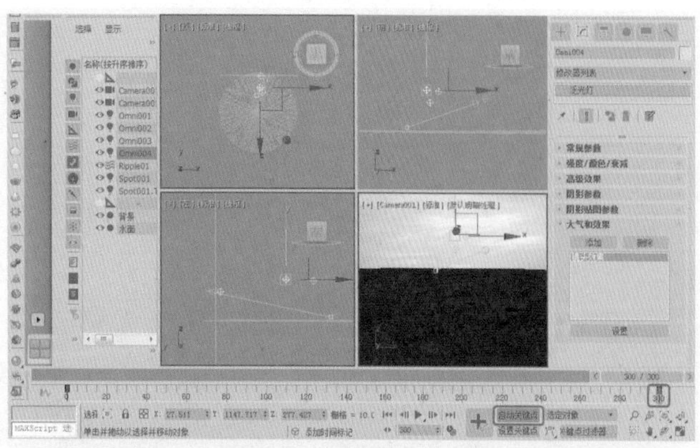

图8-65 调整泛光灯位置

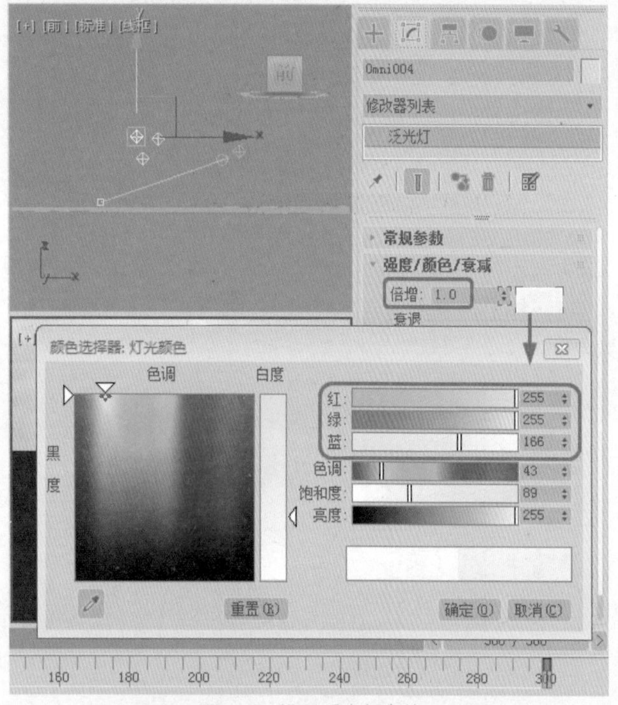


图8-66 设置泛光灯参数

图8-67 渲染到第10帧处的动画效果

10 当渲染到第200帧处时，动画效果如图8-68所示。

图8-68 渲染到第200帧处的动画效果

## 8.7.2 制作室内浴室场景

创建一个摄影机之后，可以设置视口以显示摄影机的观察点。使用“摄影机”视口可以调整摄影机，就好像正在通过其镜头进行观看。摄影机视口对于编辑几何体和设置渲染的场景非常有用。多个摄影机可以提供相同场景的不同视图，效果如图8-69所示。

图8-69 室内浴室场景

01 启动软件后，按Ctrl+O组合键，打开“制作室内浴室场景.max”文件，如图8-70所示。

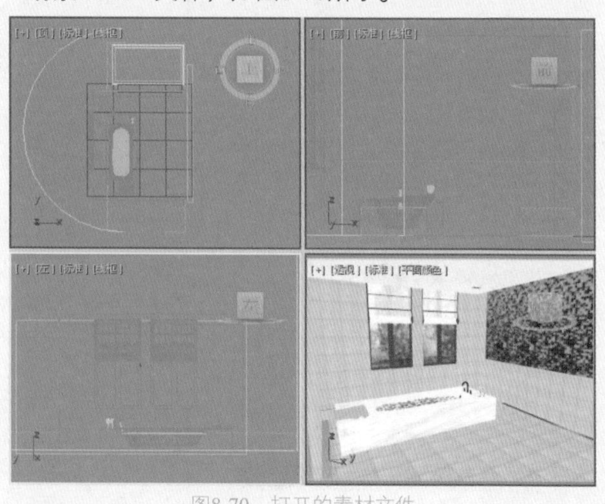

图8-70 打开的素材文件

02 选择【创建】|【摄影机】|【目标】命令，在【顶】视图中按住鼠标进行拖动，创建一个摄影机，如图8-71所示。

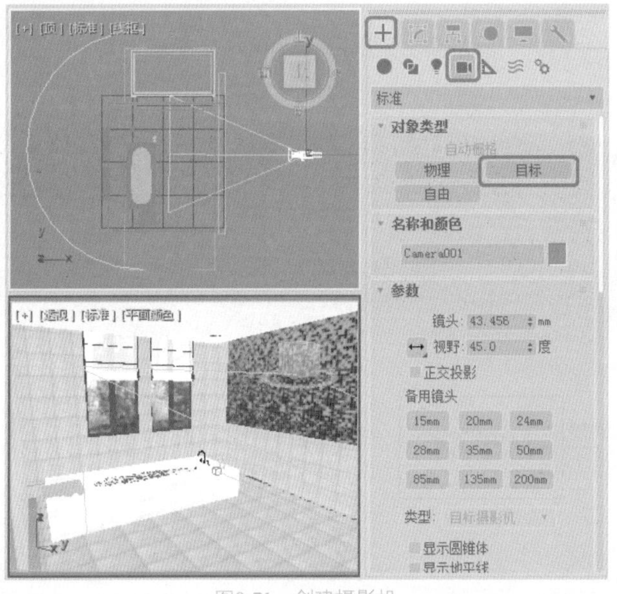


图8-71　创建摄影机

03 选择【透视】视图，按C键将其转换为摄影机视图，在工具箱中单击【选择并移动】工具，在视图中对摄影机进行调整，效果如图8-72所示。

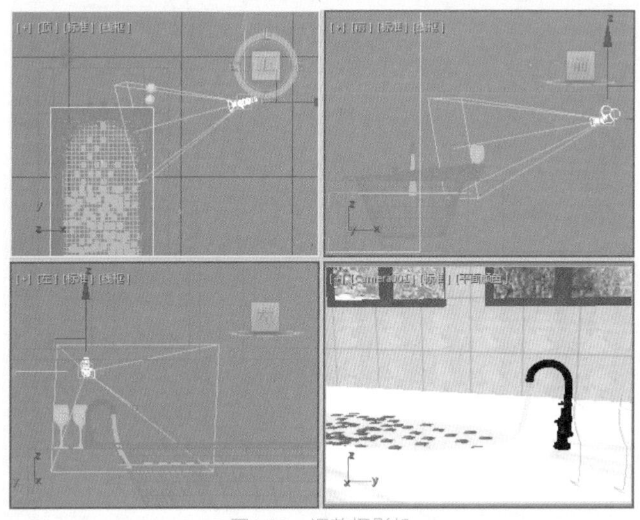

图8-72　调整摄影机

04 继续选中摄影机对象，切换至【修改】命令面板中，在【参数】卷展栏中将【镜头】设置为28，设置后的效果如图8-73所示。

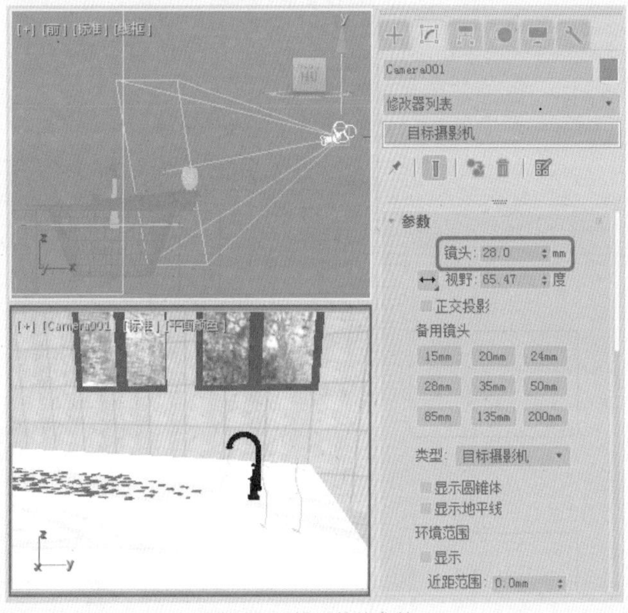


图8-73　设置镜头参数

## 8.8 思考与练习

1. 怎样改变灯光的颜色？
2. 如何快速转换为摄影机视图？
3. 【目标】与【自由】摄影机有什么区别？

# 第9章 渲染与特效

在渲染特效中，可以使用一些特殊的效果对场景进行加工和添色，来模拟现实中的视觉效果。用户可以快速地以交互形式添加各种特效，在渲染的最后阶段实现这些效果。

# 9.1 渲染

渲染在整个三维创作中是经常要做的一项工作。在前面所制作的材质与贴图、灯光的作用、环境反射等效果，都是在经过渲染之后才能更好地表达出来。渲染是基于模型的材质和灯光位置，以摄影机的角度利用计算机计算每一个像素着色位置的全过程。如图9-1所示为视图中的显示效果和经过渲染后显示的效果。

图9-1　视图中和渲染后显示的效果

可以将图形文件或动画文件渲染并输出，根据需要存储为不同的格式。既可以作为后期处理的素材，也可以成为最终的作品。

在渲染输出之前，要先确定好将要输出的视图。渲染出的结果是建立在所选视图的基础之上的。选取方法是单击相应的视图，被选中的视图将以亮边显示。

> 提示　通常选择【透视】视图或Camera视图来进行渲染。可先选择视图再渲染，也可以在【渲染设置】对话框中设置视图。

在菜单栏中选择【渲染】|【渲染设置】命令，或者按快捷键F10，也可单击工具栏上的【渲染设置】按钮，弹出如图9-2所示的【渲染设置】对话框，在【公用参数】卷展栏中有以下常用参数。

- 【时间输出】选项组用于确定所要渲染的帧的范围。
  - 选中【单帧】单选按钮表示只渲染当前帧，并将结果以静态图像的形式输出。
  - 选中【活动时间段】单选按钮表示可以渲染已经提前设置好时间长度的动画。系统默认的动画长度为0～100帧，在此时选中该单选按钮，就会渲染100帧的动画。这个时间的长度可以自己更改。
  - 选中【范围】单选按钮表示可以渲染指定起始帧和结束帧之间的帧，在前面的微调框中输入起始帧帧数，在后面的微调框中输入结束帧帧数。如输入 0 至 100，这样可以对第0帧到第100帧之间的动画进行渲染。
  - 选中【帧】单选按钮表示可以从所有帧中选出一个或多个帧来渲染。在后面的文本框中输入所选帧的序号，单个帧之间以逗号隔开，多个连续的帧以短线隔开。如 1,3,5-12 表示渲染第1、3帧和5～12帧。

图9-2　【渲染设置】对话框

> 提示　在选中【活动时间段】单选按钮或【范围】单选按钮时，【每N帧】微调框的值可以调整。选择的数字是多少就表示在所选的范围内，每隔几帧进行一次渲染。

- 【输出大小】选项组用于确定渲染输出的图像的大小及分辨率。在【宽度】微调框中可以设置图像的宽度值，在【高度】微调框中可以设置图像的高度值。右侧的4个按钮是系统根据【自定义】下拉列表框中的选项对应给出的常用图像尺寸值，可直接单击选择。调整【像素纵横比】微调框里的数值可以更改图像尺寸的长、宽比。
- 【选项】选项组用于确定进行渲染时的各个渲染选项，如大气、效果、置换等，可同时选中一项或多项。
- 【渲染输出】选项组用于设置渲染输出时的文件格式。单击【文件】按钮，系统将弹出如图9-3所示的【渲染输出文件】对话框，选择输出路径，在【文件名】文本框中输入文件名，在【保存类型】下拉列表中选择想要保存的文件格式，然后单击【保存】按钮。

图9-3　【渲染输出文件】对话框

在【渲染设置】对话框底部的【查看】下拉列表框中可以指定渲染的视图。然后单击【渲染】按钮，进行渲染输出。

## 9.2 环境和环境效果

在三维场景中，经常要用到一些特殊的环境效果，例如对背景的颜色与图片进行设置、对大气在现实中产生的各种影响效果进行设置等。这些效果的使用会大大增强作品的真实性，从而增加作品的魅力。本节对环境和环境效果进行简单介绍，通过对本节的学习，能够使用户对环境效果有一个简单的认识，并能掌握环境效果的基本应用。

### 9.2.1 环境面板

在菜单栏中选择【渲染】|【环境】命令，或者按8键，即可打开【环境和效果】对话框，如图9-4所示。

提示：通过按快捷键8，可以快速打开环境面板。

使用环境功能可以执行以下操作。

- 设置背景颜色和背景颜色动画。
- 在渲染场景（屏幕环境）的背景中使用图像，或者使用纹理贴图作为球形环境、柱形环境或收缩包裹环境。
- 设置环境光和环境光动画。
- 在场景中使用大气插件（例如体积光）。
- 将曝光控制应用于渲染。

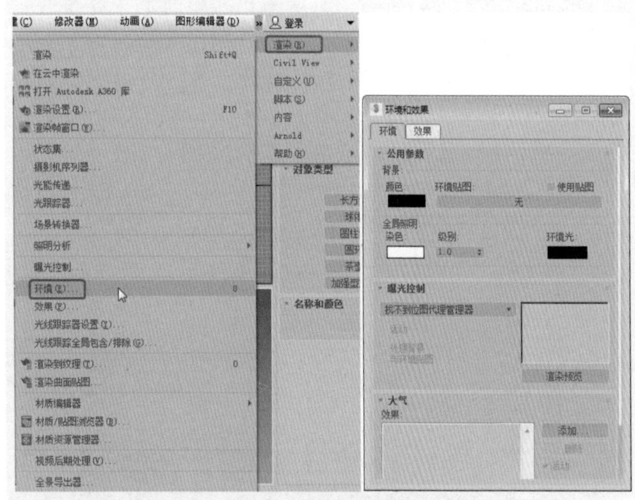

图9-4 【环境和效果】对话框

【公用参数】卷展栏如图9-5所示。

图9-5 【公用参数】卷展栏

- 【背景】选项组
  - 【颜色】：设置场景背景颜色。单击色样，在【颜色选择器】对话框中选择所需的颜色。在启用【自动关键点】的情况下更改非零帧的背景颜色，设置颜色效果动画。
  - 【环境贴图】：【环境贴图】按钮会显示贴图的名称，如果尚未指定名称，则显示【无】。贴图必须使用环境贴图坐标（球形、柱形、收缩包裹和屏幕）。要指定环境贴图，请单击【环境贴图】下的【无】按钮，在弹出的【材质/贴图浏览器】对话框中选择贴图，或将【材质编辑器】中的贴图拖放到【环境贴图】按钮上。此时会出现一个对话框，询问用户复制贴图的方法，这里给出了两种方法：一种是【实例】，另一种是【复制】。要调整环境贴图的参数，例如要指定位图或更改坐标设置，请打开【材质编辑器】，将【环境贴图】按钮拖放到未使用的示例窗中。
  - 【使用贴图】：使用贴图作为背景而不是背景颜色。
- 【全局照明】选项组
  - 【染色】：系统默认是白色，如果此颜色不是白色，则为场景中的所有灯光（环境光除外）染色。单击色样，显示【颜色选择器：全局光色彩】对话框，在对话框中选择色彩颜色。
  - 【级别】：增强场景中的所有灯光。如果级别为1，则保留各灯光的原始设置。增大级别将增强总体场景的照明，减小级别将减弱总体照明。此参数可以设置动画，默认设置为1。
  - 【环境光】：设置环境光的颜色。单击色样，然后在【颜色选择器：环境光】对话框中选择所需的颜色。

【大气】卷展栏如图9-6所示。

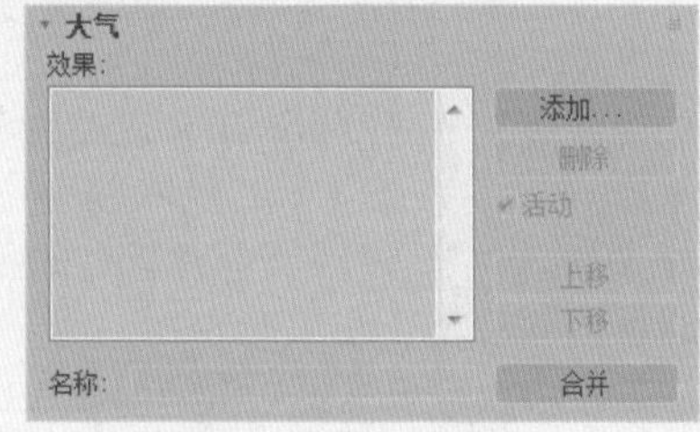


图9-6 【大气】卷展栏

- 【效果】：显示已添加的效果队列。在渲染时，效果在场景中按线性顺序计算。
- 【名称】：为列表中的效果自定义名称。例如，不同类型的火焰可以命名为“火花”或“火苗”。
- 【添加】：单击【添加】按钮，显示【添加大气效果】对话框，如图9-7所示。选择一种效果，然后单击【确

定】按钮将效果指定给列表。

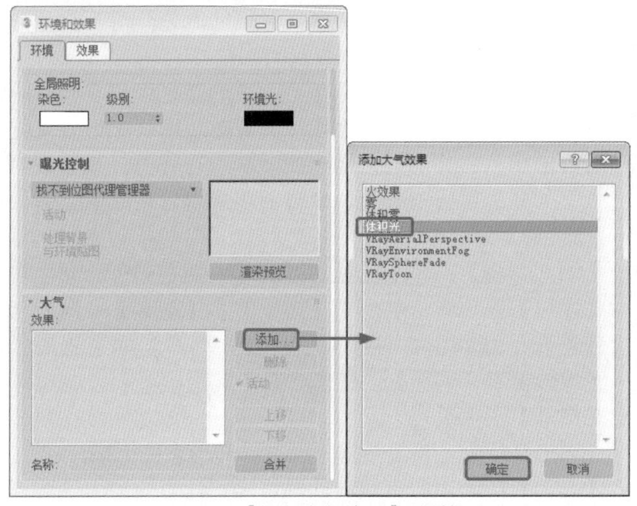

图9-7 【添加大气效果】对话框

- 【删除】：将所选大气效果从列表中删除。
- 【活动】：为列表中的各个效果设置启用/禁用状态。这种方法可以方便地将复杂的大气功能列表中的各种效果孤立。
- 【上移】/【下移】：将选择的大气效果在列表中上移或下移来更改大气效果的应用顺序。
- 【合并】：合并其他3ds Max场景文件中的效果。
- 单击【合并】按钮，打开【打开】对话框，然后在该对话框中选择3ds Max场景，再单击【打开】按钮，在打开的【合并大气效果】对话框中列出场景中可以合并的效果。选择一个或多个效果，然后单击【确定】按钮，将效果合并到场景中。

列表中仅显示大气效果的名称，但是在合并效果时，与该效果绑定的灯光或Gizmo也会合并。如果要合并的对象与场景中已有的一个对象同名，会出现警告，用户可以选择以下解决方法。

- 可以在可编辑字段中更改合并对象的名称，为其重命名。
- 也可以不重命名合并对象，这样，场景中会出现两个同名的对象。
- 可以单击【删除原有】按钮，删除场景中现有的对象。
- 可以选择【应用于所有重复项】，对所有后续的匹配对象执行相同的操作。

如果禁用了【使用环境Alpha】（默认设置），则背景的Alpha值将为0（完全透明）。如果启用了【使用环境Alpha】，结果图像的Alpha是场景和图像的Alpha的组合。此外，如果在禁用【预乘Alpha】时写入TGA文件，则启用【使用环境 Alpha】可以避免出现不正确的结果。注意，在Photoshop等其他程序中合成时，只支持包含Alpha通道的背景图像或黑色背景。

> 提示 要控制背景图像是否受渲染器的抗锯齿过滤器的影响，选择【自定义】|【首选项】|【渲染】命令，然后在【背景】选项组中启用【过滤背景】复选框（默认设置为禁用状态），如图9-8所示。

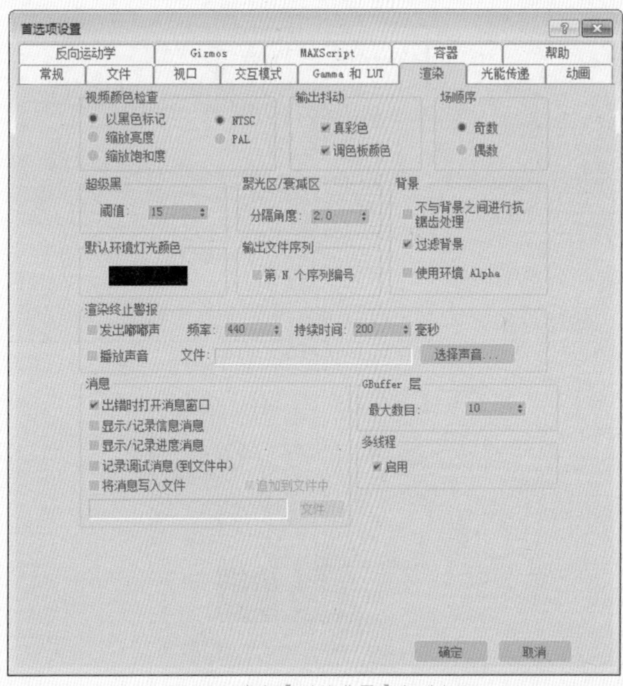

图9-8 选中【过滤背景】复选框

## 9.2.2 火焰环境效果

选择菜单栏中的【渲染】|【环境】命令，打开【环境和效果】对话框，切换到【环境】选项卡，在【大气】卷展栏中单击【添加】按钮，在弹出的【添加大气效果】对话框中选择【火效果】选项，即可添加火效果，如图9-9所示。

使用【火效果】可以生成动画的火焰、烟雾和爆炸效果。火焰效果包括篝火、火炬、火球、烟云和星云。

每个效果都有自己的参数。在【效果】列表中选择火焰效果时，其参数将显示在【环境】对话框中。

只有摄影机视图或【透视】视图中会渲染火焰效果，正交视图或用户视图不渲染火焰效果。

> 提示 火焰效果不支持完全透明的对象，应相应设置火焰对象的透明度。如果要使火焰对象消失，应使用可见性，而不要使用透明度。

添加完火效果后，选择【火效果】，在【环境和效

果】对话框中会自动添加一个【火效果参数】卷展栏，如图9-10所示。

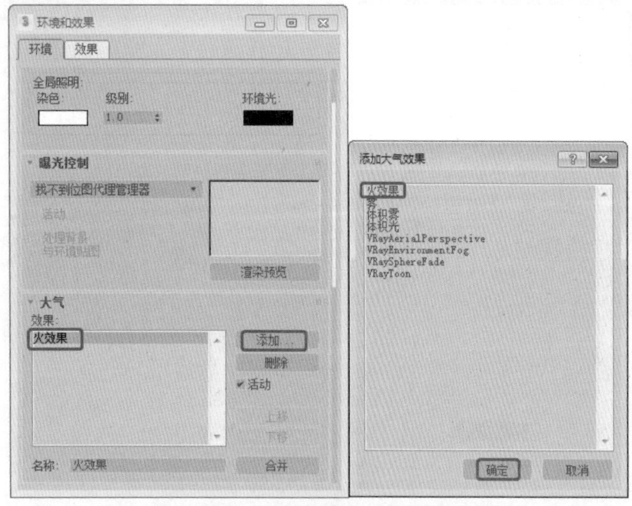

图9-9 添加【火效果】

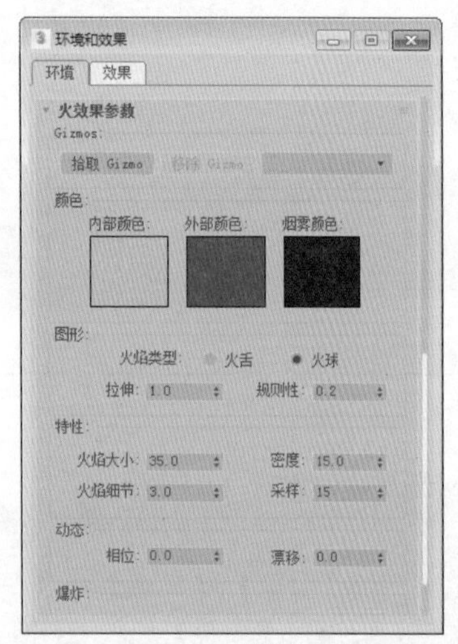

图9-10 【火效果参数】卷展栏

- Gizmos选项组
- 【拾取Gizmo】：通过单击进入拾取模式，然后单击场景中的某个大气装置。在渲染时，装置会显示火焰效果，装置的名称将添加到装置列表中。多个装置对象可以显示相同的火焰效果。例如，墙上的火炬可以全部使用相同的效果。为每个装置指定不同的种子可以改变效果。可以为多个火焰效果指定一个装置。例如，一个装置可以同时显示火球效果和火舌火焰效果，可以选择多个 Gizmo。单击【拾取 Gizmo】按钮，然后按H键，打开【拾取对象】对话框，可从列表中选择多个对象。
- 【移除Gizmo】：移除 Gizmo 列表中所选的 Gizmo。Gizmo 仍在场景中，但是不再显示火焰效果。
- 【Gizmo列表】：列出了为火焰效果指定的装置对象。
- 【颜色】选项组
- 【内部颜色】：设置中心密集区域的颜色。对于典型的火焰，此颜色代表火焰中最热的部分。
- 【外部颜色】：设置边缘稀薄区域的颜色。对于典型的火焰，此颜色代表火焰中较冷的散热边缘。火焰效果使用内部颜色和外部颜色之间的渐变进行着色。效果中的密集部分使用内部颜色，效果的边缘附近逐渐混合为外部颜色。
- 【烟雾颜色】：用于【爆炸】选项的烟雾颜色。如果在【爆炸】选项中，启用了【爆炸】和【烟雾】，则内部颜色和外部颜色将对烟雾颜色设置动画。如果禁用了【爆炸】和【烟雾】，将忽略烟雾颜色。
- 【图形】选项组
- 【火焰类型】：设置两种不同方向和形态的火焰。
- 【火舌】：沿中心有定向的燃烧火焰，方向为大气装置Gizmo物体的自身Z轴向，常用于制作篝火、火把、烛火、喷射火焰等效果。
- 【火球】：球形膨胀的火焰，从中心向四周扩散，无方向性，常用于制作火球、恒星、爆炸等效果。
- 【拉伸】：将火焰沿Gizmo（线框）物体的Z轴方向拉伸，拉伸最适合火舌火焰。
- 如果【拉伸】值小于1，将压缩火焰，使火焰更短更粗；如果值大于1，将拉伸火焰，使火焰更长更细。不同数值的拉伸效果如图9-11所示。
- 可以将拉伸与装置的非均匀缩放组合使用。使用非均匀缩放可以更改效果的边界，缩放火焰的形状。使用拉伸参数只能缩放装置内部的火焰。也可以使用拉伸值反转缩放装置对火焰产生的效果。
- 【规则性】：修改火焰填充装置的方式，范围为0～1。
- 如果【规则性】值为1，则填满装置。效果在装置边缘附近衰减，但是总体形状仍然非常明显。
- 如果【规则性】值为0，则生成很不规则的效果，有时可能会到达装置的边界，但是通常会被修剪。不同规则性参数的火焰效果如图9-12所示。
- 【特征】选项组

设置火焰的大小、密度等，它们与大气装置Gizmo物体的尺寸息息相关，对其中一个参数进行调节也会影响其他3个参数的效果。

- 【火焰大小】：设置火苗的大小，装置大小会影响火焰大小。装置越大，需要的火焰也越大。使用15～30范围内的值可以获得最佳效果。较大的值适合火球效果；较小的值适合火舌效果。
- 【密度】：设置火焰不透明度和光亮度，装置大小会影响密度。值越小，火焰越稀薄、透明，亮度也越低；值越大，火焰越浓密，中央更加不透明，亮度也增加。

- 【火焰细节】：控制火苗内部颜色和外部颜色之间的过渡程度。范围从0~10。值越小，火苗越模糊，渲染也越快；值越大，火苗越清晰，渲染也越慢。对大火焰使用较高的细节值。如果细节值大于4，可能需要增大【采样】数才能捕获细节。
- 【采样】：设置用于计算的采样速率。值越大，结果越精确，但渲染速度也越慢，当火焰尺寸较小或细节较低时可以适当增大它的值。在以下情况，可以考虑提高采样值。
  - 火焰很小。
  - 火焰细节大于4。
  - 在效果中看到彩色条纹。如果平面与火焰效果相交，出现彩色条纹的概率会提高。
- 【动态】选项组
- 【相位】：控制火焰变化速度，对它进行动画设定可以产生动态的火焰效果。
- 【漂移】：设置火焰沿自身Z轴升腾的快慢。值偏低时，表现出文火效果；值偏高时，表现出烈火效果。一般将它的值设置为Gizmo物体高度的若干倍，可以产生最佳的火焰效果。
- 【爆炸】选项组
- 【爆炸】：勾选该复选框，会根据【相位】值的变化自动产生爆炸动画。
  - 根据【爆炸】复选框的状态，【相位】值可能有多种含义。
  - 如果取消勾选【爆炸】复选框，相位将控制火焰的涡流，值更改得越快，火焰燃烧得越猛烈。如果相位功能曲线是一条直线，可以获得燃烧稳定的火焰；如果勾选【爆炸】复选框，相位将控制火焰的涡流和爆炸的计时（使用0～300之间的值）。
  - 不同相位参数时的爆炸效果如图9-13所示。
- 【设置爆炸】：单击该按钮，会弹出【设置爆炸相位曲线】对话框，如图9-14所示。在这里确定爆炸动画的起始帧和结束帧，系统会自动生成一个爆炸设置，也就是将【相位】值在该区间内作0～300的变化。

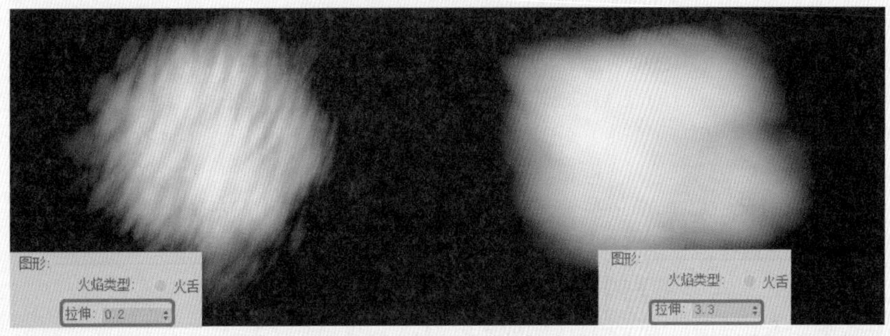

图9-11 不同数值的拉伸效果

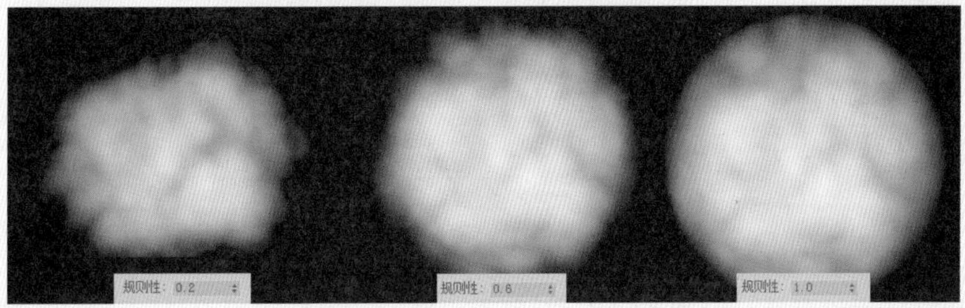

图9-12 不同规则性的火焰效果

- 【烟雾】：控制爆炸是否产生烟雾。
  - 勾选该复选框时，火焰颜色在相位值100～200之间变为烟雾，烟雾在相位值200～300之间清除。取消勾选该复选框时，火焰颜色在相位值100～200之间始终为全密度，火焰在相位值200～300之间逐渐衰减。
- 【剧烈度】：设置【相位】变化的剧烈程度。值小于1时，可以创建缓慢燃烧的效果；值大于1时，火焰爆发更为剧烈。

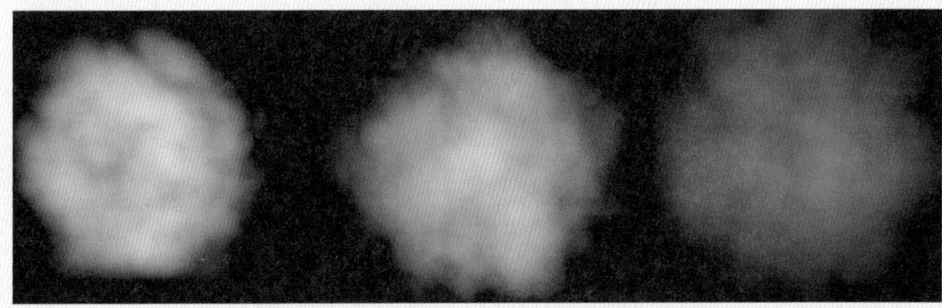
图9-13 【相位】值不同的效果

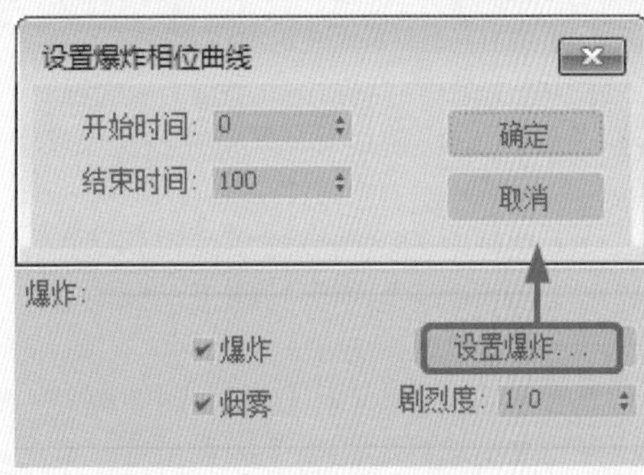

图9-14 【设置爆炸相位曲线】对话框

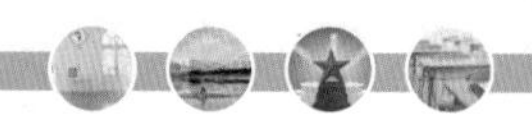

## 9.2.3 雾效果

【雾】效果会产生雾、层雾、烟雾、云雾或蒸汽等大气效果，作用于全部场景，分为标准雾和分层雾两种类型。标准雾依靠摄影机的衰减范围设置，根据物体离目光的远近产生淡入淡出效果；分层雾根据地平面高度进行设置，产生一层云雾效果。标准雾常用于增大场景的空气不透明度，产生雾茫茫的大气效果；分层雾可以表现仙境、舞台等特殊效果。

在【环境和效果】对话框中打开【大气】卷展栏，单击【添加】按钮，在弹出的【添加大气效果】对话框中选择【雾】选项，然后单击【确定】按钮，如图9-15所示。

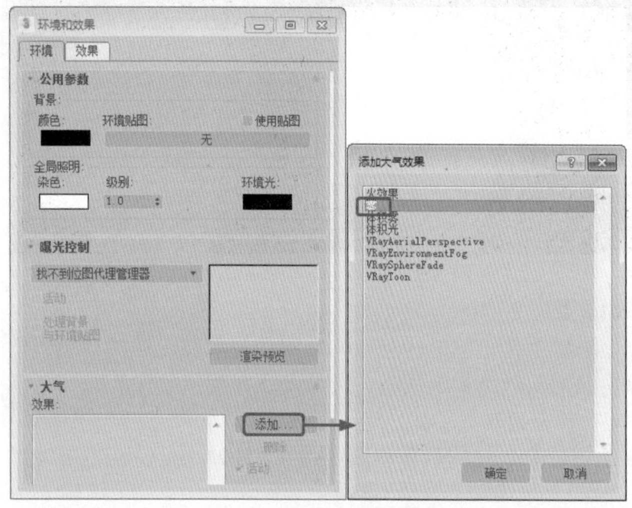

图9-15　添加【雾】效果

添加完【雾】效果后，选择新添加的【雾】，在【环境和效果】对话框中会自动添加一个【雾参数】卷展栏，如图9-16所示。

- 【雾】选项组
- 【颜色】：设置雾的颜色，可以将它的变化记录为动画，产生颜色变化的雾。
- 【环境颜色贴图】：从贴图导出雾的颜色。可以为背景和贴图，可以在【轨迹视图】或材质编辑器中设置程序贴图参数的动画，还可以为雾添加不透明度贴图。
- 【无】：该按钮显示颜色贴图的名称，如果没有指定贴图，则显示【无】。贴图必须使用环境贴图坐标（球形、柱形、收缩包裹和屏幕）。
- 要指定贴图，可以将示例窗中的贴图或材质编辑器中的【贴图】按钮拖放到【环境颜色贴图】按钮上，此时会出现一个对话框，询问复制贴图的方法。
- 单击【环境颜色贴图】按钮，将显示【材质/贴图浏览器】对话框，可以在列表中选择贴图类型。如果要调整环境贴图的参数，打开材质编辑器，将【环境颜色贴图】按钮拖放到未使用的示例窗中。
- 【使用贴图】：切换该贴图效果为启用或禁用。
- 【环境不透明度贴图】：更改雾的密度。
- 【雾化背景】：将雾功能应用于场景的背景中。
- 【类型】：选择【标准】时，将使用【标准】部分的参数；选择【分层】时，将使用【分层】部分的参数。
- 【标准】：用于启用【标准】选项组。
- 【分层】：用于启用【分层】选项组。

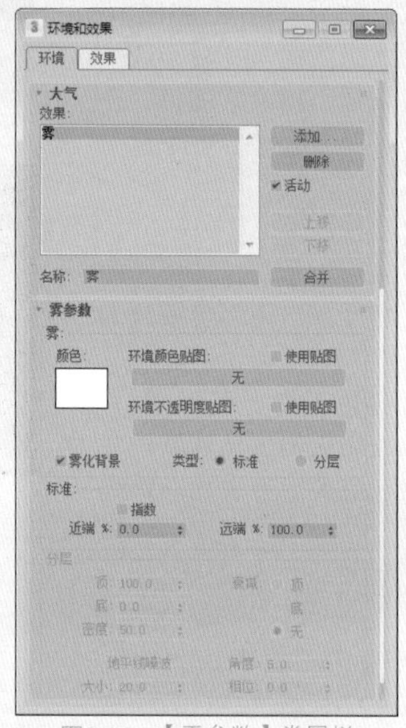

图9-16　【雾参数】卷展栏

- 【标准】选项组
- 【指数】：勾选该复选框后，将根据距离以指数方式递增雾的浓度，否则以线性方式计算，当要渲染体积雾中的物体时将此复选框勾选。
- 【近端%】：设置近距离范围雾的浓度（近距离和远距离范围在摄影机面板中设置）。
- 【远端%】：设置远距离范围雾的浓度（近距离和远距离范围在摄影机面板中设置）。
- 【分层】选项组
- 【顶】：设置层雾的上限（以世界标准单位计算高度）。
- 【底】：设置层雾的下限（以世界标准单位计算高度）。
- 【密度】：设置整个雾的浓度。
- 【衰减】：设置层雾浓度的衰减情况，【顶】表示由底部向上部衰减，底部浓，顶部淡；【底】表示由上部向底部衰减，上部浓，底部淡；【无】不产生衰减，雾的浓度均匀。
- 【地平线噪波】：在层雾与地平线交接的地方加入噪波处理，使雾能更真实地融入背景中。
- 【大小】：应用于噪波的缩放系数。缩放系数值越大，

雾的碎块也越大，默认设置为20。

- 【角度】：设置离受影响的地平线的角度。
- 【相位】：通过相位值的变化可以将【噪波】效果记录为动画。如果层雾在地平线以上，相位值正的变化可以产生升腾的雾效，负值变化将产生下落的雾效。

## 9.2.4 体积雾环境效果

【体积雾】可以产生三维空间的云团，这是真实的云雾效果。在三维空间中它们以真实的体积存在，不仅可以飘动，还可以穿过它们。体积雾有两种使用方法，一种是直接作用于整个场景，但要求场景内必须有物体存在；另一种是作用于大气装置Gizmo物体，在Gizmo物体限制的区域内产生云团，这是一种更易控制的方法。

在【环境和效果】对话框中打开【大气】卷展栏，单击【添加】按钮，在弹出的【添加大气效果】对话框中选择【体积雾】选项，然后单击【确定】按钮，如图9-17所示。

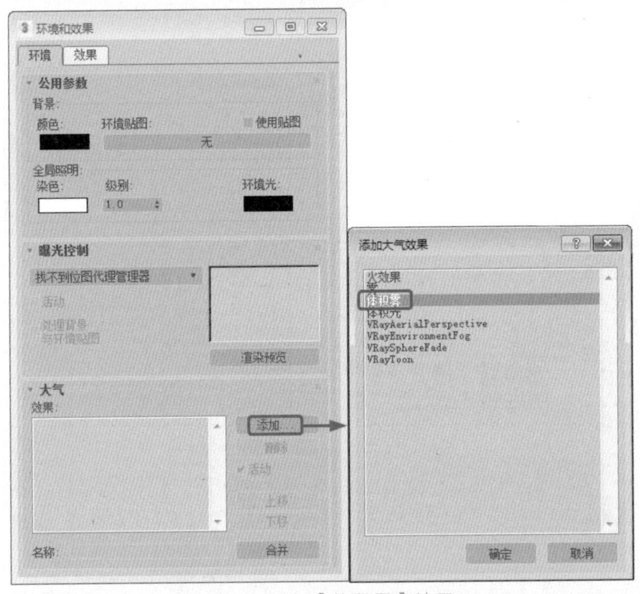


图9-17　添加【体积雾】效果

添加完体积雾效果后，选择新添加的【体积雾】，在【环境和效果】卷展栏中会自动添加【体积雾参数】卷展栏，如图9-18所示。

- Gizmos选项组

默认情况下，体积雾填满整个场景，也可以选择Gizmo（大气装置）包含雾。Gizmo 可以是球体、长方体、圆柱体或这些几何体的组合体。

- 【拾取Gizmo】：单击该按钮进入拾取模式，然后单击场景中的某个大气装置。在渲染时，装置会包含体积雾，装置的名称将添加到装置列表中。

■ 【拾取Gizmo】可以拾取多个Gizmo。单击【拾取Gizmo】按钮，然后按H键，此时将显示【拾取对象】对话框，可以在列表中选择多个对象。

■ 如果更改Gizmo的尺寸，会同时更改雾影响的区域，但是不会更改雾和其噪波的比例。例如，如果减小球体Gizmo的半径，将裁剪雾；如果移动Gizmo，将更改雾的外观。

- 【移除Gizmo】：单击该按钮，可以将右侧当前的Gizmo物体从当前的体积雾中去除。
- 【Gizmo列表】：列出了为火焰效果指定的装置对象。
- 【柔化Gizmo边缘】：对体积雾的边缘进行柔化处理。值越大，边缘越柔化。范围为0～1。

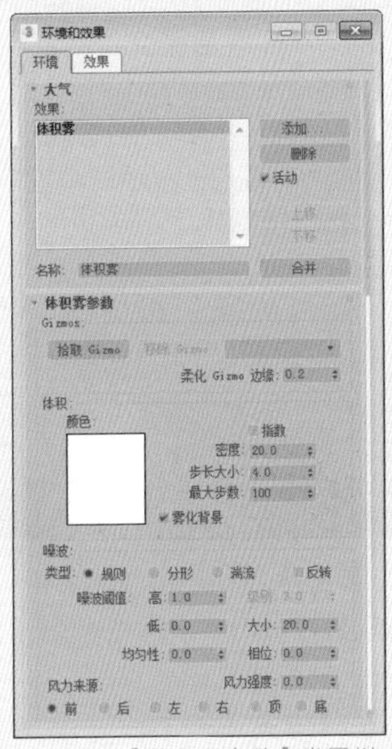


图9-18　【体积雾参数】卷展栏

> 提示　不要将【柔化Gizmo边缘】设置为0。如果设置为0，【柔化Gizmo边缘】可能会造成边缘上出现锯齿。

- 【体积】选项组
- 【颜色】：设置雾的颜色，可以通过动画设置产生变幻的雾效。
- 【指数】：随距离按指数增大密度。取消勾选该复选框时，密度随距离线性增大。只有希望渲染体积雾中的透明对象时，才勾选此复选框。
- 【密度】：控制雾的密度。值越大，雾的透明度越低，范围为0～20（超过该值可能会看不到场景），如图9-19所示。
- 【步长大小】：确定雾采样的粒度。值越低，颗粒越细，雾效果越优质；值越高，颗粒越粗，雾效果越差。
- 【最大步数】：限制采样量，以便雾的计算不会永远执

行。如果雾的密度较小，此选项尤其有用。

图9-19 增加密度参数的效果

> 提示
> 如果【步长大小】和【最大步长】值都较小，会产生锯齿。

- 【雾化背景】：勾选该复选框，雾效将会作用于背景图像。
- 【噪波】选项组

体积雾的噪波选项相当于材质的噪波选项。添加到雾中噪波前后的对比效果如图9-20所示。

图9-20 添加噪波前后的效果

- 【类型】：从4种噪波类型中选择要应用的一种类型。
- 【规则】：标准的噪波图案。
- 【分形】：迭代分形噪波图案。
- 【湍流】：迭代湍流图案。
- 【反转】：将噪波效果反向，厚的地方变薄，薄的地方变厚。
- 【噪波阈值】：限制噪波效果，范围为0～1。
- 【高】：设置高阈值。
- 【低】：设置低阈值。
- 【均匀性】：范围为-1～1，作用与高通过滤器类似。
- 【级别】：设置分形计算的迭代次数。值越大，雾越精细，运算也越慢。
- 【大小】：设置雾块的大小。
- 【相位】：控制风的速度。如果进行了【风力强度】的设置，雾将按指定风向进行运动，如果没有风力设置，它将在原地翻滚。
- 【风力强度】：控制雾沿风向移动的速度，相对于相位值。如果相位值变化很快，而风力强度值变化较慢，雾将快速翻滚并缓慢飘移；如果相位值变化很慢，而风力强度值变化较快，雾将快速飘移并缓慢翻滚；如果只需雾在原地翻滚，将风力强度设为0即可。
- 【风力来源】：确定风吹来的方向，有6个正方向可选。

## 9.2.5 体积光环境效果

制作带有体积的光线，可以指定给任何类型的灯光（环境光除外），这种体积光可以被物体阻挡，从而形成光芒透过缝隙的效果。带有体积光属性的灯光也可以进行照明和投影，从而产生真实的光线效果。例如对【泛光灯】进行体积光设定，可以制作出光晕效果，模拟发光的灯泡或太阳；对定向光进行体积光设定，可以制作出光束效果，模拟透过彩色玻璃、制作激光光束效果。注意体积光渲染时速度会很慢，所以尽量少使用它。

在【环境和效果】对话框中打开【大气】卷展栏，单击【添加】按钮，在弹出的【添加大气效果】对话框中选择【体积光】选项，然后单击【确定】按钮，如图9-21所示。

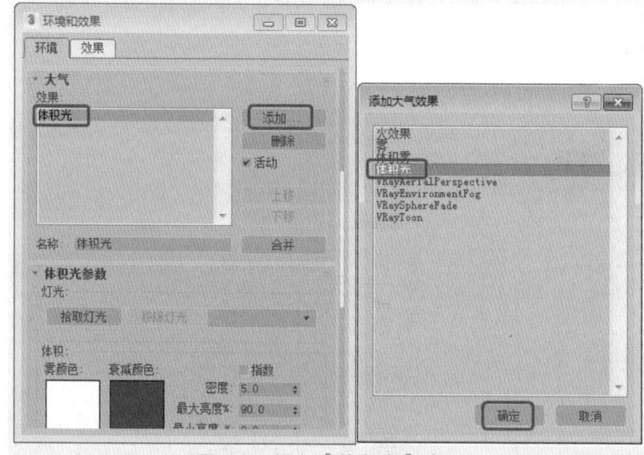


图9-21 添加【体积光】效果

添加完体积光效果后，选择新添加的【体积光】，在【环境和效果】卷展栏中会自动添加【体积光参数】卷展栏，如图9-22所示。

- 【灯光】选项组
- 【拾取灯光】：在任意视口中单击要为体积光启用的灯光。可以拾取多个灯光。单击【拾取灯光】按钮，然后按H键，此时将显示【拾取对象】对话框，可以在列表中选择多个灯光。
- 【移除灯光】：从右侧列表中去除当前选择的灯光。
- 【体积】选项组
- 【雾颜色】：设置形成灯光体积雾的颜色。对于体积光，它的最终颜色由灯光颜色与雾颜色共同决定，因此为了更好地进行调节，应该将雾颜色设置为白色，只通过对灯光颜色的调节来制作不同色彩的体积光效果。

- 【衰减颜色】：灯光随距离的变化会产生衰减，该距离值在灯光命令面板中设置，由【近距衰减】和【远距衰减】下的参数值确定。

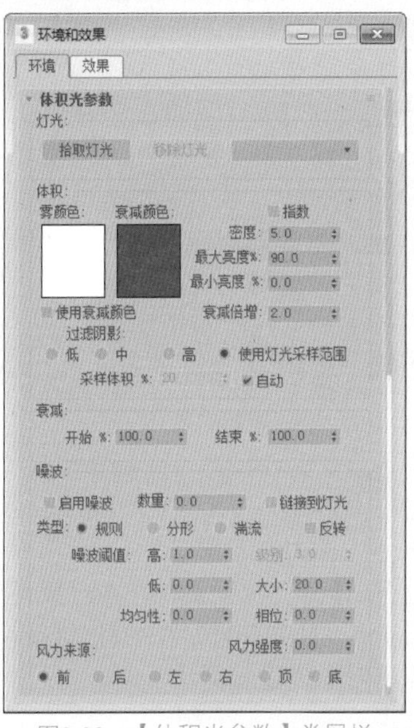


图9-22 【体积光参数】卷展栏

- 衰减颜色就是指衰减区内雾的颜色，它和【雾颜色】相互作用，决定最后的光芒颜色，例如雾颜色为红色，衰减颜色为绿色，最后的光芒则显示为暗紫色。通常将它设置为较深的黑色，以至于不影响光芒的色彩。
- 【使用衰减颜色】：勾选该复选框，衰减颜色将发挥作用，默认为关闭状态。
- 【指数】：跟踪距离以指数计算光线密度的增量，否则将以线性进行计算。如果需要在体积雾中渲染透明物体，勾选该复选框。
- 【密度】：设置雾的浓度。值越大，体积感也越强，内部不透明度越高，光线也越亮。通常设置为2%～6%之间可以制作出最真实的体积雾效，不同密度参数的对比效果如图9-23所示。

图9-23 设置不同密度后的效果

- 【最大亮度%】：表示可以达到的最大光晕效果（默认设置为90%）。如果减小此值，可以限制光晕的亮度，以便使光晕不会随距离灯光越来越远而越来越浓，甚至出现一片白色。

> 提示
> 如果场景中体积光照射区域内存在透明物体，最大亮度值应该设置为100%。

- 【最小亮度%】：与环境光设置类似，如果【最小亮度%】大于0，光体积外面的区域也会发光。
- 【衰减倍增】：设置【衰减颜色】的影响程度。
- 【过滤阴影】：允许通过增加采样级别来获得更优秀的体积光渲染效果，同时也会增加渲染时间。
  - 【低】：图像缓冲区将不进行过滤，而直接以采样代替，适合于8位图像格式，如GIF和AVI动画格式的渲染。
  - 【中】：邻近像素进行采样均衡，如果发现有带状渲染效果，使用它可以非常有效地进行改进，它比【低】渲染更慢。
  - 【高】：邻近和对角像素都进行采样均衡，每个像素都给不同的影响，这种渲染效果比【中】更好，但速度很慢。
  - 【使用灯光采样范围】：基于灯光本身【采样范围】值的设定对体积光中的投影进行模糊处理。【采样范围】值是针对【使用阴影贴图】方式作用的，它的增大可以模糊阴影边缘的区域，在体积光中使用它，可以与投影更好地进行匹配，以快捷的渲染速度获得优质的渲染结果。

> 提示
> 对于【使用灯光采样范围】选项，灯光的【采样范围】值越大，渲染速度越慢。不过，对于此选项，如果使用较低的【采样体积%】设置，通常可以获得很好的效果，较低的设置可以缩短渲染时间。

- 【采样体积%】：控制体积被采样的等级，范围为1～1000，1为最低品质，1000为最高品质。
- 【自动】：自动进行采样体积的设置。一般无须将此值设置高于100，除非有极高品质的要求。
- 【衰减】选项组

此部分的控件取决于单个灯光的【开始范围】和【结束范围】衰减参数的设置，不同衰减参数的对比效果如图9-24所示。

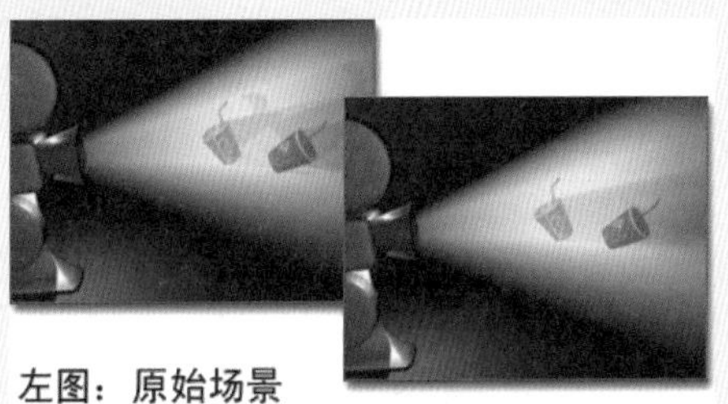

**左图：原始场景**
**右图：通过增大衰减体积提高质量**

图9-24 不同衰减参数的对比效果

◆【开始%】：设置灯光效果开始衰减的位置，与灯光自身参数中的衰减设置相对，默认值为100%。

◆【结束%】：设置灯光效果结束衰减的位置，与灯光自身参数中的衰减设置相对。如果将它设置小于100%，光晕将减小，但亮度增大，得到更亮的发光效果。

●【噪波】选项组

◆【启用噪波】：控制噪波影响的开关，当勾选该复选框时，这里的设置才有意义。添加噪波前后的对比效果如图9-25所示。

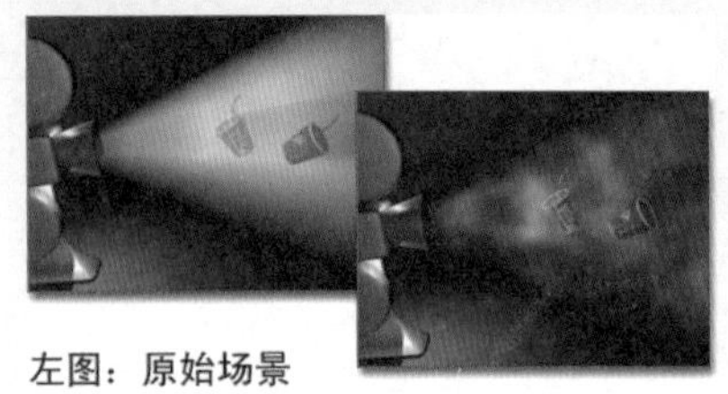

左图：原始场景
右图：添加了澡波

图9-25　添加噪波前后的对比效果

◆【数量】：设置指定给雾效的噪波强度。值为0时，无噪波效果；值为1时，表现为完全的噪波效果。

◆【链接到灯光】：将噪波设置与灯光的自身坐标相链接，这样灯光在进行移动时，噪波也会随灯光一同移动。通常我们在制作云雾或大气中的尘埃等效果时，不将噪波与灯光链接，这样噪波将被固定在世界坐标上，灯光在移动时就好像在云雾或灰尘间穿行。

◆【类型】：选择噪波的类型。

■【规则】：标准的噪波效果。

■【分形】：使用分形计算得到不规则的噪波效果。

■【湍流】：极不规则的噪波效果。

◆【反转】：将噪波效果反向，厚的地方变薄，薄的地方变厚。

◆【澡波阈值】：用来限制噪波的影响，通过【高】和【低】值进行设置，可以在0～1之间调节。当噪波值高于低值而低于高值时，动态范围值被拉伸填充在0～1之间，从而产生小的雾块，这样可以起到轻微抗锯齿效果。

■【高】/【低】：设置最高和最低的阈值。

■【均匀性】：如同一个高级过滤系统。值越低，体积越透明。

■【级别】：设置分形计算的迭代次数。值越大，雾效越精细，运算也越慢。

■【大小】：确定烟卷或雾卷的大小。值越小，卷越小。

■【相位】：控制风的速度。如果进行了【风力强度】的设置，雾将按指定风向进行运动，如果没有风力设置，它将在原地翻滚。

◆【风力强度】：控制雾沿风向移动的速度，相对于相位值。如果相位值变化很快，而风力强度值变化较慢，雾将快速翻滚而缓慢飘移；如果相位值变化很慢，而风力强度值变化较快，雾将快速漂移而缓慢翻滚；如果只需雾在原地翻滚，将风力强度设为0即可。

◆【风力来源】：确定风吹来的方向，有6个方向可选。

## 9.3 大气装置辅助对象

选择【创建】+|【辅助对象】|【大气装置】，在【对象类型】卷展栏中有3种类型大气装置，即长方体Gizmo、球体Gizmo和圆柱体Gizmo。这些轴限制场景中的雾或火焰的扩散。下面将对它们进行简单介绍。

### 9.3.1 长方体Gizmo辅助对象

选择【创建】+|【辅助对象】|【大气装置】|【长方体Gizmo】工具，在视口中拖动鼠标定义初始长度和宽度。然后松开鼠标，沿垂直方向拖动，设置初始高度，即可创建长方体Gizmo，如图9-26所示。单击【修改】按钮，进入修改命令面板，如图9-27所示。

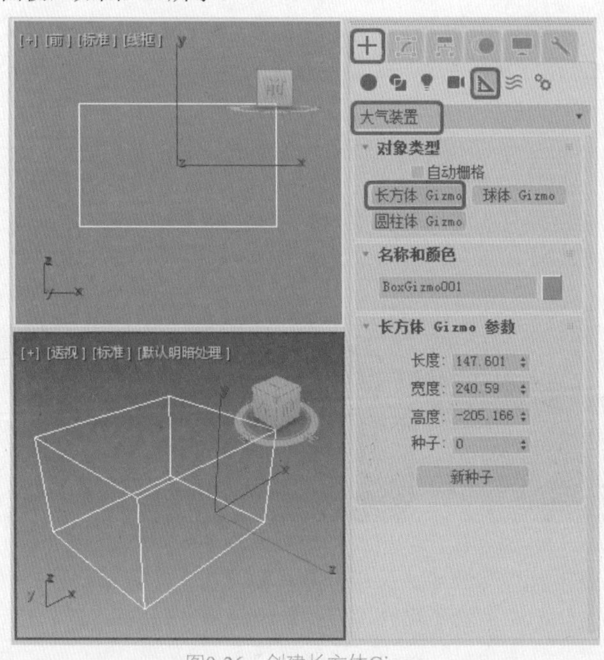


图9-26　创建长方体Gizmo

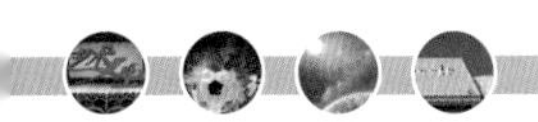

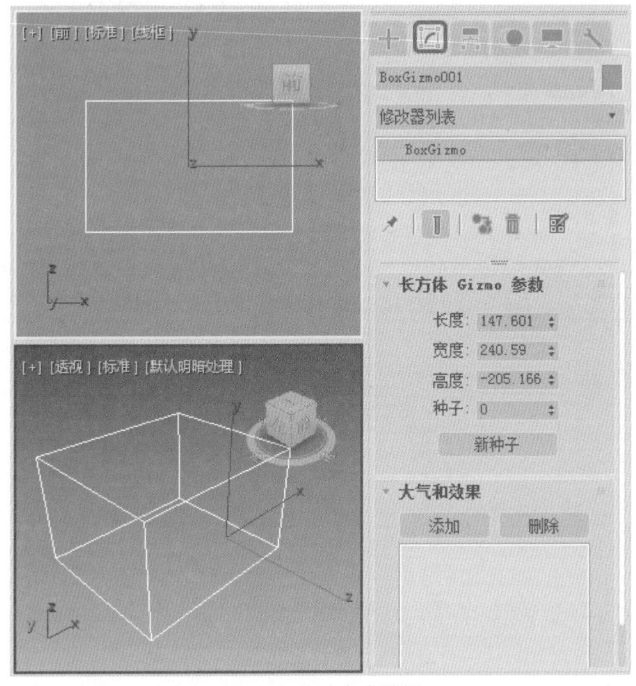


图9-27 修改命令面板

各个选项的功能介绍如下。

- 【长方体Gizmo参数】卷展栏
- 【长度】、【宽度】和【高度】：设置长方体Gizmo的尺寸。
- 【种子】：设置用于生成大气效果的基值。场景中的每个装置应具有不同的种子。如果多个装置使用相同的种子和相同的大气效果，将产生几乎相同的结果。
- 【新种子】：单击可以自动生成一个随机数字，并将其放入种子字段。
- 【大气和效果】卷展栏

使用该面板中的【大气和效果】卷展栏可以直接在Gizmo中添加和设置大气与效果。

- 【添加】：单击该按钮，打开【添加大气】对话框，用于向长方体Gizmo中添加大气，如图9-28所示。

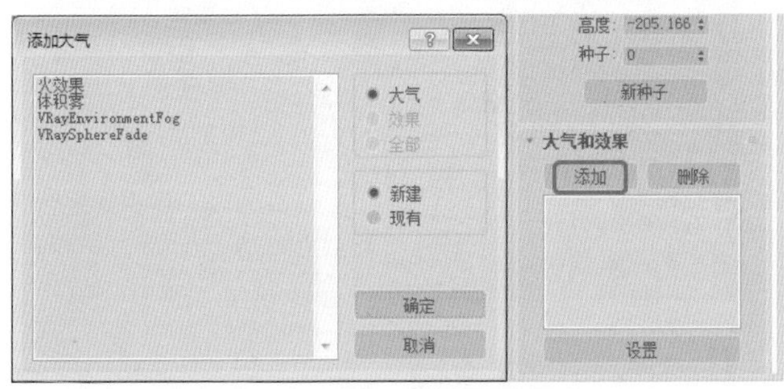


图9-28 添加大气

- 【删除】：删除高亮显示的大气效果。
- 【设置】：选择添加的效果，单击【设置】按钮，打开【环境】面板，在此可以编辑高亮显示的效果，如图9-29所示。

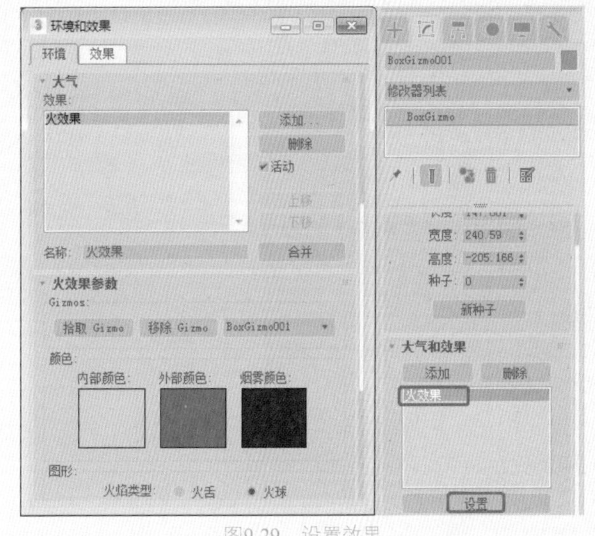


图9-29 设置效果

## 9.3.2 圆柱体Gizmo辅助对象

选择【创建】 | 【辅助对象】 | 【大气装置】 | 【圆柱体Gizmo】工具，在视口中拖动鼠标定义初始半径，然后松开鼠标，沿垂直方向拖动，设置初始高度，即可创建圆柱体Gizmo，如图9-30所示。单击【修改】按钮，进入修改命令面板，如图9-31所示。

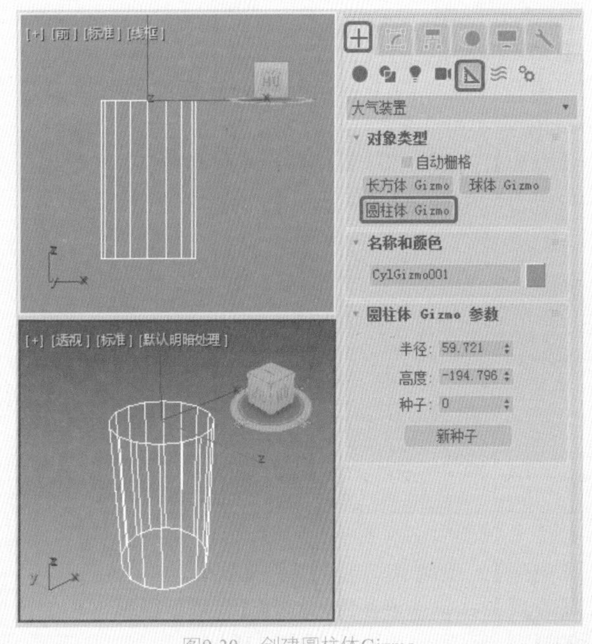


图9-30 创建圆柱体Gizmo

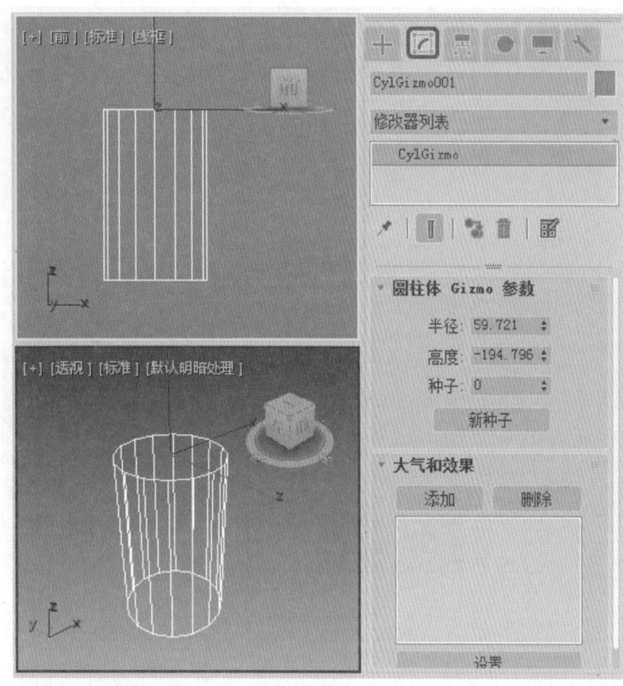


图9-31 修改命令面板

各个选项的功能介绍如下。

- 【圆柱体Gizmo参数】卷展栏
  - 【半径】和【高度】：设置圆柱体Gizmo的尺寸。
  - 【种子】：设置用于生成大气效果的基值。场景中的每个装置应具有不同的种子。如果多个装置使用相同的种子和相同的大气效果，将产生几乎相同的结果。
  - 【新种子】：单击可以自动生成一个随机数字，并将其放入种子字段。
- 【大气和效果】卷展栏

使用该面板中的【大气和效果】卷展栏可以直接在Gizmo中添加和设置大气。

  - 【添加】：单击该按钮，打开【添加大气】对话框，用于向圆柱体Gizmo中添加大气，如图9-32所示。

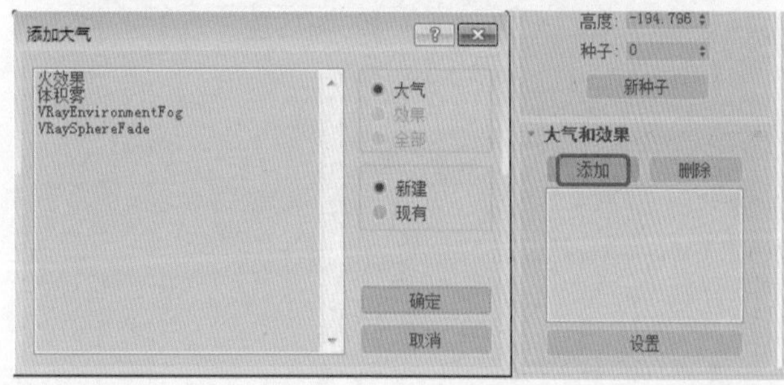


图9-32 添加大气

  - 【删除】：删除高亮显示的大气效果。
  - 【设置】：单击该按钮，打开【环境】面板，在此可以编辑高亮显示的效果，如图9-33所示。

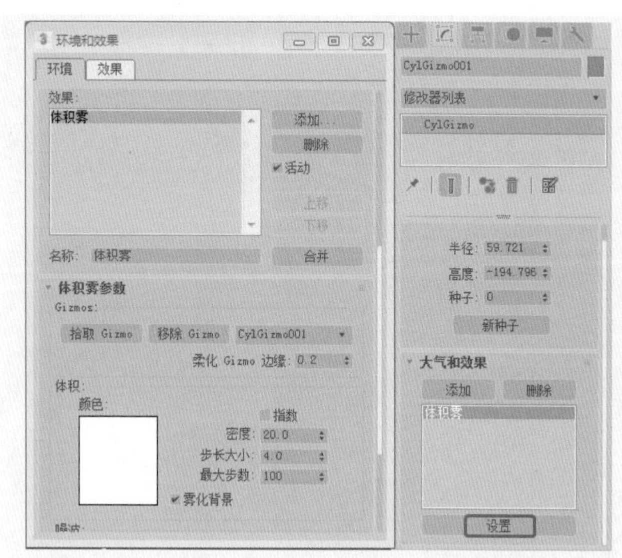


图9-33 设置效果

## 9.3.3 球体Gizmo辅助对象

选择【创建】|【辅助对象】|【大气装置】|【球体Gizmo】工具，在视口中拖动鼠标定义初始半径，即可创建球体Gizmo，可以在【球体Gizmo参数】卷展栏中调整半径的大小，如图9-34所示。单击【修改】按钮，进入修改命令面板，如图9-35所示。

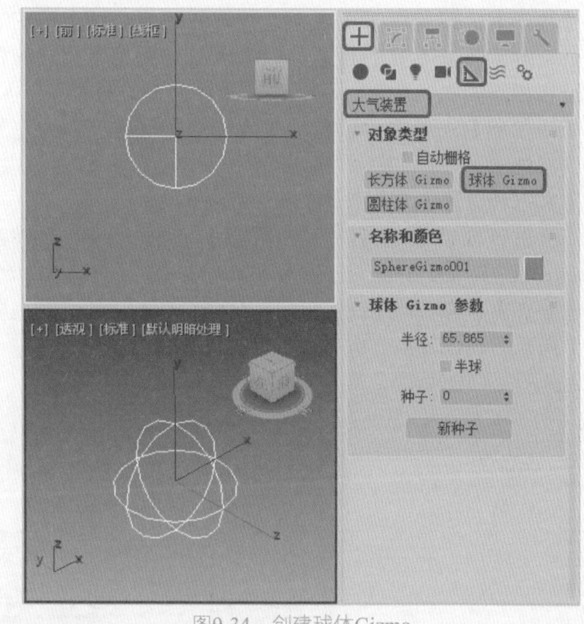


图9-34 创建球体Gizmo

- 【球体Gizmo参数】卷展栏
  - 【半径】：设置球体Gizmo的尺寸。
  - 【半球】：勾选该复选框时，将丢弃球体Gizmo底部的

一半，创建一个半球，如图9-36所示。

- 【种子】：设置用于生成大气效果的基值。场景中的每个装置应具有不同的种子。如果多个装置使用相同的种子和相同的大气效果，将产生几乎相同的结果。
- 【新种子】：单击可以自动生成一个随机数字，并将其放入种子字段。
- 【大气和效果】卷展栏

使用该面板中的【大气和效果】卷展栏可以直接在Gizmo中添加和设置大气。

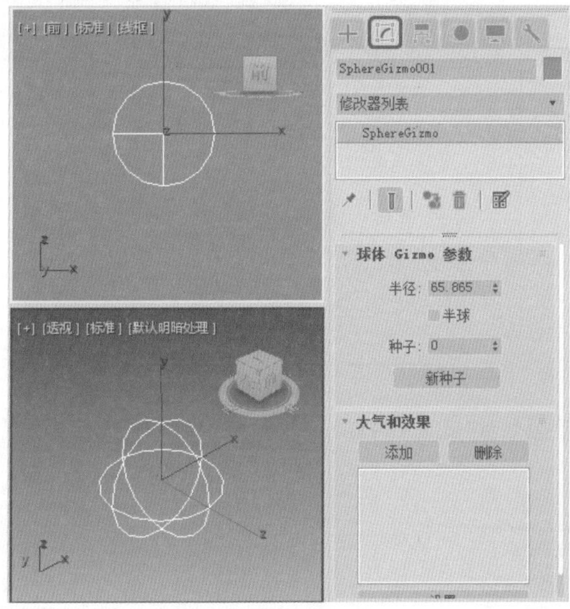

图9-35 修改命令面板

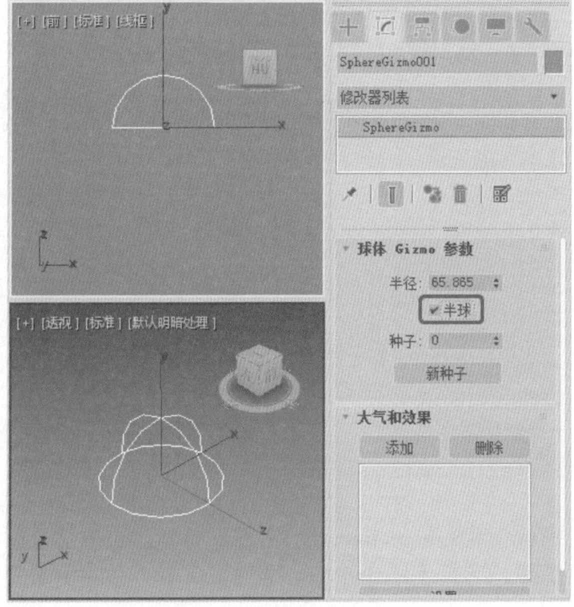

图9-36 勾选【半球】复选框时的效果

- 【添加】：单击该按钮，打开【添加大气】对话框，用于向圆柱体Gizmo中添加大气。
- 【删除】：删除高亮显示的大气效果。
- 【设置】：单击该按钮，打开【环境】面板，在此可以编辑高亮显示的效果。

## 9.4 上机练习——云雾效果

本案例将利用大气效果中的【体积雾】效果来创建云雾特效，其中完成后的效果如图9-37所示，具体操作方法如下。

图9-37 完成后的效果

01 启动软件后，重置一个场景，按8键，弹出【环境和效果】对话框，切换到【环境】选项卡，在【公用参数】卷展栏的【背景】选项组中单击【环境贴图】下面的【无】按钮，弹出【材质/贴图浏览器】对话框，选择【位图】选项，并单击【确定】按钮，如图9-38所示。

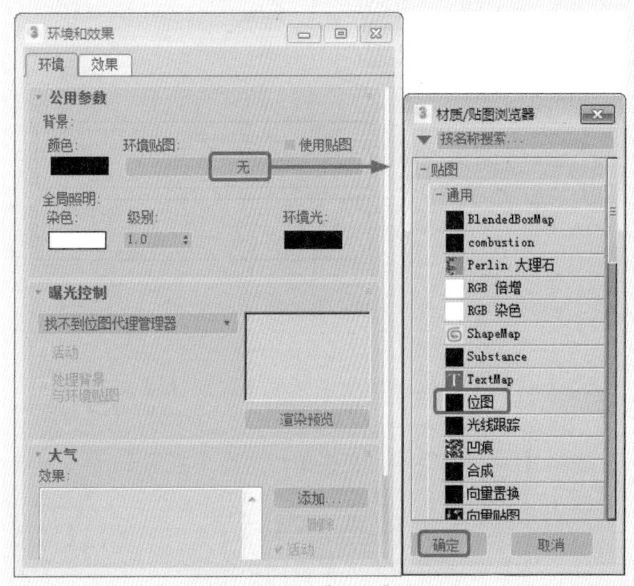

图9-38 选择【位图】选项

02 弹出【选择位图图像文件】对话框，选择“云雾背景.jpg”素材文件，然后单击【打开】按钮，如图9-39所示。

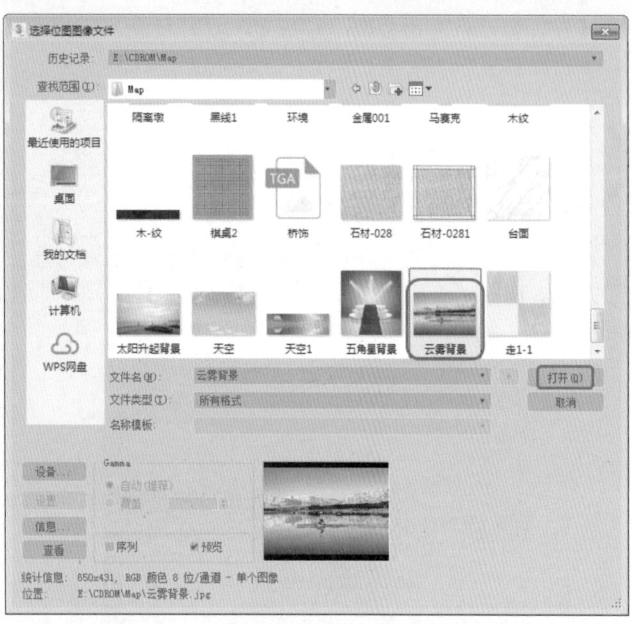

图9-39 选择位图文件

03 按M键打开【材质编辑器】对话框，选择上一步添加的贴图，按住鼠标左键将其拖至一个空的样本球上，在弹出的【实例（副本）贴图】对话框中，选中【实例】单选按钮，并单击【确定】按钮，如图9-40所示。

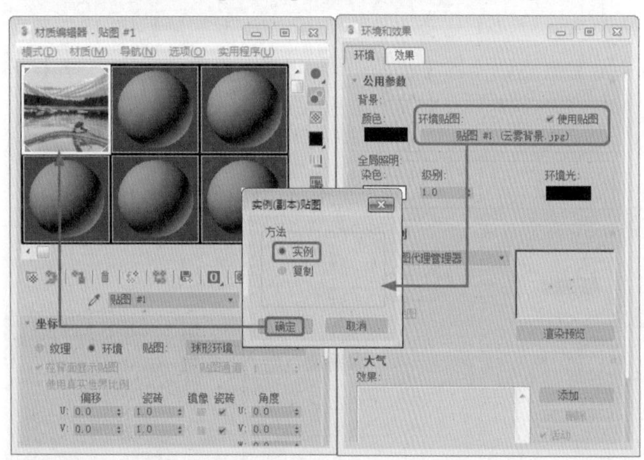

图9-40 选中【实例】单选按钮

04 在【坐标】卷展栏中将【贴图】设为【屏幕】选项，如图9-41所示。

05 激活【透视】视图，在菜单栏执行【视图】|【视口背景】|【环境背景】选项，如图9-42所示。

06 选择【创建】+|【辅助对象】|【大气装置】|【球体Gizmo】选项，在【顶】视图中创建一个【半径】为100的【球体Gizmo】，并勾选【半球】复选框，如图9-43所示。

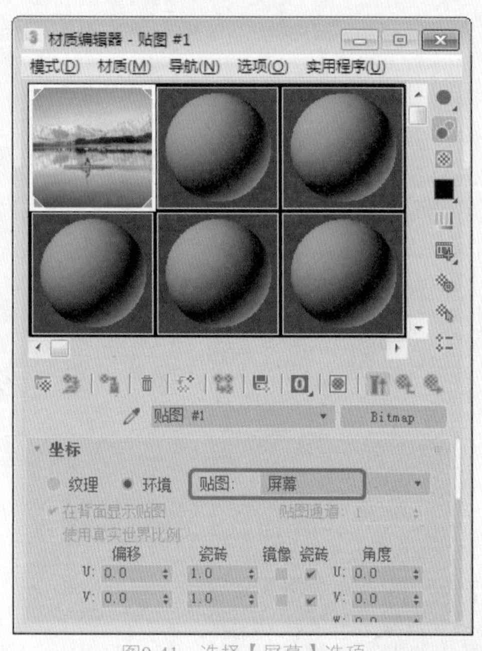

图9-41 选择【屏幕】选项

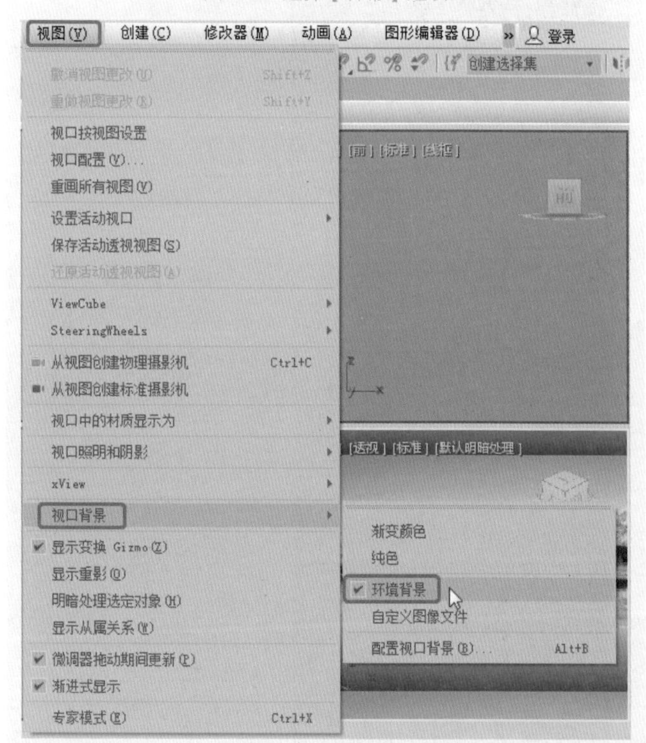

图9-42 选择【环境背景】命令

07 确认创建SphereGizmo001处于选择状态，激活【前】视图，选择【选择并均匀缩放】工具，在【前】视图中沿Y轴进行缩放，如图9-44所示。

08 使用同样的方法，再次创建其他的球体Gizmo，并使用【选择并均匀缩放】工具分别在【顶】和【前】视图中进行缩小，效果如图9-45所示。

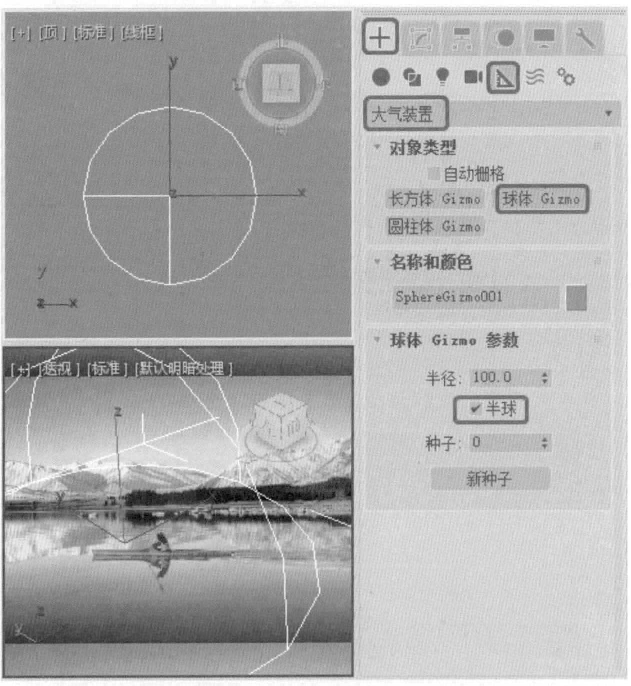

图9-43　创建球体Gizmo

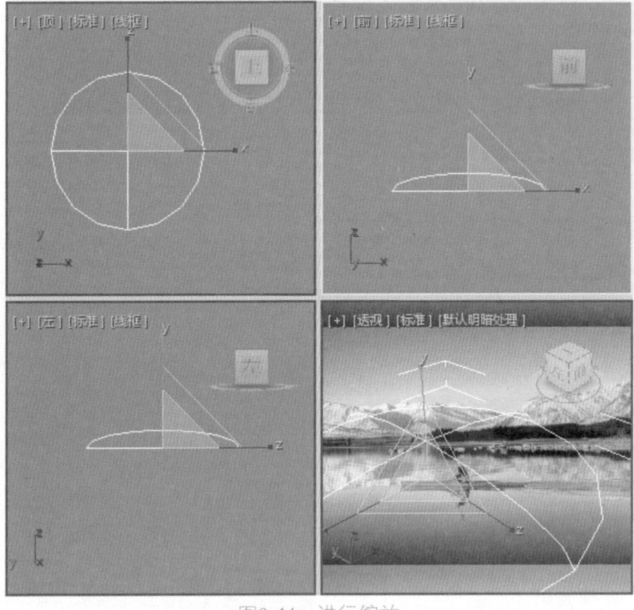

图9-44　进行缩放

09 选择【创建】|【摄影机】|【目标】选项，在【顶】视图中创建【目标】摄影机，激活【透视】视图，按C键，将其转换为【摄影机】视图，并在场景中调整摄影机的位置，如图9-46所示。

10 按8键，弹出【环境和效果】对话框，在【大气】卷展栏中单击【添加】按钮，在弹出的【添加大气效果】卷展栏中选择【体积雾】特效，并单击【确定】按钮，如图9-47所示。

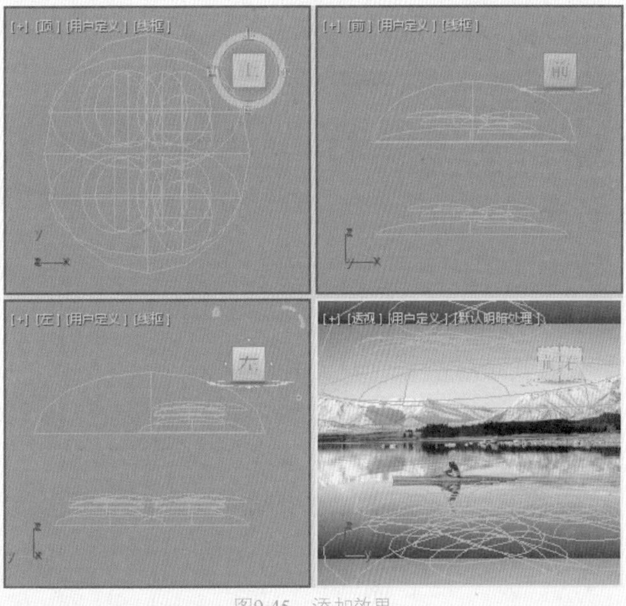

图9-45　添加效果

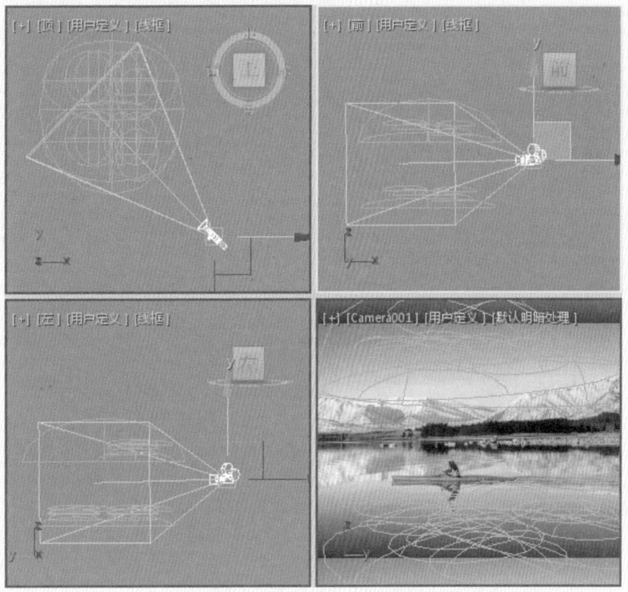

图9-46　创建【目标】摄影机

11 选择添加【体积雾】效果，在【体积雾参数】卷展栏中单击【拾取Gizmo】按钮，按H键，打开【拾取对象】对话框，在该对话框中选择创建的球体Gizmo，并单击【拾取】按钮，如图9-48所示。

12 在【体积雾参数】卷展栏中将【柔化Gizmo边缘】设置为0.4，在【体积】选项组中将【密度】设置为10，将

【颜色】的RGB值设置为235，235，235，在【噪波】选项组中选中【分形】单选按钮，将【级别】设置为4，如图9-49所示。

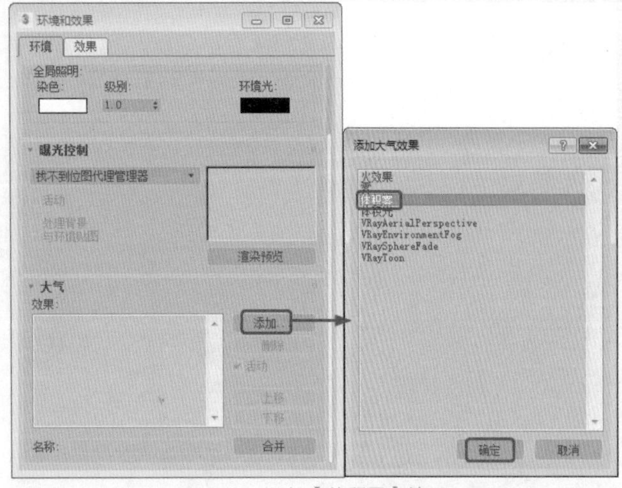


图9-47　添加【体积雾】效果

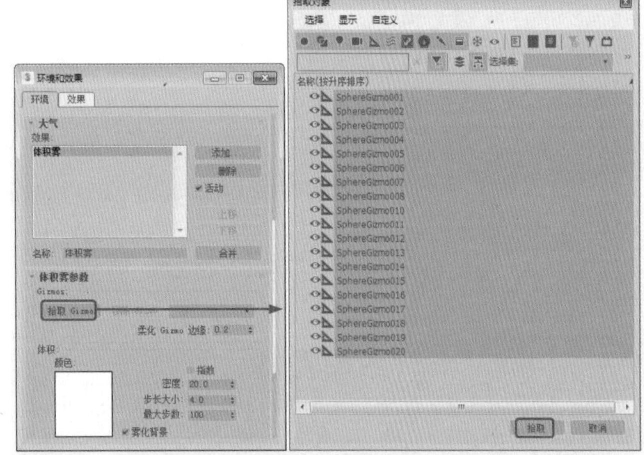


图9-48　拾取对象

13 激活【摄影机】视图，进行渲染，完成后的效果如图9-50所示。

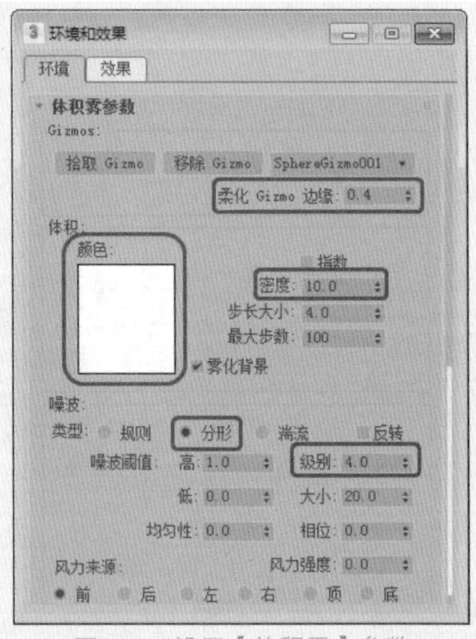


图9-49　设置【体积雾】参数

图9-50　渲染完成后的效果

## 9.5 思考与练习

1. 如何对场景进行渲染输出？请简单说明。
2. 如何为场景添加背景图像？

# 第10章 后期合成

视频后期处理器是3ds Max中独立的一大组成部分，相当于一个视频后期处理软件，包括动态影像的非线性编辑功能以及特殊效果处理功能，类似于After Effects或者Combustion等后期合成软件的性质。它可以将动画、文字、场景等连接到一起，并且可以对动画进行剪辑，给图像等加入效果处理，如光晕和镜头特效等。在几年前后期合成软件不太流行的时代，这个视频合成器的确起到了很大的作用，不过随着时代的发展，现在PC平台上的后期合成软件已经发展得非常成熟，一般工作流程已经将这个过程独立到后期合成软件中去进行了，因此3ds Max软件本身在2版本以后就没有再发展这个功能。当然这个视频合成器还是很好使用的，很多特殊效果都可以利用它来制作，只是制作效率比较低。如果有机会学习后期合成软件，会发现这些工作如果拿到后期合成软件里去完成几乎都是瞬间的，而且可以实时调节，因此建议使用专业的后期合成软件来完成视频合成器里的工作。

# 10.1 【视频后期处理】窗口

在菜单栏中选择【渲染】|【视频后期处理】命令，即可打开【视频后期处理】窗口，如图10-1所示。

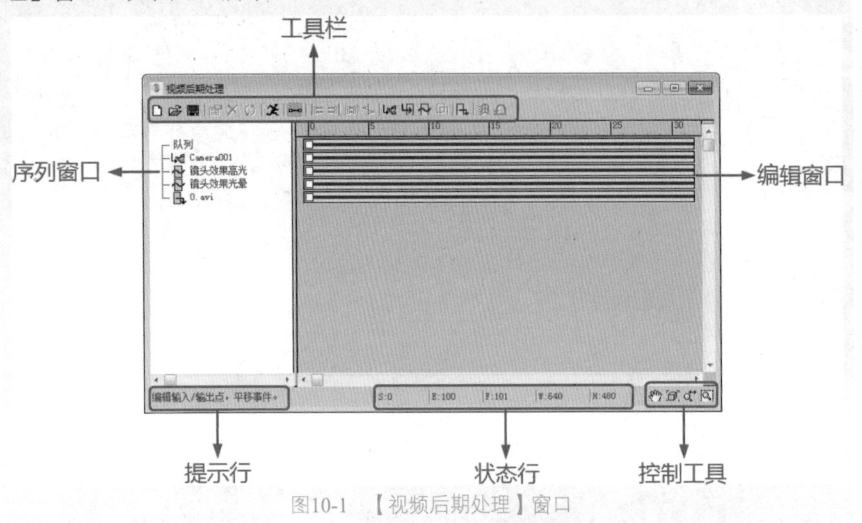


图10-1 【视频后期处理】窗口

从外表上看，【视频后期处理】窗口由4部分组成：顶端为工具栏，完成各种操作；左侧为序列窗口，用于加入和调整合成的项目序列；右侧为编辑窗口，以滑块控制当前项目所处的活动区段；底行用于提示信息的显示和一些显示控制工具。

1. 工具栏

在【视频后期处理】窗口顶端的工具栏，包含了【视频后期处理】窗口的全部命令按钮，用来对图像和动画资料事件进行编辑。各个命令按钮的功能如下。

- 【新建序列】：单击该按钮，将会弹出一个确认提示，新建一个序列的同时会将当前所有序列设置删除。
- 【打开序列】：单击该按钮，弹出【打开序列】对话框，在该对话框中可以将保存的vpx格式文件调入，vpx是视频后期处理保存的标准格式，这有利于序列设置的重复利用。
- 【保存序列】：单击该按钮，弹出【保存视频后期处理文件】对话框，将当前视频后期处理中的序列设置保存为标准的vpx文件，以便用于其他场景。一般情况下，不必单独保存视频后期处理文件，所有的设置会连同3ds Max文件一同保存。如果在序列项目中有动画设置，将会弹出一个警告框，告知不能将此动画设置保存在vpx文件中，如果需要完整保存的话，应当以3ds Max文件保存，如图10-2所示。
- 【编辑当前事件】：在序列窗口中选择一个事件后，此按钮成为活动状态，点击它，可以打开当前选择项目的参数设置面板。一般我们不使用这个工具，因为无论在序列窗口还是编辑窗口中，双击项目就可以打开它的参数设置面板。
- 【删除当前事件】：可以删除不可用的启用事件和禁用事件。
- 【交换事件】：当两个相邻的事件一同被选择时，它变为激活状态。单击该按钮可以将两个事件的前后次序颠倒，用于事件之间相互次序的调整。
- 【执行序列】：对当前视频后期处理中的序列进行输出渲染，这是最后的执行操作，将弹出一个参数设置面板，如图10-3所示。在该对话框中设置时间范围和输出大小，然后单击【渲染】按钮创建视频。

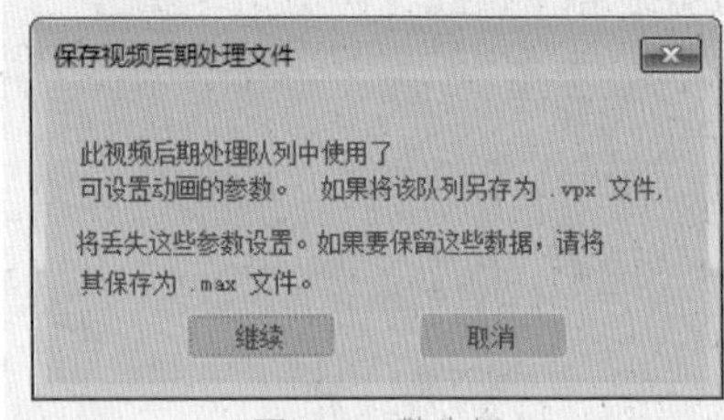


图10-2 警告框

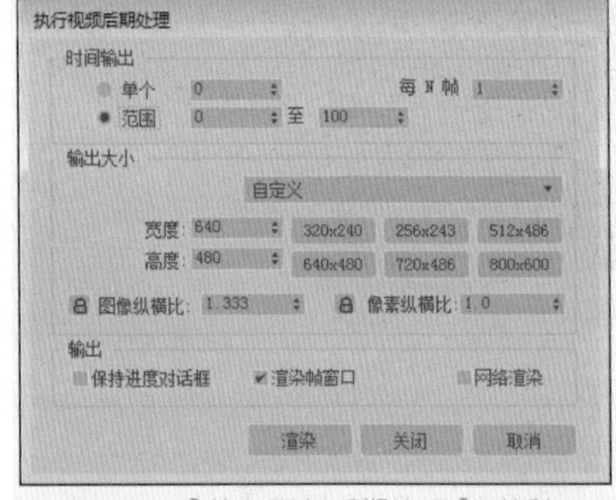


图10-3 【执行视频后期处理】对话框

- 【编辑范围栏】：这是视频后期处理中的基本编辑工具，对序列窗口和编辑窗口都有效。
- 【将选定项靠左对齐】：将多个选择的项目范围条左侧对齐。
- 【将选定项靠右对齐】：将多个选择的项目范围条右侧对齐。
- 【使选定项大小相同】：单击该按钮使所有选定的事件与当前的事件大小相同。
- 【关于选定项】：单击该按钮，将选定的事件首尾连接，这样，一个事件结束时，下一个事件开始。
- 【添加场景事件】：为当前序列加入一个场景事件，渲染的视图可以从当前屏幕中使用的几种标准视图中选择。对于摄影机视图，不出现在当前屏幕上的也可以选择，这

样，可以使用多架摄影机在不同角度拍摄场景，通过视频后期处理将它们按时间段组合在一起，编辑成一段连续切换镜头的影片。单击【添加场景事件】按钮，可以打开【添加场景事件】对话框，如图10-4所示。

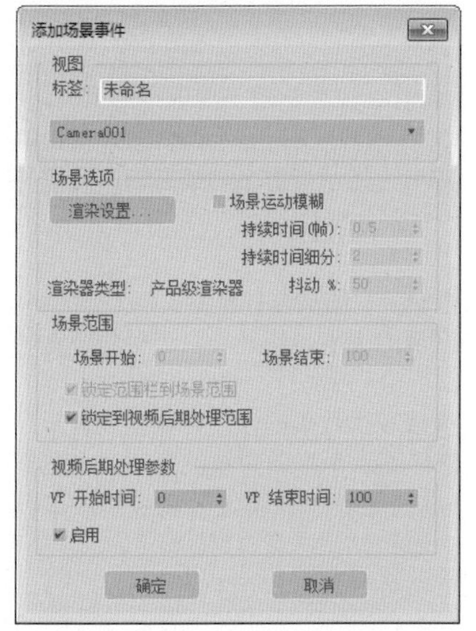

图11-4 【添加场景事件】对话框

- 【添加图像输入事件】：将静止或移动的图像添加至场景。【图像输入】事件将图像放置到队列中，但不同于【场景】事件，该图像是一个事先保存过的文件或设备生成的图像。单击【添加图像输入事件】按钮，可以打开【添加图像输入事件】对话框，如图10-5所示。

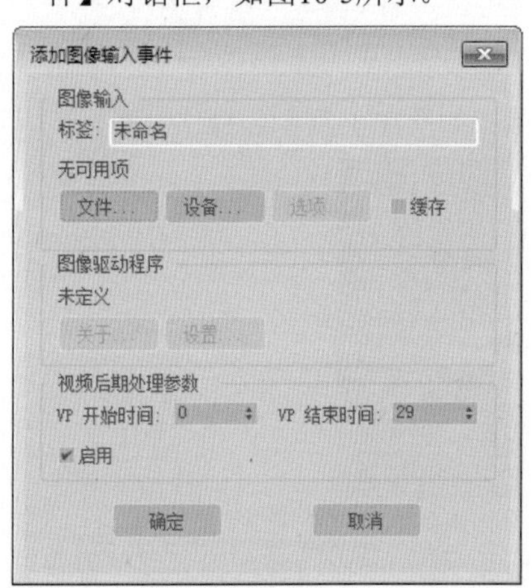

图10-5 【添加图像输入事件】对话框

- 【添加图像过滤事件】：提供图像和场景的图像处理。单击【添加图像过滤事件】按钮，打开如图10-6所示的【添加图像过滤事件】对话框。
- 【添加图像层事件】：将两个事件以某种特殊方式合成在一起，这时它成为父级事件，被合成的两个事件成为子级事件。对于事件的要求，只能合成输入图像和输入场景事件，当然也可以合成图层事件，产生嵌套的层级。单击【添加图像层事件】按钮，即可打开【添加图像层事件】对话框，如图10-7所示。

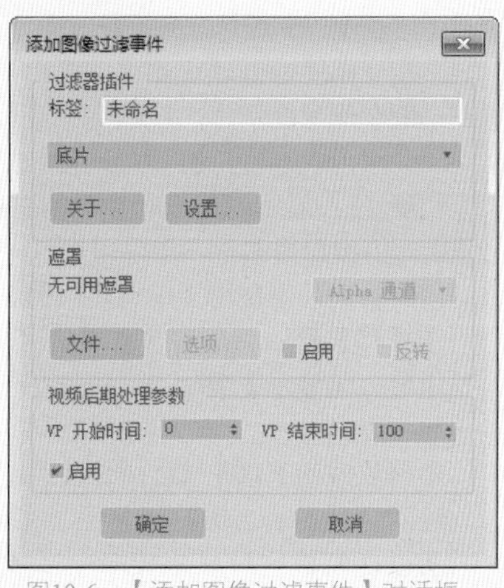

图10-6 【添加图像过滤事件】对话框

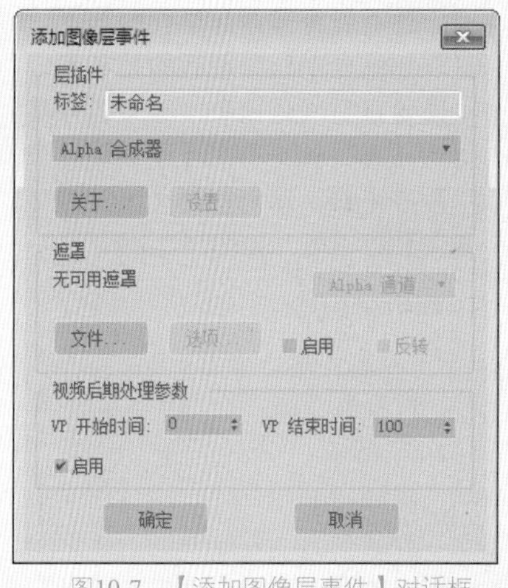

图10-7 【添加图像层事件】对话框

- 【添加图像输出事件】：与图像输入事件按钮用法相同，只是支持的图像格式少了一些。通常将它放置在序列的最后，可以将最后的合成结果保存为图像文件。单击【添加图像输出事件】按钮，打开【添加图像输出事件】对话框，如图10-8所示。
- 【添加外部事件】：使用它可以为当前事件加入一个外部处理程序，例如Photoshop、CorelDraw等。它的原理是在完成3ds Max的渲染任务后，打开外部程序，将保存在系统剪贴板中的图像粘贴为新文件。在外部程序中对它进行编辑加工，最后再复制到剪贴板中，关闭该程序后，加工后的剪贴板图像会重新应用到3ds Max中，继续其他的处理操作。单击【添加外部事件】按钮，将会打开【添加外部事件】对话框，如图10-9所示。

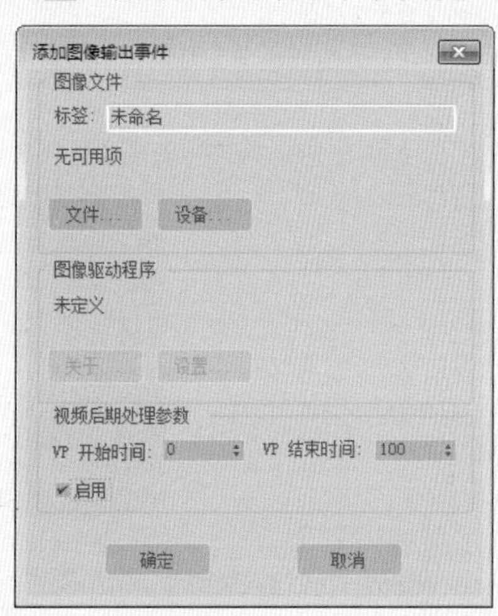

图10-8 【添加图像输出事件】对话框

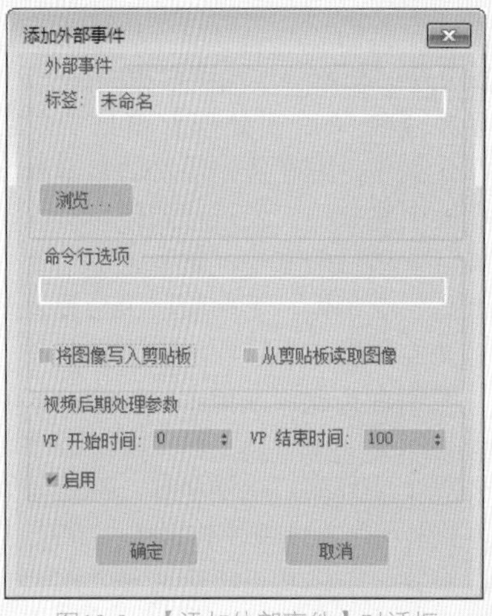

图10-9 【添加外部事件】对话框

- 【添加循环事件】：对指定事件进行循环处理。它可以对所有类型的事件操作，包括它自身，加入循环事件后会产生一个层级，子事件为原事件，父事件为循环事件，表示对原事件进行循环处理。加入循环事件后，可以更改原事件的范围，但不能更改循环事件的范围，它以灰色显示出循环后的总长度，如果要对它进行调节，必须进入其循环设置面板。单击【添加循环事件】按钮，即可打开【添加循环事件】对话框，如图10-10所示。

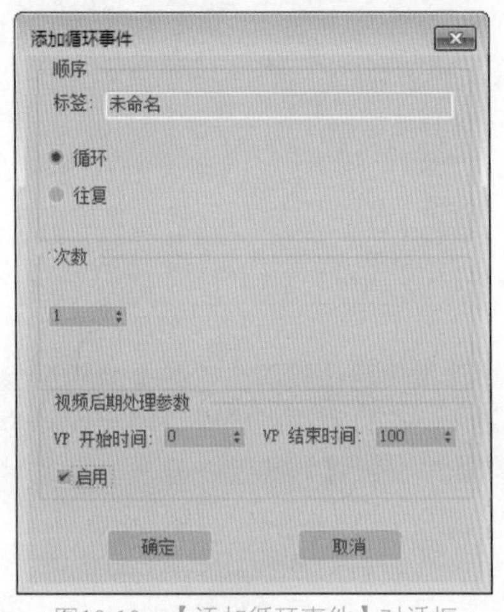


图10-10 【添加循环事件】对话框

### 2. 序列窗口

左侧空白区中为序列窗口，在序列窗口中以一个分支树的形式将各个项目连接在一起，项目的种类可以任意指定，它们之间也可以分层。这与材质分层、轨迹分层的概念相同。

在【视频后期处理】窗口中的大部分工作，是在各个项目的自身设置面板中完成的。通过序列窗口可以安排这些项目的顺序，从上至下，越往上，层级越低，下面的层级会覆盖在上面的层级之上。所以对于背景图像，应该将其放置在最上层（即最底层级）。

对于序列窗口中的事件，双击可以直接打开它的参数控制面板，进行参数设置。单击可以将它选择，配合键盘上的Ctrl键可以单独加入或减去选择，配合Shift键可以将两个选择之间的所有事件选中，这对于编辑窗口中的操作也同样适用。

### 3. 编辑窗口

右侧是编辑窗口，它的内容很简单，以条柱表示当前事件作用的时间段，上面有一个可以滑动的时间标尺，由此确定时间段的坐标，时间条柱可以移动或放缩，多个条柱选择后可以进行各种对齐操作。双击事件条柱也可以直接打开它的参数控制面板，进行参数设置。

### 4. 信息栏和显示控制工具

在视频后期处理底部是信息栏和显示控制工具。

最左侧为提示行，显示下一步进行何种操作，主要针对当前选择的工具。

中间为状态行，S：显示当前选择项目的起始帧。E：显示当前选择项目的结束帧。F：显示当前选择项目的总帧数。W/H：显示当前序列最后输出图像的尺寸，单位为像素。

控制工具主要用于编辑窗口的显示。

- 【平移】：用于在事件轨迹区域水平拖动将视图从左移至右。
- 【最大化显示】：水平调整事件轨迹区域的大小，使最长轨迹栏的所有帧都可见。
- 【缩放时间】：事件轨迹区域显示较多或较少数量的帧，可以缩放显示。时间标尺显示当前时间单位。在事件轨迹区域水平拖动来缩放时间。向右拖动以在轨迹区域显示较少帧（放大）。向左拖动以在轨迹区域显示较多帧（缩小）。
- 【缩放区域】：通过在事件轨迹区域拖动矩形来放大定义的区域。

## 10.2 镜头特效过滤器

在前面的学习中，介绍了【视频后期处理】窗口的组成，并知道了各按钮的功能。通过【视频后期处理】窗口，还可以给场景增加镜头特效。这就要使用【视频后期处理】窗口中模拟镜头特效的过滤器。镜头特效包含了4种过滤器，分别为镜头效果高光、镜头效果光斑、镜头效果光晕和镜头效果焦点。

### 10.2.1 实战：添加图像过滤事件

下面将介绍如何添加图像过滤事件，效果如图10-11所示，操作步骤如下。

图10-11 添加图像过滤事件

01 按Ctrl+O组合键，在弹出的对话框中选择“添加图像过滤事件.max”素材文件，单击【打开】按钮，如图10-12所示。

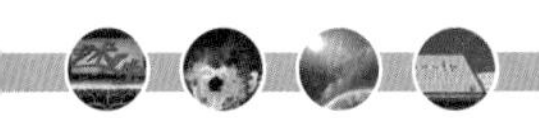

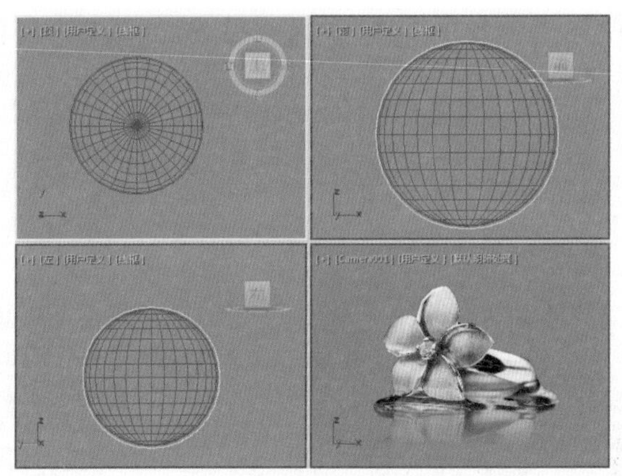

图10-12　打开的素材文件

02 在视图中选择球体对象，在菜单栏中选择【渲染】|【视频后期处理】命令，在弹出的【视频后期处理】对话框中单击【添加图像过滤事件】按钮，在弹出的【添加图像过滤事件】对话框中将过滤器设置为【镜头效果高光】，如图10-13所示。

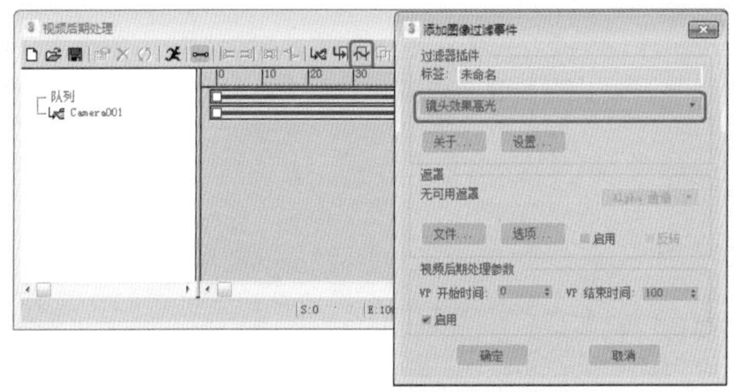

图10-13　添加【镜头效果高光】效果

03 设置完成后，单击【确定】按钮，在【视频后期处理】对话框中双击【镜头效果高光】过滤器，在弹出的【编辑过滤事件】对话框中单击【设置】按钮，在弹出的【镜头效果高光】对话框中单击【VP队列】和【预览】按钮，切换到【首选项】选项卡，将【大小】设置为6，如图10-14所示。

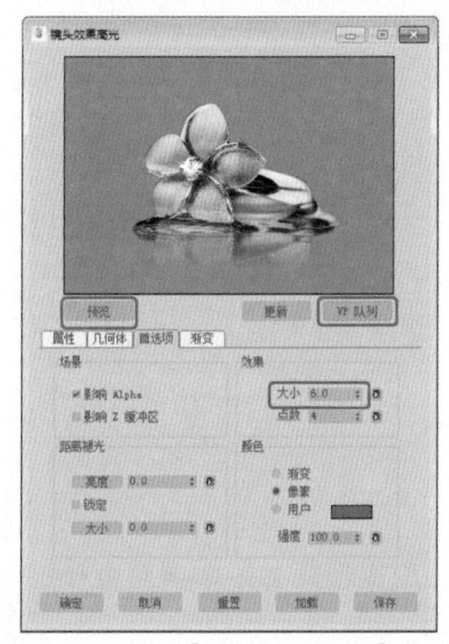

图10-14　设置【镜头效果高光】参数

04 设置完成后，单击【确定】按钮，在【视频后期处理】对话框中单击【执行序列】按钮，再在弹出【执行视频后期处理】对话框中单击【渲染】按钮，预览效果如图10-15所示。

图10-15　渲染后的效果

## 10.2.2　预览特效效果

可以通过预览窗口来观察当前【视频后期处理】窗口中的实际处理效果。它也可以显示系统预定义的一个场景的处理效果。预览窗口及命令按钮的作用如图10-16所示。

图10-16　预览特效效果

- 【预览】：此按钮为选中状态时，会对每一次参数的调节都自动进行更新显示，否则将不显示预览效果，也就意味着不进行预览计算。

> 提示　如果每次调节完参数后，都要进行预览计算，如果要觉得预览计算慢的话，可以先取消选中【预览】按钮，直到需要观察效果时，再按下它，使它为预览状态。

- 【更新】：选中它会对整个场景的设置和效果进行更新计算。
- 【VP队列】：此按钮没有选中

时，预览窗口中将以一个内定的场景来显示预览效果，按下该按钮，会对整个序列发生作用，当前过滤器会作用于它上层的所有事件结果。

## 10.2.3 实战：镜头效果光斑

镜头效果过滤器中，【镜头效果光斑】特效是最为复杂的一个过滤器。

【镜头效果光斑】对话框如图10-17所示。

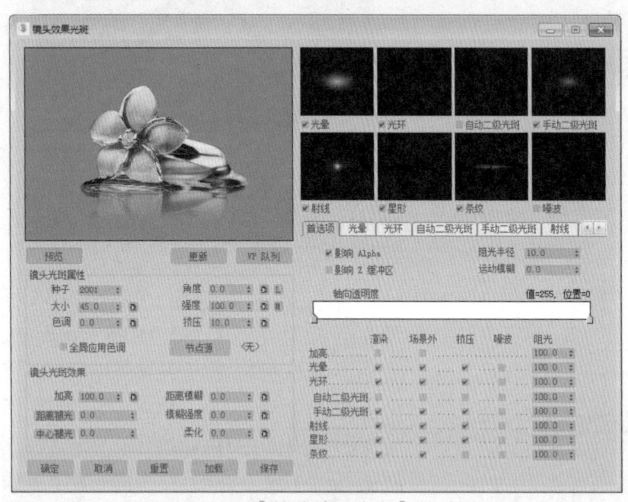

图10-17 【镜头效果光斑】对话框

这是最复杂的一个过滤器，面板也相当大，首先要理清头绪：左半部分和其他3个过滤器相似，属正规的设置区，通过预览窗口，可以观察光斑效果；右半部分是一个细部设置区，9个选项卡为9个设置区，第一个用来设置后面8个的组合情况，后8个单独控制光斑的8个部分。

制作镜头光斑的一般步骤介绍如下。

01 在左半部分单击【节点源】按钮，选择光斑依附的对象。

02 在右半部分通过如图10-18所示的复选框，选中镜头光斑的组成部分。

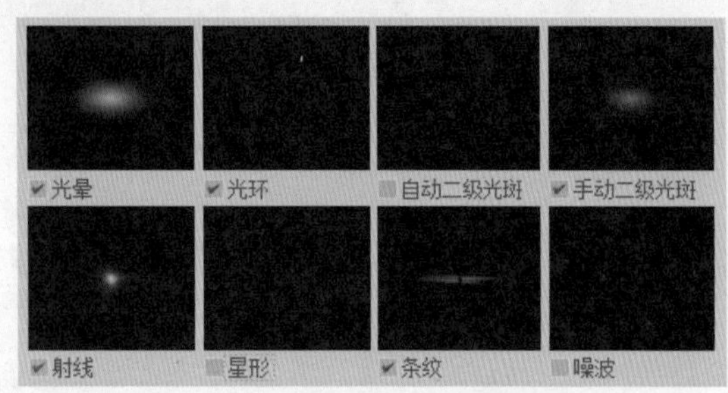


图10-18 选中镜头光斑的组成部分

03 分别调节各部分的参数，主要调节颜色，大小等。

04 在左半部分的主面板上控制光斑的整体参数，如大小、角度等。

【镜头效果光斑】对话框中各选项说明如下。

- 【镜头光斑属性】选项组
  - 【种子】：在不影响所有参数情况下对最后效果稍作更改，使具有相同参数的对象产生的光斑效果不同。而且这些变化是很细微的，不会破坏整体效果。
  - 【大小】：设置包括二级光斑及其他所有部分在内的整个光斑的大小。整个光斑尺寸的调节主要靠此微调框来完成，而每个部分的大小设置，只是为了表现出相对大小。
  - 【色调】：控制整体光斑的色调。
  - 【全局应用色调】：用来设置色调的全局效果。
  - 【角度】：调节光斑从自身默认位置旋转的数量，从而控制光斑改变的位置，是相对于摄影机而言的。可以通过调节此参数制作动画。右侧的L按钮为锁定按钮，用来设置二级光斑是否旋转，不选中此按钮，二级光斑将不旋转。
  - 【强度】：通过调整此微调框控制整个光斑的明亮程度和不透明程度，值越大，光斑越亮，越不透明；相反，值越小，光斑越暗，越透明。系统默认值为100。
  - 【挤压】：用于校正光斑的长宽比，以适合不同的屏幕比例需求。值大于0时，将在水平方向拉长，垂直方向缩短。可以通过此微调框制作椭圆形的光斑。
  - 【节点源】：单击此按钮，弹出一个选择名称的对话框，可以选择任何类型的物体作为光芯来源，将光芯定位在物体的轴心点上。通常使用灯光作为光芯来源。

> 提示 用户可能想选择粒子系统作为光芯来源，从而产生满天光斑的效果，不过无法通过这种途径实现此效果，它只会在系统物体的轴心点处产生一个光斑。

- 【镜头光斑效果】选项组
  - 【加亮】：通过调节此微调框的值，设置光斑对整个图像的照明影响，值为0时，没有照明效果，系统默认值为100。
  - 【距离褪光】：根据光斑与摄影机的距离大小产生褪光效果。要求应用于Camera视图。
  - 【中心褪光】：沿光斑主轴，以主光斑为中心对二级光斑作褪光处理。通常用来模拟真实镜头光斑效果。

> 提示 使用【距离褪光】与【中心褪光】按钮均是选中时有效，而且采用的都是3ds Max 2018的标准世界单位。

  - 【距离模糊】：根据光斑与摄影机的距离作模糊处理。采用3ds Max 2018的标准世界单位。
  - 【模糊强度】：通过此微调框的调节，对光斑的整体强

度进行模糊处理，产生光晕效果。

- 【柔化】：对整个光斑进行柔化处理。

## 实例操作001——太阳耀斑

下面将根据前面所介绍的知识制作太阳耀斑效果，效果如图10-19所示，其操作步骤如下。

图11-19　太阳耀斑效果

01 启动软件后，按Ctrl+O组合键，在弹出的对话框中选择“太阳耀斑.max”文件，在菜单栏中单击【渲染】按钮，在弹出的下拉列表中选择【视频后期处理】命令，在弹出的对话框中单击【添加场景事件】按钮，在弹出的【添加场景事件】对话框中将视图设置为Camera001，如图10-20所示。

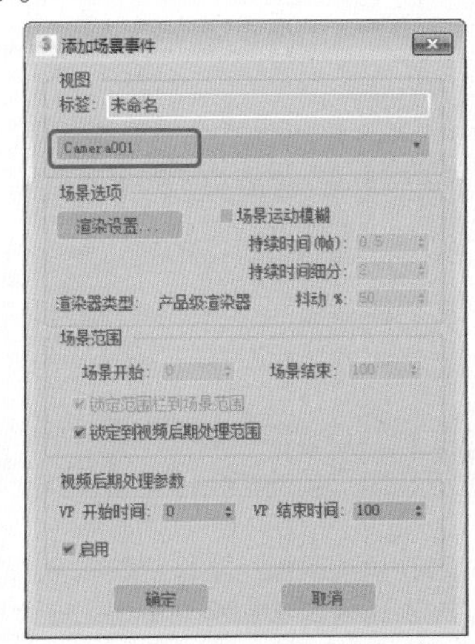

图10-20　将视图设置为Camera001

02 单击【确定】按钮，单击【添加图像过滤事件】按钮，在弹出的【添加图像过滤事件】对话框中将过滤器设置为【镜头效果光斑】，如图10-21所示。

03 设置完成后，单击【确定】按钮，在【视频后期处理】对话框中双击该事件，在弹出的对话框中单击【设置】按钮，在弹出的【镜头效果光斑】对话框中单击【VP队列】与【预览】按钮，单击【节点源】按钮，在弹出的【选择光斑对象】对话框中选择Omni001，如图10-22所示。

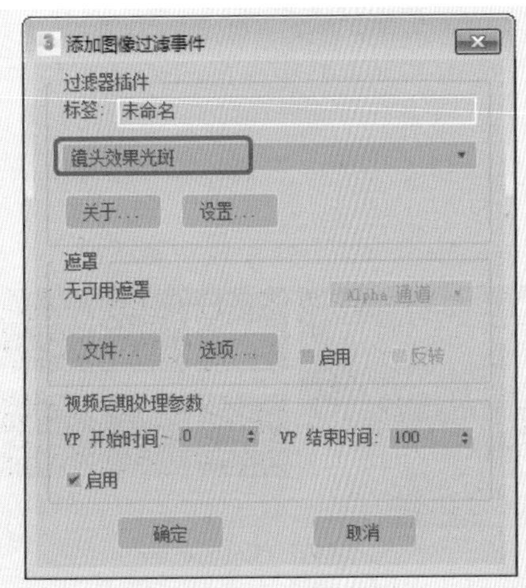

图10-21　设置过滤器

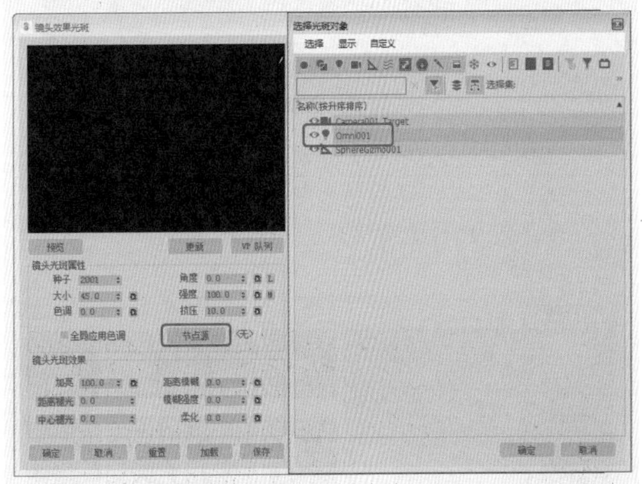

图10-22　选择灯光

04 单击【确定】按钮，将【大小】设置为40，在【首选项】选项卡中勾选所需的选项，如图10-23所示。

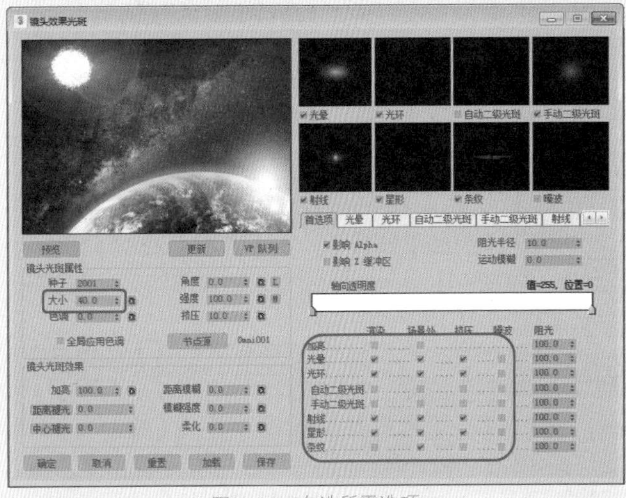

图10-23　勾选所需选项

05 切换到【光晕】选项卡，将【大小】设置为260，将【径向颜色】左侧渐变滑块的RGB值设置为255、255、108；确定第二个渐变滑块在93的位置处，并将其RGB值设置为45、1、27；将最右侧的色标RGB值设置为0、0、0，如图10-24所示。

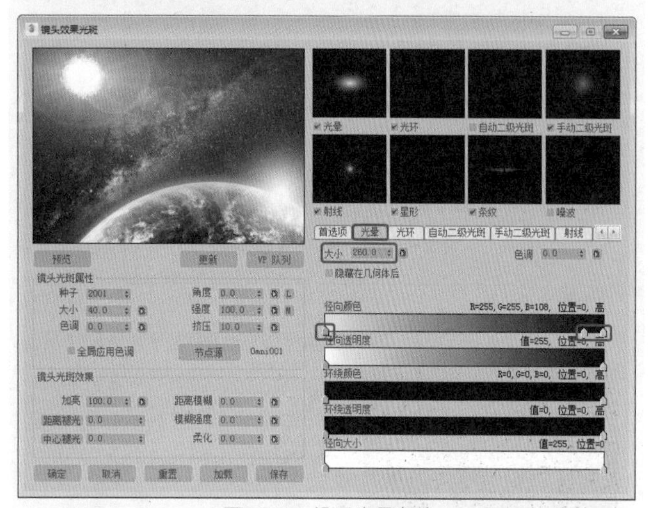

图10-24 设置光晕参数

06 切换到【光环】选项卡，将【厚度】设置为8，如图10-25所示。

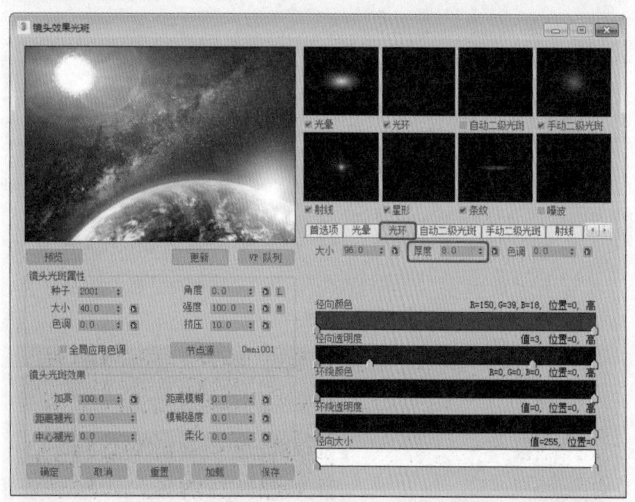

图10-25 设置光环参数

07 切换到【射线】选项卡，将【大小】设置为300，将【径向颜色】所有渐变滑块的RGB值均设置为255、255、108，如图10-26所示。

08 设置完成后，单击【确定】按钮，单击【添加图像输出事件】按钮，在弹出的对话框中单击【文件】按钮，在弹出的对话框中指定输出路径，将【文件名】设置为"实例操作001—太阳耀斑"，将【保存类型】设置为【JPEG文件（*.jpg，*.jpe，*.jpeg）】，如图10-27所示。

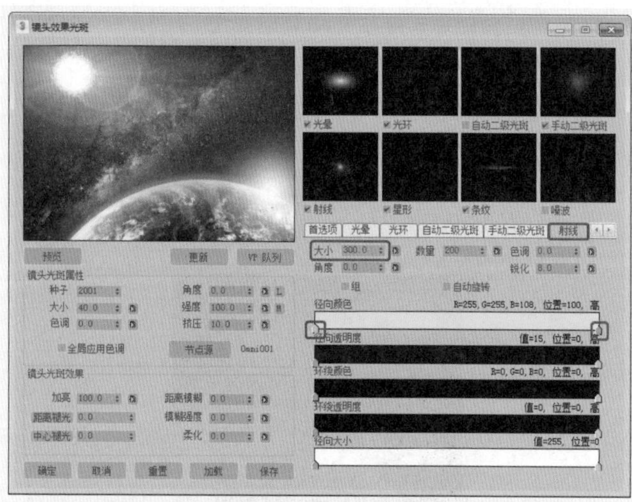

图10-26 设置射线参数

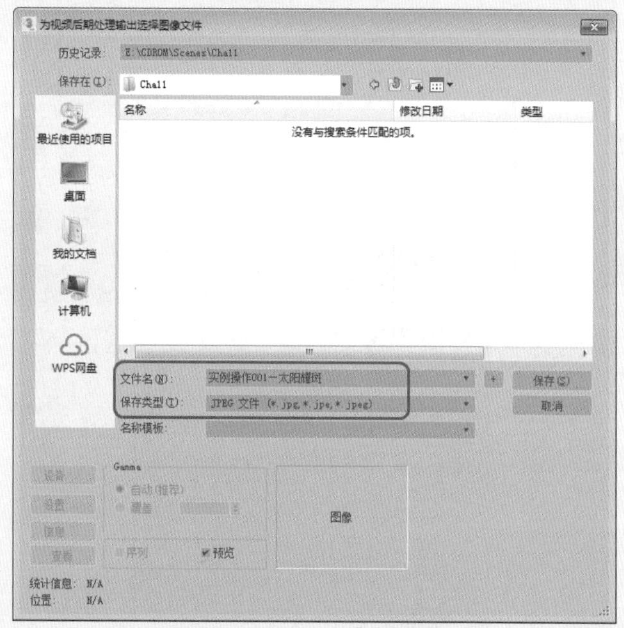

图10-27 指定保存类型与名称

09 设置完成后，单击【保存】按钮，在弹出的对话框中单击【确定】按钮即可，再在【添加图像输出事件】对话框中单击【确定】按钮，单击【执行序列】按钮，在弹出的对话框中选中【单个】单选按钮，最后单击【渲染】按钮即可。

## 10.2.4 镜头效果光晕

镜头特效过滤器中，【镜头效果光晕】是最为有用的一个过滤器。它可对物体表面进行灼烧处理，产生一层光晕，从而达到发光的效果。很多情况都可以使用发光特效，比如火球、金属字、飞舞的光团等。

【镜头效果光晕】对话框如图10-28所示。

图10-28 【镜头效果光晕】对话框

该对话框共有4个选项卡，分别为【属性】、【首选项】、【渐变】和【噪波】，用户可以在该对话框中设置光斑参数，以达到想要的效果。

## 10.2.5 镜头效果高光

【镜头效果高光】特效过滤器可以在物体表面产生针状光芒，多用于带有强烈反光特性的材质。例如，在强烈阳光直射下的汽车，表面高光点会出现闪烁的光芒。另一个最能体现高光效果的较好示例是创建细小的灰尘。如果创建粒子系统，沿直线移动为其设置动画，并为每个像素应用微小的四点高光星形，这样看起来很像闪烁的幻景。

【镜头效果高光】对话框如图10-29所示。

### 实例操作002——制作闪烁星空动画

天空中无数的星星，是和太阳一样的发光天体，在晴朗的夜晚，我们看到的是一闪一闪的星星，这是为什么？原来这是光的折射造成的。本小节将介绍如何利用Max模拟星光闪烁效果，效果如图10-30所示。

01 启动软件后，按Ctrl+O组合键，在弹出的对话框中选择“制作闪烁星空动画.max”文件，在菜单栏中选择【渲染】|【视频后期处理】命令，打开【视频后期处理】对话框，单击【添加场景事件】按钮，在弹出的【添加场景事件】对话框中使用Camera001视图，如图10-31所示。

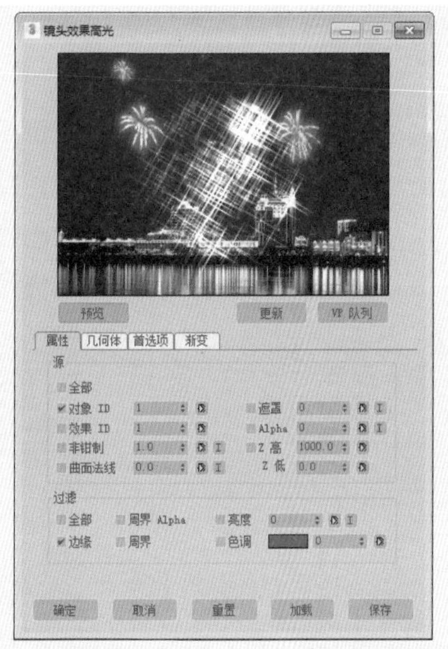

图10-29 【镜头效果高光】对话框

图10-30 闪烁星空动画

图10-31 添加摄影机场景事件

02 单击【确定】按钮，返回到【视频后期处理】对话框中，单击【添加图像过滤事件】按钮，在弹出的【添加图像过滤事件】对话框中选择过滤器列表中的【镜头效果光

晕】过滤器，其他保持默认值，如图10-32所示。

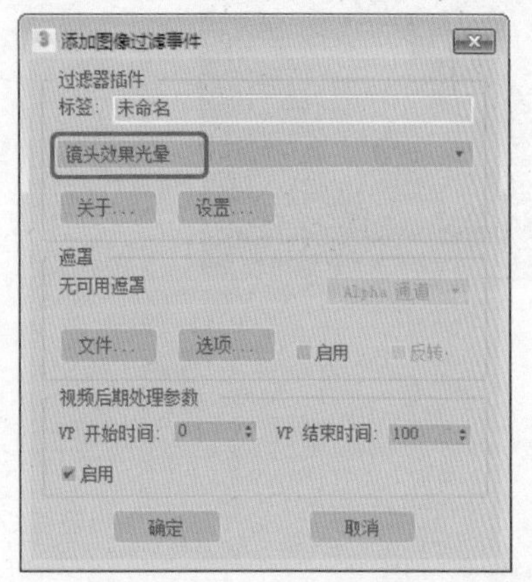

图10-32 添加【镜头效果光晕】过滤器

03 单击【确定】按钮，返回到【视频后期处理】对话框中，再次单击【添加图像过滤事件】按钮，在打开的对话框中选择过滤器列表中的【镜头效果高光】过滤器，其他保持默认值，如图10-33所示。

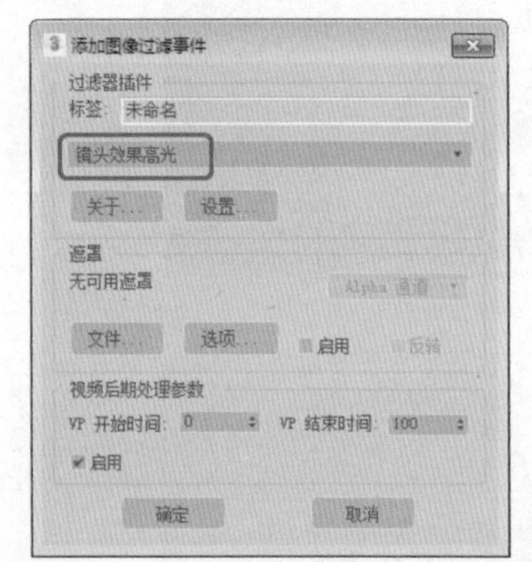

图10-33 添加【镜头效果高光】过滤器

04 单击【确定】按钮，返回到【视频后期处理】对话框中，在左侧列表中双击【镜头效果光晕】过滤器，在弹出的对话框中单击【设置】按钮，弹出【镜头效果光晕】对话框，单击【VP队列】和【预览】按钮，在【属性】选项卡中将【对象ID】设置为1，并勾选【过滤】区域下的【周界Alpha】复选框。切换到【首选项】选项卡，将【效果】区域下的【大小】设置为1.6，在【颜色】区域下勾选【像素】单选按钮，并将【强度】设置为85。切换到【澡波】选项卡中勾选【红】、【绿】、【蓝】复选框，在【参数】区域下将【大小】和【速度】分别设置为10、0.2，如图10-34所示。

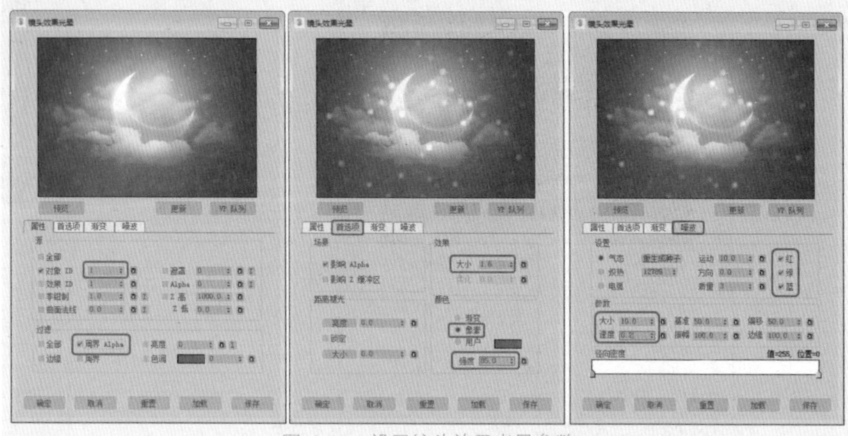

图10-34 设置镜头效果光晕参数

05 单击【确定】按钮，返回到【视频后期处理】对话框，在左侧列表中双击【镜头效果高光】过滤器，在弹出的对话框中单击【设置】按钮，弹出【镜头效果高光】对话框，单击【VP队列】和【预览】按钮，在【属性】选项卡中勾选【过滤】区域下的【边缘】复选框。切换到在【几何体】选项卡，将【效果】区域下的【角度】和【钳位】分别设置为100、20，在【变化】区域下单击【大小】按钮取消其选择。在【首选项】选项卡中将【效果】区域下的【大小】和【点数】分别设置为8、4，在【距离褪光】区域下单击【亮度】和【大小】按钮，将它们的值均设置为4000，勾选【锁定】复选框，在【颜色】区域下勾选【渐变】单选按钮，如图10-35所示。

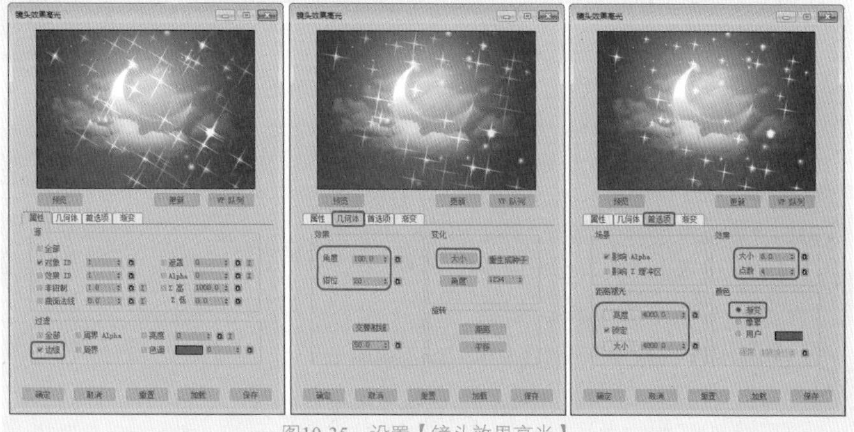

图10-35 设置【镜头效果高光】

06 单击【确定】按钮，返回到【视频后期处理】对话框，在该对话框中单击【添加图像输出事件】按钮，弹出【添加图像输出事件】对话框，单击【文件】按钮，在弹出的【为视频后期处理输出选择图像文件】对话框中设置输出路径及文件名，并将【保存类型】设置为AVI文件（*.avi），如图10-36所示。

07 单击【保存】按钮，在弹出的对话框中单击【确定】按钮，再在【添加图像输出事件】对话框中单击【确定】按钮，返回到【视频后期处理】对话框，单击【执行序列】按钮，打开【执行视频后期处理】对话框，在【时间输出】选项组中勾选【范围】单选按钮，在【输出大小】选项组中将【宽度】和【高度】分别设置为800和600，如图10-37所示。

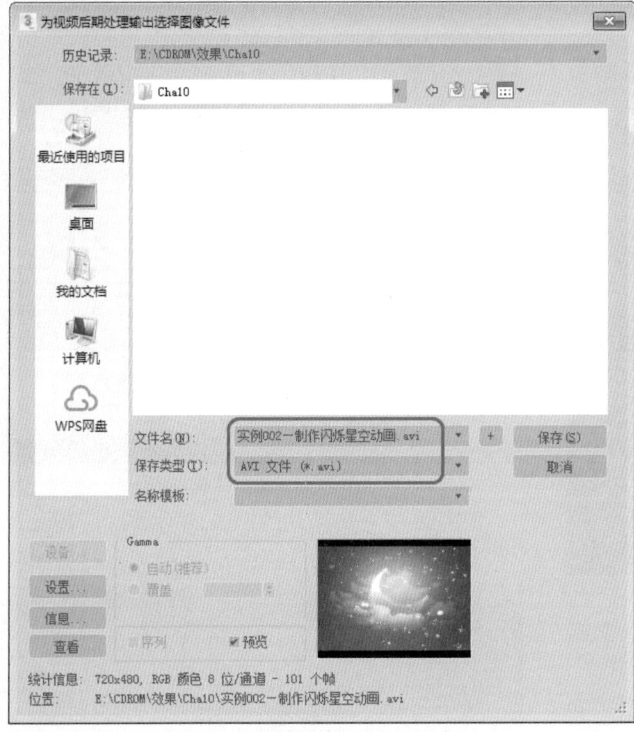

图10-36　指定输出路径与名称

08 设置完成后，单击【渲染】按钮，渲染后的效果如图10-38所示。

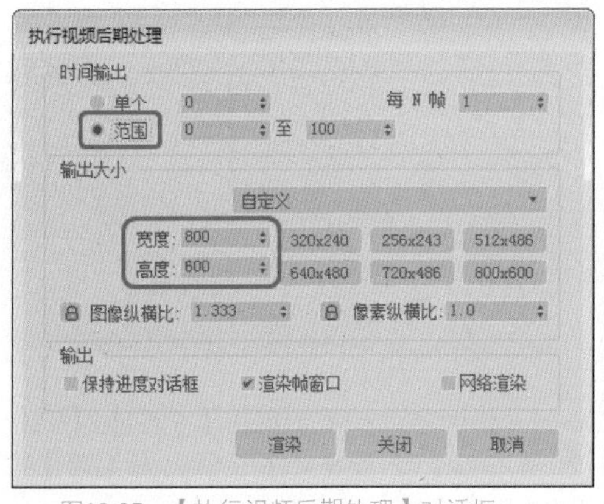

图10-37　【执行视频后期处理】对话框

图10-38　渲染后的效果

## 10.2.6　镜头效果焦点

【镜头效果焦点】过滤器可以用来模拟镜头焦点以外发生散焦模糊的视觉效果，通过物体与摄影机之间的距离进行模糊计算，在自然景观和室外建筑的场景中，常需要模糊远景，以突出图画主题，增加真实感，此种情况，多使用此特效过滤器。

【镜头效果焦点】对话框如图10-39所示。

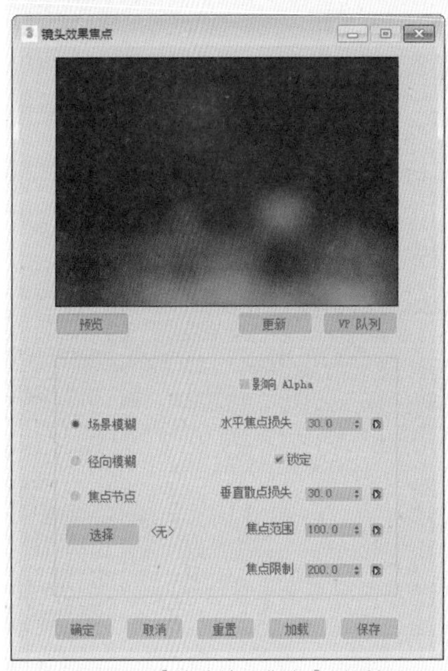

图11-39　【镜头效果焦点】对话框

# 10.3 上机练习——制作心形粒子动画

本例将介绍如何制作心形粒子动画。首先使用线工具绘制出心形路径，然后绘制圆柱体，为圆柱体添加【路径变形】修改器，拾取心形作为路径；其次创建粒子云系统，拾取圆柱体作为发射器，设置粒子参数；最后通过视频后期处理为粒子添加【镜头效果光晕】和【镜头效果高光】过滤器，效果如图10-40所示。

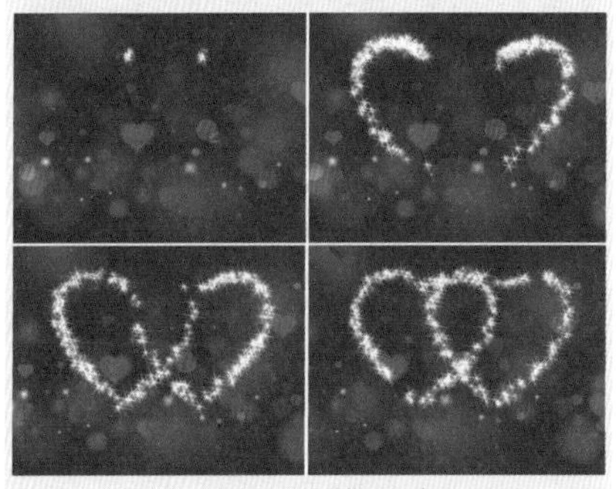
图11-40　心形粒子动画

01 启动软件后，按Ctrl+O组合键，在弹出的对话框中选择“制作心形粒子动画.max”文件，单击【打开】按钮，如图10-41所示。

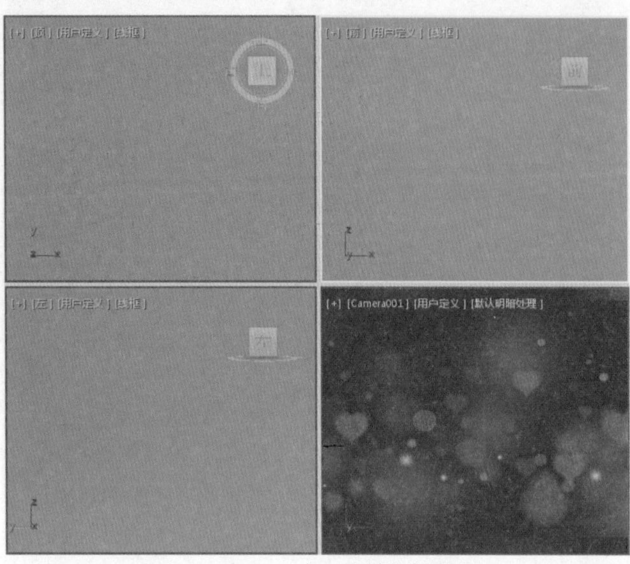

图10-41　打开素材文件

02 选择【创建】|【图形】|【样条线】|【线】工具，激活【前】视图，在该视图中绘制如图10-42所示的形状。

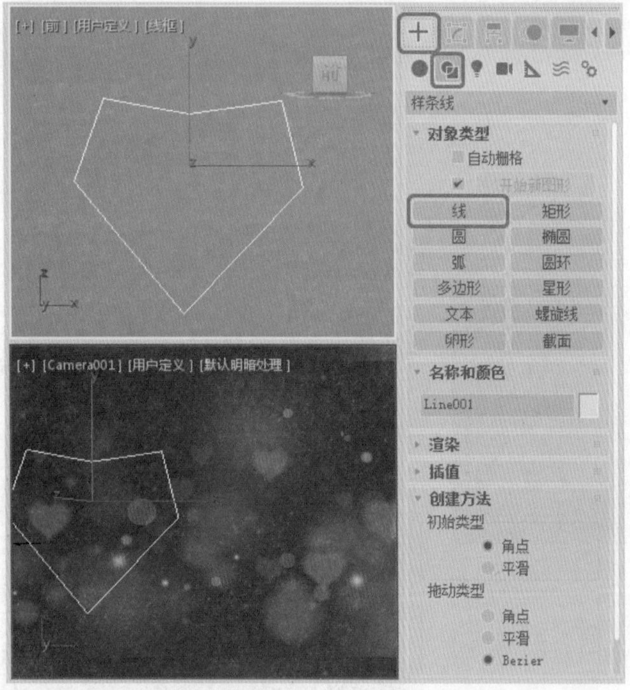

图10-42　绘制形状

03 进入【修改】命令面板，将当前选择集定义为【顶点】，选择所有的顶点，单击鼠标右键，在弹出的快捷菜单中选择【Bezier角点】命令，如图10-43所示。

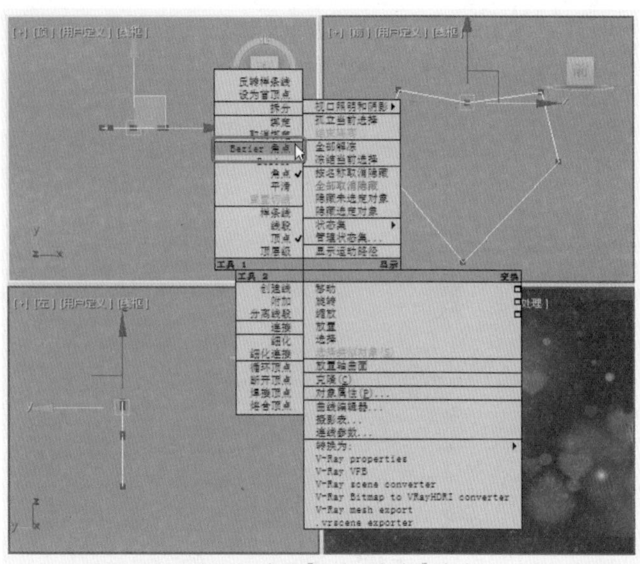

图10-43　选择【Bezier角点】命令

04 在视图中对转换后的Bezier角点进行调整，调整后的效果如图10-44所示。

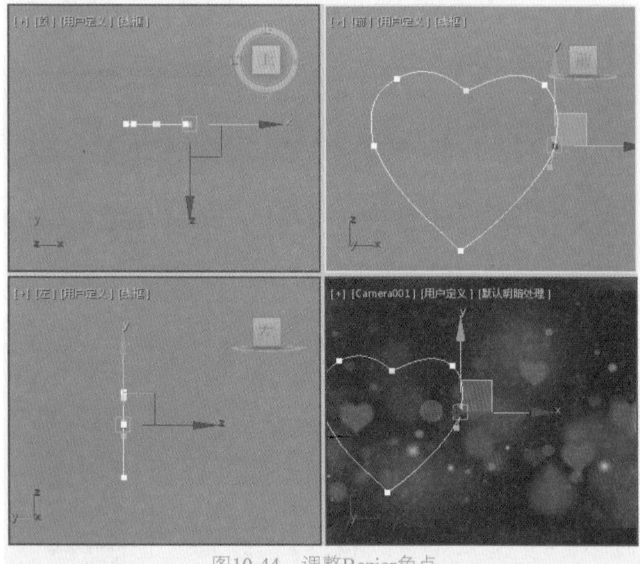

图10-44　调整Bezier角点

05 调整完成后，关闭当前选择集，选择【创建】|【几何体】|【标准基本体】|【圆柱体】工具，在【前】视图中绘制圆柱体，在【参数】卷展栏中将【半径】设置为25，将【高度】设置为90，将【高度分段】设置为50，将【端面分段】设置为5，如图10-45所示。

06 选择【创建】|【几何体】|【粒子系统】|【粒子云】工具，在【前】视图中创建粒子对象，在【基本参数】卷展栏中单击【拾取对象】按钮，在场景中选择圆柱体，此时，在【粒子分布】选项组中系统将自动选中【基于对象的发射器】单选按钮，如图10-46所示。

07 在场景中选择圆柱体，进入【修改】命令面板，在【修改器列表】中选择【路径变形绑定（WSM）】修改器，在【参数】卷展栏中单击【拾取路径】按钮，然后再单击【转到路径】按钮，在【路径变形轴】选项组中勾选Z单选按钮和【翻转】复选框，如图10-47所示。

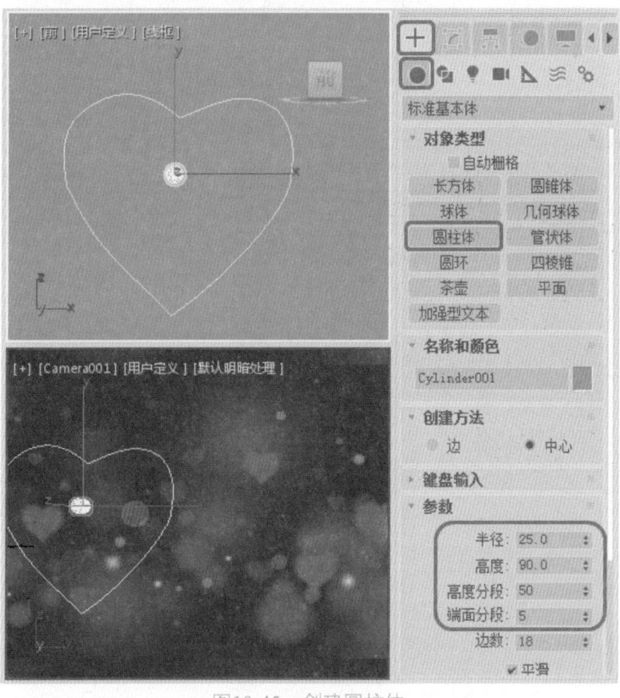


图10-45　创建圆柱体

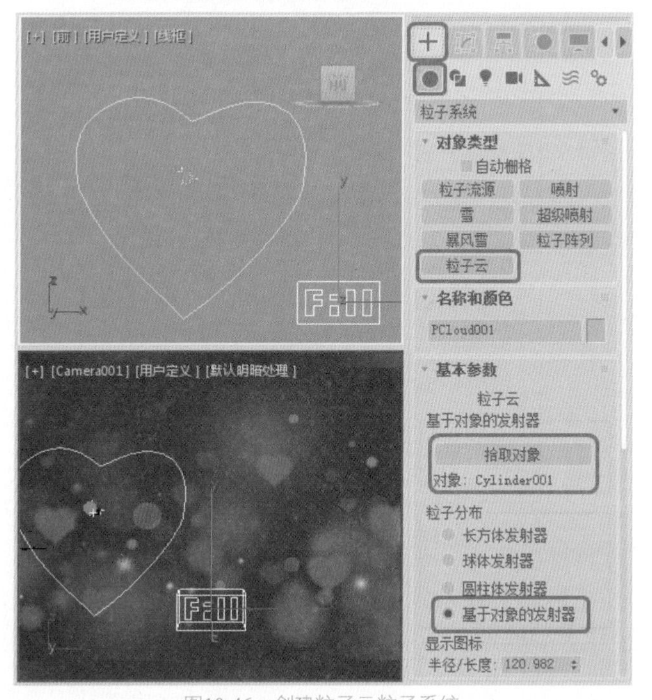


图10-46　创建粒子云粒子系统

08 按N键打开动画记录模式，将第0帧处的【拉伸】设置为0，将时间滑块拖拽至第40帧位置处，将【拉伸】设置为24，如图10-48所示。

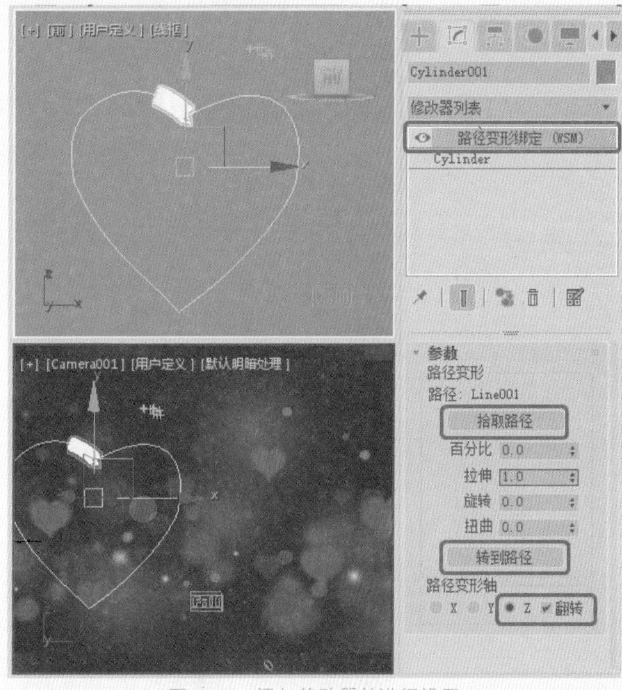


图10-47　添加修改器并进行设置

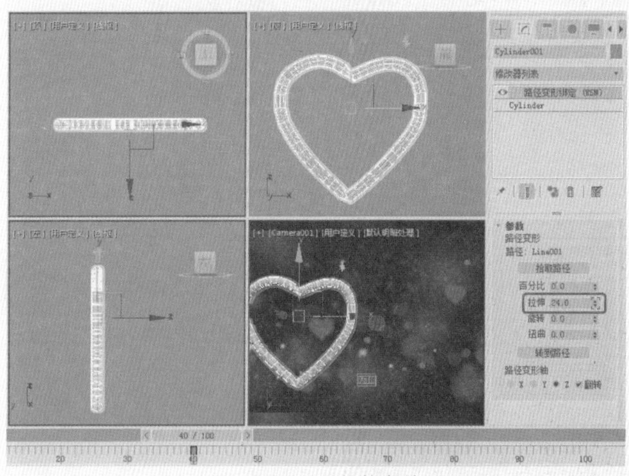

图10-48　设置拉伸参数

09 按N键关闭自动动画记录模式，选择圆柱体，单击鼠标右键，在弹出的快捷菜单中选择【对象属性】命令，弹出【对象属性】对话框，在该对话框中选择【常规】选项卡，在【渲染控制】选型组中取消勾选【可渲染】复选框，如图10-49所示。

10 单击【确定】按钮，选择粒子系统，进入【修改】命令面板，在【粒子生成】卷展栏中将【使用速率】设置为10，在【粒子运动】选项组中将【速度】设置为1，在

【粒子计时】选型组中将【发射开始】、【发射停止】、【显示时限】、【寿命】分别设置为0、100、100、15，在【粒子大小】选项组中将【大小】设置为10，如图10-50所示。

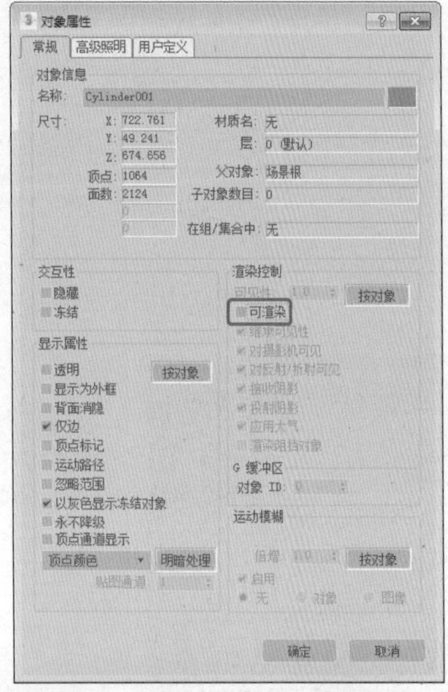

图10-49 取消勾选【可渲染】复选框

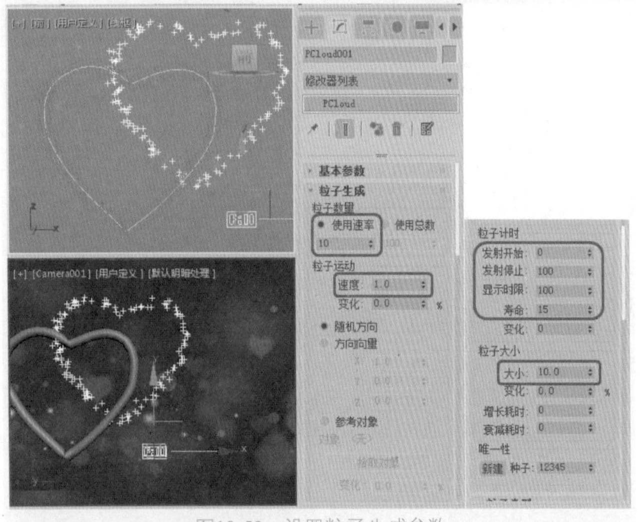

图10-50 设置粒子生成参数

11 展开【粒子类型】卷展栏，在【粒子类型】选项组中选中【标准粒子】单选按钮，在【标准粒子】选项组中选中【球体】单选按钮，如图10-51所示。

12 选择粒子系统，单击鼠标右键，在弹出的快捷菜单中选择【对象属性】命令，弹出【对象属性】对话框，在该对话框中选择【常规】选项卡，在【G缓冲区】选项组中将【对象ID】设置为1，如图10-52所示。

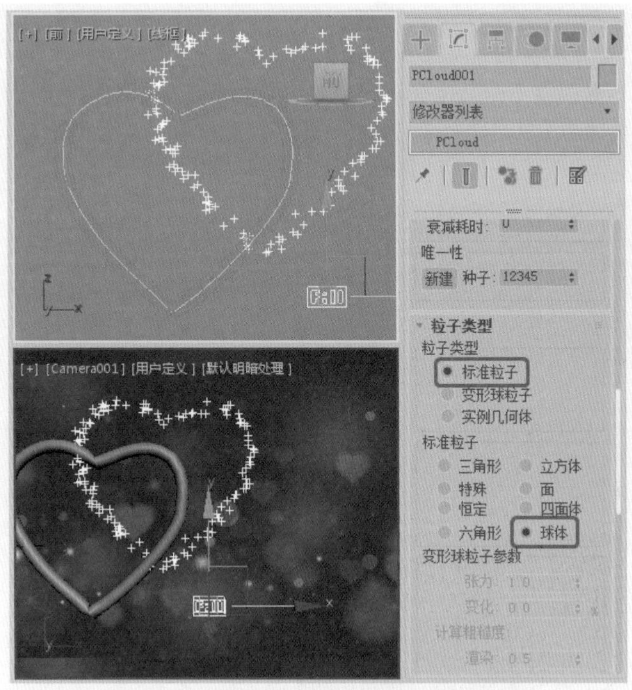

图10-51 设置粒子类型

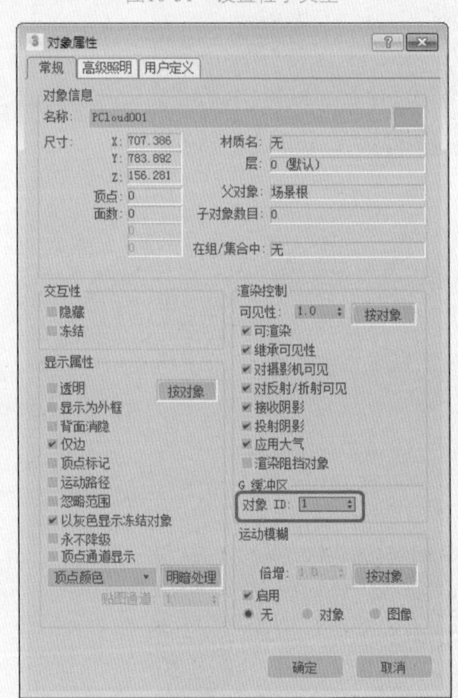

图10-52 设置对象ID

13 设置完成后，单击【确定】按钮，在菜单栏中选择【渲染】|【视频后期处理】命令，弹出【视频后期处理】对话框，在该对话框中单击【添加场景事件】按钮，弹出【添加场景事件】对话框，将视图设置为Camera001，如图10-53所示。

14 单击【确定】按钮，然后单击【添加图像过滤事件】按钮，弹出【添加图像过滤事件】对话框，在过滤器列表中选择【镜头效果光晕】过滤器，单击【确定】按钮，如图10-54所示。

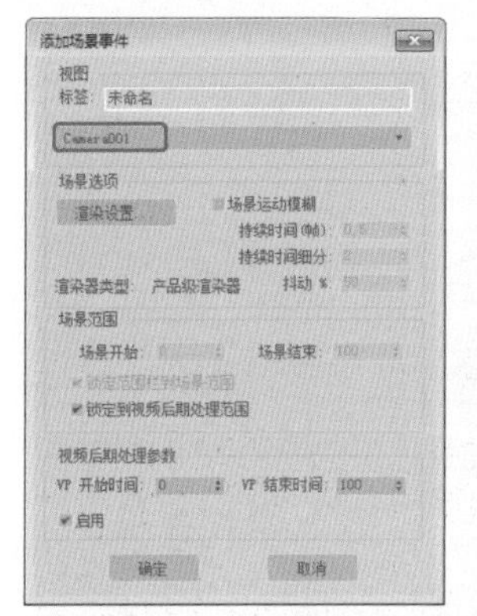


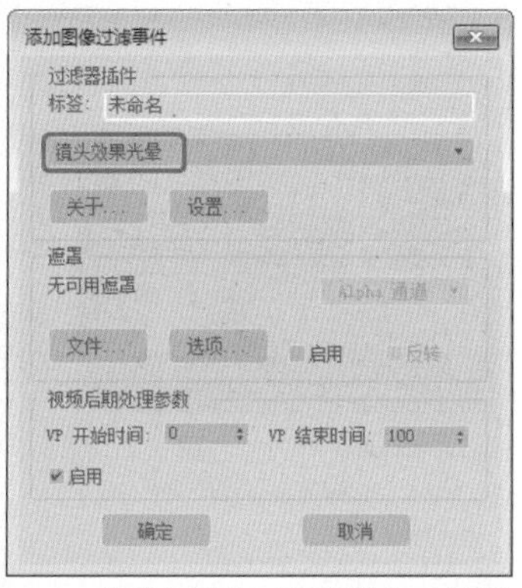


图10-53 添加场景事件　图10-54 【添加图像过滤事件】对话框

15 再次单击【添加图像过滤事件】按钮，在弹出的对话框中选择过滤器，单击【确定】按钮，效果如图10-55所示。

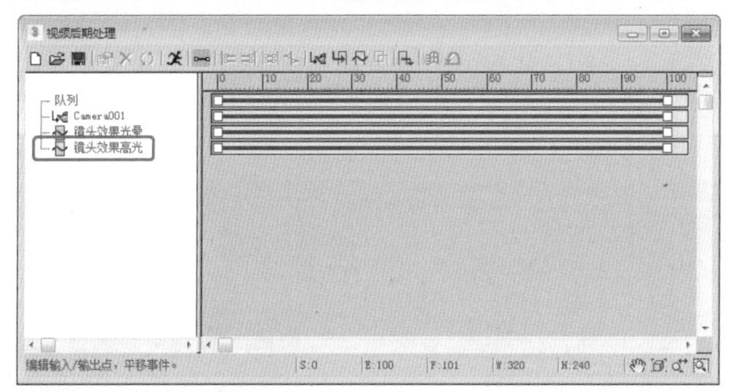


图10-55 添加【镜头效果高光】过滤器

16 双击【镜头效果光晕】过滤器，在弹出的对话框中单击【设置】按钮，进入【镜头效果光晕】对话框，在【源】选项组中将【对象ID】设置为1，在【过滤】选项组中勾选【全部】复选框，如图10-56所示。

17 切换到【首选项】选项卡，在【效果】选项组中将【大小】设置为1，在【颜色】选项组选中【渐变】单选按钮。切换到【噪波】选项卡，将【运动】设置为5，勾选【红】、【绿】、【蓝】复选框，在【参数】选项组中将【大小】、【速度】分别设置为1、0.5，如图10-57所示。

18 单击【确定】按钮，返回到【视频后期处理】对话框，双击【镜头效果高光】，在弹出的对话框中单击【设置】按钮，弹出【镜头效果高光】对话框，在【属性】选项组中将【对象ID】设置为1，在【过滤】选项组中勾选【全部】复选框。在【几何体】选项卡中将【角度】设置为40，将【钳位】设置为10，在【变化】选项组中单击【大小】按钮，如图10-58所示。

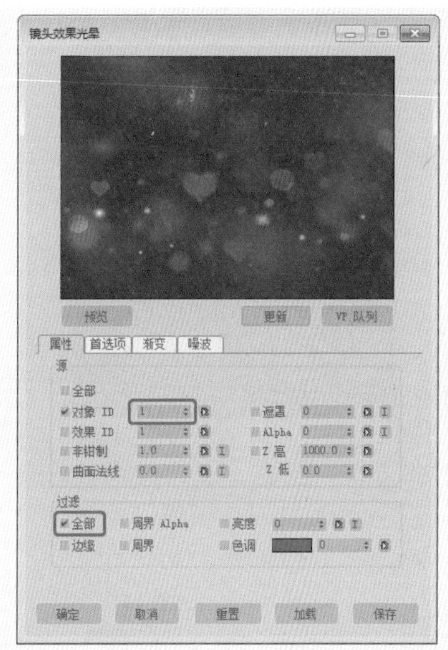


图10-56 设置镜头光晕参数

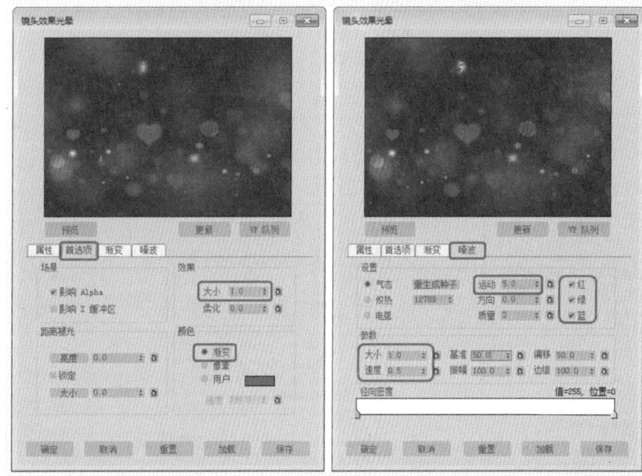

图10-57 设置首选项与噪波参数

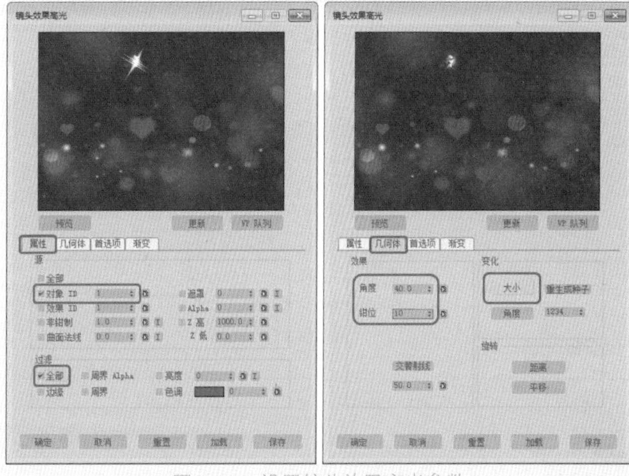

图10-58 设置镜头效果高光参数

19 切换到【首选项】选项卡，将【大小】设置为6，将【点数】设置为6，在【颜色】选项组中选中【渐变】单选按钮，如图10-59所示。

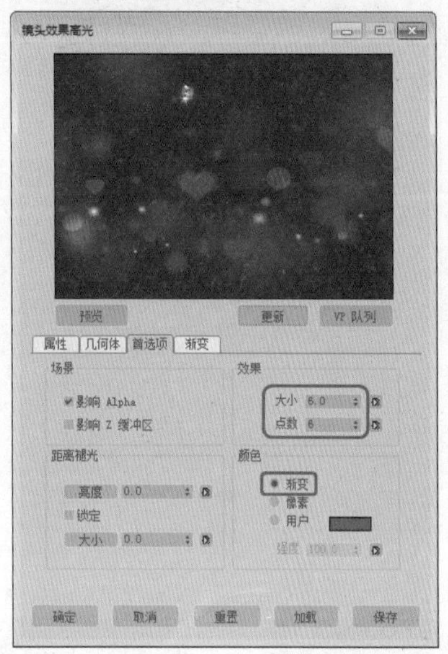

图10-59 设置首选项参数

20 单击【确定】按钮，返回到【视频后期处理】对话框中，单击【添加图像输出事件】按钮，在弹出的对话框中单击【文件】按钮，再在弹出的对话框中将【文件名】设置为“上机练习——制作心形粒子动画”，将【保存类型】设置为AVI文件（*.avi）格式，如图10-60所示。

图10-60 设置文件名称与保存类型

21 单击【保存】按钮，在弹出的对话框中单击【确定】按钮，再次单击【确定】按钮，返回到【视频后期处理】对话框，将该对话框最小化，在视图中选择粒子对象，按M键打开【材质编辑器】对话框，在该对话框中选择一个新的材质样本球，在【Blinn基本参数】卷展栏中将【不透明度】设置为0，单击【将材质指定给选定对象】按钮，如图10-61所示。

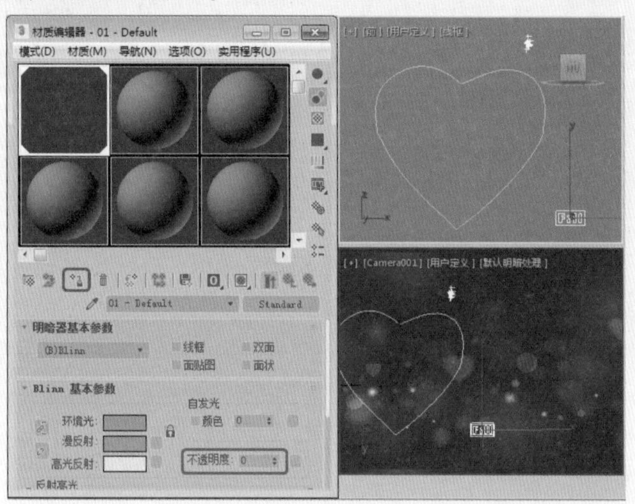

图10-61 设置材质参数

22 在场景中选择所有对象，按住Shift键在【前】视图中将其向右拖曳，松开鼠标，在弹出的对话框中选中【复制】单选按钮，如图10-62所示。

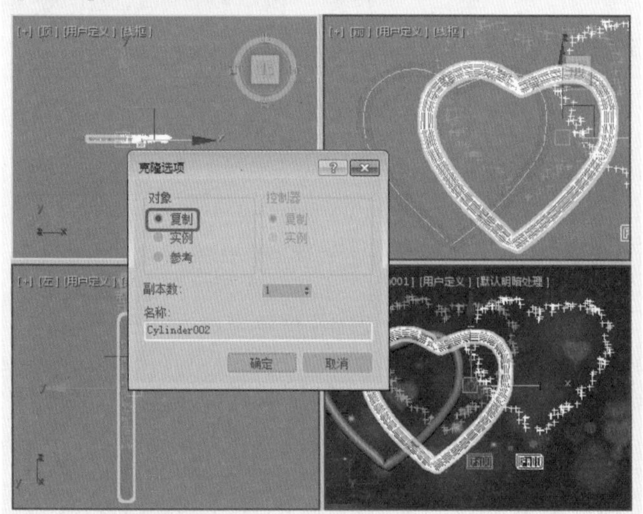

图10-62 复制对象

23 单击【确定】按钮，将对话框关闭，选择复制后的圆柱体进入【修改】命令面板，在【路径变形】选项组中取消勾选【翻转】复选框，如图10-63所示。

24 然后将【视频后期处理】对话框最大化，单击【执行序列】按钮，在弹出的对话框中选中【范围】单选按钮，将【宽度】、【高度】分别设置为640、480，单击【渲染】按钮即可将视频渲染输出，效果如图10-64所示。

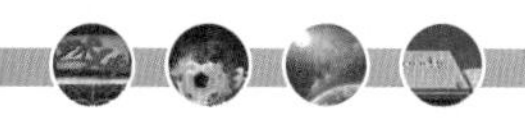

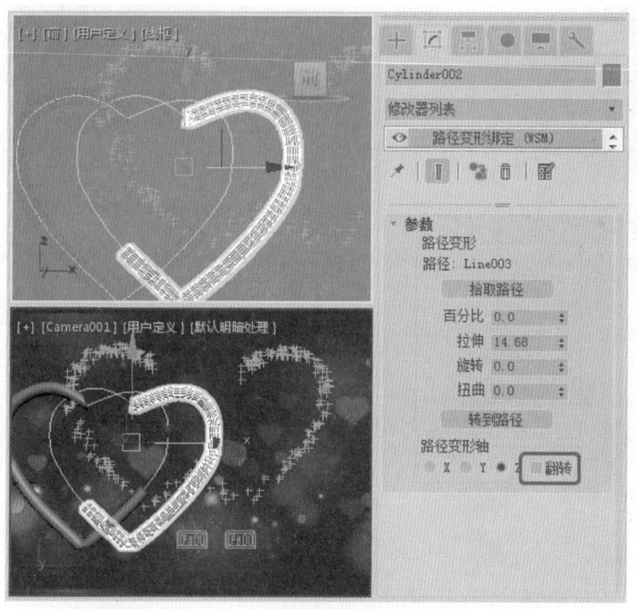


图10-63　取消勾选【翻转】复选框

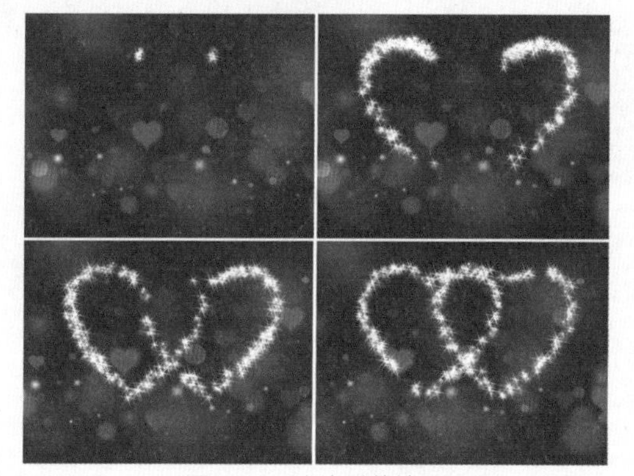

图10-64　渲染后的效果

## 10.4 思考与练习

1. 什么是视频后期处理？
2. 【镜头效果光晕】有什么作用？
3. 【镜头效果高光】有什么作用？

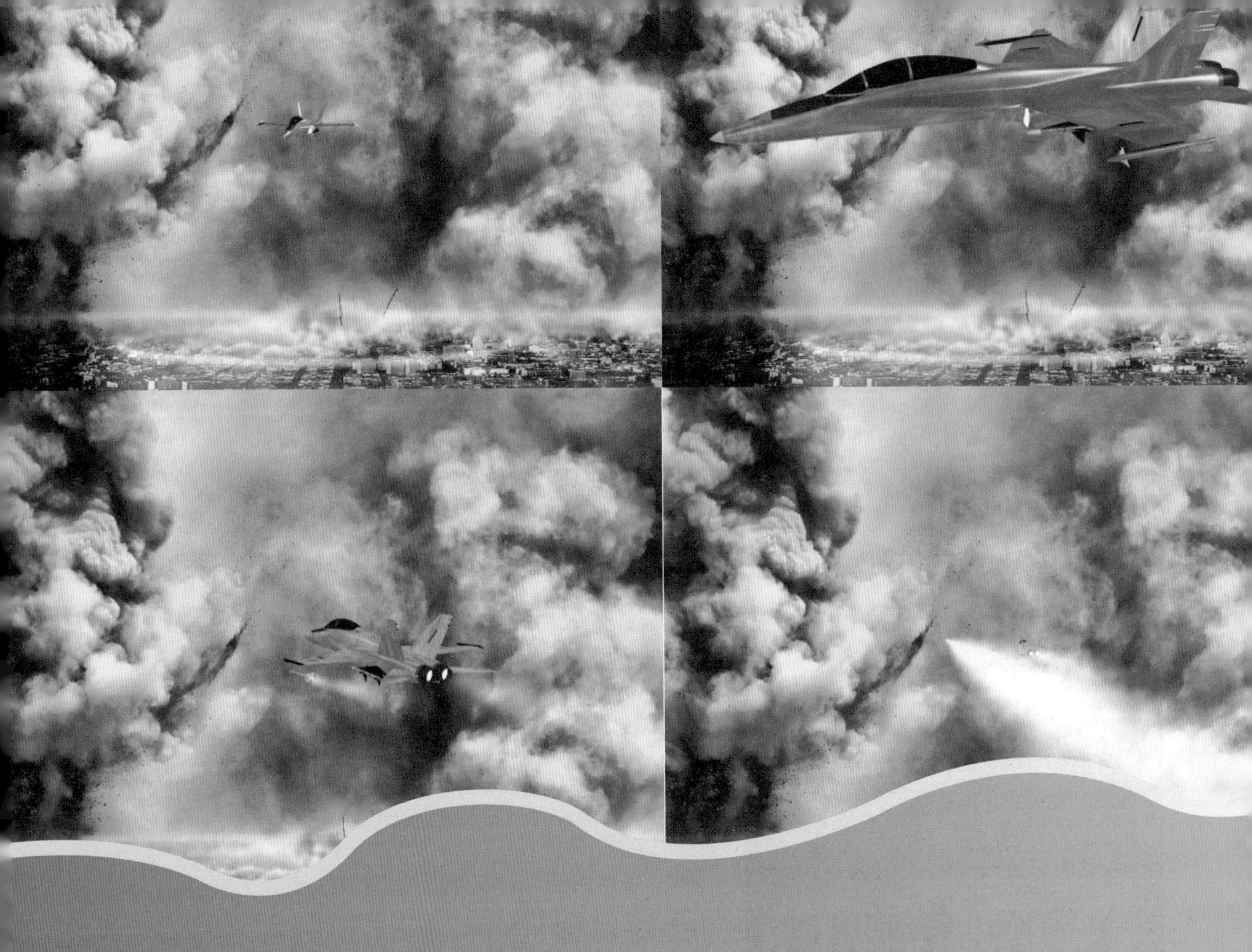

# 第11章 动画技术

动画在长期的发展过程中，基本原理未发生过大的变化，不论是早期手绘动画还是现代的电脑动画，都是由若干张图片连续放映产生的。一部普通的动画片就要绘制几十张图片，工作量相当繁重，通常主动画师只绘制一些关键性图片，称为关键帧，关键帧之间的图片由其他动画助理人员来绘制。在三维电脑动画制作中，操作人员就是主动画师，电脑是动画助理，你只要设定关键帧，即可由电脑自动在关键帧之间生成连续的动画。关键帧动画是三维电脑动画制作中最基本的手段，在电影特技中，很多繁杂的动画都是通过关键帧这种最传统的方法来完成的。电脑不仅能设定关键帧动画，还能制作表达式动画，表达式动画和轨迹动画有助于动画师控制动画效果，但表达式和轨迹动画也必须在关键帧动画的基础上才能发挥作用。

# 11.1 动画概述

学习3ds Max 2018的最终目的就是要制作三维动画。物体的移动、旋转、缩放，以及物体形状与表面的各种参数改变都可以用来制作动画。

要制作三维动画，必须要先掌握3ds Max 2018的基本动画制作原理和方法，掌握基本方法后，再创建其他复杂动画就简单多了。3ds Max 2018根据实际的运动规律提供了很多的运动控制器，使制作动画变得简单容易。3ds Max 2018还为用户提供了强大的轨迹视图功能，可以用来编辑动画的各项属性。

## 11.1.1 动画原理

动画的产生是基于人类视觉暂留的原理。人们在观看一组连续播放的图片时，每一幅图片都会在人眼中产生短暂的停留，只要图片播放的速度快于图片在人眼中停留的时间，就可以感觉到它们好像真的在运动一样。这种组成动画的每张图片都叫做“帧”，帧是3ds Max动画中最基本也是最重要的概念。

## 11.1.2 动画方法

### 1. 传统的动画制作方法

在传统的动画制作方法中，动画制作人员要为整个动画绘制需要的每一幅图片，即每一帧画面，这个工作量是巨大而惊人的，因为要想得到流畅的动画效果，每秒钟大概需要12～30帧的画面，一分钟的动画需要720～1800幅图片，如果低于这个数值，画面会出现闪烁。而且传统动画的图像依靠手工绘制，由此可见，传统的动画制作繁琐，工作量巨大。即使是现在，制作传统形式的动画通常也需要成百上千名专业动画制作人员来创建成千上万的图像。因此，传统动画技术已不适应现代动画技术的发展了。

### 2. 3ds Max 2018中的动画制作方法

随着动画技术的发展，关键帧动画的概念应运而生。科技人员发现在组成动画的众多图片中，相邻的图片之间只有极小的变化。因此动画制作人员只绘制其中比较重要的图片(帧)，然后由计算机自动完成各重要图片之间的过渡，这样就大大提高了工作效率。由动画制作人员绘制的图片称为关键帧，由计算机完成的关键帧之间的各帧称为过渡帧。

如图11-1所示，在所有的关键帧和过渡帧绘制完毕之后，这些图像按照顺序连接在一起并被渲染生成最终的动画图像。

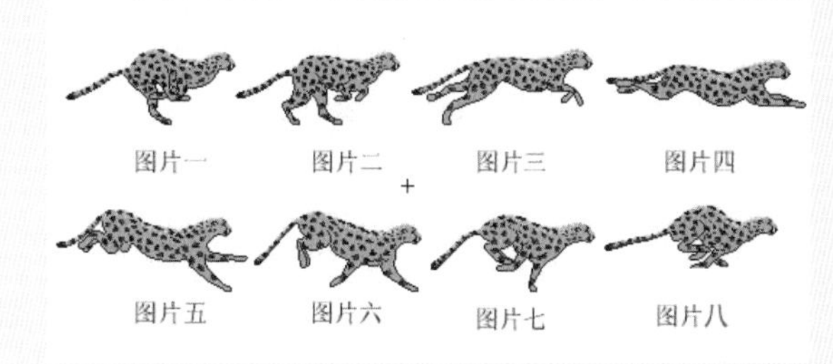


图11-1　关键帧图像

3ds Max基于此技术来制作动画，并进行了功能的增强，当用户指定了动画参数以后，动画渲染器就接管了创建并渲染每一帧动画的工作，从而得到高质量的动画效果。

### 3. 帧与时间的概念

3ds Max是一个基于时间的动画制作软件，最小的时间单位是TICK（点），相当于1/4800秒。系统中默认的时间单位是帧，帧速率为每秒30帧。用户可以根据需要设置软件创建的动画的时间长度与精度。设置的方法是单击动画播放控制区域中的【时间配置】按钮，打开【时间配置】对话框，如图11-2所示。

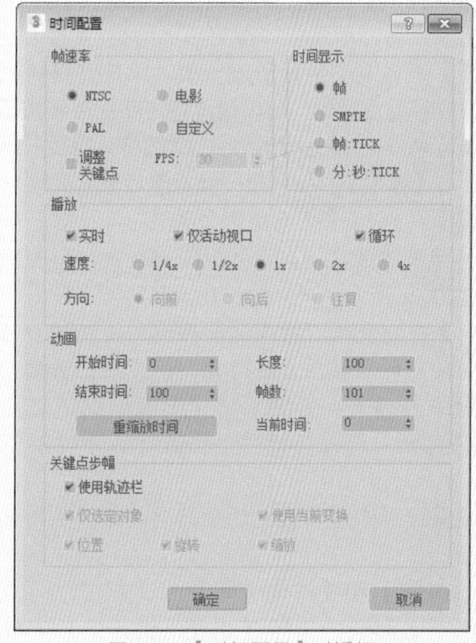


图11-2　【时间配置】对话框

- 【帧速率】选项组用来设置动画的播放速度，可以在不同视频格式之间选择，其中默认的NTSC格式的帧速率是每秒30帧（30bps），【电影】格式是每秒24帧，PAL格式为每秒25帧，还可以选择【自定义】格式来设置帧速率，这会直接影响到最终的动画播放效果。
- FPS：采用每秒帧数来设置动画的帧速率。视频使用 30

fps 的帧速率，电影使用 24 fps 的帧速率，而 web 和媒体动画则使用更低的帧速率。

- 【时间显示】选项组提供了4种时间显示方式供选择。
  - 【帧】：帧是默认显示方式，时间转换为帧的数目取决于当前帧速率的设置。
  - SMPTE：用Society of Motion Picture and Television Engineers（电影电视工程协会)格式显示时间，这是许多专业动画制作工作中使用的标准时间显示方式。格式为【分钟:秒:帧】。
  - 【帧：TICK】：使用帧和系统内部的计时增量（称为tick)来显示时间。选择此方式可以将动画时间精确到1/4800秒。
  - 【分:秒:TICK】：以分钟（MM)、秒钟（SS)和tick显示时间，其间用冒号分隔。例如：02:16:2240表示2分钟、16秒和2240tick。
- 【播放】选项组用来控制如何回放动画，并可以选择播放的速度。
  - 【实时】：实时可使视口播放跳过帧，以与当前【帧速率】设置保持一致。禁用【实时】后，视口播放将尽可能快的运行并且显示所有帧。
  - 【仅活动视口】：可以使播放只在活动视口中进行。禁用该选项之后，所有视口都将显示动画。
  - 【循环】：控制动画只播放一次，还是反复播放。启用后，播放将反复进行，可以通过单击动画控制按钮或时间滑块渠道来停止播放。禁用后，动画将只播放一次然后停止。单击【播放】将倒回第一帧，然后重新播放。
  - 【速度】：可以选择五个播放速度：1x 是正常速度，1/2x 是半速等等。速度设置只影响在视口中的播放，默认设置为 1x。
  - 【方向】：将动画设置为向前播放、反转播放或往复播放（向前然后反转重复进行）。该选项只影响在交互式渲染器中的播放。其并不适用于渲染到任何图像输出文件的情况。只有在禁用“实时”后才可以使用这些选项。
- 【动画】选项组用于设置动画激活的时间段和调整动画的长度。
  - 【开始时间】和【结束时间】：设置在时间滑块中显示的活动时间段。选择第 0 帧之前或之后的任意时间段。例如，可以将活动时间段设置为从第 -50 帧到第 250 帧。
  - 【长度】：显示活动时间段的帧数。如果将此选项设置为大于活动时间段总帧数的数值，则将相应增加【结束时间】字段。
  - 【帧数】：将渲染的帧数，始终是【长度】+1。
  - 【重缩放时间】：重缩放时间会重新定位所有轨迹中全部关键点的位置。因此，将在较大或较小的帧数上播放动画，以使其更快或更慢。
  - 【当前时间】：指定时间滑块的当前帧。调整此选项时，将相应移动时间滑块，视口将进行更新。
- 【关键点步幅】选项组用来控制如何在关键帧之间移动时间滑块。
  - 【使用轨迹栏】：使关键点模式能够遵循轨迹栏中的所有关键点。其中包括除变换动画之外的任何参数动画。
  - 【仅选定对象】：在使用【关键点步幅】模式时只考虑选定对象的变换。如果禁用此选项，则将考虑场景中所有（未隐藏）对象的变换，默认设置为启用。
  - 【使用当前变换】：禁用【位置】、【旋转】和【缩放】，并在【关键点模式】中使用当前变换。例如，如果在工具栏中选中【旋转】按钮，则将在每个旋转关键点处停止。如果这三个变换按钮均为启用，则【关键点模式】将考虑所有变换。
  - 【位置】、【旋转】和【缩放】：指定【关键点模式】所使用的变换。

# 11.2 常用动画控制器

3ds Max 2018系统为用户提供了多种具有不同功能的动画控制器，按功能主要分为以下几种类型。

- Bezier动画控制器：用于在两个关键帧之间进行插值计算，也可以通过调整关键点的控制手柄来调整物体的运动效果。
- 噪波动画控制器：用于可以模拟震动运动的效果。
- 位置 XYZ（位置）动画控制器：用于将原来的位置控制器细分为X、Y、Z 3个方向单独的选项，从而使用户可以控制场景中物体在各个方向上的细微运动。
- 浮点动画控制器：用于设置浮点数值变化的动画。
- 位置动画控制器：用于设置物体位置变化的动画。
- 旋转动画控制器：用于设置物体旋转角度变化的动画。
- 缩放动画控制器：用于设置物体缩放变形的动画。
- 变换动画控制器：用于设置物体位置、旋转和缩放变换的动画。

## 11.2.1 实战：Bezier控制器

Bezier控制器是一个比较常用的动画控制器。它可以在两个关键帧之间进行插值计算，并可以使用一个可编辑的样条曲线进行控制动作插补计算，也可以通过调整关键点的控制手柄来调整物体的运动效果。

下面通过一个例子来学习如何调整Bezier 变换的切线类型。

01 重置一个新的场景文件。在场景中创建一个茶壶，如图11-3所示。

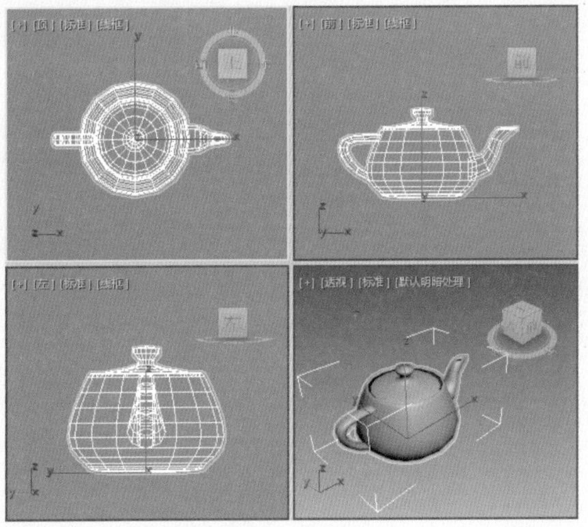

图11-3 创建茶壶

02 单击【自动关键点】按钮，拖曳时间滑块到20帧处，并在视图中调整茶壶的位置，进入【运动】面板，单击【运动路径】按钮，即可显示运动轨迹，如图11-4所示。

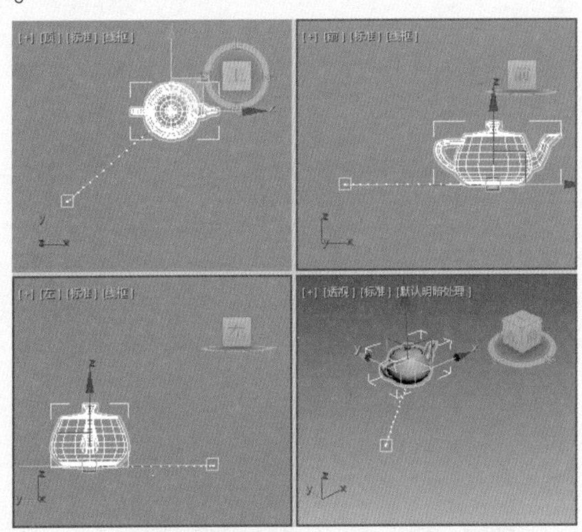

图11-4 添加关键帧

03 将时间滑块拖曳到40帧处，并在场景中调整茶壶的位置，如图11-5所示。

04 依次类推，设置完成后单击【自动关键点】按钮，然后进入【运动】◎命令面板，如图11-6所示。

05 单击【参数】按钮，将时间滑块拖曳到40帧处，在【关键点信息（基本)】卷展栏中单击【输出】下方的切线方式按钮，在弹出的列表中选择如图11-7所示的切线方式。执行操作后，即可发现运动轨迹已经发生了变化。

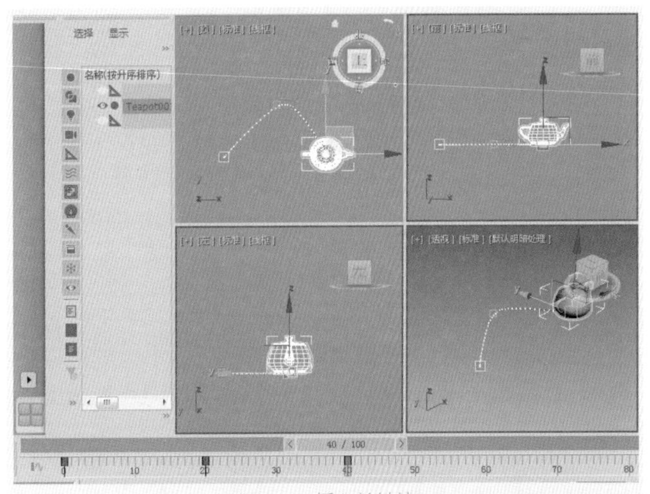


图11-5 插入关键帧

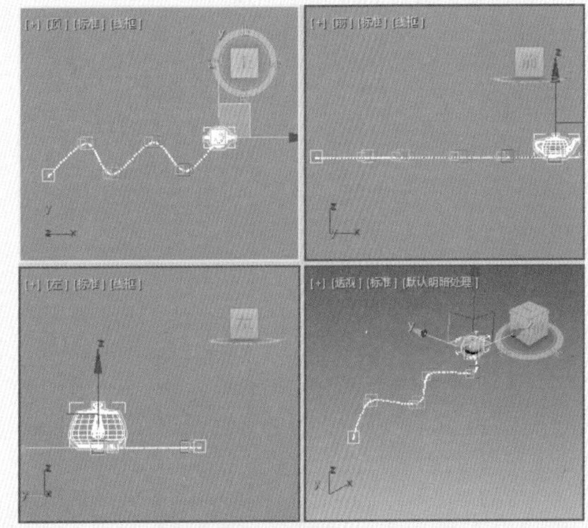

图11-6 添加关键帧后的效果

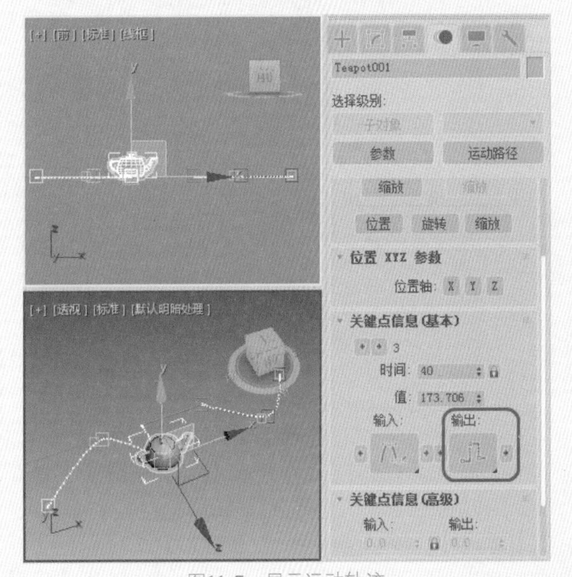


图11-7 显示运动轨迹

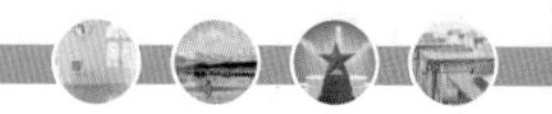

## 11.2.2 实战：【线性动画】控制器

【线性动画】控制器可以均匀分配关键帧之间的数值变化，从而产生均匀变化的插补过渡帧。通常情况下使用线性控制器来创建一些非常机械的、规则的动画效果，例如匀速变化的色彩变换动画或类似球体、木偶等做出的动作。

下面通过一个例子来学习添加和使用线性控制器的方法。

01 重置一个新的场景文件，在视图中创建一个半径为30的茶壶，选择【运动】命令面板，单击【运动路径】按钮，然后单击【自动关键点】按钮，将时间滑块拖曳到10帧处，在视图中拖动茶壶，如图11-8所示。

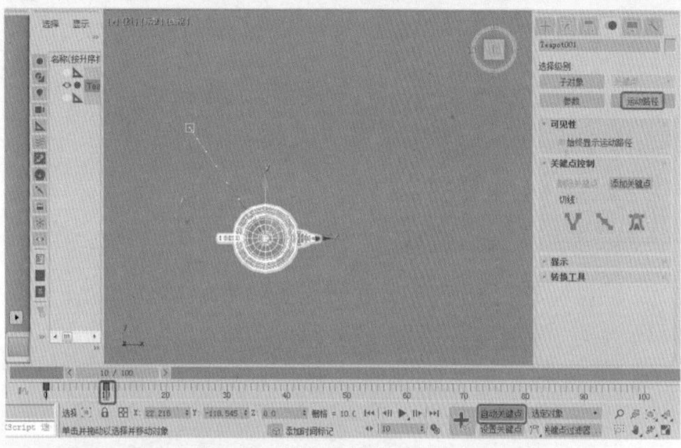

图11-8 添加关键帧动画（1）

02 在将时间滑块拖曳到20帧处，再在视图中对茶壶进行拖动，如图11-9所示。

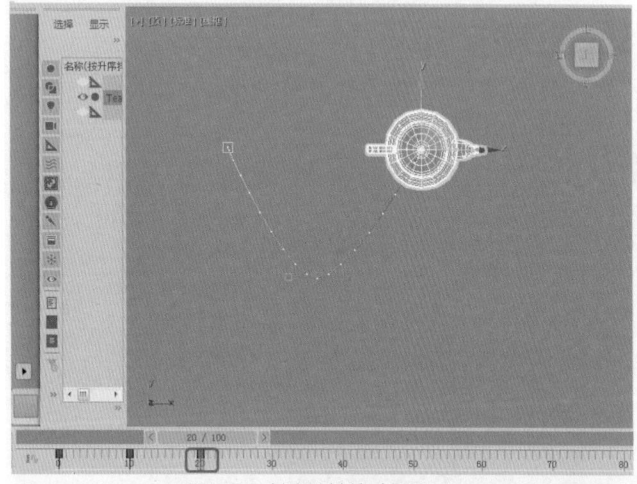

图11-9 创建关键帧动画（2）

03 依次类推，设置完成后，单击【自动关键点】按钮，设置完成后的运动轨迹如图11-10所示。

04 在【运动】命令面板中单击【参数】按钮，在【指定控制器】卷展栏中选择【位置】，然后单击【指定控制器】按钮✓，在弹出的【指定位置控制器】对话框中选择【线性位置】选项，如图11-11所示。

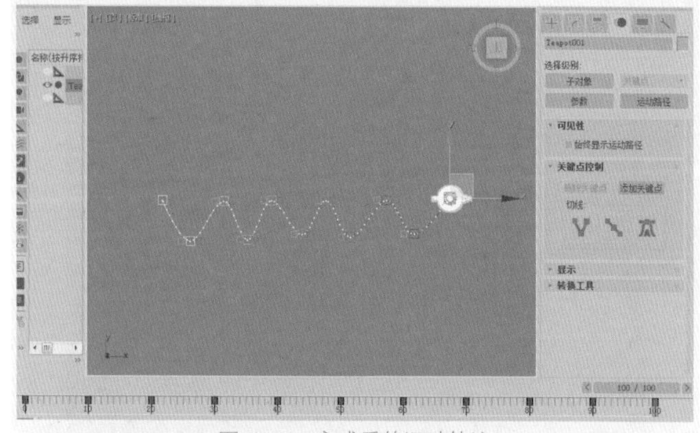

图11-10 完成后的运动轨迹

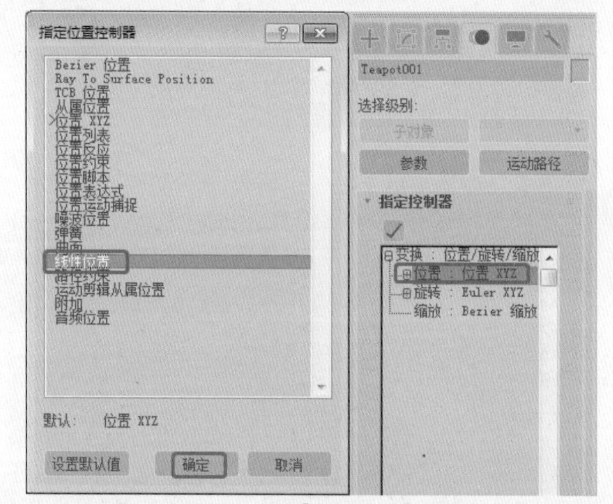


图11-11 选择【线性位置】选项

05 单击【确定】按钮，在【运动】命令面板中单击【运动路径】按钮，即可发现运动轨迹变化，如图11-12所示。

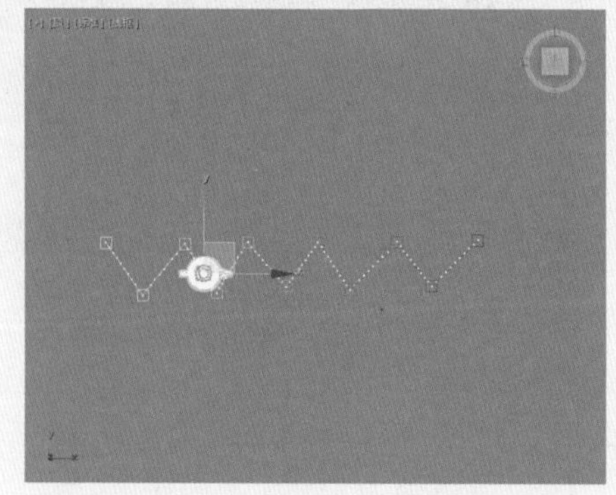

图11-12 设置后的运动轨迹

> 提示
> 使用【线性动画】控制器时并不会显示属性对话框，保存在线性关键帧中的信息只是动画的时间以及动画数值等。

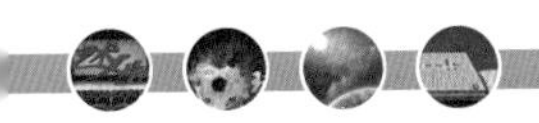

## 11.2.3 【噪波动画】控制器

使用【噪波动画】控制器可以模拟震动运动的效果，例如，用手上下移动物体产生的震动效果。噪波动画控制器能够产生随机的动作变化，用户可以使用一些控制参数来控制噪波曲线，模拟出极为真实的震动运动，如山石滑坡、地震等。噪波动画控制器的控制参数如下。

- 【种子】：产生随机的噪波曲线，用于设置各种不同的噪波效果。
- 【频率】：设置单位时间内的震动次数，频率越大，震动次数越多。
- 【分形噪波】：利用一种叫作分形的算法计算噪波的波形，使噪波曲线更加不规则。
- 【粗糙度】：改变分形噪波曲线的粗糙度，数值越大，曲线越不规则。
- 【强度】：控制噪波波形在3个方向上的范围。
- 【渐入/渐出】：可以设置在动画的开始和结束处，噪波强度由浅到深或由深到浅的渐入渐出方式。对话框中的数值用于设置在动画的多少帧处达到噪波的最大值或最小值。
- 【特征曲线图】：显示所设置的噪波波形。

### 实例操作001——跳动的球

本例将介绍如何使用【噪波控制器】制作乒乓球动画，首先打开【自动关键点】，记录乒乓球的运动路径，然后通过【运动】命令面板为乒乓球添加【噪波控制器】为乒乓球设置动画，最后将场景渲染输出，效果如图11-13所示。

图11-13 跳动的球

01 打开“跳动的球.max”素材文件，在场景中选择乒乓球对象右键单击，在弹出的快捷菜单中选择【对象属性】命令，弹出【对象属性】对话框，在弹出的对话框中选择【常规】选项卡，在【显示属性】选项组中勾选【运动路径】复选框，单击【确定】按钮，如图11-14所示。

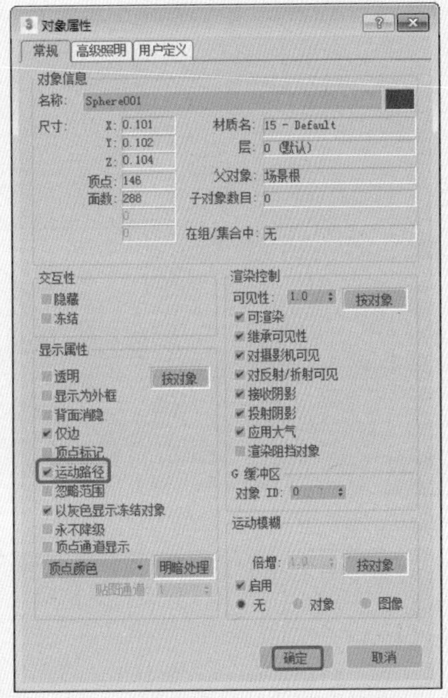


图11-14 选中【运动路径】复选框

02 按N键打开【自动关键点】模式，在第0帧位置调整乒乓球的位置，将时间滑块拖曳至第15帧位置处，将乒乓球向前移动并向下移动，如图11-15所示。将时间滑块拖曳至第31帧位置处将乒乓球移动至中央分界线的位置上，如图11-16所示。

03 在第46帧处将乒乓球调整至左边的桌面上，模拟乒乓球落到桌面的动作，如图11-17所示。

04 将时间滑块调整至第63帧位置处，设置乒乓球落到桌面后弹起的动作，如图11-18所示。在第78帧处对乒乓球进行移动，模拟传球的动作效果，如图11-19所示。

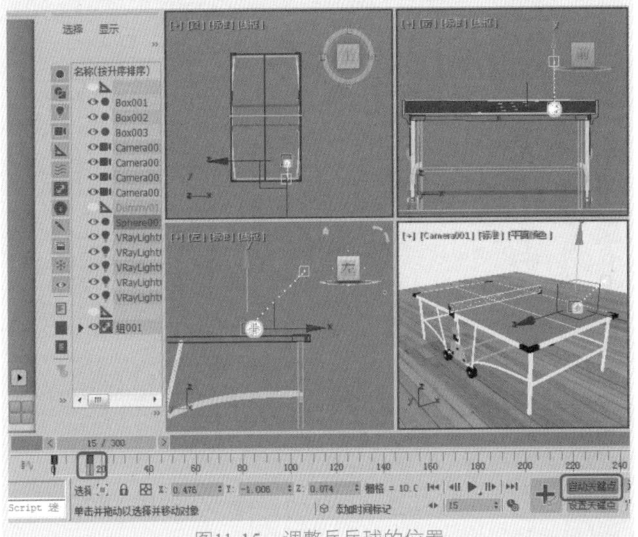


图11-15 调整乒乓球的位置

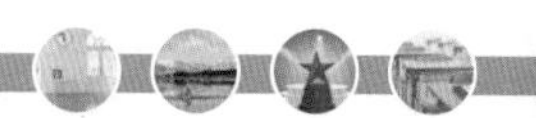

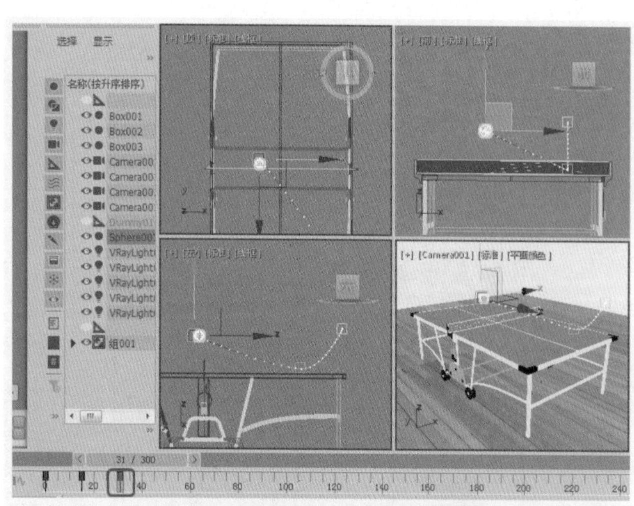

图11-16　设置乒乓球在第31帧的位置

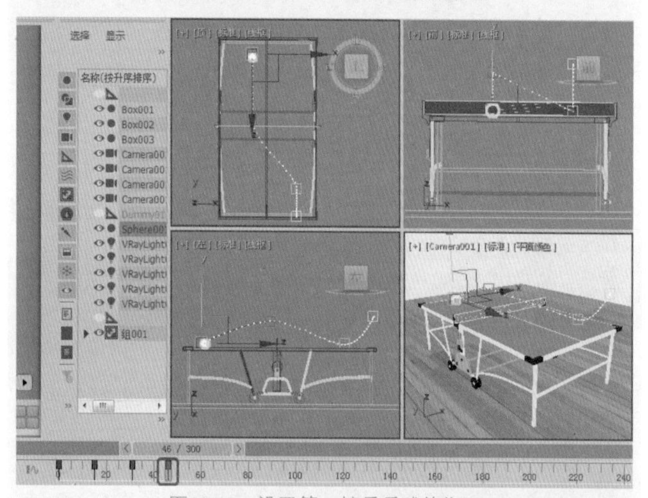

图11-17　设置第46帧乒乓球的位置

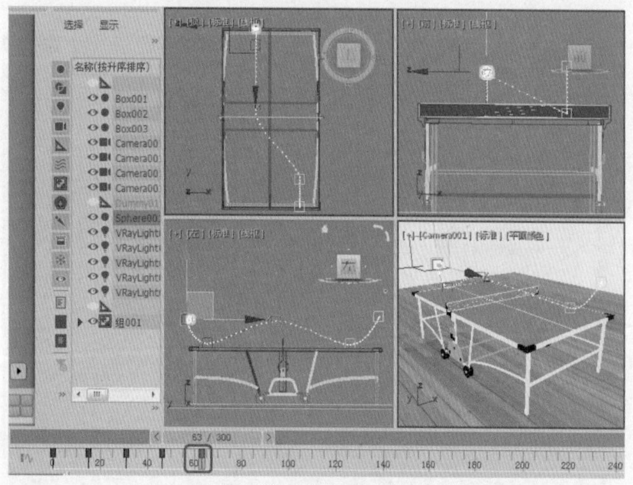

图11-18　设置第63帧位置处的乒乓球动画

05 将时间滑块拖曳至第85帧处，将乒乓球向左移动，模拟球弹起的动作，如图11-20所示。使用同样的方法设置其他乒乓球动画，效果如图11-21所示。

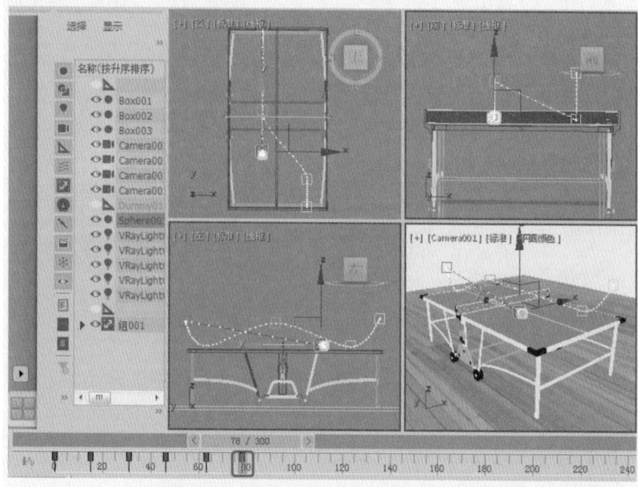

图11-19　设置第78帧处乒乓球动画

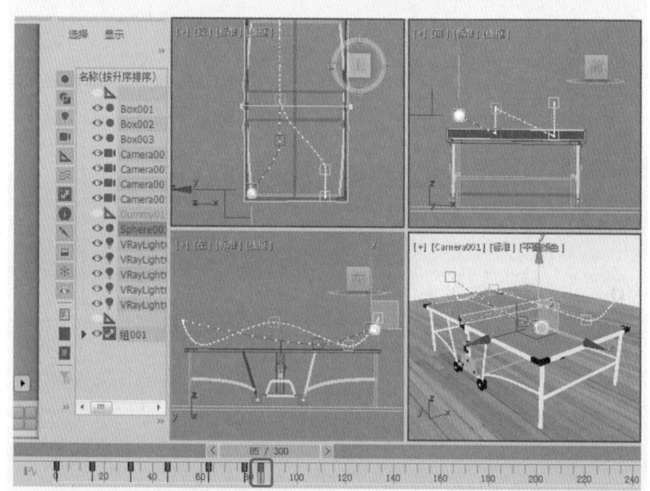

图11-20　设置第85帧处乒乓球动画

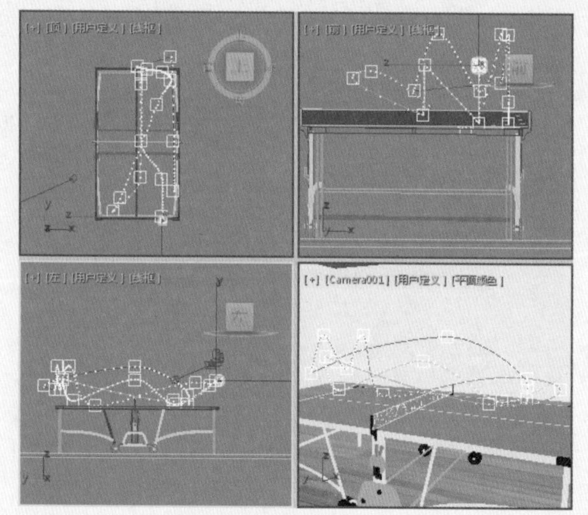

图11-21　设置其他乒乓球动画

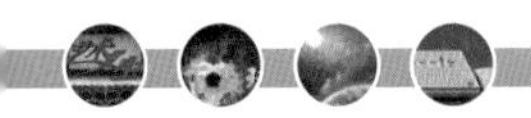


06 按N键关闭动画记录模式，确定乒乓球动画处于选择状态，进入【运动】命令面板，在【指定控制器】卷展栏中展开【位置】，选择【可用】选项，然后单击【指定控制器】按钮，在弹出的【指定位置控制器】对话框中选择【噪波位置】控制器，如图11-22所示。

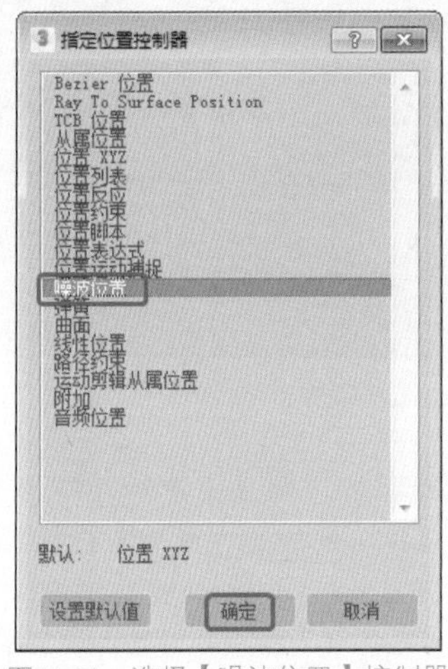

图11-22 选择【噪波位置】控制器

提示 【噪波位置控制器】：噪波位置控制器会在一系列帧上产生随机的、基于分形的动画。

07 单击【确定】按钮，此时会弹出【噪波控制器】对话框，在该对话框中将【频率】、【X向强度】、【Y向强度】、【Z向强度】分别设置为0.009、0.127、0.127、0，如图11-23所示。至此，乒乓球动画就制作完成了，激活摄影机视图，对该视图进行渲染输出即可。

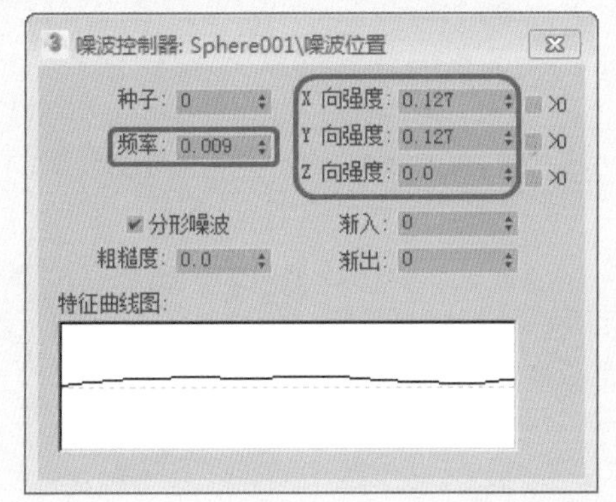

图11-23 设置参数

## 11.2.4 实战：【列表动画】控制器

使用【列表动画】控制器可以将多个动画控制器结合成一个动画控制器，从而实现复杂的动画控制效果。

将列表动画控制器指定给属性后，当前的控制器就会被移动到列表动画控制器的子层级中，成为动画控制器列表中的第1个子控制器。同时还会生成一个名为【可用】的属性，作为向列表中添加的动画控制器占位准备。

下面通过一个例子来练习列表控制器的使用方法。

01 重置一个新的场景，在视图中创建一个半径为25的球体，单击【自动关键点】按钮，将时间滑块拖曳到100帧处，在【顶】视图中向右拖动球体，如图11-24所示。

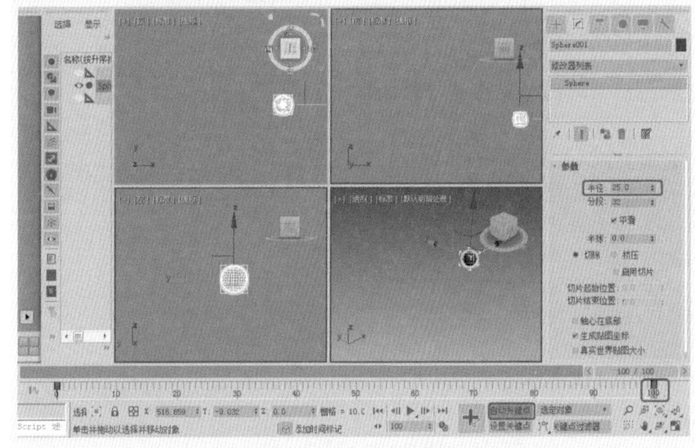
图11-24 添加关键帧

02 单击【自动关键点】按钮，选择【运动】命令面板，单击【运动路径】按钮，即可发现球体的运动轨迹如图11-25所示。

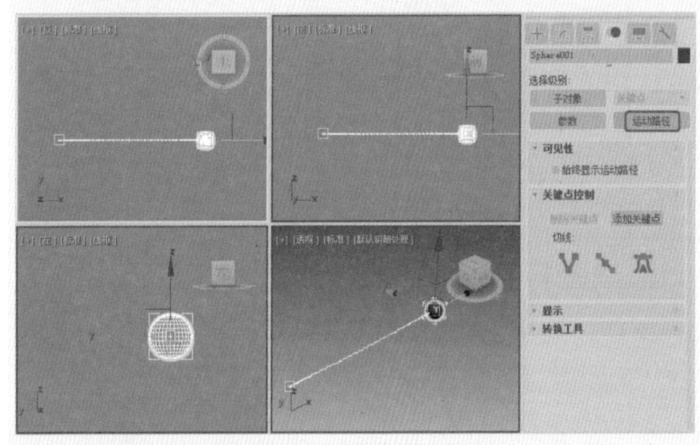
图11-25 球体的运动轨迹

03 单击【参数】按钮，在【指定控制器】卷展栏中选择【位置】，然后单击【指定控制器】按钮，在弹出的【指定位置控制器】对话框中选择【位置列表】控制器，如图11-26所示。

04 单击【确定】按钮，在【指定控制器】卷展栏中单击【位置】选项左侧的加号按钮，展开控制器层级，选择【可用】选项，如图11-27所示。

05 单击【指定控制器】按钮，在弹出的【指定位置控制器】对话框中选择【噪波位置】控制器，如图11-28所示。

06 单击【确定】按钮，将弹出的【噪波控制器】对话框关闭即可，单击【运动路径】按钮，即可发现球体的运动轨迹发生了变化，如图11-29所示。

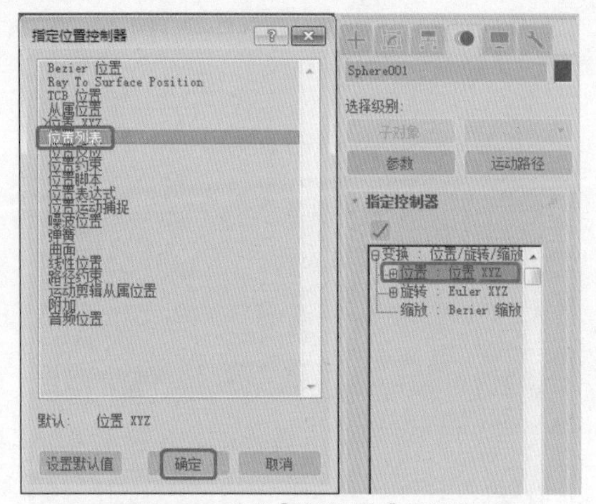

图11-26 选择【位置列表】控制器

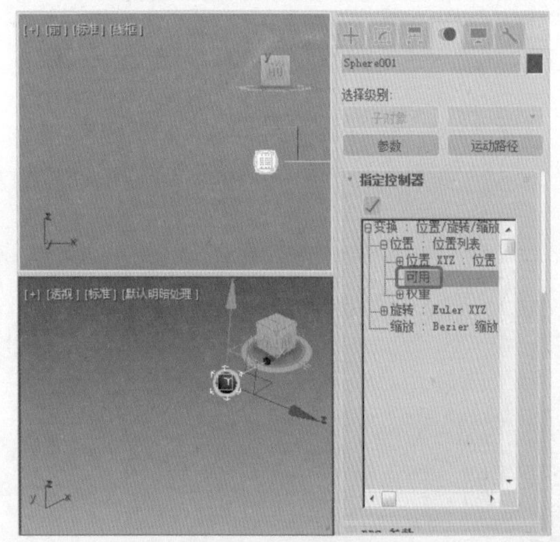

图11-27 选择【可用】选项

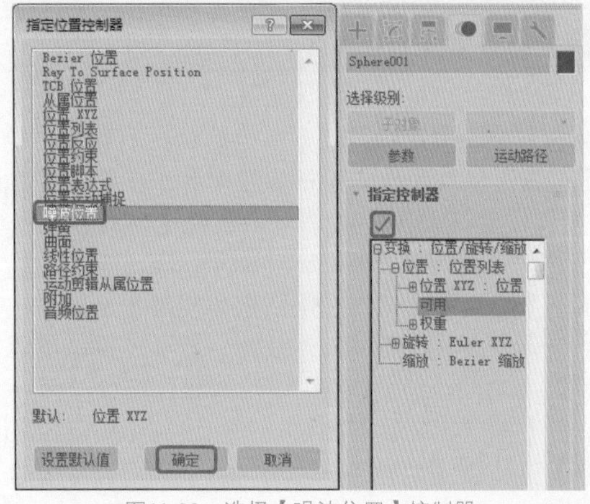

图11-28 选择【噪波位置】控制器

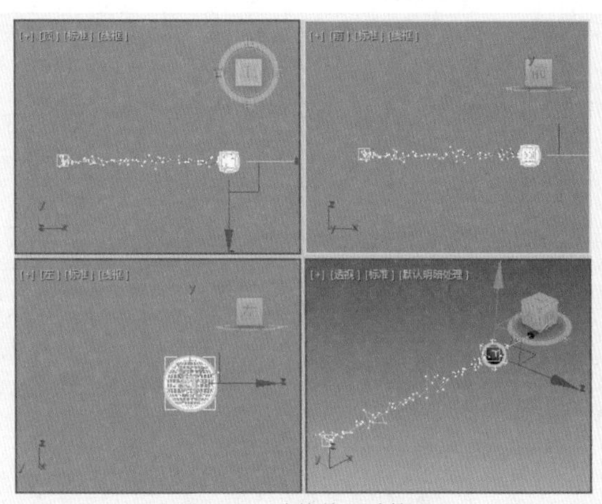

图11-29 球体的运动轨迹

提示 创建完成动画后，如果不满意可以对【动画】控制器的参数进行修改，方法是右击【指定控制器】卷展栏中相应的动画控制器，在弹出的快捷菜单中选择【属性】命令，就会打开相应的动画控制器对话框设置各种参数。

## 11.2.5 实战：【波形】控制器

【波形】控制器是浮动的控制器，提供规则和周期波形。

下面通过一个例子来练习【波形】控制器的使用方法。

01 重置一个新的场景，在视图中创建一个球体，如图11-30所示。

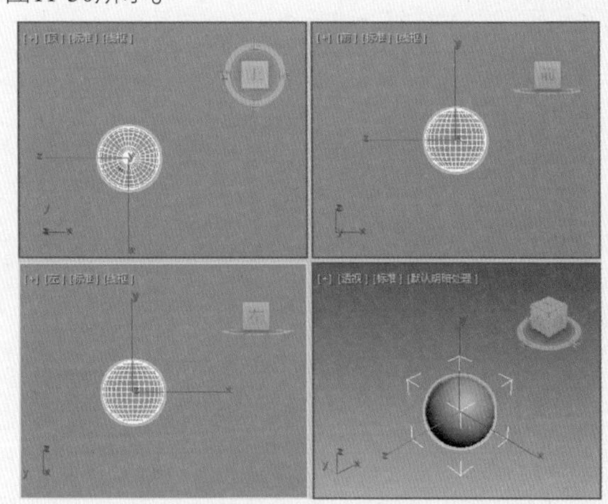

图11-30 创建球体

02 切换到【运动】命令面板，在【指定控制器】卷展栏中，选择【位置】下的【装修位置：Bezier浮点】选项，并单击【指定控制器】按钮，弹出【指定浮点控制器】对话框，选择【波形浮点】选项，并单击【确定】按钮，如图11-31所示。

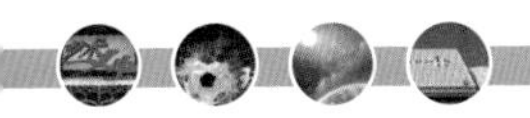



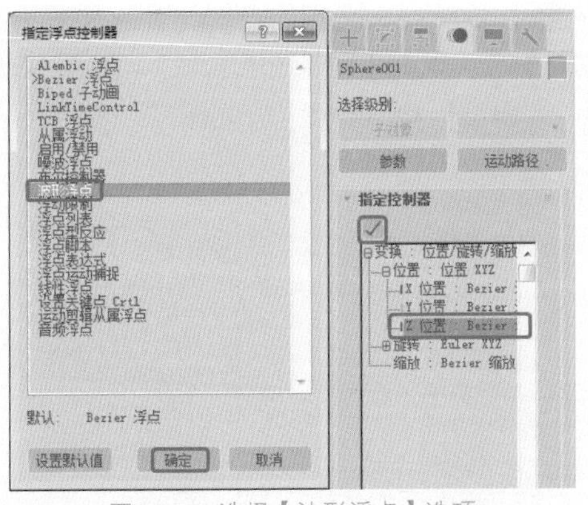


图11-31 选择【波形浮点】选项

03 在弹出的对话框中，在【波形】选项组中设置【周期】为50，【振幅】为30，在【效果】选项组中，勾选【钳制上方】单选按钮，在【垂直偏移】选项组中勾选【自动>0】单选按钮，如图11-32所示。

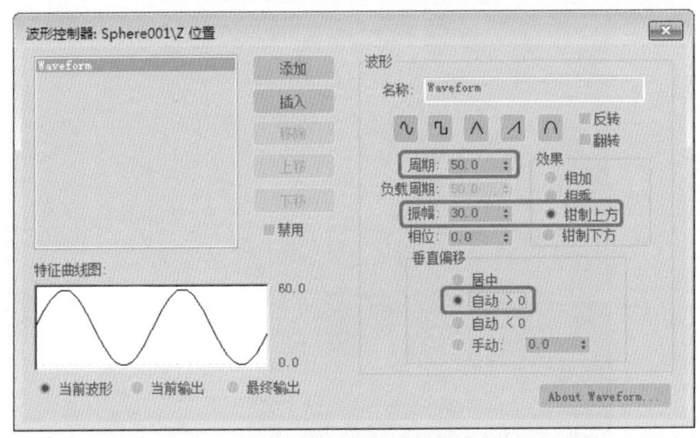


图11-32 进行设置

04 关闭对话框，返回到【指定控制器】卷展栏中即可查看添加的【波形】控制器，如图11-33所示。单击动画控制区中的【播放动画】按钮，即可查看效果。

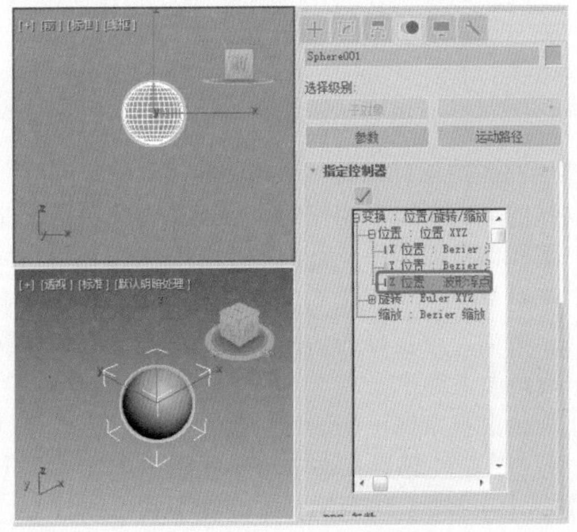


图11-33 添加【波形】控制器

## 11.3 约束动画

约束动画是3ds Max 2018提供的又一种动画自动生成工具，创建约束动画至少需要一个运动物体和一个用于约束的目标物体，利用与目标物体的绑定关系来控制运动物体的位置、角度和缩放等动画效果。例如，要创建一段一辆汽车按照预先定义好的路径行驶的动画，可以使用一段路径来约束汽车行驶的轨迹。

### 11.3.1 实战：链接约束

使用链接约束来创建物体始终链接到其他物体上的动画，可以使物体继承其对应目标物体的位置、角度和缩放等动画属性。例如，创建一个球在两手之间传递的动画，假设在第0帧时球在左手上，当两手运动到第30帧时相遇，此时将球链接到右手上，继而随之继续运动。

下面通过制作一个实例来学习链接约束的方法。

01 打开“001.max”素材文件，如图11-34所示。

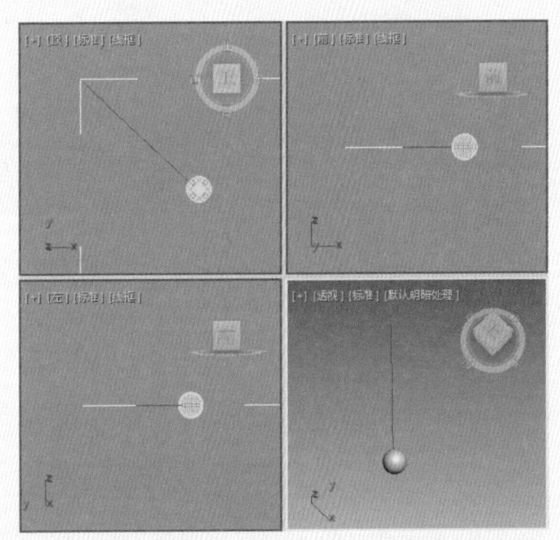

图11-34 打开素材文件

02 在场景中选择球体对象，并在菜单中选择【动画】|【约束】|【链接约束】命令，如图11-35所示。

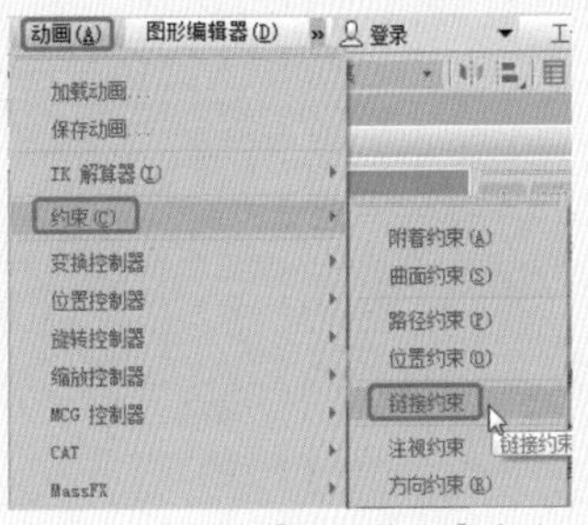


图11-35 选择【链接约束】命令

03 然后拖曳鼠标指针至Line001上，并单击鼠标左键，如图11-36所示。

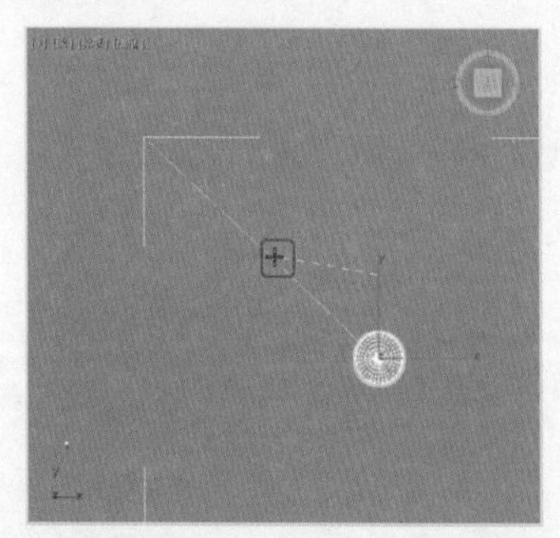

图11-36 拖曳鼠标指针至【Line001】上

04 链接约束后，单击动画控制区中的【播放动画】按钮，查看效果如图11-37所示。

图11-37 查看效果

## 11.3.2 实战：附着约束动画

附着约束是一种位置约束，它将一个对象的位置附着到另一个对象的面上，目标对象不用必须是网格，但必须能转化为网格，下面通过一个实例来介绍附着约束动画。

01 打开“002.max”素材文件，如图11-38所示。

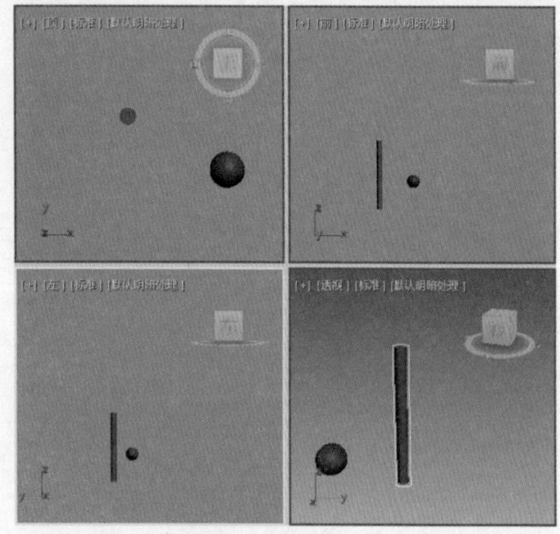

图11-38 打开素材文件

02 在场景中选择Sphere001对象，并在菜单栏中执行【动画】|【约束】|【附着约束】命令，如图11-39所示。

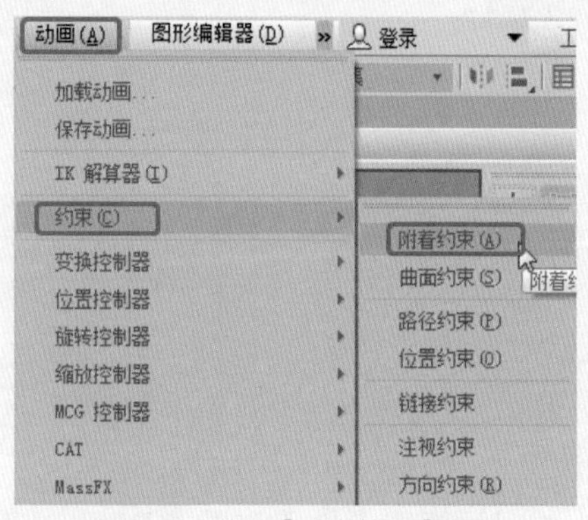


图11-39 选择【附着约束】命令

03 拖动鼠标至Cylinder001上，单击鼠标左键，附着约束后，单击动画控制区中【播放动画】按钮，查看动画效果，如图11-40所示。

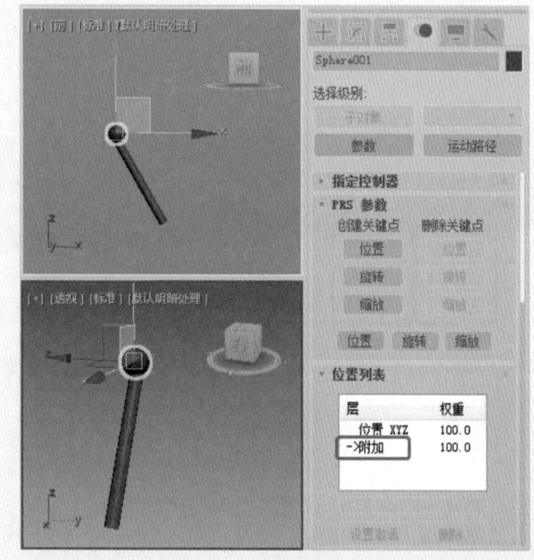


图11-40 查看设置动画

## 11.3.3 实战：曲面约束动画

使用曲面约束可以将一个物体的运动轨迹约束在另外一个物体的表面。可以用作约束表面的物体包括球体、管状体、圆柱体、圆环、平面、放样物体、NURBS物体。这些表面都是具有“可视化”参数的表面，不包括精确的网格表面。例如，使皮球在山路上滚动或者让汽车行驶在崎岖不平的路面上等。

下面通过一个例子来学习曲面约束的使用。

01 重置一个新的场景，在【顶】视图中创建一个【半径1】、【半径2】均为30，【高度】和【圈数】分别为206、5的螺旋线，如图11-41所示。

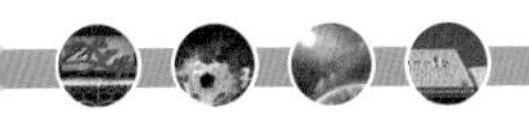

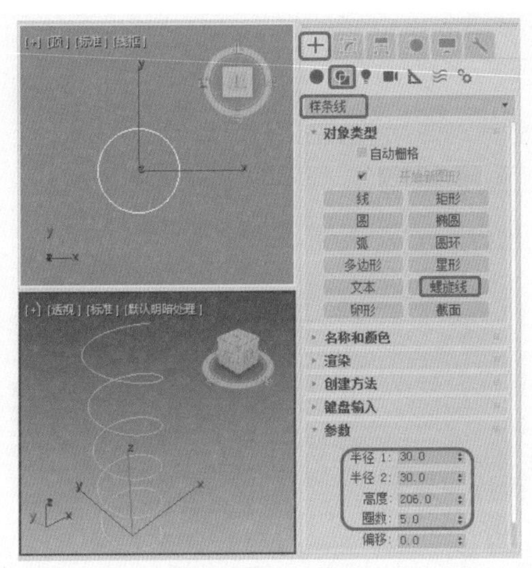

图11-41 创建螺旋线

02 再在【前】视图中创建一个半径为1.5的圆，并在视图中调整其位置，选择【创建】+|【几何体】●|【复合对象】|【放样】工具，在【创建方法】卷展栏中单击【获取路径】按钮，在【前】视图中获取路径，如图11-42所示。

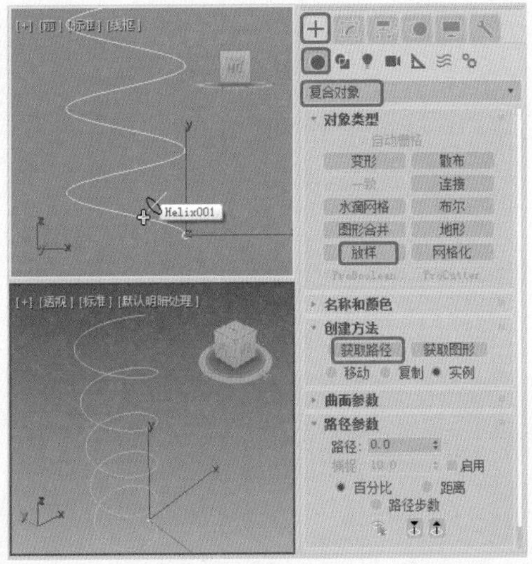

图11-42 获取路径

03 选择【创建】+|【几何体】●|【标准基本体】|【球体】工具，在【前】视图中创建一个半径为7的球体，如图11-43所示。

04 选中所创建的球体，选择【运动】命令面板，单击【参数】按钮，在【指定控制器】卷展栏中选择【位置】，单击【指定控制器】按钮✓，在弹出的对话框中选择【曲面】选项，如图11-44所示。

05 单击【确定】按钮，在【曲面控制器参数】卷展栏中单击【拾取曲面】按钮，在【前】视图中拾取放样后的螺旋线，如图11-45所示。

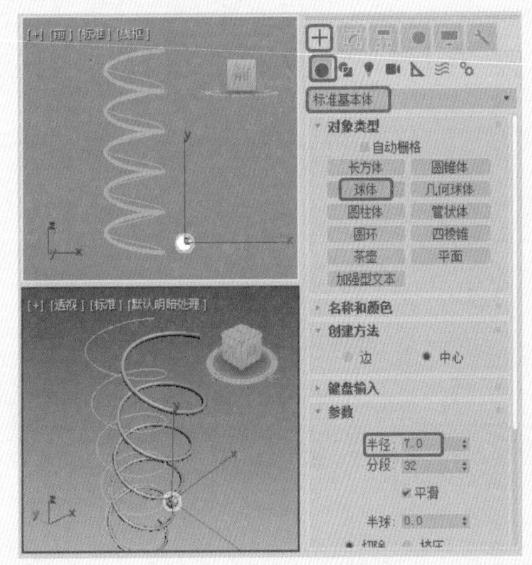

图11-43 创建球体

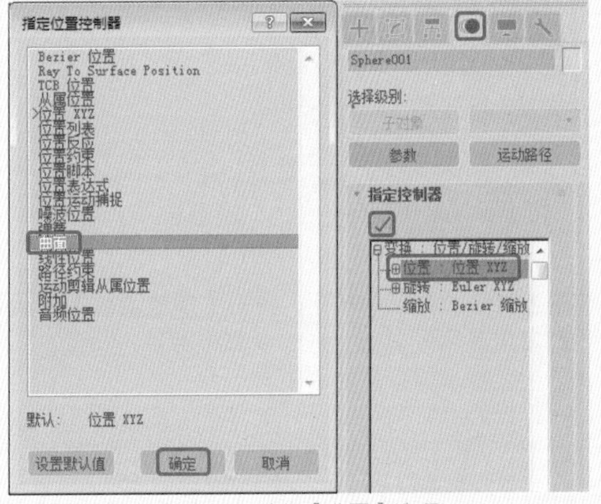

图11-44 选择【曲面】选项

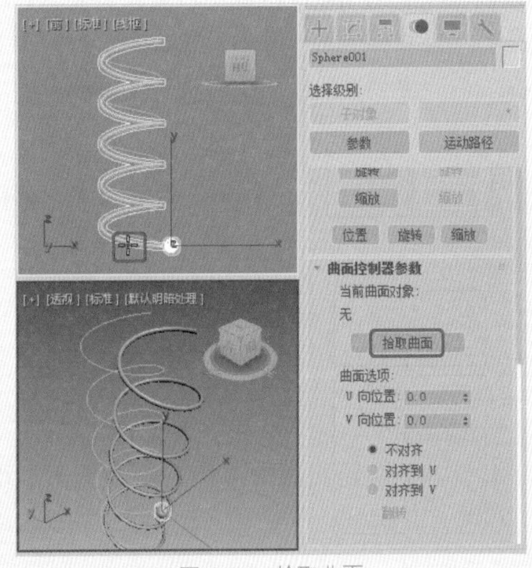

图11-45 拾取曲面

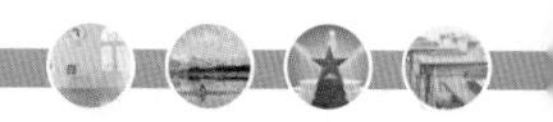

06 在动画控制区中单击【自动关键点】按钮，将时间滑块拖曳到100帧处，在【曲面控制器参数】卷展栏中的【U向位置】和【V向位置】文本框中分别输入50、100，如图11-46所示。

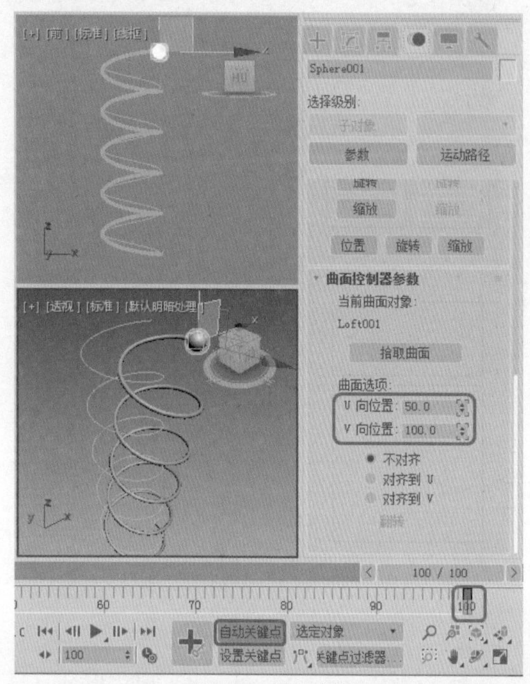

图11-46 输入参数

07 单击【自动关键点】按钮，单击【播放动画】按钮，即可发现球体会随着放样出的螺旋线进行运动。

## 11.3.4 实战：路径约束动画

使用运动路径约束可以将物体的运动轨迹控制在一条曲线或多条曲线的平均距离位置上，其约束的路径可以是任何类型的样条线曲线，曲线的形状决定了被约束物体的运动轨迹。被约束物体可以使用各种标准的运动类型，如位置变换、角度旋转或缩放变形等。

下面通过一个例子来学习路径约束的使用。

01 重置一个新的场景，在视图中随意创建一条线，如图11-47所示。

02 在【顶】视图中创建一个半径为40的球体，并调整其位置，选择【运动】命令面板，单击【参数】按钮，在【指定控制器】卷展栏中选择【位置】，单击【指定控制器】按钮，在弹出的对话框中选择【路径约束】选项，如图11-48所示。

03 单击【确定】按钮，在【路径参数】卷展栏中单击【添加路径】按钮，在视图中选择绘制的线为球体运动的路径，如图11-49所示。

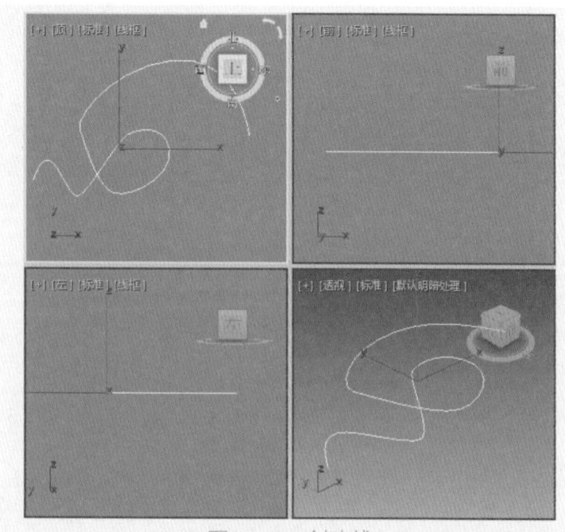

图11-47 创建线

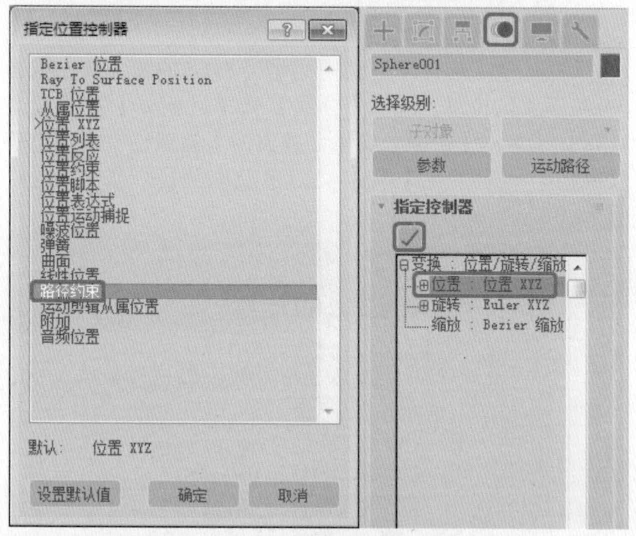

图11-48 选择【路径约束】选项

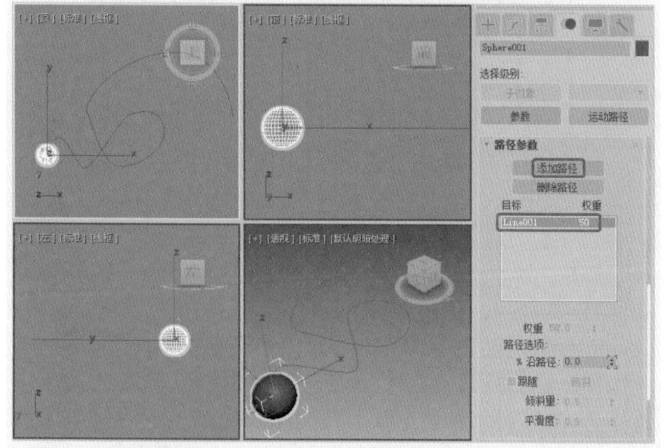

图11-49 添加路径

04 单击【运动路径】按钮，即可发现球体的运动轨迹与绘制的线相同，如图11-50所示。

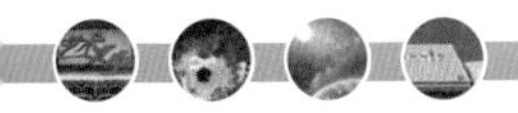

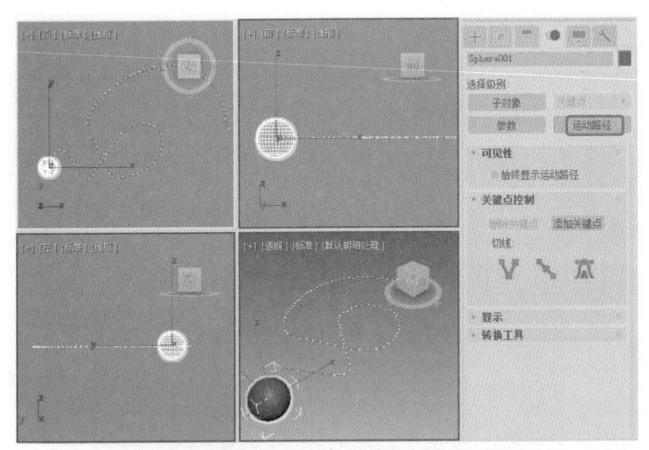

图11-50 球体的运动轨迹

## 实例操作002——制作飞行动画

本例将讲解如何利用约束路径制作飞行动画，首先对战斗机对象创建一个虚拟对象，然后将虚拟对象绑定到路径上，通过添加摄影机及绑定摄影机，完成动画的制作，其中具体操作方法如下，完成后的效果如图11-51所示。

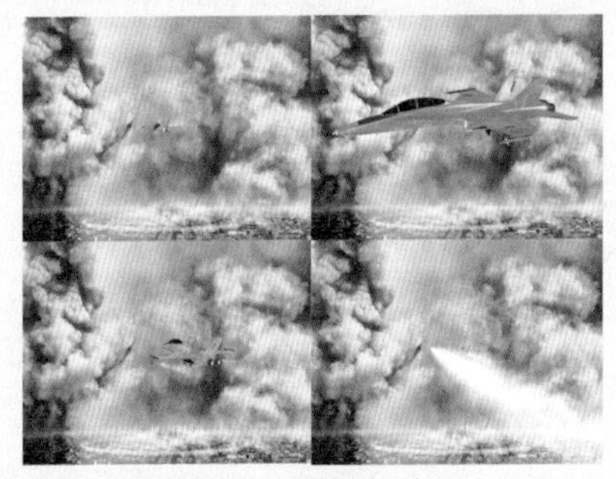

图11-51 战斗机动画

01 启动软件后，打开“飞行动画.max”素材文件，查看效果，如图11-52所示。

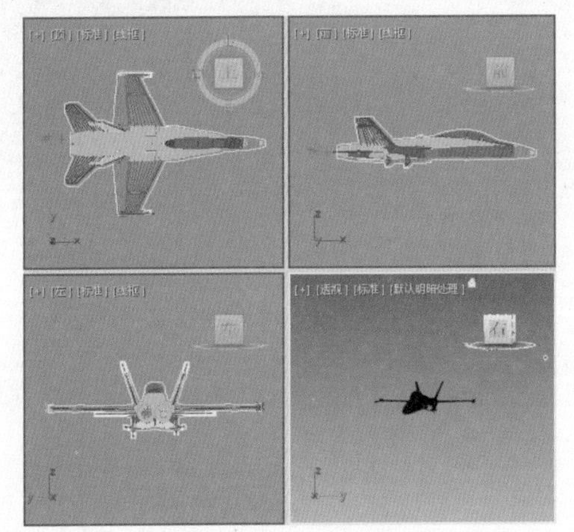

图11-52 打开素材文件

02 选择【创建】|【辅助对象】|【标准】|【虚拟对象】工具，在场景中创建【虚拟对象】调整其位置使其在飞机的中心位置，如图11-53所示。

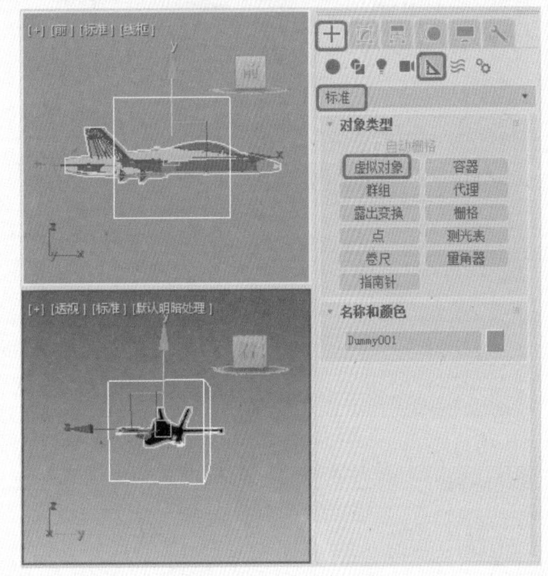

图11-53 创建虚拟对象

03 在工具选项栏中单击【选择并链接】按钮，将飞机链接到【虚拟对象】上，如图11-54所示。

图11-54 链接虚拟对象

04 选择【创建】|【图形】|【样条线】|【线】工具，在【顶】视图中创建一条直线，如图11-55所示。

05 在场景中选择【虚拟对象】，切换到【运动命令】面板，单击【参数】按钮，在【指定控制器】中选择【位置】，单击【指定控制器】按钮，在弹出的对话框中选择【路径约束】选项，单击【确定】按钮，如图11-56所示。

06 在【路径参数】卷展栏中单击【添加路径】按钮，在场景中拾取上一步绘制的直线，如图11-57所示。

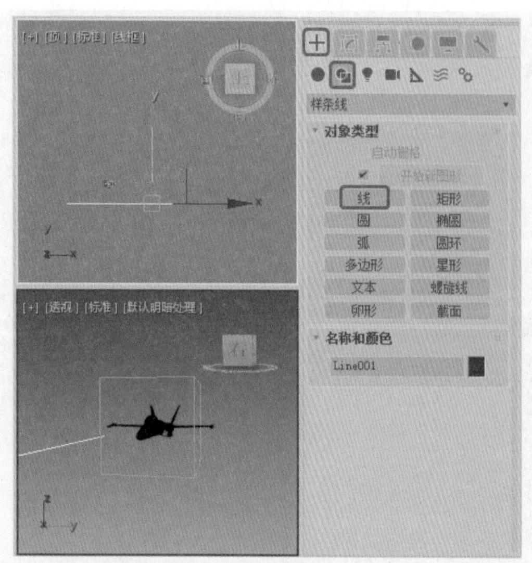

图11-55 创建直线

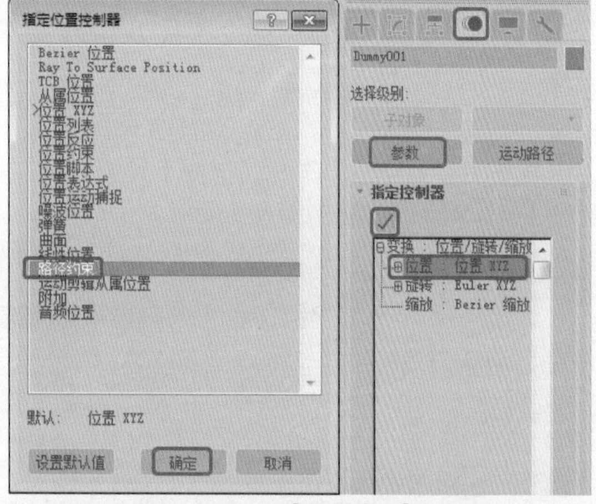

图11-56 设置【路径约束】选项

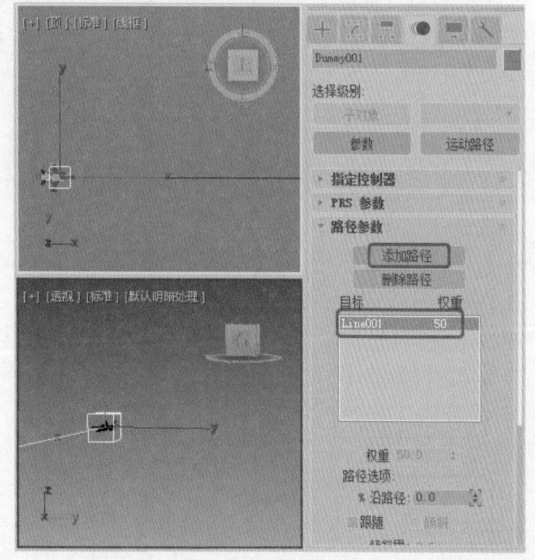

图11-57 添加路径

提示 在绘制【线】时，在视图中单击确定第一个顶点，然后拖动鼠标确定线的长度，单击确定第二个点的位置，右击鼠标，完成线的绘制，当绘制直线时可以配合使用Shift键进行绘制，将得到一条垂直的直线。

07 选择【创建】|【摄影机】|【标准】|【目标】命令，在【顶】视图中创建一盏【目标摄影机】，激活【摄影机】视图，并适当调整位置，如图11-58所示。

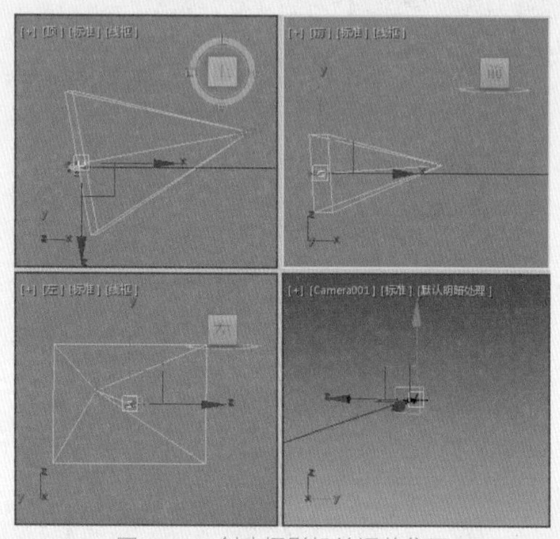

图11-58 创建摄影机并调整位置

08 在工具选项栏中单击【选择并链接】按钮，将摄影机的目标点链接到【虚拟对象】上，如图11-59所示。

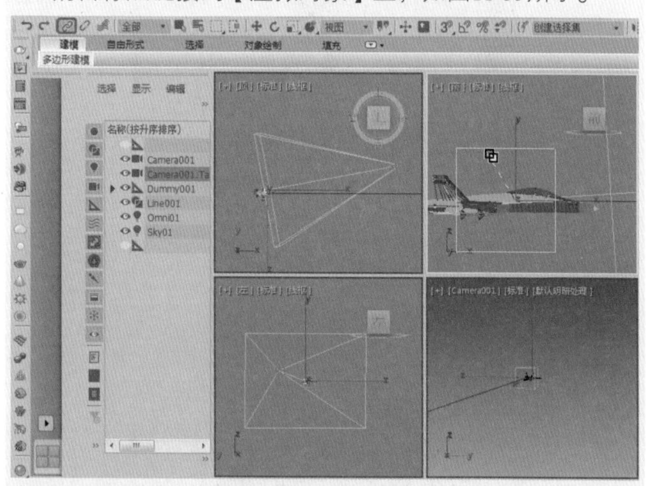

图11-59 绑定摄影机

09 激活【摄影机】视图，对动画进行渲染输出。

## 11.3.5 实战：位置约束动画

使用位置约束可以迫使一个物体跟随另一个物体的位置或锁定在多个物体按照比重计算的平均位置。要设置位置约束，必须具备一个物体以及另外一个或多个目标物

体，物体被指定位置约束后就开始被约束在目标物体的位置上。如果目标物体运动，会使当前物体跟随运动。每个目标物体都具有一个比重属性来决定它的影响程度，比重为0时相当于没有影响，任何大于0的比重都会使目标物体影响所约束的物体。利用这个比重参数甚至可以制作动态影响的动画，如击打一个棒球。

下面通过一个例子来学习位置约束的使用。

01 重置一个新的场景，在视图中创建一个半径为15的球体，如图11-60所示。

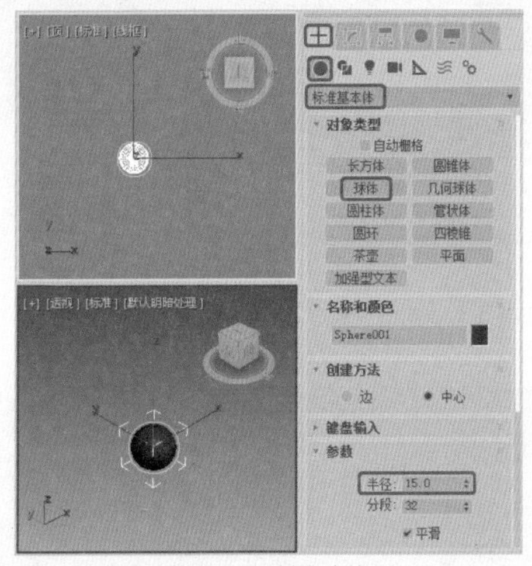

图11-60 创建球体

02 选择工具栏中的【选择并移动】工具，配合键盘上的Shift键，在【顶】视图中选择球体并向右进行拖动，在弹出的【克隆选项】对话框中选中【复制】单选按钮，在【副本数】文本框中输入2，如图11-61所示。

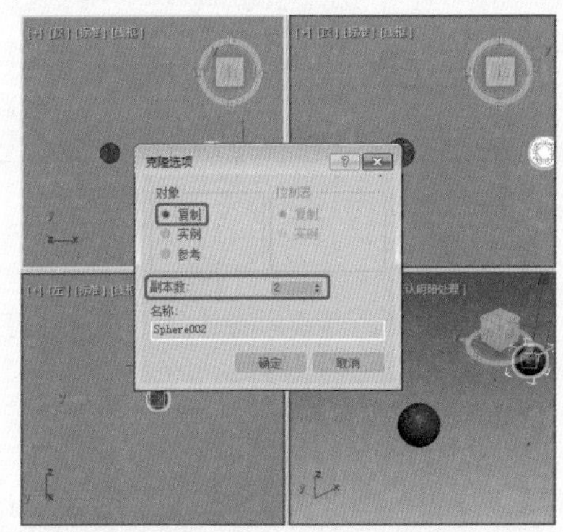

图11-61 【克隆选项】对话框

03 单击【确定】按钮，即可复制两个球体，在【顶】视图中创建一个半径1、半径2分别为56、46的圆环和长度、宽度分别为92、100的矩形，如图11-62所示。

04 在【顶】视图中选择最左边的球体，选择【运动】命令面板，在【指定控制器】卷展栏中选择【位置】，单击【指定控制器】按钮，在弹出的对话框中选择【路径约束】选项，如图11-63所示。

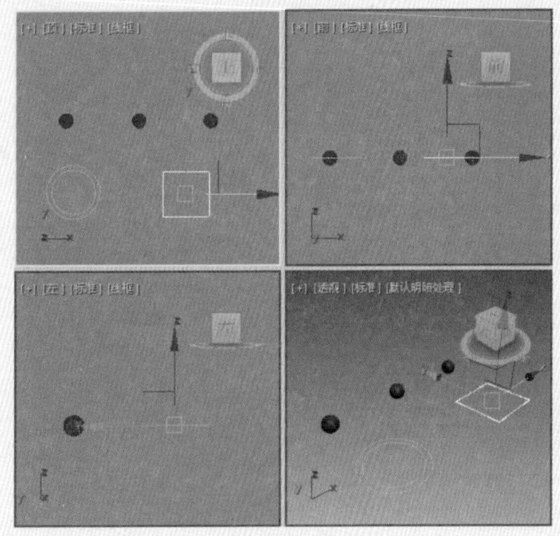

图11-62 创建圆环和矩形

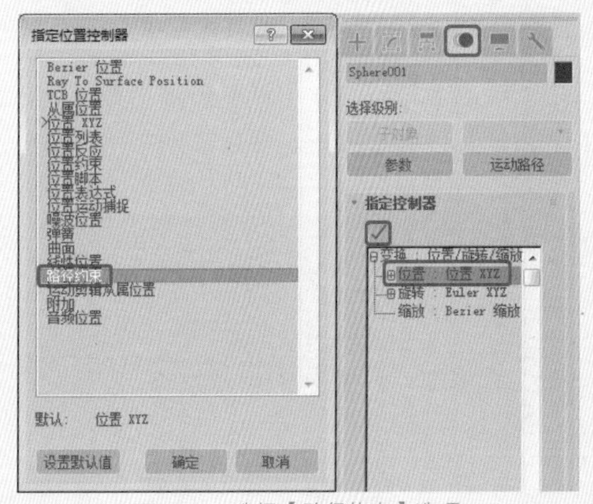

图11-63 选择【路径约束】选项

05 单击【确定】按钮，在【路径参数】卷展栏中单击【添加路径】按钮，在所创建的圆环上单击，如图11-64所示。

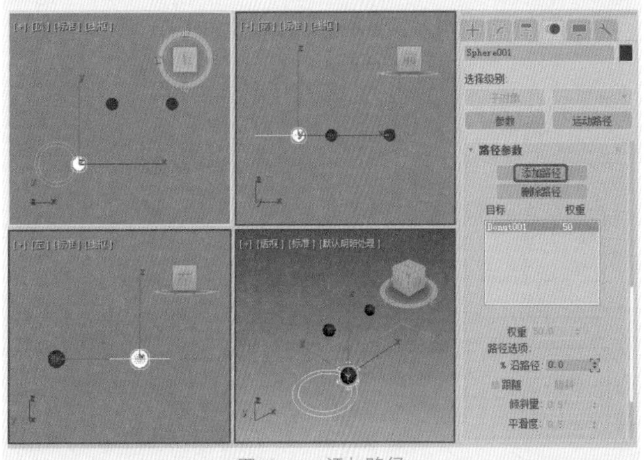

图11-64 添加路径

06 使用同样的方法将最右侧的球体约束到矩形上，选择中间的球体，在【指定控制器】卷展栏中选择【位置】，单击【指定控制器】按钮，在弹出的对话框中选择【位置约束】选项，如图11-65所示。

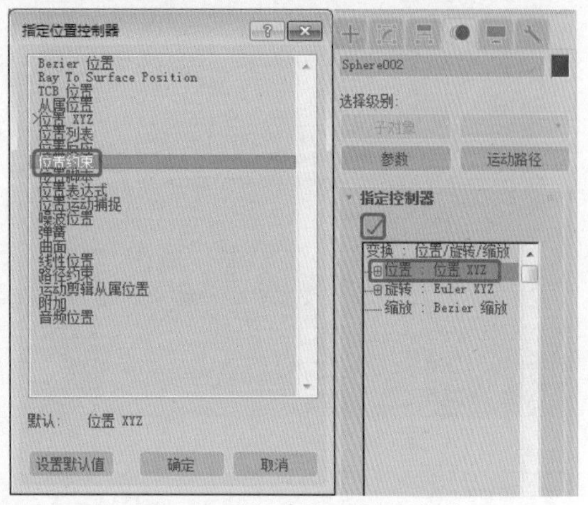

图11-65 选择【位置约束】选项

07 单击【确定】按钮，在【位置约束】卷展栏中单击【添加位置目标】按钮，然后分别在两个球体上单击，如图11-66所示。

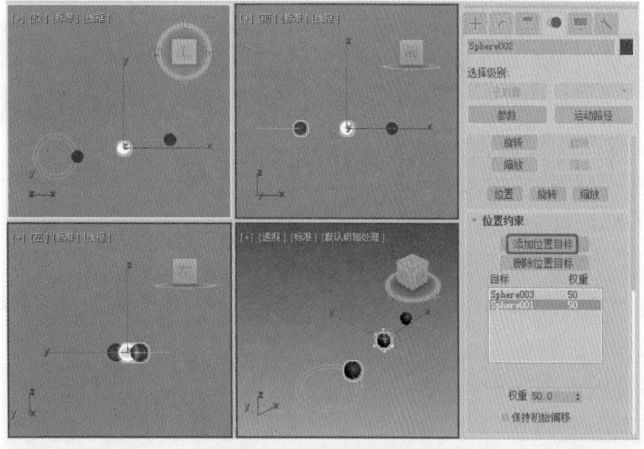

图11-66 添加位置目标

08 单击【播放动画】按钮0，观察中间的球体受到左、右两个物体的位置约束。

## 11.3.6 实战：方向约束动画

使用方向约束时，可以使物体方向始终保持与一个物体或多个物体方向的平均值相一致，被约束的物体可以是任何可转动物体。当指定方向约束后，被约束物体将继承目标物体的方向，但是此时就不能利用手动的方法对物体进行旋转了。

下面通过一个例子来学习方向约束的使用。

01 重置一个新的场景，在视图中创建两个半径为21的茶壶，如图11-67所示。

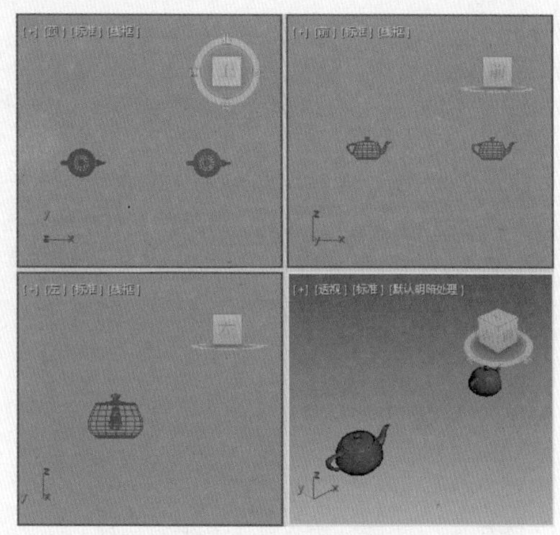

图11-67 创建茶壶

02 使用【线】工具在【顶】视图中创建两条线，如图11-68所示。

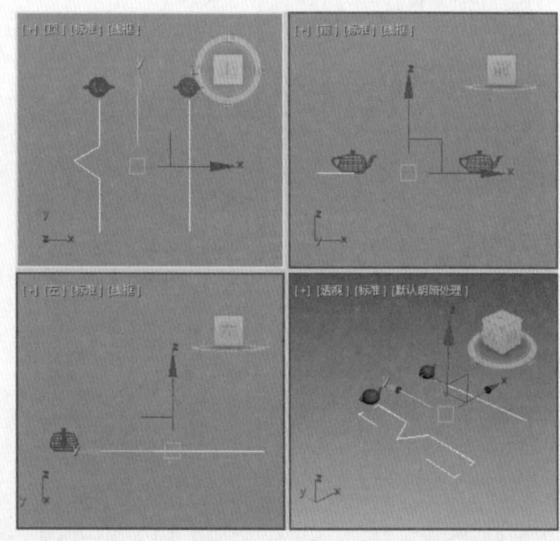

图11-68 创建线

03 选择左侧的茶壶，选择【运动】命令面板，在【指定控制器】对话框中选择【位置】，单击【指定控制器】按钮，在弹出的对话框中选择【路径约束】选项，如图11-69所示。

04 单击【确定】按钮，在【路径参数】卷展栏中单击【添加路径】按钮，在视图中拾取左侧线段为运动路径，再单击【添加路径】按钮，在【路径参数】卷展栏的【路径选项】选项组中勾选【跟随】复选框，并单击【轴】选项组中的Y单选按钮，如图11-70所示。

05 使用同样的方法为右侧的茶壶添加路径约束并进行设置，再次选中左侧的茶壶，在【指定控制器】卷展栏中选择【旋转】，单击【指定控制器】按钮，在弹出的对话框中选择【方向约束】选项，如图11-71所示。

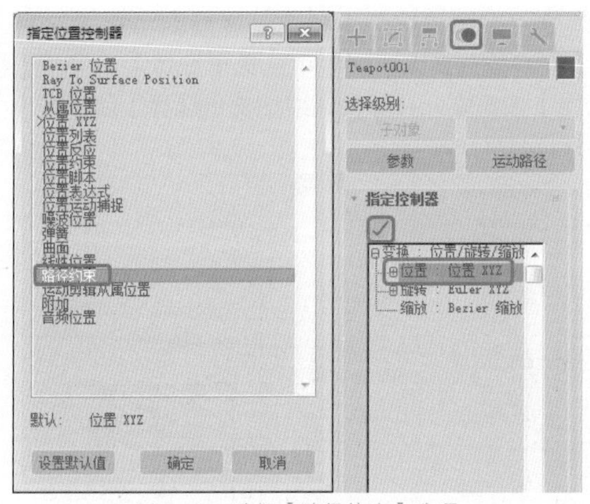

图11-69 选择【路径约束】选项

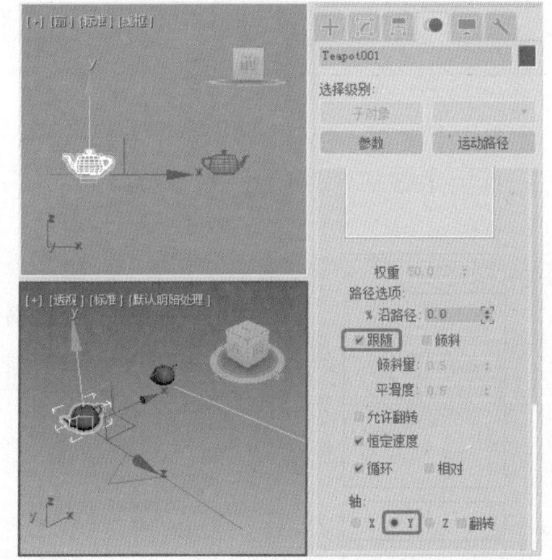

图11-70 单击Y单选按钮

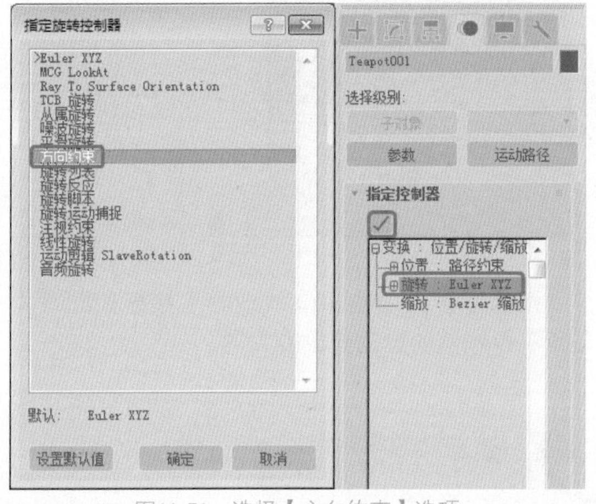

图11-71 选择【方向约束】选项

06 单击【确定】按钮，在【方向约束】卷展栏中单击【添加方向目标】按钮，在视图中单击右侧的茶壶，如图11-72所示。

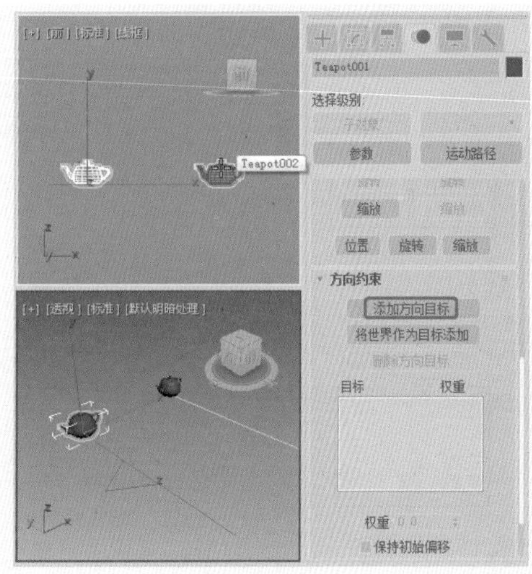

图11-72 添加方向目标

07 在动画控制区中单击【播放动画】按钮，即可看到左侧的茶壶不仅沿着运动轨迹进行前进，而且还会受到右侧茶壶角度的影响，约束效果如图11-73所示。

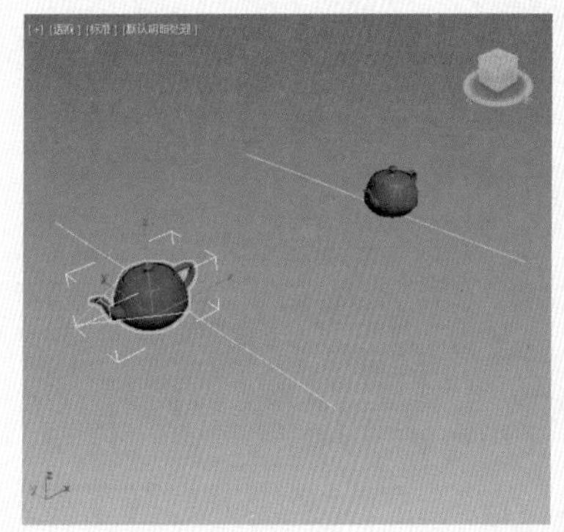

图11-73 完成后的效果

## 11.3.7 实战：注视约束动画

使用注视约束动画可以锁定一个物体的旋转，使它的某一轴向始终朝向目标物体。例如，向日葵始终面向太阳。在制作人物眼部的动画时，就可以为眼球设置一个辅助点，让眼球始终看向辅助点。这样只要制作辅助点的动画，就可以实现角色眼球始终盯住辅助点了。

下面通过一个小例子来学习注视约束动画的使用。

01 重置一个新的场景，在【顶】视图中创建一个半径1、半径2分别为119、88的星形和一个半径为18的茶壶，再在视图中创建一个半径为15的球体，并在视图中调整其位置，如图11-74所示。

02 在视图中选择球体，选择【运动】命令面板，在【指定控制器】卷展栏中选择【位置】，单击【指定控制器】按钮，在弹出的对话框中选择【路径约束】选

项，如图11-75所示。

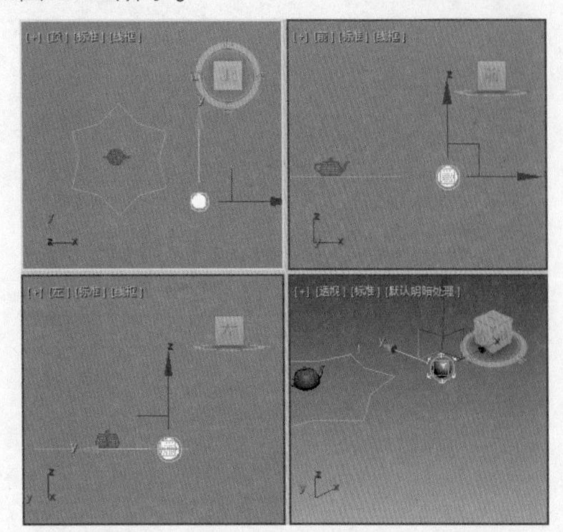

图11-74　创建物体

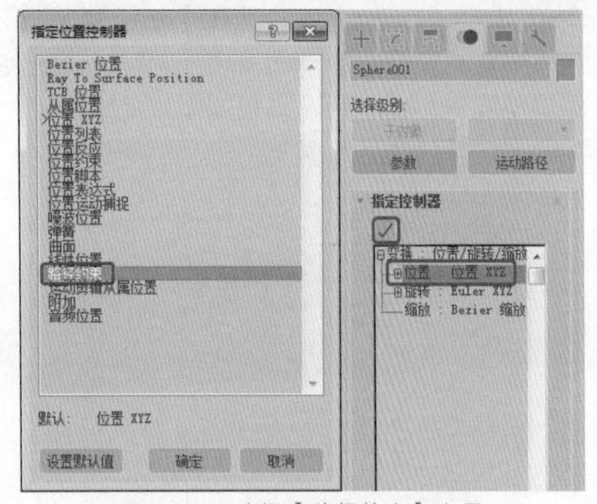


图11-75　选择【路径约束】选项

03 单击【确定】按钮，在【路径参数】卷展栏中单击【添加路径】按钮，在所创建的星形上单击，如图11-76所示。

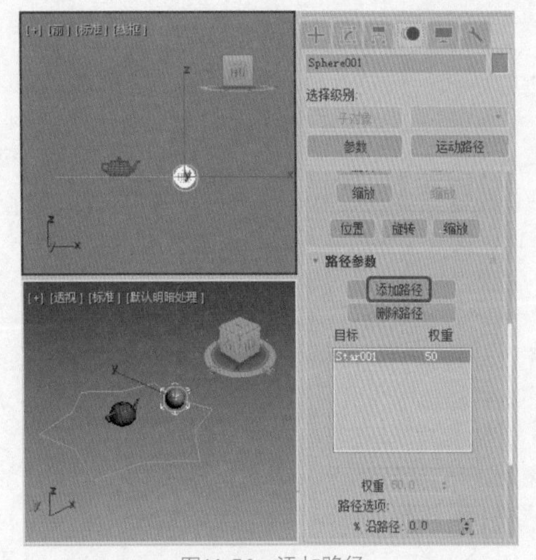


图11-76　添加路径

04 再单击【添加路径】按钮，在视图中选择茶壶，在【指定控制器】卷展栏中选择【旋转】，单击【指定控制器】按钮✓，在弹出的对话框中选择【注视约束】选项，如图11-77所示。

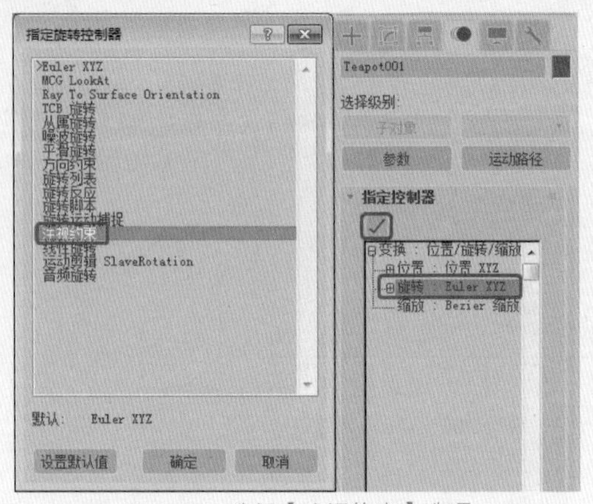


图11-77　选择【注视约束】选项

05 单击【确定】按钮，在【注视约束】卷展栏中单击【添加注视目标】按钮，在场景中拾取球体，如图11-78所示。

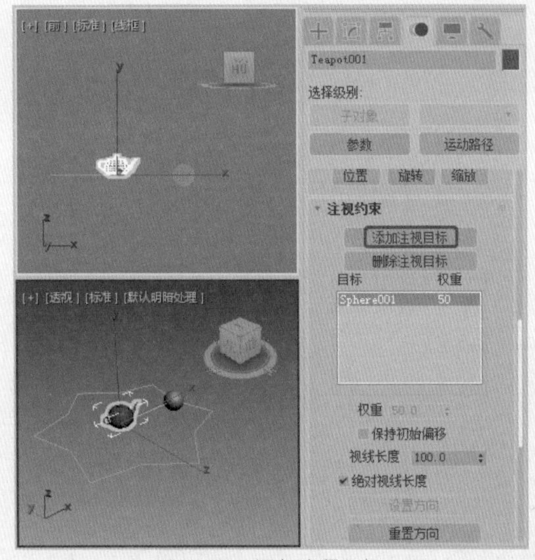


图11-78　添加注释目标

06 在动画控制区中单击【播放动画】按钮，即可发现茶壶会随着球体的运动而改变方向。

## 11.4 轨迹视图

3ds Max提供了将场景对象的各种动画设置以曲线图表方式显示的功能。这种曲线图只有在轨迹视图窗口中能被看到和修改，在轨迹视图窗口中所有被设置了动画的参

数都可以进行修改。一般将场景对象设置为动画的操作包含3部分，即创建参数，如，长、宽和高；变换操作，如移动、旋转和缩放；修改命令，如弯曲、锥化、变形。此外，其他所有可调参数都可以设置为动画，例如灯光，材质等。在轨迹视图窗口中，所有动画设置都可以找到，轨迹视图是一种层级列表式设计。

## 11.4.1 轨迹视图层级

单击工具栏中的【曲线编辑器】按钮，将打开当前场景的轨迹视图的曲线编辑器模式，如图11-79所示。

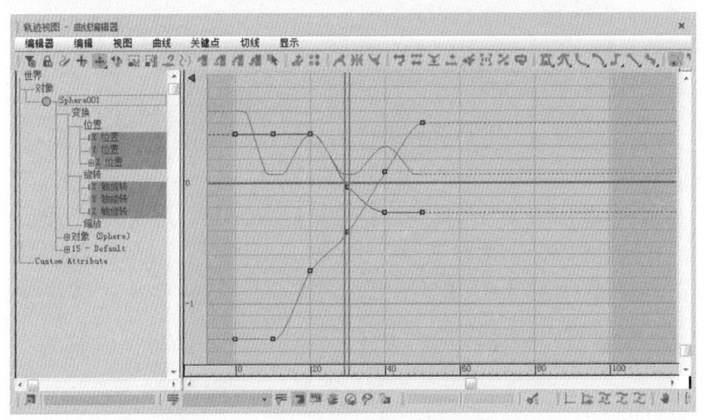

图11-79 轨迹视图的曲线编辑器模式

在轨迹视图的曲线编辑器模式中，允许用户以图形化的功能曲线形式对动画进行调整，用户可以很容易地查看并控制动画中的物体运动，设置并调整运动轨迹。曲线编辑器模式包含菜单栏、工具栏、控制器窗口和一个关键帧窗口，其中包括时间标尺、导航等。

摄影表模式是另一种关键帧编辑模式，可以在轨迹视图中选择【编辑器】|【摄影表】命令，进入【摄影表】视图中，如图11-80所示，切换到摄影表模式。在这种模式中，关键帧以时间块的形式显示，用户可以在这种模式下进行显示关键帧、插入关键帧、缩放关键帧及所有其他关于动画时间设置的操作。

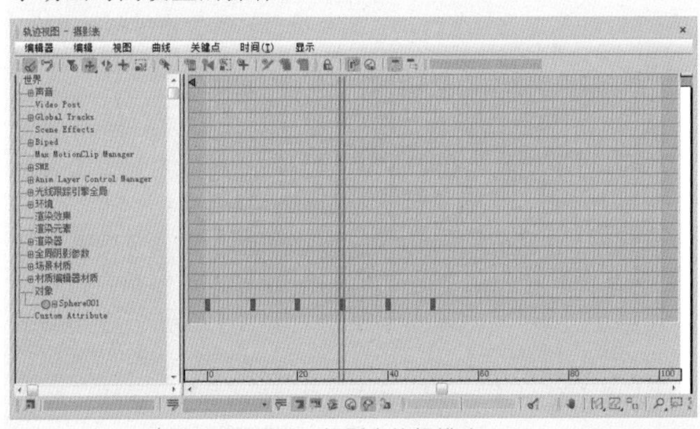

图11-80 摄影表编辑模式

摄影表又包含两种模式，编辑关键点和编辑范围。摄影表模式下的关键帧显示为矩形框，可以方便地识别关键帧。

## 11.4.2 轨迹视图工具

轨迹视图窗口上方含有操作项目、通道和功能曲线等各种工具。默认的【曲线编辑器】模式下的工具栏如图11-81所示。

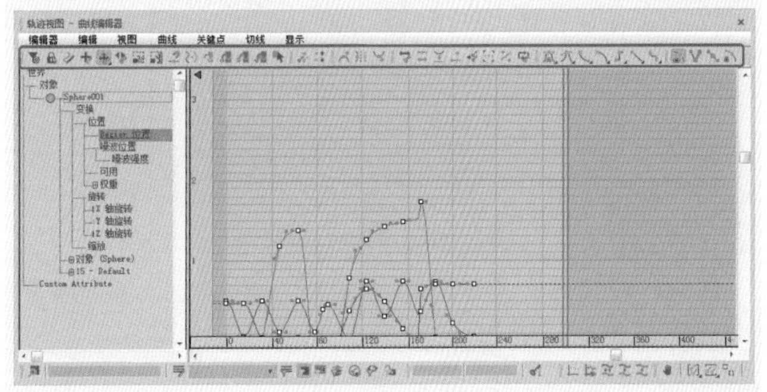

图11-81 【曲线编辑器】模式下的工具栏

选择【模式】|【摄影表】命令，切换到【摄影表】模式下的工具栏，如图11-82所示。

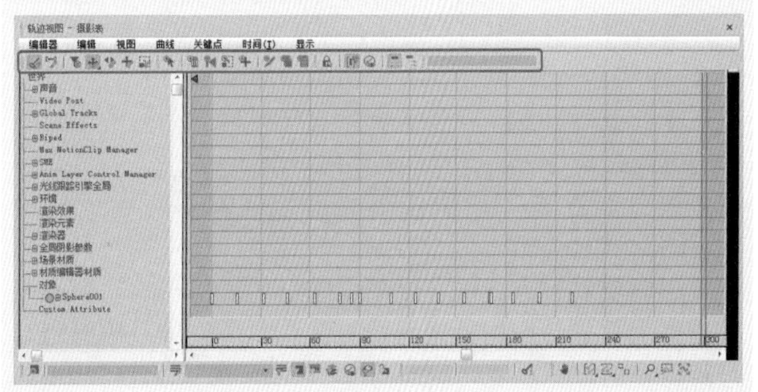

图11-82 【摄影表】模式下的工具栏

在【曲线编辑器】模式下的菜单栏中右击鼠标，在弹出的快捷菜单中选择【显示工具栏】，在弹出的子菜单中选择【全部】选项，如图11-83所示，即可显示全部的工具栏。

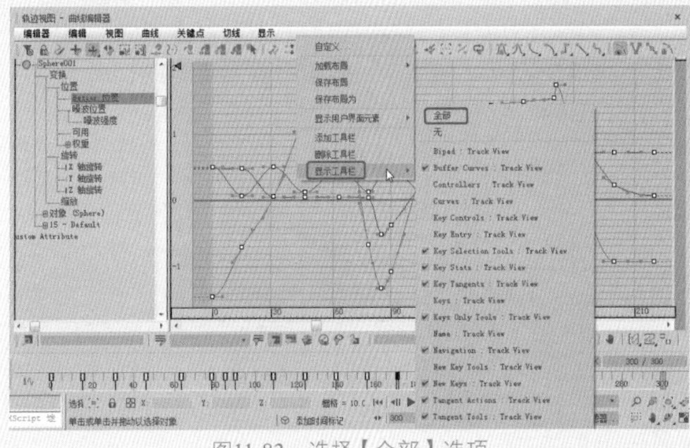

图11-83 选择【全部】选项

在【曲线编辑器】模式下单击工具栏中的【参数曲线超出范围类型】按钮，将会弹出【参数曲线超出范围类型】对话框，如图11-84所示，在对话框中可以看到所选关键帧的参数曲线越界类型，共有6种，可以选择其中的一种。

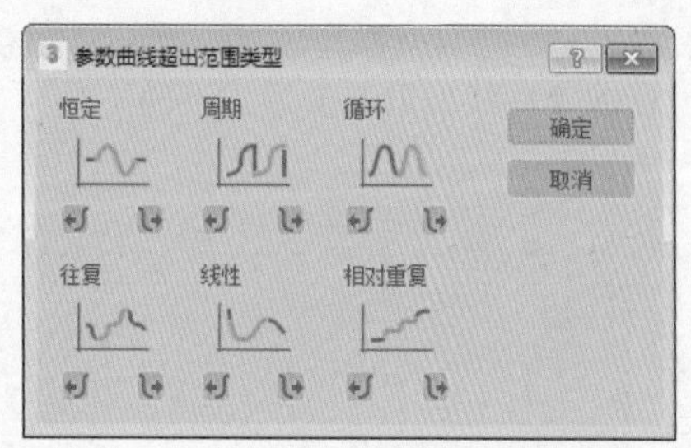


图11-84 【参数曲线超出范围类型】对话框

- 【恒定】方式：把确定的关键帧范围的两端部分设置为常量，使物体在关键帧范围以外不产生动画。系统在默认情况下，使用常量方式。
- 【周期】方式：使当前关键帧范围的动画呈周期性循环播放，但要注意如果开始与结束的关键帧设置不合理，会产生跳跃效果。
- 【循环】方式：使当前关键帧范围的动画重复播放，此方式会将动画首尾对称连接，不会产生跳跃效果。
- 【往复】方式：使当前关键帧范围的动画播放后再反向播放，如此反复，就像一个乒乓球被两个运动员以相同的方式打来打去。
- 【线性】方式：使物体在关键帧范围的两端成线形运动。
- 【相对重复】方式：在一个范围内重复相同的动画，但是每个重复会根据范围末端的值有一个偏移，使用相对重复来创建在重复时彼此构建的动画。

## 实例操作003——行走的指针

本例将讲解如何制作钟表动画，制作该动画的关键是设置关键帧，然后在【曲线编辑器】中设置【超出范围的类型】，具体操作方法如下，完成后的效果如图11-85所示。

图11-85 行走的指针

01 打开“行走的指针.max”素材文件，如图11-86所示。

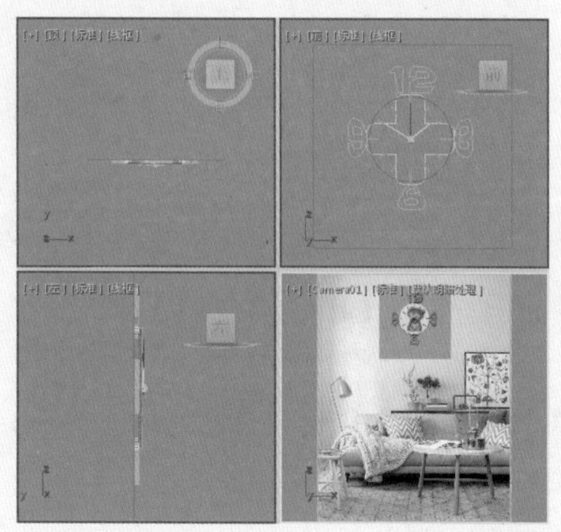

图11-86 打开素材文件

02 在工具选项栏中右击【角度捕捉切换】按钮，弹出【栅格和捕捉设置】对话框，切换到【选项】选项卡，将【角度】设置为6度，按Enter键，将该对话框关闭，如图11-87所示。

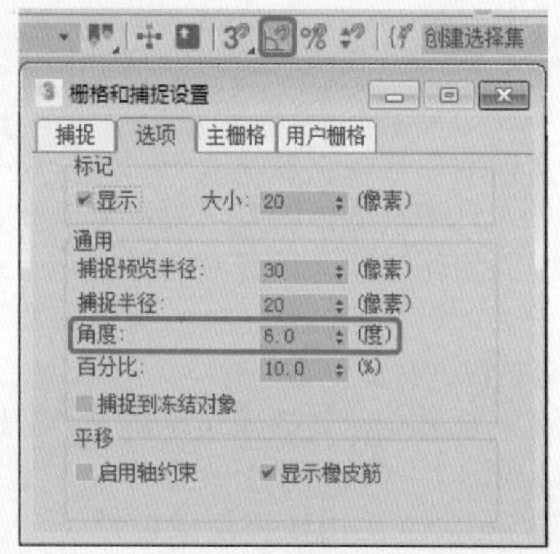


图11-87 设置角度

> 提示
> 通过设置捕捉的角度，再通过【选择并旋转】工具，对对象进行调整时，系统会根据设置的捕捉角度进行旋转。

03 单击【设置关键点】按钮，开启关键帧记录，选择【分针】对象，将时间滑块移动到0帧处，单击【设置关键点】按钮，创建关键帧，如图11-88所示。

04 将时间滑块移动到60帧位置，选择【选择并旋转】工具选择分针，在【前视图】中沿Z轴拖动鼠标，此时指针会自动旋转6度，单击【设置关键点】按钮，添加关键帧，如图11-89所示。

05 选择【秒针】对象，将时间滑块移动到0帧处，单击【设置关键点】按钮，添加关键帧，如图11-90所示。

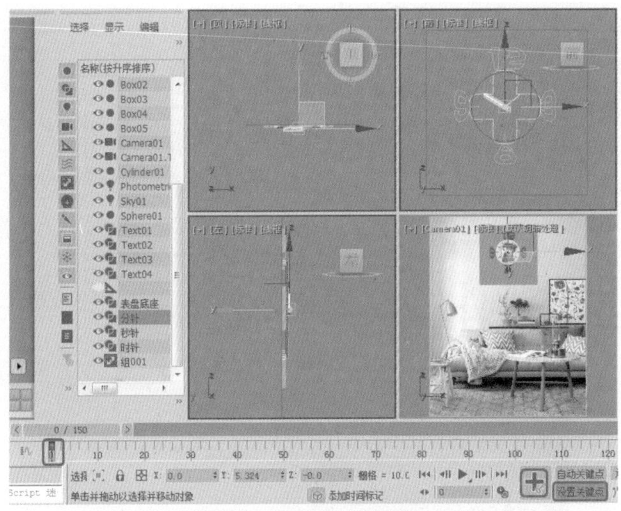

图11-88 创建关键帧

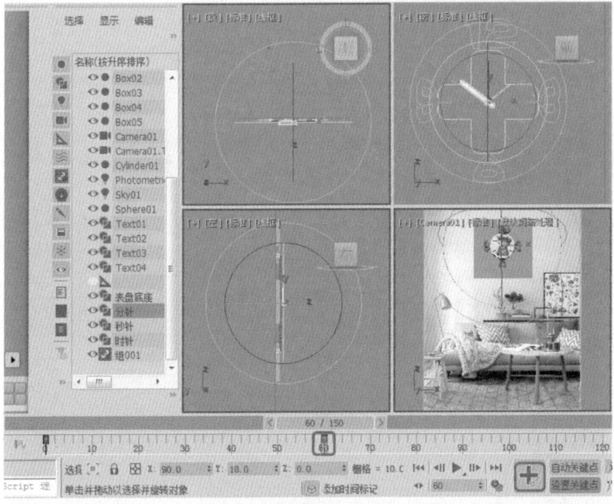

图11-89 添加关键帧

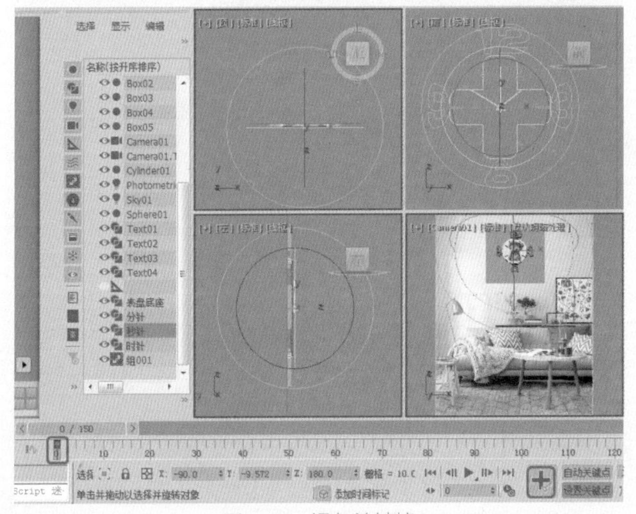

图11-90 添加关键帧

06 将时间滑块移动到1帧处位置，使用【选择并旋转】工具，沿Z轴顺时针拖动鼠标，此时旋转角度为6度，单击【设置关键点】按钮，添加关键帧，如图11-91所示。

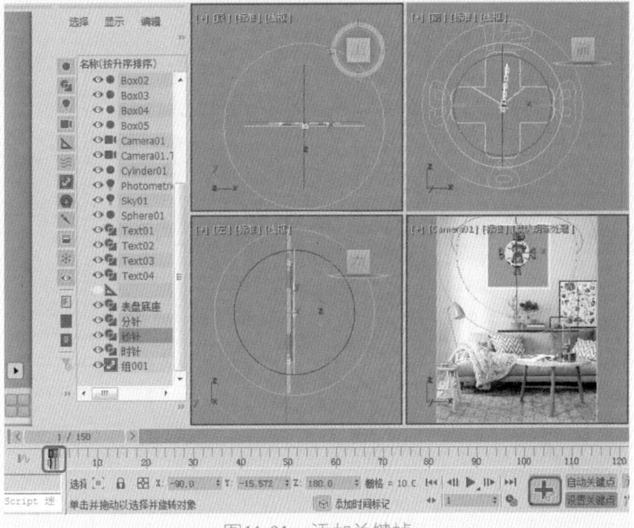

图11-91 添加关键帧

07 单击【曲线编辑器】按钮，弹出【轨迹视图-曲线编辑器】对话框，选择【X轴旋转】【Y轴旋转】【Z轴旋转】的所有关键帧，如图11-92所示。

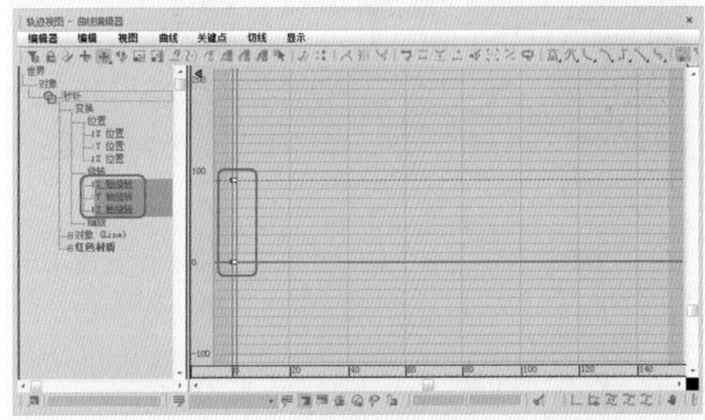

图11-92 选择关键帧

08 在【曲线编辑器】对话框中选择【编辑】|【控制器】|【超出范围类型】命令，弹出【参数曲线超出范围类型】对话框，选择【相对重复】选项，然后单击【确定】按钮，如图11-93所示。

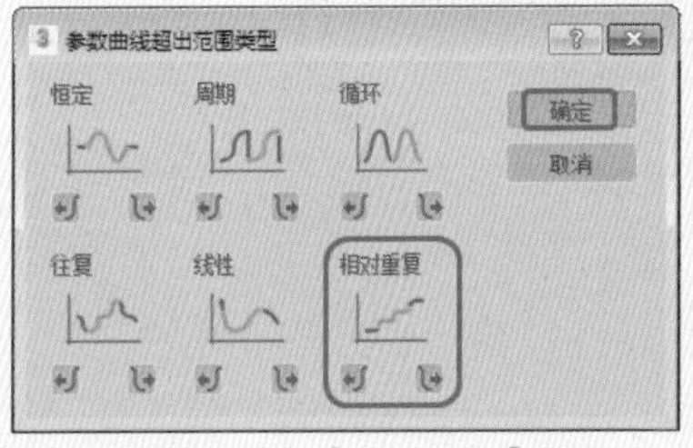


图11-93 选择【相对重复】选项

09 使用同样的方式对【分针】对象添加【相对重复】曲线，进行渲染查看效果如图11-94所示。

图11-94　渲染单帧后的效果

## 11.5 上机练习——展开的画

本案例将讲解如何制作展开的画，主要应用【编辑多边形】、【挤出】、【弯曲】修改器制作而成，具体操作方法如下，完成后的效果如图11-95所示。

图11-95　展开的画

01 重置一个新的3ds Max场景，选择【创建】|【几何体】|【圆柱体】工具，在【前】视图中创建【半径】为2.5，【高度】为155的圆柱体，如图11-96所示。

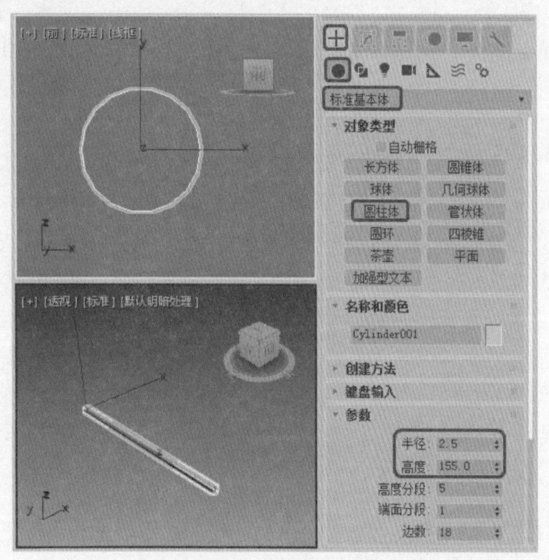

图11-96　创建圆柱体

02 切换至【修改】面板中，为其添加【编辑多边形】修改器，并将选择集定义为【顶点】，在【顶】视图中选择【顶点】，如图11-97所示。

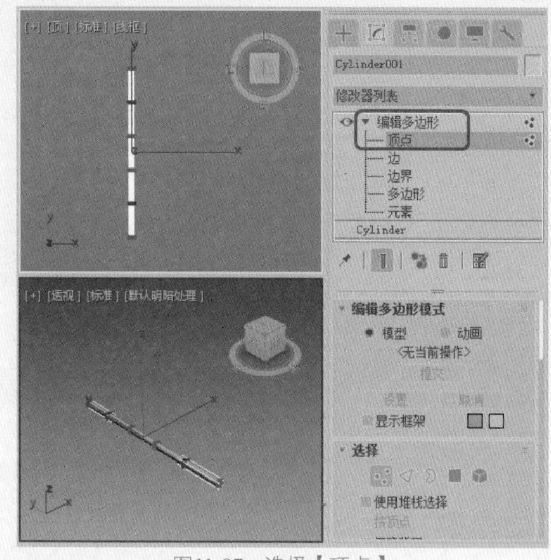

图11-97　选择【顶点】

03 在工具箱中选择【选择并均匀缩放】工具，在【顶】视图沿Y轴向上拖动，调整顶点，如图11-98所示。

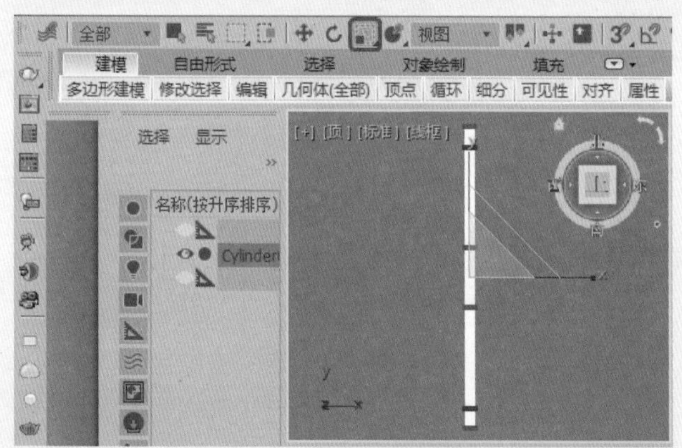

图11-98　缩放调整顶点

04 将选择集定义为【多边形】，在视图中选择【多边形】，如图11-99所示。

05 在【编辑多边形】卷展栏中单击【挤出】右侧的按钮，在弹出的小盒控件中将挤出多边形的方式设置为【本地法线】，将挤出高度设置为2，单击【确定】按钮，如图11-100所示。

06 选择【创建】|【图形】|【圆环】工具，在【前】视图中绘制一个【半径1】为2.5，【半径2】为3.5的圆环，如图11-101所示。

07 切换至【修改】命令面板中，为其添加【挤出】修改器，在【参数】卷展栏中将【数量】设置为135，并调整位置，如图11-102所示。

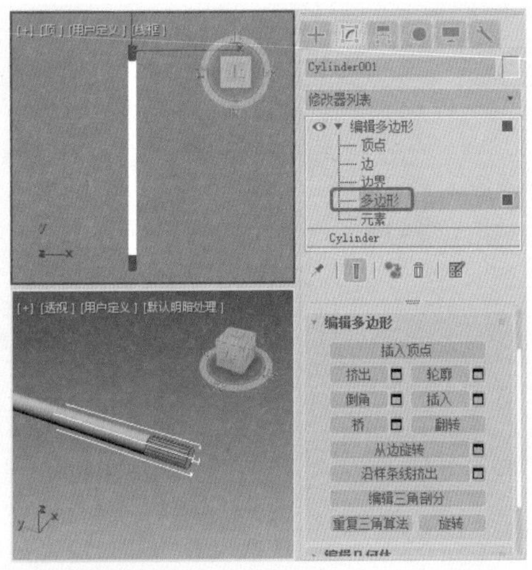

图11-99 选择【多边形】

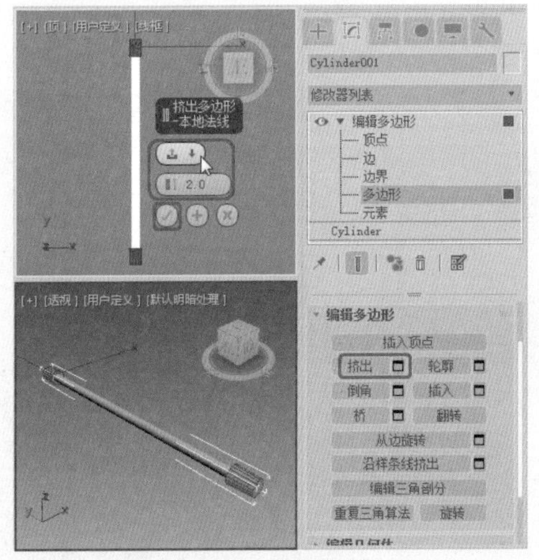

图11-100 挤出多边形

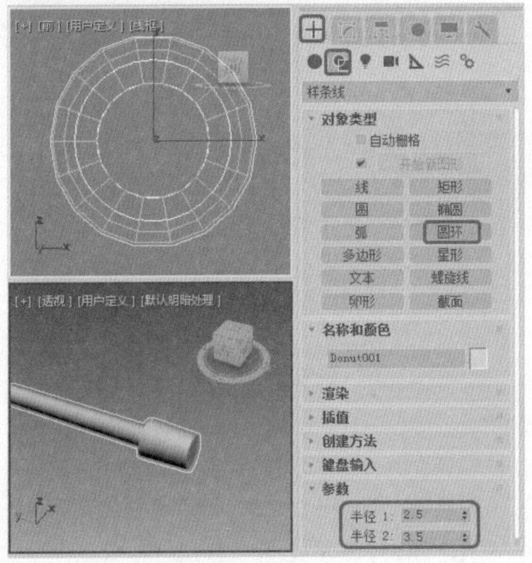

图11-101 创建圆环

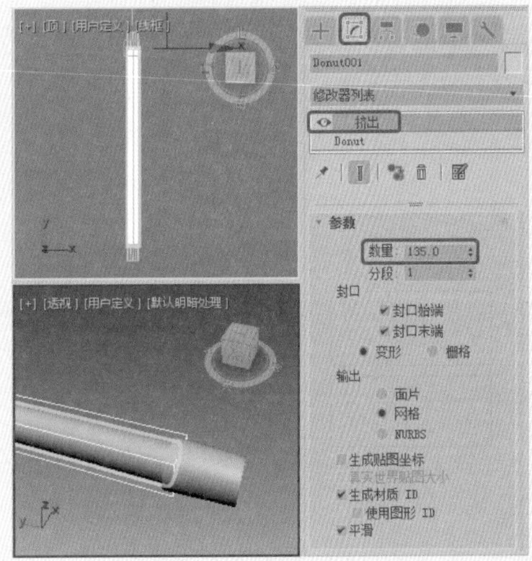

图11-102 添加【挤出】修改器

08 选择【创建】|【几何体】|【平面】工具，在【顶】视图中创建【长度】为130、【宽度】为286，【长度分段】为1、【宽度分段】为80的平面，将其命名为“底图”，如图11-103所示。

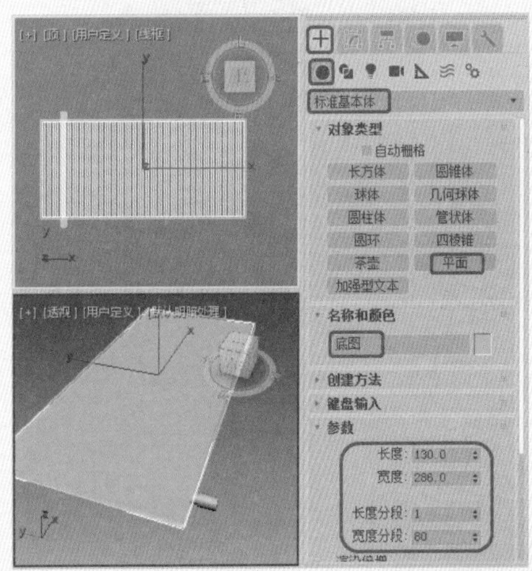

图11-103 创建平面

09 调整【底图】的位置，并绘制一个【长度】为110、【宽度】为248，【长度分段】为1、【宽度分段】为80的平面，并命名为“画”，调整位置，如图11-104所示。

10 按M键打开【材质编辑器】对话框，选择一个新的材质球，将其命名为“木纹”，在【Blinn基本参数】卷展栏中将【反射高光】选项组中的【高光级别】设置为53，【光泽度】设置为68，如图11-105所示。

11 在【贴图】卷展栏中单击【漫反射颜色】右侧的【无贴图】按钮，在打开的对话框中选择【位图】并双击，在打开的对话框中选择素材文件“木纹.jpg”，如图11-106所示。

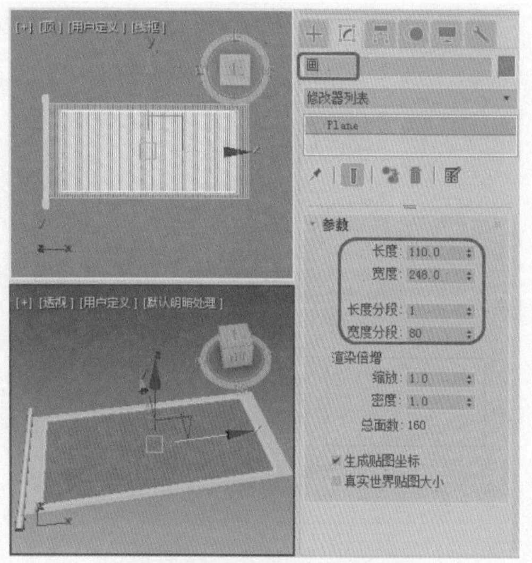

图11-104　创建第二个平面

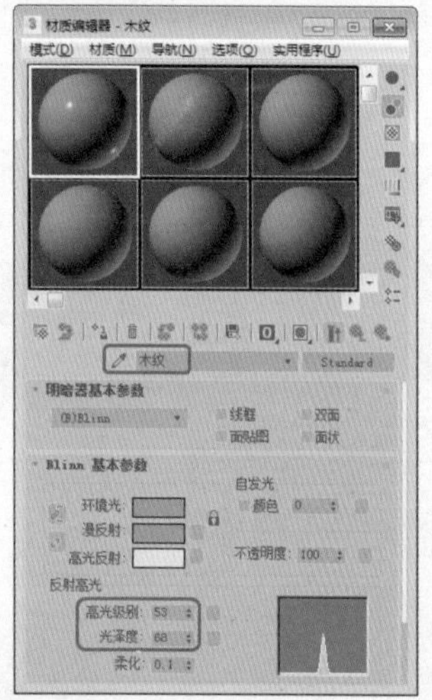

图11-105　设置材质

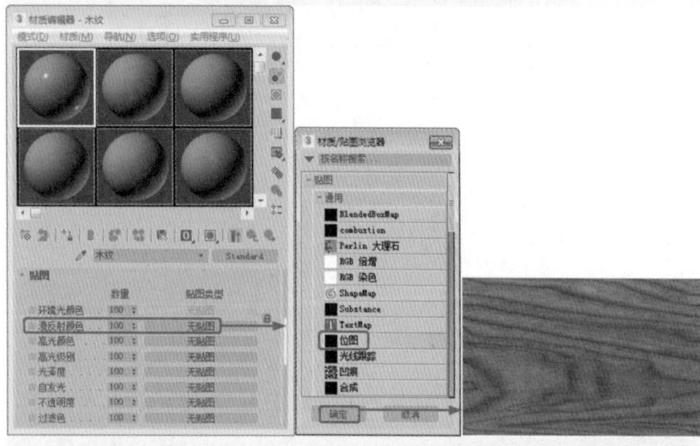

图11-106　选择贴图

12 在材质编辑器中的【坐标】卷展栏中将【模糊偏移】设置为0.03，如图11-107所示。

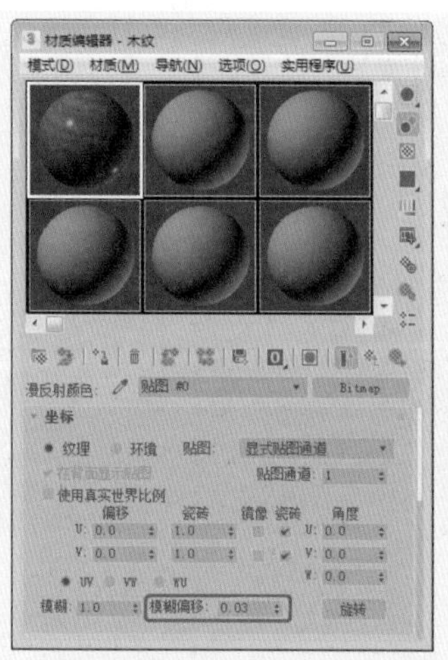

图11-107　设置【模糊偏移】

13 单击【转到父对象】按钮，在视图中选中圆柱对象，在材质编辑器中单击【将材质指定给对象】按钮，单击【视口中显示明暗处理材质】按钮，如图11-108所示。

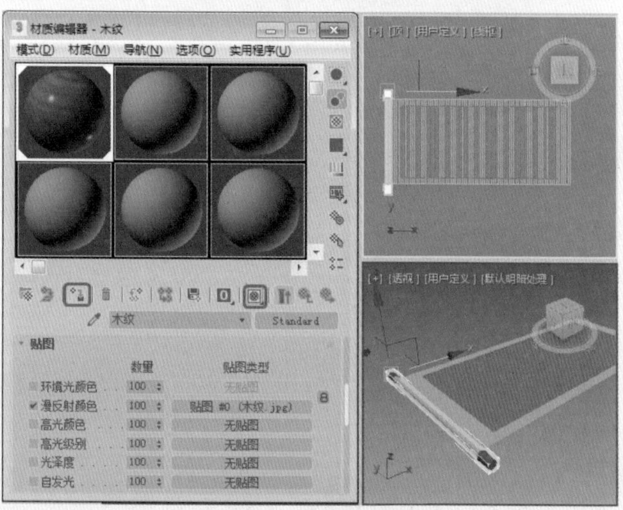

图11-108　指定材质

14 选择一个新的材质球，将其命名为“饰纹”，在【贴图】卷展栏中单击【漫反射颜色】右侧的【无贴图】按钮，在打开的对话框中选择【位图】并双击，在打开的对话框中选择素材文件【饰纹.jpg】，如图11-109所示。

15 将素材打开后，在【坐标】卷展栏中将【瓷砖】下的U、V均设置为6，如图11-110所示。

16 单击【转到父对象】按钮，在场景中选中圆环、底图对象，将饰纹材质指定给这两个对象，并单击【视口中显示明暗处理材质】按钮，如图11-111所示。

17 选择一个新的材质球，将其名称设置为“画”；选择一个新的材质球，将其命名为“画”，在【贴图】卷展栏中单击【漫反射颜色】右侧的【无贴图】按钮，在打开的对话框中选择【位图】并双击，在打开的对话框中选择素材文件【画.jpg】，如图11-112所示。

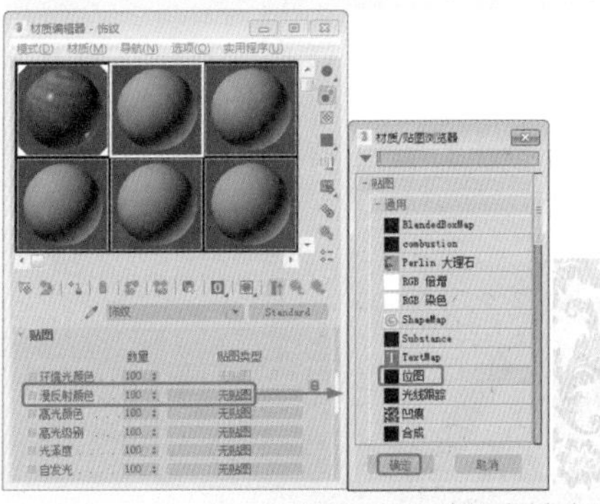

图11-109　选择素材贴图

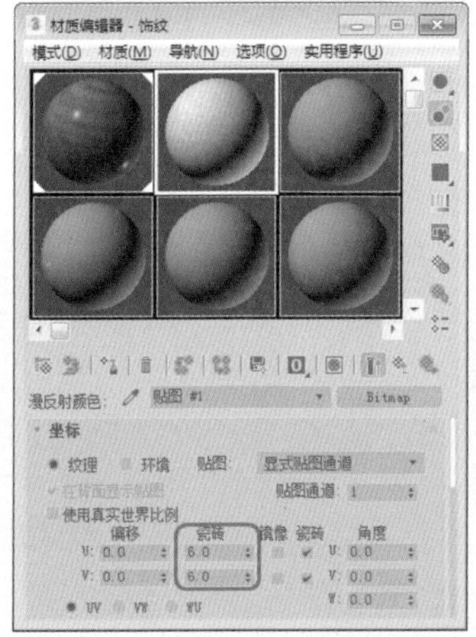

图11-110　设置贴图参数

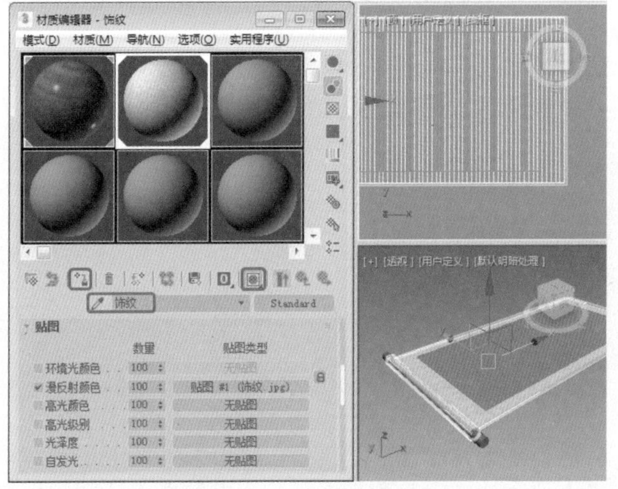

图11-111　选择素材贴图

18 在场景中选中画对象，将画材质指定给画对象，并单击【视口中显示明暗处理材质】按钮，如图11-113所示。

19 在视图中选择圆柱、圆环对象，在菜单栏中选择【组】|【组】命令，如图11-114所示。

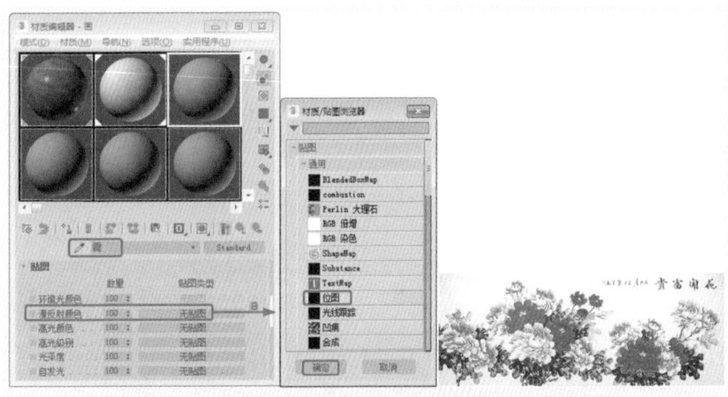

图11-112　设置贴图参数

图11-113　指定材质

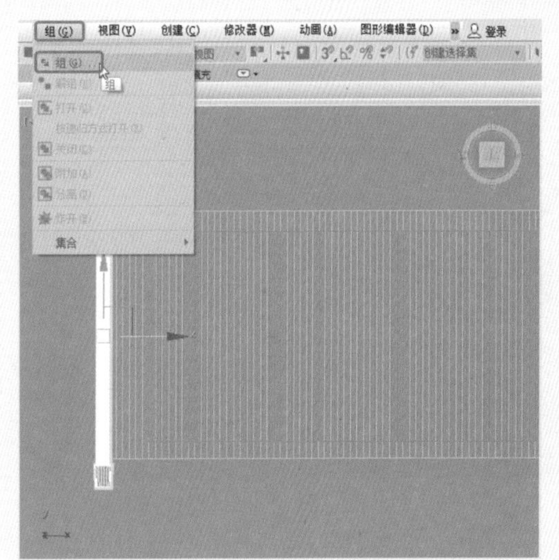

图11-114　选择【组】命令

20 在弹出的【组】对话框中输入组名称为“画轴”，单击【确定】按钮，如图11-115所示。

21 在工具箱中选择【选择并移动】工具，在【顶】视图中按住Shift键，沿X轴向右拖动至合适的位置，松开鼠标后弹出【克隆选项】对话框，在【对象】选项组中

选中【复制】单选按钮，将【名称】设置为“画轴2”，如图11-116所示。

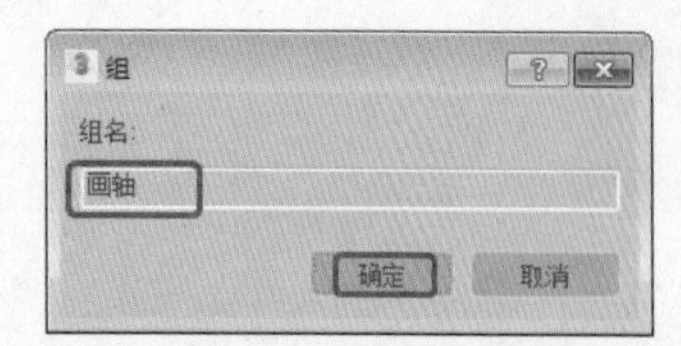

图11-115 设置组名称

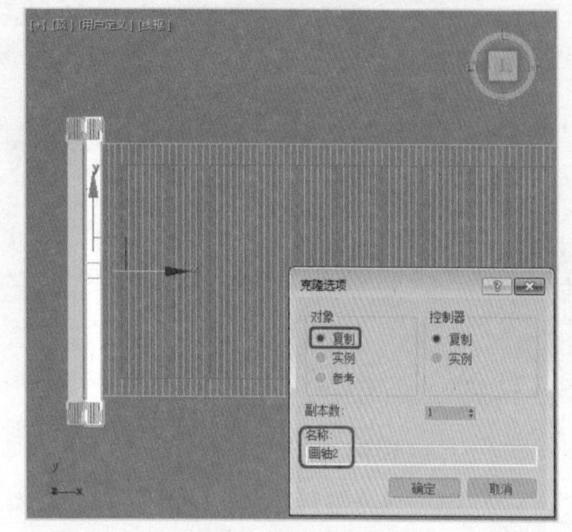

图11-116 复制对象

22 单击【确定】按钮，调整对象的位置，使用同样方法，将底图与画对象编组，将组名称设置为“卷画”，单击【确定】按钮，并选择【卷画】对象，切换至【修改】命令面板，在【修改器列表】中为【卷画】添加一个【UVW贴图】修改器，如图11-117所示。

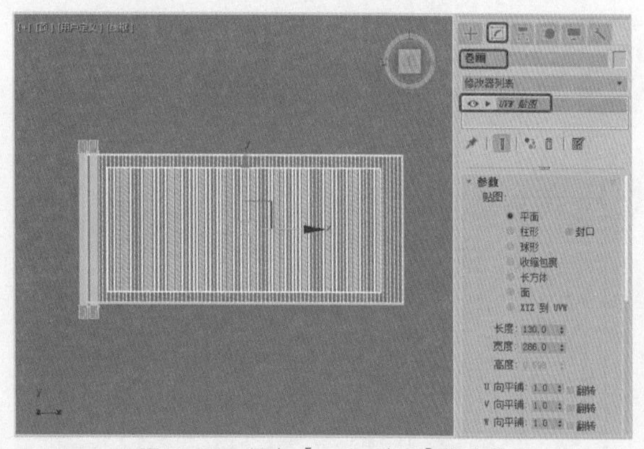
图11-117 添加【UVW贴图】修改器

23 然后在【修改器列表】中为【卷画】添加一个【弯曲】修改器，定义当前选择集为Gizmo，在工具栏中选择【选择并移动】工具，在【参数】卷展栏中将【弯曲】组下的【角度】参数设置为-4600，将【弯曲轴】设置为X轴，在【限制】组下勾选【限制效果】复选框，并将【上限】参数设置为300，在【顶】视图中沿X轴将弯曲修改器的中心移动到如图11-118所示的位置上。

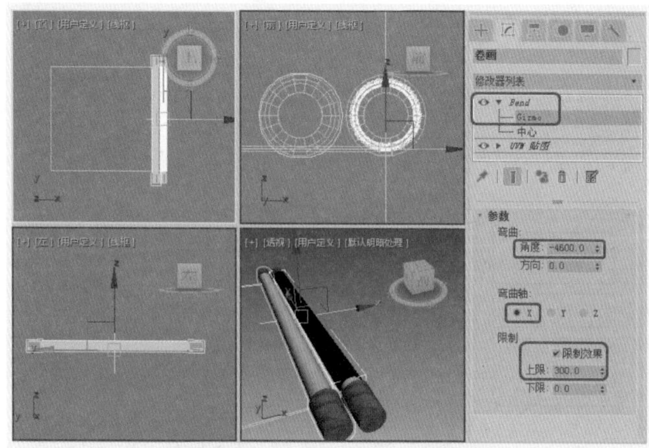
图11-118 添加【弯曲】修改器并设置

24 打开【自动关键点】按钮，并将当前帧调整至100帧位置上，依照上面的方法将画卷打开，恢复原始状态，效果如图11-119所示。

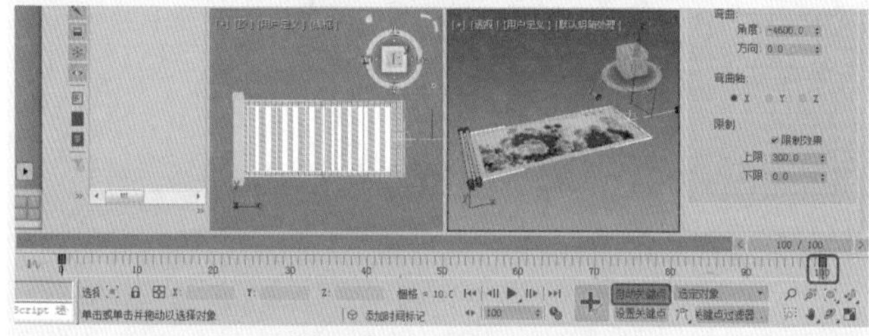
图11-119 创建动画效果

25 在场景中选择【画轴2】，选择【选择并移动】工具，打开【自动关键点】按钮，将【画轴2】沿X轴移动至卷画的右端，效果如图11-120所示，最后关闭【自动关键点】按钮。

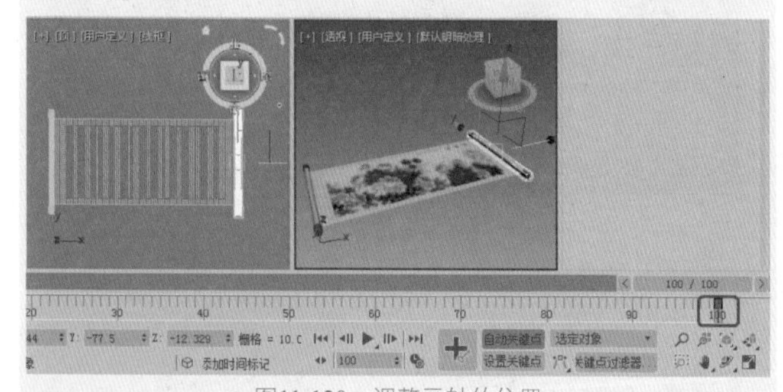
图11-120 调整画轴的位置

26 选择【创建】|【几何体】|【平面】工具，在【顶】视图中绘制平面，在【参数】卷展栏中设置【长度】和【宽度】均为1000，调整平面的位置，如图11-121所示。

27 选择【创建】|【摄影机】|【目标】工具，在【顶】视图创建目标摄影机，激活【透】视图按C键转换为摄影机视图，如图11-122所示。

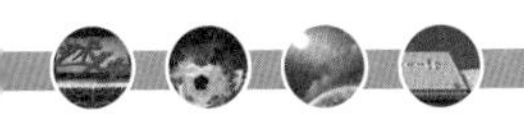

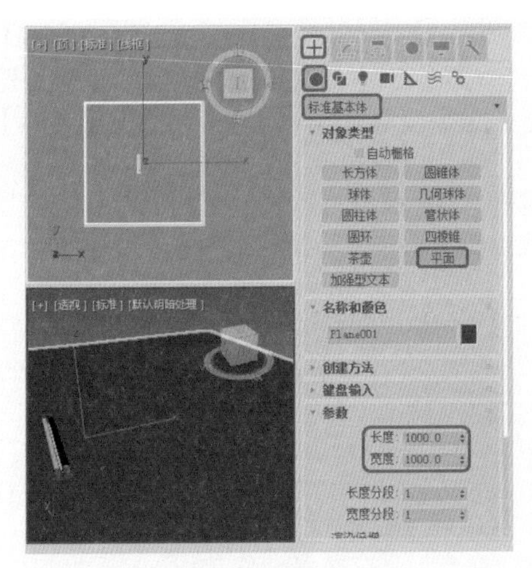

图11-121 创建平面

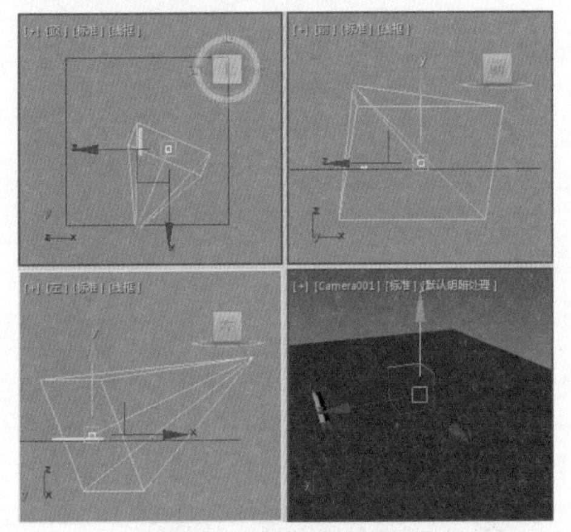

图11-122 创建目标摄影机

28 按M键打开【材质编辑器】对话框，选择一个新的材质球，单击Standard按钮，在打开的对话框中，选择【无光/投影】并双击，如图11-123所示。

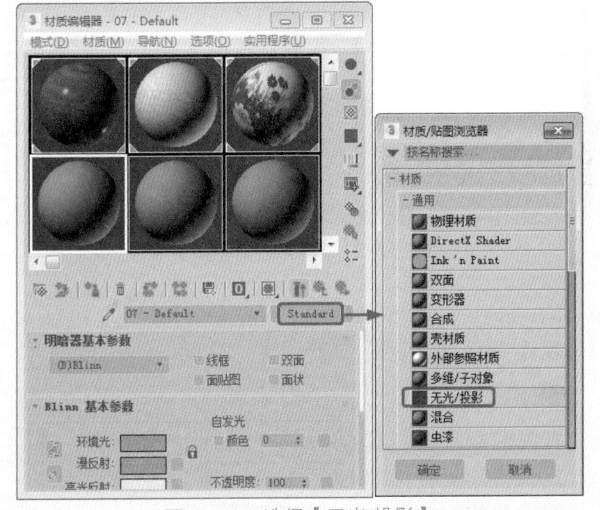

图11-123 选择【无光/投影】

29 选择平面对象，在材质编辑器中单击【将材质指定给选定对象】按钮，如图11-124所示。

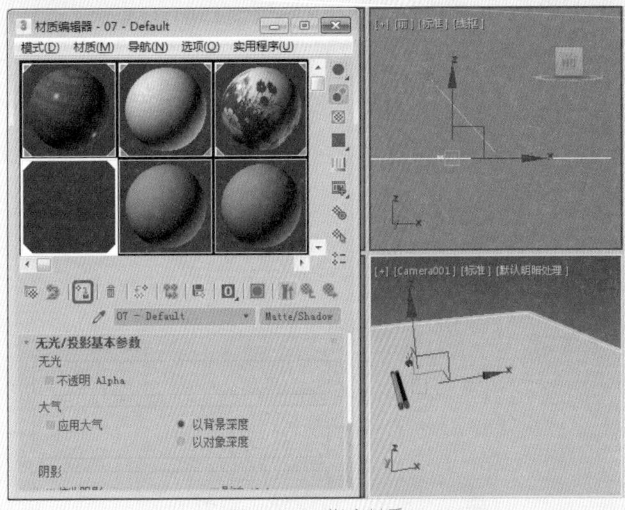

图11-124 指定材质

30 按8键打开【环境和效果】对话框，单击【环境贴图】下的【无】按钮，在打开的对话框中选择【位图】并双击选择素材文件“001.jpg”，如图11-125所示。

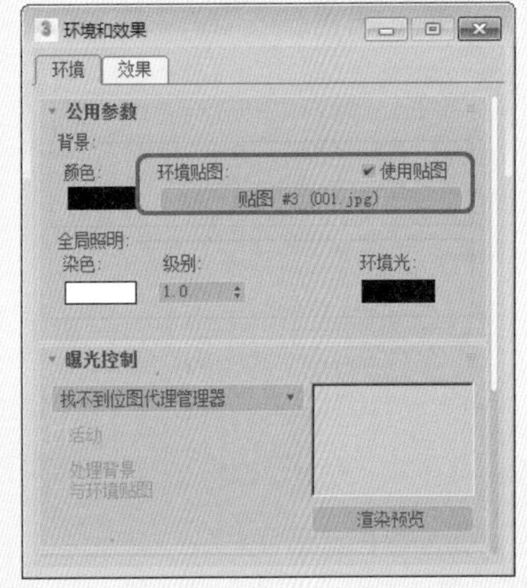

图11-125 设置环境贴图

31 按M键打开显材质编辑器，在【环境和效果】对话框中，将【环境贴图】下的贴图拖至一个新的材质球上，在弹出的对话框中选中【实例】单选按钮，如图11-126所示。

32 单击【确定】按钮，在【坐标】卷展栏中选中【环境】单选按钮，将【切图】类型设置为【屏幕】，如图11-127所示。

33 激活摄影机视图，按Alt+B组合键，在打开的【视口配置】对话框中选中【使用环境背景】单选按钮，单击【确定】按钮，如图11-128所示。

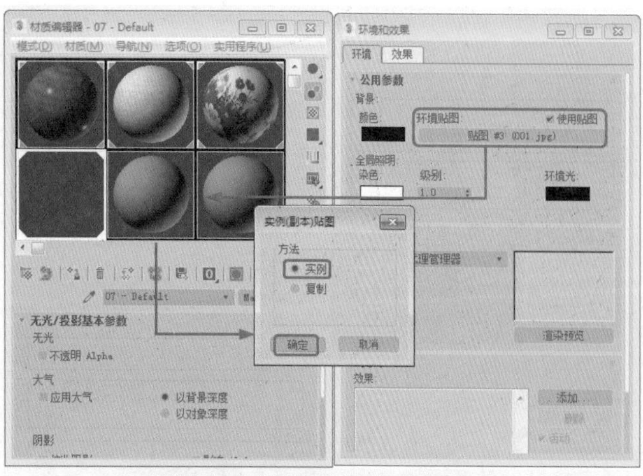

图11-126　将环境贴图拖至材质球中

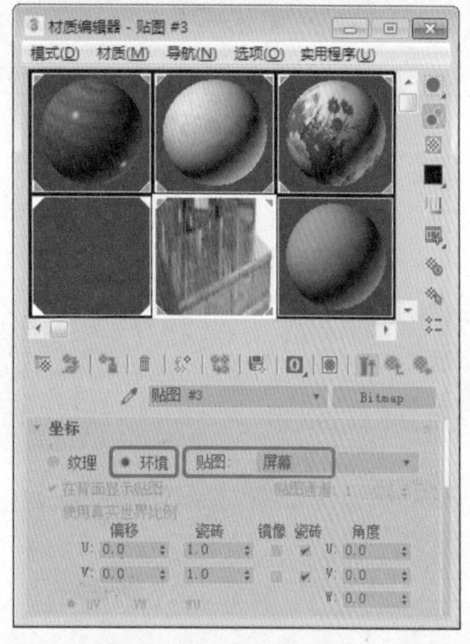

图11-127　设置贴图类型

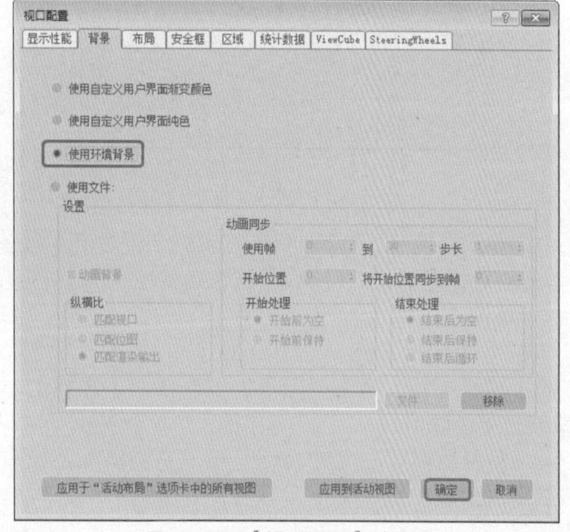

图11-128　【视口配置】对话框

34 在工具栏中单击【渲染设置】按钮，打开【渲染设置】对话框，在【公用参数】卷展栏【时间输出】组中，将【范围】设置为从0到100，将【输出大小】设置为800×250，在【渲染输出】组中单击【文件】按钮，在打开的对话框中选择保存路径并为其进行命名，如图11-129所示将【保存类型】定义为.AVI，单击【保存】按钮，弹出【AVI文件压缩设置】对话框，单击【确定】按钮。

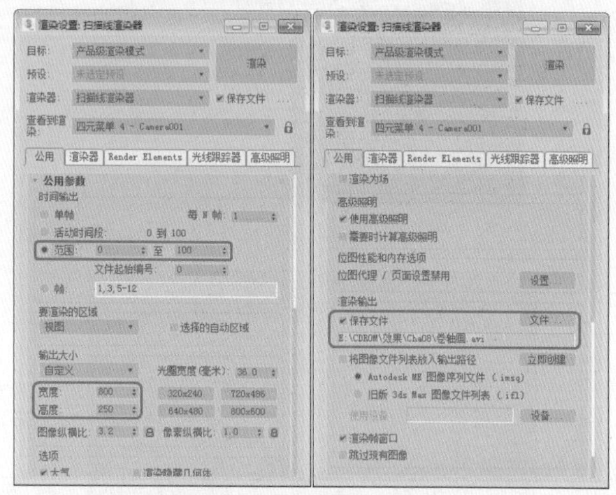

图11-129　渲染设置

35 按Shift+F快捷组合键，为摄影机视图添加安全框，调整摄影机的位置，将平面对象进行隐藏，在场景中创建一盏天光，观察效果如图11-130所示。最后对摄影机视图进行【渲染】查看效果。

图11-130　调整完成后的效果

## 11.6 思考与练习

1. 噪波动画控制器的作用是什么？
2. 链接约束有什么作用？
3. 注视约束的作用是什么？请举例说明。

# 第12章 粒子系统与空间扭曲

粒子系统和空间扭曲是附加的建模工具。粒子系统能生成粒子子对象，从而达到模拟雪、雨、灰尘等效果的目的。粒子系统主要用于动画中。空间扭曲是使其他对象变形的力场，从而创建出涟漪、波浪和风吹等效果。通过3ds Max 2018中的空间扭曲工具和粒子系统可以实现影视特技中更为壮观的爆炸、烟雾以及数以万计的物体运动等，使原本场景逼真、角色动作复杂的三维动画更加精彩。

## 12.1 粒子系统

粒子系统可以动态地模拟一些自然气象或物质，在制作如风、火、雨等动画时，可以起到非常好的效果，下面将介绍粒子系统的相关概念。

### 知识链接 粒子系统简介

粒子系统是一个相对独立的造型系统，用来创建雨、雪、灰尘、泡沫、火花、气流等，它还可以将造型作为粒子，例如用来表现成群的蚂蚁、热带鱼、吹散的蒲公英等动画效果。粒子系统主要用于表现动态的效果，与时间、速度的关系非常紧密，一般用于动画制作。

(1) 选择【创建】|【几何体】|【粒子系统】工具，在【对象类型】卷展栏中包括了多种粒子类型。

(2) 粒子系统除了自身特性外，还有一些共同的属性。

- 【发射器】：用于发射粒子，所有的粒子都由它喷出，它的位置、面积和方向决定了粒子发射时的位置、面积和方向，在视图中不被选中时显示为橘红色，不可以被渲染。
- 【计时】：控制粒子的时间参数，包括粒子产生和消失的时间，粒子存在的时间，粒子的流动速度以及加速度。
- 【粒子参数】：控制粒子的大小、速度，不同类型的粒子系统设置也不同。
- 【渲染特性】：用来控制粒子在视图中和渲染时分别表现出的形态。由于粒子显示不一，所以通常以简单的点、线或交叉来显示，而且数目也只用于操作观察之用，不用设置过多；对于渲染效果，它会按真实指定的粒子类型和数目进行着色计算。

### 12.1.1 粒子流源

选择【创建】|【几何体】|【粒子系统】|【粒子流源】工具，在视图中拖动即可创建一个粒子流源粒子系统，如图12-1所示。创建粒子流源粒子系统的卷展栏如图12-2所示。

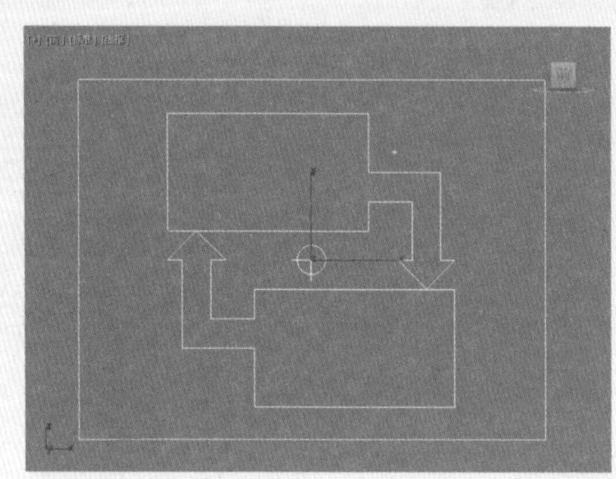

图12-1 创建【粒子流源】粒子系统

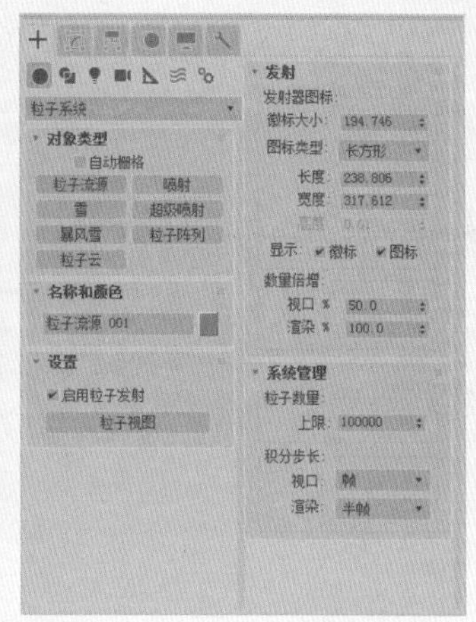

图12-2 创建粒子流源的卷展栏

在【设置】卷展栏中单击【粒子视图】按钮，系统将弹出设置粒子流的【粒子视图】对话框，如图12-3所示。在该对话框中，可以将下面的事件直接拖动赋予上面的粒子系统，然后驱动粒子系统进行该事件的设置，设置方法是在粒子系统选项中选择驱动事件，然后在右面的事件选项中进行参数设置，渲染观察粒子效果即可。

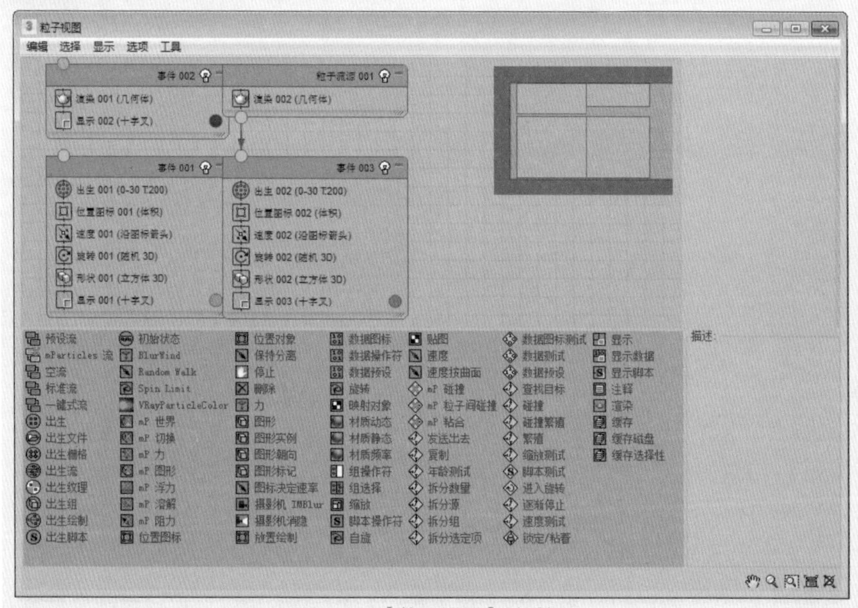

图12-3 【粒子视图】对话框

### 12.1.2 【喷射】粒子系统

【喷射】粒子系统发射垂直的粒子流，粒子可以是四面体尖锥，也可以是四

方形面片，用来表示下雨、水管喷水、喷泉等效果，也可以表现彗星拖尾效果。

这种粒子系统参数较少，易于控制。使用起来很方便，所有数值均可制作动画效果。

选择【创建】|【几何体】|【粒子系统】|【喷射】工具，然后在【顶】视图中创建喷射粒子系统，如图12-4所示。其【参数】卷展栏中的各选项说明如下。

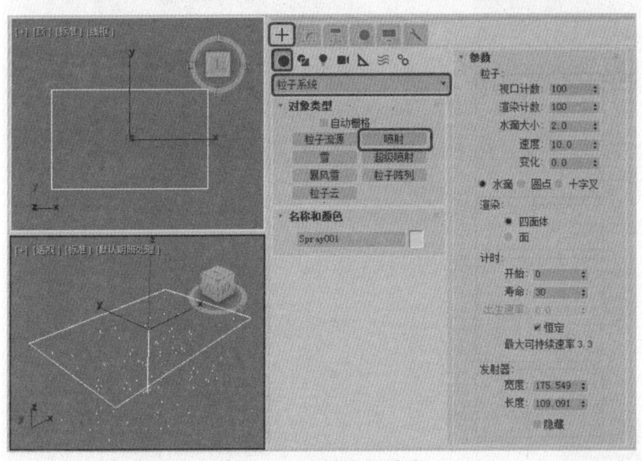

图12-4　喷射粒子系统

● 【粒子】选项组

◆ 【视口计数】：在给定帧处，视口中显示的最大粒子数。

> 提示　将视口显示数量设置为少于渲染计数，可以提高视口的性能。

◆ 【渲染计数】：设置最后渲染时可以同时出现在一帧中的粒子的最大数量，它与【计时】选项组中的参数组合使用。如果粒子数达到【渲染计数】的值，粒子创建将暂停，直到有些粒子消亡。消亡了足够的粒子后，粒子创建将恢复，直到再次达到【渲染计数】的值。

◆ 【水滴大小】：设置渲染时每个颗粒的大小。

◆ 【速度】：设置粒子从发射器流出时的初速度，它将保持匀速不变。只有增加了粒子空间扭曲，它才会发生变化。

◆ 【变化】：影响粒子的初速度和方向。值越大，粒子喷射得越猛烈，喷洒的范围也越大。

◆ 【水滴、圆点、十字叉】：设置粒子在视图中的显示符号。水滴是一些类似雨滴的条纹，圆点是一些点，十字叉是一些小的加号。

● 【渲染】选项组

◆ 【四面体】：以四面体（尖三棱锥）作为粒子的外形进行渲染，常用于表现水滴。

◆ 【面】：以正方形面片作为粒子外形进行渲染，常用于有贴图设置的粒子。

● 【计时】选项组：计时参数控制发射粒子的出生和消亡速率。在【计时】选项组的底部是显示最大可持续速率的行。此值基于【渲染计数】和每个粒子的寿命。其中最大可持续速率 = 渲染计数/寿命 。因为一帧中的粒子数永远不会超过【渲染计数】的值，如果【出生速率】超过了最高速率，系统将会用光所有的粒子，并暂停生成粒子，直到有些粒子消亡，然后重新开始生成粒子，形成突发或喷射的粒子。

◆ 【开始】：设置粒子从发射器喷出的帧号。可以是负值，表示在0帧以前已开始。

◆ 【寿命】：设置每个粒子从出现到消失所存在的帧数。

◆ 【出生速率】：设置每一帧新粒子产生的数目。

◆ 【恒定】：勾选该复选框，【出生速率】将不可用，所用的出生速率等于最大可持续速率。取消勾选该复选框后，【出生速率】可用。默认设置为启用。 禁用【恒定】并不意味着出生速率自动改变，除非为【出生速率】参数设置了动画，否则出生速率将保持恒定。

● 【发射器】选项组：指定粒子喷出的区域。它同时决定喷出的范围和方向。发射器以黑色矩形框显示时，将不能被渲染，可以通过工具栏中的工具对它进行移动、缩放和旋转。

◆ 【宽度、长度】：分别设置发射器的宽度和长度。在粒子数目确定的情况下，面积越大，粒子越稀疏。

◆ 【隐藏】：勾选该复选框可以在视口中隐藏发射器。取消勾选【隐藏】复选框后，在视口中显示发射器。发射器从不会被渲染。默认设置为禁用状态。

> 提示　要设置粒子沿着空间中某个路径的动画，可以通过使用路径跟随空间扭曲来实现。

## 实例操作001——下雨效果

下面将介绍如何制作下雨效果，效果如图12-5所示，操作步骤如下：

01 启动软件，按Ctrl+O组合键，在弹出的对话框中选择“下雨效果.max”素材文件，单击【打开】按钮，如图12-6所示。

02 选择【创建】|【几何体】|【粒子系统】|【喷射】工具，在【顶】视图中创建一个喷射粒子发射器，如图12-7所示。

03 在【参数】卷展栏中将【粒子】选项组中的【视口计数】和【渲染计数】都设置为8000，将【水滴大小】、【速度】和【变化】分别设置为2.3、30和1，在【计时】选项组中将【开始】和【寿命】分别设置为-50

和400，将【宽度】和【长度】分别为800和500，如图12-8所示。

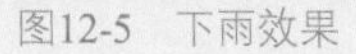

图12-5　下雨效果

图12-6　打开的素材文件

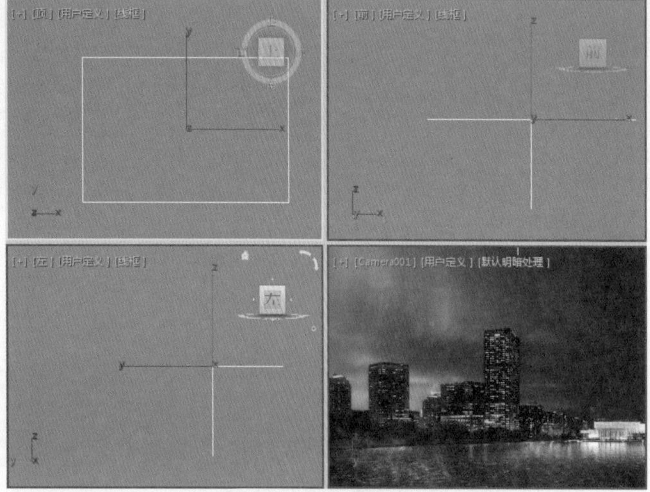

图12-7　创建粒子发射器

图12-8　设置粒子参数

04 选中该粒子系统对象，按M键打开【材质编辑器】对话框，在【Blinn基本参数】卷展栏中将【环境光】的RGB值设置为230、230、230，勾选【自发光】选项组中的【颜色】复选框，并将其RGB值设置为240、240、240，将【不透明度】设置为50，将【反射高光】选项组中的【光泽度】设置为0，如图12-9所示。

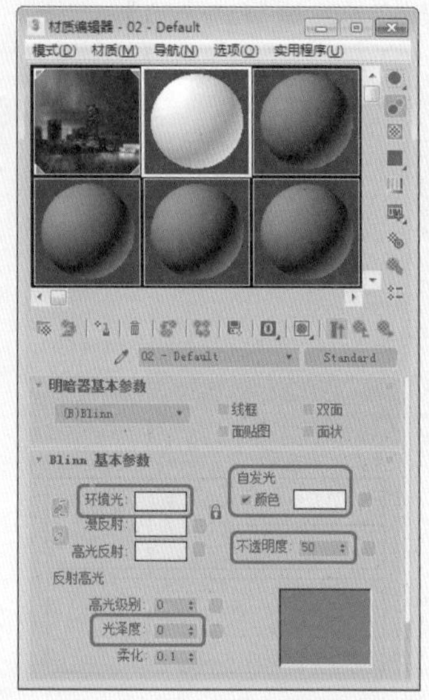


图12-9　设置Blinn基本参数

05 打开【扩展参数】卷展栏，在【高级透明】选项组中选中【衰减】选项组中的【外】单选按钮，并将【数量】设置为100，如图12-10所示。

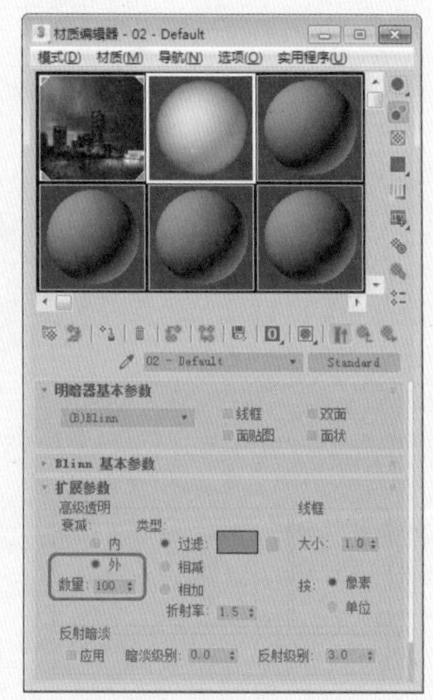


图12-10　设置扩展参数

06 设置完成后，单击【将材质指定给选定对象】按钮，将该材质指定给选定对象，并将【材质编辑器】对话框关闭，继续选中粒子系统对象，在该对象上右击鼠标，在弹出的快捷菜单中选择【对象属性】命令，如图12-11所示。

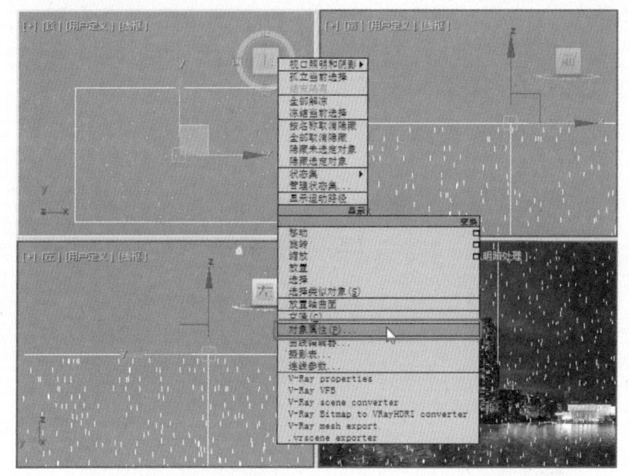
图12-11　选择【对象属性】命令

07 在打开的【对象属性】对话框中选中【运动模糊】选项组中的【图像】单选按钮，设置【倍增】为1.8，如图12-12所示。

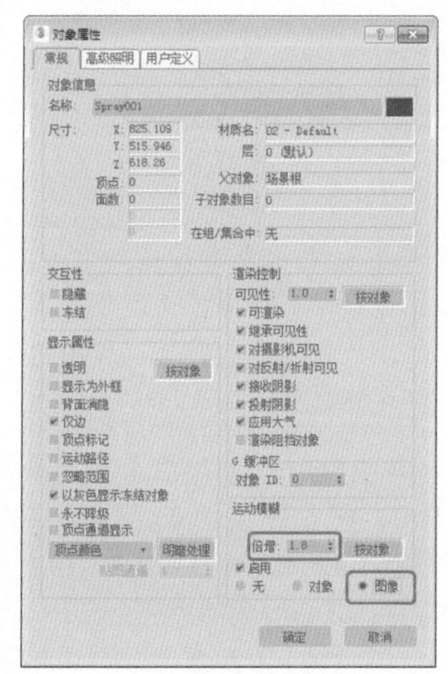
图12-12　设置运动模糊参数

08 设置完成后，单击【确定】按钮，按F9键渲染预览效果，如图12-13所示。

图12-13　预览效果

## 12.1.3 【雪】粒子系统

【雪】模拟降雪或投撒的纸屑。雪系统与喷射类似，但是雪系统提供了其他参数来生成翻滚的雪花，渲染选项也有所不同。

【雪】粒子系统不仅可以用来模拟下雪，还可以将多维材质指定给它，产生五彩缤纷的碎片下落效果，常用来增添节日的喜庆气氛；如果将雪花向上发射，可以表现从火中升起的火星效果。

选择【创建】|【几何体】|【粒子系统】|【雪】工具，然后在视图中创建雪粒子系统，如图12-14所示。其【参数】卷展栏中各选项说明如下。

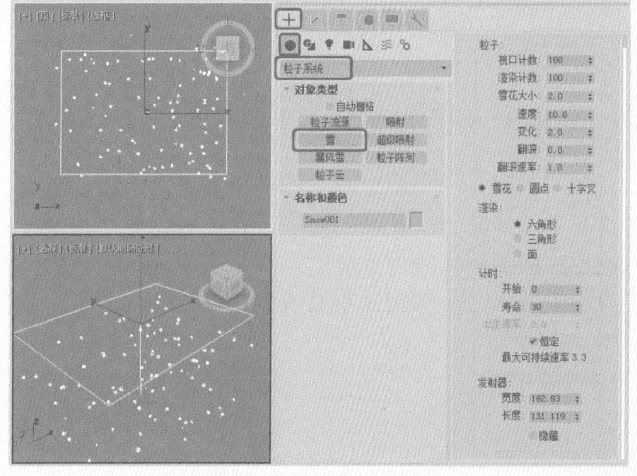
图12-14　雪粒子系统

- 【粒子】选项组
- 【视口计数】：在给定帧处，视口中显示的最大粒子数。

> 提示：将视口显示数量设置为少于渲染计数，可以提高视口的性能。

- 【渲染计数】：一个帧在渲染时可以显示的最大粒子数。该选项与粒子系统的计时参数配合使用。如果粒子数达到【渲染计数】的值，粒子创建将暂停，直到有些粒子消亡。消亡了足够的粒子后，粒子创建将恢复，直到再次达到【渲染计数】的值。
- 【雪花大小】：设置渲染时每个粒子的大小尺寸。
- 【速度】：设置粒子从发射器流出时的初速度，它将保持匀速不变，只有增加了粒子空间扭曲，它才会发生变化。
- 【变化】：改变粒子的初始速度和方向。【变化】的值越大，降雪的区域越广。
- 【翻滚】：雪花粒子的随机旋转量。此参数可以在0～1之间。设置为0时，雪花不旋转；设置为1时，雪花旋转最多。每个粒子的旋转轴随机生成。

- 【翻滚速率】：雪片旋转的速度。值越大，旋转得越快。
- 【雪花、圆点、十字叉】：设置粒子在视图中的显示符号。雪花是一些星形的雪花，圆点是一些点，十字叉是一些小的加号。
- 【渲染】选项组
- 【六角形】：以六角形面进行渲染，常用于表现雪花。
- 【三角形】：以三角形面进行渲染，三角形只有一个边是可以指定材质的面。
- 【面】：粒子渲染为正方形面，其宽度和高度等水滴大小。

提示 其他参数与【喷射】粒子系统的参数基本相同，所以在此就不进行赘述了。

## 实例操作002——制作下雪效果

粒子系统是一个相对独立的造型系统，用来创建雨、雪、灰尘、泡沫、火花、气流等，它还可以将任何造型作为粒子，例如用来表现成群的蚂蚁、热带鱼、吹散的蒲公英等动画效果。下面将介绍如何制作下雪动画效果，效果如图12-15所示。

图12-15 下雪效果

01 启动软件后，按Ctrl+O组合键，选择“制作下雪效果.max”素材文件，激活摄影机视图查看效果，如图12-16所示。

图12-16 打开的素材文件

02 激活【顶】视图，选择【创建】|【几何体】|【粒子系统】|【雪】工具，在顶视图中创建一个雪粒子系统。并将其命名为“雪”，在【参数】选项组中将【视口计数】和【渲染计数】分别设置为1000和800，将【雪花大小】和【速度】分别设置为1.8和8，将【变化】设置为2，勾选【雪花】单选按钮，在【渲染】选项组中选中【面】单选按钮，如图12-17所示。

图12-17 创建雪粒子系统

提示 【雪花大小】：用于设置渲染时颗粒的大小。【速度】：用于设置微粒从发射器流出时的速度。【变化】：用于设置影响粒子的初速度和方向，值越大，粒子喷射的越猛烈，喷洒的范围越大。

03 在【计时】选项组中将【开始】和【寿命】分别设置为-100和100，将【发射器】选项组中的【宽度】和【长度】分别设置为430和488，如图12-18所示。

04 在视图中调整其位置，按M键打开【材质编辑器】对话框，选择一个新的样本球，并将其命名为“雪”，将【明暗器类型】设置为（B）Blinn，在【Blinn基本参数】卷展栏中选中【自发光】选项组中的【颜色】复选框，然后将该颜色的RGB值设置为196、196、196，如图12-19所示。

05 打开【贴图】卷展栏，单击【不透明度】右侧的【无贴图】按钮，在打开的【材质/贴图浏览器】对话框中选择【渐变坡度】选项，如图12-20所示。

06 单击【确定】按钮，进入渐变坡度材质层级。在【渐变坡度参数】卷展栏中将【渐变类型】定义为【径向】，将位置50处的色标调整至位置46处，将其RGB值设置为210、210、210，打开【输出】卷展栏，勾选【反转】复选框，如图12-21所示。

图12-18　设置【计时】和【发射器】

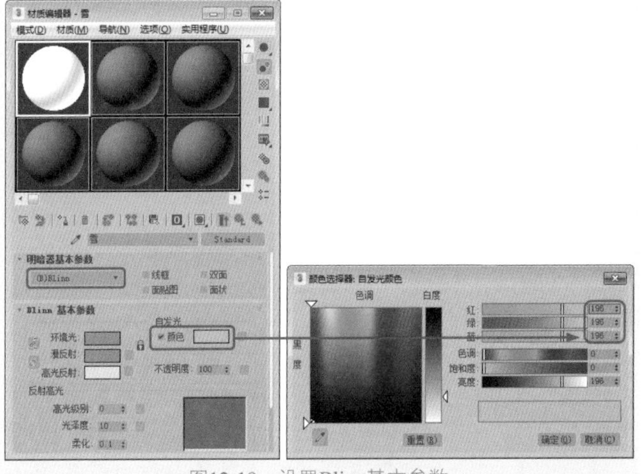

图12-19　设置Blinn基本参数

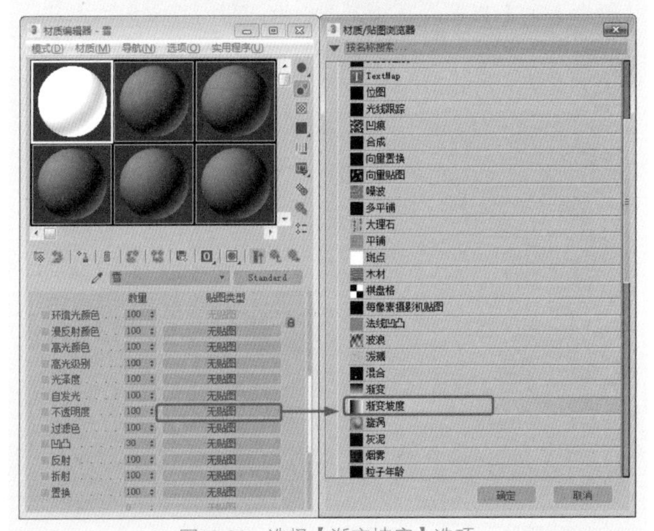

图12-20　选择【渐变坡度】选项

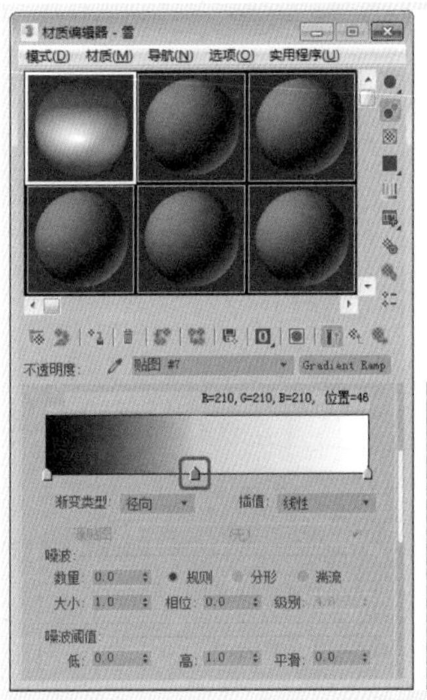

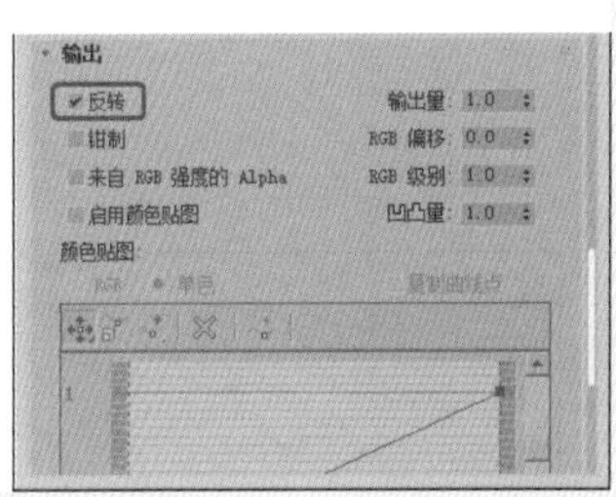

图12-21　设置渐变坡度参数

07 设置完成后，单击【将材质指定给选定对象】按钮，指定给场景中的雪对象，按F10键打开【渲染设置】对话框，在【公用参数】卷展栏中选中【活动时间段】单选按钮，在【渲染输出】选项组中单击【文件】按钮，在弹出的对话框中指定保存路径，将其命名为“实例操作002—制作下雪效果”，将【保存类型】设置为【AVI文件（*.avi）】，如图12-22所示。

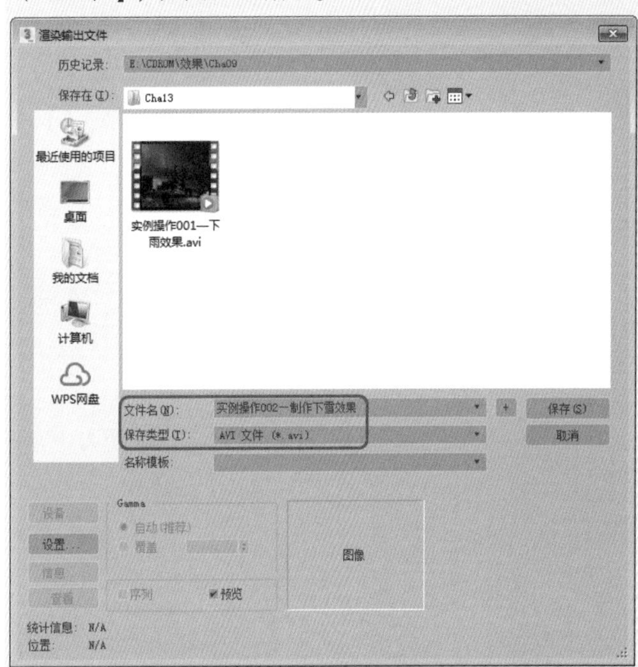

图12-22　指定文件名与保存类型

08 设置完成后，单击【保存】按钮，然后对摄影机视图渲染预览效果，如图12-23所示。

图12-23　渲染后的效果

## 12.1.4　【超级喷射】粒子系统

从一个点向外发射粒子流，与【喷射】粒子系统相似，但功能更为复杂。它只能由一个出发点发射，产生线型或锥形的粒子群形态。在其他的参数控制上，与【粒子阵列】几乎相同，既可以发射标准基本体，还可以发射其他替代对象。通过参数控制，可以实现喷射、拖尾、拉长、气泡晃动、自旋等多种特殊效果。常用来制作水管喷水、喷泉、瀑布等特效。

选择【创建】+|【几何体】●|【粒子系统】|【超级喷射】工具，在视口中拖动以创建粒子云粒子系统，如图12-24所示。

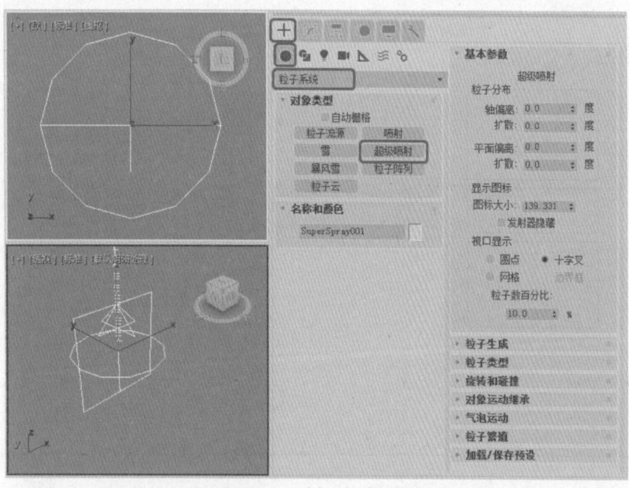


图12-24　创建粒子系统

其【基本参数】卷展栏中的各个选项的功能说明如下。

- 【粒子分布】选项组
  - 【轴偏离】：设置粒子与发射器中心Z轴的偏离角度，产生斜向的喷射效果。
  - 【扩散】：设置在Z轴方向上粒子发射后散开的角度。
  - 【平面偏离】：设置粒子在发射器平面上的偏离角度。
  - 【扩散】：设置在发射器平面上粒子发射后散开的角度，产生空间的喷射。
- 【显示图标】选项组
  - 【图标大小】：设置发射器图标的大小尺寸，它对发射效果没有影响。
  - 【发射器隐藏】：设置是否将发射器图标隐藏。发射器图标即使在屏幕上，它也不会被渲染出来。
- 【视口显示】选项组：设置在视图中粒子以何种方式进行显示，这和最后的渲染效果无关。

【粒子生成】、【粒子类型】、【气泡运动】和【旋转和碰撞】卷展栏中的内容参见其他区粒子系统相应的卷展栏，其功能大都相似。

> 提示
> 超级喷射是喷射的一种更强大、更高级的版本。它提供了喷射的所有功能以及其他一些特性。

## 12.1.5　【粒子阵列】粒子系统

粒子阵列拥有大量的控制参数，根据粒子类型的不同，可以表现出喷发、爆裂等特殊效果。可以很容易地将一个对象炸成带有厚度的碎片，这是电影特技中经常使用的功能，计算速度非常快。

选择【创建】+|【几何体】●|【粒子系统】|【粒子阵列】工具，在视图中拖动即可创建一个粒子阵列，切换至【修改】命令面板，在【基本参数】卷展栏中单击【拾取对象】按钮，在场景中拾取对象，拖动时间滑块，可以看到粒子在拾取对象上的粒子，如图12-25所示。粒子阵列的参数卷展栏如图12-26所示。

图12-25　创建粒子阵列

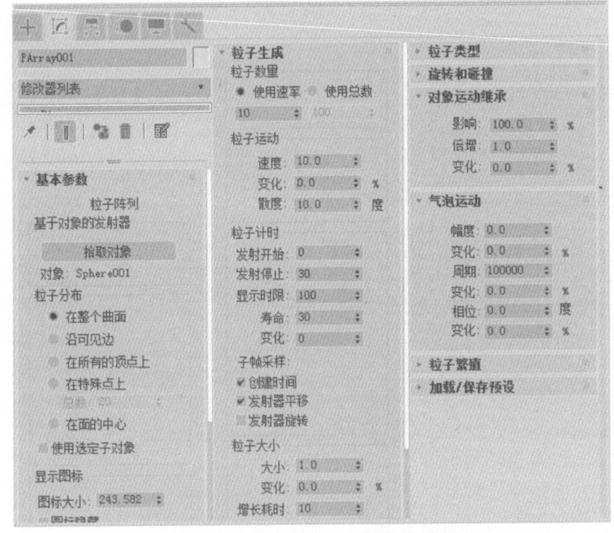


图12-26　粒子阵列的参数卷展栏

## 12.1.6 【暴风雪】粒子系统

【暴风雪】粒子系统从一个平面向外发射粒子流，与【雪】粒子系统相似，但功能更为复杂。从发射平面上产生的粒子在落下时不断旋转、翻滚。它们可以是标准基本体、变形球粒子或替身几何体。暴风雪的名称并非强调它的猛烈，而是指它的功能强大，不仅可以用于普通雪景的制作，还可以表现火花迸射、气泡上升、开水沸腾、满天飞花、烟雾升腾等特殊效果。

选择【创建】+|【几何体】●|【粒子系统】|【暴风雪】工具，在视口中拖动以创建暴风雪粒子系统，如图12-27所示，其【基本参数】卷展栏中各选项说明如下。

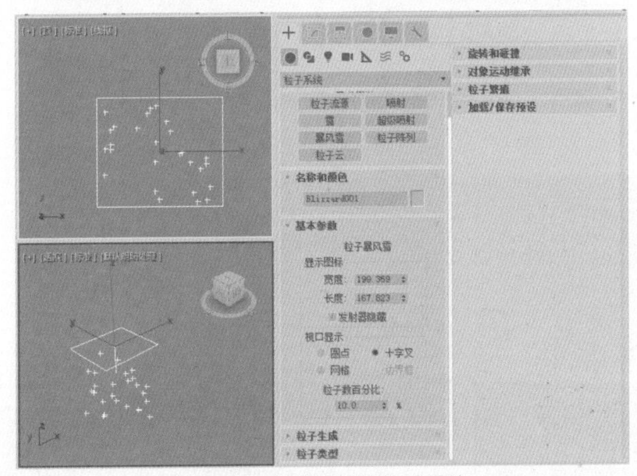


图12-27　创建暴风雪粒子系统

- 【显示图标】选项组
  - 【宽度、长度】：设置发射器平面的长、宽值，即确定粒子发射覆盖的面积。
  - 【发射器隐藏】：是否将发射器图标隐藏，发射器图标即使在屏幕上显示，它也不会被渲染。
- 【视图显示】选项组：设置在视图中粒子以何种方式进行显示，这和最后的渲染效果无关。

其他参数选项的功能参考【粒子阵列】粒子系统中的参数，在此就不再进行赘述了。

## 12.1.7 【粒子云】粒子系统

粒子云可以创建一群鸟、一个星空或一队在地面行军的士兵。【粒子云】粒子系统限制一个空间，在空间内部产生粒子效果。通常空间可以是球形、柱体或长方体，也可以是任意指定的分布对象，空间内的粒子可以是标准基本体、变形球粒子或替身几何体，常用来制作堆积的不规则群体。

选择【创建】+|【几何体】●|【粒子系统】|【粒子云】工具，在视口中拖动以创建粒子云粒子系统，如图12-28所示，其【基本参数】卷展栏中各个选项的功能如下：

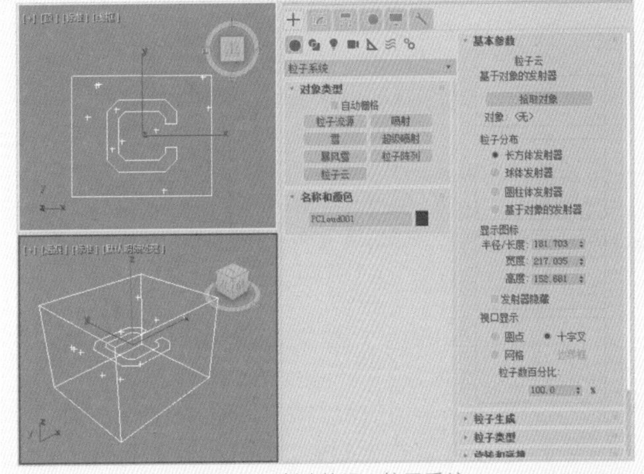


图12-28　创建粒子云粒子系统

- 【基于对象的发射器】选项组
  - 【拾取对象】：单击此按钮，然后选择要作为自定义发射器使用的可渲染网格对象。
  - 【对象】：显示所拾取对象的名称。
- 【粒子分布】选项组
  - 【长方体发射器】：选择长方体形状的发射器。
  - 【球体发射器】：选择球体形状的发射器。
  - 【圆柱体发射器】：选择圆柱体形状的发射器。
  - 【基于对象的发射器】：选择【基于对象的发射器】选项组中所选的对象。
- 【显示图标】选项组
  - 【半径/长度】：当使用长方体发射器时，它为长度设定；当使用球体发射器和圆柱体发射器时，它为半径设定。

- 【宽度】：设置长方体的底面宽度。
- 【高度】：设置长方体和柱体的高度。
- 【发射器隐藏】：是否将发射器标志隐藏起来。
- 【视口显示】选项组：设置在视图中粒子以何种方式进行显示，这和最后的渲染效果有关。

## 12.2 空间扭曲

空间扭曲是一类特殊的力场，施加了这类力场作用后的场景，可用来模拟自然界的各种动力效果，使物体的运动规律与现实更加贴近，产生诸如重力、风力、爆发力、干扰力等作用效果。空间扭曲对象是一类在场景中影响其他物体的不可渲染的对象，它们能够创建力场使其他对象发生变形，可以创建涟漪、波浪、强风等效果。它是3ds Max 2018为物体制作特殊效果动画的一种方式，可以将其想象为一个作用区域，它对区域内的对象产生影响，对象移动所产生的作用也发生变化，区域外的其他物体则不受影响。

> 提示
> 虽然空间扭曲能够像编辑修改一样改变对象的内部结构，但它的效果却决定于对象在场景中的变换方式。一般情况下，编辑修改器和空间扭曲的作用效果是相同的。如果要使对象发生局部变化，且该变化依赖于在数据流中其他的操作时，应使用编辑修改器。如果要使许多对象产生全局效果，且该效果与对象在场景中的位置有关时，则要使用空间扭曲。

在3ds Max 2018中空间扭曲工具包括5大类，简单说明如下。

- 力：用来模拟各种力的作用效果，如风、重力、推力和阻力等，可以对粒子系统和动力学系统产生影响。
- 导向器：用于改变粒子系统的方向，且只能作用于粒子系统，对其他物体没有影响。
- 几何/可变形：用于创建各种几何变形效果，共包含7种空间扭曲，分别是FFD (长方体)、FFD (圆柱体)、波浪、涟漪、置换、配置变形、炸弹。
- 基于修改器：此类空间扭曲有6种，都是基于修改器的空间扭曲。
- 粒子和动力学：提供向量场功能，主要用来描述物体的方向速度等属性。

创建并使用空间扭曲的一般步骤如下。

01 创建一种需要的空间扭曲，它以框架形式显示在视图中，称其为控制器。

02 单击工具栏中的【绑定到空间扭曲】按钮，在要应用空间扭曲的物体上按住鼠标左键并拖动到空间扭曲上，完成绑定操作。此时物体所受的影响效果会在视图中显示出来。

03 调整空间扭曲的参数，对空间扭曲进行移动、旋转和缩放等操作，影响被绑定的物体，以达到用户满意的程度。

04 用户可以利用空间扭曲的参数变化及转换操作创建动画，也可以用被绑定物体创建动画，以实现动态的效果。

当物体被绑定到空间扭曲上之后，才会受到它的影响，空间扭曲会显示在该物体的修改器堆栈中。一般在应用转换或修改器之后才应用空间扭曲，一个物体可以绑定多个空间扭曲，一个空间扭曲也可以同时应用在多个物体上。

### 12.2.1 【力】类型的空间扭曲

【力】中的空间扭曲用来影响粒子系统和动力学系统。它们全部可以和粒子一起使用，而且其中一些可以和动力学一起使用。

【力】面板中提供了9种不同类型的作用力，下面将分别对其中的四种进行介绍。

1. 路径跟随

指定粒子沿着一条曲线路径流动，需要一条样条线作为路径。可以用来控制粒子运动的方向，例如表现山间的小溪，可以让水流顺着曲折的山麓流下。如图12-29所示为粒子沿螺旋形路径运动，选择【创建】|【空间扭曲】|【力】|【路径跟随】工具，在顶视图中创建一个粒子路径跟随对象，如图12-30所示。

图12-29　粒子沿螺旋形路径运动

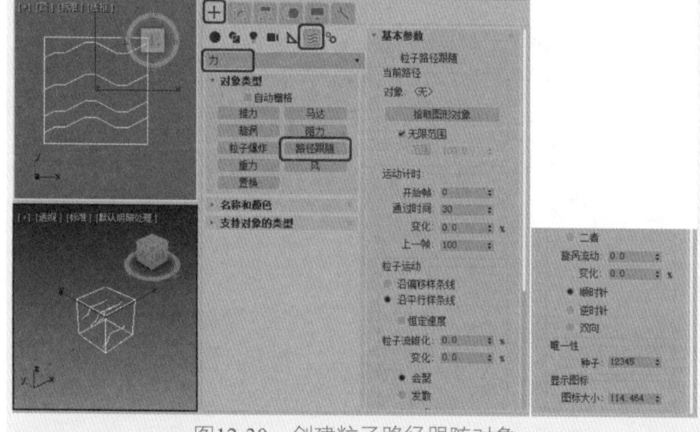

图12-30　创建粒子路径跟随对象

- 【当前路径】选项组
- 【拾取图形对象】：单击该按钮，然后单击场景中的图形即可将其选为路径。可以使用任意图形对象作为路径；如果选择的是一个多样条线图形，则只会使用编号最小的样条线。
- 【无限范围】：取消勾选该复选框时，会将空间扭曲的影响范围限制为【距离】设置的值。勾选该复选框时，空间扭曲会影响场景中所有绑定的粒子，而不论它们距离路径对象有多远。
- 【范围】：指定取消勾选【无限范围】复选框时的影响范围。这是路径对象和粒子系统之间的距离。【路径跟随】空间扭曲的图标位置会被忽略。
- 【运动计时】选项组
- 【开始帧】：该参数选项用于设置路径开始影响粒子的起始帧。
- 【通过时间】：该参数选项用于设置每个粒子在路径上运动的时间。
- 【变化】：该参数选项用于设置粒子在传播时间的变化百分比值。
- 【上一帧】：路径跟随释放粒子并且不再影响它们时所在的帧。
- 【粒子运动】选项组
- 【沿偏移样条线】：设置粒子系统与曲线路径之间的偏移距离对粒子的运动产生影响。如果粒子喷射点与路径起始点重合，粒子将顺着路径流动；如果改变粒子系统与路径的距离，粒子流也会发生变化。
- 【沿平行样条线】：设置粒子系统与曲线路径之间的平移距离对粒子的运动不产生影响。即使粒子喷射口不在路径起始点，它也会保持路径的形态发生流动，但路径的方向会改变粒子的运动。
- 【恒定速度】：勾选该复选框，粒子将保持匀速流动。
- 【粒子流锥化】：设置粒子在流动时偏向于路径的程度，根据其下的3个选项将产生不同的效果。
- 【变化】：设置锥形流动的变化百分比值。
- 【会聚】：当【粒子流锥化】值大于0时，粒子在沿路径运动的同时会朝路径移动。
- 【发散】：粒子以分散方式偏向于路径。
- 【二者】：一部分粒子以会聚方式偏向于路径；另一部分粒子以分散方式偏向于路径。
- 【旋涡流动】：设置粒子在路径上螺旋运动的圈数。
- 【变化】：设置旋涡流动的变化百分比值。
- 【顺时针】和【逆时针】：设置粒子旋转的方向为顺时针还是逆时针方向。
- 【双向】：设置粒子打旋方向为双方向。
- 【唯一性】选项组
- 【种子】：设置在相同设置下表现出不同的效果。
- 【显示图标】选项组
- 【图标大小】：设置视图中图标的显示大小。

### 2. 重力

【重力】空间扭曲可以在粒子系统所产生的粒子上对自然重力的效果进行模拟。重力具有方向性，沿重力箭头方向的运动的粒子呈加速状，逆着箭头方向运动的粒子呈减速状。在球形重力下，运动朝向图标。重力也可以作为动力学模拟中的一种效果，如图12-31所示。

下面将对【重力】的【参数】卷展栏进行介绍，如图12-32所示。

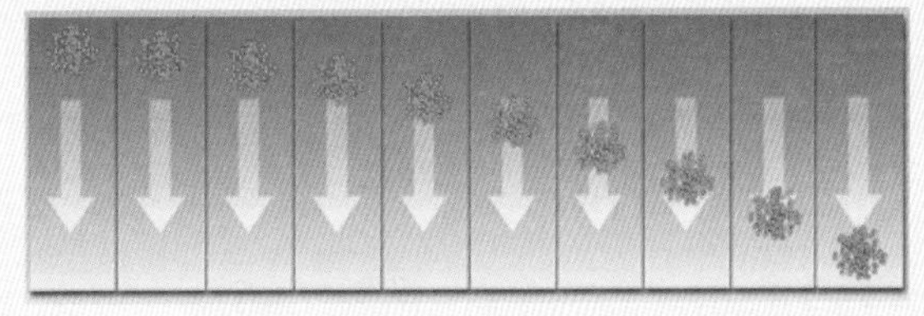

图12-31　重力引起的粒子降落效果

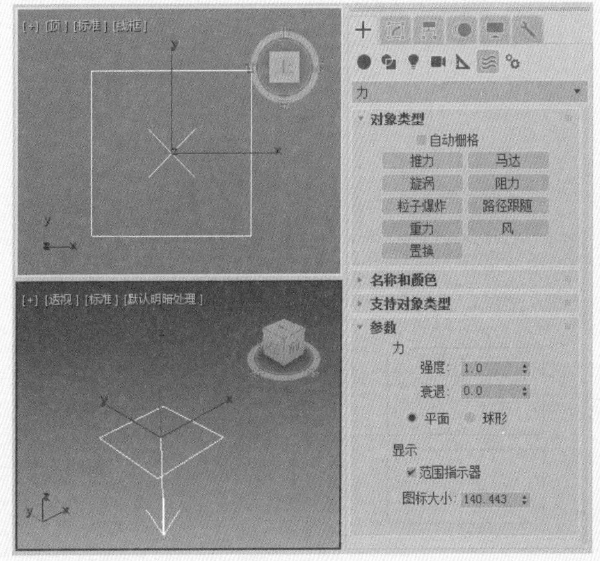


图12-32　【参数】卷展栏

- 【力】选项组
- 【强度】：该参数用于设置重力的大小。当值为0时，无引力影响；值为正时，粒子会沿着箭头方向偏移；值为负时，粒子会指向箭头方向。
- 【衰退】：该参数用于设置粒子系统随着喷发范围的增大，其例子末端则受引力的影响而逐渐删减强度。
- 【平面】：选中该单选按钮后，重力效果将垂直于贯穿场景的重力扭曲对象所在的平面。
- 【球形】：选中该单选按钮后，重力效果将变为球形，粒子将被球心吸引。
- 【显示】选项组

- 【范围指示器】：勾选该复选框时，如果衰减参数大于0，视图中的图标会显示出重力最大值的范围。
- 【图标大小】：该参数选项用于设置图标在视图中的大小。

## 实例操作003——制作喷射动画

空间扭曲对象是一类在场景中影响其他物体的不可渲染对象，它们能够创建力场使其他对象发生变形，可以创建涟漪、波浪、强风等效果，下面将介绍如何制作啤酒喷射动画，效果如图12-33所示。

图12-33　喷射动画

01 启动软件后，按Ctrl+O快捷组合键，在弹出的对话框中选择"制作喷射动画.max"素材文件，如图12-34所示。

图12-34　打开的素材文件

02 选择【创建】|【几何体】|【粒子系统】|【超级喷射】工具，在【顶】视图中创建一个超级喷射粒子系统，切换到【修改】命令面板，在【基本参数】卷展栏中将【轴偏离】组中的【扩散】设置为2.5，将【水平偏离】下的【扩散】设置为 180，将【图标大小】设置为14，在【视口显示】勾选【网格】单选按钮，将【粒子数百分比】设置为100。在【粒子生成】卷展栏中，选中【粒子数量】选项组中的【使用总数】单选按钮，并在文本框中输入250；在【粒子运动】选项组中将【速度】和【变化】分别设置为4和5；在【粒子计时】选项组中将【发射开始】、【发射停止】和【寿命】分别设置为5、60和70；在【粒子大小】选项组中将【大小】、【变化】、【增长耗时】和【衰减耗时】分别设置为4、30、5和20。在【粒子类型】卷展栏中，选中【粒子类型】选项组中的【变形球粒子】单选按钮，如图12-35所示。

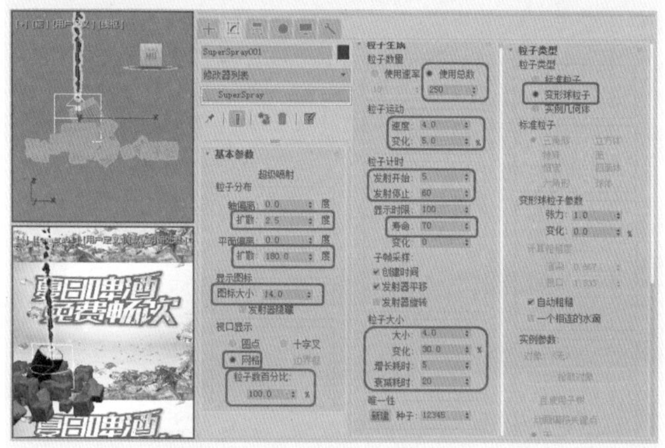

图12-35　创建超级喷射并设置其参数

03 按M键打开【材质编辑器】对话框，选择一个新的材质样本球，将其命名为"啤酒"，在【明暗器基本参数】卷展栏中，将【明暗器的类型】设置为【（M）金属】，并勾选【双面】复选框，在【金属基本参数】卷展栏中，单击按钮，取消【环境光】和【漫反射】的锁定，将【环境光】的RGB值设置为78、22、22，将【漫反射】的RGB值设置为243、227、43，将【反射高光】选项组中的【高光级别】和【光泽度】分别设置为100和80，如图12-36所示。

04 打开【贴图】卷展栏，将【漫反射颜色】右侧的【数量】设置为50，单击【漫反射颜色】右侧的【无贴图】按钮，在打开的【材质/贴图浏览器】对话框中选择【噪波】贴图，如图12-37所示。

05 单击【确定】按钮，进入【噪波】贴图层级，在【坐标】卷展栏中将【瓷砖】下的X、Y、Z都设置为2，在【噪波参数】卷展栏中将【噪波类型】定义为【湍流】，将【大小】设置为3，将【颜色#1】的RGB值设置为69、0、5，将【颜色#2】的RGB值设置为235、216、7，如图12-38所示。

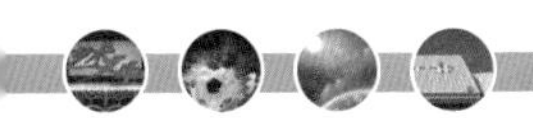

06 单击【转到父对象】按钮，返回到【父级】材质层级，在【贴图】卷展栏中单击【反射】通道后面的【无贴图】按钮，在弹出的【材质/贴图浏览器】对话框中选择【反射/折射】贴图，如图12-39所示。

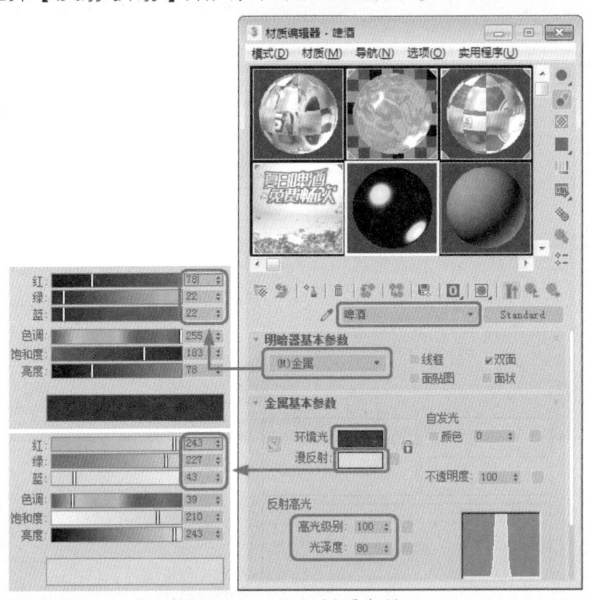

图12-36 设置材质参数

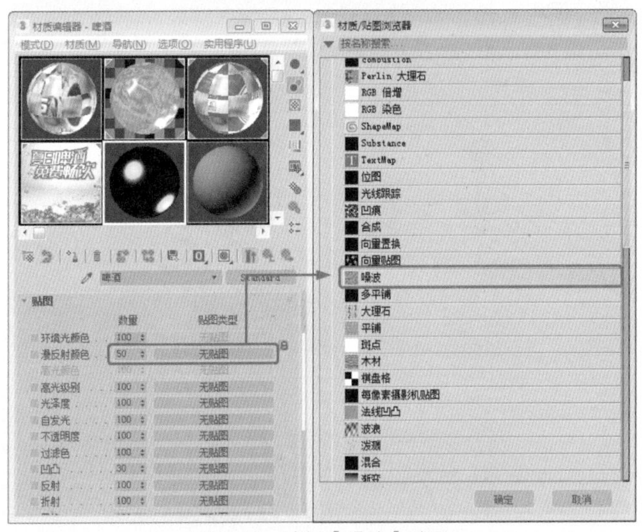

图12-37 选择【噪波】贴图

07 单击【确定】按钮，使用系统默认设置即可。单击【转到父对象】按钮，返回到【父级】材质层级，在【贴图】卷展栏中单击【折射】通道后面的【无贴图】按钮，在弹出的对话框中选择【光线跟踪】贴图，单击【确定】按钮，使用系统默认设置即可，单击【转到父对象】按钮，将【折射】值设置为50。设置完成后单击【将材质指定给选定对象】按钮，将该材质指定给场景中的粒子系统，如图12-40所示。

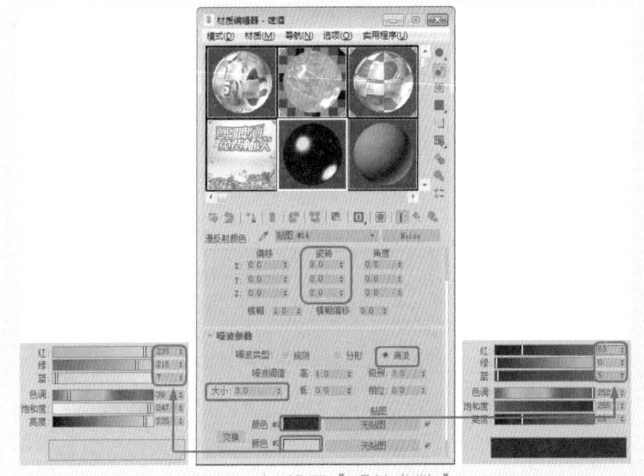

图12-38 设置【噪波参数】

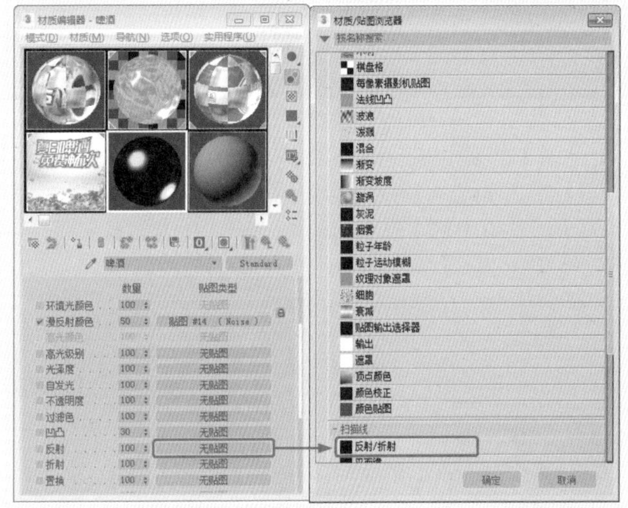

图12-39 选择【反射/折射】贴图

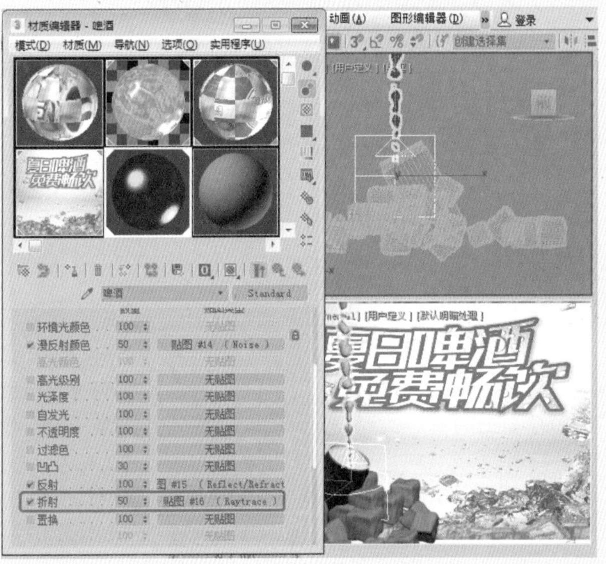

图12-40 设置折射贴图并指定材质

08 使用【选择并移动】、【选择并旋转】工具在视图中对粒子对象进行旋转并移动，调整后的效果如图12-41所示。

图12-41 调整粒子后的效果

09 选择【创建】|【空间扭曲】|【重力】工具，在【顶】视图中创建一个重力系统，在【参数】卷展栏中将【力】选项组中的【强度】设置为0.1，在【显示】选项组中将【图标大小】设置为10，如图12-42所示。

图12-42 创建重力系统

10 选择创建的粒子对象，在工具选项栏中单击【绑定到空间扭曲】工具，将粒子对象绑定到重力系统上，如图12-43所示。

11 绑定完成后，使用【选择并旋转】工具选择重力系统，在视图中对重力进行旋转，旋转后的效果如图12-44所示。

12 调整完成后，对摄影机视图进行渲染，预览效果，如图12-45所示。

图12-43 将粒子系统绑定到重力系统上

图12-44 对重力进行旋转

图12-45 渲染后效果

### 3. 风

【风】空间扭曲可以模拟风吹动粒子系统所产生的粒子的效果。风力具有方向性。顺着风力箭头方向运动的粒子呈加速状。逆着箭头方向运动的粒子呈减速状。效果如

图12-46所示，【风】空间扭曲的【参数】卷展栏如图12-47所示。

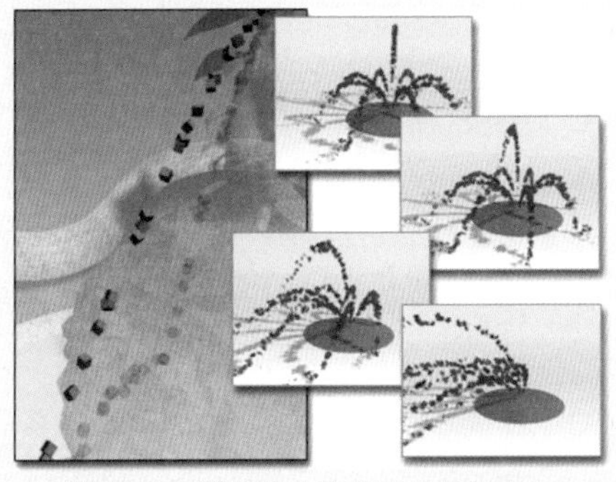

图12-46　通过风力改变喷泉喷射方向

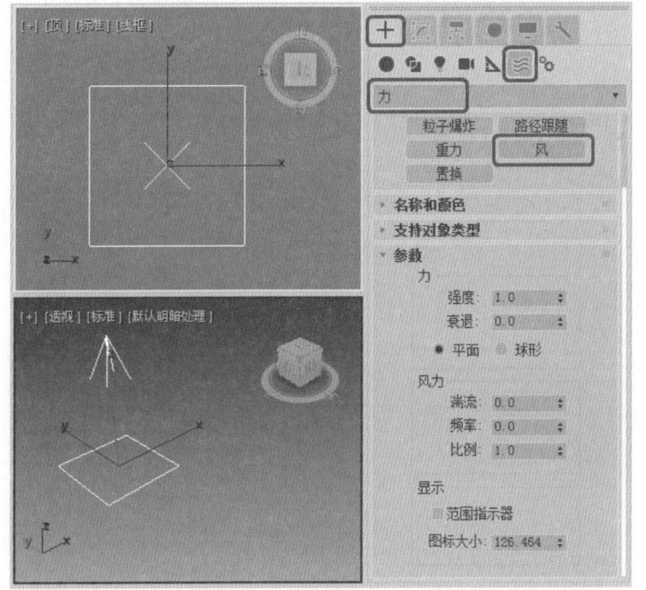


图12-47　【参数】卷展栏

● 【力】选项组
- 【强度】：该参数选项用于设置风力的强度大小。
- 【衰退】：设置【衰退】为0时，风力扭曲在整个世界空间内有相同的强度。增加【衰退】值会导致风力强度从风力扭曲对象的所在位置开始随距离的增加而减弱。
- 【平面】：设置空间扭曲对象为平面方式，箭头面为风吹的方向。
- 【球形】：设置空间扭曲对象为球形方式，球体中心为风源。

● 【风力】选项组
- 【湍流】：该参数可以使粒子在被风吹动时随机改变路线。该数值越大，湍流效果越明显。
- 【频率】：当其设置大于0时，会使湍流效果随时间呈周期变化。这种微妙的效果可能无法看见，除非绑定的粒子系统生成大量粒子。
- 【比例】：该参数可以缩放湍流效果。当【比例】值较小时，湍流效果会更平滑、更规则。当【比例】值增加时，紊乱效果会变得更不规则、更混乱。

● 【显示】选项组
- 【范围指示器】：勾选该复选框，如果衰减参数大于0，视图中的图标会显示出风力最大值的范围。
- 【图标大小】：用于设置视图中图标的大小尺寸。

### 4. 置换

【置换】空间扭曲以力场的形式推动和重塑对象的几何外形。置换对几何体（可变形对象）和粒子系统都会产生影响，如图12-48所示。使用【置换】空间扭曲有以下两种基本方法。

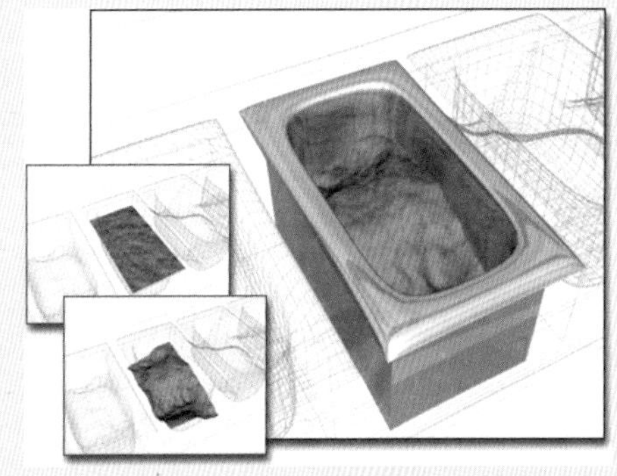

图12-48　用于改变容器中的表面的置换

方法一：应用位图的灰度生成位移量。2D图像的黑色区域不会发生位移。较白的区域会往外推进，从而使几何体发生3D置换。

方法二：通过设置位移的【强度】和【衰退】值，直接应用置换。

【置换】空间扭曲的工作方式和【转换】修改器类似，只不过前者像所有空间扭曲那样，影响的是世界空间而不是对象空间。

【置换】空间扭曲的【参数】卷展栏中的参数选项功能如下。

● 【置换】选项组
- 【强度】：当将该参数设置为0时，置换扭曲没有任何效果；大于0的值会使对象几何体或粒子按偏离【置换】空间扭曲对象所在位置的方向发生置换；小于0的值会使几何体朝扭曲置换。默认值为0。
- 【衰退】：默认情况下，置换扭曲在整个世界空间内有相同的强度。增加【衰退】值会导致置换强度从置换扭曲对象的所在位置开始随距离的增加而减弱。默认值为0。

● 【图像】选项组
- 【位图】：默认情况下为【无】。单击该按钮后，可以

在选择对话框中指定位图文件。选择位图后，此按钮会显示位图的名称。

- 【移除位图】：单击该按钮后，将会移除指定的位图或贴图。
- 【贴图】：默认情况下标为【无】。单击以从【材质/贴图浏览器】中指定位图或贴图。选择完位图或贴图后，该按钮会显示贴图的名称。
- 【移除贴图】：单击该按钮后，会将指定的位图或贴图移除。
- 【模糊】：增加该值可以模糊或柔化位图置换的效果。

● 【贴图】选项组

- 【平面】：从对象上的一个平面投影贴图，在某种程度上类似于投影幻灯片，如图12-49所示为平面贴图效果。
- 【柱形】：从圆柱体投影贴图，使用它包裹对象。圆柱形投影用于基本形状为圆柱形的对象，如图12-50所示。

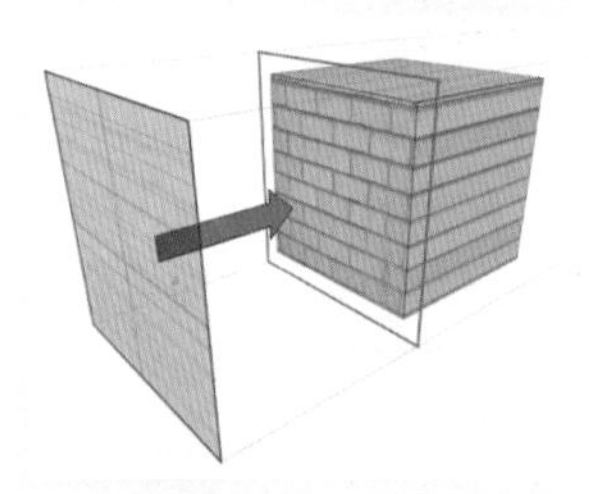

图12-49 平面贴图

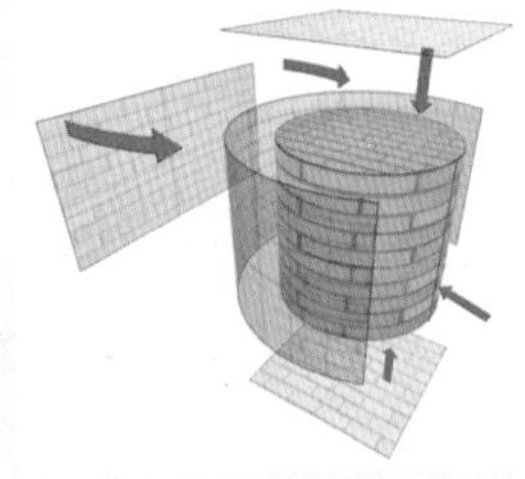

图12-50 圆柱形贴图

- 【球形】：通过从球体投影贴图来包围对象，如图12-51所示。球形投影用于基本形状为球形的对象。
- 【收缩包裹】：使用球形贴图，但是它会截去贴图的各个角，然后在一个单独极点将它们全部结合在一起，仅创建一个奇点，如图12-52所示。收缩包裹贴图用于隐藏贴图奇点。

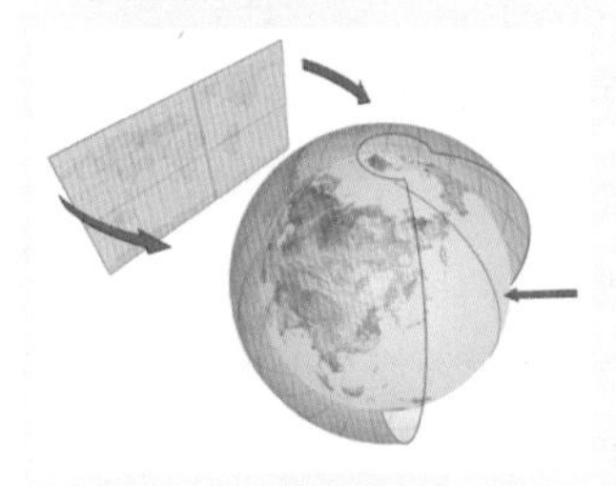

图12-51 球形贴图

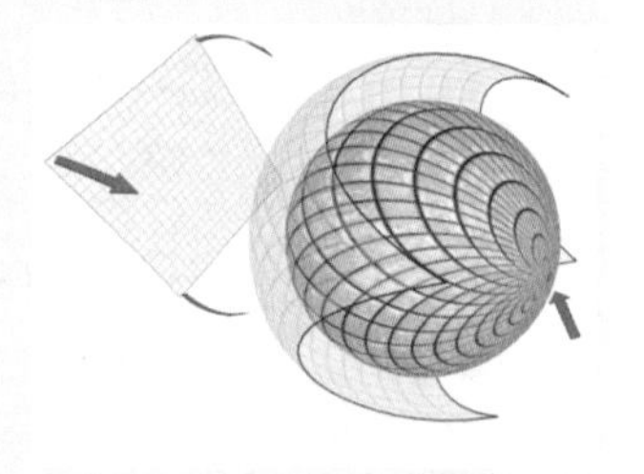

图12-52 收缩包裹贴图

- 【长度、宽度、高度】：指定空间扭曲 Gizmo 的边界框尺寸。
- 【U/V/W 向平铺】：用于指定位图沿指定尺寸重复的次数。默认值 1表示对位图执行一次贴图操作，数值 2表示对位图执行两次贴图操作，依次类推。分数值会在除了重复整个贴图之外对位图执行部分贴图操作。例如，数值 2.5 会对位图执行两次半贴图操作。
- 【翻转】：用于设置沿相应的 U、V 或 W 轴反转贴图的方向。

## 12.2.2 【几何/可变形】类型的空间扭曲

【几何/可变形】空间扭曲用于使几何体变形，其中包括FFD（长方体）空间扭曲、FFD（圆柱体）空间扭曲、波浪空间扭曲、涟漪空间扭曲、置换空间扭曲、一致空间扭曲和爆炸空间扭曲。

### 1. 波浪

【波浪】空间扭曲可以在整个世界空间中创建线性波浪。它影响几何体和产生作用的方式与【波浪】修改器相同，它们最大的区别在于对象与波浪空间扭曲间的相对方向和位置会影响最终的扭曲效果。通常用它来影响大面积的对象，产生波浪或蠕动等特殊效果，效果如图12-53所示。

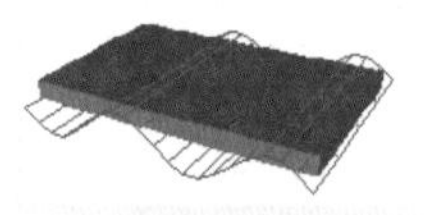

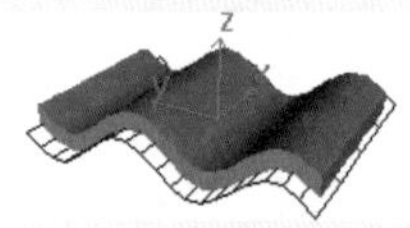

图12-53 利用【波浪】空间扭曲使长方体变形

其【参数】卷展栏如图12-54所示，其中各个选项的功能如下。

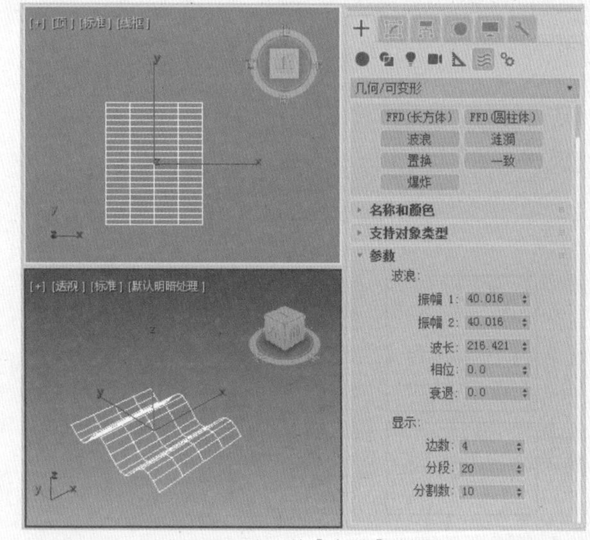


图12-54 波浪的【参数】卷展栏

● 【波浪】选项组

- 【振幅1】：设置沿波浪扭曲对象的局部X轴的波浪振幅。
- 【振幅2】：设置沿波浪扭曲对象的局部Y轴的波浪振幅。
- 【波长】：以活动单位数设置每个波浪沿其局部Y轴的长度。

- 【相位】：在波浪对象中央的原点开始偏移波浪的相位。整数值无效，只有小数值才有效。设置该参数的动画会使波浪看起来像是在空间中传播。
- 【衰退】：当其设置为0时，波浪在整个世界空间中有相同的一个或多个振幅。增加【衰退】值会导致振幅从波浪扭曲对象的所在位置开始随距离的增加而减弱，默认设置为0。
- 【显示】选项组
- 【边数】：设置波浪自身X轴的振动幅度。
- 【分段】：设置波浪自身Y轴上的片段划分数。
- 【尺寸】：在不改变波浪效果的情况下，调整波浪图标的大小。

2. 实战：涟漪

【涟漪】空间扭曲可以在整个世界空间中创建同心波纹。它影响几何体和产生作用的方式与涟漪修改器相同。如果想让涟漪影响大量对象，或想要相对于其在世界空间中的位置影响某个对象时，应该使用【涟漪】空间扭曲。涟漪效果如图12-55所示。

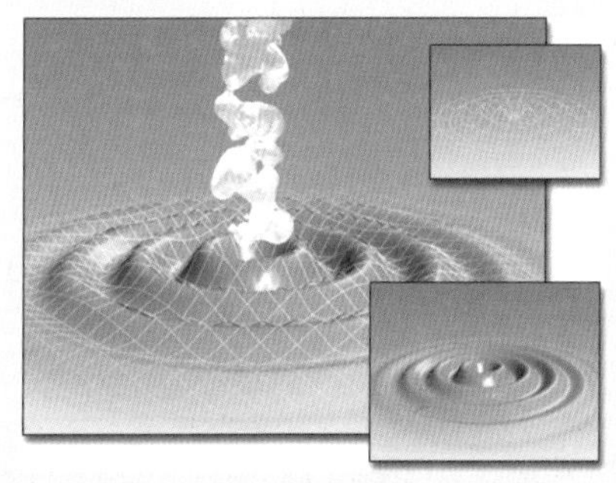

图12-55　涟漪效果

下面将对【参数】卷展栏进行介绍，如图12-56所示。

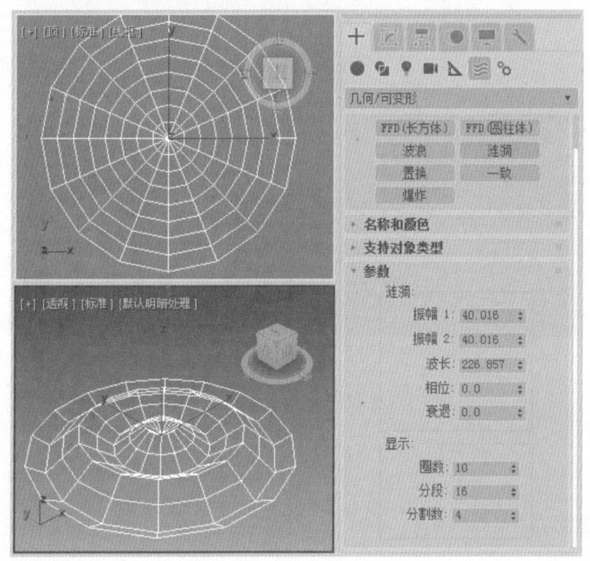


图12-56　涟漪的【参数】卷展栏

- 【涟漪】选项组
- 【振幅1】：设置沿着涟漪对象自身X轴向上的振动幅度。
- 【振幅2】：设置沿着涟漪对象自身Y轴向上的振动幅度。
- 【波长】：设置每一个涟漪波的长度。
- 【相位】：设置波从涟漪中心点发出时的振幅偏移。此值的变化可以记录为动画，产生从中心向外连续波动的涟漪效果。
- 【衰退】：设置从涟漪中心向外衰减振动的影响，靠近中心的地区振动最强，随着距离的拉远，振动也逐渐变弱，这一点符合自然界中的涟漪现象，当水滴落入水中后，水波向四周扩散，振动衰减直至消失。
- 【显示】选项组
- 【圈数】：设置涟漪对象圆环的圈数。
- 【分段】：设置涟漪对象圆周上的片段划分数。
- 【分割数】：设置涟漪对象显示的涟漪范围大小。

01 按Ctrl+O组合键，在弹出的对话框中选择“涟漪.max”素材文件，单击【打开】按钮，如图12-57所示。

图12-57　打开素材文件

02 选择【创建】|【空间扭曲】|【几何/可变形】|【涟漪】工具，在【顶】视图中单击鼠标左键并拖动，创建涟漪，如图12-58所示。

03 切换至【修改】命令面板，在【参数】卷展栏中将【涟漪】选项组中的【振幅1】、【振幅2】、【波长】和【衰退】分别设置为10、10、135、0.001，将【显示】选项组中的【圈数】、【分段】和【分割数】分别设置为25、20、10，如图12-59所示。

04 在场景中选择【水面】对象，单击工具栏中的【绑定到空间扭曲】按钮，在【顶】视图中按住鼠标左键并将其拖动至创建的【涟漪】空间扭曲上，如图12-60所示。

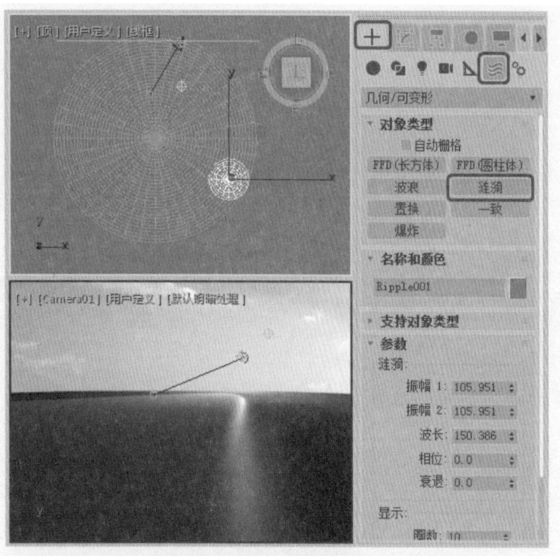
图12-58　创建涟漪

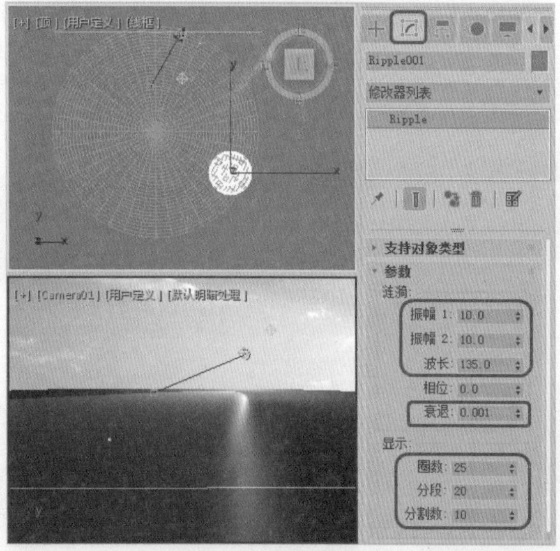
图12-59　设置涟漪参数

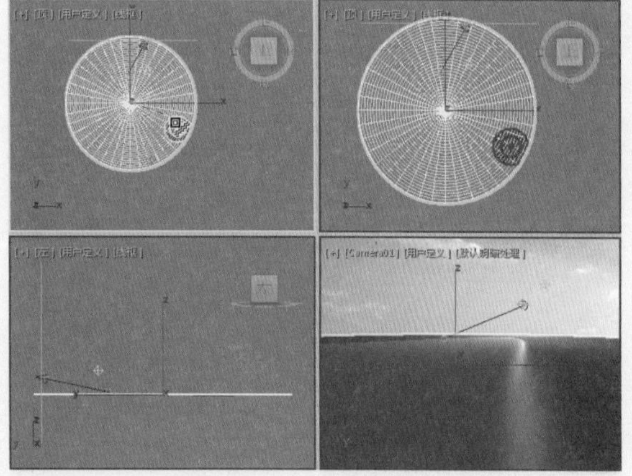
图12-60　绑定空间扭曲

> 提示：涟漪空间扭曲参数卷展栏的意义与用法和波浪空间扭曲的相同。

05 释放鼠标，即可将选中的对象绑定到【涟漪】空间扭曲上，然后激活摄影机视图，按F9键进行渲染，渲染完成后的效果如图12-61所示。

图13-61　渲染后的效果

### 3. 置换

【置换】是一个具有奇特功能的工具，它可以将一个图像映射到三维对象表面，根据图像的灰度值，可以对三维对象表面产生凹凸效果，白色的部分将凸起，黑色的部分会凹陷，该功能与【力】中的【置换】一样，这里就不再重复。

### 4. 实战：爆炸

爆炸空间扭曲效果可以将物体爆炸为单独的碎片。

01 按Ctrl+O组合键，在弹出的对话框中选择“爆炸.max”素材文件，单击【打开】按钮，如图12-62所示。

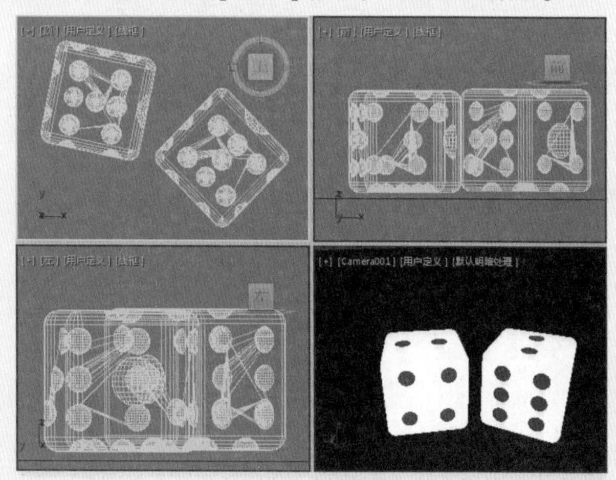
图12-62　打开的素材文件

02 选择【创建】|【空间扭曲】|【几何/可变形】|【爆炸】工具，在【顶】视图中创建一个【爆炸】空间扭曲，如图12-63所示。

03 切换至【修改】命令面板，在【爆炸参数】卷展栏中将【爆炸】选项组中的【强度】和【自旋】均设置为2，将【分形大小】选项组中的【最小值】、【最大值】

分别设置为5、15，将【常规】选项组中的【混乱度】设置为2，如图12-64所示。

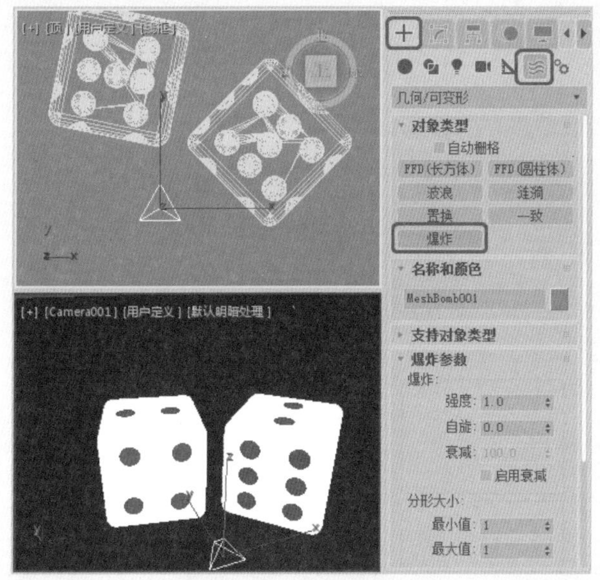

图12-63　创建【爆炸】空间扭曲

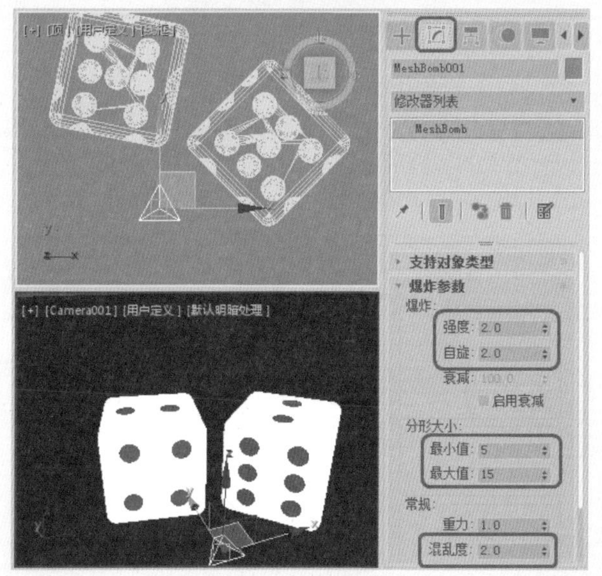

图12-64　设置爆炸参数

04 在视图中选择两个骰子对象，在工具栏中单击【绑定到空间扭曲】按钮，在【顶】视图中按住鼠标左键并将其拖动至创建的【爆炸】空间扭曲上，如图12-65所示。

05 释放鼠标，即可将选中的对象绑定到【爆炸】空间扭曲上，激活【透视】视图，将时间滑块调整到第7帧处，按F9键进行渲染，完成后的效果如图12-66所示。

06 然后将时间滑块调整到第11帧处，并按F9键进行快速渲染，完成后的效果如图12-67所示。

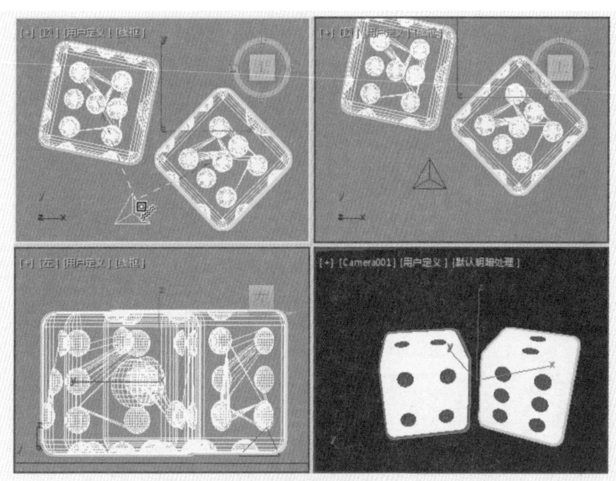

图12-65　绑定到空间扭曲

图12-66　渲染第7帧

图12-67　渲染第11帧

## 12.3 上机练习——气泡飘动

本案例将介绍如何制作气泡飘动效果，其效果如图12-68所示，具体操作步骤如下。

01 启动软件后，按Ctrl+O快捷组合键，在弹出的对话框中选择“气泡飘动.max”素材文件，单击【打开】按钮，如图12-69所示。

02 选择【创建】|【几何体】|【标准基本体】|【球体】工具，在【前】视图中创建一个球体，将其【半径】设

置为5，将【分段】设置为100，如图12-70所示。

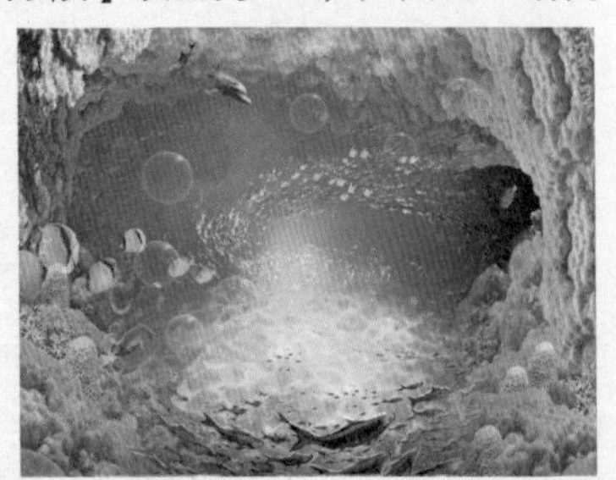

图13-68　气泡飘动

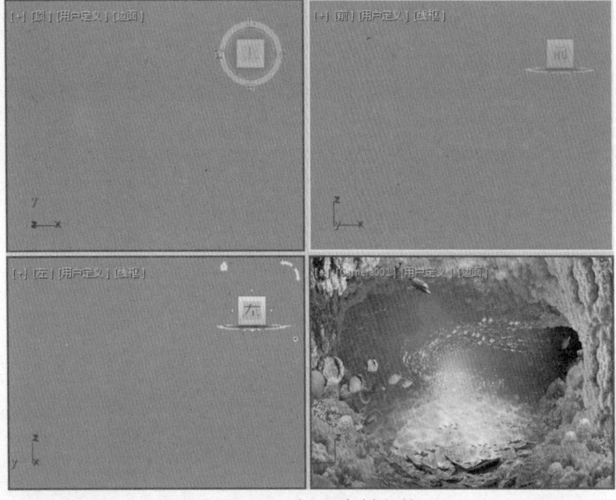

图12-69　打开素材文件

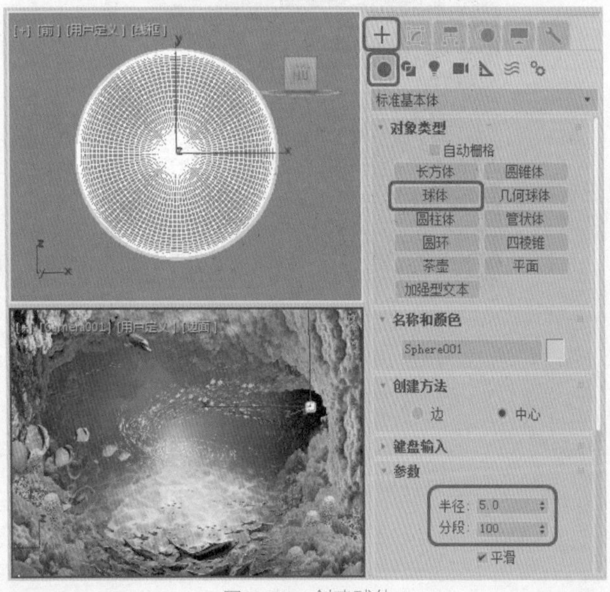

图12-70　创建球体

03 按M键快速打开【材质编辑器】窗口，选择一个空白材质球，将明暗器类型设置为【（A）各向异性】，并在【各向异性基本参数】卷展栏中将【环境光】与【漫反射】的颜色均设置为255、255、255，勾选【颜色】复选框，将其右侧的色标颜色设为255、255、255，将【不透明度】设为0。在【高光级别】选项组中将【高光级别】、【光泽度】、【各向异性】、【方向】分别设置为79、40、63、0，如图12-71所示。

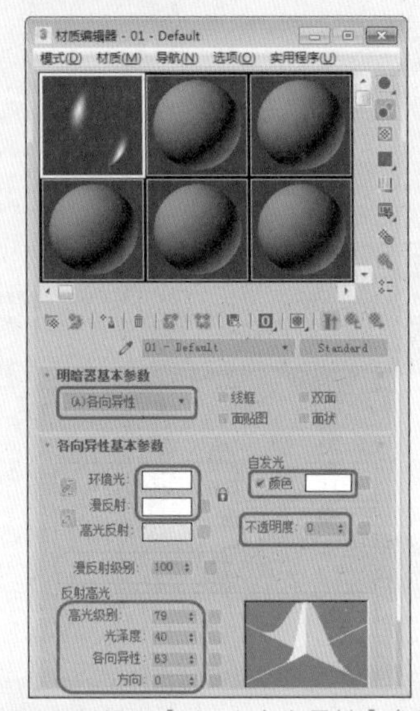

图9-71　设置【（A）各向异性】参数

04 切换到【贴图】卷展栏中，单击【自发光】后面的【无贴图】按钮，在弹出的对话框中选择【衰减】贴图类型，如图12-72所示。

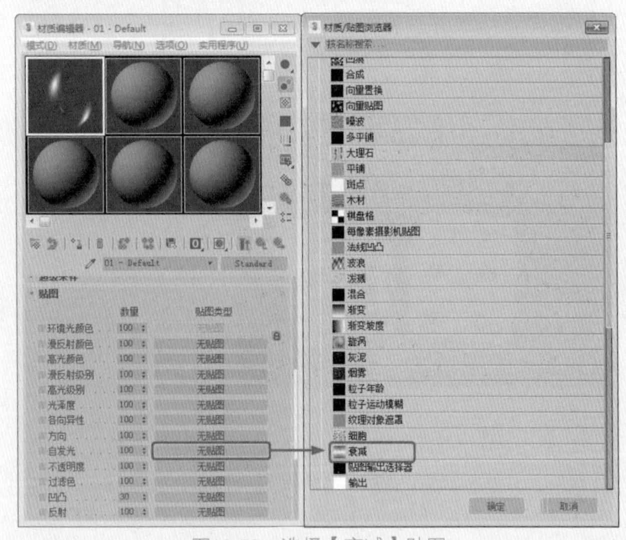

图12-72　选择【衰减】贴图

05 单击【确定】按钮，保持默认值，单击【转到父对象】按钮，然后单击【不透明度】后面的【无贴图】按钮，在弹出的对话框中选择【衰减】贴图，单击【确定】按钮，在【衰减参数】卷展栏中将第一个颜色的RGB值设置为47、0、0，将第二个色标颜色的RGB值设置为

255、178、178，单击【转到父对象】按钮，将【不透明度】后面的值设置为40，如图12-73所示。

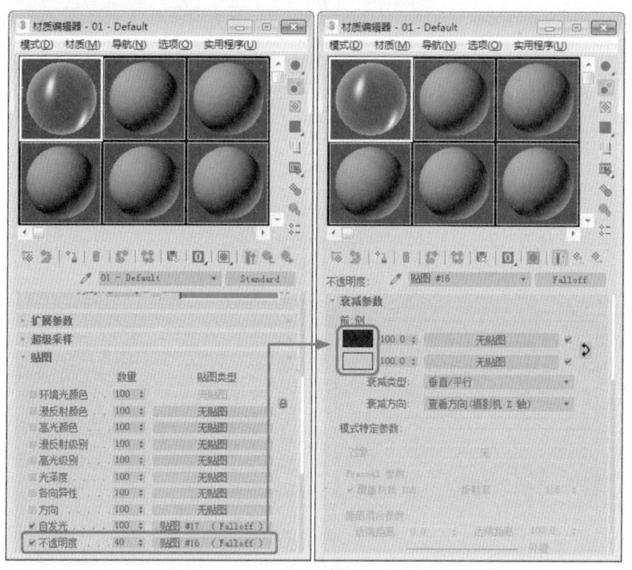

图12-73 设置不透明度贴图

06 单击【反射】后面的【无】按钮，在弹出的对话框中选择【光线跟踪】，单击【确定】按钮，保持默认值单击【转到父对象】按钮，将【反射】的值设置为10，如图12-74所示。

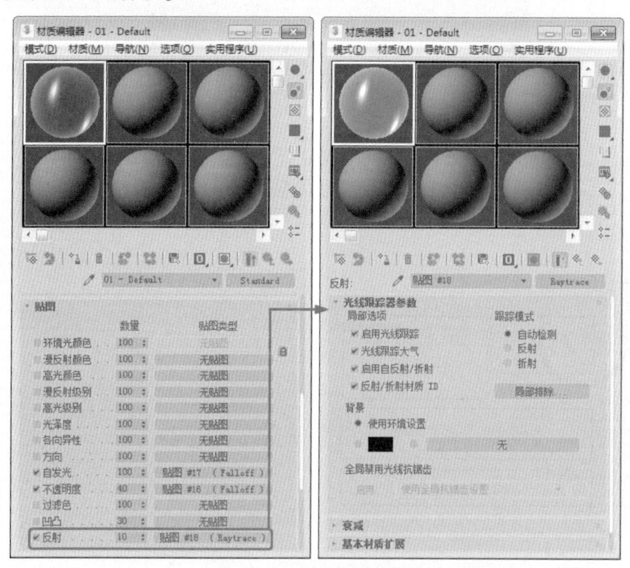

图12-74 设置反射贴图

07 选择创建的气泡材质将其赋予创建的球体，选择【创建】|【几何体】|【粒子系统】|【粒子云】工具，在【前】视图中创建一个粒子系统，切换到【修改】命令面板中，在【基本参数】卷展栏中将【半径/长度】设置为908，将【宽度】设置为370，将【高度】设置为3，如图12-75所示。

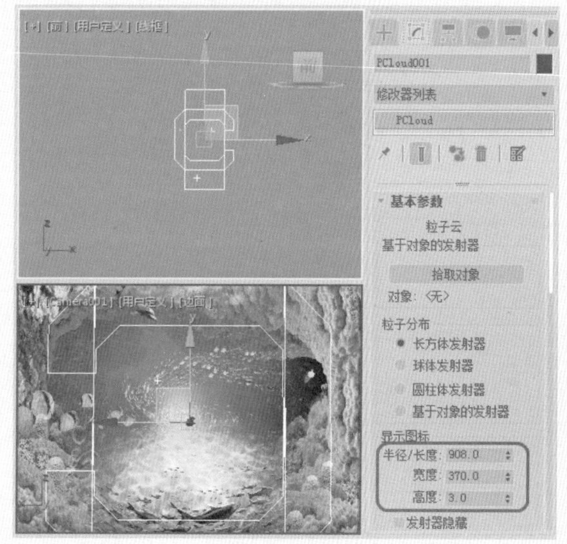

图12-75 创建粒子系统并设置基本参数

08 切换到【粒子生成】卷展栏中在【粒子数量】选项组中勾选【使用总数】单选按钮，将数量设置为300，将【速度】设置为1，将【变化】设置为100，勾选【方向向量】单选按钮，将X、Y、Z值分别设置为0、0、10，在【粒子计时】组中将【发射停止】设置为100，在【粒子大小】组中将【大小】设置为3，【变化】设置为100，如图12-76所示。

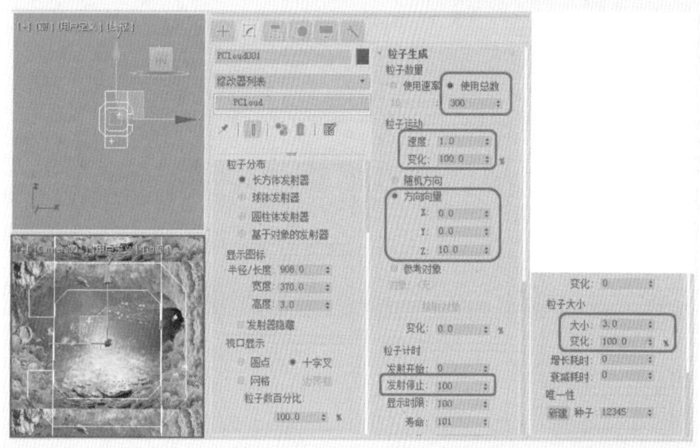

图12-76 设置粒子生成参数

09 在【粒子类型】卷展栏中将【粒子类型】设置为【实例几何体】，单击【拾取对象】按钮，拾取场景中的球体，如图12-77所示。

10 选择【创建】|【空间扭曲】|【马达】工具，在【前】视图中创建一个空间扭曲，单击工具栏中的【绑定到空间扭曲】按钮，将创建的粒子对象绑定到马达对象上，适当调整马达的位置，如图12-78所示。

> 提示
> 【马达】：马达可以产生一种螺旋推力，像发动机旋转一样旋转粒子，将粒子甩向旋转方向。

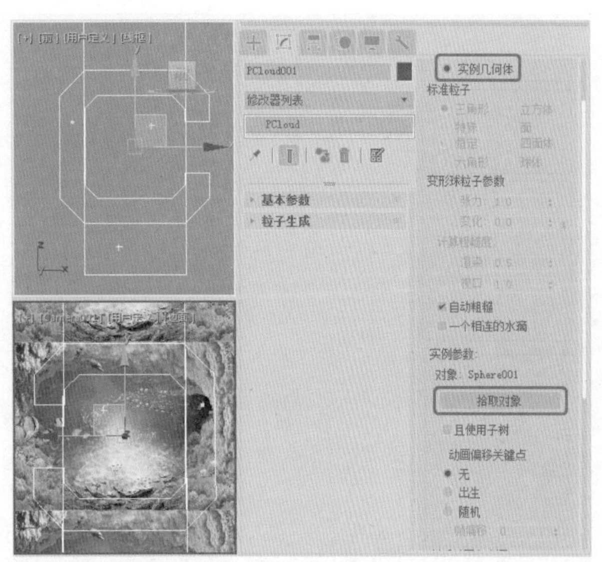


图12-77　设置粒子类型

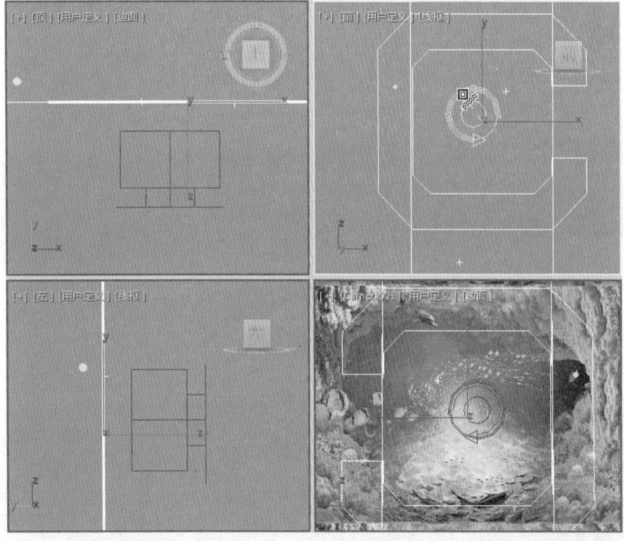

图12-78　创建马达对象

11 选择创建的马达对象，切换到【修改】命令面板，在【参数】卷展栏中将【结束时间】设置为100，将【基本扭矩】设置为100，勾选【启用反馈】复选框，分别将【目标转速】和【增益】设置为500、100，在【周期变化】组中勾选【启用】复选框，将【图标大小】设置为99，如图12-79所示。

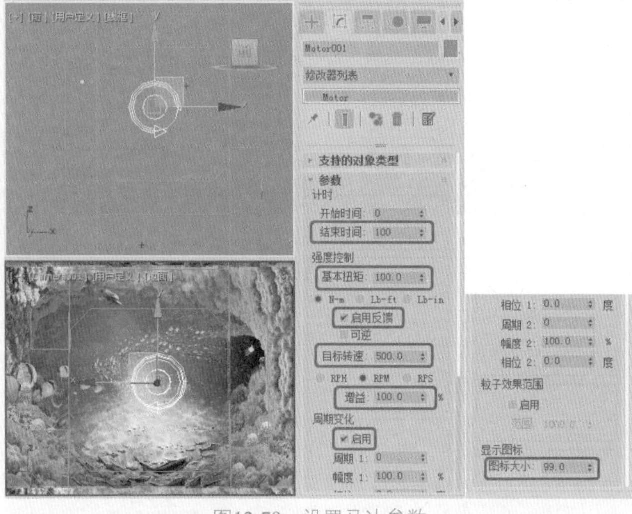


图12-79　设置马达参数

12 设置完成后，对完成后的效果进行渲染输出即可，效果如图12-80所示。

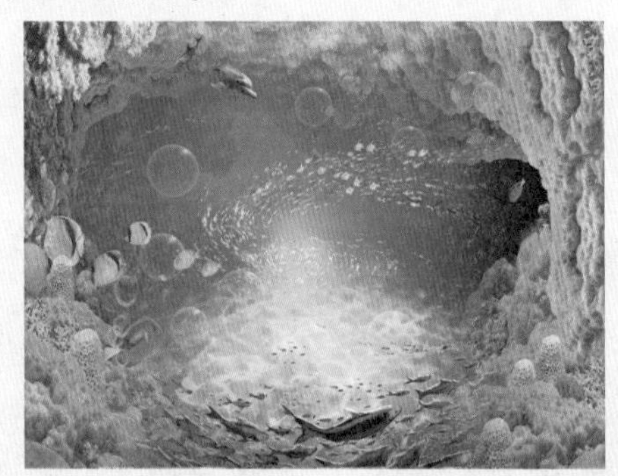

图12-80　渲染后的效果

## 12.4 思考与练习

1. 【喷射】粒子系统有什么作用？
2. 什么是空间扭曲？

# 第13章 项目指导——常用三维文字的制作

三维字体的实现是先利用文本工具创建出基本的文字造型，然后使用不同的修改器完成字体造型的制作。本章将介绍在三维领域中最为常用而又实用的文字制作方法。

## 13.1 制作浮雕文字

本例将制作浮雕文字，本例的制作重点是为长方体添加【置换】修改器，并添加制作好的文字位图，通过在【材质编辑器】中设置材质，完成浮雕文字的创建，具体操作方法如下，完成后的效果如图13-1所示。

图13-1 浮雕文字效果

01 选择【创建】+|【几何体】●|【长方体】工具，在【前】视图中创建一个【长度】、【宽度】、【高度】分别为125、380、5，【长度分段】和【宽度分段】分别为90、185的长方体，如图13-2所示。

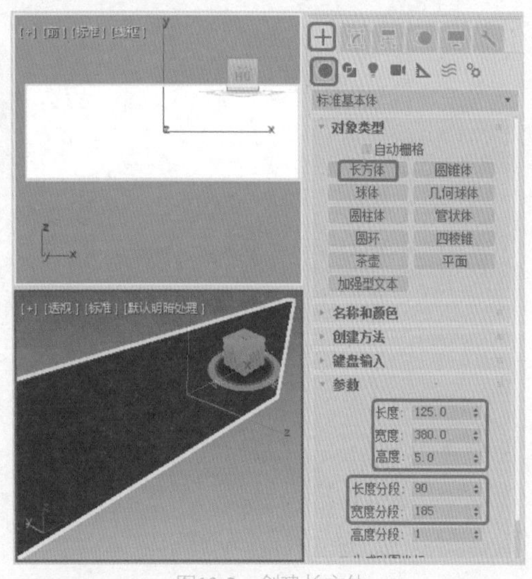

图13-2 创建长方体

02 进入【修改】命令面板，在修改器下拉列表中选择【置换】修改器，在【参数】卷展栏中的【置换】选项组中的【强度】文本框中输入8，勾选【亮度中心】复选框，如图13-3所示。

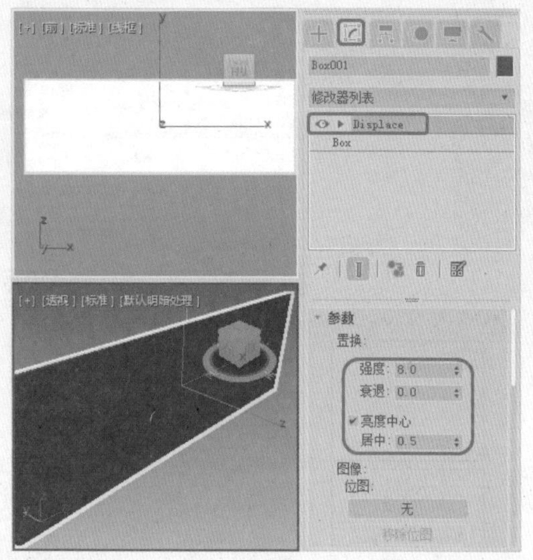

图13-3 添加【置换】修改器

提示

【置换】修改器以力场的形式推动和重塑对象的几何外形。可以直接从修改器 Gizmo 应用它的变量力，或者从位图图像应用。

03 在【图像】选项组中单击【位图】下方的【无】按钮，在弹出的【选择置换图像】对话框中选择“天恒集团.jpg”素材文件，单击【打开】按钮，即可创建文字，效果如图13-4所示。

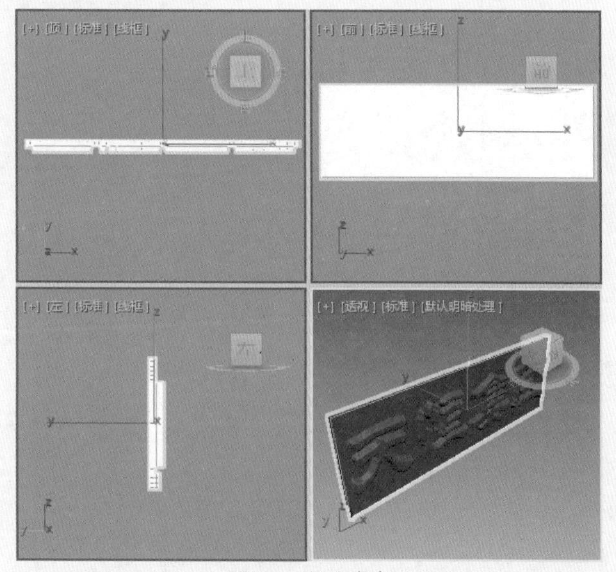

图13-4 置入文字

04 选择【创建】+|【图形】|【矩形】工具，在【前】视图中沿长方体的边缘创建一个【长度】、【宽度】各为128、384的矩形，并将其命名为“边框”，如图13-5所示。

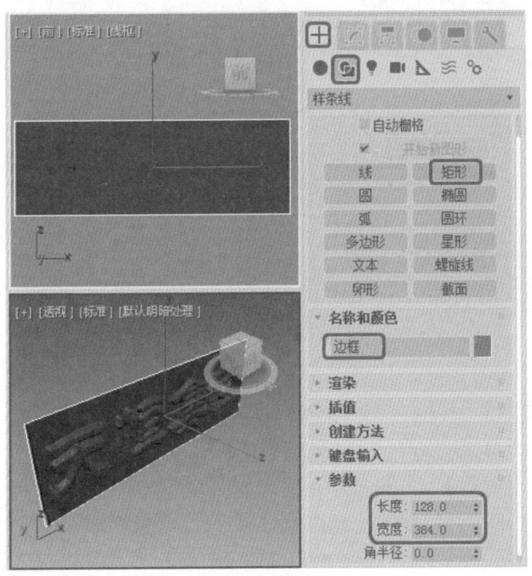

图13-5　绘制矩形

05 进入【修改】命令面板，在修改器下拉列表中选择【编辑样条线】修改器，将当前选择集定义为【样条线】，在【几何体】卷展栏中的【轮廓】文本框中输入8，按Enter键确认，效果如图13-6所示。

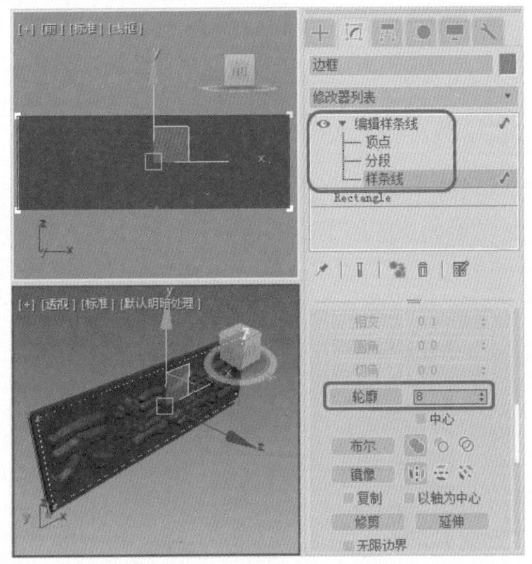

图13-6　设置轮廓参数

06 在修改器下拉列表中选择【倒角】修改器，在【倒角值】卷展栏中将【级别1】下方的【高度】和【轮廓】均设置为2，勾选【级别2】复选框，在【高度】文本框中输入5，勾选【级别3】复选框，在【高度】和【轮廓】文本框中分别输入2、-2，按Enter键确认，如图13-7所示。

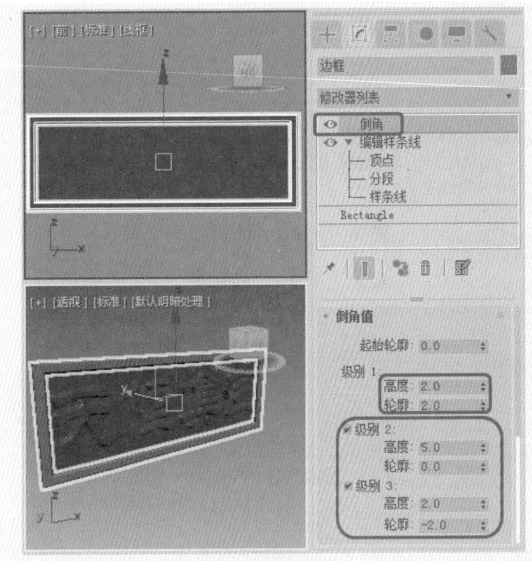

图13-7　设置倒角参数

07 在视图中选择所有的对象，按键盘上的M键打开【材质编辑器】对话框，选择第一个材质样本球，在【明暗器基本参数】卷展栏中将明暗器类型定义为【（M）金属】，在【金属基本参数】卷展栏中将【环境光】的RGB值设置为255、174、0，将【高光级别】和【光泽度】分别设置为100、80，按Enter键确认，如图13-8所示。

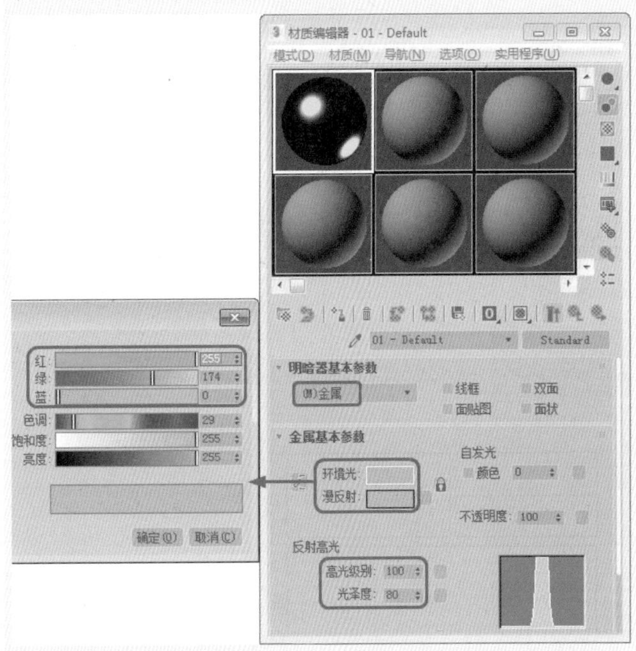

图13-8　设置【材质编辑器】

08 在【贴图】卷展栏中单击【反射】右侧的【无贴图】按钮，在弹出的【材质/贴图浏览器】对话框中双击【位图】，在弹出的【选择位图图像文件】对话框中选择“Gold04.jpg”素材文件，如图13-9所示。

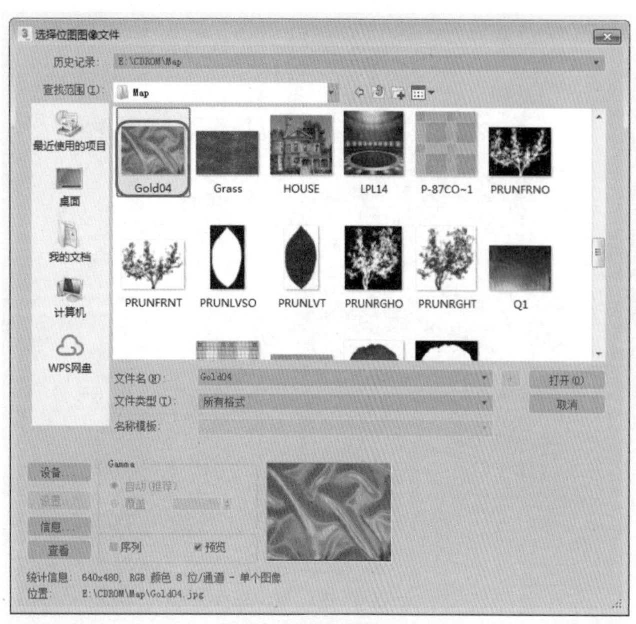

图13-9 添加素材文件

09 单击【打开】按钮，在【坐标】卷展栏中的【模糊偏移】文本框中输入0.09，按Enter键确认，单击【将材质指定给选定对象】按钮，将【材质编辑器】对话框进行关闭即可，指定材质后的文字如图13-10所示。

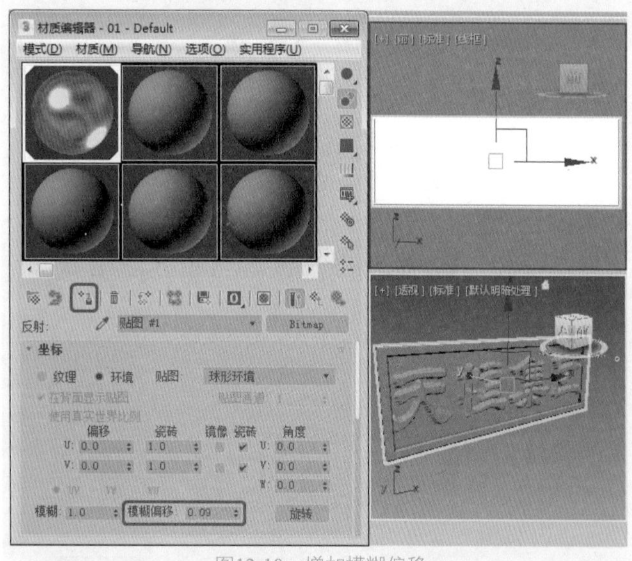

图13-10 增加模糊偏移

10 选择【创建】【摄影机】【目标】工具，在【顶视图】中创建一个摄影机对象，在【参数】卷展栏中单击【备用镜头】选项组中的28mm按钮，激活【透视】视图，然后按C键将当前激活的视图转为【摄影机】视图，并在除【摄影机】视图外的其他视图中调整摄影机的位置，调整后的效果如图13-11所示。

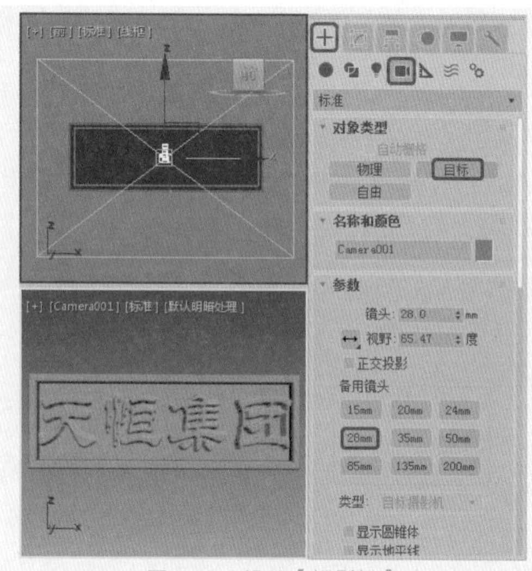

图13-11 设置【摄影机】

提示

【镜头】选项可以设置摄影机的焦距长度，48mm为标准的焦距，短焦可以造成鱼眼镜头的夸张效果，长焦用来观测较远的景色，保证物体不变形。

【视野】选项将决定摄影机查看区域的宽度（视野）。该选项可以设置摄影机显示的区域的宽度，该值以度为单位指定，使用它左边的弹出按钮可将其设置成代表“水平”“垂直”或“对角”距离。

专业摄影家和电影拍摄人员在他们的工作过程中使用标准的备用镜头，单击“备用镜头”按钮可以在3ds Max中使用这些备用镜头，预设的备用镜头包括15毫米、20毫米、24毫米、28毫米、35毫米、85毫米、135毫米和200毫米长度。

11 按8键打开【环境和效果】对话框，在【公用参数】卷展栏中设置【颜色】的RGB值为255、255、255，设置完成后关闭即可，如图13-12所示。按F9键对摄影机视图进行渲染，然后将完成后的场景进行保存。

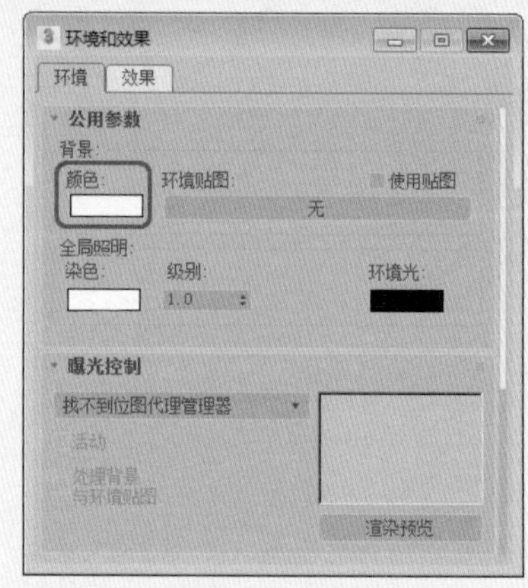

图13-12 设置【环境和效果】

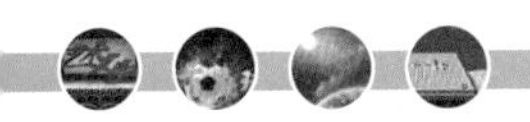

## 13.2 制作沙砾金文字

本例将介绍如何制作沙砾金文字，首先创建文字，然后为文字添加【倒角】修改器，利用【长方体】和【矩形】工具，制作文字的背板，最后为文字及背板设置材质，完成后的效果如图13-13所示。

图13-13　制作沙砾金文字

01 选择【创建】|【图形】|【文本】工具，在【参数】卷展栏中将【字体】设置为“隶书”，将【字间距】设置为0.5，在【文本】文本框中输入文字“驰名商标”，然后在【前】视图上单击鼠标左键创建文字，如图13-14所示。

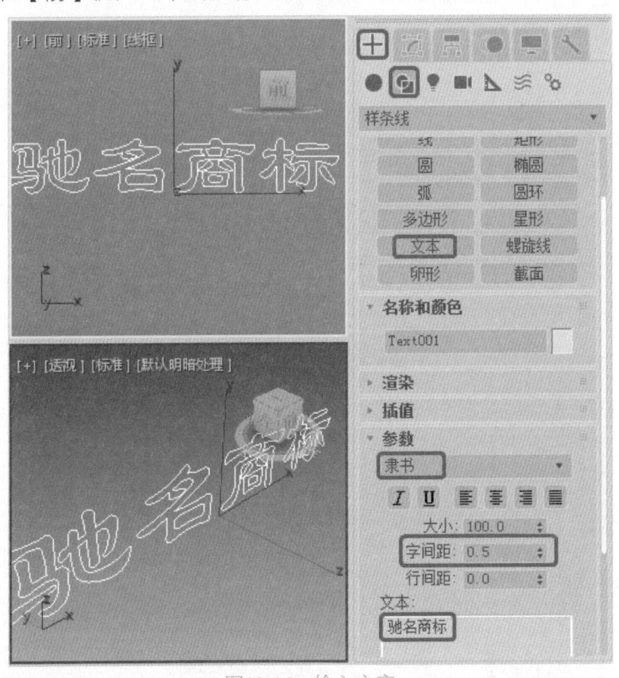

图13-14　输入文字

02 单击【修改】按钮，进入修改命令面板，在【修改器】下拉列表中选择【倒角】修改器，勾选【避免线相交】复选框，将【起始轮廓】设置为5，将【级别1】下的【高度】设置为10，选中【级别2】复选框，将【高度】、【轮廓】分别设置为2、-2，如图13-15所示。

图13-15　设置【倒角】参数

提示

勾选【避免线相交】复选框，可以防止尖锐折角产生的突出变形。

勾选【避免线相交】复选框会增加系统的运算时间，可能会等待很久，而且将来在改动其他倒角参数时也会变得迟钝，所以尽量避免使用这个功能。如果遇到线相交的情况，最好是返回到曲线图形中手动进行修改，将转折过于尖锐的地方调节圆滑。

03 选择【创建】|【几何体】|【长方体】工具，在【前】视图中创建一个【长度】、【宽度】和【高度】分别为120、420、-1的长方体，将其命名为“背板”，如图13-16所示。

04 选择【创建】|【图形】|【矩形】工具，在【前】视图中沿背板的边缘创建【长度】、【宽度】分别为120、420的矩形，将其命名为“边框”，如图13-17所示。

05 进入【修改】面板，在【修改器】下拉列表中选择【编辑样条线】修改器，将当前选择集定义为【样条线】，在视图中选择样条曲线，在【几何体】卷展栏中将【轮廓】设置为-12，如图13-18所示。

06 关闭当前选择集，在【修改器】列表中选择【倒角】修改器，在【倒角值】卷展栏中将【起始轮廓】设置为1.6，将【级别1】下的【高度】和【轮廓】分别设置为10、-0.8，勾选【级别2】复选框，将【高度】和【轮廓】分别设置为0.5、-3.8，如图13-19所示。

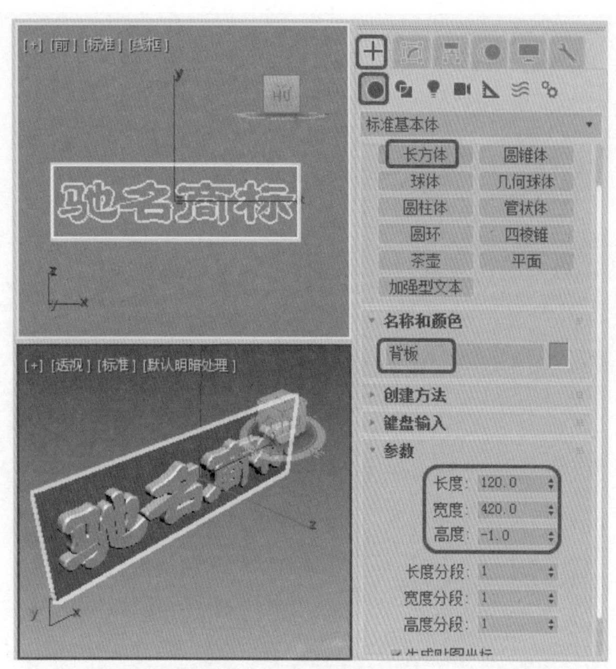

图13-16　绘制长方体

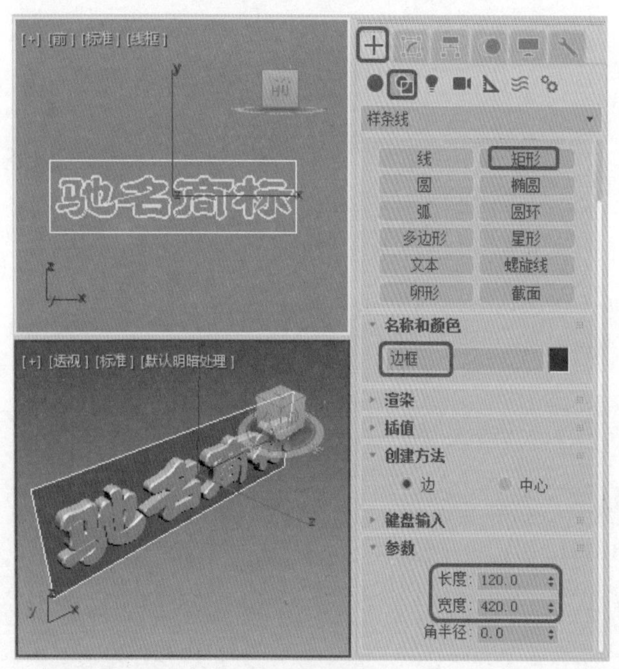

图13-17　绘制矩形

07 按M键打开【材质编辑器】对话框，选择一个空白的材质球，在【明暗器基本参数】卷展栏中将明暗器类型设置为【（M）金属】，将【环境光】的RGB设置为0、0、0，取消【环境光】与【漫反射】之间的锁定，将【漫反射】设置为255、240、5，将【高光级别】和【光泽度】分别设置为100、80，打开【贴图】卷展栏，单击【反射】通道后的【无贴图】按钮，在打开的对话框中双击【位图】选项，弹出【选择位图图像文件】对话框，在该对话框中选择“Gold04.jpg”素材文件，单击【打开】按钮，如图13-20所示。

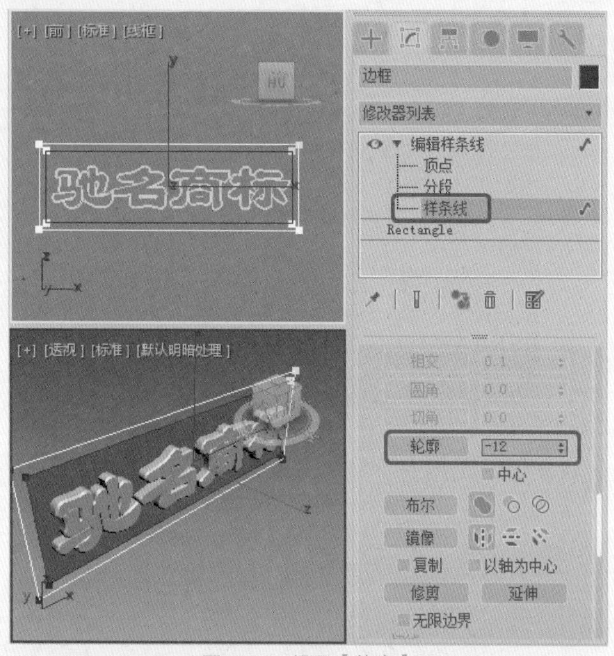

图13-18　设置【轮廓】

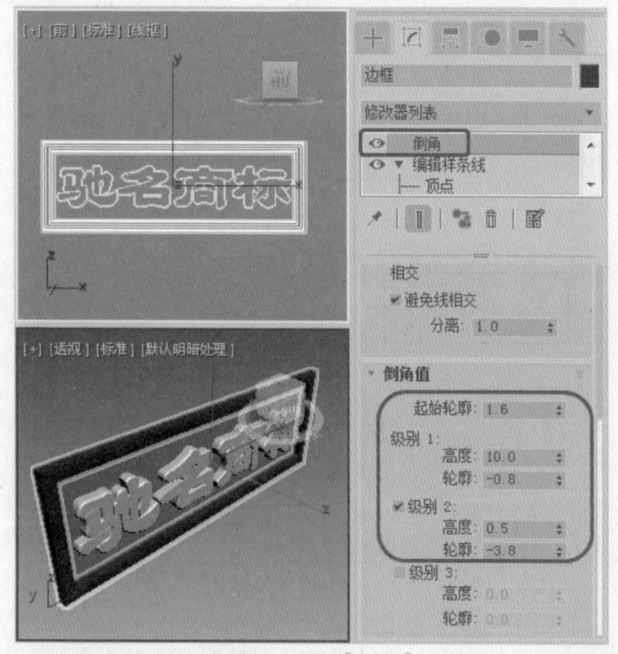

图13-19　设置【倒角】

08 单击【转到父对象】按钮，返回到上一层级，然后将材质指定给文字和使用矩形制作的边框，效果如图13-21所示。

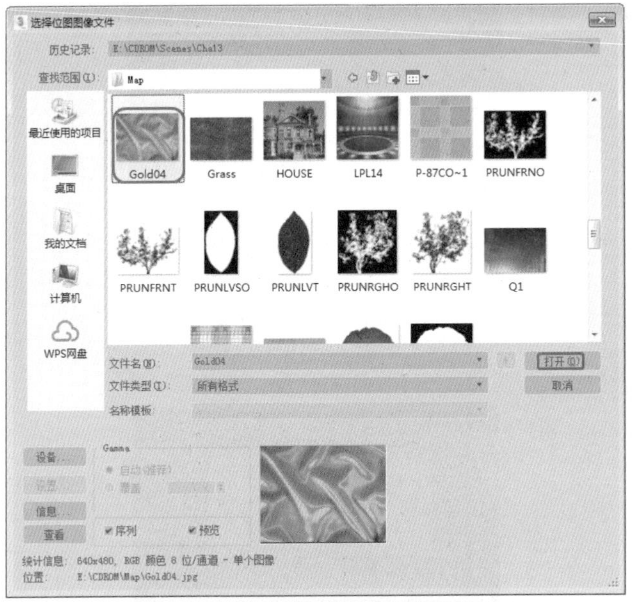


图13-20 【选择位图图像文件】对话框

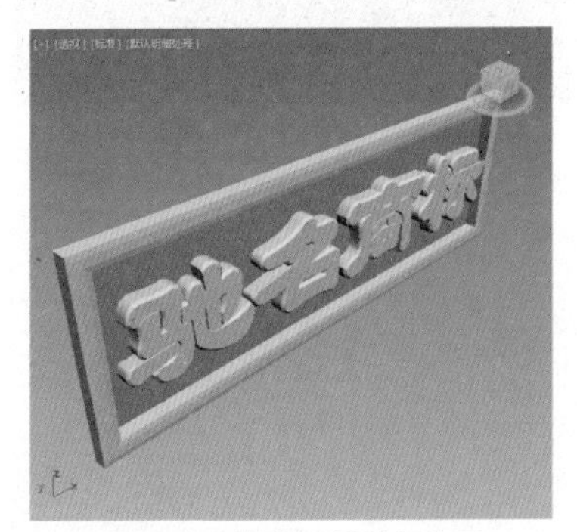


图13-21 指定材质后的效果

提示

【金属明暗器】选项是一种比较特殊的渲染方式，专用于金属材质的制作，可以提供金属所需的强烈反光。它取消了【高光反射】色彩的调节，反光点的色彩仅依据于【漫反射】色彩和灯光的色彩。

由于取消了【高光反射】色彩的调节，所以高光部分的高光度和光泽度设置也与Blinn有所不同。【高光级别】仍控制高光区域的亮度，而【光泽度】部分变化的同时将影响高光区域的亮度和大小。

09 再选择一个空白的材质球，在【明暗器基本参数】卷展栏中将明暗器类型设置为【（M）金属】，在【金属基本参数】卷展栏中将【环境光】设置为黑色，取消【环境光】和【漫反射】之间的锁定，将【漫反射】的RGB值设置为255、240、5，将【高光级别】和【光泽度】分别设置为100、0。打开【贴图】卷展栏，单击【反射】通道后的【无贴图】按钮，在弹出的对话框中双击【位图】贴图，再在打开的对话框中选择“Gold04.jpg”素材文件，单击【打开】按钮，单击【转到父对象】按钮，返回到上一层级，单击【凹凸】通道后的【数量】并设置为120，单击【无贴图】按钮，在弹出的对话框中双击【位图】贴图，再在打开的对话框中选择“sand.jpg”文件，单击【打开】按钮，将【瓷砖】下的U、V均设置为3，确定【背板】处于选择状态，单击【将材质指定给选定对象】按钮，如图13-22所示。

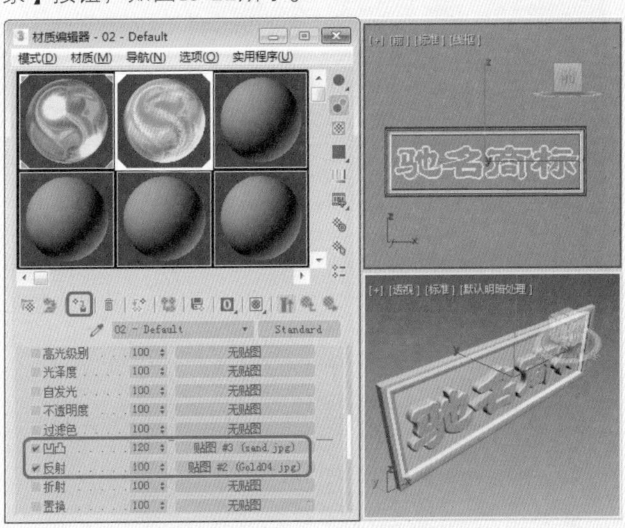


图13-22 设置材质

10 选择【创建】|【灯光】|【标准】【泛光】工具，在【顶】视图中创建泛光灯，在【强度/颜色/衰减】卷展栏中将【倍增】设置为0.3，将其后面的颜色的RGB值设置为252、252、238，然后使用【选择并移动】工具，在视图中调整位置，效果如图13-23所示。

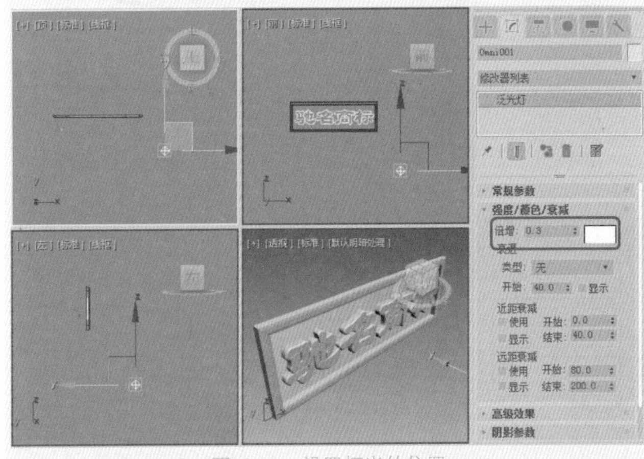


图13-23 设置灯光的位置

11 选择【创建】|【灯光】|【标准】【泛光】工具，在【顶】视图中创建泛光灯，将【强度/颜色/衰减】区域下的【倍增】设置为0.3，将其后面的颜色RGB值设置为

223、223、223，然后使用【选择并移动】工具，调整其灯光的位置，如图13-24所示。

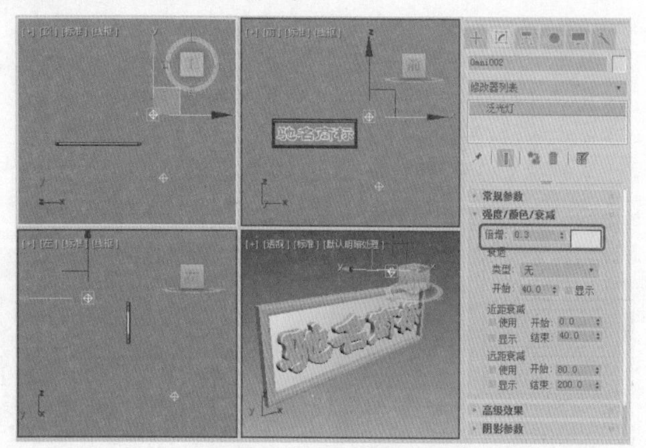

图13-24 设置灯光

12 使用同样的方法设置其他泛光灯，选择【创建】|【摄影机】|【目标】在顶视图上创建摄影机，然后在视图中调整其位置，将【透视】视图转换为摄影机视图，如图13-25所示。

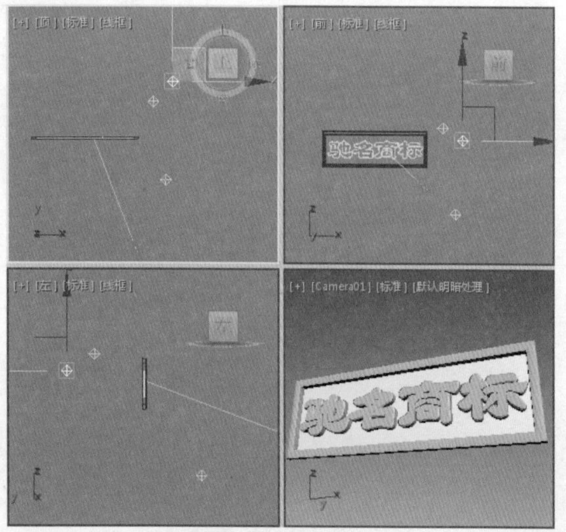

图13-25 添加摄影机

13 激活【摄影机】视图，按F9键对其进行渲染输入即可，最后将场景进行保存。

## 13.3 制作变形文字

本例将介绍如何制作变形文字，变形文字在日常生活中随处可见，本例中的变形文字是将制作好的矢量图形导入软件中，通过对其添加【倒角】修改器，使其呈现出立体感，具体操作方法如下，完成后的效果如图13-26所示。

图13-26 变形文字效果

01 启动软件后选择“变形文字.max”素材文件，激活【摄影机】视图进行渲染查看效果，如图13-27所示。

图13-27 渲染【摄影机】视图

02 在菜单栏中选择【文件】|【导入】|【导入】命令，如图13-28所示。

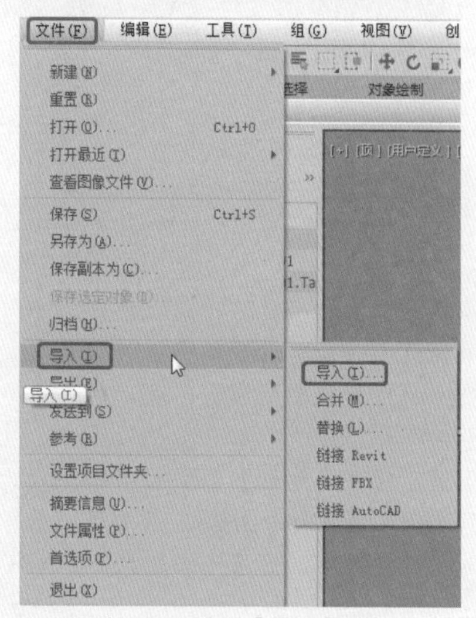


图13-28 选择【导入】命令

03 弹出【选择要导入的文件】对话框，选择“变形文字.ai”文件，单击【打开】按钮，弹出【AI导入】对话框，选中【合并对象到当前场景】单选按钮，单击【确定】按钮，弹出【图形导入】对话框，选中【多个对象】单选按钮，单击【确定】按钮，如图13-29所示。

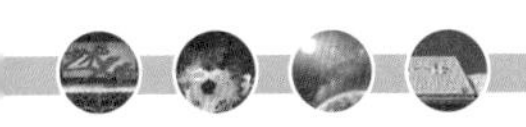

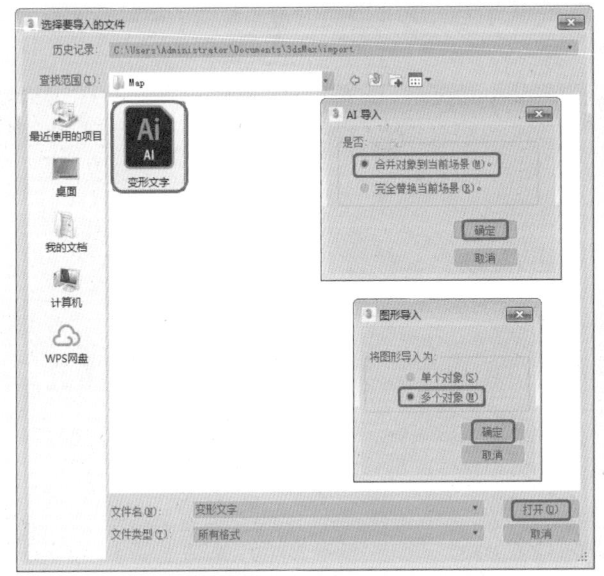


图13-29 导入素材文件

04 此时导入的对象处于平铺在场景中使用【选择并旋转】工具框选所有的文字，对文字进行调整，使其处于站立状态，如图13-30所示。

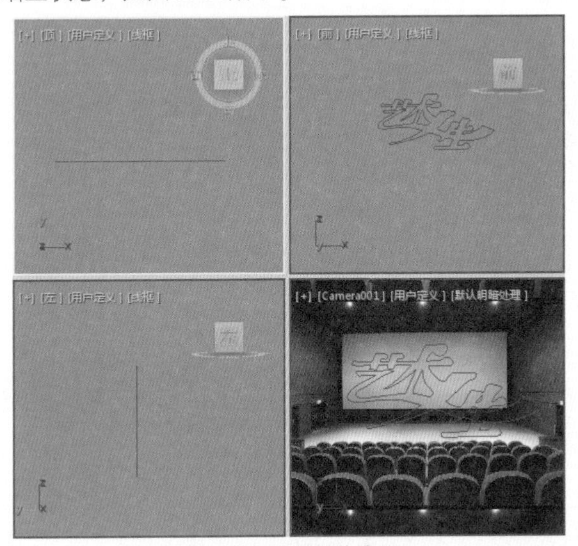

图13-30 调整后的效果

05 在【前】视图中选择文字的主体部分，切换到【修改】命令面板，在【几何体】卷展栏中单击【附加】按钮，在场景中拾取文字的其他部分，附加文字使其成为一个整体，选择完成后，单击【附加】按钮，取消附加，如图13-31所示。

06 在修改器列表中选择【倒角】修改器，对其添加【倒角】修改器，在【倒角值】卷展栏中将【级别1】的【高度】和【轮廓】分别设置为1.5、0，勾选【级别2】复选框，将【高度】和【轮廓】分别设置为0.07、-0.05，如图13-32所示。

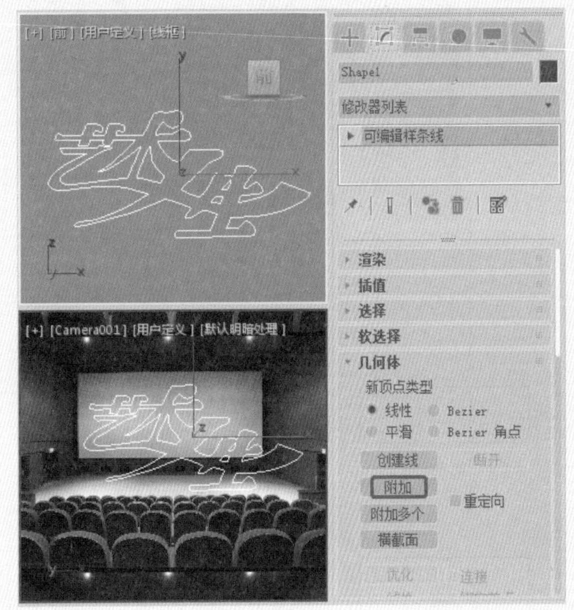


图13-31 附加文字

07 按M键打开【材质编辑器】对话框，选择一个空的样本球，将其命名为“文字”，在【明暗器基本参数】卷展栏中将【明暗器】类型设置为【（M）金属】，在【金属基本参数】卷展栏中将【环境光】和【漫反射】的RGB值均设置为218、37、28，将【自发光】下的【颜色】值设为40，将【高光级别】和【光泽度】分别设置为10、50，单击【将材质指定给选定对象】按钮，将材质指定给文字，如图13-33所示。

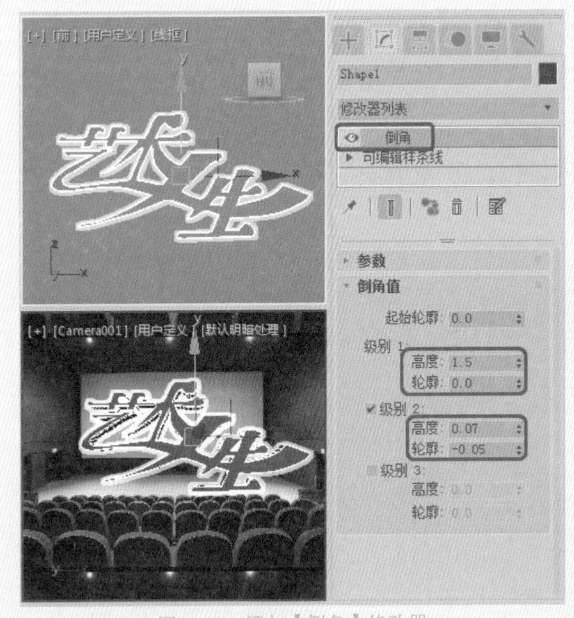


图13-32 添加【倒角】修改器

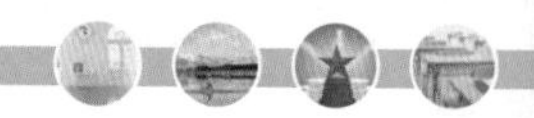

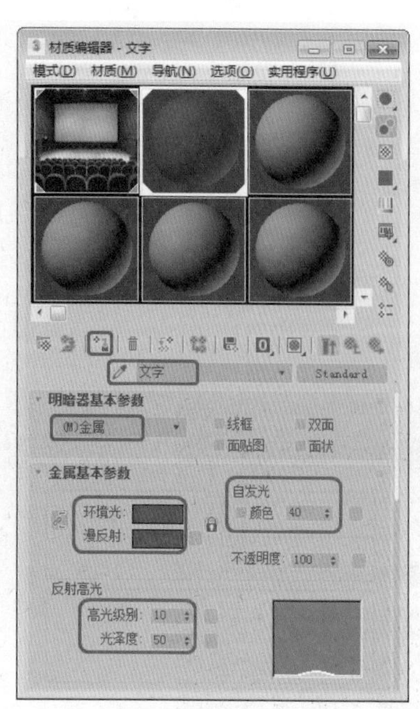


图13-33 附加文字

08 对文字对象调整角度和位置，激活【摄影机】视图进行渲染，完成后的效果如图13-34所示。

图13-34 对文字进行渲染

# 第14章 项目指导——动画制作入门练习

三维文字动画经常应用在一些影视片头中。通过为三维文字设置绚丽的动画效果，能够将文字很好地突显出来。在3ds Max中制作三维文字动画需要添加【倒角】或【挤出】修改器，使用灯光或粒子系统设置特殊效果，在【视频后期处理】中进行后期渲染处理，并配合关键帧设置文字动画。

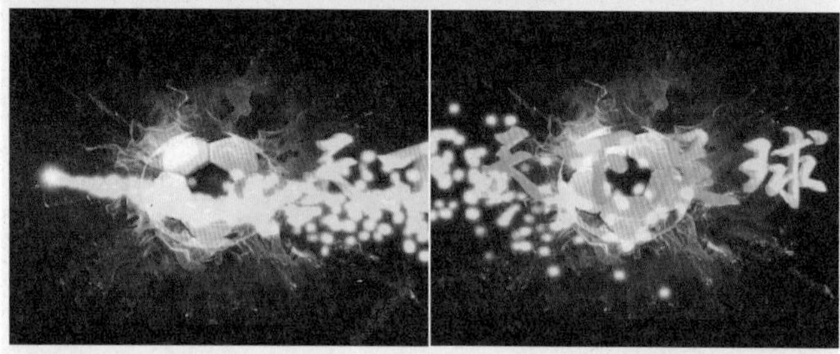

## 14.1 使用【弯曲】修改器制作卷页字动画

本例将介绍如何使用【弯曲】修改器制作卷页字动画。首选使用【文本】工具在场景中输入文字，其次为文字添加【倒角】和【弯曲】修改器，通过打开【自动关键点】和调整弯曲轴的位置来制作动画，最后将效果渲染输出，效果如图14-1所示。

图14-1　卷页字动画

01 重置文件，选择【创建】|【图形】|【文本】工具，在【参数】卷展栏中将【字体】设置为【汉仪综艺体简】，将【大小】设置为100，将【字间距】设置为10，在【文本】文本框中输入文本“法律在线”，在前视图中单击鼠标创建文字，如图14-2所示。

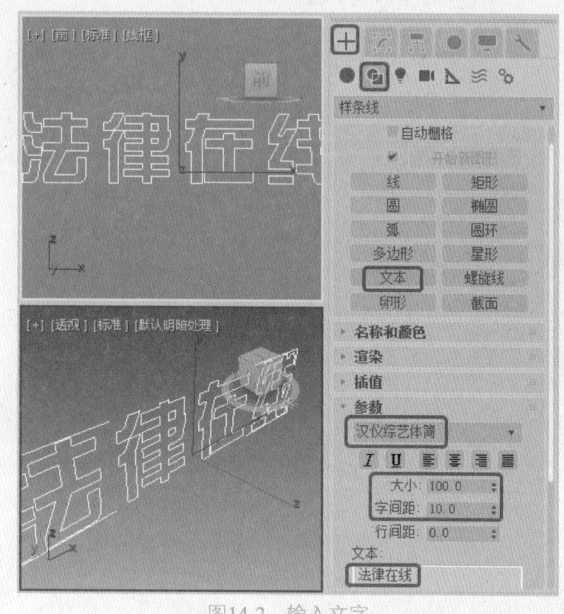


图14-2　输入文字

02 确定文字处于选择状态，在【修改】命令面板中，选择【倒角】修改器，在【倒角值】卷展栏中将【级别1】下的【高度】、【轮廓】分别设置为7、0，勾选【级别2】复选框，将【高度】设置为3，将【轮廓】设置为-1，如图14-3所示。

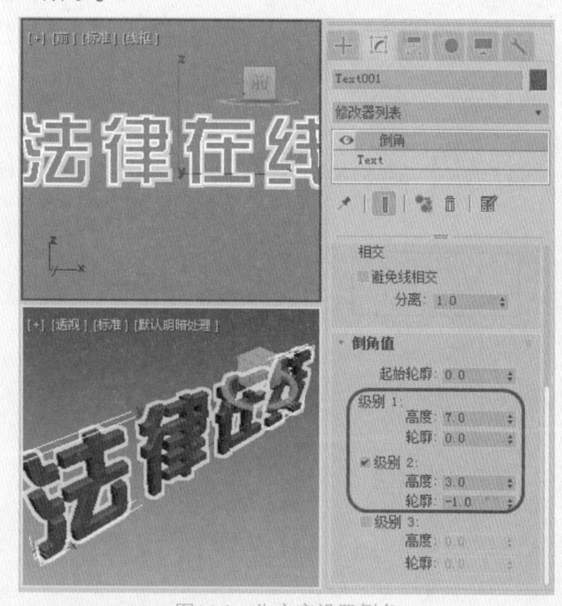


图14-3　为文字设置倒角

03 按M键打开【材质编辑器】对话框，选择一个空白的材质样本球，将【环境光】设置为白色，在【自发

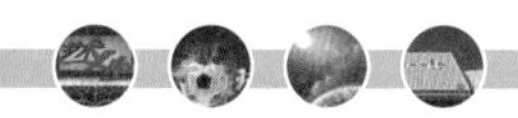



光】选项组中输入45，将【高光级别】设置为69，将【光泽度】设置为33，如图14-4所示。

04 单击【将材质指定给选定对象】按钮，将材质指定给文字对象，然后激活透视视图，对该视图进行渲染一次，效果如图14-5所示。

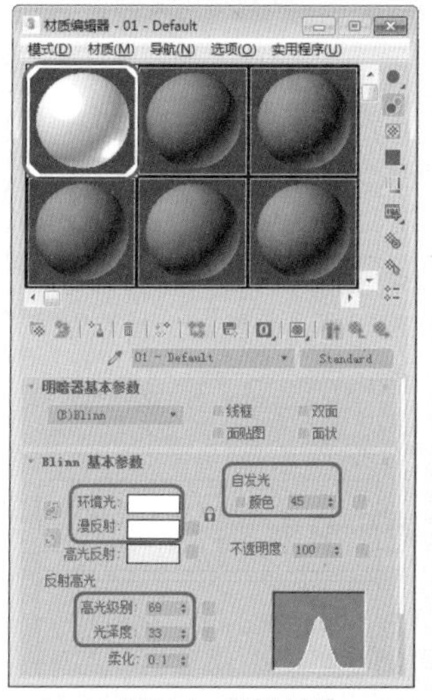

图14-4 设置材质

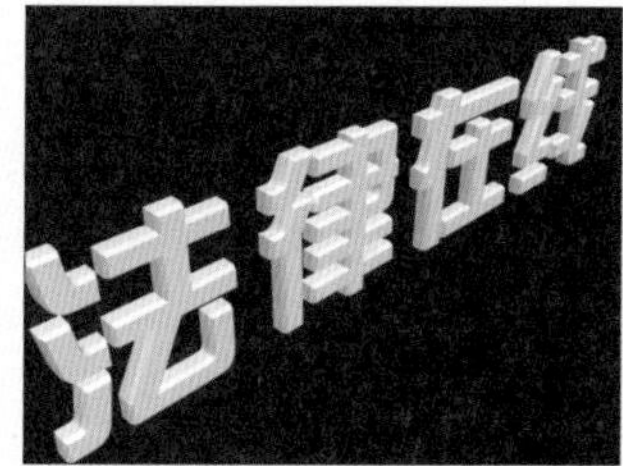

图14-5 指定材质后的文字效果

05 按8键打开【环境和效果】对话框，在该对话框中单击【环境贴图】下的【无】按钮，在弹出的对话框中选择【位图】选项，单击【确定】按钮，如图14-6所示。

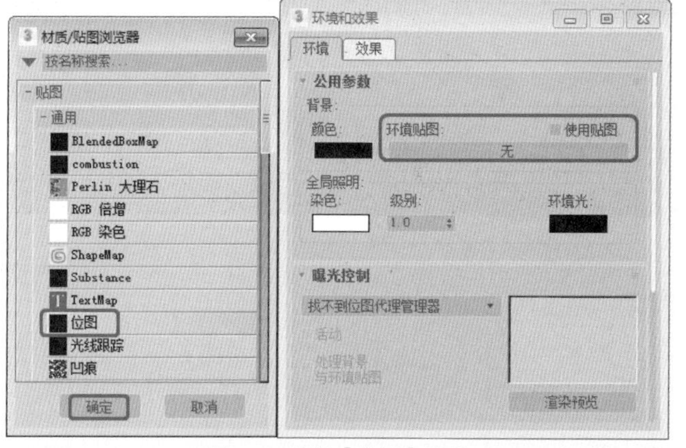

图14-6 选择【位图】选项

06 弹出【选择位图图像文件】对话框，在该对话框中选择“LPL14.jpg”素材文件，单击【打开】按钮，将该贴图拖曳至【材质编辑器】对话框中的一个空白材质样本球上，在弹出的对话框中选中【实例】单选按钮，如图14-7所示。

07 在【坐标】卷展栏中将【贴图】设置为屏幕，在【位图参数】卷展栏中勾选【应用】复选框，按N键打开【自动关键点】，确定时间滑块处于0帧位置处，将U、V、W、H分别设置为0.313、0.451、0.344、0.259，将时间滑块拖曳至100帧位置处，将U、V、W、H分别设置为0、0、1、1，如图14-8所示。

图14-7 选中【实例】单选按钮

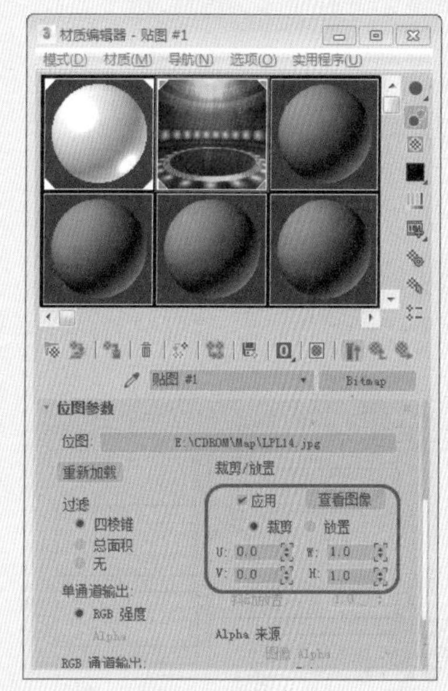

图14-8 设置参数

08 按N键关闭自动关键点，将对话框关闭。激活透视图，选择【视图】|【视口背景】|【环境背景】命令。选择【创建】|【摄影机】|【标准】|【目标】工具，在顶视图中创建目标摄影机，然后将透视视图转换为摄影机视图，在其他视图调整摄影机的位置，效果如图14-9所示。

09 选择文字，切换至【修改】命令面板，在【修改器列表】中选择【弯曲】修改器，在【参数】卷展栏中将【角度】设置为-360，将【弯曲轴】设置为X，勾选【限制效果】复选框，将【上限】设置为360，如图14-10所示。

10 展开Bend选择Gizmo，打开【自动关键点】，分别将时间滑块拖曳至第0帧、第80帧处，使用【选择并移动】工具调整弯曲轴的位置，效果如图14-11所示。

11 关闭【自动关键点】，对摄影机视图渲染输出即可。

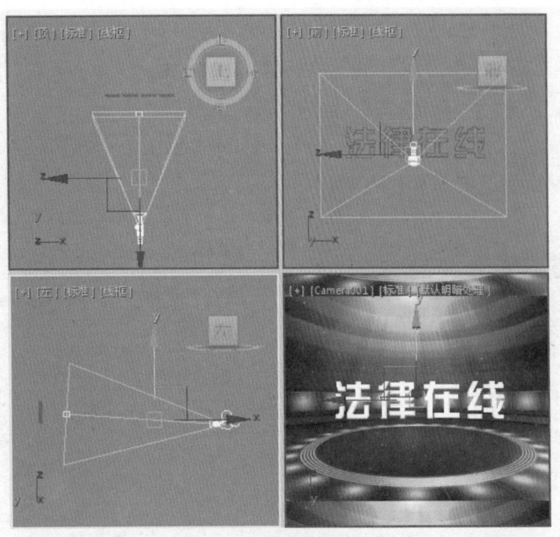


图14-9 调整摄影机的位置

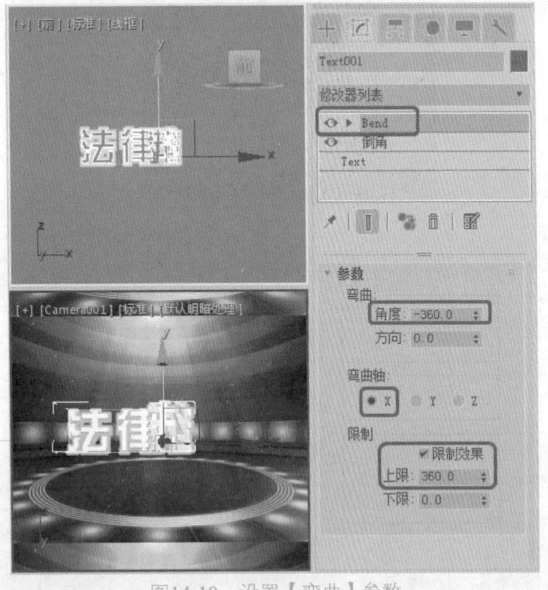

图14-10 设置【弯曲】参数

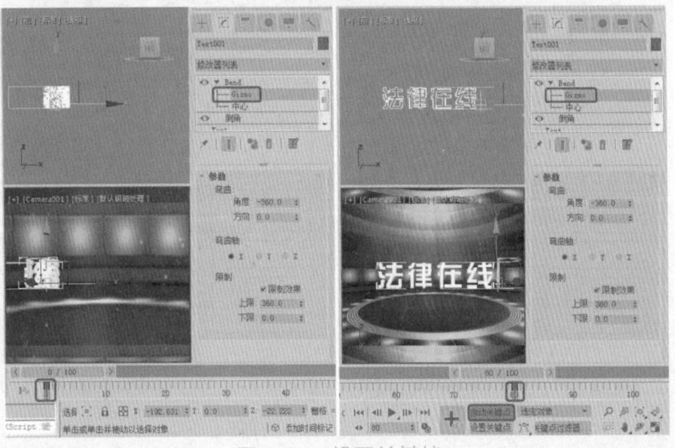

图14-11 设置关键帧

提示

【弯曲修改器】参数：

【弯曲】选项组

【角度】：设置弯曲的角度大小。

【方向】：用来调整弯曲方向的变化。

【弯曲轴】选项组

X、Y、Z：指定要弯曲的轴。

【限制】选项组

【限制效果】：对物体指定限制效果，影响区域将由下面的上限和下限值来确定。

【上限】：设置弯曲的上限，在此限度以上的区域将不会受到弯曲影响。

【下限】：设置弯曲的下限，在此限度与上限之间的区域都将受到弯曲影响。

## 14.2 使用镜头光晕制作火焰拖尾文字

本例将介绍如何制作火焰拖尾文字，首先制作出文字对象，并设置其移动关键帧，然后在【视频后期处理】对话框中通过添加【镜头效果光晕】和【镜头效果光斑】制作出火的效果，完成后的效果如图14-12所示。

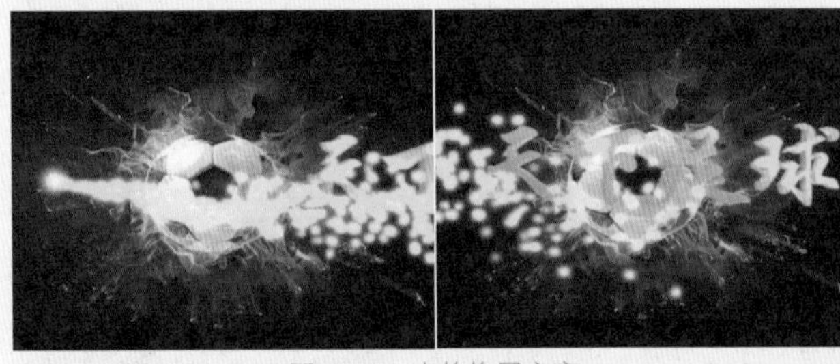

图14-12 火焰拖尾文字

01 启动软件后，选择“火焰拖尾文字.max”文件，选择【创建】|【图形】|【样条线】|【文本】工具，在【参数】卷展栏中将【字体】设置为“华文行楷”，将【大小】设为100，将【字间距】设置为-15，在【文本】文本框中输入“天下足球”，在【前】视图中创建文字，如图14-13所示。

提示

【文本】工具：使用【文本】工具可以直接产生文字图形，在中文Windows平台下可以直接产生各种字体的中文字形，字形的内容、大小、间距都可以调整，而且用户在完成动画制作后，仍可以修改文字的内容。

02 切换到【修改】命令面板，添加【倒角】修改器，在【参数】卷展栏中勾选【避免线相交】复选框，在【倒角值】卷展栏中将【级别1】的【高度】和【轮廓】都设置为0，选中【级别2】复选框，将【高度】和【轮廓】分别设置为9、0，选中【级别3】复选框，将【高度】和【轮廓】分别设置为2、-1，如图14-14所示。

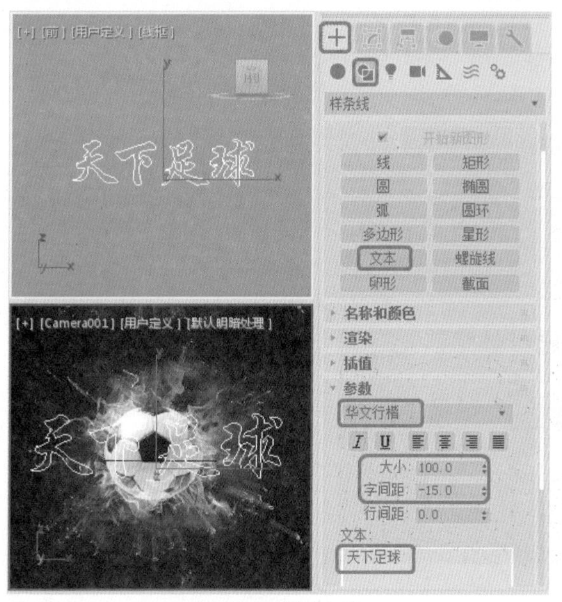


图14-13　创建文字

图14-14　设置【倒角值】

03 按M键打开【材质编辑器】对话框，选择01 - Default材质球，并将其指定给上一步创建的文字，激活摄影机视图进行渲染查看效果，如图14-15所示。

04 选择【创建】|【图形】|【螺旋线】工具，在【左】视图中绘制【螺旋线】，在【参数】卷展栏中将【半径1】和【半径2】都设置为50，将【高度】设置为274.55，将【圈数】和【偏移】分别设为1、0，勾选【顺时针】单选按钮，如图14-16所示。

图14-15　添加材质后的效果

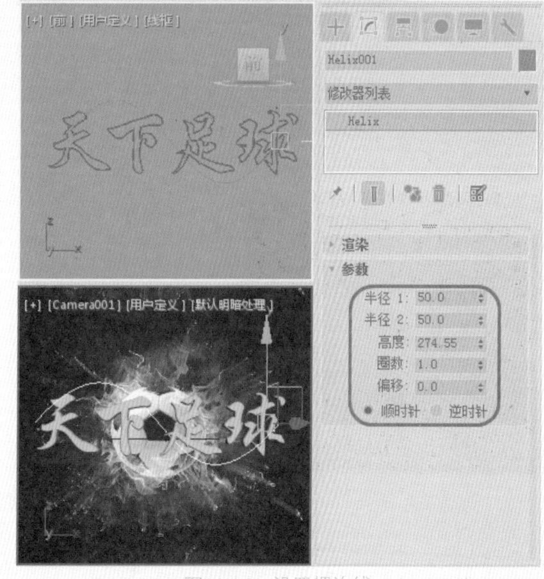


图14-16　设置螺旋线

> 提示
> 【螺旋线】工具：用来制作平面或空间的螺旋线，常用于完成弹簧、线轴等造型，或用来制作运动路径。

05 使用【选择并均匀缩放】工具对上一步绘制的螺旋线进行缩放，完成后的效果如图14-17所示。

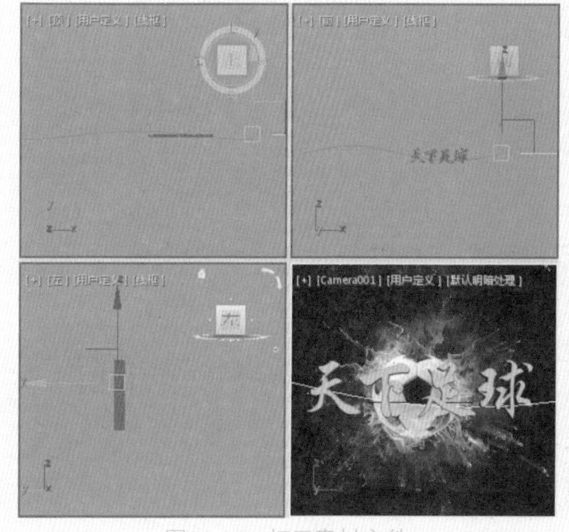


图14-17　打开素材文件

06 选择【创建】|【几何体】|【粒子系统】|【超级喷射】工具，在【顶】视图中创建一个超级喷射粒子系统，在【基本参数】卷展栏中将【轴偏离】和【平面偏离】下的【扩散】分别设置为10和180，将【图标大小】设置为50，在【视口显示】组中将【粒子数百分比】设置为100，如图14-18所示。

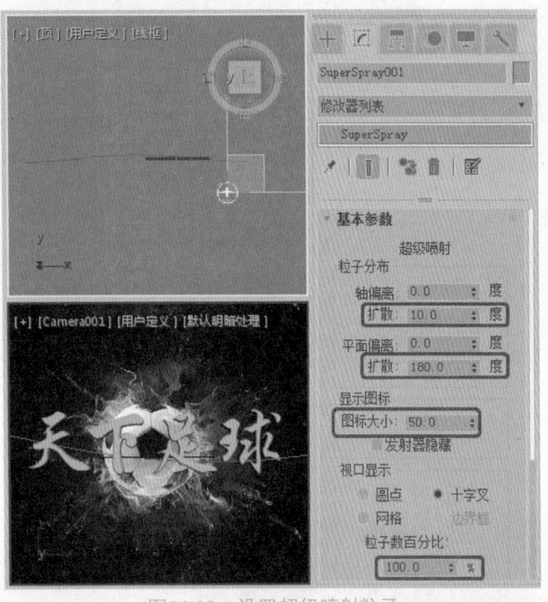

图14-18 设置超级喷射粒子

07 切换到【粒子生成】卷展栏中，选中【粒子数量】选项组中的【使用总数】单选按钮，并将其下面的值设置为4000。在【粒子计时】选项组中将【发射开始】、【发射停止】、【显示时限】、【寿命】和【变化】分别设为-150、150、100、50、10，在【粒子大小】选项组中将【大小】、【变化】、【增长耗时】和【衰减耗时】分别设置为3、30、5、11，如图14-19所示。

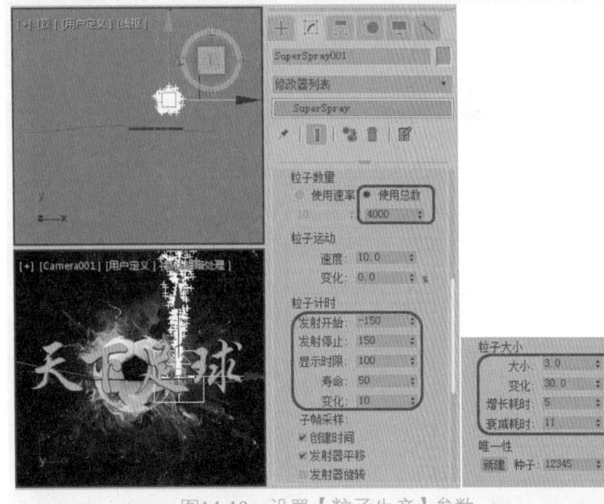

图14-19 设置【粒子生产】参数

08 在【粒子类型】卷展栏中选中【标准粒子】选项组中的【六角形】单选按钮。在【旋转和碰撞】卷展栏中将【自旋速度控制】选项组中的【自旋时间】设置为45。在【气泡运动】卷展栏中将【周期】设置为150533，如图14-20所示。

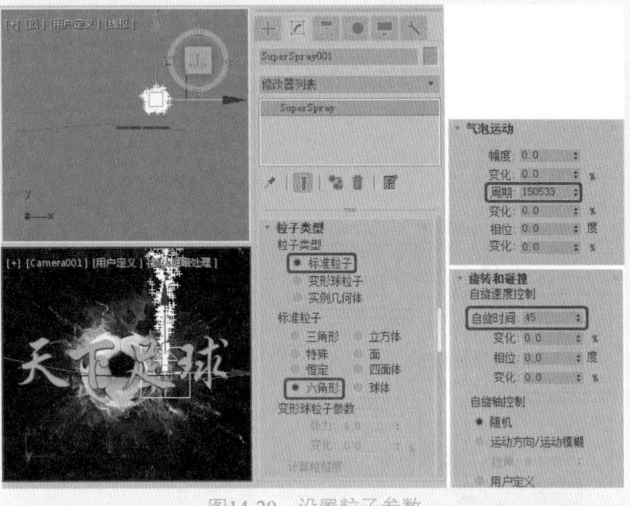

图14-20 设置粒子参数

09 确认粒子系统处于选择状态，单击【运动】按钮，进入【运动】命令面板，在【指定控制器】卷展栏中选择【变换】下的【位置】选项，然后单击【指定控制器】按钮，在打开的对话框中选择【路径约束】控制器，单击【确定】按钮，添加一个【路径约束】控制器，如图14-21所示。

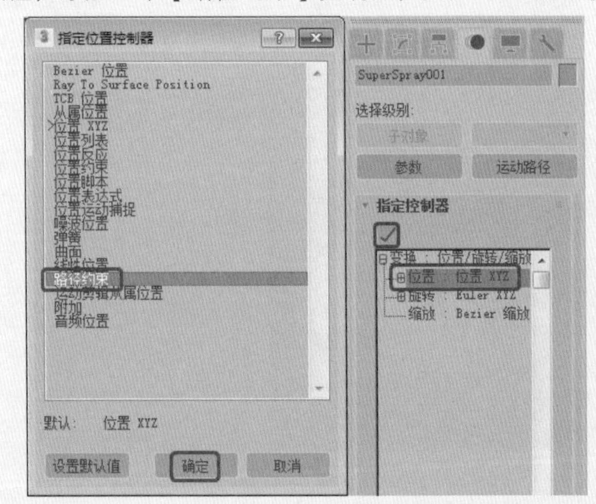

图14-21 添加【路径约束】控制器

10 在【路径参数】卷展栏中单击【添加路径】按钮，然后在视图中选择【螺旋线】对象，在【路径选项】选项组中勾选【跟随】复选框，在【轴】选项组中选中Z单选按钮和勾选【翻转】复选框，这样粒子系统便被放置在路径上了，此时系统会自动添加关键帧，选择第100帧位置的关键帧，将其移动到90帧位置，如图14-22所示。

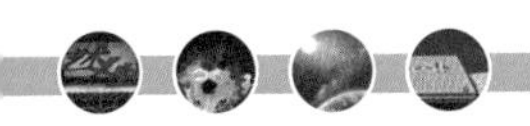

提示 【路径约束】：该控制器可以使物体沿一条样条曲线或沿多条样条曲线之间的平均距离运动，曲线可以是各种类的样条曲线，可以对其设置任何标准的位移、旋转、缩放动画等。

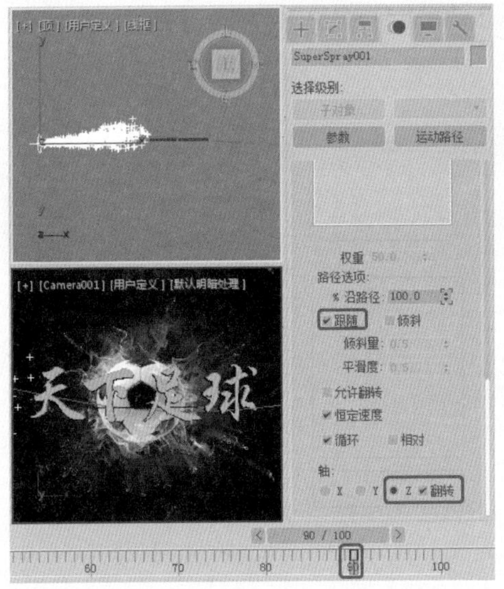

图14-22 设置路径跟随

11 在视图中选择粒子系统，单击鼠标右键，在弹出的快捷菜单中选择【对象属性】命令，在打开的【对象属性】对话框中将粒子系统的【对象ID】设置为1，在【运动模糊】选项组中选择【图像】运动模糊方式，然后单击【确定】按钮，如图14-23所示。

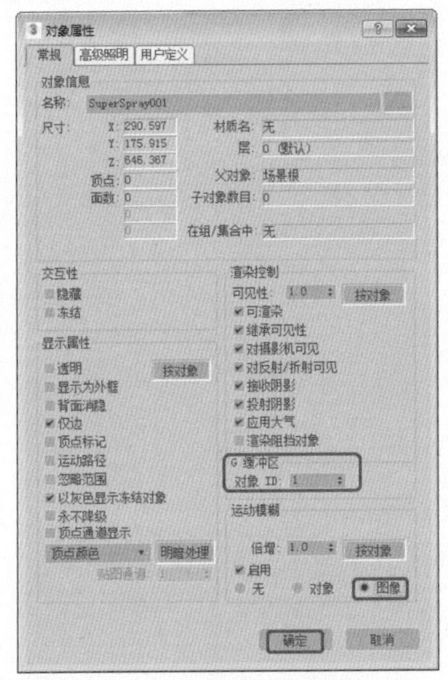

图14-23 设置对象属性

12 使用同样的方法对文字对象设置ID为2，设置【运动模糊】方式为【图像】，打开【视频后期处理】对话框，单击【添加场景事件】按钮，弹出【添加场景事件】对话框，选择【摄影机】，单击【确定】按钮，如图14-24所示。

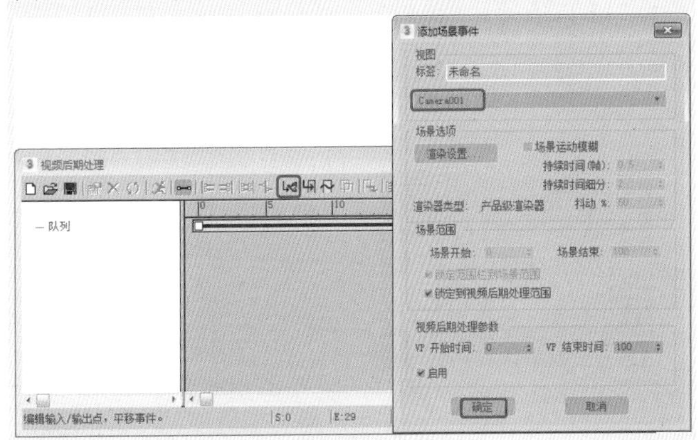

图14-24 添加场景事件

13 单击【添加图像过滤事件】按钮，添加3个【镜头效果光晕】和1个【镜头效果光斑】，如图14-25所示。

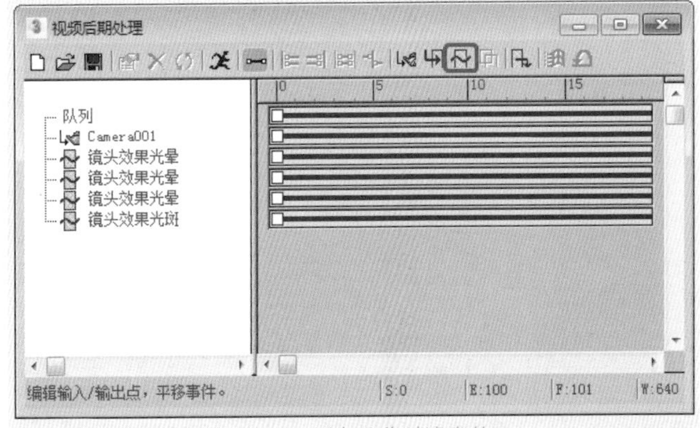

图14-25 添加图像过滤事件

14 双击新添加的第一个【镜头效果光晕】事件，在打开的对话框中单击【设置】按钮，进入发光过滤器的控制面板，单击【VP队列】和【预览】按钮，切换到【首选项】选项卡，进入【首选项】面板，在【效果】选项组中将【大小】设置为1.2，在【颜色】选项组中选中【用户】单选按钮，将颜色的RGB值设置为255、79、0，将【强度】设置为100；在【渐变】选项面板中设置径向渐变颜色设置渐变颜色，将第一个色标颜色的RGB值设置为255、50、34，将第二个色标设置为白色，将第三个色标的RGB值设置为248、36、0，如图14-26所示。

15 双击第二个【镜头效果光晕】事件，在打开的对话框中单击【设置】按钮，进入发光过滤器的控制面板，单击【VP队列】和【预览】按钮。切换到【首选项】选项卡，进入【首选项】面板，在【效果】选项组中将【大小】设置为2，在【颜色】选项组中选中【渐变】单选按钮；在【渐变】选项面板中设置径向渐变颜色，将第一个

色标颜色的RGB值设置为255、255、0，将第二个色标的RGB值设置为255、0、0。在【噪波】选项面板中将【运动】参数设置为0，勾选【红】、【绿】、【蓝】复选框，将【参数】选项组中的【大小】和【偏移】分别设置为17和60.0，如图14-27所示。设置完成后单击【确定】按钮，返回到视频合成器。

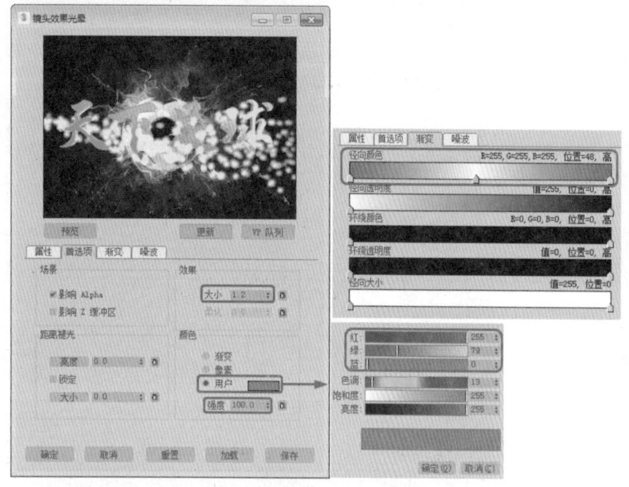

图14-26 设置【镜头效果光晕】

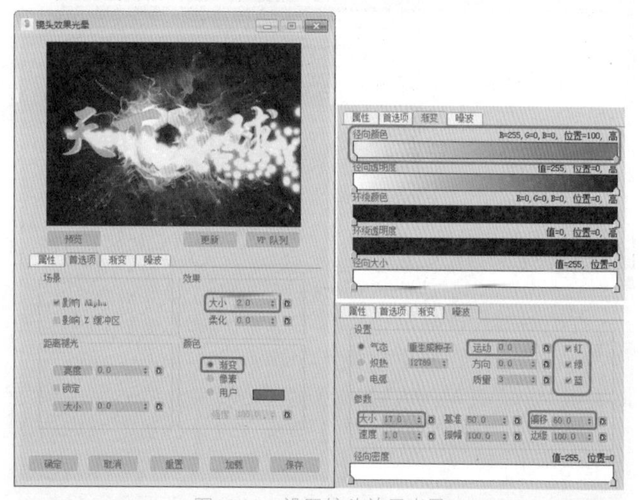

图14-27 设置镜头效果光晕

16 双击第三个光晕事件，在打开的对话框中单击【设置】按钮，进入发光过滤器的控制面板，单击【VP队列】和【预览】按钮。切换到【属性】选项卡，将【对象ID】设置为2，勾选【过滤】选项组中的【边缘】复选框，切换到【首选项】选项卡，进入【首选项】面板，在【效果】选项组中将【大小】设置为3.0，在【颜色】选项组中选中【用户】单选按钮，将颜色的RGB值设置为253、185、0，将【强度】设置为20.0；在【渐变】选项面板中设置径向渐变颜色，将第一个色标的RGB值设置为235、67、0。在【噪波】选项面板中将【运动】设置为8.0，将【参数】选项组中的【大小】设置为0.1，如图14-28所示。设置完成后单击【确定】按钮，返回到视频合成器。

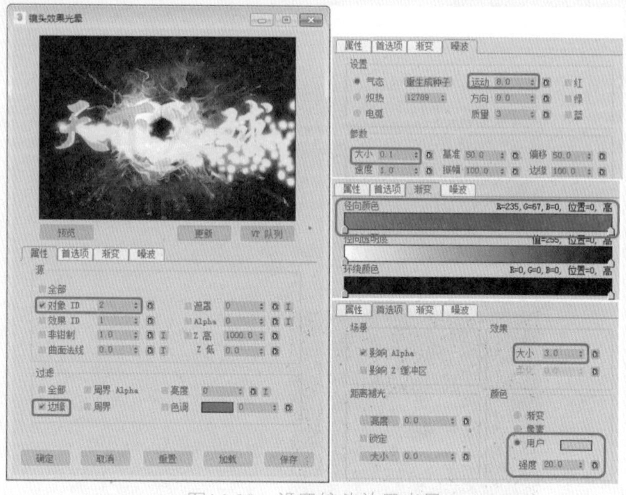

图14-28 设置镜头效果光晕

17 双击新添加的光斑事件，在弹出的对话框中单击【设置】按钮，进入【镜头效果光斑】对话框，单击【VP队列】和【预览】按钮，在【镜头光斑属性】选项组中将【大小】设置为20，单击【节点源】按钮，在打开的【选择光斑对象】对话框中选择粒子系统，单击【确定】按钮，将粒子系统作为光芯来源，如图14-29所示。

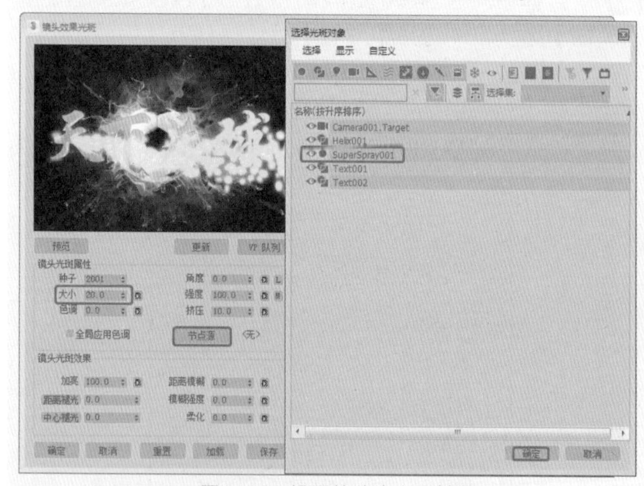

图14-29 设置镜头光斑属性

18 切换到【首选项】选项卡，进入【首选项】面板，在首选项面板底部勾选【光晕】、【手动二级光斑】、【射线】和【星形】后面的两个复选框，将其他的复选框取消勾选，如图14-30所示。

提示 【首选项】：此页面可以控制激活的镜头光斑部分，以及它们影响整个图像的方式。

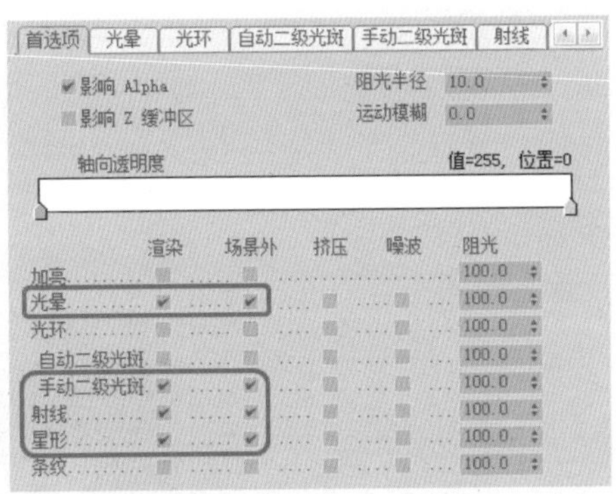

图14-30　设置首选项

19 切换到【光晕】选项卡，进入镜头光斑的发光面板，将【大小】设置为30.0，设置【径向颜色】，将第一个色标的颜色设置为白色，将第二个色标的颜色的RGB值设置为255、242、207，将第三个色标的RGB值设置为255、155、0。设置【径向透明度】，将第一个色标颜色设置为白色，将第二个色标的RGB值设置为248、248、248，将第三个色标设置为黑色，如图14-31所示。

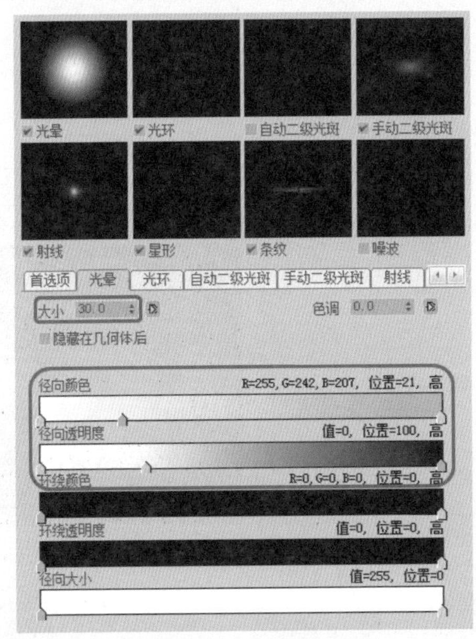

图14-31　设置光晕

> 提示　【光晕】：以光斑的源对象为中心的常规光晕。可以控制光晕的颜色、大小、形状和其他方面。

20 切换到【光环】选项卡，将径向透明度颜色条上24处和78处颜色的RGB值均设置为80、80、80，如图14-32所示。

> 提示　【光环】：围绕源对象中心的彩色圆圈。可以控制光环的颜色、大小、形状等。

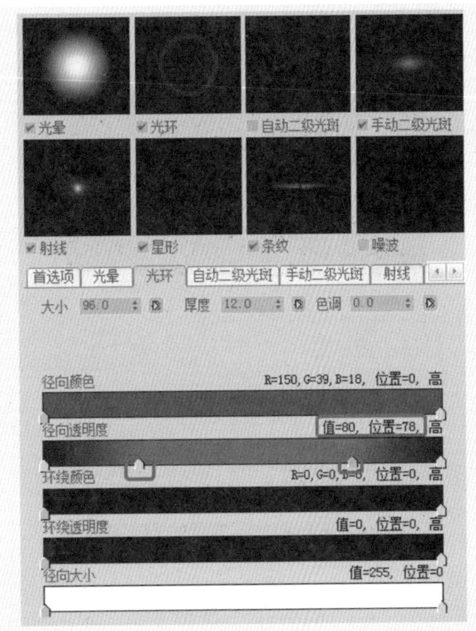

图14-32　设置光环

21 切换到【手动二级光斑】选项卡，在该面板中将【大小】设置为140，将【平面】设置为-135，将【比例】设置为3，然后设置径向颜色条上的颜色，将两个色标的颜色的RGB值设置为255、220、220，如图14-33所示。

> 提示　【手动二级光斑】：添加到镜头光斑效果中的附加二级光斑。

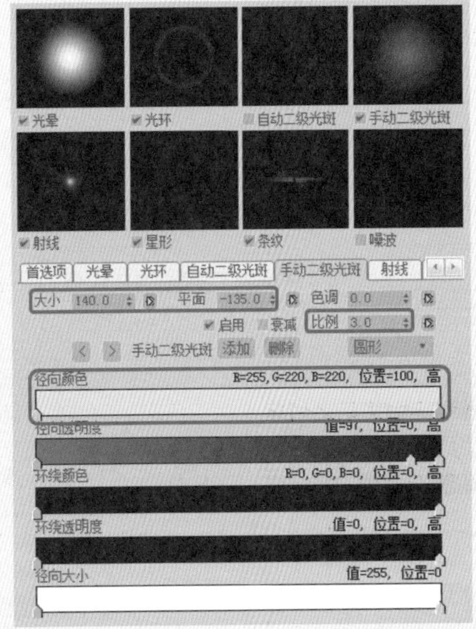

图14-33　设置手动二级光斑

22 切换到【射线】选项卡，进入【射线】面板，将【大小】、【数量】和【锐化】分别设置为100.0、125和10.0。将【径向颜色】第一色标的RGB值设置为255、

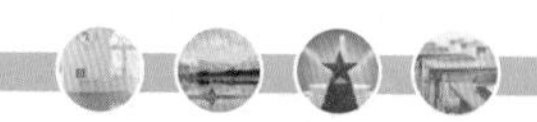

255、167，将第二个色标的RGB值设为255、155、74。将【径向透明度】内多余的色标删除，如图14-34所示。

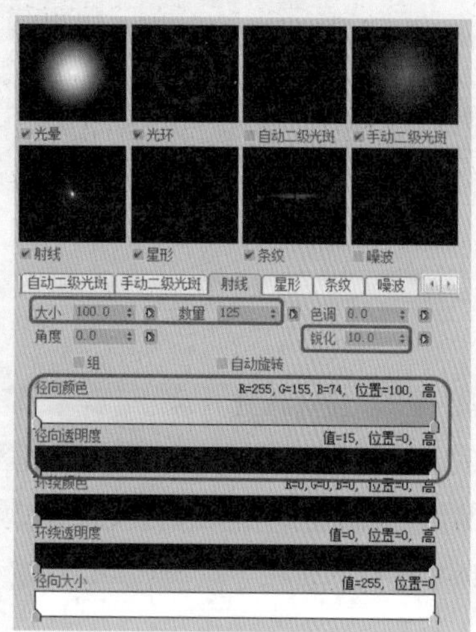

图14-34 设置射线

> 提示 【射线】：从源对象中心发出的明亮的直线，为对象提供很高的亮度。

23 切换到【星形】选项卡，在【星形】面板中将【大小】、【数量】、【锐化】和【锥化】分别设置为35.0、8、0和1.0，切换到【条纹】选项卡，在该面板中将【大小】、【宽度】、【锐化】和【锥化】分别设置为250、10、10和0，参照图14-35所示的参数设置渐变条上的颜色。设置完成后单击【确定】按钮。

> 提示 【星形】：从源对象中心发出的明亮的直线，通常包括6条或多于6条辐射线（而不是像射线一样有数百条）。星形通常比较粗并且要比射线从源对象的中心向外延伸得更远。

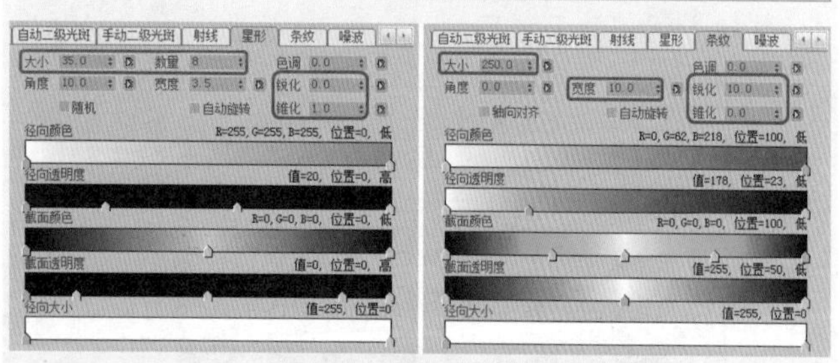

图14-35 设置星形和条纹

24 单击【设置关键点】按钮，开启关键点设置模式，将时间光标移动到0帧位置，选择文字调整位置，单击【设置关键点】按钮添加关键帧，如图14-36所示。

25 将时间滑块移动到第80帧位置，在【前】视图中使用【选择并移动】工具对文字沿着X轴进行移动，单击【设置关键点】按钮，添加关键帧，如图14-37所示。

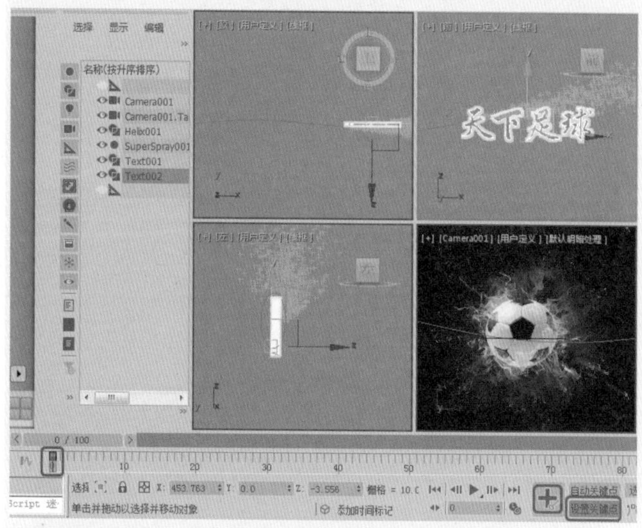

图14-36 添加关键帧

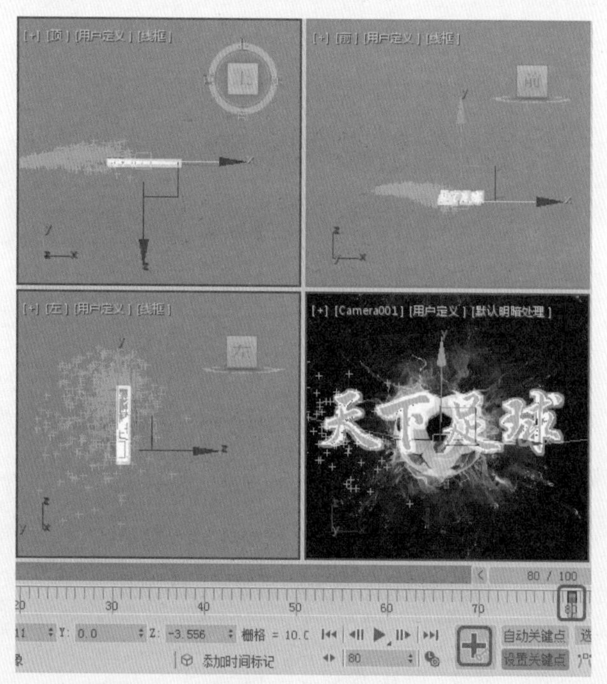

图14-37 添加关键帧

26 取消关键帧记录，打开【视频后期处理】对话框，单击【添加图像输出事件】按钮，在弹出的对话框中单击【文件】按钮，再在弹出的对话框中选择相应的路径，并为文件命名，将【文件类型】定义为avi，单击【保存】按钮，在弹出的对话框中选择相应的压缩设置，如图14-38所示。

27 单击【执行序列】按钮，在弹出的对话框中设置输出大小，设置完成后单击【渲染】按钮，如图14-39所示。

图14-38 打开素材文件

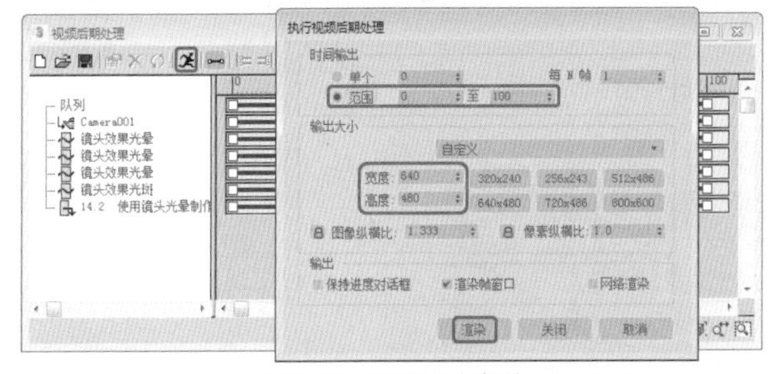

图14-39 设置渲染参数

## 14.3 使用【挤出】修改器制作光影文字动画

本例将介绍如何制作光影文字动画，首先在场景中绘制文本文字，然后使用【倒角】修改器将文字制作得有立体感，将制作完成的文字复制并使用【锥化】修改器将复制后的文字修改，再使用【自动关键点】记录动画，使用【曲线编辑器】修改位置，最后渲染效果如图14-40所示。

图14-40 光影文字动画

01 在菜单栏中选择【自定义】|【单位设置】命令，在【单位设置】对话框中将【公制】设置为【厘米】，设置完成后单击【确定】按钮，然后选择【创建】|【图形】|【样条线】选项，在【对象类型】卷展栏中选择【文本】工具，在文本下面的输入框中输入"每日快讯"，然后激活【前】视图，在【前】视图中单击创建【每日快讯】文字标题，并将其命名为"每日快讯"，选择【修改】，在【参数】卷展栏中的字体列表中选择【汉仪综艺体简】字体，将【大小】设置为200cm，如图14-41所示。

图14-41 输入文本文字

02 确定文本处于选择的状态下，进入【修改】命令面板，在修改器列表中选择【倒角】修改器，在【倒角值】卷展栏中将【起始轮廓】设置为1.5cm，将【级别1】下的【高度】设置为13cm，勾选【级别2】复选框，将它下面的【高度】和【轮廓】分别设置为1cm和-1.4cm，如图14-42所示。

> 提示 在捕捉类型浮动框中，可以选择所要捕捉的类型，还可以控制捕捉的灵敏度，这一点是比较重要的。如果捕捉到了对象，会以浅蓝色显示（你可以修改）一个15个像素的方格以及相应的线。

图14-42 添加倒角

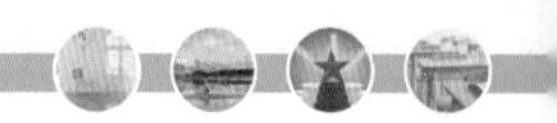

03 选择【创建】|【摄影机】|【标准】选项，在【对象类型】卷展栏中选择【目标】工具，在【顶视图】中创建一个摄像机，切换至【修改】命令面板，在【参数】卷展栏中将【镜头】参数设置为35，并在除【透视图】外的其他视图中调整摄影机的位置，激活【透视图】，按C键将当前视图转换成为摄影机视图，如图14-43所示。

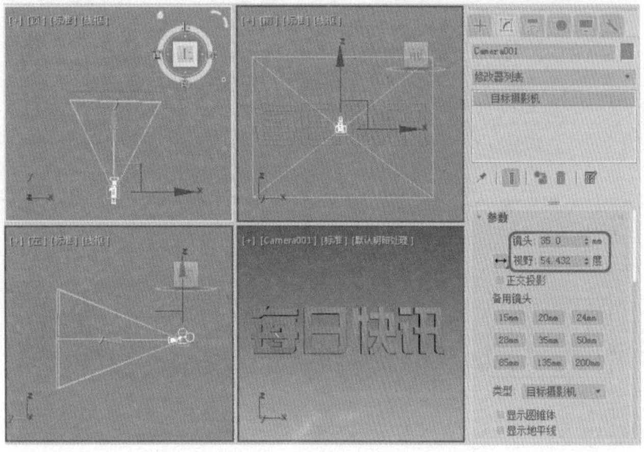

图14-43 添加摄影机

04 确定【每日快讯】对象处于选择状态。按M键，打开【材质编辑器】对话框，将第1个材质样本球命名为"每日快讯"。在【明暗器基本参数】卷展栏中，将明暗器类型定义为【（M）金属】。在【金属基本参数】卷展栏中，单击按钮，解除【环境光】与【漫反射】的颜色锁定，将【环境光】的RGB值设置为0、0、0，单击【确定】按钮；将【漫反射】的RGB值设置为255、255、255，单击【确定】按钮；将【反射高光】选项组中的【高光级别】、【光泽度】都设置为100，如图14-44所示。

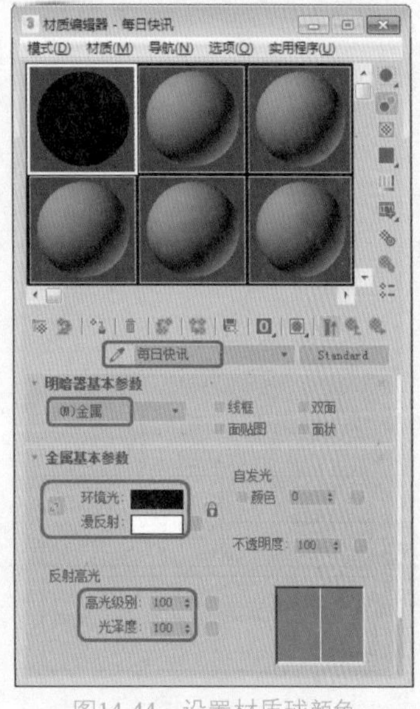

图14-44 设置材质球颜色

提示 要显示安全框，另一种方法就是在激活视图中的视图名称下单击鼠标右键，在弹出的快捷菜单中选择【显示安全框】命令，这时在视图的周围出现一个杏黄色的边框，这个边框就是安全框。

05 打开【贴图】卷展栏，单击【反射】通道右侧的【无贴图】按钮，在打开的【材质/贴图浏览器】对话框中选择【位图】贴图，单击【确定】按钮，然后在打开的对话框中选择"Gold04.jpg"文件，打开位图文件，在【输出】卷展栏中，将【输出量】设置为1.2，按Enter键确认，然后在场景中选择【每日快讯】对象，单击【将材质指定给选定对象】按钮，将材质指定给【每日快讯】对象，如图14-45所示。

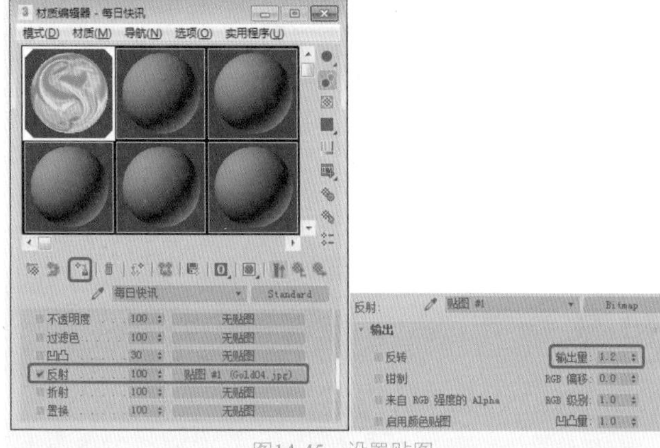

图14-45 设置贴图

06 将时间滑块拖动至100帧位置处，然后单击【自动关键点】按钮，开始记录动画。在【坐标】卷展栏中将【偏移】下的U、V值分别设置为0.2、0.1，按Enter键确认，如图14-46所示，

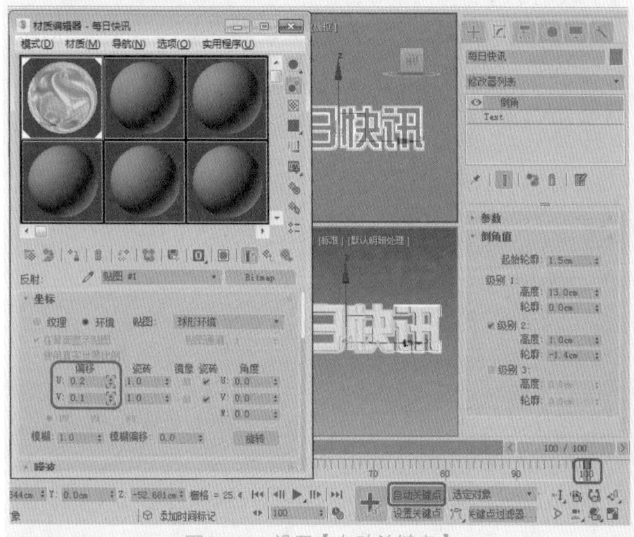

图14-46 设置【自动关键点】

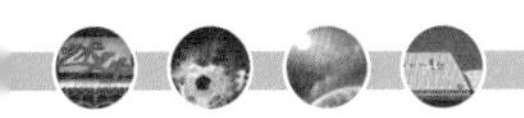

07 勾选【位图参数】卷展栏中的【应用】复选框，并单击【查看图像】按钮，在打开的对话框中将当前贴图的有效区域进行设置，在设置完成后将其对话框关闭即可，并将【裁剪/放置】选项组中的W、H均设置为0.4，如图14-47所示。设置完成后，关闭【自动关键点】按钮。

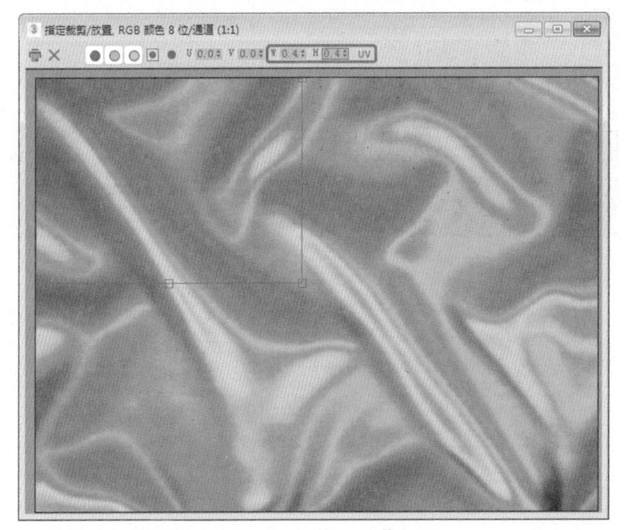

图14-47 设置图像

08 在场景中选择【每日快讯】对象，按Ctrl+V键对它进行复制，在打开的【克隆选项】对话框中，选中【对象】选项组下的【复制】单选按钮，将新复制的对象重新命名为“每日快讯光影”，单击【确定】按钮，如图14-48所示。

图14-48 复制图形

09 单击【修改】按钮，进入【修改】命令面板，在堆栈中选择【倒角】修改器，然后单击堆栈下的【从堆栈中移除修改器】，将【倒角】删除。在【修改器列表】中选择【挤出】修改器，在【参数】卷展栏中将【数量】设置为500cm，按Enter键确认，将【封口】选项组中的【封口始端】与【封口末端】复选框取消勾选，如图14-49所示。

提示：大量的片头文字使用光芒四射的效果来表现，这种效果在3ds Max中可以通过多种方法实现。在这个实例中，将介绍通过一种特殊的材质与模型结合完成的光影效果。这种方法制作出的光影效果的优点是渲染速度快、制作简便。

10 确定“每日快讯光影”对象处于选择状态下。激活第二个材质样本球，将当前材质名称重新命名为“光影材质”。在【明暗器基本参数】卷展栏中勾选【双面】复选框。在【Blinn 基本参数】卷展栏中，将【环境光】和【漫反射】的RGB值均设置为255、255、255，单击【确定】按钮；将【自发光】的颜色值设置为100，按Enter键确认；将【反射高光】选项组中的【光泽度】设置为0，如图14-50所示。

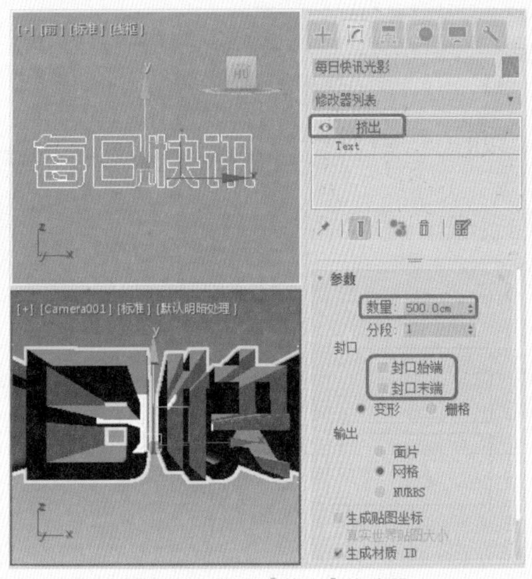


图14-49 设置【挤出】修改器

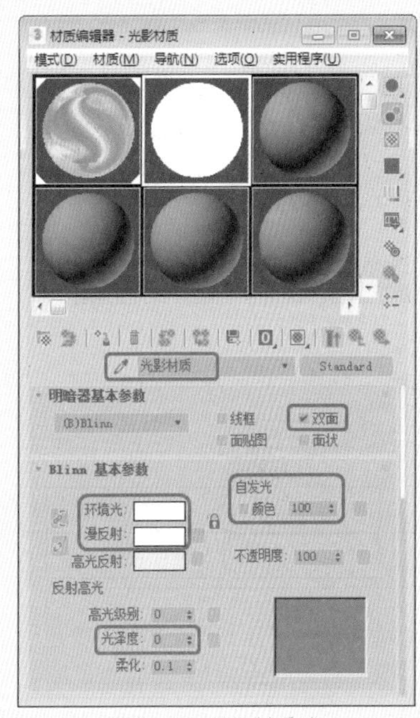


图14-50 设置材质球

11 打开【贴图】卷展栏，单击【不透明度】通道右侧的【无贴图】按钮，打开【材质/贴图浏览器】对话框，在该对话框中选择【遮罩】贴图，单击【确定】按钮。进入【遮罩】二级材质设置面板中，首先单击【贴图】右侧的【无贴图】按钮，在打开的【材质/贴图浏览器】对话

框中选择【棋盘格】选项，单击【确定】按钮，在打开的【棋盘格】层级材质面板中，在【坐标】卷展栏中将【瓷砖】下的U和V分别设置为250和-0.001，打开【噪波】参数卷展栏，勾选【启用】复选框，将【数量】设置为5，如图14-51所示。

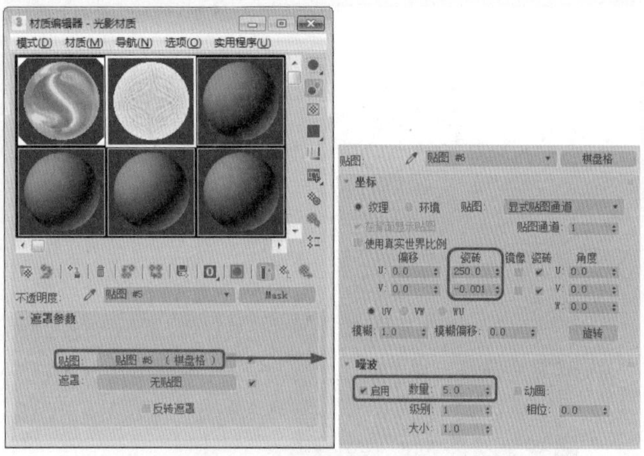

图14-51 设置【贴图】

12 打开【棋盘格参数】卷展栏，将【柔化】值设置为0.01，按Enter键确认，将【颜色 #2】的RGB值设置为156、156、156，如图14-52所示。

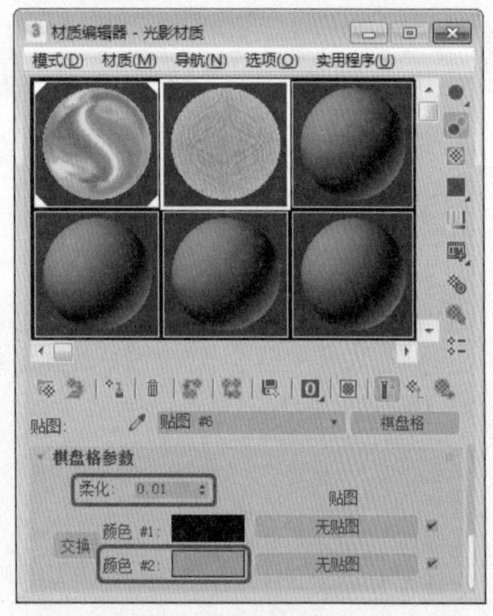

图14-52 设置颜色

提示

【遮罩】是使用一张贴图作为罩框，透过它来观看上面的材质效果，罩框图本身的明暗强度将决定透明的程度。

【双面】：将物体法线相反的一面也进行渲染，通常计算机为了简化计算，只渲染物体法线为正方向的表面（即可视的外表面），这对大多数物体都适用，但有些敞开面的物体，其内壁会看不到任何材质效果，这时就必须打开双面设置。

13 设置完毕后，选择【转到父对象】按钮，返回到遮罩层级。单击【遮罩】右侧的【无贴图】按钮，在打开的【材质/贴图浏览器】对话框中选择【渐变】贴图，如图14-53所示，单击【确定】按钮。

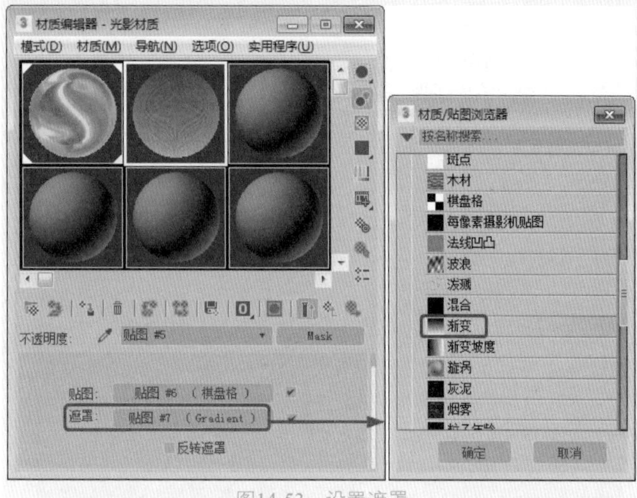

图14-53 设置遮罩

14 在打开的【渐变】层级材质面板中，打开【渐变参数】卷展栏，将【颜色 #2】的RGB值设置为0、0、0。将【噪波】选项组中的【数量】设置为0.1，选中【分形】单选按钮，最后将【大小】设置为1，如图14-54所示。单击两次【转到父对象】按钮返回父级材质面板。在【材质编辑器】中单击【将材质指定给选定对象】按钮，将当前材质赋予视图中【每日快讯光影】对象。

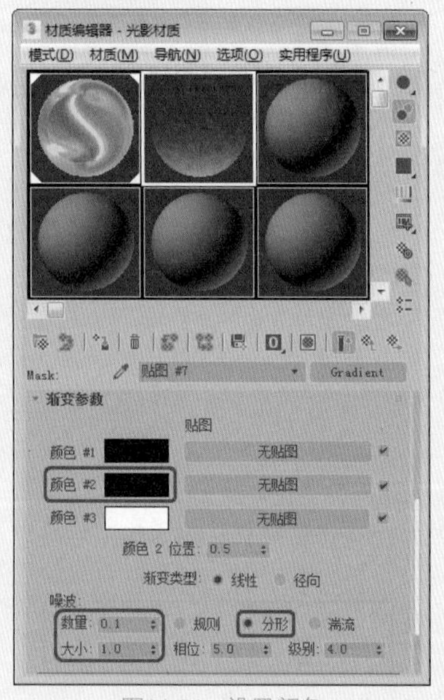

图14-54 设置颜色

15 设置完材质后，将时间滑块拖曳至第60帧位置处，渲染该帧图像，效果如图14-55所示。

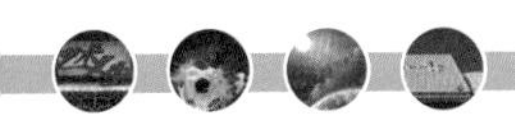

图14-55　60帧处效果

16 继续在【贴图】卷展栏中将【反射】的【数量】设置为5，并单击其后面的【无贴图】按钮，在打开的【材质/贴图浏览器】对话框中选择【位图】贴图。在打开的对话框中选择“Gold04.jpg”文件，单击【确定】按钮，进入【位图】层级面板，在【输出】卷展栏中将【输出量】设置为1.35，如图14-56所示。

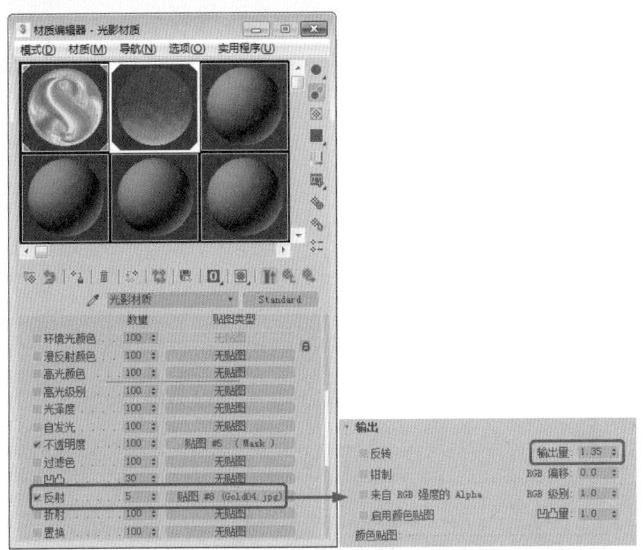

图14-56　设置【反射】参数

17 在场景中选择【每日快讯光影】对象，单击【修改】按钮，切换到修改命令面板，在【修改器列表】中选择【锥化】修改器，打开【参数】卷展栏，将【数量】设置为1.0，按Enter键确认，如图14-57所示。

18 在场景中选择【每日快讯】和【每日快讯光影】对象，在工具栏中选择【选择并移动】工具，然后在【顶】视图中沿Y轴将选择的对象移动至摄影机下方，如图14-58所示。

19 将视口底端的时间滑块拖曳至第60帧位置处，单击【自动关键点】按钮，然后将选择的对象重新移动至移动前的位置处，如图14-59所示。

20 将时间滑块拖曳至第80帧位置处，选择【每日快讯光影】对象，在【修改】命令面板中将【锥化】修改器的【数量】设置为0，如图14-60所示。

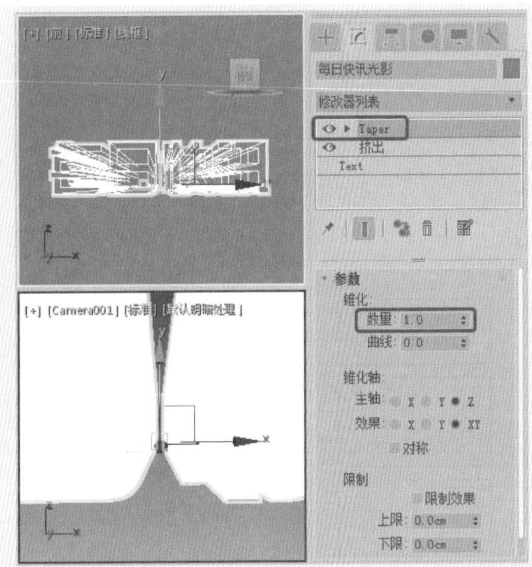

图14-57　设置【锥化】参数

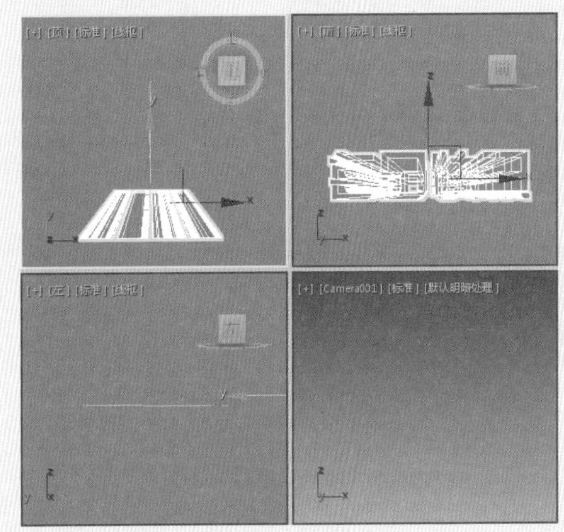

图14-58　移动文本

21 确定当前帧仍然为80帧。激活【顶】视图，在工具栏中选择【选择并非均匀缩放】工具并单击鼠标右键，在弹出的【缩放变换输入】对话框中设置【偏移：屏幕】选项组中的Y值为1，如图14-61所示。

22 关闭【自动关键点】按钮，确定【每日快讯光影】对象仍然处于选择状态。在工具栏中单击【曲线编辑器】按钮，打开【轨迹视图】对话框，选择【编辑器】|【摄影表】菜单命令，如图14-62所示。

23 在打开的【每日快讯光影】序列下选择【变换】选项，在【变换】选项下选择【缩放】，将第0帧处的关键点移动至第60帧位置处，如图14-63所示。

24 按8键，在打开的【环境和效果】对话框中，单击【环境贴图】下的【无】按钮。在弹出的【材质/贴图浏览器】对话框中双击【位图】，打开“Q1.jpg”文件，如

图14-64所示。

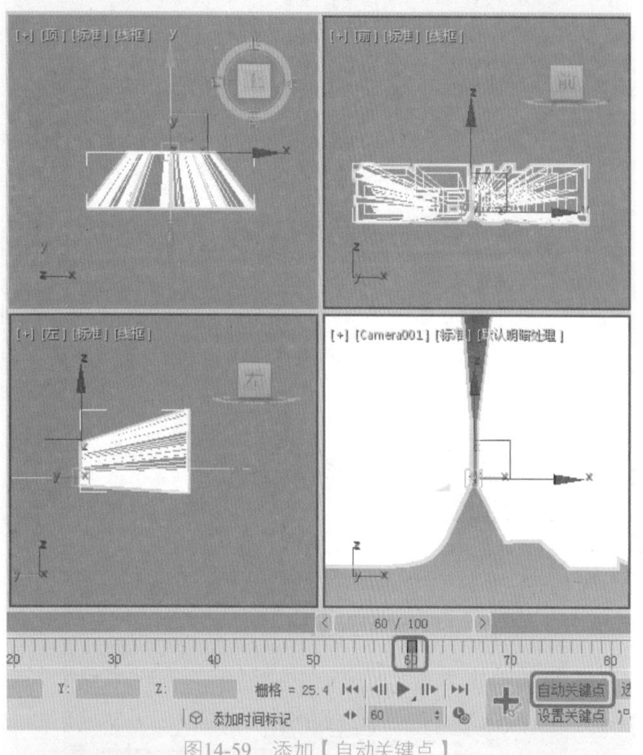


图14-59 添加【自动关键点】

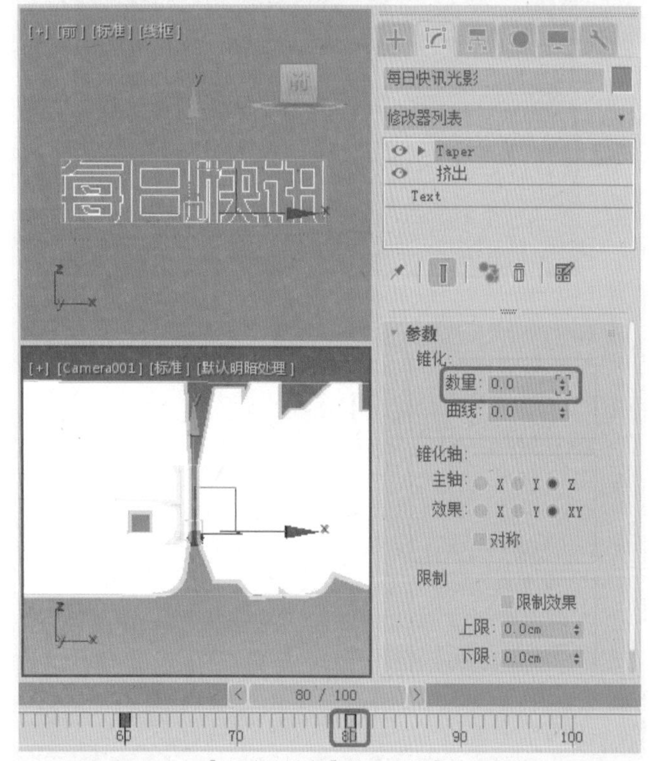


图14-60 【自动关键点】状态下的【锥化】参数

图14-61 【缩放变换输入】对话框

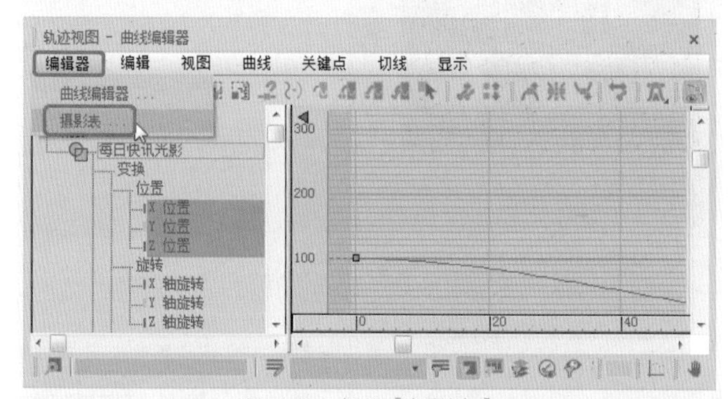


图14-62 打开【摄影表】

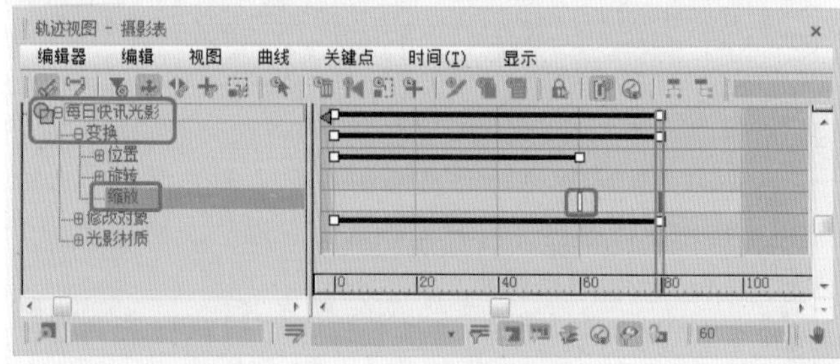


图14-63 调整位置

25 打开材质编辑器，在【环境和效果】对话框中拖动环境贴图按钮到材质编辑器中的一个新的材质样本球窗口中。在弹出的对话框中单击【实例】按钮，如图14-65所示，单击【确定】按钮。

26 激活摄影机视图，在工具栏中单击【渲染设置】按钮，打开【渲染场景】对话框，在【公用参数】卷展栏中勾选【范围0至100】单选按钮，在【输出大小】选项组中设置【宽度】和【高度】值分别为640和480，将渲染

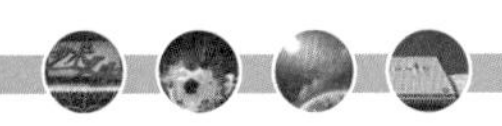

输出进行设置，如图14-66所示。

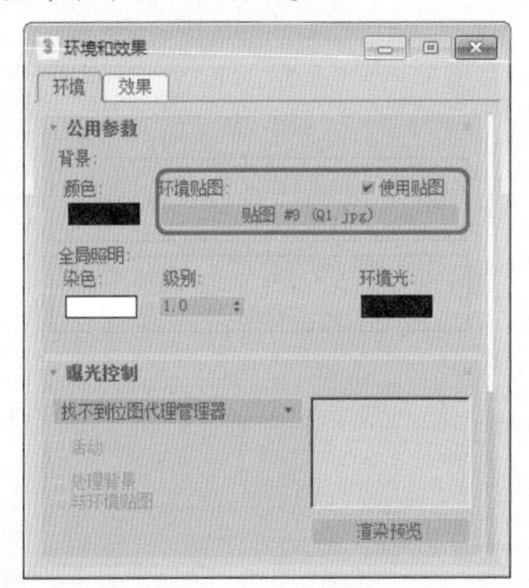

图14-64　添加贴图

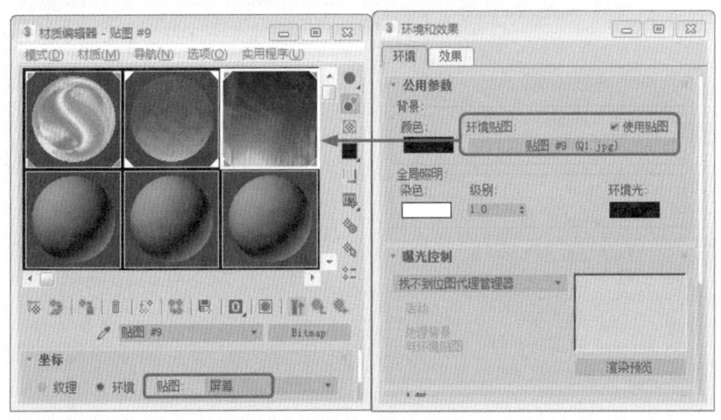

图14-65　设置贴图

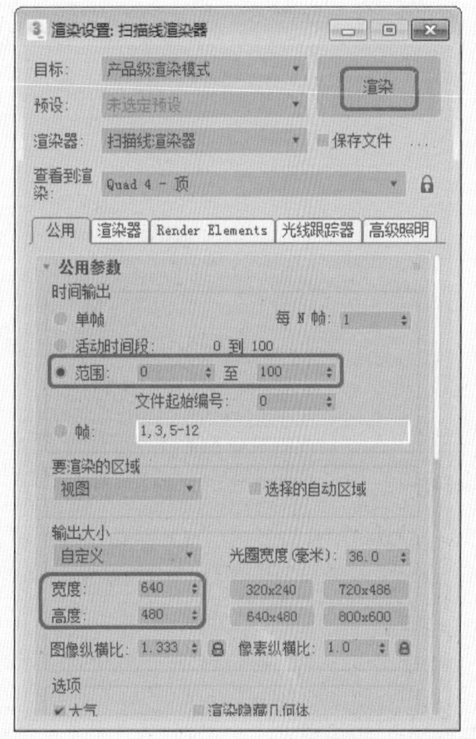

图14-66　渲染设置

# 第15章 项目指导——人鱼动画

本例的构思是在一片有阳光照射的海底，美人鱼在海水中畅游的场景，效果如图15-1所示。

图15-1 动画效果

## 15.1 为模型添加材质

下面介绍人鱼材质的制作，为对象添加的ID将材质设置为【多维/子材质】，然后分别对各个ID材质进行设置，设置完成后将材质指定给人鱼对象。

01 打开【模型.max】素材文件，在视图中选择模型对象，在修改器下拉列表中选择【UVW展开】修改器，将当前选择集定义为【多边形】，在【材质 ID】卷展栏中【选择ID】右侧的文本框中输入3，如图15-2所示。

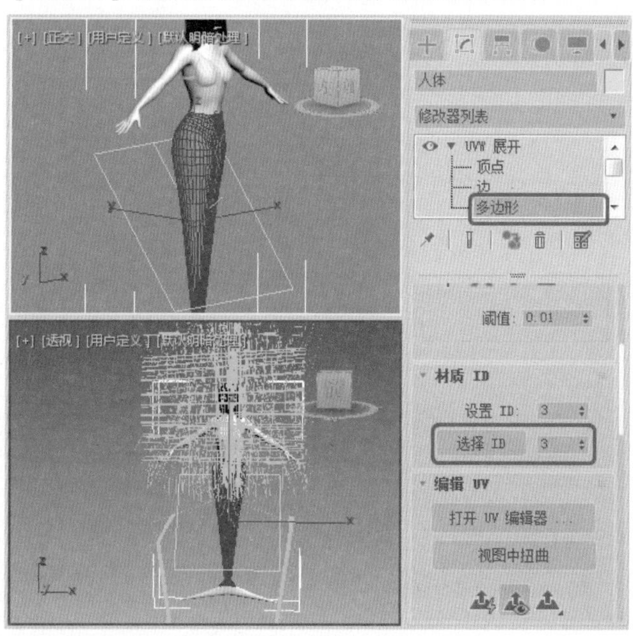

图15-2 选择多边形

02 在【投影】卷展栏中单击【柱形贴图】按钮，在【对齐选项】选项组中单击Z按钮，如图15-3所示。

03 在【材质ID】卷展栏中的【选择ID】右侧的文本框中输入4，然后单击【选择ID】按钮 选择 ID ，如图15-4所示。

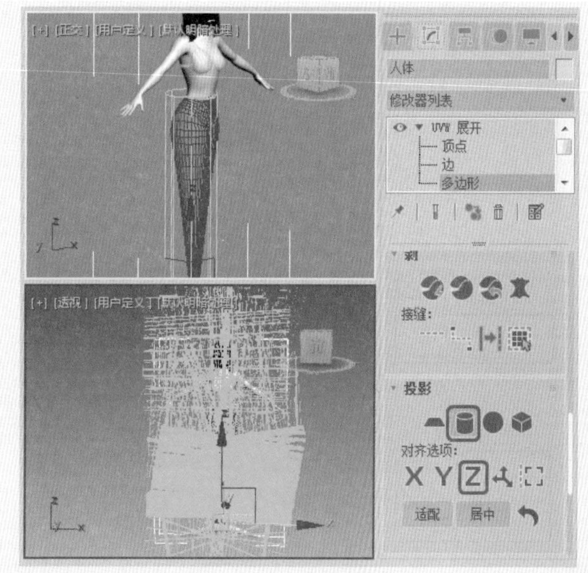

图15-3 设置贴图类型

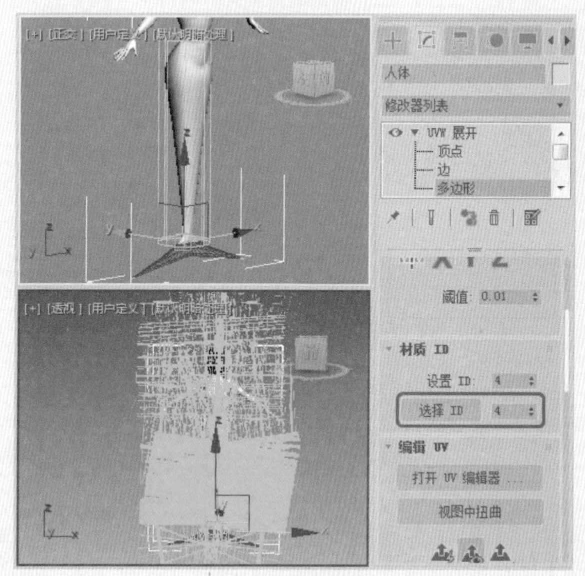

图15-4 选择多边形

04 在【投影】卷展栏中单击【平面贴图】按钮，在【对齐选项】选项组中单击Y按钮Y，如图15-5所示。

05 关闭当前选择集，按M键打开【材质编辑器】对话框，在该对话框选择一个空白的材质样本球，单击Standard按钮，在弹出的对话框中选择【多维/子对象】选项，如图15-6所示，单击【确定】按钮。

06 弹出【替换材质】对话框，在该对话框中选中【将旧材质保存为子材质】单选按钮，单击【确定】按钮，在【多维/子对象基本参数】卷展栏中单击【设置数量】按钮，弹出【设置材质数量】对话框，将【材质数量】设置为4，如图15-7所示。

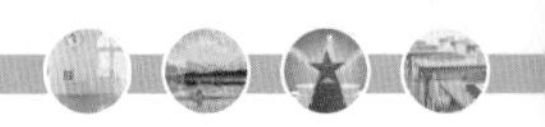

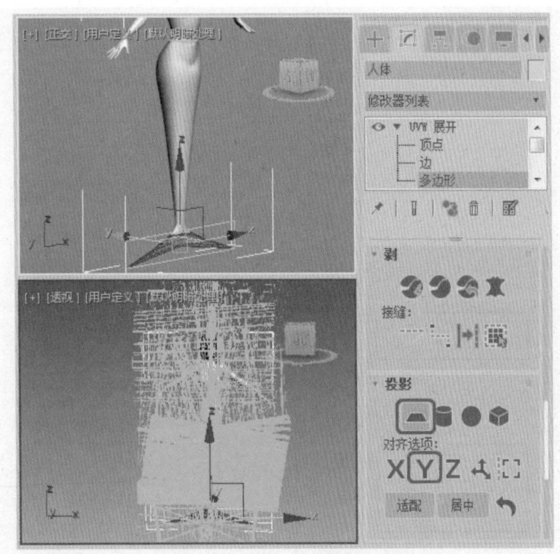

图15-5 设置【投影】

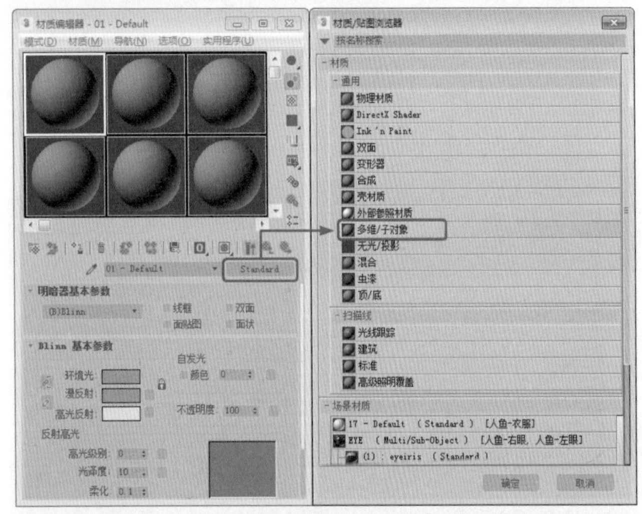

图15-6 选择【多维/子对象】选项

07 单击【确定】按钮，单击ID1右侧的材质按钮，在【Blinn基本参数】卷展栏中勾选【双面】复选框，在【Blinn基本参数】卷展栏中单击【环境光】左侧的按钮，将【环境光】的RGB值设置为0、0、0，将【自发光】设置为30，将【高光级别】、【光泽度】、【柔化】分别设置为16、30、0.5，如图15-8所示。

08 在【贴图】卷展栏单击【漫反射颜色】右侧的【无贴图】按钮，在弹出的对话框中双击【位图】，再在弹出的对话框中选择“人鱼面部.tif”文件，如图15-9所示。

09 单击【打开】按钮，在【坐标】卷展栏中将【偏移】下的U、V分别设置为0、0.004，将【瓷砖】下的U、V分别设置为0.9、1，设置完成后，单击两次【转到父对象】按钮，在【多维/子对象参数】卷展栏中选择ID1右侧的材质按钮，按住鼠标将其拖曳至ID2右侧的材质按钮上，在弹出的对话框中选中【复制】单选按钮，如图15-10所示。

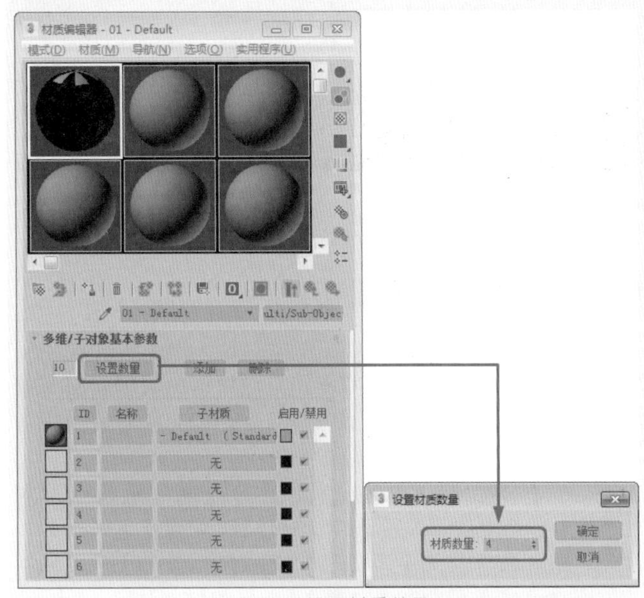

图15-7 设置材质数量

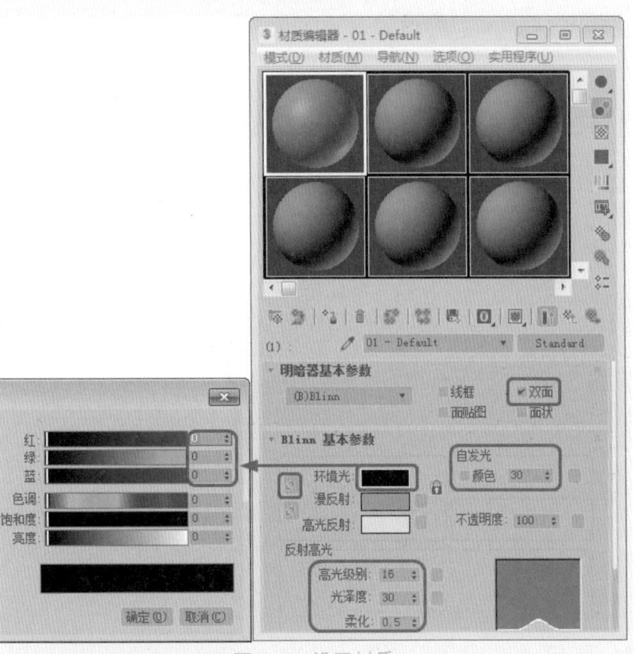

图15-8 设置材质

10 单击【确定】按钮，然后再单击ID2右侧的材质按钮，在【贴图】卷展栏中单击【漫反射颜色】右侧的材质按钮，在【位图参数】卷展栏中勾选【应用】复选框，将U、V、W、H分别设置为0.7、0.6、0.28、0.4，如图15-11所示。

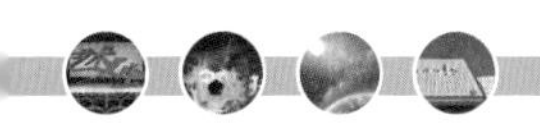

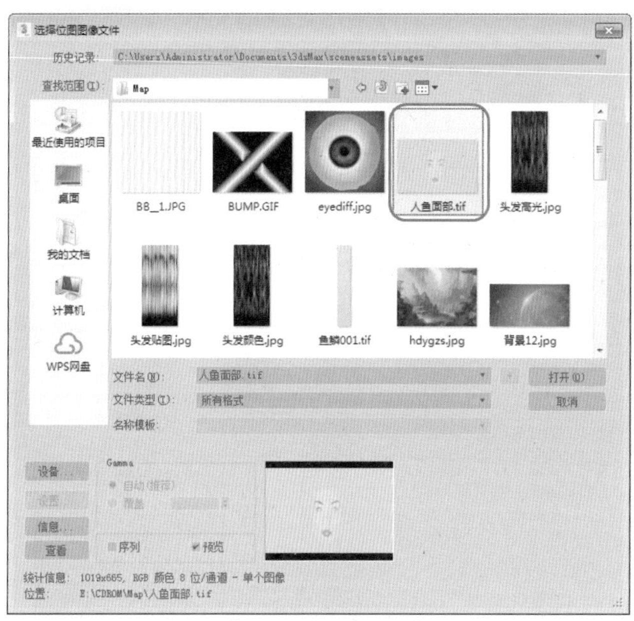

图15-9 【选择位图图像文件】对话框

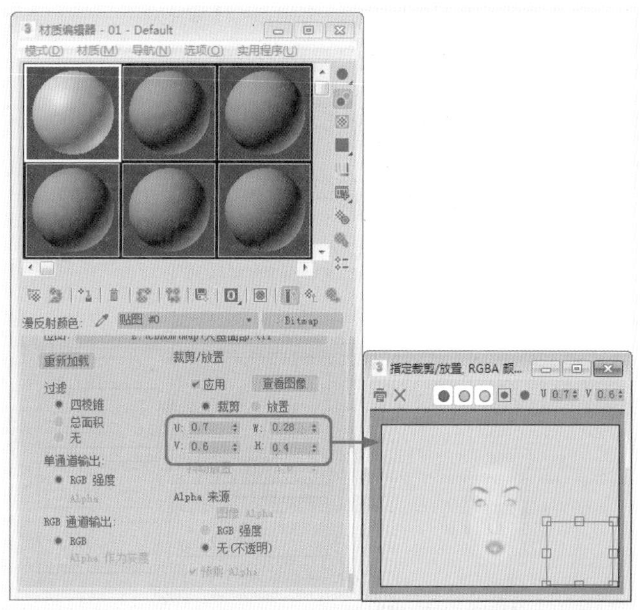

图15-11 裁剪位图

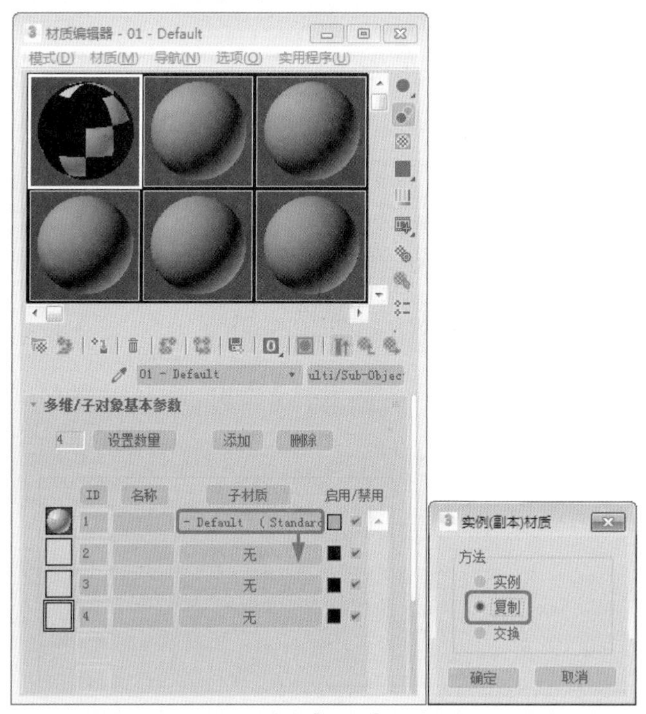

图15-10 选中【复制】单选按钮

11 单击两次【转到父对象】按钮，在【多维/子对象参数】卷展栏中单击ID3右侧的材质按钮，在弹出的对话框中选择【标准】选项，如图15-12所示。

12 单击【确定】按钮，在【Blinn基本参数】卷展栏中将【自发光】设置为30，将【高光级别】、【光泽度】分别设置为32、43，如图15-13所示。

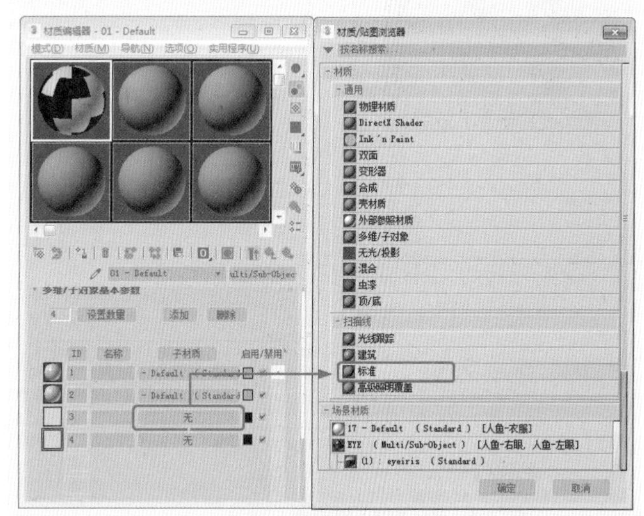

图15-12 选择【标准】选项

13 在【贴图】卷展栏中单击【漫反射颜色】右侧的材质按钮，在弹出的对话框中选择【位图】选项，如图15-14所示。

14 单击【确定】按钮，再在弹出的对话框中选择“鱼鳞001.tif”文件，单击【打开】按钮，在【坐标】卷展栏中将【瓷砖】下的U、V分别设置为10、1，如图15-15所示。

15 单击【转到父对象】按钮，在【贴图】卷展栏中将【漫反射颜色】右侧的材质拖曳至【凹凸】右侧的材质按钮上，在弹出的对话框中选中【实例】单选按钮，如图15-16所示。

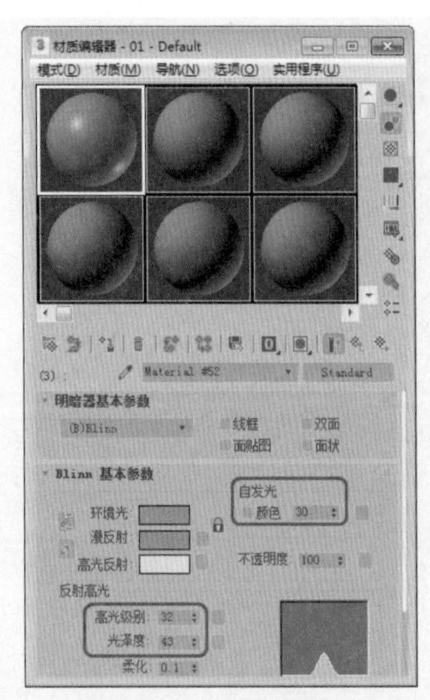

图15-13 设置为材质

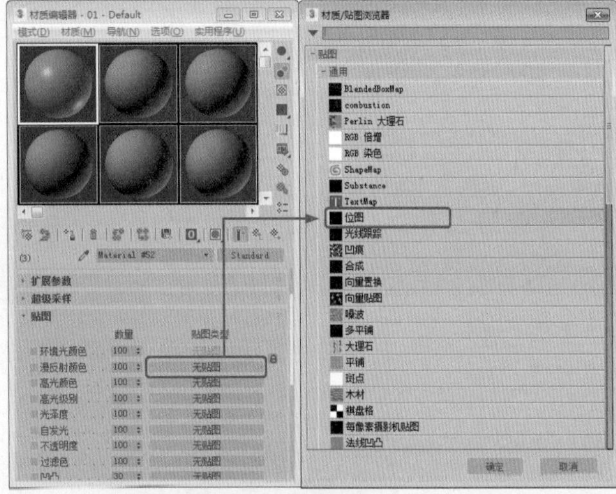

图15-14 选择【位图】选项

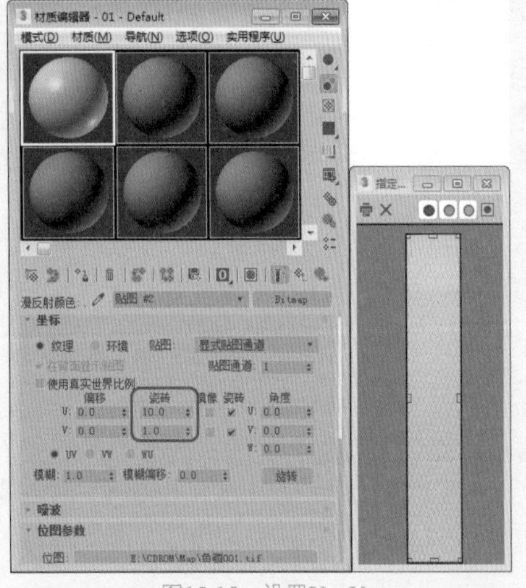

图15-15 设置U、V

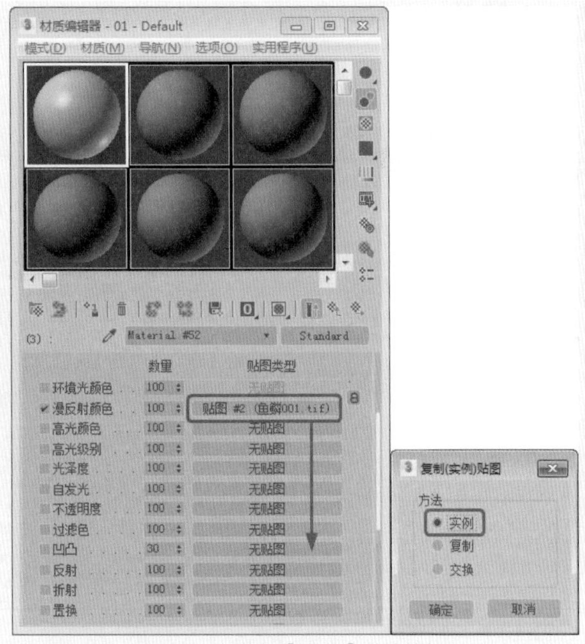

图15-16 选择【实例】单选按钮

16 单击【确定】按钮，在【贴图】卷展栏中将【凹凸】右侧的【数量】设置为200，如图15-17所示。

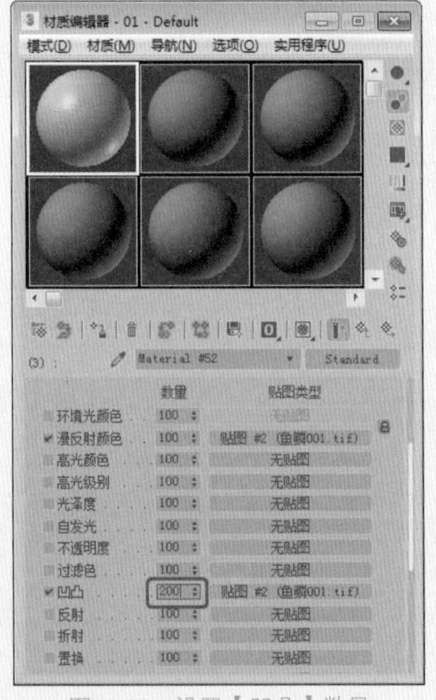

图15-17 设置【凹凸】数量

17 单击【转到父对象】按钮，在【多维/子对象参数】卷展栏中将ID3右侧的材质拖曳至ID4右侧的材质按钮上，在弹出的对话框中选中【复制】单选按钮，如图15-18所示。

18 单击【确定】按钮，然后再单击ID4右侧的材质按钮，在【贴图】卷展栏中单击【漫反射颜色】右侧的材质按钮，在【坐标】卷展栏中将【瓷砖】下的U、V分别设置

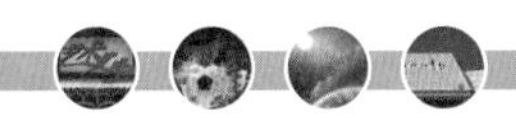

为10、0.01，在【位图参数】卷展栏中勾选【应用】复选框，将U、V、W、H分别设置为0、0.474、1、0.526，如图15-19所示。

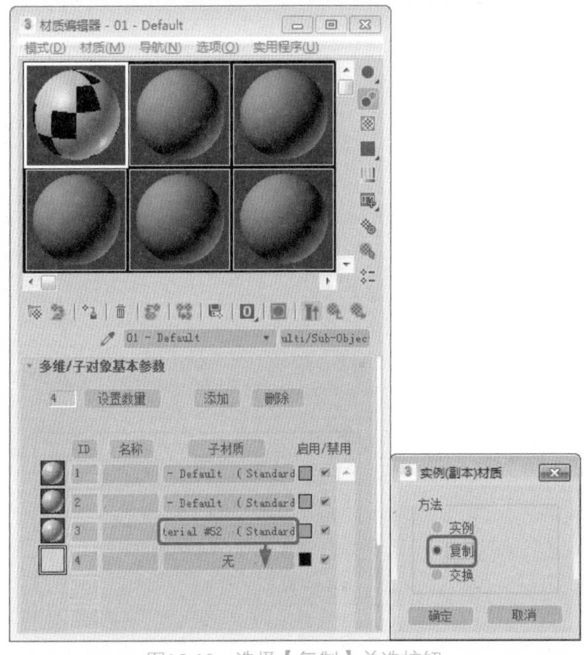

图15-18 选择【复制】单选按钮

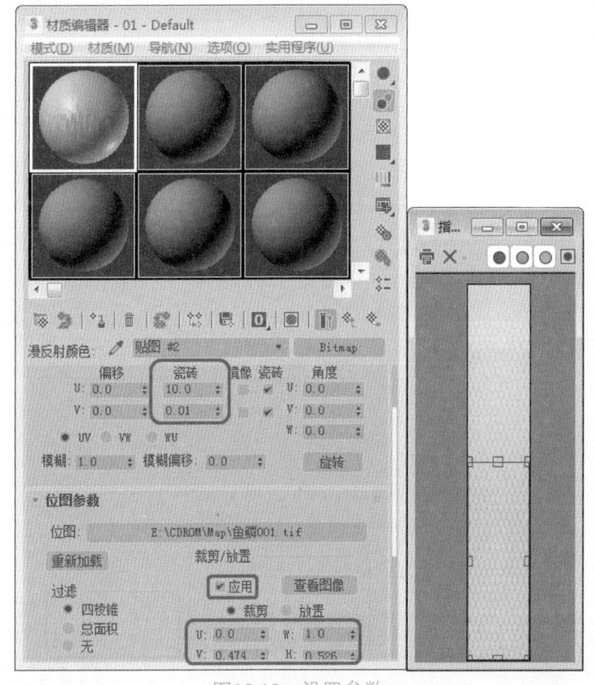

图15-19 设置参数

19 单击两次【转到父对象】按钮，确定【人体】对象处于选择状态，单击【将材质指定给选定对象】按钮，将设置好的材质指定给【人体】对象。

## 15.2 为模型布景

下面将介绍如何为模型对象进行布景，操作步骤如下。

01 继续上面的操作，按8键打开【环境和效果】对话框，在该对话框中单击【环境贴图】下的【无】按钮，在弹出的对话框选择【位图】选项，如图15-20所示。

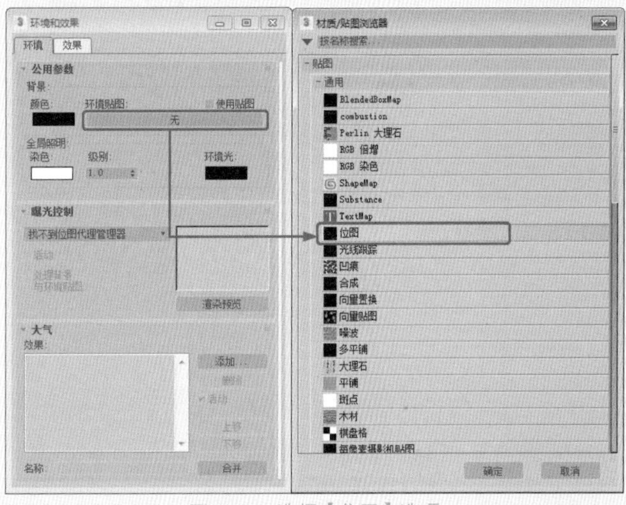

图15-20 选择【位图】选项

02 单击【确定】按钮，弹出【选择位图图像文件】对话框，在该对话框中选择“hdygzs.jpg”素材图片，如图15-21所示，单击【打开】按钮。

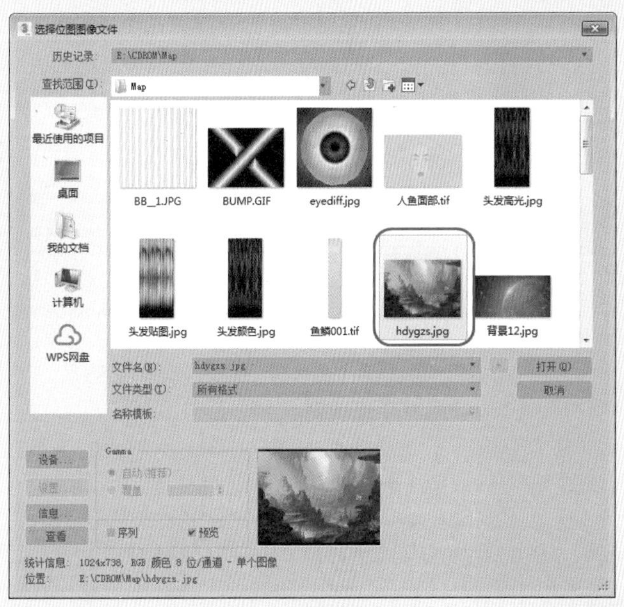

图15-21 选择素材图片

03 按M键打开【材质编辑器】对话框，将【环境贴图】下的贴图拖曳至一个空白的材质样本球上，在弹出的

对话框中选中【实例】单选按钮，如图15-22所示。

04 将【坐标】卷展栏下的【贴图】设置为【屏幕】，将对话框关闭，激活【透视】视图，在菜单栏中选择【视图】|【视口背景】|【环境背景】命令，此时，透视视图的背景将显示环境背景，效果如图15-23所示。

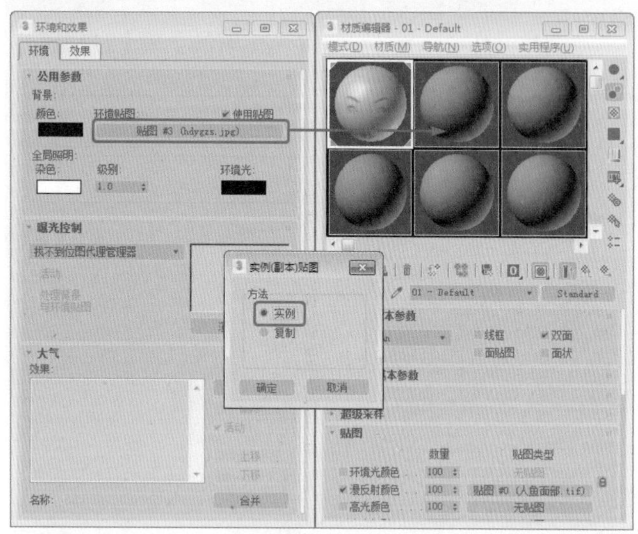

图15-22 选中【实例】单选按钮

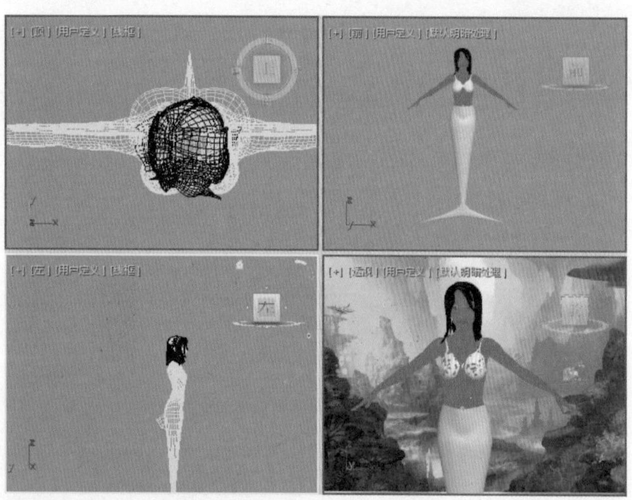

图15-23 设置环境背景后的效果

05 在视图中选择【人体】对象，在【修改】命令面板中选择【UVW展开】修改器，单击鼠标右键，在弹出的快捷菜单中选择【塌陷到】命令，在弹出的对话框中单击【是】按钮，选择【可编辑多边形】修改器，在【编辑几何体】卷展栏中单击【附加】右侧的按钮，在弹出的对话框中选择如图15-24所示的对象。

06 单击【附加】按钮，弹出【附加选项】对话框，在该对话框中选中【匹配材质ID到材质】单选按钮，如图15-25所示，单击【确定】按钮。

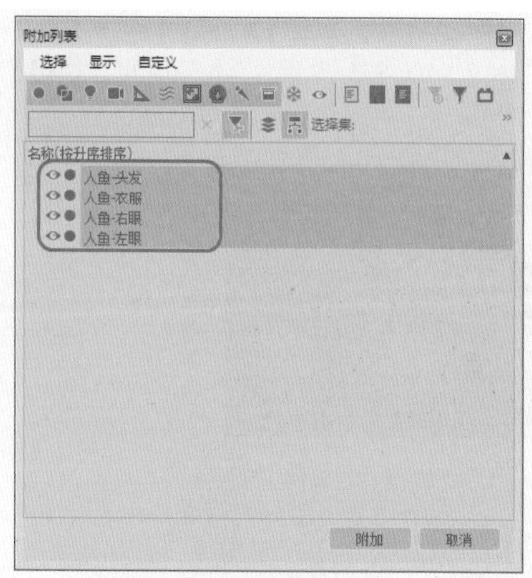


图15-24 选择附加对象

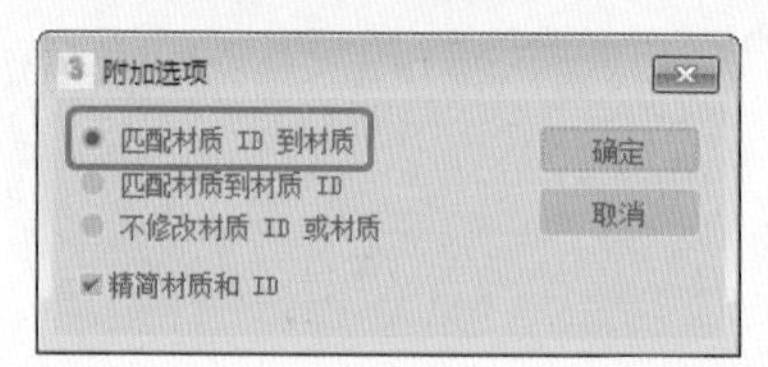


图15-25 【附加选项】对话框

## 15.3 制作动画效果

下面将介绍制作动画效果，通过为对象添加关键帧，使对象沿着一定路径运动以达到动画效果，这样可以提高工作效率，其操作步骤如下。

01 选择【创建】|【图形】|【线】工具，在【顶】视图中绘制一条线段，将其命名为“路径”，选择【修改】命令面板，将当前选择集定义为【顶点】，然后在视图中调整顶点的位置，调整完成后的效果如图15-26所示。

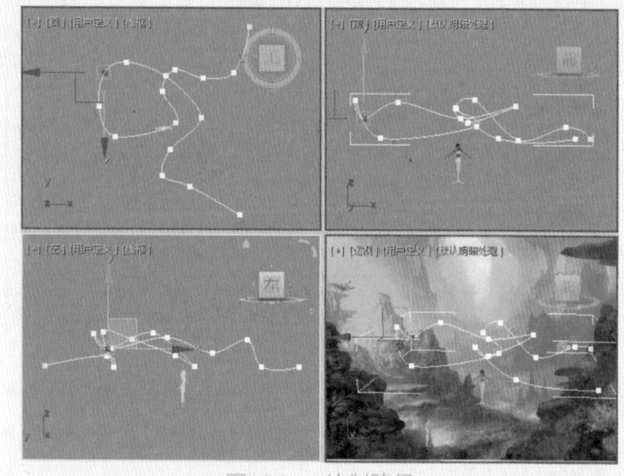

图15-26 绘制路径

02 将当前选择集关闭，在视图中选择【人体】对象，在【修改器列表】中选择【路径变形（WSM）】修改器，在【参数】卷展栏中单击【拾取路径】按钮，在视图中拾取对象【路径】，如图15-27所示。

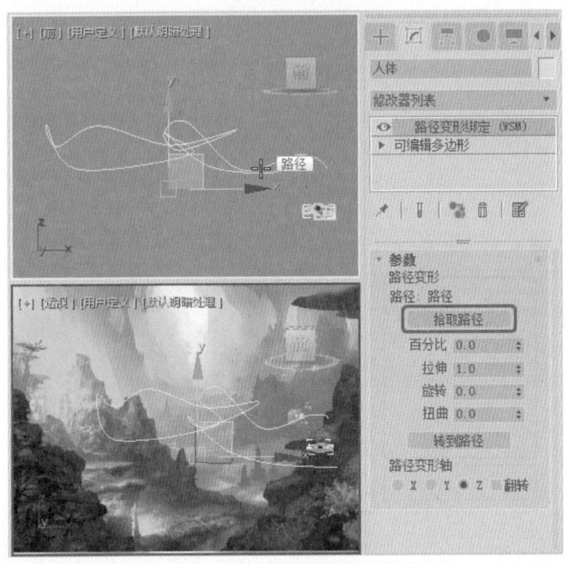


图15-27 将模型绑定到路径上

03 单击【转到路径】按钮，在【路径变形轴】选项组中选中Y单选按钮，如图15-28所示。

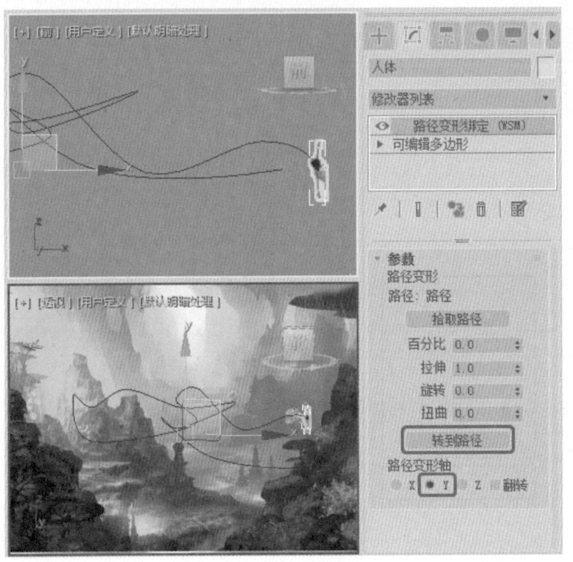


图15-28 转到路径

04 单击【时间配置】按钮，弹出【时间配置】对话框，在该对话框中将【动画】选项组中的【结束时间】设置为500，如图15-29所示。

05 单击【自动关键点】按钮，打开动画记录模式，将时间滑块拖曳至第500帧位置处，在【参数】卷展栏中将【百分比】设置为100，如图15-30所示。

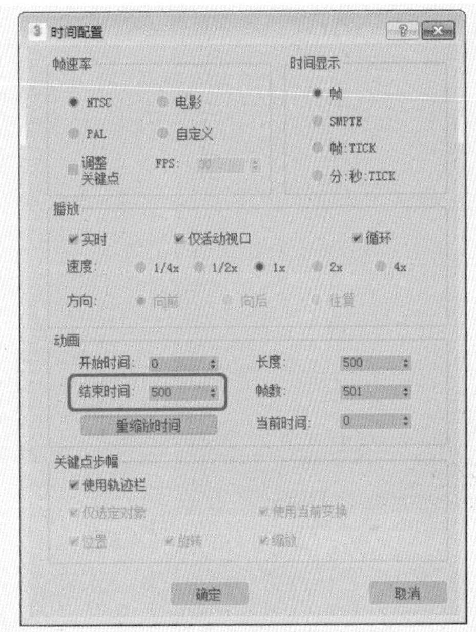


图15-29 【时间配置】对话框

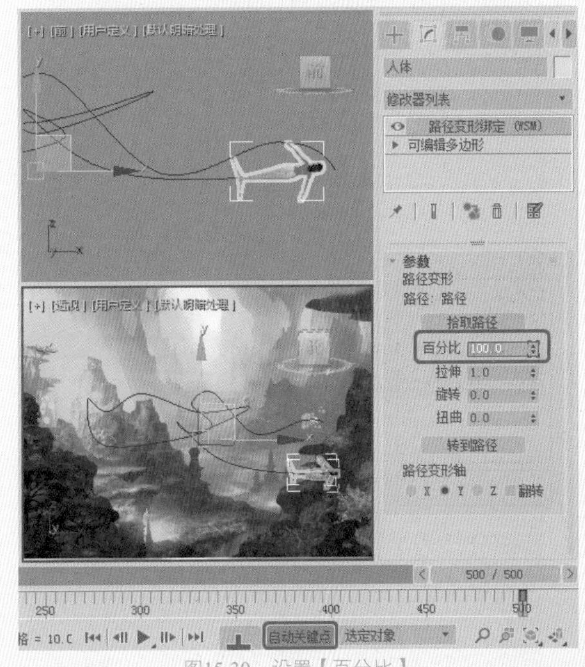


图15-30 设置【百分比】

06 将时间滑块拖曳至第173帧处，在【参数】卷展栏中将【旋转】设置为-184，如图15-31所示。

07 拖动时间滑块至196帧，设置【旋转】为-138.5，如图15-32所示。

08 拖动时间滑块至359帧，设置【旋转】为-262，如图15-33所示。

09 拖动时间滑块至398帧，设置【旋转】为-116，如图15-34所示，关闭【自动关键点】按钮。

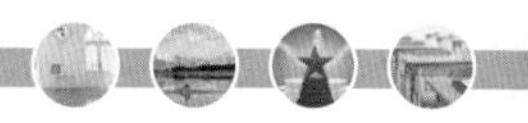

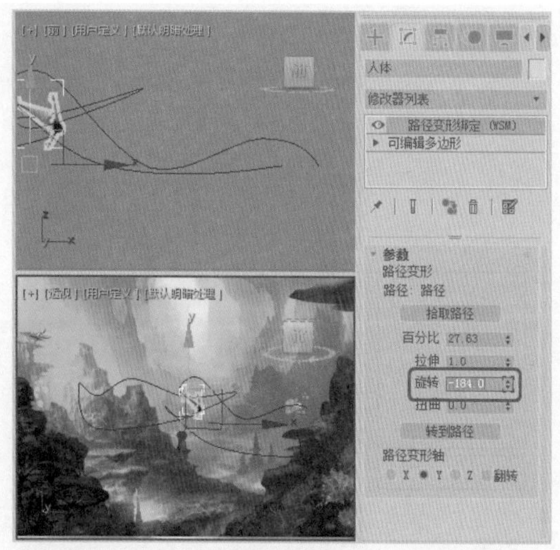


图15-31　设置【旋转】关键帧

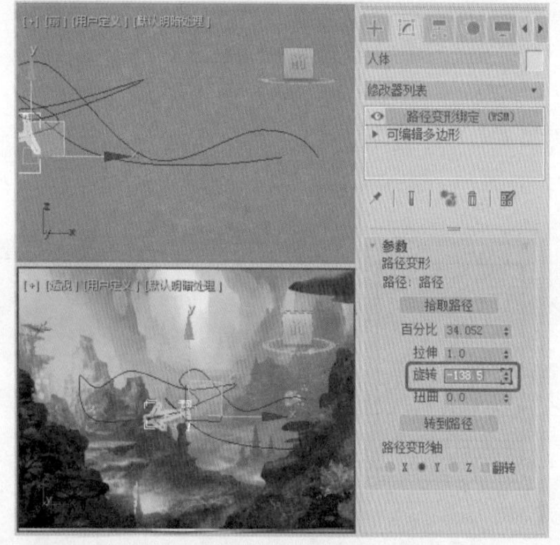


图15-32　在第196帧设置旋转参数

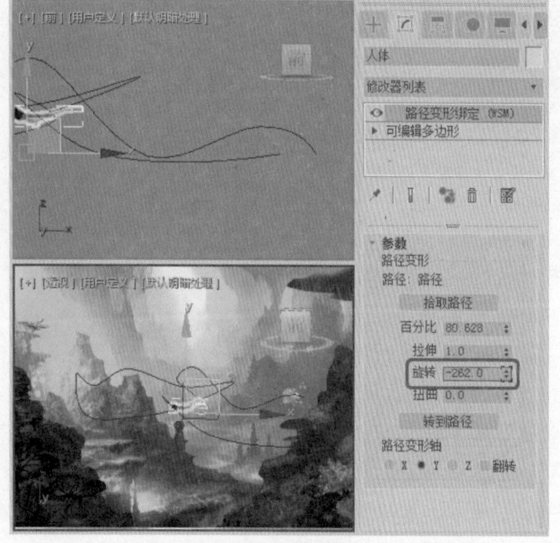


图15-33　在第359帧设置旋转参数

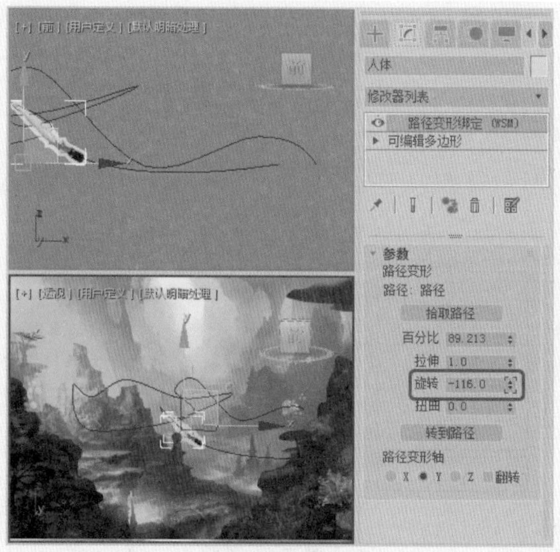


图15-34　在第398帧设置旋转参数

10 再次单击【自动关键点】按钮，关键动画记录模式，拖动时间滑块预览效果，如图15-35所示。

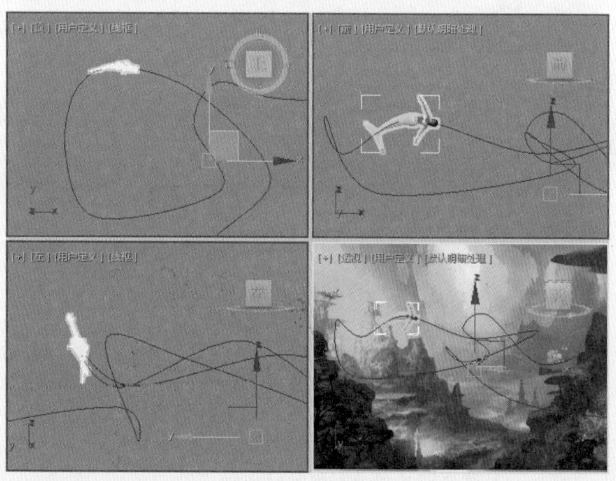

图15-35　预览效果

## 15.4 制作气泡飘动

本例将介绍如何制作出海底气泡，首先创建喷射粒子，然后设置粒子系统参数，最后为粒子系统指定材质。具体操作如下。

01 选择【创建】|【几何体】|【粒子系统】|【喷射】工具，在【顶】视图中创建粒子系统，在【参数】卷展栏中将【视口计数】、【渲染计数】、【水滴大小】、【速度】、【变化】分别设置为650、650、1、0.5、0.5，选中【圆点】单选按钮，在【渲染】选项组中选中【面】单选按钮，在【计时】选项组中将【开始】、【寿命】分别设置

为-400、500，勾选【恒定】复选框，将【发射器】选项组中的【宽度】、【长度】均设置为300，如图15-36所示。

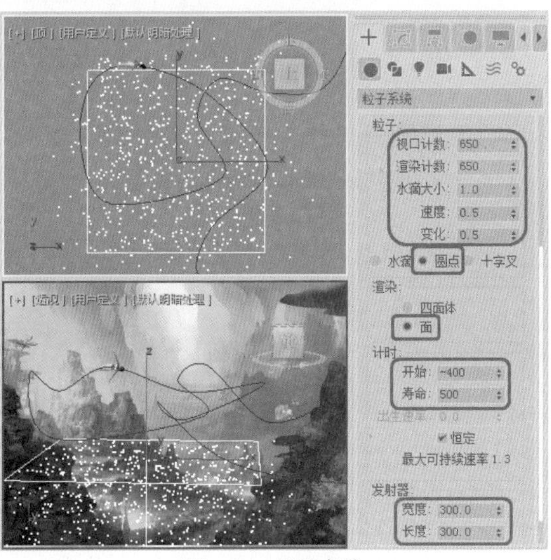
图15-36 设置参数

02 设置完成后，确定粒子系统处于选择状态，激活【前】视图，在工具栏中单击【镜像】按钮，在弹出的对话框中选中Y单选按钮，如图15-37所示。

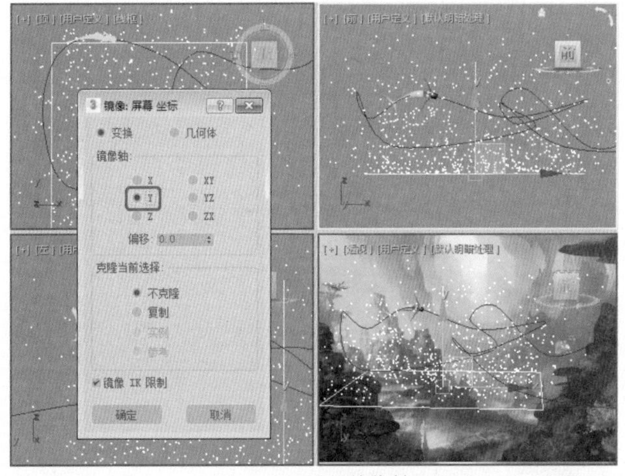
图15-37 设置镜像轴

03 单击【确定】按钮，然后在其他视图中调整粒子系统的位置，完成后的效果如图15-38所示。

04 按M键打开【材质编辑器】对话框，选择一个空白的材质样本球，在【Blinn基本参数】卷展栏中单击【高光反射】左侧的按钮，在弹出的对话框中单击【是】按钮，将【环境光】颜色的RGB值设置为0、0、0，在【自发光】选项组中勾选【颜色】复选框，将【颜色】的RGB值设置为255、255、255，如图15-39所示。

05 在【贴图】卷展栏中单击【漫反射颜色】右侧的【无贴图】按钮，在弹出的对话框中选择【位图】选项，如图15-40所示。

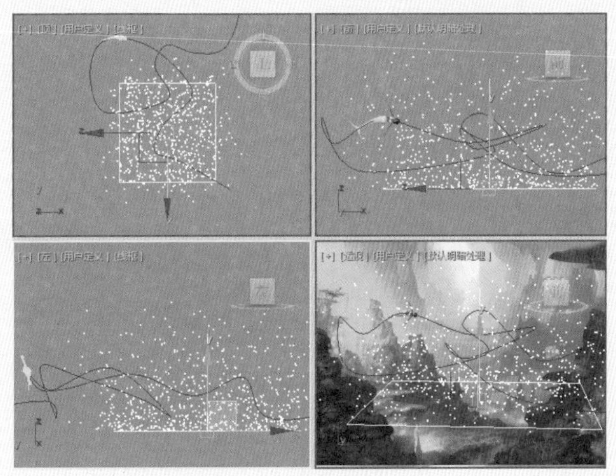
图15-38 调整粒子系统的位置

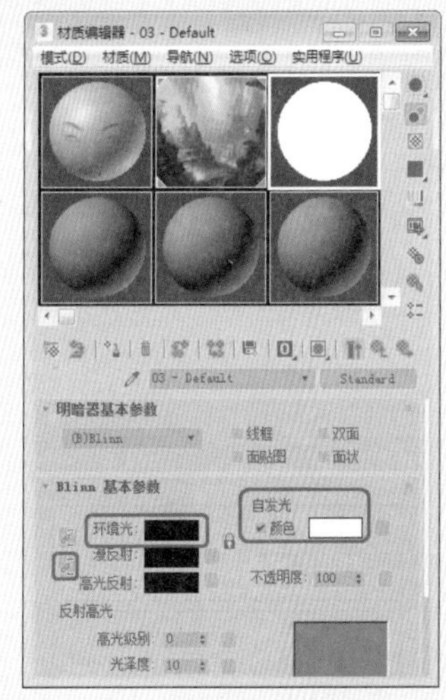
图15-39 设置参数

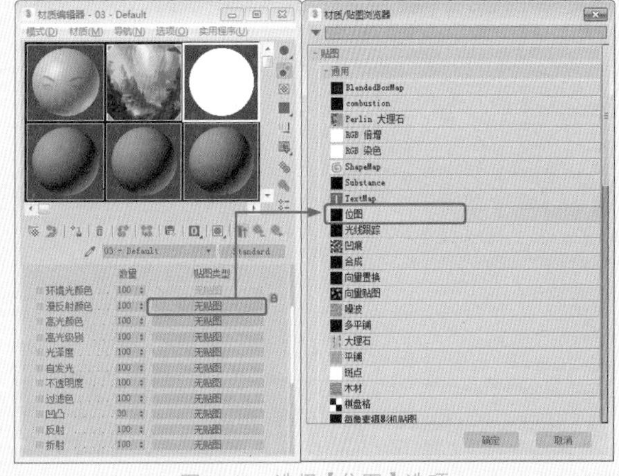
图15-40 选择【位图】选项

06 单击【确定】按钮，在弹出的对话框中选择“BUBBLE3.TGA”文件，单击【打开】按钮，如图15-41所示。

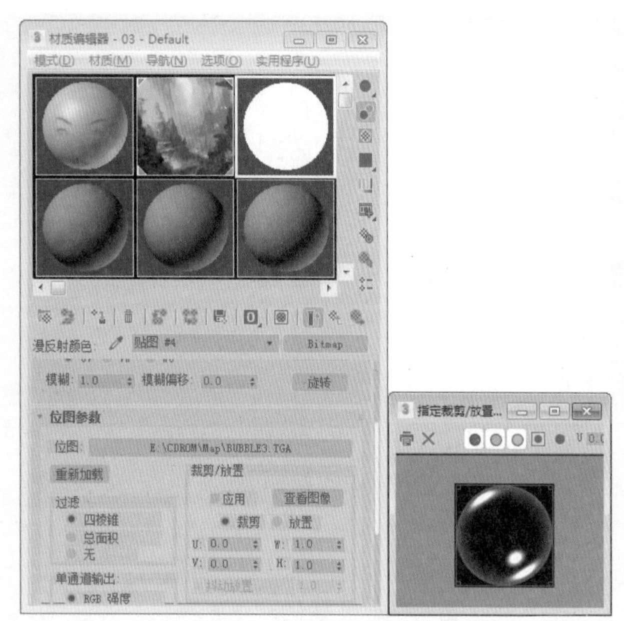

图15-41　添加贴图文件

07 单击【转到父对象】按钮，在【贴图】卷展栏中将【漫反射颜色】右侧的材质拖曳至【不透明度】右侧的材质按钮上，在弹出的对话框中选中【实例】单选按钮，如图15-42所示。

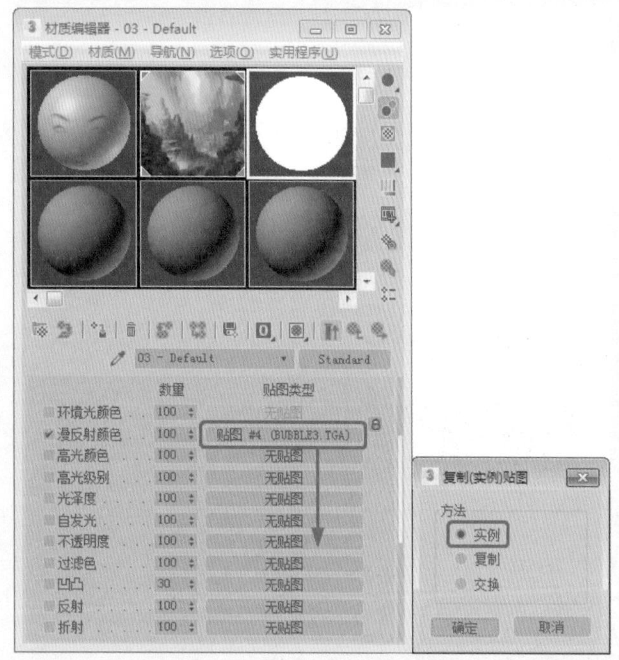


图15-42　选中【实例】单选按钮

08 单击【确定】按钮，确定粒子系统处于选择状态，单击【将材质指定给选定对象】按钮，然后将对话框关闭，预览效果如图15-43所示。

图15-43　预览效果

## 15.5 创建摄影机和灯光

本例将介绍如何创建摄影机和灯光。摄影机好比眼睛，通过摄影机的调整可以看清楚海底美人鱼的运动及气泡。

01 选择【创建】|【摄影机】|【目标】，在【顶】视图中创建目标摄影机，激活【透视】视图，按C键将其转换为【摄影机】视图，在【参数】卷展栏中将【镜头】设置为50，将【视野】设置为39.598，在【环境范围】选项组中勾选【显示】复选框，将【近距范围】、【远距范围】分别设置为400、600，效果如图15-44所示。

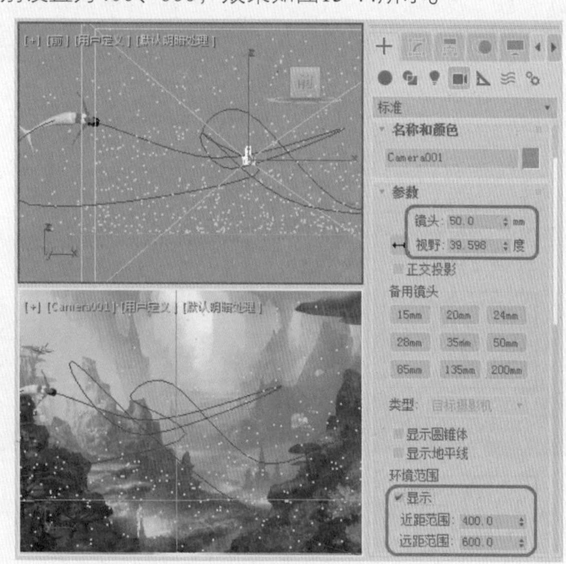


图15-44　创建摄影机并设置其参数

02 设置完成后，在除摄影机视图外的其他视图中调整摄影机，调整后的效果如图15-45所示。

03 选择【创建】|【灯光】|【标准】|【目标聚光灯】工具，在【顶】视图中创建目标聚光灯，在【强度/颜色/衰减】卷展栏中将【倍增】设置为1.5，再将灯光颜色的RGB值设置为225、235、241，然后在其他视图中调整灯光的位置，如图15-46所示。

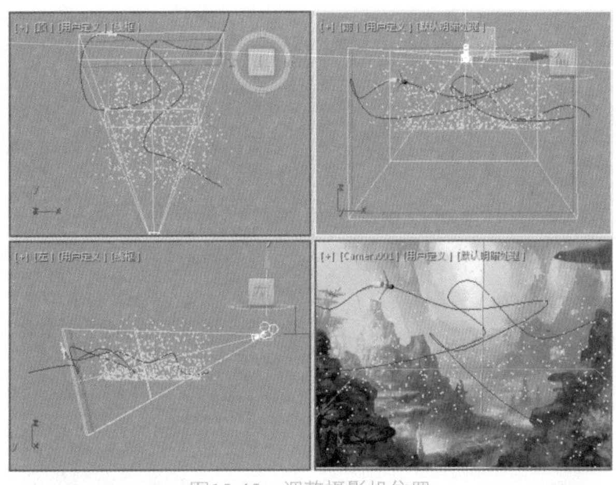

图15-45 调整摄影机位置

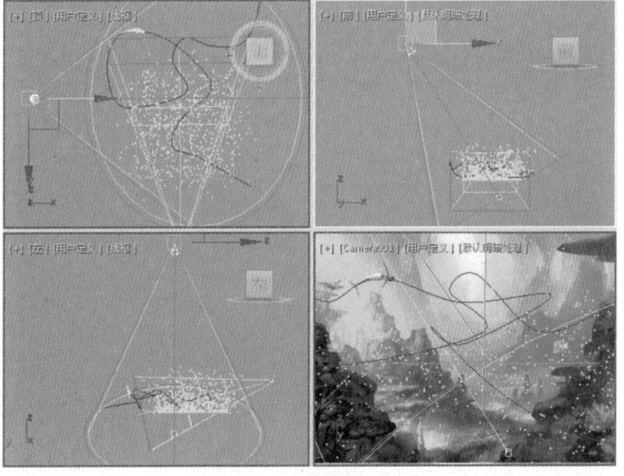

图15-46 调整目标聚光灯

04 选择【泛光灯】工具，在【顶】视图中创建两盏泛光灯，将其在【强度/颜色/衰减】卷展栏中的【倍增】分别设置为0.3、0.6，然后在其他视图中调整灯光的位置，如图15-47所示。

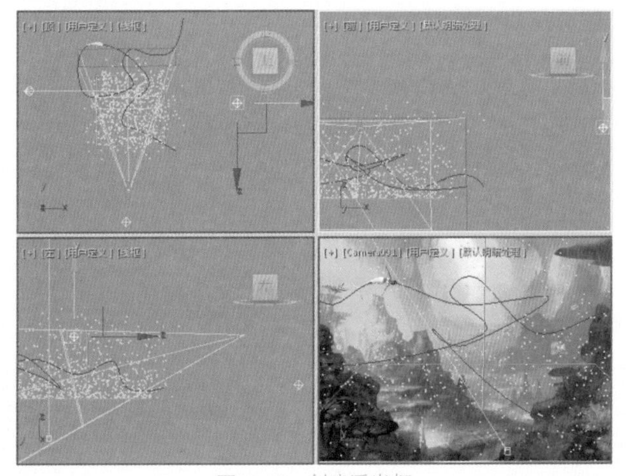

图15-47 创建泛光灯

## 15.6 渲染输出场景

渲染是基于模型的材质和灯光位置，以摄影机的角度利用计算机计算每一个像素着色位置的全过程。前面制作的模型及材质、灯光的作用等效果，都是经过渲染之后才能更好地表达出来。

01 按下键盘上的数字8键打开【环境和效果】对话框，切换到【效果】选项卡，单击【添加】按钮，在弹出的对话框中选择【亮度和对比度】选项，如图15-48所示，单击【确定】按钮。

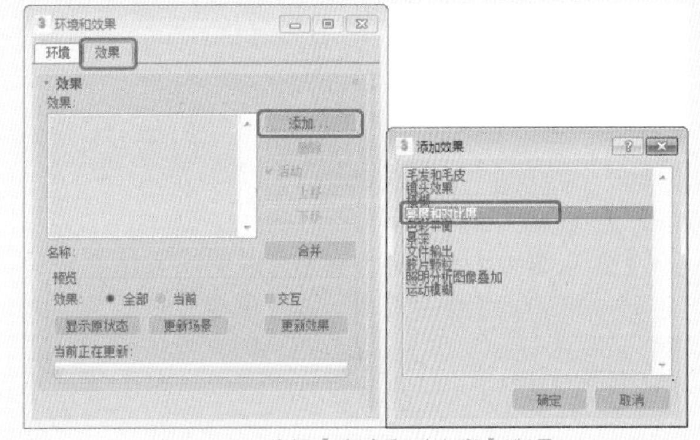


图15-48 选择【亮度和对比度】选项

02 展开【亮度和对比度参数】卷展栏，将【亮度】设置为0.6，将【对比度】设置为0.7，如图15-49所示。

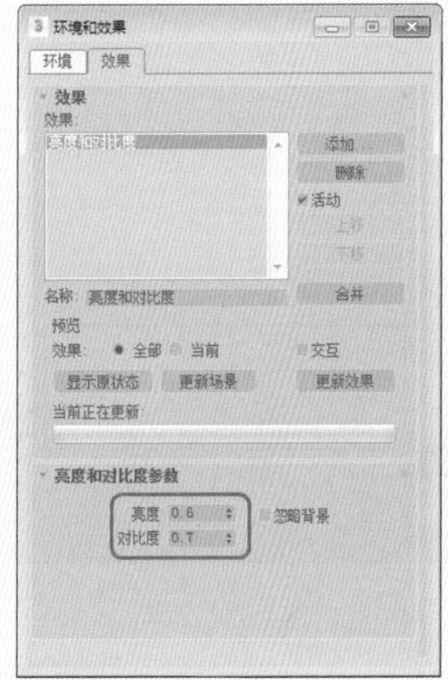


图15-49 设置【亮度】、【对比度】参数

03 激活摄影机视图，按F10键打开【渲染设置】对话框，在【公用参数】卷展栏中选中【时间输出】下的【活动时间段】单选按钮，将【输出大小】选项组中将【宽度】、【高度】分别设置为640、480，如图15-50所示。

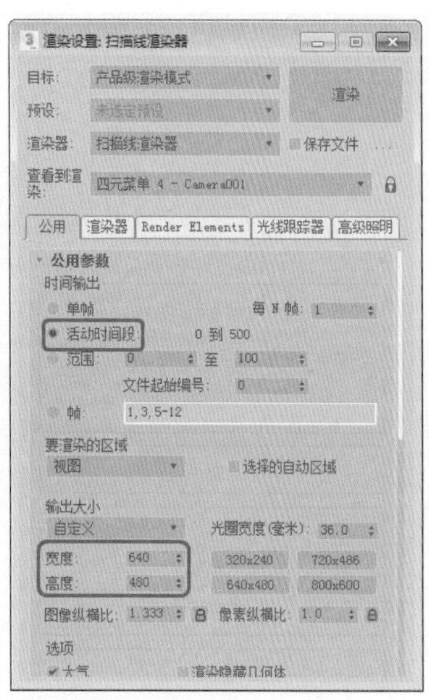


图15-50　设置【公用参数】

04 在【渲染输出】选项组中单击【文件】按钮，在弹出的对话框中指定保存路径，将【名称】设置为“人鱼动画”，将【保存类型】设置为【AVI文件（*.avi）】，单击【保存】按钮，在弹出的对话框中单击【确定】按钮，返回到【渲染设置】对话框，单击【渲染】按钮即可将场景渲染输出，效果如图15-51所示，输出完成后将场景进行保存。

图15-51　完成后的效果

## 知识链接 人鱼

人鱼，传说中的海洋种族，如图15-52所示。有个别研究认为人鱼可能是在古猿进化成早期人类的过程中，在水中生活的一个分支。在进化过程中人类已经遗忘了它们，而只以神话的形式留存了下来。

目前也有科学家主张人鱼是古代水手们误认儒艮而来的幻想生物。

图15-52　人鱼

# 第16章 项目指导——影视片头动画

本例将介绍一个片头动画的制作，该例的制作比较复杂，主要通过为实体文字添加动画，并创建粒子系统和光斑作为发光物体，并为它们设置特效，完成后的效果如图16-1所示。

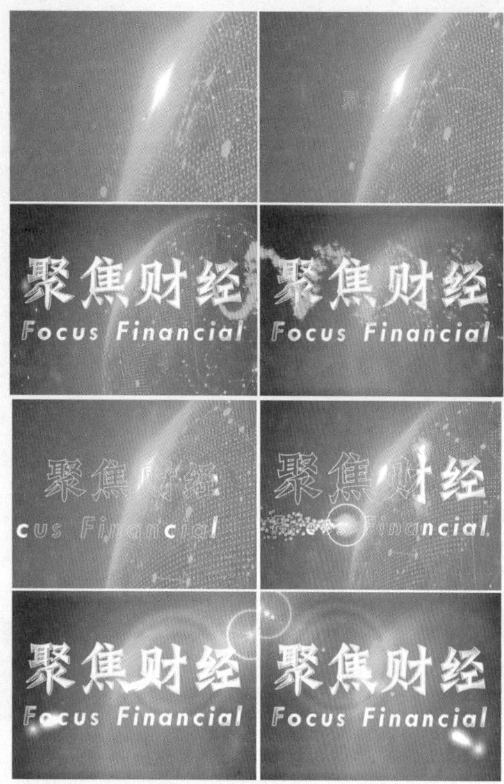

图16-1 电视台片头动画效果

## 16.1 制作文本标题

文本标题的制作在片头动画中最为常见，在制作上也非常容易实现。本节将介绍如何创建文本并为创建的文本添加材质等。

01 启动3ds Max 2018，在动画控制区域中单击【时间配置】按钮，在打开的对话框中将【动画】选项组中的【结束时间】设置为330，如图16-2所示。

02 设置完成后，单击【确定】按钮，选择【创建】|【图形】|【文本】工具，在【参数】卷展栏中将【字体】设置为【汉仪书魂体简】，在【文本】文本框中输入“聚焦财经”，在【前】视图中单击鼠标创建文本，并将其命名为“聚焦财经”，如图16-3所示。

03 选择【修改】命令面板，在修改器下拉列表中选择【倒角】修改器，在【参数】卷展栏中取消勾选【生成贴图坐标】复选框，在【相交】选项组中勾选【避免线相交】复选框，在【倒角值】卷展栏中将【级别1】下的【高度】设置为4，勾选【级别2】复选框，将【高度】和【轮廓】分别设置为1和-1，如图16-4所示。

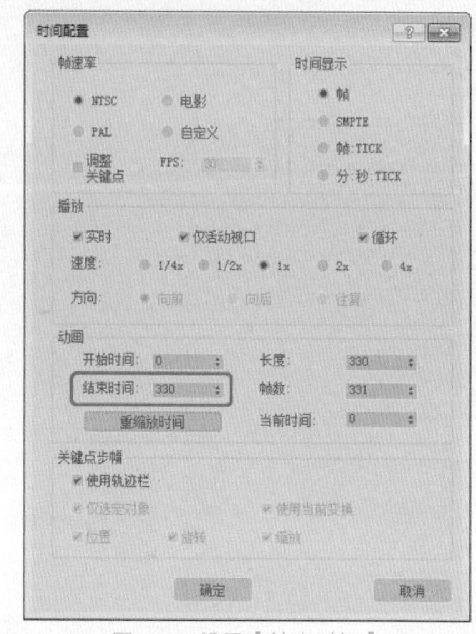

图16-2 设置【结束时间】

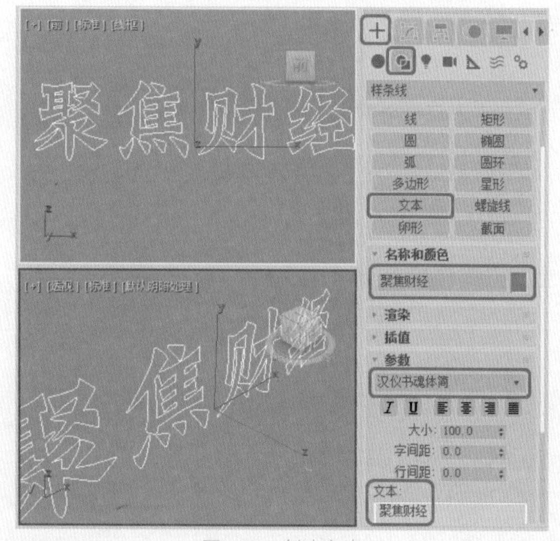

图16-3 创建文本

> 提示
> 勾选【避免线相交】复选框会增加系统的运算时间，可能会等待很久，而且将来在改动其他倒角参数时也会变得迟钝，所以尽量避免使用这个功能。如果遇到线相交的情况，最好返回到曲线图形中手动进行修改，将转折过于尖锐的地方调节圆滑。

04 设置完成后，再在修改器下拉列表中选择【UVW贴图】修改器，并使用其默认参数，效果如图16-5所示。

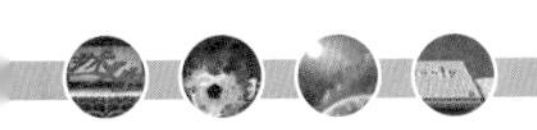

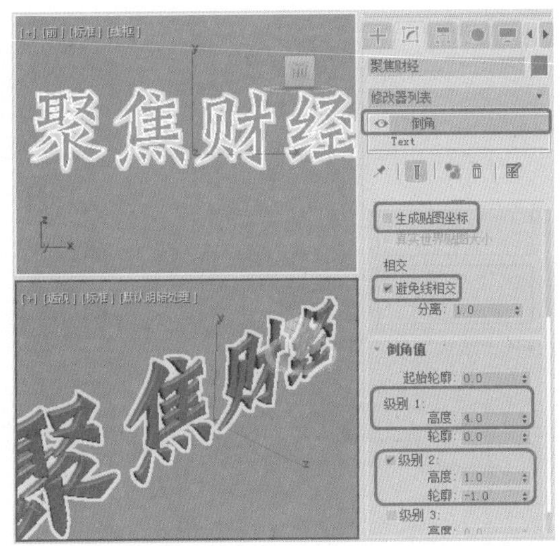

图16-4　添加【倒角】修改器

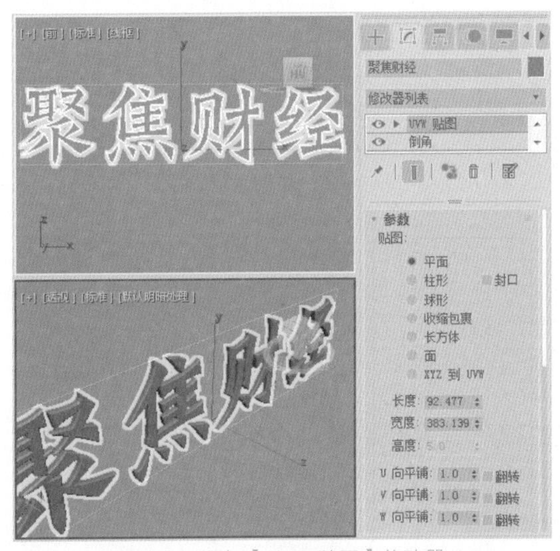

图16-5　添加【UVW贴图】修改器

05 确认该对象处于选中状态，按Ctrl+V组合键，在弹出的对话框中选中【复制】单选按钮，如图16-6所示。

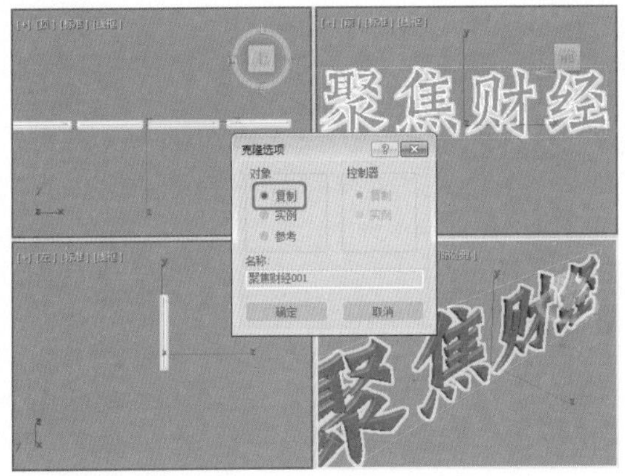

图16-6　选中【复制】单选按钮

06 单击【确定】按钮，确认复制后的对象处于选中状态，在【修改】命令面板中按住Ctrl键选择【UVW贴图】和【倒角】修改器，右击鼠标，在弹出的快捷菜单中选择【删除】命令，如图16-7所示。

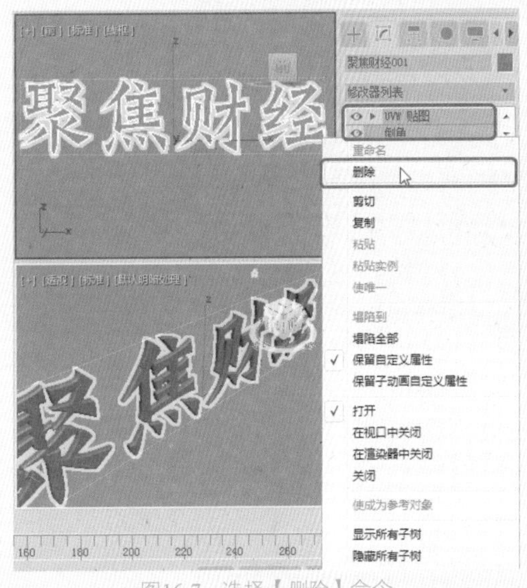

图16-7　选择【删除】命令

07 选中复制的对象，右击鼠标，在弹出的快捷菜单中选择【转换为】|【转换为可编辑样条线】命令，如图16-8所示。

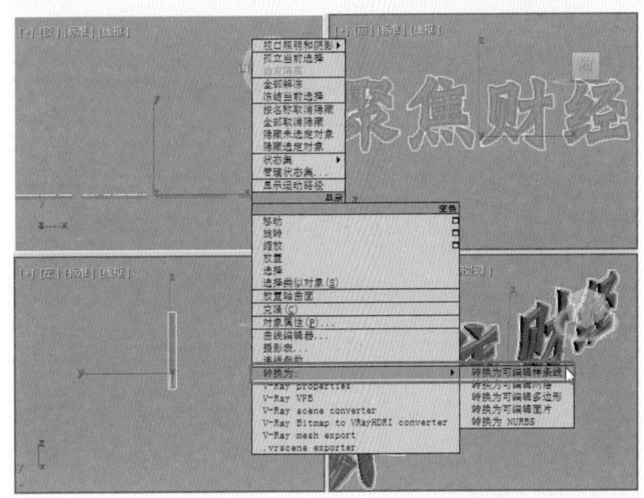

图16-8　选择【转换为可编辑样条线】命令

08 转换完成后，在【渲染】卷展栏中勾选【在渲染中启用】和【在视口中启用】复选框，将【厚度】设置2，如图16-9所示。

09 选择【创建】+|【图形】|【文本】工具，在【参数】卷展栏中将【字体】设置为Tw Cen MT Bold Italic，将【大小】和【字间距】分别设置为55、7，在【文本】文本框中输入Focus Financial，然后在【前】视图

中单击鼠标左键创建文本，并调整文本的位置，将其命名为“字母”，如图16-10所示。

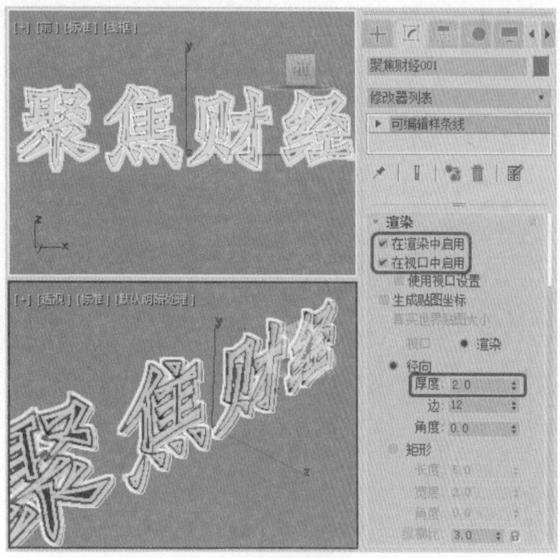

图16-9　设置样条线的厚度

图16-10　输入文字

10 切换至【修改】命令面板，在【渲染】卷展栏中取消勾选【在渲染中启用】和【在视口中启用】复选框，效果如图16-11所示。

提示 【在渲染中启用】：勾选此复选框，可以在视图中显示渲染网格的厚度。【在视口中启用】：勾选该复选框，可以使设置的图形作为3D网格显示在视口中(该选项对渲染不产生影响)。

11 在修改器下拉列表中选择【挤出】修改器，在【参数】卷展栏中将【数量】设置为5，勾选【生成贴图坐标】复选框，如图16-12所示。

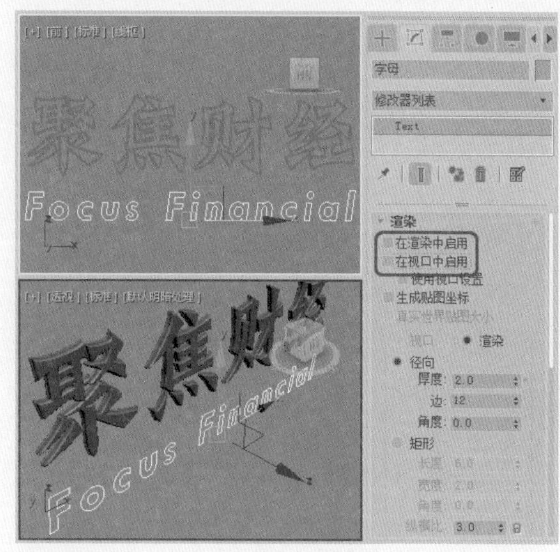

图16-11　取消勾选复选框

图16-12　添加【挤出】修改器

12 确认该对象处于选中状态，按Ctrl+V组合键，在弹出的对话框中选中【复制】单选按钮，如图16-13所示。

13 单击【确定】按钮，确认复制后的对象处于选中状态，将【挤出】修改器删除，在【修改】命令面板中选择Text，在修改器下拉列表中选择【编辑样条线】修改器，将当前选择集定义为【样条线】，在视图中框选选中样条线，在【几何体】卷展栏中将【轮廓】设置为-0.8，如图16-14所示。

14 将当前选择集定义为【顶点】，在场景中对C字的顶点进行调整，如图16-15所示。调整完成后，将当前选择集关闭，在【修改】命令面板中选择【挤出】修改器，使用其默认参数即可。

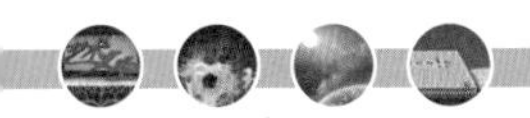

图16-13 选中【复制】单选按钮

提示 由于对样条线添加轮廓时，C字的样条线发生了错误，所以需要将其调整一下，在对顶点进行调整时，可以选择C字右下角内侧的两个顶点，然后单击【焊接】将两个顶点进行焊接即可。

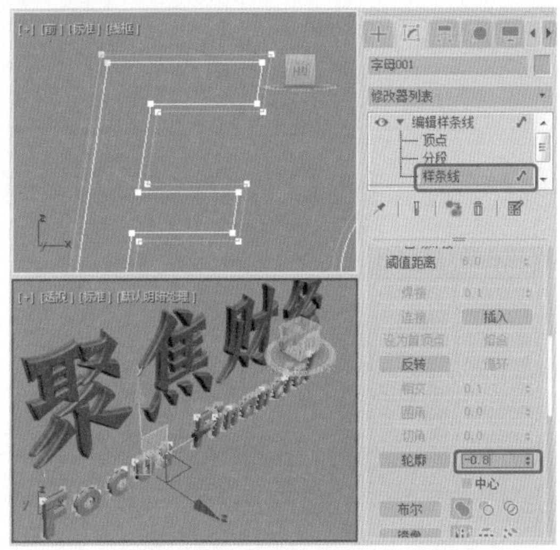

图16-14 设置轮廓

15 按H键，在弹出的对话框中选择【聚焦财经】和【字母】对象，如图16-16所示。

16 单击【确定】按钮，按M键，打开【材质编辑器】对话框，选择一个新的材质样本球，将其命名为“标题”，然后单击右侧的Standard按钮，在弹出的对话框中选择【混合】选项，如图16-17所示。

17 单击【确定】按钮，在弹出的【替换材质】对话框中选中【将旧材质保存为子材质】单选按钮，单击【确定】按钮，在【混合基本参数】卷展栏中，单击【材质1】通道右侧的材质按钮，进入材质1的通道。在【Blinn基本参数】卷展栏中单击【环境光】左侧的按钮，取消颜色的锁定，将【环境光】的RGB值设置为0、0、0，将【漫反射】的RGB值设置为128、128、128，将【不透明度】设置为0；在【反射高光】选项组中将【光泽度】设置为0，如图16-18所示。

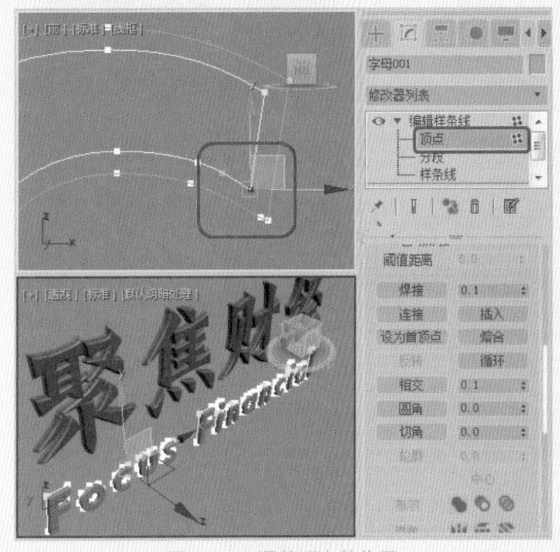

图16-15 调整顶点的位置

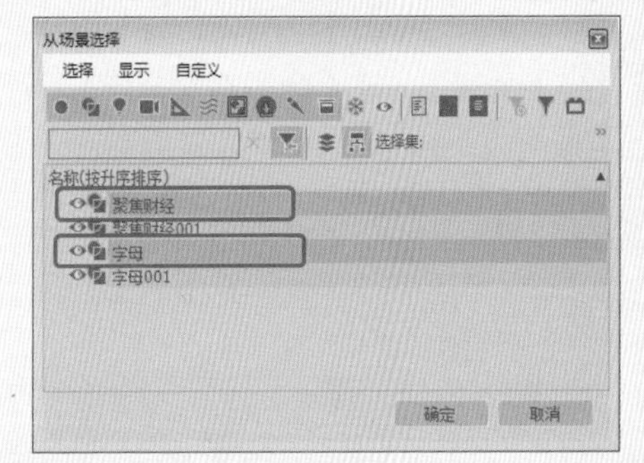

图16-16 选择对象

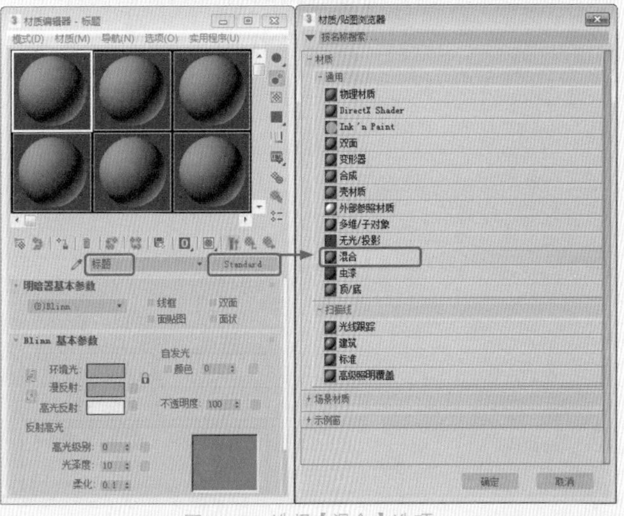

图16-17 选择【混合】选项

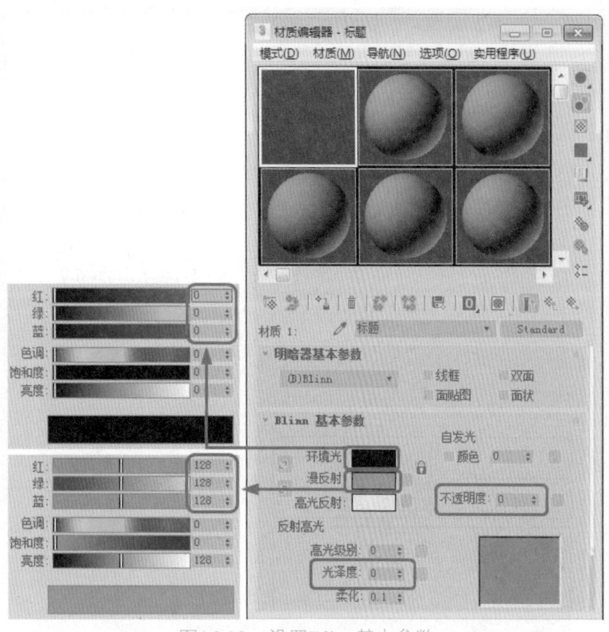

图16-18　设置Blinn基本参数

18 设置完成后，单击【转到父对象】按钮，在【混合基本参数】卷展栏中单击【材质2】右侧的材质通道按钮，在【明暗器基本参数】卷展栏中将【明暗器类型】设置为【（M）金属】，在【金属基本参数】卷展栏中单击【环境光】左侧的按钮，取消颜色的锁定，将【环境光】的RGB值设置为118、118、118，将【漫反射】的RGB值设置为255、255、255，将【不透明度】设置为0；在【反射高光】选项组中将【高光级别】和【光泽度】分别设置为120和65，如图16-19所示。

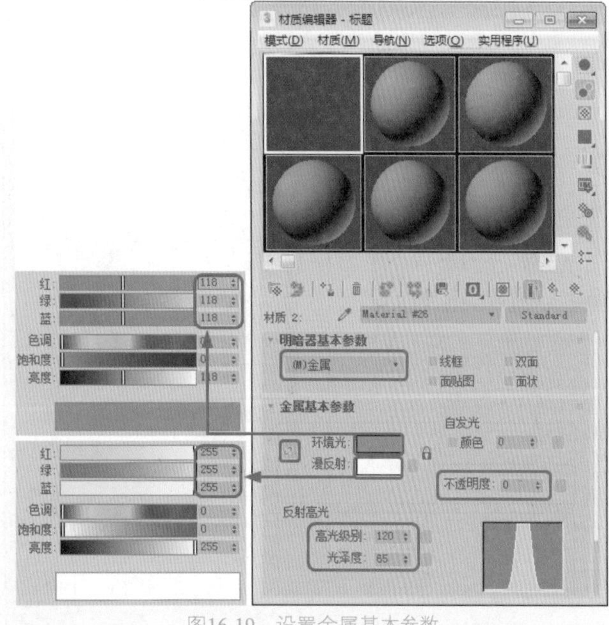

图16-19　设置金属基本参数

19 在【贴图】卷展栏中单击【漫反射颜色】后面的【无贴图】按钮，在打开的【材质/贴图浏览器】对话框中选择【位图】贴图，单击【确定】按钮。在弹出的对话框中选择“Metal01.tif”文件，单击【打开】按钮，在【坐标】卷展栏中将【瓷砖】下的U和V都设置为0.08，如图16-20所示。

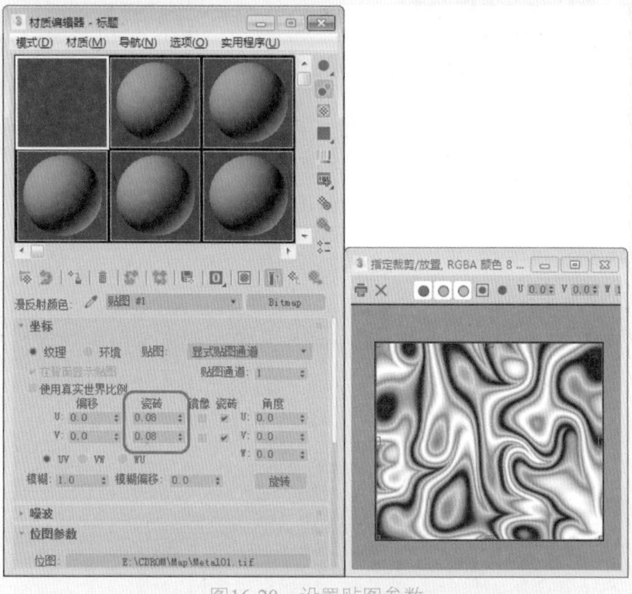

图16-20　设置贴图参数

20 单击【转到父对象】按钮，将【凹凸】右侧的【数量】设置为15，如图16-21所示。

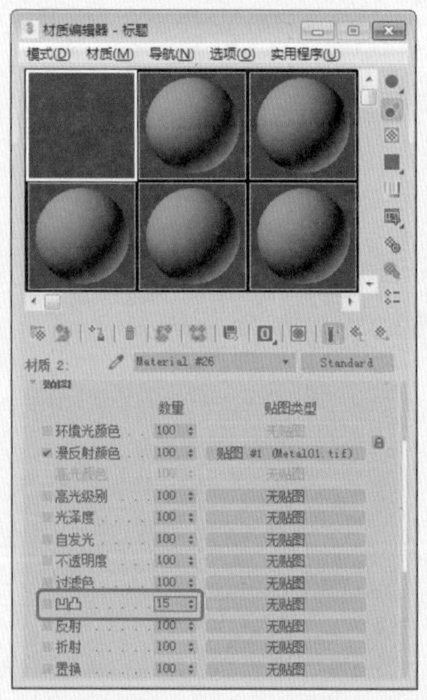

图16-21　设置【凹凸】数量

21 单击其右侧的【无贴图】按钮，在打开的【材质/贴图浏览器】对话框中选择【噪波】贴图，进入【噪波】贴图层级。在【噪波参数】卷展栏中选中【分形】单选按

钮，将【大小】设置为0.5，将【颜色#1】的RGB值设置为134、134、134，如图16-22所示。

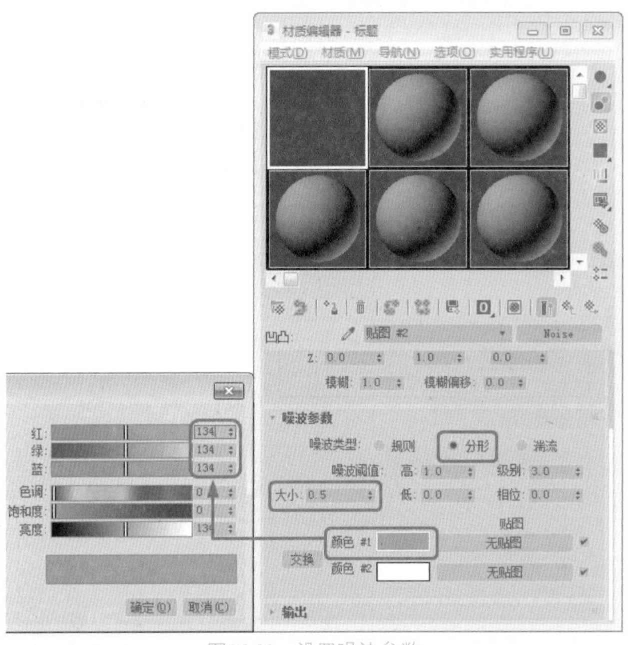

图16-22 设置噪波参数

22 单击两次【转到父对象】按钮，单击【遮罩】通道右侧的【无贴图】按钮，在弹出的【材质/贴图浏览器】对话框中选择【渐变坡度】选项，如图16-23所示。

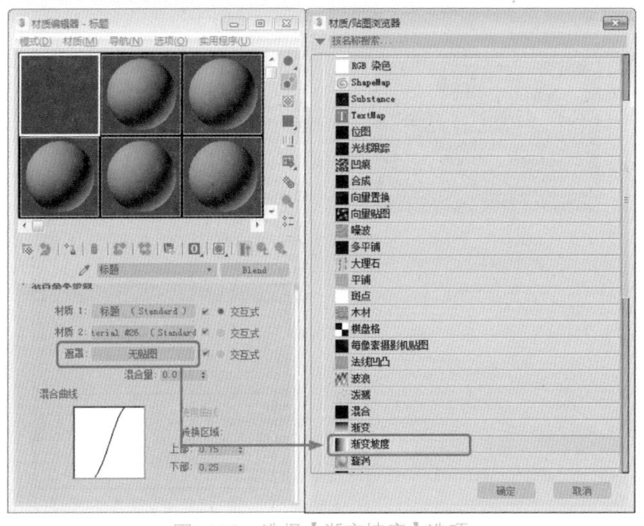

图16-23 选择【渐变坡度】选项

23 单击【确定】按钮，在【渐变坡度参数】卷展栏中将【位置】为第50帧的色标滑动到第95帧位置处，并将其RGB值设置为0、0、0，在【位置】为第97帧处添加一个色标，并将其RGB值设置为255、255、255；在【噪波】选项组中将【数量】设置为0.01，选中【分形】单选按钮，如图16-24所示。

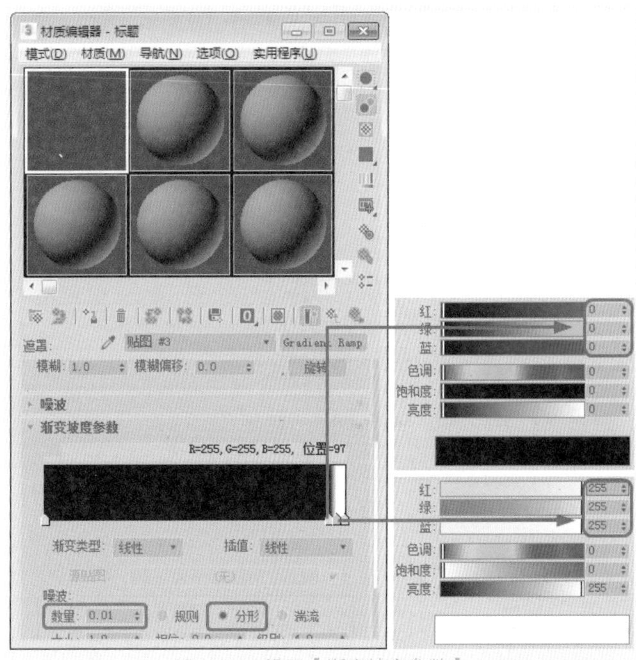

图16-24 设置【渐变坡度参数】

24 设置完成后，将时间滑块移动到第150帧位置处，单击【自动关键点】按钮，将【位置】为第95帧处的色标移动至第1帧位置处，将第97帧位置处的色标移动至第2帧位置处，如图16-25所示。

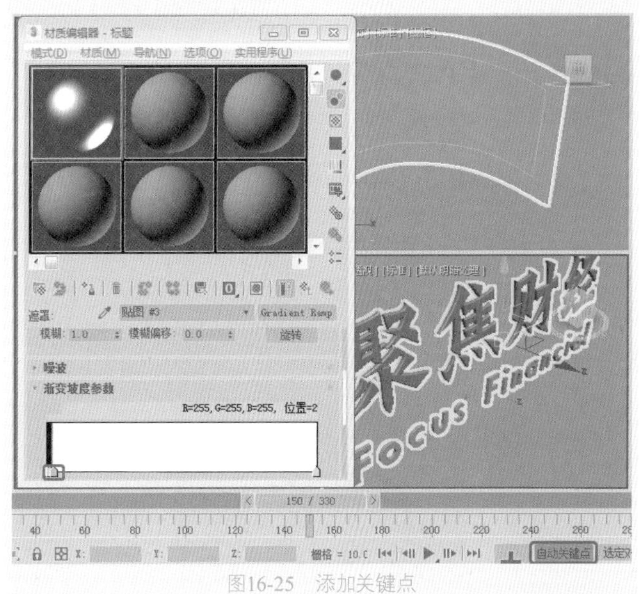

图16-25 添加关键点

25 关闭自动关键点记录模式，选择【图形编辑器】|【轨迹视图-摄影表】命令，打开【轨迹视图-摄影表】对话框，如图16-26所示。

26 在面板左侧的序列中打开【材质编辑器材质】|【标题】|【遮罩】|Gradient Ramp，将0帧处的关键帧移动

至第95帧位置处，如图16-27所示。

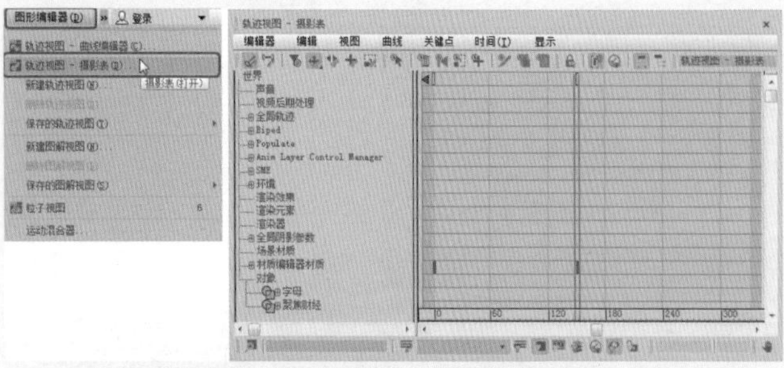

图16-26　选择【轨迹视图-摄影表】命令

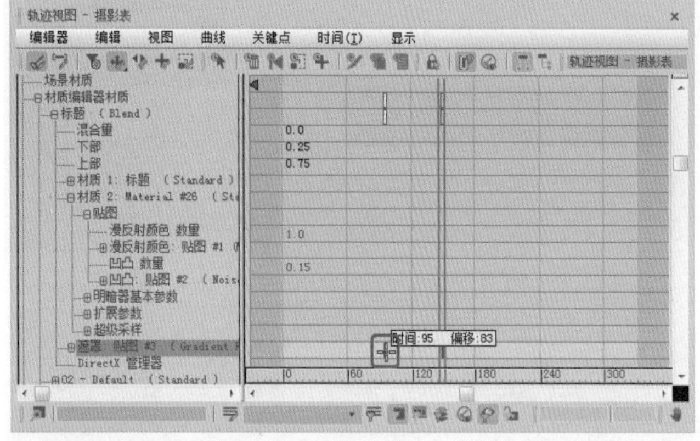

图16-27　调整关键帧的位置

27 调整完成后，将该对话框关闭，在【材质编辑器】对话框中将设置完成后的材质指定给选定对象，指定完成后，在菜单栏中选择【编辑】|【反选】命令，如图16-28所示。

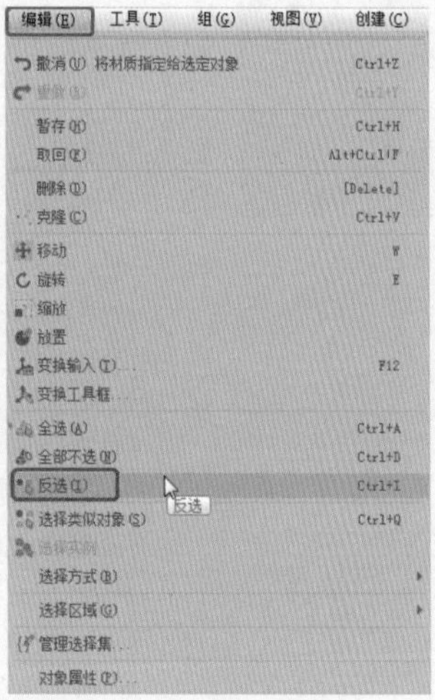

图16-28　选择【反选】命令

28 再在【材质编辑器】对话框中选择一个材质样本球，将其命名为“文字轮廓”，在【明暗器基本参数】卷展栏中将明暗器类型设置为【（M）金属】，在【金属基本参数】卷展栏中单击【环境光】右侧的按钮，取消颜色的锁定，将【环境光】的RGB值设置为77、77、77，将【漫反射】的RGB值设置为178、178、178；在【反射高光】选项组中将【高光级别】和【光泽度】分别设置为75和51，如图16-29所示。

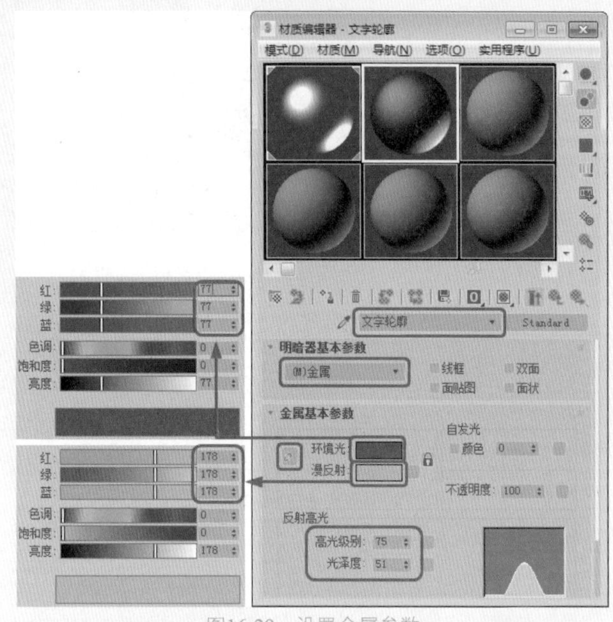


图16-29　设置金属参数

29 在【贴图】卷展栏中将【反射】后面的【数量】设置为80，单击其右侧的【无贴图】按钮，在打开的【材质/贴图浏览器】对话框中选择【位图】选项，如图16-30所示。

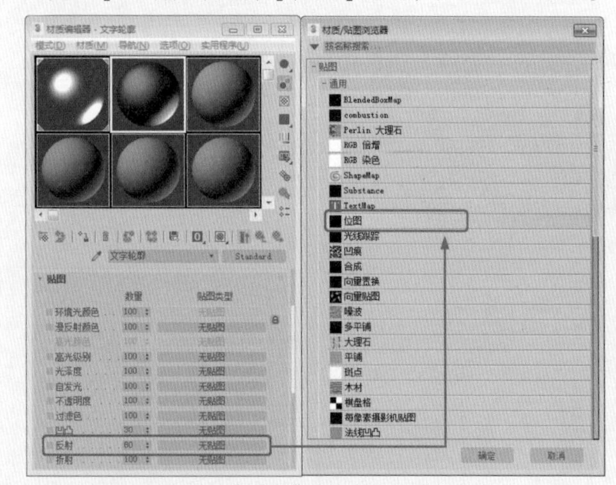

图16-30　设置【反射】参数并选择【位图】选项

30 单击【确定】按钮。在弹出的对话框中选择“Metals.jpg”文件，单击【打开】按钮，在【坐标】卷展栏中将【瓷砖】下的U和V分别设置为0.5和0.2，如图16-31所示。

31 单击【转到父对象】按钮，返回到上一层级，将设置完成后的材质指定给选定对象，将【材质编辑器】对话框关闭，指定材质后的效果如图16-32所示。

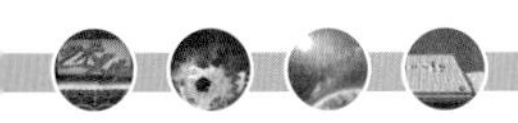

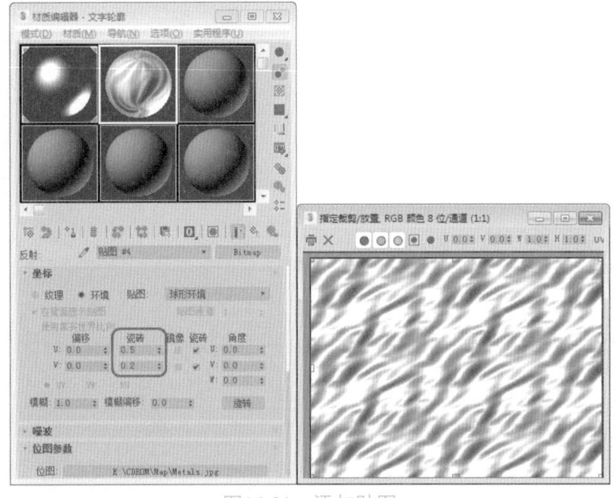

图16-31　添加贴图

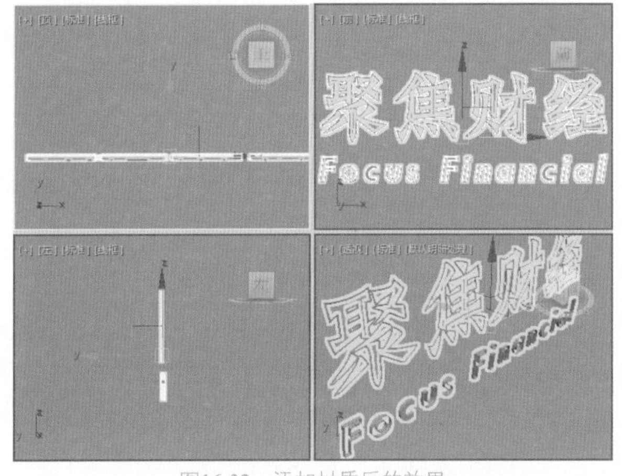


图16-32　添加材质后的效果

32 在视图中选择所有的【聚焦财经】对象，选择【组】|【组】命令，在弹出的对话框中将【组名】命名为“文字标题”，如图16-33所示，然后单击【确定】按钮。

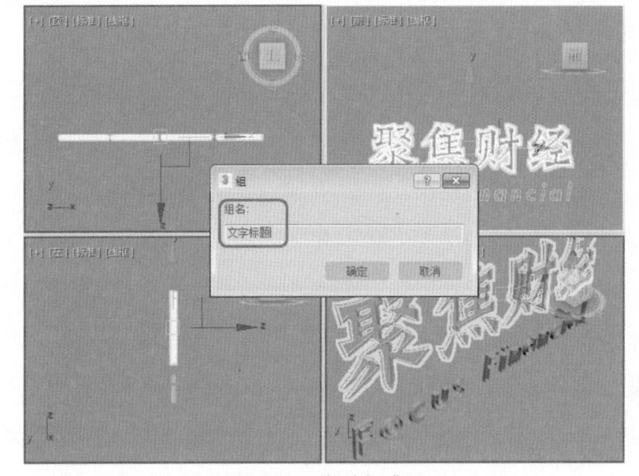


图16-33　将对象成组

33 按Ctrl+I组合键进行反选，选择【组】|【组】命令，在弹出的对话框中将【组名】命名为“字母标题”，如图16-34所示，单击【确定】按钮。

图16-34　设置组名称

## 16.2 创建摄影机和灯光

文本标题制作完成后，接下来就要介绍如何在场景中创建摄影机与灯光，并通过调整其参数达到所需的效果。

01 在视图中调整两个对象的位置，选择【创建】|【摄影机】|【目标】摄影机，在【顶】视图中创建一架摄影机，激活【透视】视图，按C键，将当前视图转换为【摄影机】视图，在【环境范围】选项组中勾选【显示】复选框，将【近距范围】和【远距范围】分别设置为8和811，将【目标距离】设置为533，然后在场景中调整摄影机的位置，如图16-35所示。

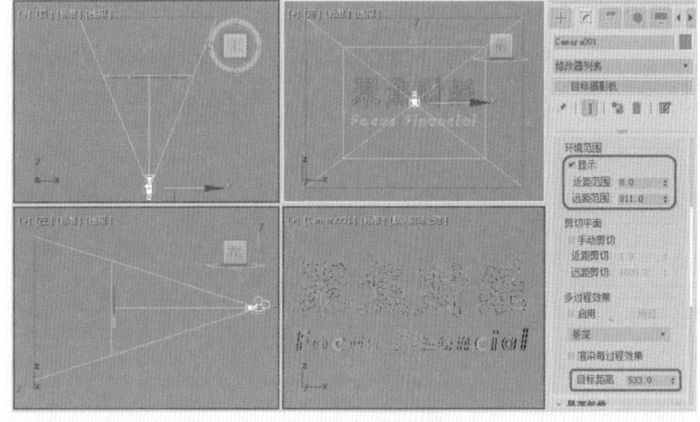

图16-35　创建摄影机

02 激活摄影机视图，在菜单栏中选择【视图】|【视口配置】命令，如图16-36所示。

03 在弹出的对话框中切换到【安全框】选项卡，勾选【动作安全区】和【标题安全区】复选框，在【应

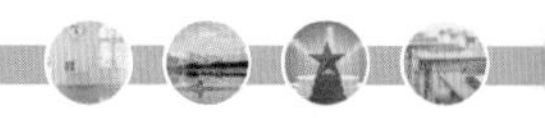

用】选项组中勾选【在活动视图中显示安全框】复选框，如图16-37所示。

图16-36 选择【视口配置】命令

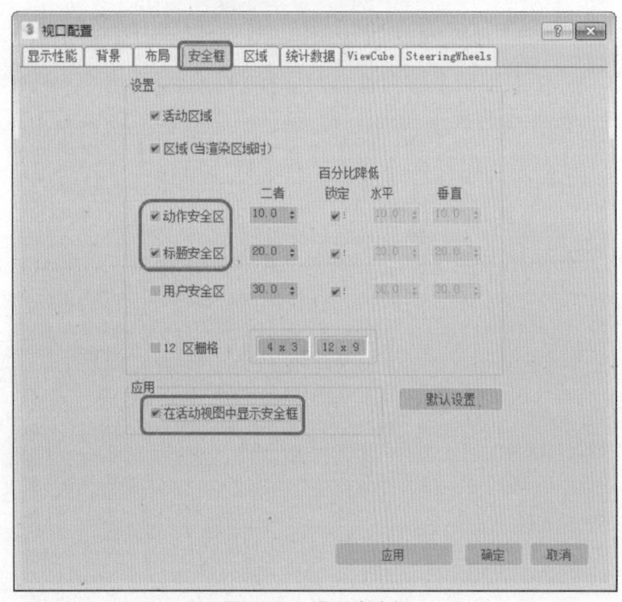

图16-37 设置安全框

04 设置完成后，单击【确定】按钮，选择【创建】|【灯光】|【标准】|【泛光】工具，在【顶】视图中创建一盏泛光灯，在视图中调整泛光灯的位置，如图16-38所示。

05 确认该灯光处于选中状态，切换至【修改】命令面板，在【常规参数】卷展栏中取消勾选【阴影】选项组中的【启用】和【使用全局设置】复选框，将【阴影类型】设置为【阴影贴图】，如图16-39所示。

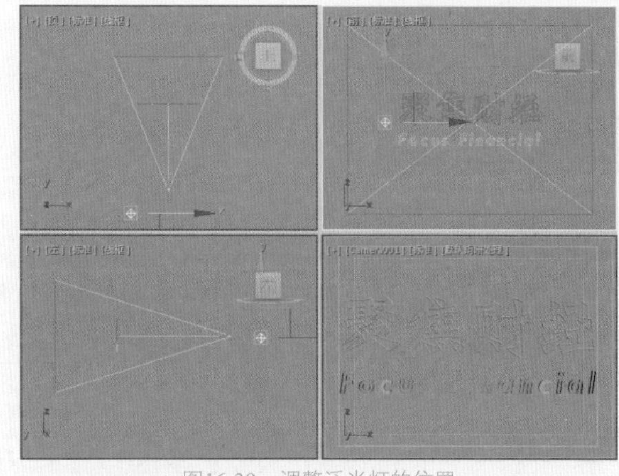

图16-38 调整泛光灯的位置

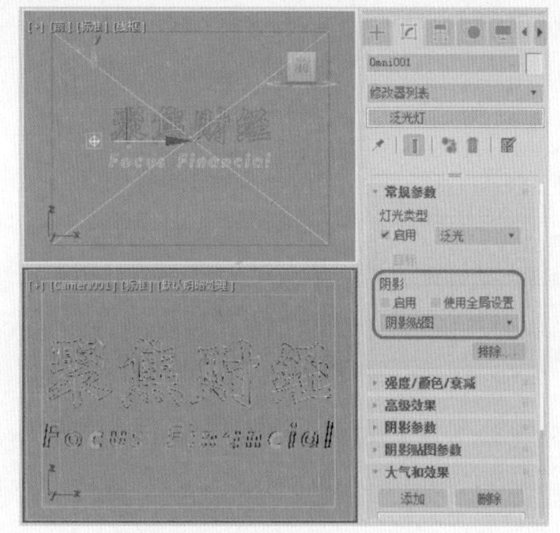

图16-39 设置泛光灯的阴影选项

06 使用同样的方法继续创建一盏泛光灯，在【常规参数】卷展栏中取消勾选【阴影】选项组中的【启用】和【使用全局设置】复选框，将【阴影类型】设置为【阴影贴图】，在【强度/颜色/衰减】卷展栏中将【倍增】设置为0.6，并在视图中调整其位置，如图16-40所示。

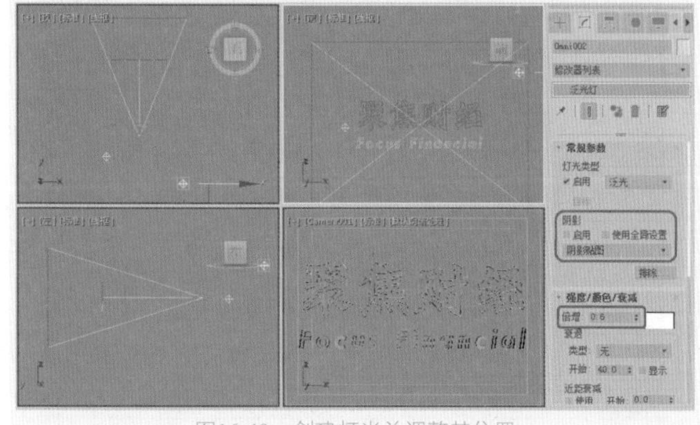

图16-40 创建灯光并调整其位置

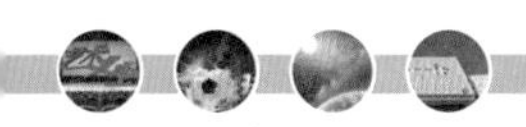

# 16.3 设置背景

本案例将主要介绍如何为节目片头设置背景，该案例主要通过在【环境和效果】对话框中添加环境贴图，然后在【材质编辑器】对话框中通过设置其参数达到动画效果。

01 按8键，弹出【环境和效果】对话框，在【背景】选项组中单击【环境贴图】下面的【无】按钮，在打开的【材质/贴图浏览器】对话框中选择【位图】贴图，单击【确定】按钮。再在弹出的对话框中选择“背景12.jpg”文件，如图16-41所示，单击【打开】按钮。

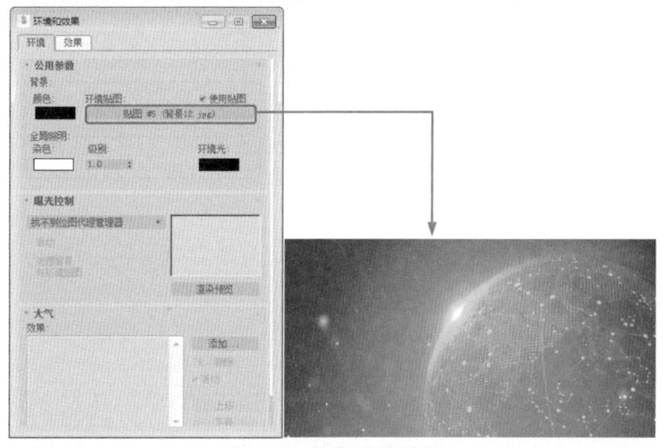

图16-41　添加环境贴图

02 按M键打开【材质编辑器】对话框，将环境贴图拖曳到【材质编辑器】中新的样本球上，在弹出的对话框中选中【实例】单选按钮，如图16-42所示，单击【确定】按钮。

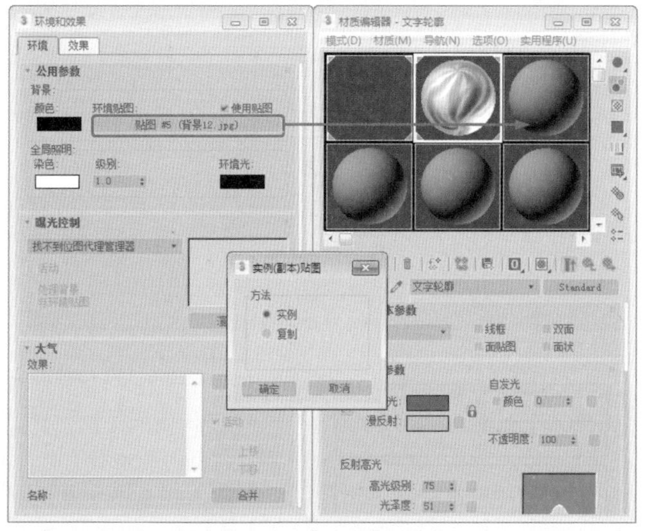

图16-42　选中【实例】单选按钮

03 在【材质编辑器】对话框中的【坐标】卷展栏中将【贴图】设置为【屏幕】，如图16-43所示。

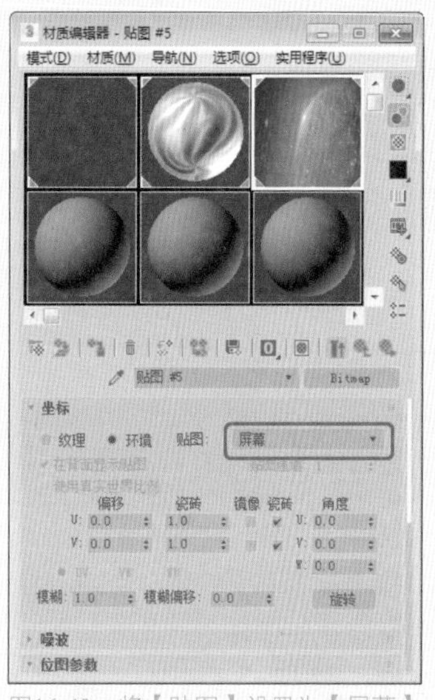

图16-43　将【贴图】设置为【屏幕】

04 将时间滑块拖到0帧处，按N键打开动画记录模式，勾选【裁剪/放置】选项组中的【应用】复选框，将U、V、W、H分别设置为0.271、0.266、0.314、0.274，如图16-44所示。

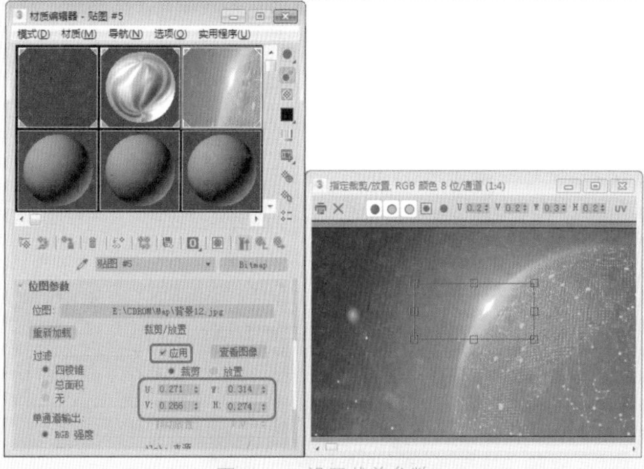

图16-44　设置裁剪参数

05 将时间滑块拖到第250帧处，在【裁剪/放置】选项组中将U、V、W、H分别设置为0、0、1、1，如图16-45所示。

06 将时间滑块拖到第210帧位置处，在【坐标】卷展栏中将【模糊】设置为1.2，如图16-46所示。

07 将时间滑块拖到第250帧位置处，在【坐标】卷展栏中将【模糊】参数设置为50，如图16-47所示。

08 设置完成后关闭【自动关键点】按钮和【材质编辑器】对话框，激活摄影机视图，按Alt+B组合键，在弹

出的对话框中选中【使用环境背景】单选按钮，设置完成后单击【确定】按钮，效果如图16-48所示。

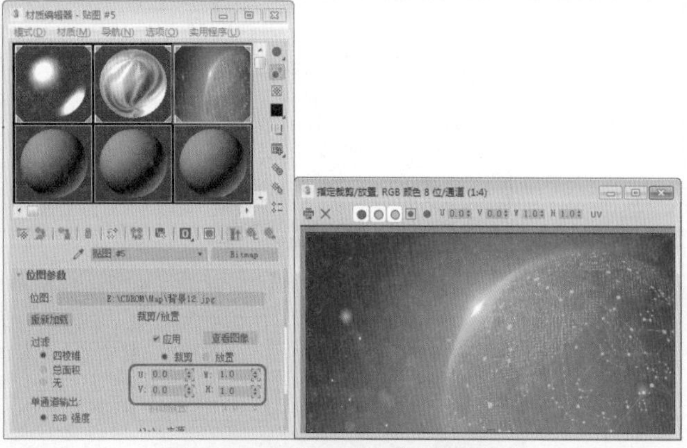

图16-45　在第250帧处设置裁剪参数

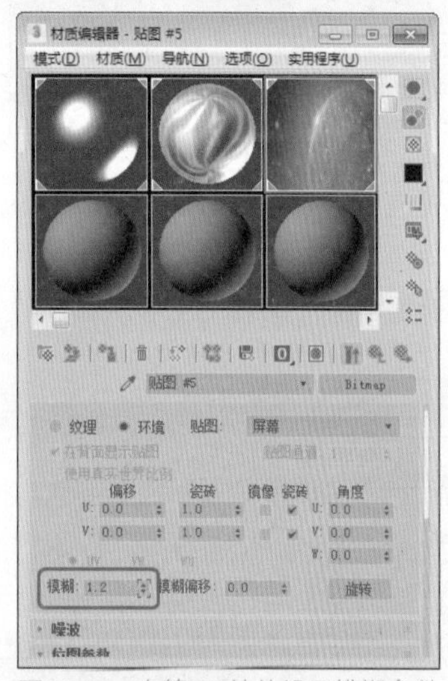

图16-46　在第210帧处设置模糊参数

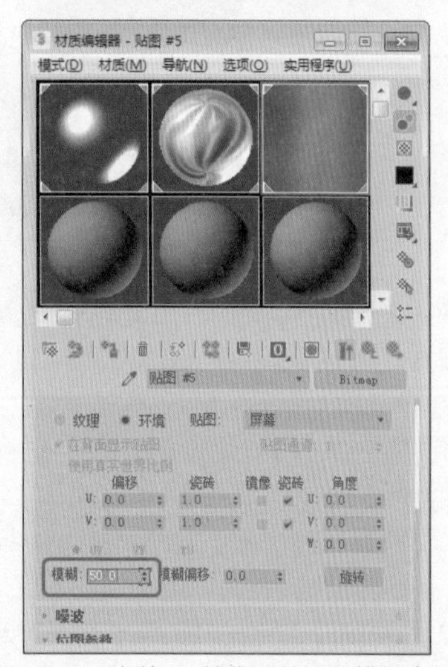

图16-47　在第250帧位置处设置模糊参数

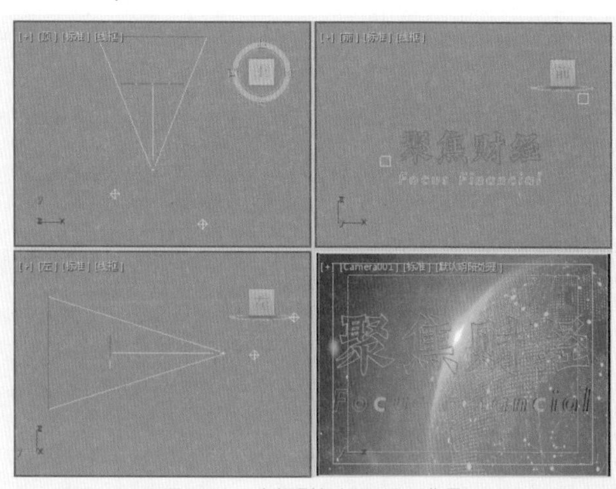

图16-48　在摄影机视图显示背景

## 16.4 为标题添加动画效果

本案例主要介绍如何通过自动关键点为标题添加动画效果。

01 按Shift+L组合键，将场景中的灯光隐藏，再按Shift+C组合键将场景中的摄影机隐藏，在场景中选择“文字标题”对象，激活【顶】视图，在工具栏中右击【选择并旋转】工具，在弹出的对话框中将【偏移：屏幕】选项组中的Z设置为90，如图16-49所示。

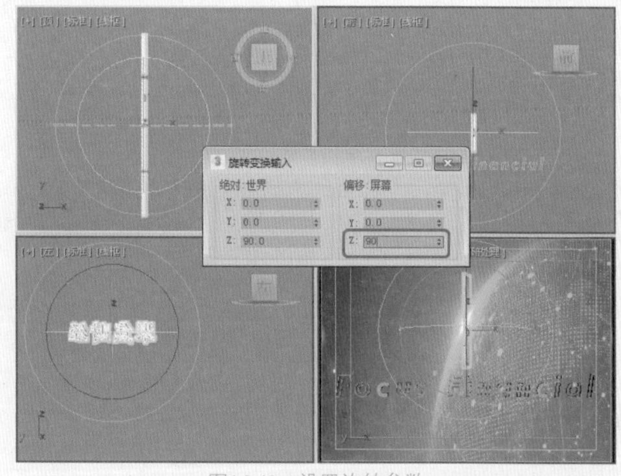

图16-49　设置旋转参数

02 在工具栏中单击【选择并移动】工具，在【移动变换输入】对话框中将【绝对：世界】选项组中的X、Y、Z分别设置为2.43、2813.511、29.299，如图16-50所示。

03 再在视图中选中“字母标题”对象，在【移动变换输入】对话框中将【绝对：世界】选项组中的X、Y、Z分别设置为-760.99、-584.03、-55.368，如图16-51所示。

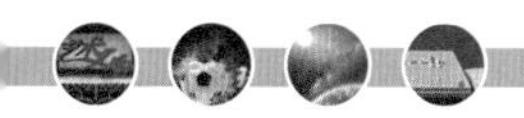

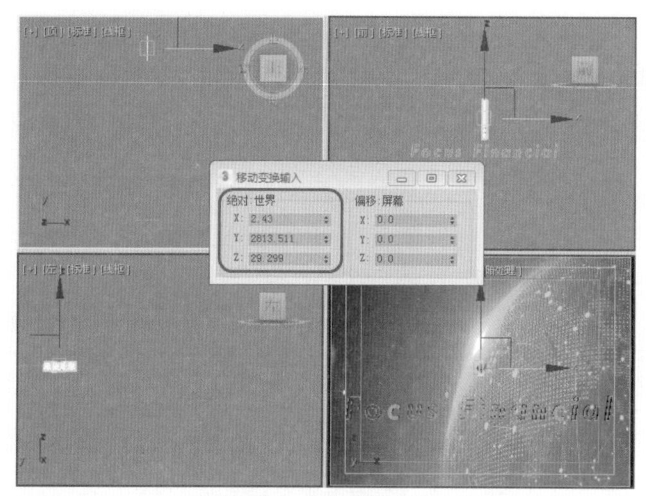
图16-50 设置位置参数

图16-51 调整字母标题的位置

04 将时间滑块拖曳到第90帧位置处，单击【自动关键点】按钮，确认【字母标题】对象处于选中状态，在【移动变换输入】对话框中将【绝对：世界】选项组中的X、Y、Z分别设置为1.689、-0.678、-51.445，如图16-52所示。

05 再在视图中选择【文字标题】对象，在【移动变换输入】对话框中将【绝对：世界】选项组中的X、Y、Z分别设置为2.43、-0.678、29.299，如图16-53所示。

06 在工具栏中右击【选择并旋转】工具，激活【顶】视图，在【旋转变换输入】对话框中的【偏移：屏幕】选项组中将Z设置为-90，如图16-54所示。

07 设置完成后，将该对话框进行关闭，按N键关闭自动关键点记录模式，使用【选择并移动】工具在场景中选择【文字标题】和【字母标题】对象，打开【轨迹视图-摄影表】对话框，如图16-55所示。

08 选择【文字标题】右侧第0帧处的关键帧，按住鼠标将其拖曳至第10帧位置处，如图16-56所示。

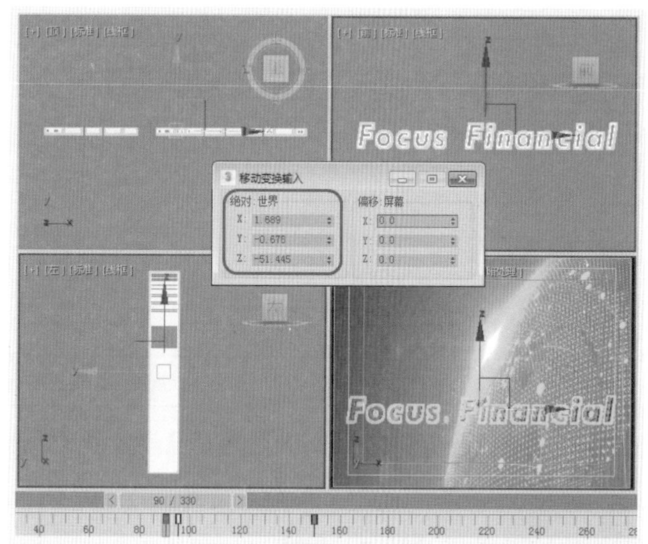
图16-52 在第90帧处添加关键帧

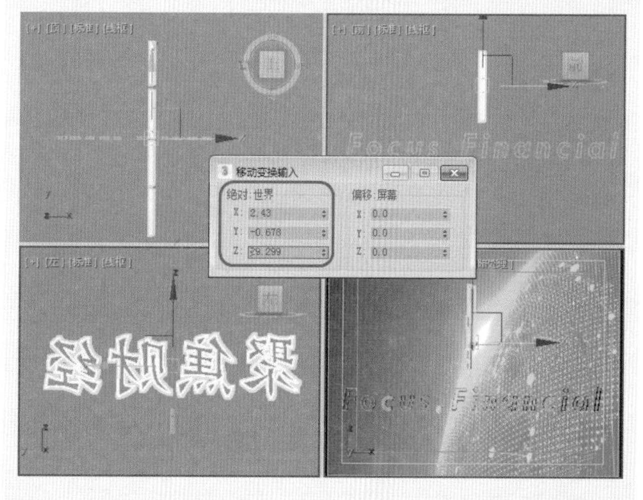
图16-53 调整文字标题的位置

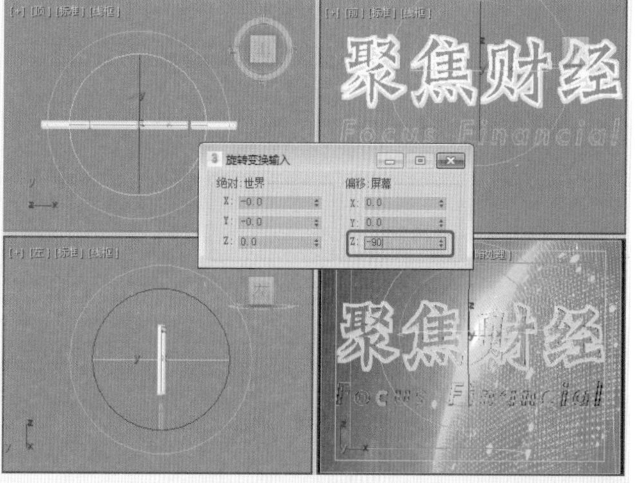
图16-54 旋转文字标题的角度

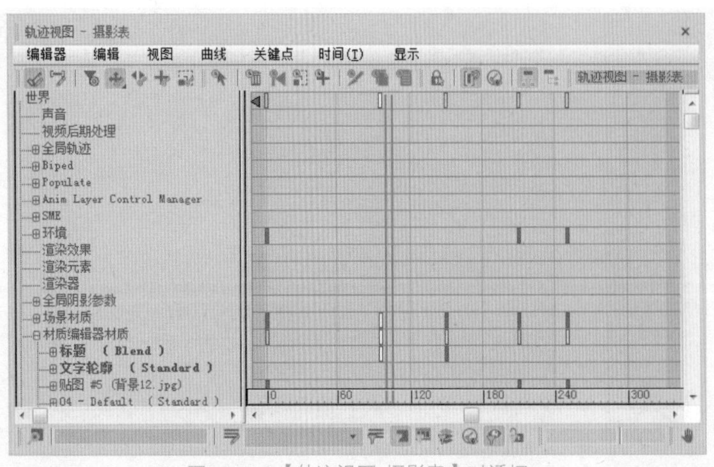


图16-55 【轨迹视图-摄影表】对话框

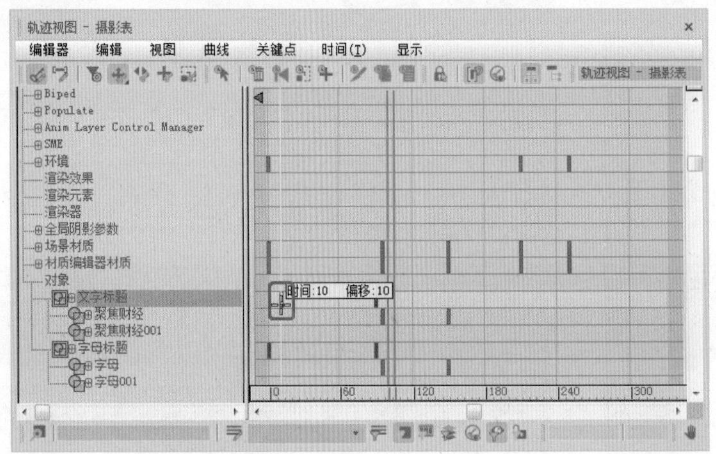


图16-56 调整文字标题第0帧的位置

09 选择【字母标题】右侧第0帧处的关键帧，按住鼠标将其拖曳至第30帧位置处，如图16-57所示。

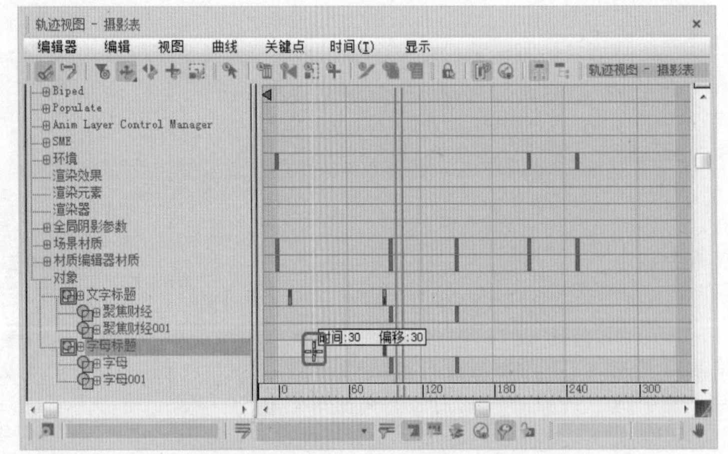


图16-57 调整字母标题关键帧的位置

10 调整完成后，将该对话框关闭，用户可以拖动时间滑块查看效果，效果如图16-58所示。

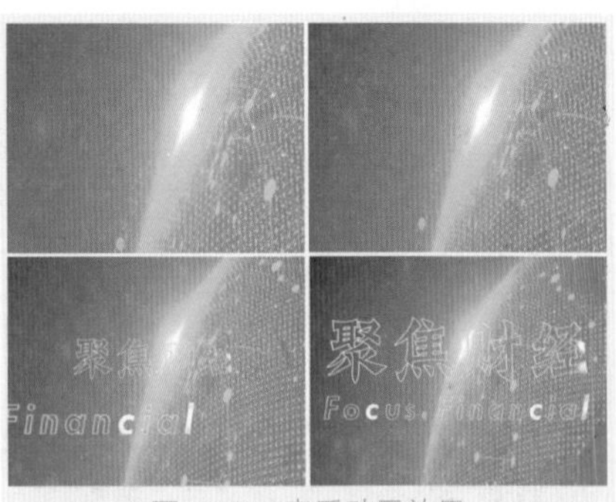


图16-58 查看动画效果

## 16.5 为文本添加电光效果

下面将介绍如何为文本添加电光效果，该案例主要通过利用【线】工具绘制一条直线，然后，再为其添加关键帧及材质即可。

01 激活【前】视图，选择【创建】|【图形】|【线】工具，创建一个与【聚焦财经】高度相等的线段，在【渲染】卷展栏中勾选【在渲染中启用】和【在视口中启用】复选框，将【厚度】设置为1，如图16-59所示。

02 确定新创建的线段处于选择状态，单击鼠标右键，在弹出的快捷菜单中选择【对象属性】命令，在弹出的对话框中将【对象ID】设置为1，如图16-60所示。

03 设置完成后，单击【确定】按钮，将时间滑块拖曳到第150帧处，单击【自动关键帧】按钮，选择工具栏中的【选择并移动】工具，激活【前】视图，将线沿X轴向左移至【聚】字的左侧边缘，如图16-61所示。设置完成后关闭【自动关键点】按钮。

04 确定线处于选择状态，打开【轨迹视图-摄影表】对话框，在左侧的面板中选择Line001下的【变换】，将其右侧第0帧处的关键帧移动至第95帧位置处，如图16-62所示。

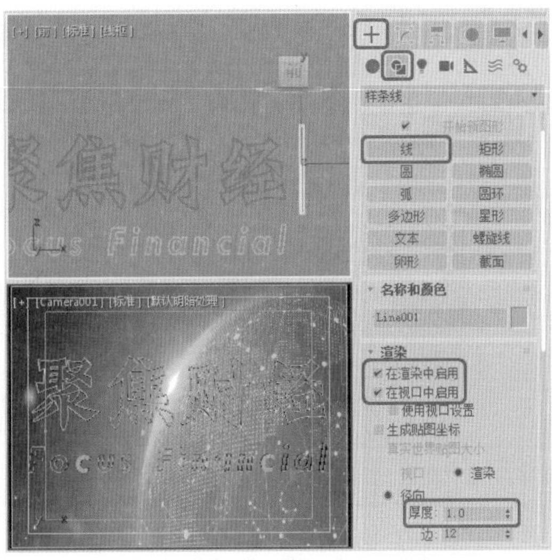

图16-59　在【前】视图绘制直线

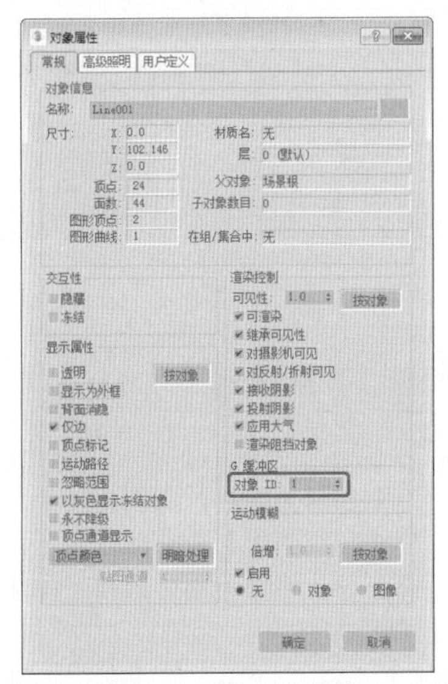

图16-60　设置对象属性

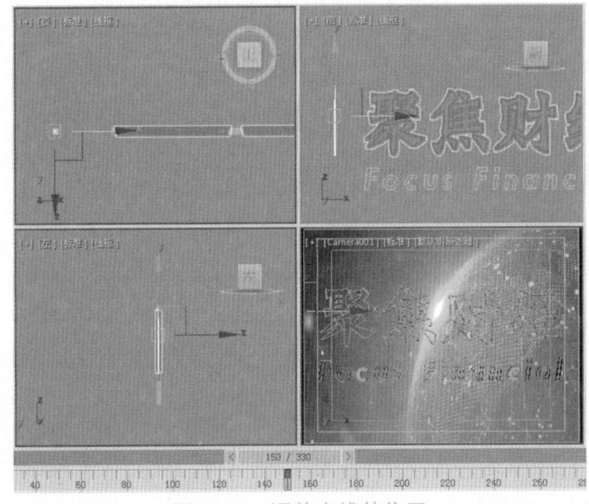

图16-61　调整直线的位置

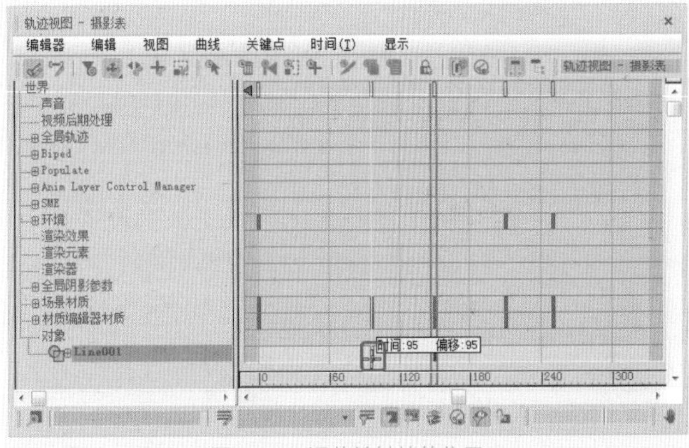

图16-62　调整关键帧的位置

05 在【轨迹视图-摄影表】对话框左侧的选项栏中选择Line001，在菜单栏中选择【编辑】|【可见性轨迹】|【添加】命令，为Line001添加一个可见性轨迹，如图16-63所示。

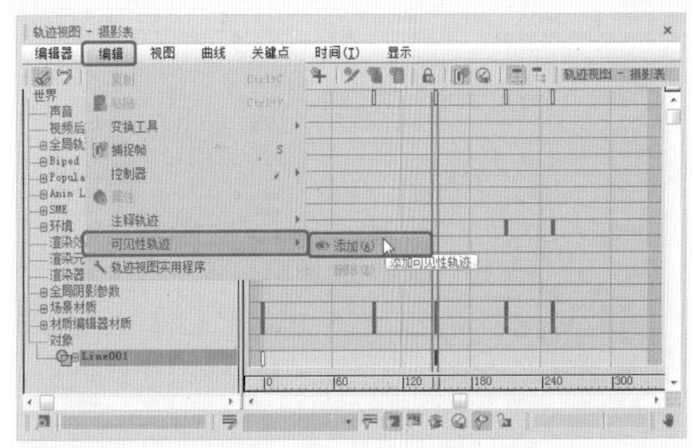

图16-63　选择【添加】命令

06 选择【可见性】选项，在工具栏中选择【添加/移除关键点】工具，在第94帧的位置处添加一个关键点，并将值设置为0.000，表示在该帧时不可见，如图16-64所示。

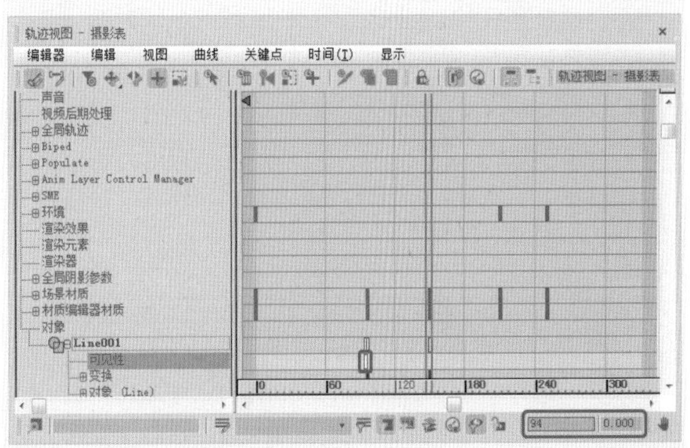

图16-64　添加关键帧并设置其参数

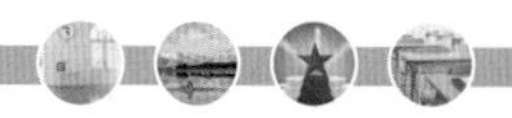

07 继续在第95帧位置处添加关键点，并将其值设置为1.000，表示在该帧时可见，如图16-65所示。

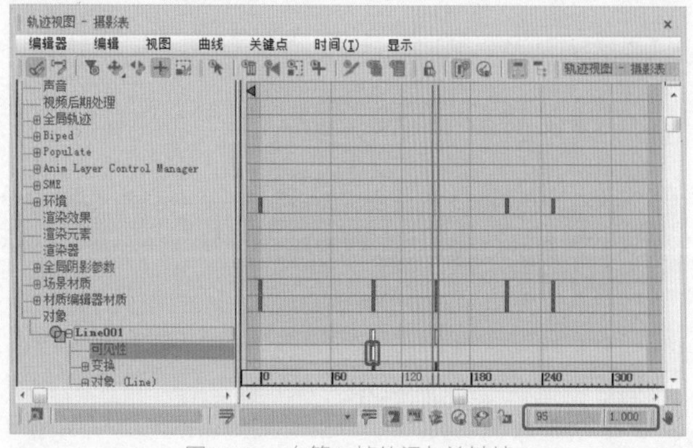

图16-65　在第95帧处添加关键帧

08 使用同样的方法，在第150帧处添加关键帧，并将值设置为1.000，在第150帧位置处添加一个可见关键点，如图16-66所示。

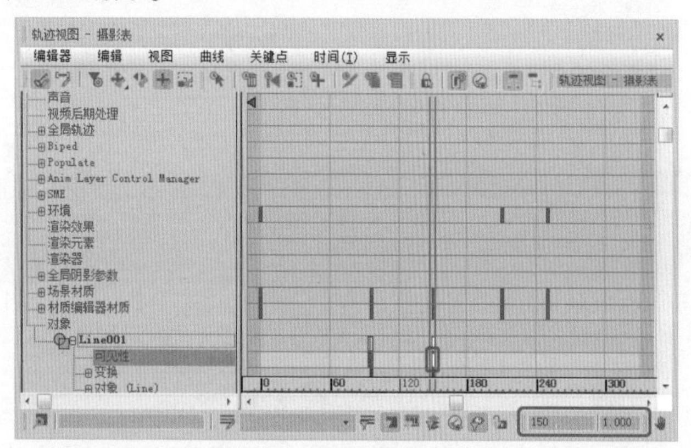

图16-66　在第150帧处添加关键帧

09 继续在第151帧处添加关键帧，并将值设置为0.000，在第151帧位置处添加一个不可见关键点，如图16-67所示。

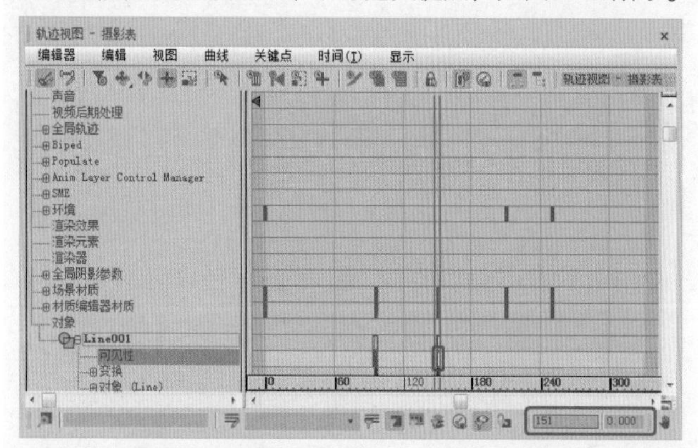

图16-67　在第151帧处添加一个不可见关键帧

10 添加完成后，将该对话框关闭，按M键，在弹出的【材质编辑器】对话框中选择一个新样本球，将其命名为“线”，在【Blinn基本参数】卷展栏中将【不透明度】设置为0；在【反射高光】选项组中将【光泽度】设置为0，如图16-68所示，设置完成后，将该材质指定给选定对象，并将该对话框关闭。

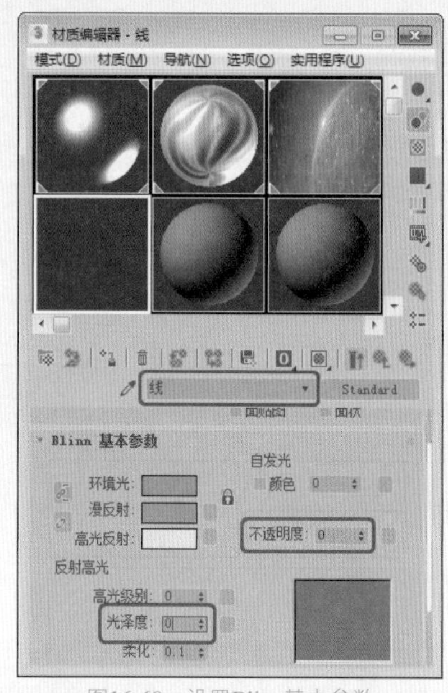

图16-68　设置Blinn基本参数

## 16.6 创建粒子系统

本案例将介绍如何为节目片头创建粒子系统，在该案例中主要通过为【超级喷射】工具创建粒子，并使用【螺旋线】工具绘制路径，然后为创建的粒子添加路径约束，使其沿路径进行运动。

01 选择【创建】|【几何体】|【粒子系统】|【超级喷射】工具，在【左】视图中创建粒子系统，在【基本参数】卷展栏中将【粒子分布】选项组中的【扩散】设置为15，将【平面偏离】下的【扩散】设置为180，将【图标大小】设置为45，在【视口显示】选项组中将【粒子数百分比】设置为50%，如图16-69所示。

02 在【粒子生成】卷展栏中将【粒子运动】选项组中的【速度】和【变化】分别设置为8和5，将【粒子计时】选项组中的【发射开始】、【发射停止】、【显示时限】、【寿命】和【变化】分别设置为30、150、180、25和5；将【粒子大小】选项组中的【大小】、【变化】、【增长耗时】和【衰减耗时】分别设置为8、18、5和8，如图16-70所示。

03 在【气泡运动】卷展栏中将【幅度】、【变化】和【周期】分别设置为10、0和45。在【粒子类型】卷展

栏中选中【标准粒子】选项组中的【球体】单选按钮，在【材质贴图和来源】选项组中将【时间】下的参数设置为60，如图16-71所示。

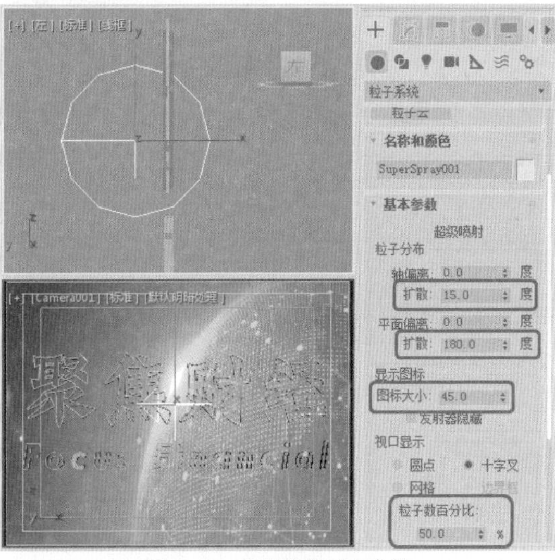

图16-69 设置粒子基本参数

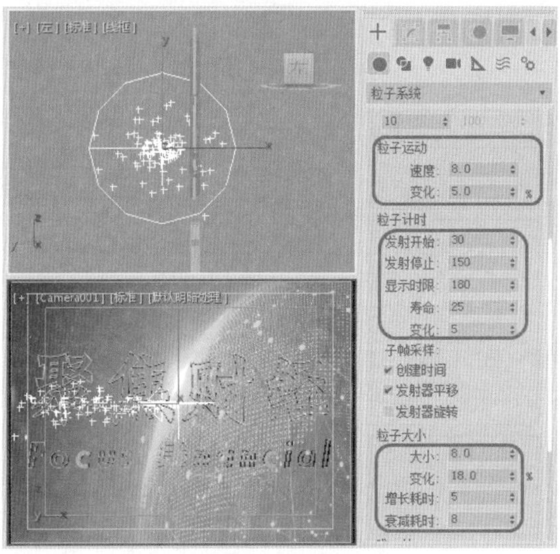

图16-70 设置粒子生成参数

04 在【旋转和碰撞】卷展栏中将【自旋速度控制】选项组中的【自旋时间】设置为60，如图16-72所示。

05 按M键，打开【材质编辑器】对话框，选择一个新的样本球，将其命名为“粒子”，在【贴图】卷展栏中单击【漫反射颜色】后面的【无贴图】按钮，选择【粒子年龄】贴图，如图16-73所示。

06 单击【确定】按钮，进入【漫反射】贴图通道，在【粒子年龄参数】卷展栏中将【颜色#1】的RGB值设置为255、255、255；将【颜色#2】的RGB值设置为245、148、25；将【颜色#3】的RGB值设置为255、0、0，如图16-74所示。

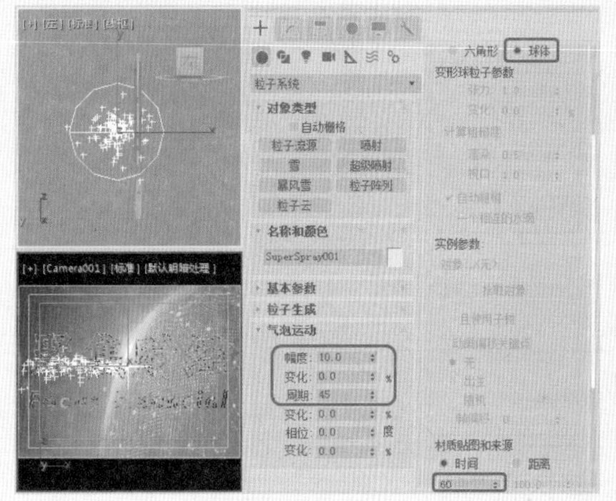

图16-71 设置气泡运动和粒子类型

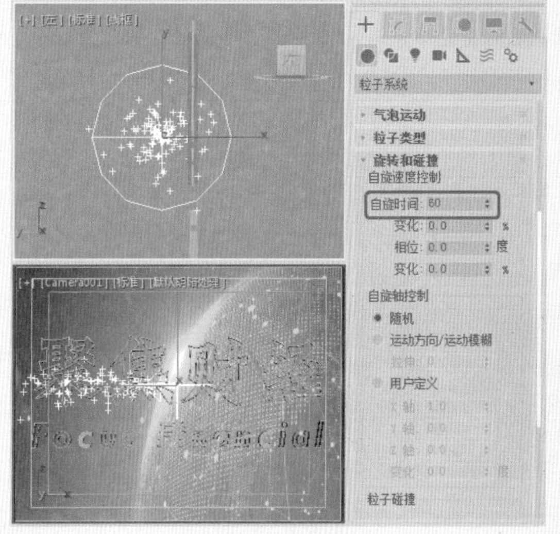

图16-72 设置自旋时间

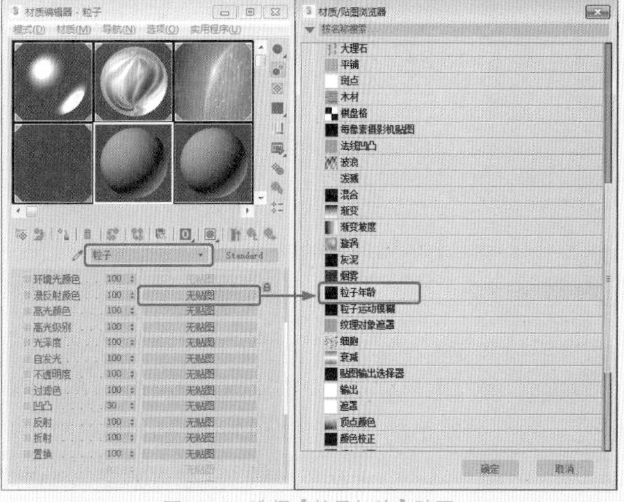

图16-73 选择【粒子年龄】贴图

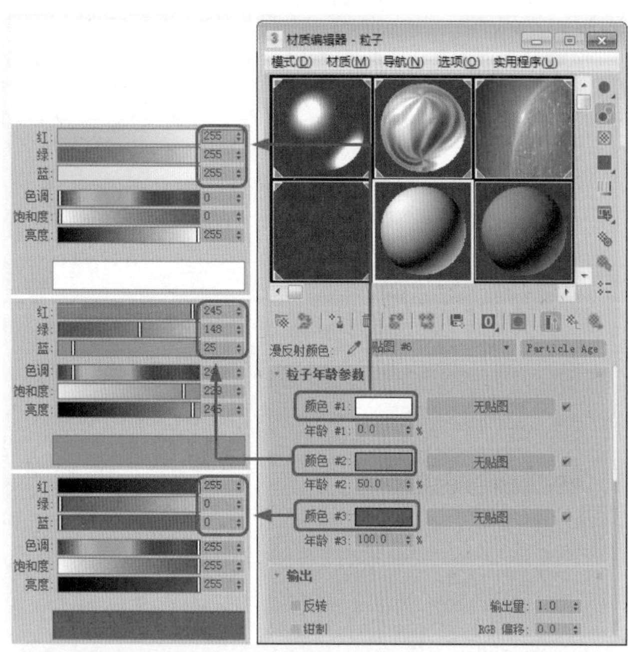

图16-74 设置粒子年龄参数

07 单击【转到父对象】按钮，在【贴图】卷展栏中单击【不透明度】通道右侧的【无贴图】按钮，在弹出的对话框中选择【渐变】选项，如图16-75所示。

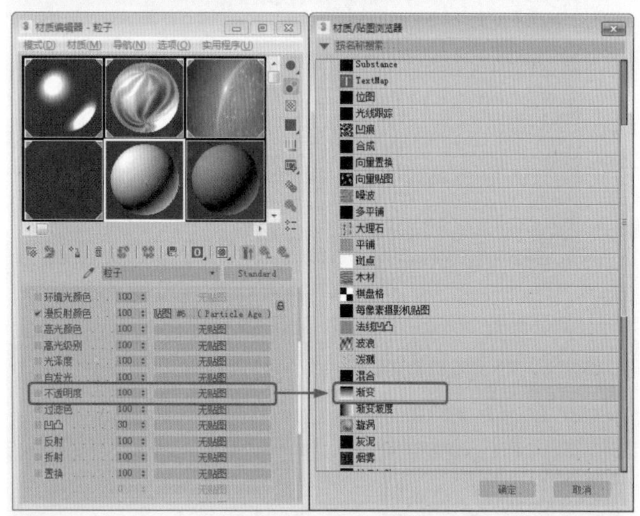

图16-75 选择【渐变】选项

08 单击【确定】按钮，使用其默认参数，设置完成后，将材质指定给选定对象，并将该对话框关闭，在视图中调整其位置，如图16-76所示。

09 将时间滑块拖曳到第170帧处，单击【自动关键点】按钮，激活【前】视图，选择工具栏中的【选择并移动】工具，确定当前作用轴为X轴，将粒子对象移动至【字母标题】对象的右侧，如图16-77所示，设置完成后关闭【自动关键点】按钮。

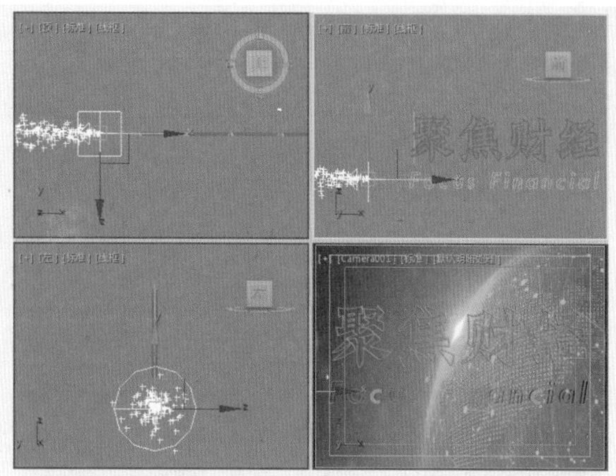

图16-76 调整粒子对象的位置

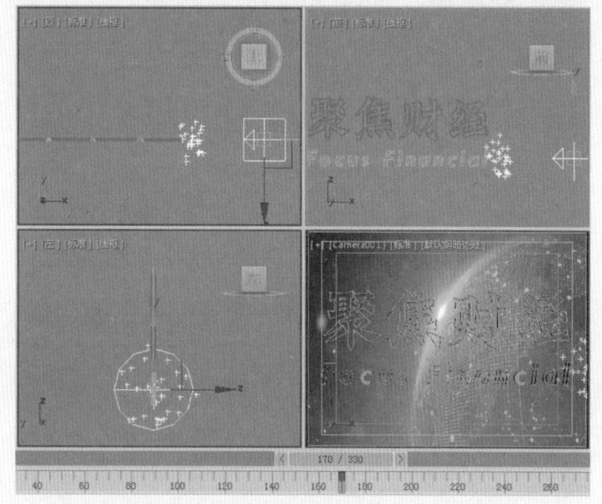

图16-77 添加自动关键点

10 打开【轨迹视图-摄影表】对话框，在对话框左侧选择SuperSpray001下的【变换】，将其右侧第0帧处的关键帧拖曳至第80帧处，如图16-78所示。

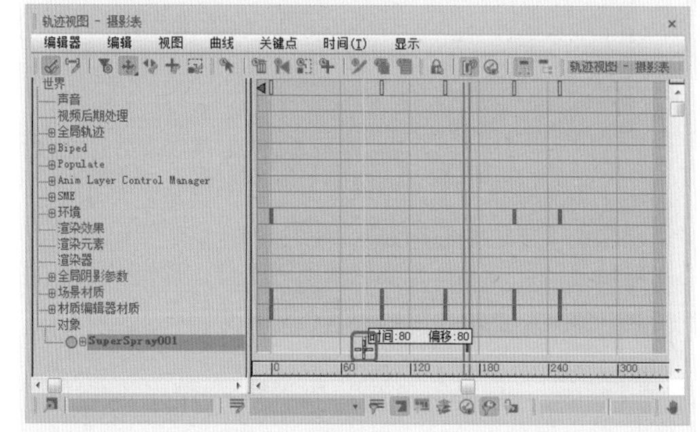

图16-78 移动关键帧的位置

11 调整完成后，将该对话框关闭，选择【创建】|【图形】|【螺旋线】工具，在【左】创建一条螺旋线，如图16-79所示。

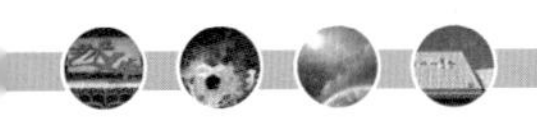

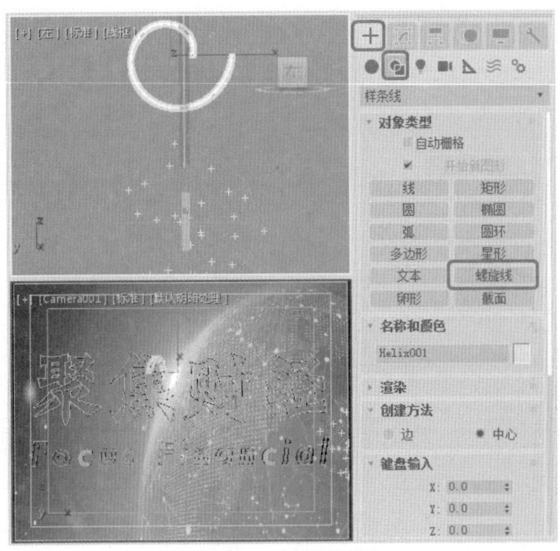

图16-79　创建螺旋线

12 确认该对象处于选中状态，切换至【修改】命令面板，将其命名为“路径”，在【渲染】卷展栏中取消勾选【在渲染中启用】和【在视口中启用】复选框，在【参数】卷展栏中将【半径1】、【半径2】、【高度】、【圈数】、【偏移】分别设置为60、50、492、5、-0.04，并在视图中调整其位置，如图16-80所示。

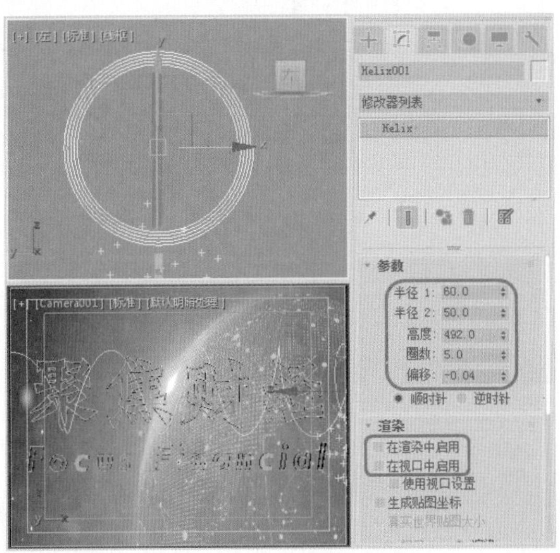

图16-80　设置螺旋线参数

13 选择【创建】+|【几何体】|【粒子系统】|【超级喷射】工具，在【顶】视图中创建粒子系统，在【基本参数】卷展栏中将【粒子分布】选项组中的【轴偏离】和【扩散】都设置为180，将【平面偏离】下的【扩散】设置为180；将【图标大小】设置为3.9，在【视口显示】选项组中选中【网格】单选按钮，如图16-81所示。

14 在【粒子生成】卷展栏中选中【使用速率】单选按钮，并将其参数设置为20，将【粒子运动】选项组中的【速度】和【变化】分别设置为0.46和30，将【粒子计时】选项组中的【发射开始】、【发射停止】、【显示时限】、【寿命】和【变化】分别设置为150、250、260、54和50；将【粒子大小】选项组中的【大小】、【变化】、【增长耗时】和【衰减耗时】分别设置为6.976、26.58、8和50，如图16-82所示。

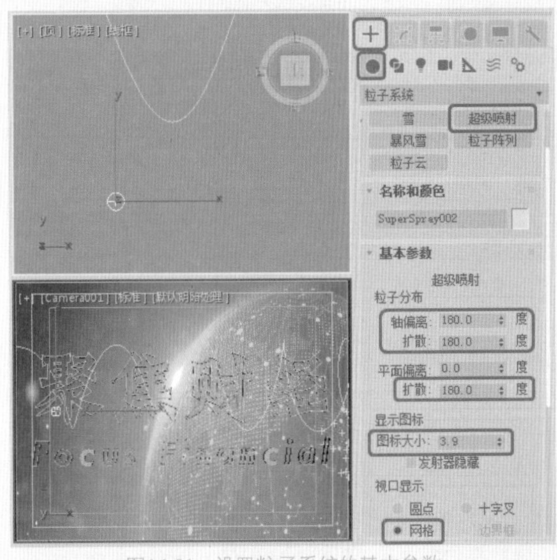

图16-81　设置粒子系统的基本参数

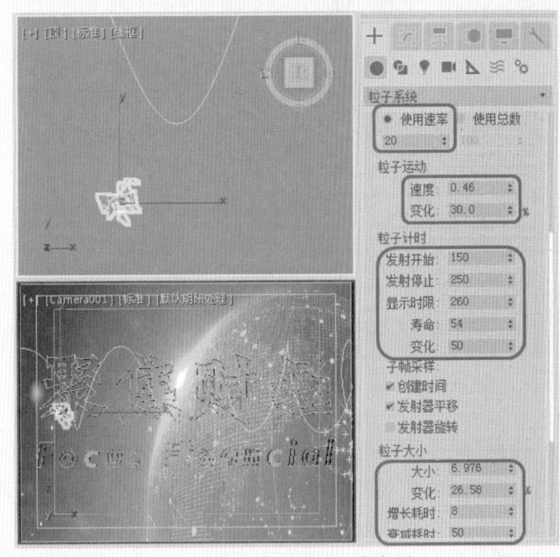

图16-82　设置粒子生成参数

15 在【粒子类型】卷展栏中选中【标准粒子】选项组中的【面】单选按钮，在【材质贴图和来源】选项组中将【时间】下的参数设置为45，如图16-83所示。

16 在【对象运动继承】卷展栏中将【倍增】设置为0，在【旋转和碰撞】卷展栏中将【自旋速度控制】选项组中的【自旋时间】、【变化】、【相位】分别设置为0、0、180，如图16-84所示。

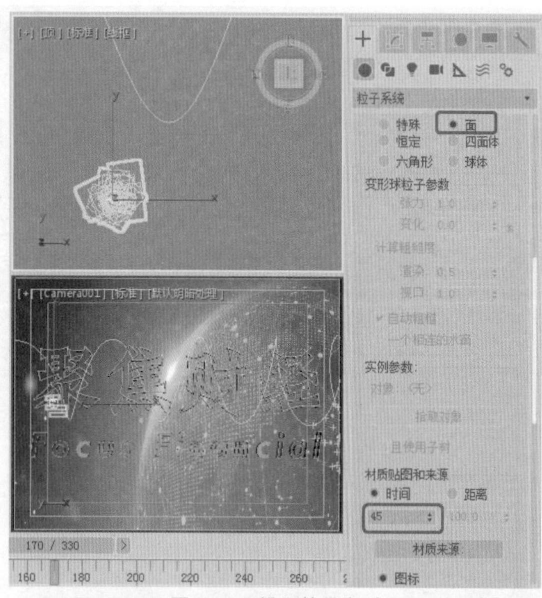

图16-83 设置粒子类型

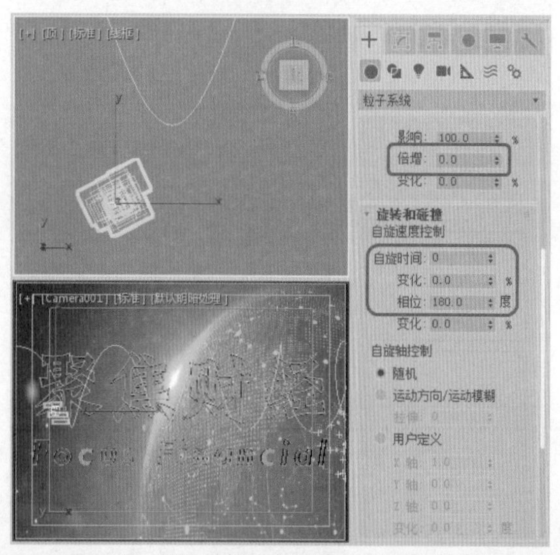

图16-84 设置对象运动继承、旋转和碰撞参数

17 设置完成后，切换到【运动】命令面板，在【指定控制器】卷展栏中选择【变换】下的【位置：位置XYZ】选项，然后单击【指定控制器】按钮✓，在打开的【指定位置控制器】对话框中选择【路径约束】选项，如图16-85所示，单击【确定】按钮。

18 在【路径参数】卷展栏中单击【添加路径】按钮，在视图中选择【路径】对象，在【路径选项】选项组中勾选【跟随】复选框，在【轴】选项组中选中Z单选按钮并勾选【翻转】复选框，如图16-86所示。

19 确认该对象处于选中状态，打开【轨迹视图-摄影表】对话框，在该对话框中选择左侧列表框中的SuperSpray002，将其左侧第0帧处的关键帧拖曳至第150帧处，如图16-87所示。

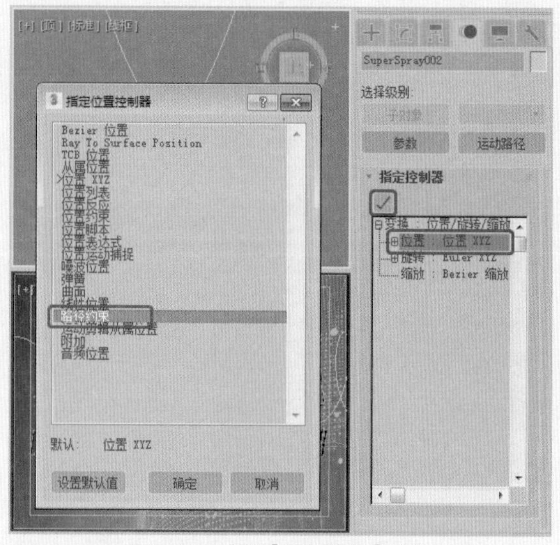

图16-85 选择【路径约束】选项

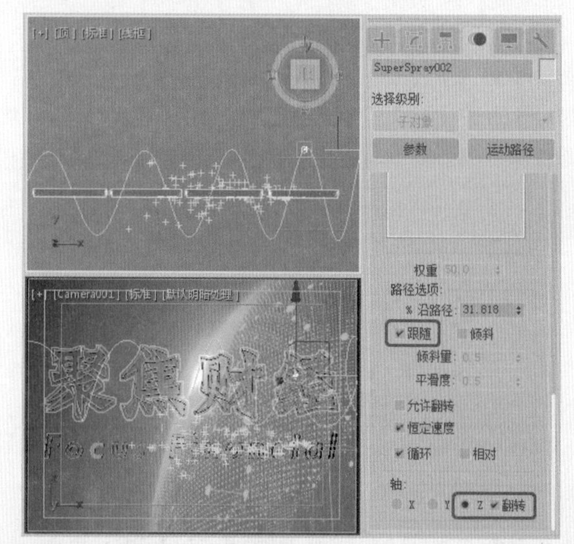

图16-86 添加路径并设置其参数

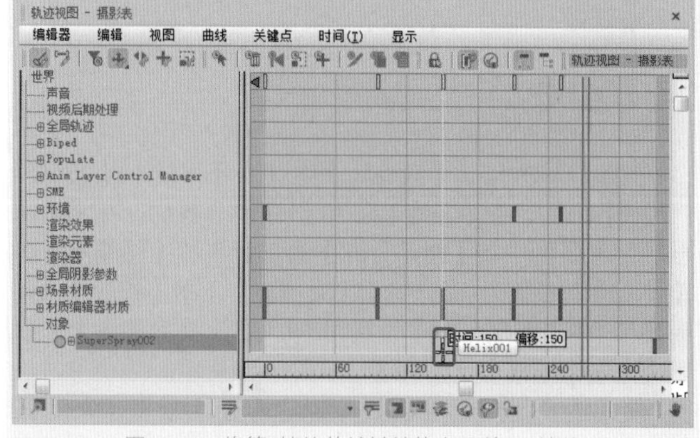

图16-87 将第0帧处的关键帧拖曳至第150帧处

20 再将SuperSpray002右侧第330帧处的关键帧拖曳至第239帧处，如图16-88所示。

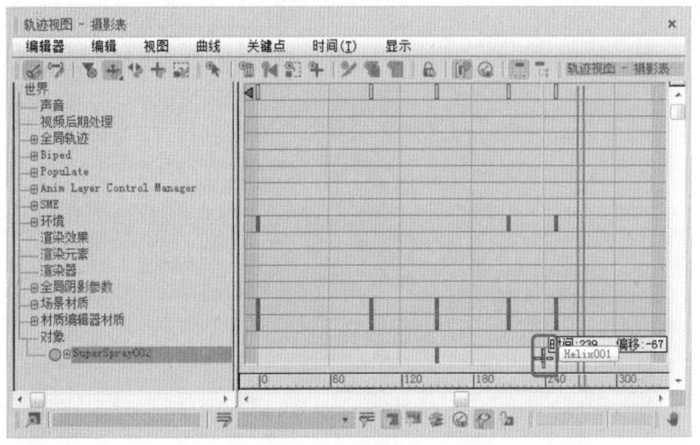


图16-88　将第330帧处的关键帧拖曳至第239帧处

21 调整完成后，将该对话框关闭，按M键打开【材质编辑器】对话框，将其命名为“粒子02”，在【明暗器基本参数】卷展栏中勾选【面贴图】复选框，将【Blinn基本参数】卷展栏中的【环境光】的RGB值设置为189、138、2，如图16-89所示。

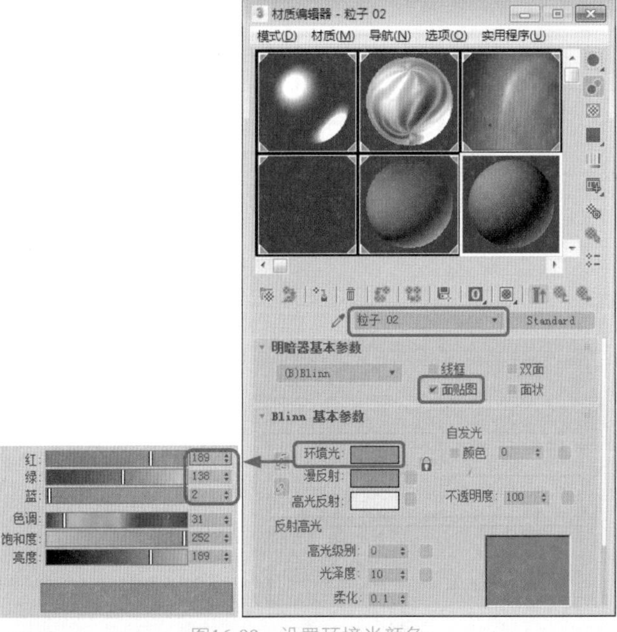


图16-89　设置环境光颜色

22 在【贴图】卷展栏中单击【不透明度】通道后面的【无贴图】按钮，在打开的【材质/贴图浏览器】对话框中双击【渐变】贴图。在【渐变参数】卷展栏中将【颜色2位置】设置为0.3，将【渐变】类型定义为【径向】，将【噪波】选项组中的【数量】设置为1，将【大小】设置为4.4，选中【分形】单选按钮，在工具列表中将【采样类型】定义为，如图16-90所示，设置完成后，将该材质指定给选定对象即可。

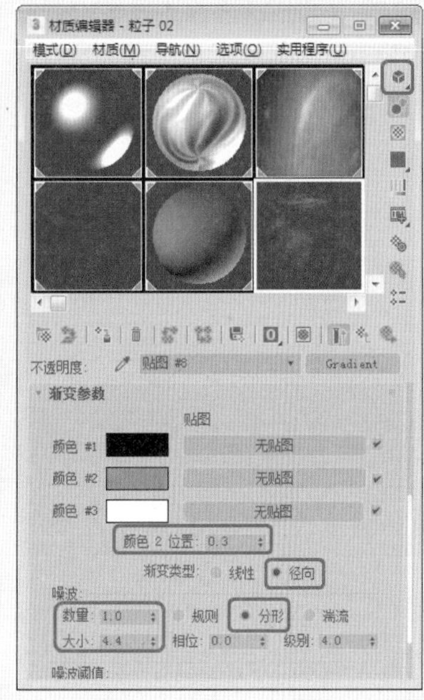


图16-90　设置渐变参数

## 16.7 创建点

在本案例中将主要介绍如何使用【点】工具创建点，并为其添加动画效果。

01 选择【创建】+|【辅助对象】|【点】工具，在【前】视图中单击鼠标，创建点对象，如图16-91所示。

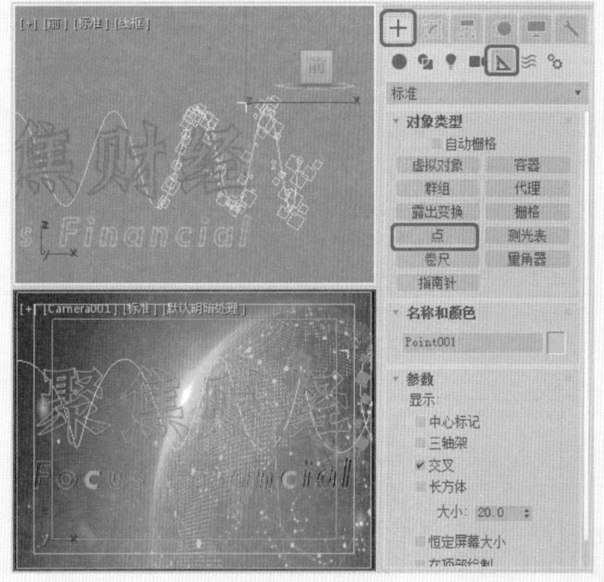


图16-91　创建点对象

02 确定【点】对象处于选择状态，选择工具栏中的【选择并链接】工具，然后在【点】对象上按下鼠标左键，移动鼠标至【粒子】对象上，如图16-92所示。

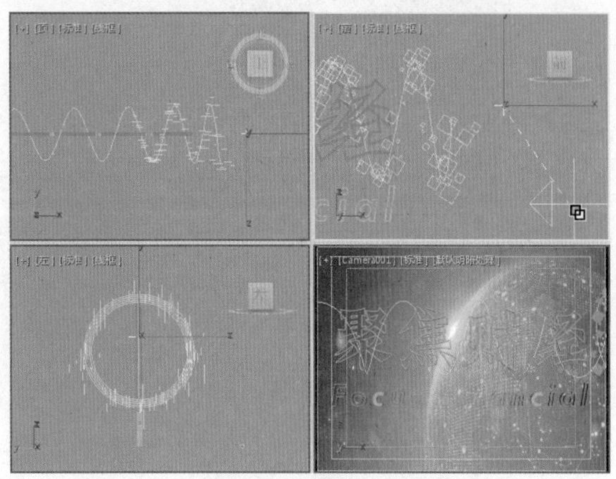

图16-92 链接对象

03 确认【点】对象处于选中状态，选择工具栏中的【对齐】工具，在场景中选择【粒子】对象，在弹出的对话框中勾选【X位置】、【Y位置】和【Z位置】复选框，然后选中【当前对象】和【目标对象】选项组中的【中心】单选按钮，如图16-93所示，设置完成后单击【确定】按钮，将视图中的【点】对象与【粒子】对象对齐。

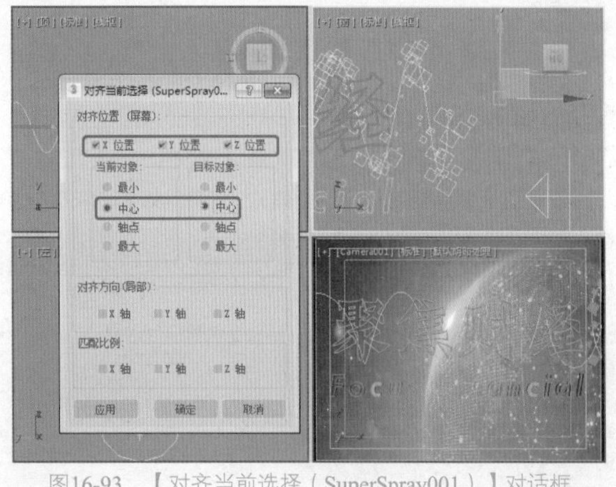

图16-93 【对齐当前选择（SuperSpray001）】对话框

04 选择【创建】|【辅助对象】|【点】工具，在【前】视图中【聚焦财经】的右上角单击鼠标，创建【点】对象，如图16-94所示。

05 确定新创建的【点】对象处于选择状态，将时间滑块拖曳至第310帧处，单击【自动关键点】按钮，选择工具栏中的【选择并移动】工具，在视图中对其进行调整，如图16-95所示。设置完成后关闭【自动关键点】按钮。

06 打开【轨迹视图-摄影表】对话框，在对话框左侧选择Point002下的【变换】，将第0帧处的关键帧拖曳至第261帧位置处，如图16-96所示，调整完成后，将该对话框关闭即可。

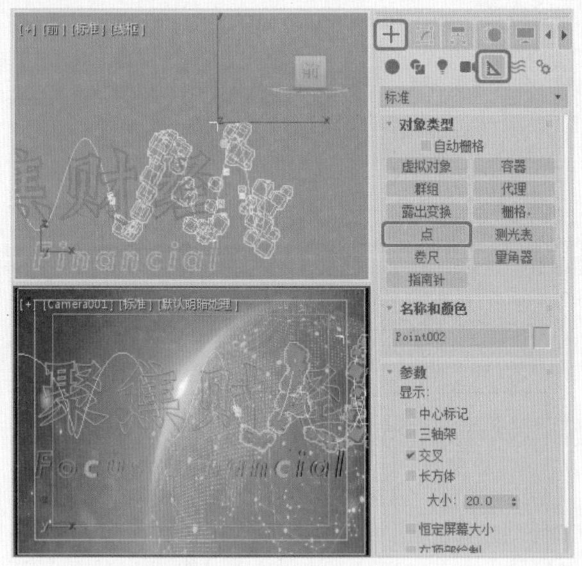

图16-94 创建点对象

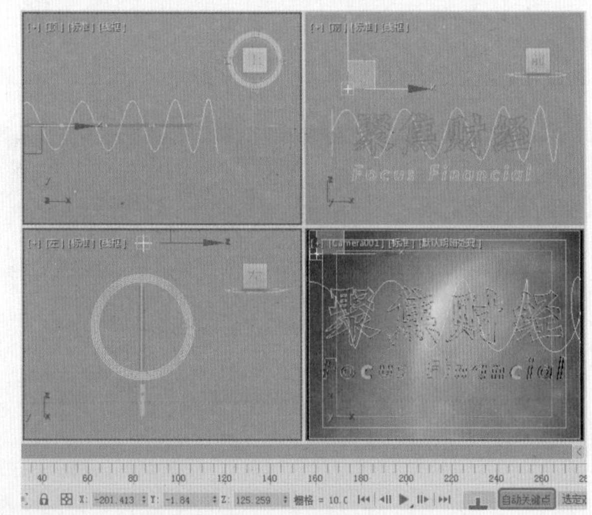

图16-95 在第310帧添加关键帧

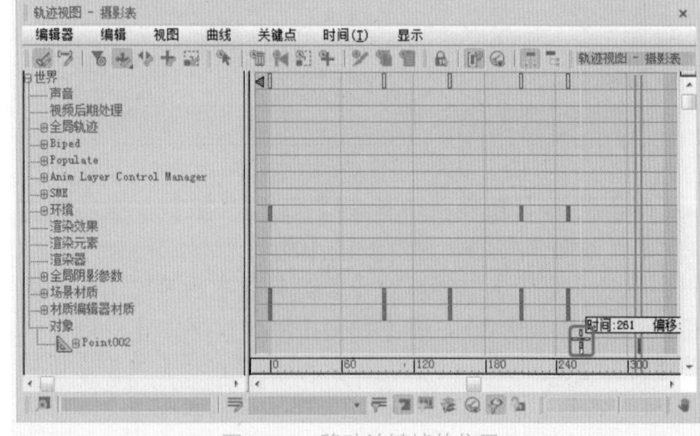

图16-96 移动关键帧的位置

# 16.8 设置特效

至此，节目片头基本制作完成了，下面将介绍如何为前面所创建的对象添加特效，其中主要包括添加【镜头效果光晕】、【镜头效果光斑】等。

01 在菜单栏中选择【渲染】|【视频后期处理】命令，如图16-97所示，打开【视频后期处理】对话框。

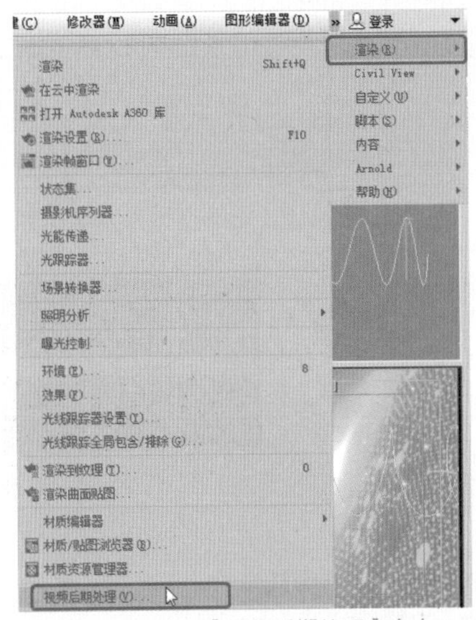

图16-97 选择【视频后期处理】命令

02 在该对话框中单击【添加场景事件】按钮，在弹出的【添加场景事件】对话框中使用默认的参数，如图16-98所示，单击【确定】按钮，添加场景事件。

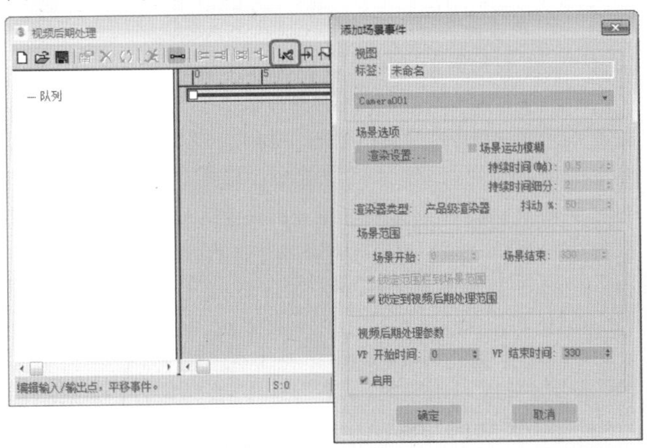

图16-98 添加场景事件

03 单击工具栏中的【添加图像过滤事件】按钮，在弹出的对话框中选择【镜头效果光晕】选项，将【标签】命名为“线”，如图16-99所示，设置完成后单击【确定】按钮，添加光晕特效滤镜。

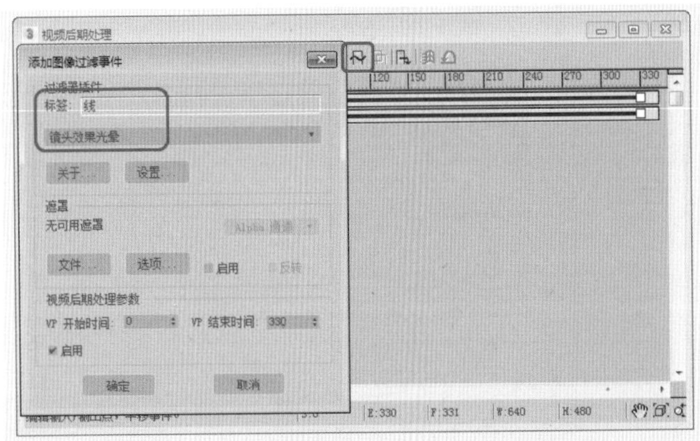

图16-99 添加图像过滤事件

04 双击【线】选项，在弹出的对话框中单击【设置】按钮，打开【镜头效果光晕】对话框，单击【VP队列】和【预览】按钮，切换到【首选项】选项卡，在【效果】选项组中将【大小】设置为6，选中【颜色】选项组中的【渐变】单选按钮，如图16-100所示。

图16-100 设置镜头效果光晕参数

05 切换到【噪波】选项卡，将【设置】选项组中的【运动】设置为1，然后勾选【红】、【绿】和【蓝】3个复选框；在【参数】选项组中将【大小】设置为6，如图16-101所示。

06 设置完成后，单击【确定】按钮，在【队列】列表框中的空白位置单击，单击工具栏中的【添加图像过滤事件】按钮，在弹出的对话框中将【标签】命名为“点01”，选择【镜头效果光斑】选项，如图16-102所示，设置完成后单击【确定】按钮，添加光斑特效滤镜。

图16-101 设置噪波参数

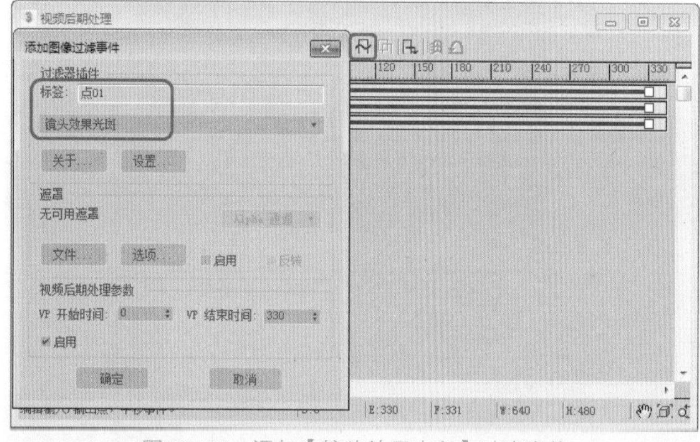


图16-102 添加【镜头效果光斑】过滤事件

07 在【队列】列表框中双击【点01】，在打开的【编辑过滤事件】对话框中单击【设置】按钮，打开【镜头效果光斑】面板，单击【VP队列】和【预览】按钮，在【镜头光斑属性】选项组中将【大小】设置为100，然后单击【节点源】按钮，在打开的对话框中选择"Point001"，如图16-103所示，单击【确定】按钮。

08 再在【首选项】选项卡中取消勾选不需要的效果，勾选要应用的效果，如图16-104所示。

09 在【光晕】选项卡中将【大小】设置为20，将【径向颜色】左侧色标的RGB值设置为225、255、162；将第2个色标调整至【位置】为19位置处，并将RGB值设置为174、172、155；在36位置处添加色标，并将RGB值设置为5、3、155；在55位置处添加一个色标，并将RGB值设置为132、1、68；将色标最右侧的RGB值设置为0、0、0，如图16-105所示。

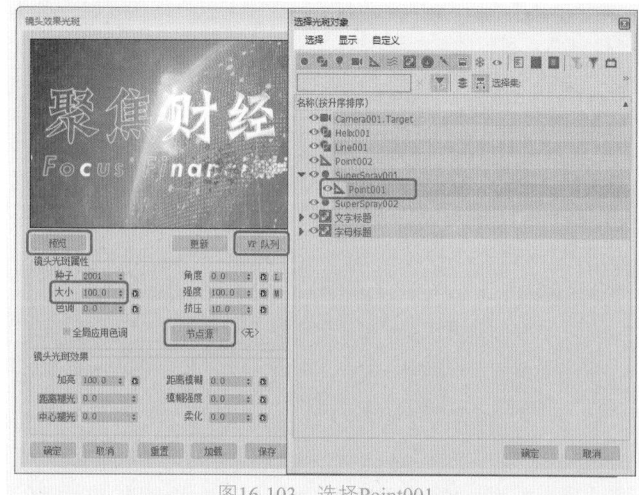


图16-103 选择Point001

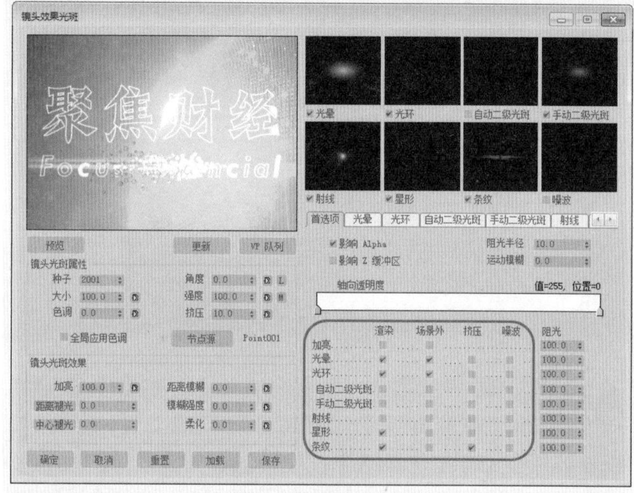


图16-104 在【首选项】选项卡中选择要应用的效果

10 切换到【光环】选项卡，将【大小】设置为5，将【径向颜色】左侧色标的RGB值设置为218、179、12，将右侧的色标RGB值设置为255、244、18，将【径向透明度】的第2个色标调整至45位置处，将第3个色标调整至55的位置处，然后在位置为50处添加色标，并将其RGB值设置为255、255、255，如图16-106所示。

11 切换到【射线】选项卡，将【大小】设置为250，如图16-107所示。

12 切换到【星形】选项卡，将【大小】、【角度】、【数量】、【色调】、【锐化】和【锥化】分别设置为50、0、4、100、8和0，在【径向颜色】区域中位置为30的位置处添加一个色标，并将其RGB值设置为235、230、245；将最右侧色标的RGB值设置为180、0、160，如图16-108所示。

13 切换到【条纹】选项卡，将【大小】设置为25，如图16-109所示，设置完成后单击【确定】按钮，返回到

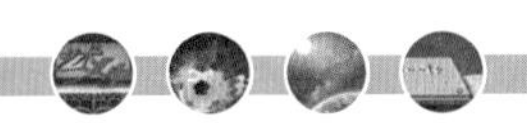

【视频后期处理】对话框。

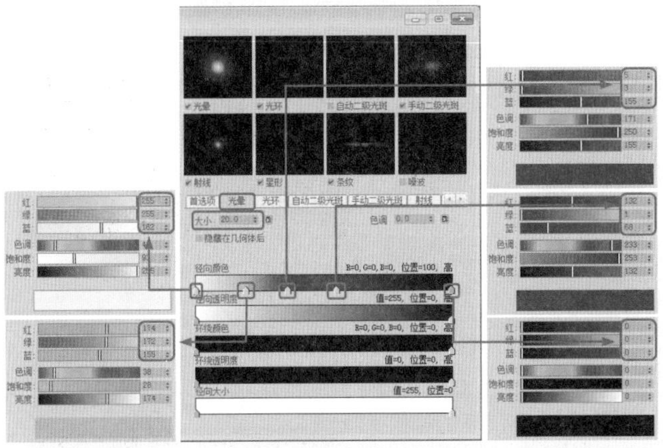

图16-105 设置径向颜色

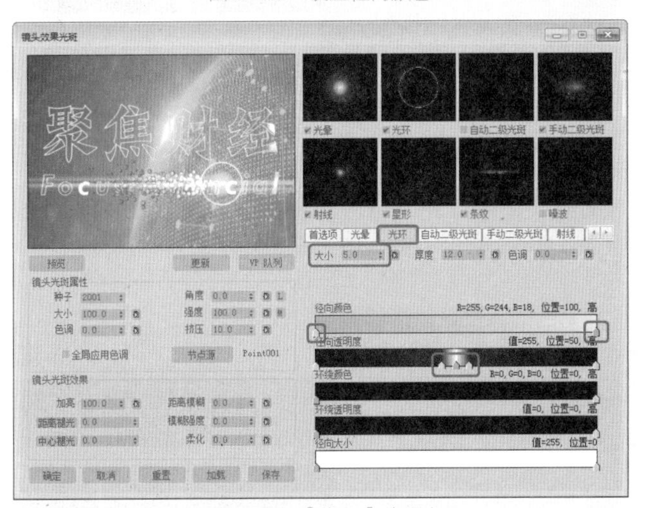

图16-106 【光环】选项卡

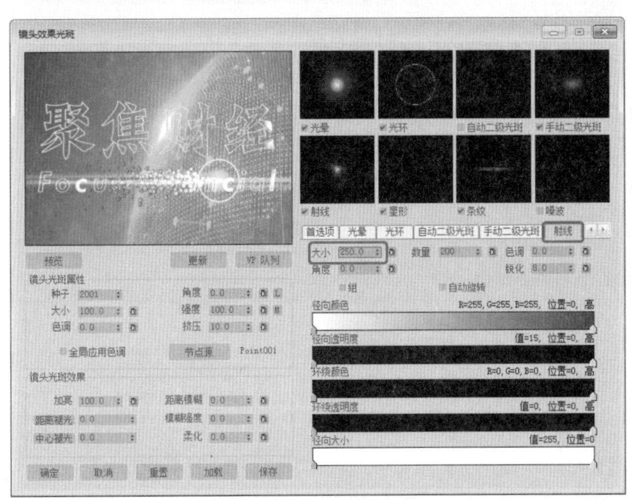

图16-107 设置射线大小

14 单击工具栏中的【添加图像过滤事件】按钮，在弹出的对话框中将【标签】命名为“点02”，选择【镜头效果光斑】选项，将【VP开始时间】设置为261，如图16-110所示，设置完成后单击【确定】按钮，添加光斑特效滤镜。

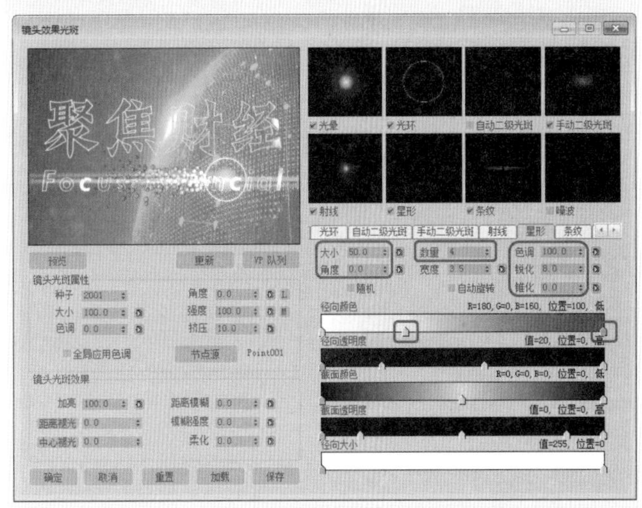

图16-108 设置星形参数

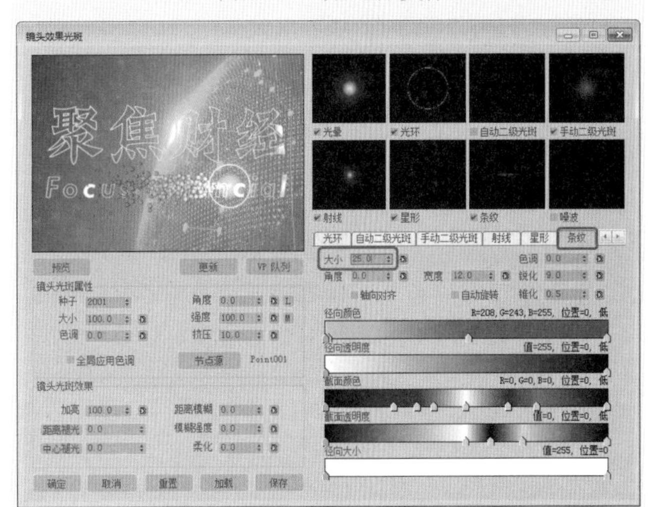

图16-109 设置条纹大小

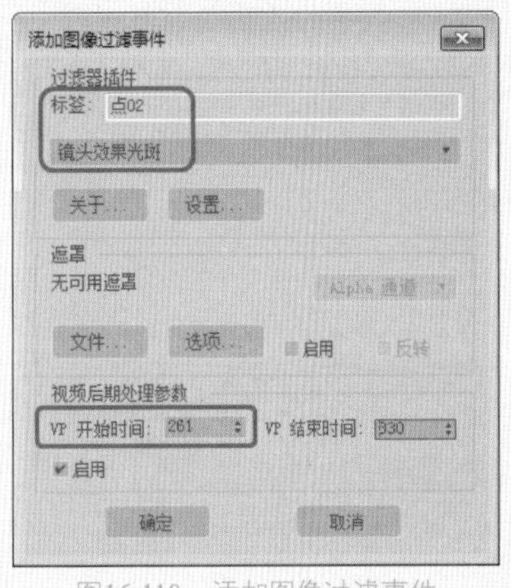

图16-110 添加图像过滤事件

15 双击【点02】，在打开的【编辑过滤器事件】对话框中单击【设置】按钮，在打开的【镜头效果光斑】对话框中单击【VP队列】和【预览】按钮，在【镜头光斑属性】选项组将【大小】设置为50，单击【节点源】按钮，在打开的对话框中选择Point002，如图16-111所示，单击【确定】按钮。

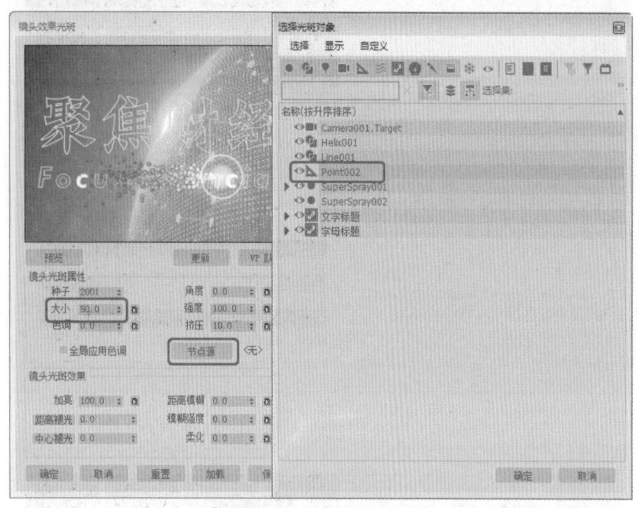


图16-111　选择Point002

16 切换到【首选项】选项卡，在该选项卡中勾选要应用的效果选项，如图16-112所示。

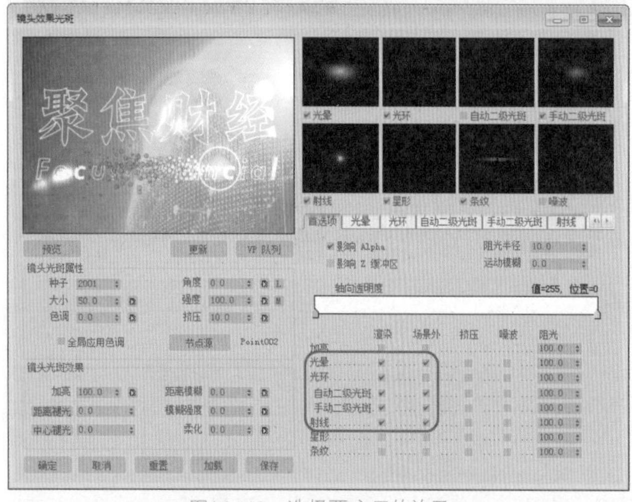


图16-112　选择要应用的效果

17 切换到【光晕】选项卡，将【大小】设置为95，将【径向颜色】左侧色标RGB值设置为149、154、255；将第2个色标调整至30的位置处，将RGB值设置为202、142、102；在54位置处添加一个色标，并将其RGB值设置为192、120、72；在73位置处添加一个色标，并将其RGB值设置为180、98、32；将最右侧色标的RGB值设置为174、15、15，将【径向透明度】左侧色标的RGB值设置为215，215，215；在7位置处添加一个色标，并将其RGB值设置为145，145，145，如图16-113所示。

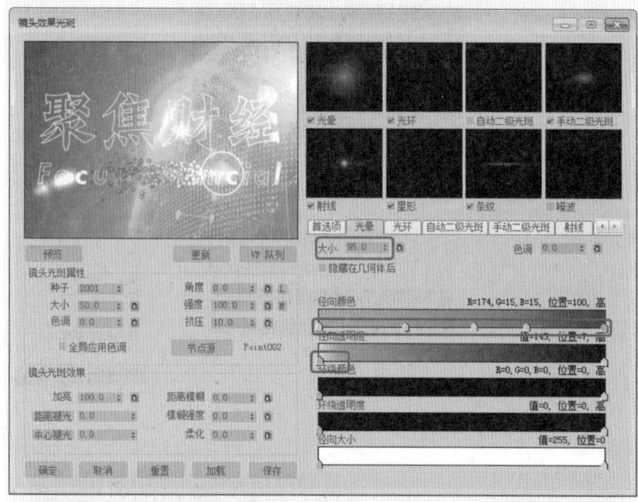


图16-113　设置光晕参数

18 切换到【光环】选项卡，将【大小】设置为20，在【径向颜色】区域中50位置处添加一个色标，并将RGB值设置为255、124、18，将【径向透明度】区域中50位置处添加一个色标，并将RGB值设置为168、168、168，将左侧的第二个色标调整至35位置处，将右侧的倒数第二个色标调整至第65帧处，如图16-114所示。

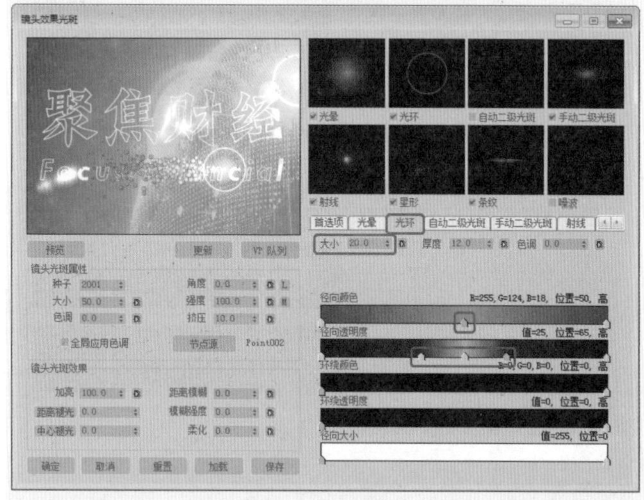


图16-114　设置光环参数

19 切换到【自动二级光斑】选项卡，将【最小】、【最大】和【数量】分别设置为2、5和50，将【轴】设置为0，并勾选【启用】复选框，然后将时间滑块拖曳至第310帧处，单击【自动关键点】按钮，并将【轴】设置为5，如图16-115所示。

20 打开【轨迹视图-摄影表】对话框，选择【视频后期处理】下的【点02】，将其右侧第0帧处的关键帧拖曳至第261帧处，如图16-116所示，调整完成后，关闭该对话框。

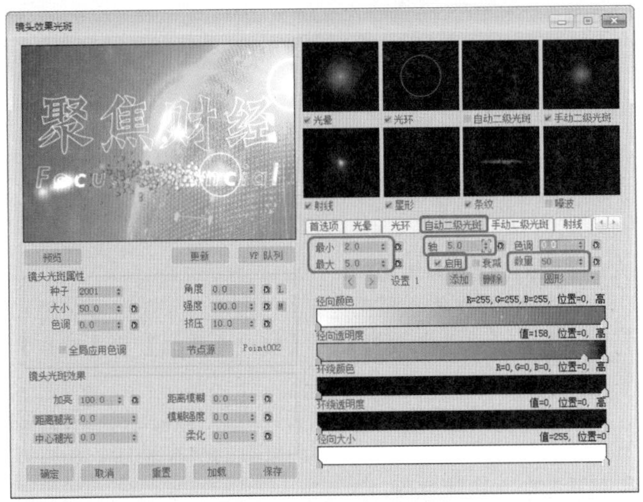

图16-115 设置自动二级光斑

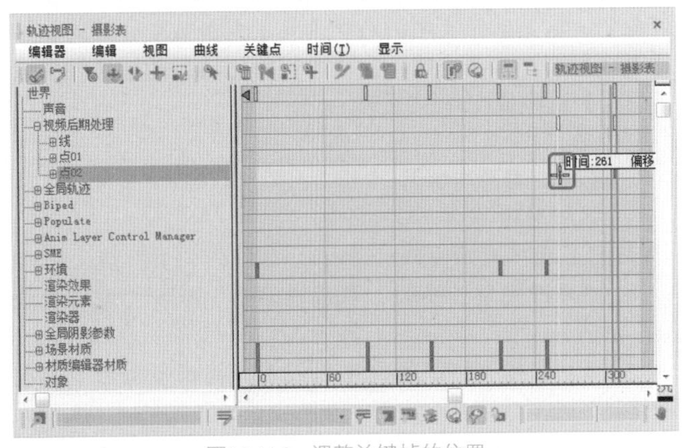

图16-116 调整关键帧的位置

21 关闭自动关键帧记录模式，切换到【手动二级光斑】选项卡，将【大小】和【平面】分别设置为95和430，取消【启用】复选框的勾选，在【径向颜色】区域中将左侧色标的RGB值设置为9、0、191；在第89帧位置处添加色标，并将其RGB值设置为11、2、190；在第92帧位置处添加色标，并将其RGB值设置为0、162、54；在第95帧位置处添加色标，并将其RGB值设置为14、138、48；在第96帧位置处添加色标，并将其RGB值设置为126、0、0，将位置为3、50处的色标删除，如图16-117所示。

> 提示　在删除色标时，可以选中要删除的色标，右击鼠标，在弹出的快捷菜单中选择【删除】命令，即可将选中的色标删除。

22 切换到【射线】选项卡，将【大小】、【数量】和【锐化】分别设置为125、175和10，在【径向颜色】区域中将最右侧色标的RGB值设置为95、80、10，如图16-118所示。

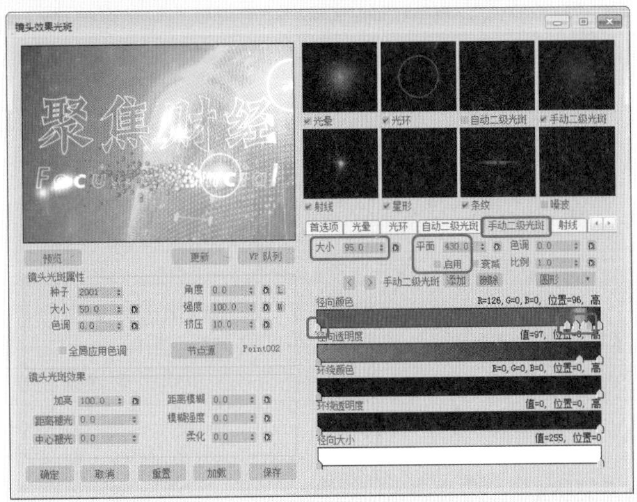

图16-117 设置手动二级光斑

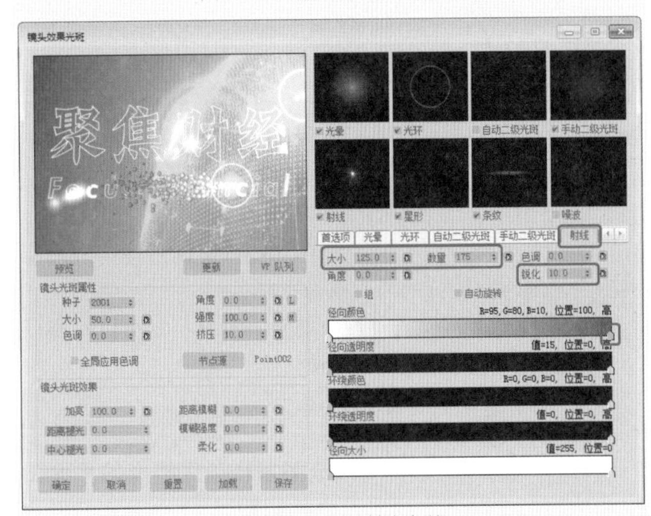

图16-118 设置射线参数

> 提示　二级光斑可以成组设计，即面板中的参数只独立作用于一组二级光斑，这样我们可以设计几组形态、大小、颜色不同的二级光斑，将它们组合成更真实的光斑效果。

23 设置完成后单击【确定】按钮，返回到【视频后期处理】对话框中，添加一个输出事件，在【视频后期处理】对话框中单击【执行序列】按钮，在弹出的【执行视频后期处理】对话框中将【范围】定义为0至330，将【宽度】和【高度】分别定义为640和480，单击【渲染】按钮，即可对动画进行渲染。

# 附录1　参考答案

## 第1章　思考与练习

1. 单击桌面左下角的按钮，在弹出的菜单中选择【所有程序】| Autodesk | Autodesk 3ds Max 2018 | Autodesk 3ds Max 2018 -Simplified Chinese命令，也可以直接双击桌面上的快捷方式图标来启动。

2. 3ds Max 2018按功能大致可以分为视图区、菜单栏、工具栏、命令面板、视图控制区、动画控制区、状态行七大板块。

## 第2章　思考与练习

1. 组，顾名思义就是由多个对象组成的集合。成组以后不会对原对象做任何修改。但对组的编辑会影响到组中的每一个对象。成组以后，只要单击组内的任意一个对象，整个组都会被选择，如果想单独对组内对象进行操作，必须先将组暂时打开。组存在的意义就是使用户同时对多个对象进行同样的操作成为可能。

2. 【阵列】可以大量有序地复制对象，它可以控制产生一维、二维、三维的阵列复制。

## 第3章　思考与练习

1. 二维图形是指由一条或多条样条线构成的平面图形，或由两个及两个以上节点构成的线/段所组成的组合体。二维图形建模是三维造型的一个重要基础。

2.当我们需要创建一个复合图形时，则需要在【创建】|【图形】|命令面板中将【对象类型】卷展栏中的【开始新图形】复选框取消选中。在这种情况下，创建圆形、星形、矩形以及椭圆形等图形时，将不再创建单独的图形，而是创建一个复合图形，它们共用一个轴心点，也就是说，无论创建多少图形，都将作为一个图形对待。

## 第4章　思考与练习

1. 11种，长方体、球体、圆柱体、圆环、茶壶、圆锥体、几何球体、管状体、四棱锥、平面、加强型文本。

2. 4种，直线楼梯、L形楼梯、U形楼梯、螺旋楼梯。

## 第5章　思考与练习

1. 整个修改命令面板包括4个部分，分别为【名称和颜色区】、【修改器列表】、【修改器堆栈】和【参数】卷展栏。

2. 【弯曲】修改器可以对物体进行弯曲处理，可以调节弯曲的角度和方向，以及弯曲依据的坐标轴向，还可以限制弯曲在一定区域内。

3. 【车削】修改器是通过旋转一个二维图形，产生三维造型，这是非常实用的造型工具，大多数中心放射物体都可以用这种方法完成，它还可以将完成后的造型输出成【面片】造型或NURBS造型。

## 第6章　思考与练习

1.多边形建模的一般过程如下。

（1）选择原始模型

（2）把模型转变为“可编辑网格”或者“编辑多边形”形式。

（3）选择“可编辑网格”或者“编辑多边形”的次物体。

（4）对次物体进行调整（分割、焊接或者挤压）和增加修改器。

（5）完善多边形建模。

2.【顶点】、【边】、【面】、【多边形】、【元素】。

## 第7章　思考与练习

1. 从整体上看，材质编辑器可以分为菜单栏、材质示例窗、工具按钮和参数控制区4大部分.

2. 标准材质是默认的通用材质，在现实生活中，对象的外观取决于它的反射光线，在3ds Max中，标准材质用来模拟对象表面的反射属性，在不使用贴图的情况下，标准材质为对象提供了单一均匀的表面颜色效果。

3. 复合材质是指将两个或多个子材质组合在一起。复合材质类似于合成器贴图，但后者位于材质级别。将复合材质应用于对象可以生成复合效果。

第8章 思考与练习

1. 选择灯光，切换到【修改】面板，修改参数即可改变灯光的颜色。

2. 首先创建一台摄影机，激活要转换的视图，按C键即可将其转换为摄影机视图。

3. 【目标】摄影机有摄影机、目标点两部分，可以很容易地单独进行控制调整，【自由】摄影机由单个图标表示，为的是更轻松地设置动画。

第9章 思考与练习

1. 按F10键或者单击工具栏上的【渲染设置】按钮，弹出【渲染设置】对话框，可对其进行设置，然后单击【渲染】按钮，即可渲染图像。

2. 在菜单栏中选择【渲染】|【环境】命令，或者按快捷键8，弹出【环境和效果】对话框，然后设置环境贴图。

第10章 思考与练习

1. 视频后期处理器是3ds Max中独立的一大组成部分，相当于一个视频后期处理软件，包括动态影像的非线性编辑功能以及特殊效果处理功能，类似于After Effects或者Combustion等后期合成软件的性质。它可以将动画、文字、场景等连接到一起，并且可以对动画进行剪辑，给图像等加入效果处理，如光晕和镜头特效等。

2. 镜头特效过滤器中，【镜头效果光晕】是最为有用的一个过滤器。它可对物体表面进行灼烧处理，产生一层光晕，从而达到发光的效果。很多情况都可以使用发光特效，比如火球、金属字、飞舞的光团等。

3. 【镜头效果高光】特效过滤器可以在物体表面产生针状光芒，多用于带有强烈反光特性的材质。

第11章 思考与练习

1. 使用噪波动画控制器可以模拟震动运动的效果。例如，用手上下移动物体产生的震动效果。噪波动画控制器能够产生随机的动作变化，用户可以使用一些控制参数来控制噪波曲线，模拟出极为真实的震动运动，如山石滑坡、地震等。

2. 使用链接约束来创建物体始终链接到其他物体上的动画，可以使物体继承其对应目标物体的位置、角度和缩放等动画属性。例如，创建一个球在两手之间传递的动画，假设在第0帧时球在左手上，当两手运动到第30帧时相遇，此时将球链接到右手上，继而随之继续运动。

3. 使用注视约束动画可以锁定一个物体的旋转，使它的某一轴向始终朝向目标物体。例如，向日葵始终面向太阳。在制作人物眼部的动画时，就可以为眼球设置一个辅助点，让眼球始终看向辅助点。这样只要制作辅助点的动画，就可以实现角色眼球始终盯住辅助点了。

第12章 思考与练习

1. 【喷射】粒子系统可以用来表示下雨、水管喷水、喷泉等效果，也可以表现彗星拖尾效果。

2. 空间扭曲是一类特殊的力场，施加了这类力场作用后的场景，可用来模拟自然界的各种动力效果，使物体的运动规律与现实更加贴近，产生诸如重力、风力、爆发力、干扰力等作用效果。空间扭曲对象是一类在场景中影响其他物体的不可渲染的对象，它们能够创建力场使其他对象发生变形，可以创建涟漪、波浪、强风等效果。它是3ds Max 2018为物体制作特殊效果动画的一种方式，可以将其想象为一个作用区域，它对区域内的对象产生影响，对象移动所产生的作用也发生变化，区域外的其他物体则不受影响。